Einführung in die Analysis III

Winfried Kaballo

Einführung in die Analysis III

Spektrum Akademischer Verlag   Heidelberg · Berlin

Autor:
Prof. Dr. Winfried Kaballo
Universität Dortmund
Fachbereich Mathematik
44221 Dortmund

e-mail: kaballo@math.uni-dortmund.de

Die Deutsche Bibliothek – CIP-Einheitsaufnahme

Kaballo, Winfried:
Einführung in die Analysis / Winfried Kaballo. – Heidelberg ; Berlin :
Spektrum, Akad. Verl.
(Hochschultaschenbuch)
3 (1999)
ISBN 3-8274-0491-6

© 1999 Spektrum Akademischer Verlag GmbH   Heidelberg · Berlin

Lektorat: Dr. Georg W. Botz
Einbandgestaltung: Eta Friedrich, Berlin

Herrn

Professor Dr. Bernhard Gramsch

zum 60. Geburtstag gewidmet

Vorwort

Hiermit liegt nun der dritte und abschließende Band der „Einführung in die Analysis" vor; wie die beiden ersten ist er aus Vorlesungen entstanden, die der Autor mehrfach an der Universität Dortmund und an der University of the Philippines gehalten hat. Das Buch wendet sich an Studenten von Diplom- und Lehramtsstudiengängen (Sekundarstufe II) der Fachrichtungen Mathematik, Physik, Informatik und Statistik.

Der Schwerpunkt dieses dritten Bandes liegt auf der Integralrechnung für Funktionen von mehreren reellen Veränderlichen, also auf dem zentralen Thema einer „Analysis III"-Vorlesung; darüberhinaus enthält das Buch auch Themen für eine „Analysis IV"-Vorlesung, nämlich Einführungen in die Gebiete Funktionentheorie, Funktionalanalysis, Fourier-Analysis, Distributionstheorie und Differentialgleichungen, insbesondere Potentialtheorie und Randwertprobleme.

Das vorliegende Buch sollte als Begleittext zu einer Vorlesung „Analysis III / IV" wie auch zum Selbststudium gut geeignet sein. Der Autor hat sich wieder sehr um eine für Studenten möglichst gut verständliche Darstellung bemüht; die entwickelte Theorie wird durch viele Beispiele und Abbildungen (die mit Hilfe der Programme *texcad, gnuplot, mathematica* und *maple* v auf einem Pentium PC hergestellt wurden) illustriert. Zum Verständnis des Buches werden natürlich Vorkenntnisse aus der „Analysis I / II" und auch einige aus der „Linearen Algebra I / II" benötigt, die üblicherweise in den ersten beiden Semestern erworben werden (für Konzepte und Ergebnisse aus der „Analysis I / II" wird meist auf die ersten beiden Bände dieser „Einführung in die Analysis" verwiesen; dabei bezeichnet etwa „Theorem I. 18.2" das Theorem 18.2 aus Band 1).

Das Buch ist in drei Teile gegliedert, die aus den Kapiteln I–II, III–V und VI–VII bestehen. Schwerpunkt des ersten Teils ist die Entwicklung der Lebesgueschen Integrationstheorie. Den hier vorgestellten Zugang über ein einfaches Fortsetzungsprinzip hat der Autor in einer „Analysis III"-Vorlesung von B. Gramsch an der Universität Kaiserslautern im Wintersemester 1976/77 kennengelernt und seitdem in mehreren eigenen „Analysis III"-Vorlesungen verwendet; einen knappen Überblick über diese Methode findet man als Einleitung zu Kapitel I.

Das Thema des zweiten Teils des Buches sind die Integralsätze von Gauß, Cauchy und Stokes. In Kapitel III wird der Gaußsche Integralsatz zunächst für ebene Gebiete mit stückweise glattem Rand und dann für Gebiete im $\mathbb{R}^n$ mit „fast überall" glattem Rand bewiesen; seine Umformulierung zum Cauchyschen Integralsatz liefert anschließend in Kapitel IV die

VIII

Grundlagen der Funktionentheorie. In Kapitel V wird dann der Integralsatz von Gauß in die Sprache der Differentialformen übersetzt und mittels Karten zum Integralsatz von Stokes auf Mannigfaltigkeiten erweitert.

Im letzten Teil des Buches werden zunächst Grundlagen und Anwendungen der Funktionalanalysis vorgestellt, insbesondere Konsequenzen aus dem Satz von Baire und der Spektralsatz für kompakte selbstadjungierte Operatoren. Mit Hilfe von Entwicklungen nach Fourier-Reihen werden Wärmeleitungs- und Wellengleichungen über Kreisen und kompakten Intervallen gelöst. Wichtige Methoden zur Lösung allgemeinerer partieller Differentialgleichungen sind die Fourier-Transformation und die Theorie der Distributionen; diese erlaubt durch eine Erweiterung des klassischen Funktionsbegriffs die Differentiation aller lokal integrierbaren Funktionen.

Die Grundlage des Buches bilden die Abschnitte 1–11; danach kann man sofort mit dem zweiten oder (im wesentlichen) auch dem dritten Teil beginnen. Eine „Analysis III"-Vorlesung sollte in jedem Fall auch die Abschnitte 16–17 und 19–20 enthalten; darüber hinaus kann man Kapitel V oder Teile der Kapitel VI und VII behandeln, wobei die Abschnitte 32, 33 und 41 aus der Sicht des Autors besonders zu empfehlen sind.

Auch den Lesern von Band 3 sei wieder sehr empfohlen, diesen „mit Papier und Bleistift durchzuarbeiten" und sich mit möglichst vielen Übungsaufgaben ernsthaft zu beschäftigen; am Ende des Buches sind die Lösungen der meisten Aufgaben skizziert.

Danken möchte ich meiner Frau M. Sc. Paz Kaballo sowie den Herren Dr. P. Furlan, Dipl.-Math. E. Köhler, Priv.-Doz. Dr. F. Mantlik, Priv.-Doz. Dr. M. Poppenberg, Priv.-Doz. Dr. H. Schröder und Dr. R. Vonhoff für hilfreiche Kommentare zu Teilen des Textes, Herrn Dr. R. Vonhoff insbesondere auch für wertvolle Hinweise zu den Abschnitten 14, 15 und 35. Nicht zuletzt gilt mein Dank dem Spektrum Akademischer Verlag für die vertrauensvolle Zusammenarbeit.

Dortmund, im September 1998   Winfried Kaballo

Inhalt

I. Integrationstheorie

In diesem ersten Kapitel werden die *Grundlagen der Lebesgueschen Integrationstheorie* entwickelt, worauf alle weiteren Kapitel dann aufbauen. Das Integral wird zunächst auf dem Raum $C_c(\mathbb{R}^n)$ der *stetigen Funktionen mit kompaktem Träger* erklärt und dann auf den *Abschluß* $\mathcal{L}_1(\mathbb{R}^n)$ von $C_c(\mathbb{R}^n)$ bezüglich der *Lebesgue-Halbnorm* fortgesetzt; danach wird das *Lebesgue-Maß* durch *Integration charakteristischer Funktionen* definiert.

In dem einführenden Abschnitt 1 wird eine *einheitliche Konstruktion* von *Regel-, Riemann- und Lebesgue-Integral* über einem kompakten Intervall mittels eines einfachen *Fortsetzungsprinzips* skizziert; die verschiedenen Integralbegriffe ergeben sich dabei durch die Verwendung verschiedener Halbnormen. In Abschnitt 2 wird das Integral auf $C_c(\mathbb{R}^n)$ durch sukzessive eindimensionale Integrationen definiert, wobei es auf deren *Reihenfolge nicht* ankommt. Die Konstruktion des Lebesgue-Integrals wird in Abschnitt 4 durchgeführt; die dabei auftretenden *Lebesgue-Nullmengen* werden in Abschnitt 8 genauer charakterisiert. Die wichtigen *Konvergenzsätze* der Integrationstheorie werden in Abschnitt 5 bewiesen; diese erlauben unter schwachen Voraussetzungen die *Vertauschung* von *Integrationen* und *Grenzübergängen* und liefern auch die *Vollständigkeit* von $\mathcal{L}_1(\mathbb{R}^n)$ bezüglich der Lebesgue-Halbnorm. In Abschnitt 6 wird der *Meßbarkeitsbegriff* für Funktionen eingeführt; seine *Anwendung auf charakteristische Funktionen* liefert die *σ-Algebra* der *Lebesgue-meßbaren Mengen*, auf der das *abzählbar additive* und *reguläre Lebesgue-Maß* definiert wird. Anschließend wird die *Vollständigkeit* der L_p-Räume bewiesen; *Hilberträume quadratintegrierbarer Funktionen* spielen eine wichtige Rolle in der Analysis.

In den Abschnitten 4–7 werden von $\mathbb{R}^n$ nur die *lokale Kompaktheit* und die *Separabilität* und von dem Integral $L : C_c(\mathbb{R}^n) \mapsto \mathbb{C}$ nur die *Linearität* und die *Positivität* verwendet. Nach einer Diskussion lokalkompakter Räume in Abschnitt 3 wird daher die Integrationstheorie in diesem allgemeineren Rahmen entwickelt; sie liefert dann in Kapitel III sofort auch *Kurven-* und *Oberflächenintegrale*, allgemein das Lebesgue-Integral und das Lebesgue-Maß auf *Mannigfaltigkeiten*. Speziellere Eigenschaften des Lebesgue-Integrals und -Maßes auf $\mathbb{R}^n$ werden im nächsten Kapitel behandelt.

Es gibt eine Reihe von unterschiedlichen Zugängen zur Maß- und Integrationstheorie (vgl. etwa [1], [2], [3], [9], [12], [25], [31] und [36]). Die in diesem Buch gewählte Methode zur Einführung des Integrals wird in allgemeinerer Form in [19] durchgeführt. Eine moderne Theorie der Maß-Erweiterungen wird in [23] vorgestellt. Für eine nichtabsolute Integrationstheorie sei schließlich noch auf [16] hingewiesen.

1   Regel-, Riemann- und Lebesgue-Integral

Ausgangspunkt der *Konstruktion des Integrals für Regelfunktionen* über einem kompakten Intervall $[a, b] \subseteq \mathbb{R}$ (vgl. die Abschnitte I.17, II.7 und II.14) ist das Integral für *Treppenfunktionen*. Aufgrund der Abschätzung

$$| \int_a^b t(x)\, dx | \leq \int_a^b |t(x)|\, dx \leq (b-a) \| t \|_{\mathrm{sup}} \quad \text{für} \quad t \in \mathcal{T}[a, b] \qquad (1)$$

liefert dieses eine *stetige* Linearform (über $\mathbb{K} = \mathbb{R}$ oder $\mathbb{K} = \mathbb{C}$)

$$\mathsf{S} : (\mathcal{T}[a, b], \| \ \|_{\mathrm{sup}}) \mapsto \mathbb{K}, \quad \mathsf{S}(t) := \int_a^b t(x)\, dx. \qquad (2)$$

Der Raum $\mathcal{R}[a, b]$ aller Regelfunktionen auf $[a, b]$ ist nun genau der *Abschluß* von $\mathcal{T}[a, b]$ in dem normierten Raum $(\mathcal{B}[a, b], \| \ \|_{\mathrm{sup}})$, und die Erweiterung des Integrals von $\mathcal{T}[a, b]$ auf $\mathcal{R}[a, b]$ ergibt sich aus dem folgenden allgemeinen *Fortsetzungsprinzip* (vgl. Satz II.7.7)[1]:

1.1 Satz. *Es seien E ein halbnormierter Raum, F ein Banachraum, $T \subseteq E$ ein Unterraum und $S : T \mapsto F$ eine stetige lineare Abbildung. Dann existiert genau eine stetige Fortsetzung $\overline{S} : \overline{T} \mapsto F$ von S. Auch $\overline{T}$ ist ein Unterraum von E, und $\overline{S}$ ist linear mit $\| \overline{S} \| = \| S \|$.*

BEWEIS. Es seien $x \in \overline{T}$ und $(t_n) \subseteq T$ mit $\| x - t_n \| \to 0$. Falls eine stetige Fortsetzung $\overline{S}$ von S existiert, so gilt für diese

$$\overline{S}(x) = \lim_{n \to \infty} S(t_n); \qquad (3)$$

sie ist also eindeutig bestimmt. Umgekehrt ist nun wegen

$$\| S(t_n) - S(t_m) \| = \| S(t_n - t_m) \| \leq \| S \| \| t_n - t_m \|$$

die Folge $(S(t_n)) \subseteq F$ stets eine Cauchy-Folge, und wegen der Vollständigkeit von F existiert der Grenzwert $\lim_{n \to \infty} S(t_n)$.
Für eine weitere Folge $(u_n) \subseteq T$ mit $\| x - u_n \| \to 0$ gilt

$$\| S(t_n) - S(u_n) \| \leq \| S \| \| t_n - u_n \| \leq \| S \| (\| t_n - x \| + \| x - u_n \|) \to 0,$$

d.h. durch (3) kann $\overline{S}$ auf $\overline{T}$ (wohl)definiert werden. Offenbar ist $\overline{T}$ ein Unterraum von E, und $\overline{S}$ ist linear. Aus $\| S(t_n) \| \leq \| S \| \| t_n \|$ folgt mit $n \to \infty$ sofort auch $\| \overline{S}(x) \| \leq \| S \| \| x \|$ für $x \in \overline{T}$; somit ist $\overline{S}$ stetig, und es gilt $\| \overline{S} \| \leq \| S \|$. $\qquad \Diamond$

---

[1]Dieses wird für *halbnormierte* Räume formuliert, da durch $t \mapsto \int_a^b |t(x)|\, dx$ eine *Halbnorm*, aber *keine Norm* auf $\mathcal{T}[a, b]$ definiert wird.

Durch Fortsetzung des Integrals mittels Satz 1.1 auf Abschlüsse von $\mathcal{T}[a,b]$ bezüglich möglichst *kleiner* Halbnormen $\| \ \|$ in möglichst *großen* Funktionenräumen ergeben sich *allgemeinere Integralbegriffe*. Da auch in diesen Situationen das Integral $S : (\mathcal{T}[a,b], \| \ \|) \mapsto \mathbb{C}$ *stetig* sein muß, ist es wegen (1) sinnvoll, Halbnormen mit $\| t \| = \int_a^b |t(x)| \, dx$ für $t \in \mathcal{T}[a,b]$ zu wählen.

1.2 Feststellung. *a) Auf $\mathcal{B}[a,b]$ wird durch*

$$\| f \|_R := \inf \{ \textstyle\int_a^b t(x) \, dx \mid |f| \le t \in \mathcal{T}[a,b] \} \tag{4}$$

eine Halbnorm definiert, und es gilt

$$\| f \|_R \le (b-a) \| f \|_{\text{sup}} \quad \text{für} \quad f \in \mathcal{B}[a,b]. \tag{5}$$

b) Für $t \in \mathcal{T}[a,b]$ hat man

$$\Big| \int_a^b t(x) \, dx \Big| \le \int_a^b |t(x)| \, dx = \| t \|_R. \tag{6}$$

BEWEIS. a) Die Halbnorm-Eigenschaften lassen sich leicht nachrechnen (vgl. Aufgabe 1.1 und Feststellung 4.6 b)). Da die konstante Funktion $\| f \|_{\text{sup}}$ in $\mathcal{T}[a,b]$ liegt, hat man $\| f \|_R \le \int_a^b \| f \|_{\text{sup}} \, dx = (b-a) \| f \|_{\text{sup}}$.

b) Offenbar gilt $\| t \|_R \le \int_a^b |t(x)| \, dx$. Ist umgekehrt $|t| \le \tau \in \mathcal{T}[a,b]$, so folgt $\int_a^b |t(x)| \, dx \le \int_a^b \tau(x) \, dx$ und damit auch $\int_a^b |t(x)| \, dx \le \| t \|_R$.   ◇

1.3 Definitionen und Bemerkungen. a) Die Halbnorm $\| \ \|_R$ heißt *Riemann-Halbnorm* auf $\mathcal{B}[a,b]$, der Abschluß $\mathcal{R}_0[a,b]$ von $\mathcal{T}[a,b]$ in $(\mathcal{B}[a,b], \| \ \|_R)$ Raum der *Riemann-integrierbaren Funktionen* auf $[a,b]$, und die Fortsetzung des Integrals auf $\mathcal{R}_0[a,b]$ heißt *Riemann-Integral* auf $[a,b]$.

b) Wegen (5) gilt $\mathcal{R}[a,b] \subseteq \mathcal{R}_0[a,b]$, und für $f \in \mathcal{R}[a,b]$ stimmt das Riemann-Integral mit dem Regel-Integral $\int_a^b f(x) \, dx$ überein.

c) Für einen Funktionenraum $\mathcal{G} \subseteq \mathcal{F}(X, \mathbb{K})$ auf einer Menge X wird mit

$$\mathcal{G}^+ := \{ g \in \mathcal{G} \mid g \ge 0 \Leftrightarrow g(x) \ge 0 \ \text{für alle} \ x \in X \} \tag{7}$$

der Kegel der positiven Funktionen in $\mathcal{G}$ bezeichnet.

d) Die Riemann-Halbnorm kann auch so geschrieben werden:

$$\| f \|_R = \inf \{ \textstyle\sum_{k=1}^m \int_a^b t_k(x) \, dx \mid t_k \in \mathcal{T}^+[a,b], \ |f| \le \sum_{k=1}^m t_k \}. \ \ \square \tag{8}$$

Das Riemann-Integral ist eine *echte* Erweiterung des Regel-Integrals (vgl. Aufgabe 1.2). Wegen $\mathcal{R}_0[a,b] \subseteq \mathcal{B}[a,b]$ sind die Räume $\mathcal{R}[a,b]$ und $\mathcal{R}_0[a,b]$ unter der *Integral-Halbnorm* $\int_a^b |f(x)| \, dx \ (= \| f \|_R)$ *nicht vollständig* (vgl. Beispiel II. 5.6) – im Gegensatz zum Raum der *Lebesgue-integrierbaren* Funktionen. Dieser kann ebenfalls mittels Satz 1.1 konstruiert werden; dazu ersetzt man die *endlichen* Summen in (8) durch *unendlichen Summen* und erhält dann die *Lebesgue-Halbnorm*:

1.4 Definition. *a) Eine Reihe $\sum t_k$ von Treppenfunktionen $t_k \in \mathcal{T}^+[a,b]$ heißt* Lebesgue-Majorante *einer Funktion $f : [a,b] \mapsto \mathbb{C}$, falls*

$$\sum_{k=1}^{\infty} \int_a^b t_k(x)\,dx < \infty \quad und \quad |f(x)| \leq \sum_{k=1}^{\infty} t_k(x) \tag{9}$$

für diejenigen $x \in [a,b]$ gilt, für die diese Reihe konvergiert. Die Zahl $\sum_{k=1}^{\infty} \int_a^b t_k(x)\,dx \in [0,\infty)$ heißt dann Lebesgue-Obersumme *von f.*

b) Es sei $\mathcal{L}[a,b]$ die Menge aller Funktionen $f : [a,b] \mapsto \mathbb{C}$, für die eine Lebesgue-Majorante existiert.

c) Für $f \in \mathcal{L}[a,b]$ wird die Lebesgue-Halbnorm *definiert als das Infimum aller Lebesgue-Obersummen von f:*

$$\| f \|_L := \inf \left\{ \sum_{k=1}^{\infty} \int_a^b t_k(x)\,dx \mid \sum t_k \text{ ist Lebesgue-Majorante von } f \right\}. \tag{10}$$

d) Der Abschluß $\mathcal{L}_1[a,b]$ von $\mathcal{T}[a,b]$ in $(\mathcal{L}[a,b], \| \ \|_L)$ heißt Raum der Lebesgue-integrierbaren Funktionen *auf $[a,b]$.*

1.5 Beispiele und Bemerkungen. a) Die Bedingung „$|f(x)| \leq \sum_{k=1}^{\infty} t_k(x)$" wird in (9) nur für diejenigen $x \in [a,b]$ gestellt, für die diese Reihe konvergiert. Setzt man

$$\sum_{k=1}^{\infty} a_k = \infty \tag{11}$$

für eine divergente Reihe von Zahlen $a_k \geq 0$, so ist diese Bedingung im Fall der Divergenz von $\sum t_k(x)$ automatisch erfüllt. Wegen $\sum_{k=1}^{\infty} \int_a^b t_k(x)\,dx < \infty$ kann allerdings die Reihe $\sum t_k(x)$ höchstens auf einer *Nullmenge* divergieren (vgl. Definition 4.15 und Theorem 5.1)!

b) Durch (10) wird tatsächlich eine Halbnorm auf $\mathcal{L}[a,b]$ definiert (vgl. Aufgabe 1.1 und Feststellung 4.6 b)); es gilt sogar eine *„abzählbare Variante"* der Dreiecks-Ungleichung (vgl. Satz 4.5). Somit ist die Definition des Raumes $\mathcal{L}_1[a,b]$ als Abschluß von $\mathcal{T}[a,b]$ in $(\mathcal{L}[a,b], \| \ \|_L)$ in der Tat möglich.

c) Offenbar gilt $\mathcal{B}[a,b] \subseteq \mathcal{L}[a,b]$, und wegen $\| f \|_L \leq \| f \|_R$ für $f \in \mathcal{B}[a,b]$ auch $\mathcal{R}_0[a,b] \subseteq \mathcal{L}_1[a,b]$. Die Räume $\mathcal{L}[a,b]$ und $\mathcal{L}_1[a,b]$ enthalten aber auch *unbeschränkte* Funktionen:

d) Für $\alpha > 0$ sei $f_\alpha(x) := x^{-\alpha} \chi_{(0,1)}$, wobei die Notation

$$\chi_M : x \mapsto \begin{cases} 1 & , \quad x \in M \\ 0 & , \quad x \notin M \end{cases} \tag{12}$$

für die *charakteristische Funktion* einer Menge M benutzt wurde (vgl. Beispiel II.5.6 und Abb.1a). Für $k \in \mathbb{N}$ setzt man $J_k := [\frac{1}{k+1}, \frac{1}{k}]$ und $t_k := (k+1)^\alpha \chi_{J_k}$. Dann gilt $|f(x)| \leq \sum\limits_{k=1}^{\infty} t_k(x)$, wobei die Summe punktweise endlich ist, und man hat

$$\int_0^1 t_k(x)\,dx = (k+1)^\alpha \left(\tfrac{1}{k} - \tfrac{1}{k+1}\right) = \tfrac{(k+1)^\alpha}{k(k+1)}.$$

Für $\alpha < 1$ gilt daher $\sum\limits_{k=1}^{\infty} \int_0^1 t_k(x)\,dx < \infty$ und somit $f_\alpha \in \mathcal{L}[0,1]$. Mit $h_n := x^{-\alpha} \chi_{(\frac{1}{n},1)} \in \mathcal{R}[0,1]$ folgt $|f_\alpha(x) - h_n(x)| \leq \sum\limits_{k=n}^{\infty} t_k(x)$ und somit $\|f_\alpha - h_n\|_L \leq \sum\limits_{k=n}^{\infty} \int_0^1 t_k(x)\,dx \to 0$ für $n \to \infty$, also $f_\alpha \in \mathcal{L}_1[0,1]$.

e) $\mathcal{L}_1[a,b]$ enthält auch *beschränkte* Funktionen, die nicht in $\mathcal{R}_0[a,b]$ liegen, z.B. die *Dirichlet-Funktion* $D = \chi_{\mathbb{Q} \cap [a,b]}$ (vgl. Aufgabe 1.2). Mit $\mathbb{Q} \cap [a,b] = \{r_k\}_{k \in \mathbb{N}}$ gilt $|D(x)| \leq \sum\limits_{k=1}^{\infty} \chi_{\{r_k\}}(x)$ für alle $x \in [a,b]$; es folgt also $\|D\|_L \leq \sum\limits_{k=1}^{\infty} \int_a^b \chi_{\{r_k\}}(x)\,dx = 0$ und somit $D \in \mathcal{L}_1[a,b]$. $\square$

Zur Fortsetzung des Integrals auf $\mathcal{L}_1[a,b]$ gemäß Satz 1.1 benötigt man eine *Stetigkeitsabschätzung*

$$\left| \int_a^b t(x)\,dx \right| \leq C \,\|t\|_L \quad \text{für } t \in \mathcal{T}[a,b].$$

Diese ist in der Tat gültig mit $C = 1$, allerdings wesentlich schwieriger zu beweisen als die entsprechende Abschätzung (6) für die Riemann-Halbnorm. Der Beweis wird einfacher,

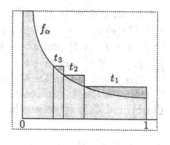

Abb. 1a

wenn man in Definition 1.4 an Stelle von Treppenfunktionen *stetige* Funktionen zur Konstruktion der Lebesgue-Halbnorm und des Raumes $\mathcal{L}_1[a,b]$ verwendet (vgl. Aufgabe 1.4); er wird in allgemeinerem Rahmen in Theorem 4.11 durchgeführt.

In diesem Buch sollen nicht nur eindimensionale Lebesgue-Integrale über kompakten Intervallen, sondern auch *mehrdimensionale Lebesgue-Integrale* über $\mathbb{R}^n$ und über *Mannigfaltigkeiten* konstruiert werden. Auch für diese Konstruktionen ist das Integral auf dem Raum der stetigen Funktionen (mit kompaktem Träger) ein geeigneter Ausgangspunkt[2]. Im nächsten

---

[2]Treppenfunktionen in mehreren Veränderlichen sind dagegen recht unhandlich.

Abschnitt wird dieses Integral über $\mathbb{R}^n$ eingeführt, und nach einer Diskussion lokalkompakter Räume in Abschnitt 3 folgt dann die Konstruktion und Theorie der Lebesgue-Integrale ab Abschnitt 4.

Aufgaben

1.1 Man zeige, daß durch (4) und (10) Halbnormen auf den Räumen $\mathcal{B}[a, b]$ und $\mathcal{L}[a, b]$ definiert werden.

1.2 a) Man zeige, daß eine Funktion $f \in \mathcal{B}((a, b], \mathbb{R})$ genau dann Riemann-integrierbar ist, wenn folgendes gilt:

$$\forall \, \varepsilon > 0 \; \exists \, u, t \in \mathcal{T}([a, b], \mathbb{R}) \; : \; u \le f \le t, \quad \int_a^b (t - u)(x) \, dx < \varepsilon. \tag{13}$$

b) Man zeige, daß die Funktion $x \mapsto \cos \frac{1}{x} \chi_{(0,1]}(x)$ in $\mathcal{R}_0[0, 1] \backslash \mathcal{R}[0, 1]$ liegt.
c) Für die Dirichlet-Funktion zeige man $D \notin \mathcal{R}_0[0, 1]$.
d) Es seien $M \subseteq [a, b]$ endlich und $f \in \mathcal{B}[a, b]$ in jedem Punkt aus $[a, b] \backslash M$ stetig. Man beweise $f \in \mathcal{R}_0[0, 1]$ und versuche, dies auch für gewisse unendliche Mengen M zu zeigen.

1.3 Man versuche, $\int_a^b |t(x)| \, dx \le \|t\|_L$ für $t \in \mathcal{T}[a, b]$ zu beweisen.

1.4 a) Zu $f \in \mathcal{R}^+[a, b]$ und $\varepsilon > 0$ konstruiere man $t \in \mathcal{T}^+[a, b]$ mit $f \le t$ und $\int_a^b t(x) \, dx \le \int_a^b f(x) \, dx + \varepsilon$.
b) Zu $t \in \mathcal{T}^+[a, b]$ und $\varepsilon > 0$ konstruiere man $\phi \in \mathcal{C}^+[a, b]$ mit $t \le \phi$ und $\int_a^b \phi(x) \, dx \le \int_a^b t(x) \, dx + \varepsilon$.
c) Man zeige, daß in Definition 1.4 an Stelle von $\mathcal{T}[a, b]$ auch die Räume $\mathcal{R}[a, b]$ oder $\mathcal{C}[a, b]$ zur Konstruktion der Lebesgue-Halbnorm und der Räume $\mathcal{L}[a, b]$ und $\mathcal{L}_1[a, b]$ verwendet werden können.

2   Mehrfache Integrale

Aufgabe: Man versuche, den Mittelwert der Funktion $f(x, y) := x^2 + y^2$ *auf dem Quadrat* $[0, 1]^2$ *zu bestimmen.*

Es werden zunächst *stetige Funktionen* über *kompakte Quader*

$$Q := \prod_{k=1}^{n} [a_k, b_k] \subseteq \mathbb{R}^n \quad (a_k \le b_k \in \mathbb{R}) \tag{1}$$

integriert. Das n-*dimensionale Volumen* von Q ist gegeben durch

$$|Q| := m(Q) := m_n(Q) := \prod_{k=1}^{n} (b_k - a_k) \, ; \tag{2}$$

im Fall $n = 2$ ist dies natürlich der *Flächeninhalt* von Q (vgl. (I. 16.1)). In diesem Fall ist für $f \in C(Q)$ die Funktion

$$F : [a_1, b_1] \mapsto \mathbb{C}, \quad F(x_1) := \int_{a_2}^{b_2} f(x_1, x_2)\, dx_2, \tag{3}$$

auf $[a_1, b_1]$ stetig (vgl. Satz II. 18.9). Daher kann man definieren:

2.1 Definition. *Für einen kompakten Quader $Q = [a_1, b_1] \times [a_2, b_2] \subseteq \mathbb{R}^2$ und eine stetige Funktion $f \in C(Q)$ wird durch*

$$\int_Q f(x)\, dx := \int_{a_1}^{b_1} F(x_1)\, dx_1 = \int_{a_1}^{b_1} \big(\int_{a_2}^{b_2} f(x_1, x_2)\, dx_2\big)\, dx_1 \tag{4}$$

das Integral *von f über Q definiert.*

2.2 Bemerkungen. a) Im Fall $f \geq 0$ ist $F(x_1) = \int_{a_2}^{b_2} f(x_1, x_2)\, dx_2$ der *Flächeninhalt* des Schnitts der Ebene $E(x_1) := \{u \in \mathbb{R}^3 \mid u_1 = x_1\}$ mit der Menge (vgl. Abb. 2a)

$$\Gamma^-(f) := \{x \in \mathbb{R}^3 \mid (x_1, x_2) \in Q,\, 0 \leq x_3 \leq f(x_1, x_2)\} \tag{5}$$

„unterhalb des Graphen von f"; daher kann man $\int_Q f(x)\, dx = \int_{a_1}^{b_1} F(x_1)\, dx_1$ als dreidimensionales *Volumen* von $\Gamma^-(f)$ interpretieren (vgl. (9.14)).

Abb. 2a   Abb. 2b

b) Gemäß Bemerkung I. 17.10 c) läßt sich $\frac{1}{b_2 - a_2} F(x_1)$ auch als Mittelwert von f über der Strecke $S(x_1) := \{(u_1, u_2) \in Q \mid u_1 = x_1\}$ interpretieren,

$$\frac{1}{|Q|} \int_Q f(x)\, dx = \frac{1}{b_1 - a_1} \int_{a_1}^{b_1} \frac{1}{b_2 - a_2} F(x_1)\, dx_1 \tag{6}$$

entsprechend dann als *Mittelwert* von f über Q.   □

In Formel (4) können die Rollen von x_1 und x_2 vertauscht werden:

2.3 Satz. *Für $f \in C([a_1, b_1] \times [a_2, b_2])$ gilt*

$$\int_{a_1}^{b_1} \left(\int_{a_2}^{b_2} f(x_1, x_2)\, dx_2 \right) dx_1 \;=\; \int_{a_2}^{b_2} \left(\int_{a_1}^{b_1} f(x_1, x_2)\, dx_1 \right) dx_2 \,. \tag{7}$$

BEWEIS. Für die Hilfsfunktion $h : [a_2, b_2] \mapsto \mathbb{C}$,

$$h(y) := \int_{a_1}^{b_1} \left(\int_{a_2}^{y} f(x_1, x_2)\, dx_2 \right) dx_1 \,,$$

gilt $h(a_2) = 0$, und nach Theorem II.18.10 hat man

$$h'(y) \;=\; \int_{a_1}^{b_1} \partial_y \left(\int_{a_2}^{y} f(x_1, x_2)\, dx_2 \right) dx_1 \;=\; \int_{a_1}^{b_1} f(x_1, y)\, dx_1 \,.$$

Integration über x_2 liefert dann sofort

$$\int_{a_2}^{b_2} \left(\int_{a_1}^{b_1} f(x_1, x_2)\, dx_1 \right) dx_2 \;=\; \int_{a_2}^{b_2} h'(x_2)\, dx_2 \;=\; h(b_2)$$
$$=\; \int_{a_1}^{b_1} \left(\int_{a_2}^{b_2} f(x_1, x_2)\, dx_2 \right) dx_1 \,. \qquad \diamond$$

Ein anderer Beweis von Satz 2.3 wird in Aufgabe 9.11 skizziert.

2.4 Beispiele. a) Für die Funktion $f(x, y) := x \cos xy$ wird der *Mittelwert* über $Q := [0,1] \times [0, \pi]$ berechnet:

$$M \;=\; \tfrac{1}{\pi} \int_0^\pi \int_0^1 x \cos xy\, dy\, dx \;=\; \tfrac{1}{\pi} \int_0^\pi x \left(\int_0^1 \cos xy\, dy \right) dx$$
$$=\; \tfrac{1}{\pi} \int_0^\pi x \left(\tfrac{\sin xy}{x} \big|_0^1 \right) dx \;=\; \tfrac{1}{\pi} \int_0^\pi \sin x\, dx \;=\; \tfrac{2}{\pi} \,.$$

Man kann auch zuerst über x integrieren; die Rechnung ist dann etwas aufwendiger.

b) Für $r > 0$ wird die Funktion

$$f : \mathbb{R}^2 \mapsto \mathbb{R}, \quad f(x, y) := \sqrt{\max \{0, r^2 - x^2 - y^2\}} \,,$$

über $Q := [-r, r]^2$ integriert; offenbar ist $\Gamma^-(f)$ die Euklidische *Halbkugel* $\{(x, y, z) \in \overline{K}_r(0) \mid z \geq 0\}$ (vgl. Abb. 2b). Man hat

$$\int_Q f(x, y)\, d(x, y) \;=\; \int_{-r}^{r} \int_{-r}^{r} f(x, y)\, dy\, dx$$
$$=\; \int_{-r}^{r} \left(\int_{-\sqrt{r^2 - x^2}}^{\sqrt{r^2 - x^2}} \sqrt{r^2 - x^2 - y^2}\, dy \right) dx \,.$$

Mit $y = \sqrt{r^2 - x^2} \cdot t$ erhält man für das innere Integral

$$\int_{-\sqrt{r^2 - x^2}}^{\sqrt{r^2 - x^2}} \sqrt{r^2 - x^2 - y^2}\, dy = (r^2 - x^2) \int_{-1}^{1} \sqrt{1 - t^2}\, dt = \tfrac{\pi}{2}(r^2 - x^2) \,,$$

und daraus ergibt sich

$$\int_Q f(x, y)\, d(x, y) = \tfrac{\pi}{2} \int_{-r}^{r} (r^2 - x^2)\, dx = \pi \left(r^2 x - \tfrac{x^3}{3} \big|_0^r \right) = \tfrac{2\pi}{3} r^3 \,.$$

Folglich ist $\frac{4\pi}{3}r^3$ als *Volumen* einer *Euklidischen Kugel* mit Radius r im Raum $\mathbb{R}^3$ zu interpretieren (vgl. (9.14)).

c) Für $0 < a < b$ konvergiert das uneigentliche Integral

$$I := \int_0^\infty \frac{e^{-ax} - e^{-bx}}{x} \, dx,$$

und wegen $\frac{e^{-ax}-e^{-bx}}{x} = \int_a^b e^{-xy} \, dy$ gilt $I = \lim_{c\to\infty} \int_0^c \int_a^b e^{-xy} \, dy \, dx$. Aus Satz 2.3 erhält man

$$
\begin{aligned}
I &= \lim_{c\to\infty} \int_a^b \int_0^c e^{-xy} \, dx \, dy = \lim_{c\to\infty} \int_a^b \frac{1-e^{-cy}}{y} \, dy \\
&= \int_a^b \frac{1}{y} \, dy = \log b - \log a
\end{aligned}
$$

wegen $0 \le \int_a^b \frac{e^{-cy}}{y} \, dy \le \frac{b-a}{a} e^{-ca} \to 0$ für $c \to \infty$. $\qquad\square$

Analog zu Definition 2.1 werden nun auch n-fache Integrale eingeführt:

2.5 Definition. *Es sei $Q \subseteq \mathbb{R}^n$ ein kompakter Quader wie in (1). Für $f \in \mathcal{C}(Q)$ wird durch*

$$\int_Q f(x) \, dx := \int_{a_1}^{b_1} \left(\cdots \left(\int_{a_n}^{b_n} f(x_1, \ldots, x_n) \, dx_n \right) \cdots \right) dx_1 \qquad (8)$$

das Integral von f über Q definiert.

2.6 Bemerkungen. a) Das innere Integral in (8) liefert eine stetige Funktion auf $\prod_{k=1}^{n-1} [a_k, b_k]$ (vgl. Satz II. 18.9), die nach x_{n-1} integriert werden kann. So fortfahrend sieht man, daß die rechte Seite von (8) wohldefiniert ist.

b) Nach Satz 2.3 kann die n-fache Integration in (8) auch in jeder anderen Reihenfolge durchgeführt werden.

c) Wie im Fall $n = 2$ läßt sich $\int_Q f(x) \, dx$ für $f \ge 0$ als das $(n+1)$-dimensionale Volumen der Menge

$$\Gamma^-(f) := \{(x,z) \in \mathbb{R}^{n+1} \mid x \in Q, 0 \le z \le f(x)\} \qquad (9)$$

interpretieren (vgl. (9.14)), $\frac{1}{|Q|} \int_Q f(x) \, dx$ als Mittelwert von f über Q. $\square$

Insbesondere ist damit das Integral auf dem Raum der *stetigen Funktionen mit kompaktem Träger* auf $\mathbb{R}^n$ definiert:

2.7 Definition. *a) Es sei X ein metrischer (oder auch topologischer) Raum. Für eine Funktion $f : X \mapsto \mathbb{C}$ heißt*

$$\operatorname{supp} f := \overline{\{x \in X \mid f(x) \ne 0\}} \subseteq X \qquad (10)$$

der Träger („support") *von f, und*

$$\mathcal{C}_c(X) := \{\phi \in \mathcal{C}(X) \mid \operatorname{supp}\phi \; \textit{ist kompakt}\} \tag{11}$$

sei der Raum aller stetigen Funktionen mit kompaktem Träger *auf X.*
b) *Für eine offene Menge* $D \subseteq \mathbb{R}^n$ *und* $k \in \mathbb{N}_0 \cup \{\infty\}$ *setzt man*

$$\mathcal{C}_c^k(D) := \mathcal{C}_c(D) \cap \mathcal{C}^k(D). \tag{12}$$

2.8 Definition. *Für* $\phi \in \mathcal{C}_c(\mathbb{R}^n)$ *definiert man als* Integral

$$L(\phi) := \int_{\mathbb{R}^n} \phi(x)\,dx := \int_Q \phi(x)\,dx, \tag{13}$$

wobei $Q \subseteq \mathbb{R}^n$ *ein kompakter Quader mit* $\operatorname{supp}\phi \subseteq Q$ *sei.*

Soll die Dimension n betont werden, so schreibt man auch

$$L(\phi) =: L_n(\phi) =: \int_{\mathbb{R}^n} \phi(x)\,d^n x. \tag{14}$$

2.9 Beispiele und Bemerkungen. a) Natürlich hängt $\int_Q \phi(x)\,dx$ nicht von der Wahl von Q ab, solange die Bedingung „$\operatorname{supp}\phi \subseteq Q$" erfüllt ist.
b) Die Funktion f aus Beispiel 2.4 b) liegt in $\mathcal{C}_c(\mathbb{R}^2)$.

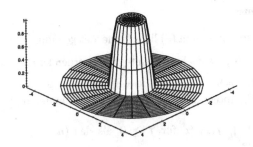

Abb. 2c   Abb. 2d

c) Im folgenden werden oft *Abschneidefunktionen* aus $\mathcal{C}_c(\mathbb{R}^n)$, später sogar aus $\mathcal{C}_c^\infty(\mathbb{R}^n)$, verwendet. Für eine Menge $K \subseteq \mathbb{R}^n$ wird mit

$$d_K : x \mapsto \inf\{d(x,y) \mid y \in K\} \tag{15}$$

die auf $\mathbb{R}^n$ gleichmäßig stetige *Distanzfunktion* von K bezeichnet (vgl. die Bemerkungen II. 4.15). Für $\varepsilon > 0$ ist dann auch die Funktion

$$\eta_{K,\varepsilon} : x \mapsto \begin{cases} 1 - \frac{1}{\varepsilon} d_K(x) &, \quad d_K(x) \leq \varepsilon \\ 0 &, \quad d_K(x) \geq \varepsilon \end{cases} \tag{16}$$

stetig (vgl. Abb. 2c und 2d) ; offenbar hat man $0 \leq \eta_{K,\varepsilon} \leq 1$ und

$$\operatorname{supp} \eta_{K,\varepsilon} \subseteq K_\varepsilon := \{x \in X \mid d_K(x) \leq \varepsilon\}. \tag{17}$$

Für kompakte K gilt also $\eta_{K,\varepsilon} \in \mathcal{C}_c^+(\mathbb{R}^n)$. Die Folge $(\eta_j := \eta_{K,1/j})$ ist *monoton fallend* und *konvergiert punktweise* gegen χ_K; für diese Situation wird hier und im folgenden die Notation $\eta_j \downarrow \chi_K$ verwendet.

d) Im Fall $K = [a, b] \subseteq \mathbb{R}$ gilt offenbar $\int_\mathbb{R} \eta_j(x)\, dx = b - a + \frac{1}{j}$, vgl. Abb. 2d. Für einen Quader Q wie in (1) und

$$\zeta_j(x_1, \ldots, x_n) := \eta_{[a_1,b_1],1/j}(x_1) \cdots \eta_{[a_n,b_n],1/j}(x_n) \in \mathcal{C}_c^+(\mathbb{R}^n) \tag{18}$$

gilt dann ebenfalls $\zeta_j \downarrow \chi_Q$, und man hat

$$\int_{\mathbb{R}^n} \zeta_j(x)\, dx = \prod_{k=1}^{n} \left((b_k - a_k) + \tfrac{1}{j}\right). \qquad\qquad \Box \tag{19}$$

Es werden nun einige elementare Eigenschaften des Integrals notiert:

2.10 Feststellung. *a) Die Abbildung* $L : \mathcal{C}_c(\mathbb{R}^n) \mapsto \mathbb{C}$ *ist* linear *und* positiv, *d. h. es gilt* $L(\phi) \geq 0$ *für* $\phi \geq 0$.

b) Das Integral ist translationsinvariant *auf* $\mathbb{R}^n$ *, d. h. man hat*

$$\int_{\mathbb{R}^n} \phi(x)\, dx = \int_{\mathbb{R}^n} \phi(x - h)\, dx \quad \text{für } h \in \mathbb{R}^n \text{ und } \phi \in \mathcal{C}_c(\mathbb{R}^n). \tag{20}$$

c) Für eine invertierbare Diagonalmatrix $D = \operatorname{diag}(d_1, \ldots, d_n) \in GL_\mathbb{R}(n)$ *und* $\phi \in \mathcal{C}_c(\mathbb{R}^n)$ *gilt*

$$\int_{\mathbb{R}^n} \phi(x)\, dx = \int_{\mathbb{R}^n} \phi(Du) |\det D|\, du. \tag{21}$$

BEWEIS. a) ist klar, b) und c) folgen wegen (8) und (13) aus der eindimensionalen Substitutionsregel unter Beachtung von $\det D = d_1 \cdots d_n$. $\Diamond$

2.11 Bemerkungen. a) Formel (21) gilt für *alle* invertierbaren Matrizen $D \in GL_\mathbb{R}(n)$; in Theorem 11.7 wird eine noch weit allgemeinere *Transformationsformel* bewiesen.

b) Ist $\Lambda : \mathcal{C}_c(\mathbb{R}^n) \mapsto \mathbb{C}$ eine translationsinvariante positive Linearform, so folgt $\Lambda = cL$ für ein $c \geq 0$. Einen Beweis dieser Aussage findet man in [9], §1, Satz 3; eng damit zusammen hängt die Eindeutigkeitsaussage 8.5 für das Lebesgue-Maß auf $\mathbb{R}^n$.

c) In Abschnitt 4 folgt die Konstruktion des Lebesgue-Integrals auf $\mathbb{R}^n$ mittels der in Abschnitt 1 skizzierten Methode. Dabei wird nur benötigt, daß $L : \mathcal{C}_c(\mathbb{R}^n) \mapsto \mathbb{C}$ eine *positive Linearform* oder, etwas anders formuliert, ein *positives Funktional* ist; die Konstruktion kann daher allgemeiner für *beliebige* positive Funktionale $\lambda : \mathcal{C}_c(X) \mapsto \mathbb{C}$ über geeigneten metrischen Räumen durchgeführt werden. „Geeignet" bedeutet dabei *lokale Kompaktheit;* dieser Begriff wird im nächsten Abschnitt eingeführt. $\Box$

Bemerkungen: a) *Leser, die sich nur für das Lebesgue-Integral auf* $\mathbb{R}^n$ *interessieren, können Abschnitt 3 übergehen und in den Abschnitten 4–7 stets* $X = \mathbb{R}^n$ *und* $\lambda = L$ *annehmen.*

b) *Der Beweis der Transformationsformel 11.6 für stetige Funktionen mit kompaktem Träger kann bereits jetzt geführt werden; dazu lese man die Nummern 10.1, 10.2 und 11.1–11.6.*

Aufgaben

2.1 Man berechne die folgenden Integrale:

a) $\int_{[0,1]^2} (3x^2 y - 4xy^3)\, d(x,y)$,   b) $\int_{[1,2]^2} e^{x+y}\, d(x,y)$,

c) $\int_{[1,2]^2 \times [0,1]} \frac{2z}{x+y}\, d(x,y,z)$,   d) $\int_{[0,1]^3} \frac{x^2 z^3}{1+y^2}\, d(x,y,z)$.

2.2 Es sei $f \in C^1[0,\infty)$, so daß das uneigentliche Integral $\int_1^{\uparrow\infty} \frac{f(x)}{x}\, dx$ konvergiert. Für $0 < a < b$ zeige man:

$$\int_0^\infty \frac{f(ax) - f(bx)}{x}\, dx = f(0) \log \tfrac{b}{a}.$$

2.3 Es sei $f \in C[a,b]$ mit $f(x) > 0$ für $x \in [a,b]$. Man zeige

$$\left(\int_a^b f(x)\, dx \right) \cdot \left(\int_a^b \tfrac{1}{f(x)}\, dx \right) \geq (b-a)^2.$$

HINWEIS. Man schreibe die linke Seite in der Form

$$\int_a^b \int_a^b \frac{f(x)}{f(y)}\, d(x,y) = \tfrac{1}{2} \int_a^b \int_a^b \left(\frac{f(x)}{f(y)} + \frac{f(y)}{f(x)} \right) d(x,y).$$

2.4 Man bestimme das Volumen

a) des Ellipsoids $E := \{ (x,y,z) \in \mathbb{R}^3 \mid \frac{x^2}{a^2} + \frac{y^2}{b^2} + \frac{z^2}{c^2} \leq 1 \}$,

b) des Paraboloids $P := \{ (x,y,z) \in \mathbb{R}^3 \mid 0 \leq z \leq 1 - \frac{x^2+y^2}{R^2} \}$,

c) des Kegels $K := \{ (x,y,z) \in \mathbb{R}^3 \mid 0 \leq z \leq h,\ x^2 + y^2 \leq R^2(1 - \frac{z}{h})^2 \}$.

2.5 Man gebe einen ausführlichen Beweis von Feststellung 2.10.

3   Lokalkompakte Räume

3.1 Definition. *Ein metrischer Raum* X *heißt* lokalkompakt, *wenn jeder Punkt* $x \in X$ *eine (in* X *) relativ kompakte Umgebung besitzt.*

3.2 Beispiele und Bemerkungen. a) Es ist X genau dann lokalkompakt, wenn es zu jedem $x \in X$ ein $\delta(x) > 0$ gibt, so daß die abgeschlossenen Kugeln $\overline{K}_r(x)$ für $0 \leq r \leq \delta(x)$ kompakt sind.

b) Kompakte Räume X sind lokalkompakt, ebenso die Räume $\mathbb{R}^n$, $n \in \mathbb{N}$.
In diesen Fällen sind *alle* Kugeln $\overline{K}_r(x)$ mit $0 \le r < \infty$ kompakt.

c) Es sei X lokalkompakt, und $Y \subseteq X$ sei *offen* oder *abgeschlossen*. Dann
ist auch Y lokalkompakt. Im Fall $Y = (-1,1)$ etwa hat man $\delta(x) < 1 - |x|$
zu wählen.

d) *Mannigfaltigkeiten* $S \subseteq \mathbb{R}^n$ sind lokal zu offenen Teilmengen eines $\mathbb{R}^d$
homöomorph, also ebenfalls lokalkompakt.

e) $\mathbb{Q}$ ist *nicht* lokalkompakt.

f) Unendlichdimensionale normierte Räume sind *nicht* lokalkompakt (vgl.
Aufgabe II. 11.7).   □

3.3 Bemerkung. Es sei X ein lokalkompakter Raum. Die Abschneidefunktionen $\eta_{K,\varepsilon}$ aus (2.16) sind auch für Mengen $K \subseteq X$ definiert und
stetig. Zu $x \in K$ gibt es $\delta(x) > 0$, so daß $K_{\delta(x)}(x)$ relativ kompakt ist.
Ist nun K *kompakt*, so gibt es nach Theorem II. 10.9 endlich viele dieser
offenen Kugeln mit $K \subseteq \bigcup\limits_{j=1}^{r} K_j =: U$, und $\overline{U} = \bigcup\limits_{j=1}^{r} \overline{K_j}$ ist kompakt. Man
hat $d(K, X \backslash U) > 0$ für die Distanz von K zum Komplement von U (vgl.
Aufgabe II. 6.5), und daher gilt $K_\varepsilon \subseteq U$ für genügend kleine $\varepsilon > 0$. Für
diese $\varepsilon > 0$ ist dann K_ε kompakt, und man hat $\eta_{K,\varepsilon} \in \mathcal{C}_c^+(X)$.   □

Für viele Resultate über *meßbare Funktionen* ab Abschnitt 6 wird die Existenz einer *kompakten Ausschöpfung* (1) von X benötigt:

3.4 Satz. *Für einen lokalkompakten metrischen Raum X sind äquivalent:*

(a) X ist separabel.

(b) Jede offene Überdeckung von X besitzt eine abzählbare *Teilüberdeckung.*

(c) Es gibt eine Folge $(K_\ell)_{\ell=1}^{\infty}$ kompakter Mengen in X mit

$$K_\ell \subseteq K_{\ell+1}^{\circ} \quad \text{für} \quad \ell \in \mathbb{N} \quad \text{und} \quad X = \bigcup_{\ell=1}^{\infty} K_\ell. \tag{1}$$

(d) Es gibt eine Folge $(K_\ell)_{\ell=1}^{\infty}$ kompakter Mengen in X mit $X = \bigcup\limits_{\ell=1}^{\infty} K_\ell$.

BEWEIS. „(a) $\Rightarrow$ (b)": Es sei $\mathfrak{U}$ eine offene Überdeckung von X. Für $x \in X$
gilt $\rho(x) := \sup \{r > 0 \mid \exists\, U \in \mathfrak{U}$ mit $K_r(x) \subseteq U\} > 0$. Es sei nun
$\{x_n\}_{n \in \mathbb{N}}$ dicht in X und $r_n := \frac{1}{2}\rho(x_n)$. Zu $x \in X$ gibt es $n \in \mathbb{N}$ mit
$d(x, x_n) < \frac{1}{4}\rho(x)$; dann folgt $\rho(x_n) \ge \frac{3}{4}\rho(x)$ und daher $x \in K_{r_n}(x_n)$.
Somit gilt $X = \bigcup\limits_{n=1}^{\infty} K_{r_n}(x_n)$, und mit $K_{r_n}(x_n) \subseteq U_n \in \mathfrak{U}$ folgt auch
$X = \bigcup\limits_{n=1}^{\infty} U_n$.

„(b) $\Rightarrow$ (c)": Zu $x \in X$ gibt es $\delta(x) > 0$, so daß $\overline{K}_{\delta(x)}(x)$ kompakt ist. Nach (b) gibt es eine Folge $(x_n)_{n=1}^{\infty}$ in X mit $X = \bigcup\limits_{n=1}^{\infty} K_{\delta(x_n)}(x_n)$. Zu jeder kompakten Menge $K \subseteq X$ gibt es $\ell \in \mathbb{N}$ mit $K \subseteq D_\ell := \bigcup\limits_{n=1}^{\ell} K_{\delta(x_n)}(x_n)$. Man konstruiert rekursiv eine Folge $(K_\ell)_{\ell=1}^{\infty}$ kompakter Mengen in X mit

$$D_\ell \subseteq K_\ell \subseteq K_{\ell+1}^{\circ} \quad \text{für} \quad \ell \in \mathbb{N} : \tag{2}$$

Zunächst sei $K_1 := \overline{D_1}$. Sind $K_1, \ldots, K_j$ mit (2) für $\ell = 1, \ldots, j-1$ bereits konstruiert, so wählt man $j + 1 \leq m_{j+1} \in \mathbb{N}$ mit $K_j \subseteq D_{m_{j+1}}$ und setzt $K_{j+1} := \overline{D_{m_{j+1}}}$. Natürlich folgt (1) unmittelbar aus (2).

„(c) $\Rightarrow$ (d)" ist klar, und „(d) $\Rightarrow$ (a)" folgt sofort aus der Tatsache, daß kompakte metrische Räume separabel sind (vgl. Folgerung II. 10.5). $\diamond$

Man beachte, daß die Implikationen „(a) $\Rightarrow$ (b)" und „(c) $\Rightarrow$ (d) $\Rightarrow$ (a)" für *beliebige* metrische Räume bewiesen wurden.

Aufgaben

3.1 Man entscheide, ob die folgenden Räume lokal kompakt sind:
a) die Menge $[0,1] \setminus \{\frac{1}{n} \mid n \in \mathbb{N}\}$,
b) ein halboffenes Intervalle in $\mathbb{R}$,
c) der Fréchetraum $C^\infty[a,b]$ (vgl. Abschnitt II. 16).

3.2 Man gebe einen direkten Beweis für die Implikation „(d) $\Rightarrow$ (b)" in Satz 3.4 und zeige, daß die Aussagen (b)–(d) dort auch für einen lokalkompakten *topologischen* Raum X äquivalent sind.

3.3 Es seien X, Y metrische Räume, X lokalkompakt und $f : X \mapsto Y$ stetig. Ist dann auch $f(X)$ lokalkompakt?

4   Konstruktion des Lebesgue-Integrals

In diesem Abschnitt wird, ausgehend von dem Integral

$$L : C_c(\mathbb{R}^n) \mapsto \mathbb{C}, \quad L(\phi) = \int_{\mathbb{R}^n} \phi(x)\, dx, \tag{1}$$

auf dem Raum der stetigen Funktionen mit kompaktem Träger, das Lebesgue-Integral auf $\mathbb{R}^n$ mittels der in Abschnitt 1 skizzierten Methode definiert. Die Konstruktion wird allgemeiner für ein positives Funktional

$$\lambda : C_c(X) \mapsto \mathbb{C} \tag{2}$$

über einem lokalkompakten metrischen Raum X durchgeführt; dadurch erhält man in Abschnitt 19 auch das Lebesgue-Integral auf Mannigfaltigkeiten (vgl. auch die Aufgaben 4.11, 4.12 und 5.7).

Wichtig für die Integrationstheorie ist die Tatsache, daß $C_c(X)$ ein *Funktionenverband* ist, d. h. die Eigenschaft „$\phi \in C_c(X) \Rightarrow |\phi| \in C_c(X)$" besitzt. Wegen

$$
\begin{aligned}
f \wedge g &:= \min\{f, g\} = \tfrac{1}{2}(f + g - |f - g|), \\
f \vee g &:= \max\{f, g\} = \tfrac{1}{2}(f + g + |f - g|)
\end{aligned}
\tag{3}
$$

für Funktionen $f, g : X \mapsto \mathbb{R}$ impliziert diese auch $\phi \wedge \psi$, $\phi \vee \psi \in C_c(X, \mathbb{R})$ für $\phi, \psi \in C_c(X, \mathbb{R})$. Weiter hat man:

4.1 Feststellung. *Es sei $\lambda : C_c(X) \mapsto \mathbb{C}$ ein positives Funktional .*
a) Für $\phi \in C_c(X, \mathbb{R})$ gilt $\lambda(\phi) \in \mathbb{R}$.
b) Das Funktional $\lambda : C_c(X) \mapsto \mathbb{C}$ ist monoton, *d. h. man hat*

$$
\lambda(\phi) \le \lambda(\psi) \quad \text{für} \quad \phi \le \psi \in C_c(X, \mathbb{R}).
\tag{4}
$$

BEWEIS. a) Für Funktionen $f : X \mapsto \mathbb{R}$ gilt die Zerlegung

$$
f = f^+ - f^- \quad \text{mit} \quad f^+ := f \vee 0 \ge 0, \quad f^- := -f \vee 0 \ge 0.
\tag{5}
$$

Für $\phi \in C_c(X, \mathbb{R})$ folgt daraus $\lambda(\phi) = \lambda(\phi^+) - \lambda(\phi^-) \in \mathbb{R}$.
b) Man hat $\psi - \phi \ge 0$ und somit auch $\lambda(\psi) - \lambda(\phi) = \lambda(\psi - \phi) \ge 0$.   ◇

4.2 Definition. *a) Eine Reihe $\sum \phi_k$ von Funktionen $\phi_k \in C_c^+(X)$ heißt λ-Majorante einer Funktion $f : X \mapsto \mathbb{C}$, falls*

$$
\sum_{k=1}^{\infty} \lambda(\phi_k) < \infty \quad \text{und} \quad |f(x)| \le \sum_{k=1}^{\infty} \phi_k(x) \quad \text{für alle } x \in X
\tag{6}
$$

gilt. Die Zahl $\displaystyle\sum_{k=1}^{\infty} \lambda(\phi_k) \ge 0$ heißt dann λ-Obersumme von f.
b) Es sei $\mathcal{L}(X, \lambda)$ die Menge aller Funktionen $f : X \mapsto \mathbb{C}$, für die eine λ-Majorante existiert.
c) Für $f \in \mathcal{L}(X, \lambda)$ wird die λ-Halbnorm definiert als das Infimum aller λ-Obersummen von f :

$$
\| f \|_\lambda := \inf \Big\{ \sum_{k=1}^{\infty} \lambda(\phi_k) \mid \sum \phi_k \text{ ist } \lambda - \text{Majorante von } f \Big\}.
\tag{7}
$$

4.3 Beispiele und Bemerkungen. a) Bedingung (6) ist genauso wie Bedingung (1.9) zu lesen; Bemerkung 1.5 a) gilt entsprechend.

b) Für eine Funktion $f : X \mapsto \mathbb{C}$ gilt $f \in \mathcal{L}(X, \lambda) \Leftrightarrow |f| \in \mathcal{L}(X, \lambda)$ und $\|f\|_\lambda = \||f|\|_\lambda$ in diesem Fall. Die Existenz einer λ-Majorante zu f ist eine reine *Wachstumsbedingung* an f und impliziert keinerlei Glattheitseigenschaften.

c) Für eine beschränkte Funktion $f : X \mapsto \mathbb{C}$ mit kompaktem Träger K ist $\phi := \|f\|_{\sup} \eta_{K,\varepsilon}$ (vgl. (2.16)) für kleine $\varepsilon > 0$ eine λ-Majorante mit nur einem Summanden; somit gilt also $f \in \mathcal{L}(X, \lambda)$ für alle λ. Ist $X = \mathbb{R}^n$ und Q ein kompakter Quader wie in (2.1) mit $K \subseteq Q$, so ist auch $\phi := \|f\|_{\sup} \zeta_j$ eine L-Majorante von f (vgl. (2.18)), und mit $j \to \infty$ folgt aus (2.19)) sofort

$$\|f\|_L \leq \|f\|_{\sup} m_n(Q). \tag{8}$$

d) Die unbeschränkten Funktionen $f_\alpha : x \mapsto x^{-\alpha} \chi_{(0,1)}$ sind nach Beispiel 1.5 d) für $0 < \alpha < 1$ Elemente von $\mathcal{L}(\mathbb{R})$ (vgl. Aufgabe 1.4); hier wie auch im folgenden wird die Abkürzung $\mathcal{L}(\mathbb{R}^n) := \mathcal{L}(\mathbb{R}^n, L)$ benutzt. Die Funktionen $g_\alpha : x \mapsto x^{-\alpha} \chi_{(1,\infty)}$ mit unbeschränkten Trägern sind für $\alpha > 1$ Elemente von $\mathcal{L}(\mathbb{R})$ (vgl. Aufgabe 4.1). $\qquad\qquad\square$

Durch (7) wird tatsächlich eine Halbnorm auf $\mathcal{L}(X, \lambda)$ definiert (vgl. Feststellung 4.6 b)). Darüberhinaus gilt sogar eine *„abzählbare Version"* der Dreiecks-Ungleichung (Satz 4.5), die für die Lebesguesche Integrationstheorie *fundamental* ist. Der Beweis benutzt die folgende einfache Tatsache über *Doppelreihen* (vgl. dazu auch Abschnitt I. 39*):

4.4 Lemma. *Es seien* $a : \mathbb{N} \times \mathbb{N} \mapsto [0, \infty)$ *eine „Doppelfolge" und* $\tau : \mathbb{N} \mapsto \mathbb{N} \times \mathbb{N}$ *eine Bijektion. Die Reihe* $\sum_n a_{\tau(n)}$ *konvergiert genau dann, wenn alle Reihen* $\sum_j a_{kj}$ *konvergent sind und auch die Reihe* $\sum_k \left(\sum_{j=1}^{\infty} a_{kj} \right)$ *konvergiert. Ist dies der Fall, so gilt*

$$\sum_{k=1}^{\infty} \left(\sum_{j=1}^{\infty} a_{kj} \right) = \sum_{n=1}^{\infty} a_{\tau(n)}. \tag{9}$$

BEWEIS. „$\Leftarrow$": Zu $m \in \mathbb{N}$ gibt es $k_0, j_0 \in \mathbb{N}$ mit

$$\{\tau(1), \ldots, \tau(m)\} \subseteq \{(k,j) \mid 1 \leq k \leq k_0, 1 \leq j \leq j_0\},$$

und es folgt $\sum_{n=1}^{m} a_{\tau(n)} \leq \sum_{k=1}^{k_0} \sum_{j=1}^{j_0} a_{kj} \leq \sum_{k=1}^{\infty} \left(\sum_{j=1}^{\infty} a_{kj} \right)$.

„$\Rightarrow$": Man hat $\sum_{k=1}^{m} \sum_{j=1}^{\ell} a_{kj} \leq \sum_{n=1}^{\infty} a_{\tau(n)}$ für alle $m, \ell \in \mathbb{N}$, und die Behauptung folgt mit $\ell \to \infty$ und dann $m \to \infty$. $\qquad\qquad\diamond$

4.5 Satz. *Es seien* (g_k) *eine Folge in* $\mathcal{L}(X,\lambda)$ *mit* $\sum\limits_{k=1}^{\infty} \| g_k \|_\lambda < \infty$ *und* $f : X \mapsto \mathbb{C}$ *eine Funktion mit*

$$| f(x) | \le \sum\limits_{k=1}^{\infty} | g_k(x) | \quad \text{für alle } x \in X . \tag{10}$$

Dann folgt $f \in \mathcal{L}(X,\lambda)$ *und* $\| f \|_\lambda \le \sum\limits_{k=1}^{\infty} \| g_k \|_\lambda$.

BEWEIS. Zu $\varepsilon > 0$ besitzt $g_k \in \mathcal{L}(X,\lambda)$ eine λ-Majorante $\sum_j \phi_j^{(k)}$ mit $\sum\limits_{j=1}^{\infty} \lambda(\phi_j^{(k)}) \le \| g_k \|_\lambda + \varepsilon/2^k$. Es folgt $|f| \le \sum\limits_{k=1}^{\infty} | g_k | \le \sum\limits_{k=1}^{\infty} \sum\limits_{j=1}^{\infty} \phi_j^{(k)}$ und $\sum\limits_{k=1}^{\infty} \sum\limits_{j=1}^{\infty} \lambda(\phi_j^{(k)}) \le \sum\limits_{k=1}^{\infty} \| g_k \|_\lambda + \varepsilon$. Mit $\varepsilon \to 0$ folgt dann die Behauptung aus Lemma 4.4. $\diamond$

Die Bedingung $\sum\limits_{k=1}^{\infty} \| g_k \|_\lambda < \infty$ impliziert wieder, daß die Reihe $\sum_k | g_k(x) |$ höchstens auf einer λ-*Nullmenge* divergieren kann (vgl. Theorem 5.1 a))!

Bemerkung: Im Beweis von Satz 4.5 wurden die Halbnormen $\| g_k \|_\lambda$ *durch* λ-*Obersummen nicht etwa bis auf* ε, *sondern bis auf* $\varepsilon/2^k$ *approximiert, so daß noch über* k *summiert werden konnte. Dieser „* $\varepsilon/2^k$ *-Trick" wird noch oft verwendet werden.*

4.6 Feststellung. *a) Für* $f \in \mathcal{L}(X,\lambda)$ *und* $g \in \mathcal{B}(X)$ *folgt* $f \cdot g \in \mathcal{L}(X,\lambda)$ *und* $\| f \cdot g \|_\lambda \le \| g \|_{\sup} \| f \|_\lambda$.
b) $\mathcal{L}(X,\lambda)$ *ist ein Vektorraum, und* $\| \ \|_\lambda$ *ist eine Halbnorm auf* $\mathcal{L}(X,\lambda)$.

BEWEIS. a) Für eine λ-Majorante $\sum \phi_k$ von f gilt $| f \cdot g | \le \sum\limits_{k=1}^{\infty} (\| g \|_{\sup} \phi_k)$ und $\sum\limits_{k=1}^{\infty} \lambda(\| g \|_{\sup} \phi_k) \le \| g \|_{\sup} \sum\limits_{k=1}^{\infty} \lambda(\phi_k)$; die Behauptung folgt dann durch Infimum-Bildung.
b) Stets gilt $\| f \|_\lambda \ge 0$, und die Dreiecks-Ungleichung ist ein Spezialfall von Satz 4.5. Für $\alpha \in \mathbb{C}$ gilt $\| \alpha f \|_\lambda \le |\alpha| \| f \|_\lambda$ nach a), und für $\alpha \ne 0$ folgt dann auch $|\alpha| \| f \|_\lambda = |\alpha| \| \frac{1}{\alpha} \alpha f \|_\lambda \le |\alpha| \frac{1}{|\alpha|} \| \alpha f \|_\lambda = \| \alpha f \|_\lambda$. $\diamond$

Somit kann man nun definieren:

4.7 Definition. *Der Raum* $\mathcal{L}_1(X,\lambda)$ *der* λ-*integrierbaren Funktionen auf* X *ist der Abschluß von* $C_c(X)$ *in* $(\mathcal{L}(X,\lambda), \| \ \|_\lambda)$.

4.8 Beispiele. a) Für die Funktionen $f_\alpha : x \mapsto x^{-\alpha} \chi_{(0,1)}$ (vgl. die Beispiele 1.5 d) und 4.3 d)) gilt $f_\alpha \in \mathcal{L}_1(\mathbb{R})$ für $\alpha < 1$ (hier wie auch im folgenden wird die Abkürzung $\mathcal{L}_1(\mathbb{R}^n) := \mathcal{L}_1(\mathbb{R}^n, L_n)$ benutzt). Entsprechend hat man $g_\alpha \in \mathcal{L}_1(\mathbb{R})$ für $\alpha > 1$ und $g_\alpha : x \mapsto x^{-\alpha} \chi_{(1,\infty)}$ (vgl. Aufgabe 4.1).

b) Der Zusammenhang zwischen Lebesgue-Integrierbarkeit und uneigentlicher Regel-Integrierbarkeit über reellen Intervallen wird in Folgerung 5.9 geklärt (vgl. auch Aufgabe 4.2). Analoge Aussagen für Funktionen von *mehreren* Veränderlichen ergeben sich aus Satz 5.8 (vgl. auch die Aufgaben 4.1 und 9.6 sowie Beispiel 11.10 f)). □

Zur Fortsetzung des Integrals $\lambda : \mathcal{C}_c(X) \mapsto \mathbb{C}$ auf $\mathcal{L}_1(X, \lambda)$ gemäß Satz 1.1 benötigt man eine *Stetigkeitsabschätzung* (12). Zur Vorbereitung ihres Beweises dient:

4.9 Satz. *Es sei* X *ein lokalkompakter metrischer Raum. Ein positives Funktional* $\lambda : \mathcal{C}_c(X) \mapsto \mathbb{C}$ *besitzt die folgende* Stetigkeitseigenschaft: *Ist* $K \subseteq X$ *kompakt und* $(\phi_n) \subseteq \mathcal{C}_c(X)$ *eine Folge mit*

$$\operatorname{supp} \phi_n \subseteq K \quad \text{für alle } n \in \mathbb{N} \quad \text{und} \quad \| \phi_n \|_{\sup} \to 0, \tag{11}$$

so folgt $\lambda(\phi_n) \to 0$.

BEWEIS. Wegen $\phi_n = \operatorname{Re} \phi_n + i \operatorname{Im} \phi_n$ kann man $(\phi_n) \subseteq \mathcal{C}_c(X, \mathbb{R})$ annehmen. Mit $\eta = \eta_{K,\varepsilon} \in \mathcal{C}_c^+(X)$ wie in (2.16) gilt

$$-\| \phi_n \|_{\sup} \cdot \eta \leq \phi_n \leq \| \phi_n \|_{\sup} \cdot \eta \quad \text{für alle } n \in \mathbb{N}.$$

Aus Feststellung 4.1 folgt daher auch

$$-\| \phi_n \|_{\sup} \lambda(\eta) \leq \lambda(\phi_n) \leq \| \phi_n \|_{\sup} \lambda(\eta) \quad \text{für alle } n \in \mathbb{N}$$

und damit $\lambda(\phi_n) \to 0$. ◇

4.10 Beispiel. Aus $\| \phi_n \|_{\sup} \to 0$ folgt ohne die Träger-Bedingung in (11) *nicht* $\lambda(\phi_n) \to 0$; dies wurde bereits in Abschnitt I. 25 bemerkt. Abb. 4a zeigt ein entsprechendes Beispiel $(\phi_n) \subseteq \mathcal{C}_c(\mathbb{R})$; man hat offenbar $\| \phi_n \|_{\sup} \leq \frac{1}{n} \to 0$, aber $L(\phi_n) = \int_\mathbb{R} \phi_n(x)\, dx \geq 2$. □

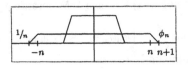

Abb. 4a

4.11 Theorem. *Es seien* X *ein lokalkompakter metrischer Raum und* $\lambda : \mathcal{C}_c(X) \mapsto \mathbb{C}$ *ein positives Funktional. Für* $\phi \in \mathcal{C}_c(X)$ *gilt die Abschätzung*

$$| \lambda(\phi) | \leq \lambda(| \phi |) = \| \phi \|_\lambda. \tag{12}$$

BEWEIS. a) Es sei $\alpha \in \mathbb{C}$ mit $|\alpha| = 1$ und $\lambda(\alpha\phi) = \alpha\lambda(\phi) = |\lambda(\phi)|$. Dann ist $\lambda(\alpha\phi)$ reell. Mit $u := \mathrm{Re}(\alpha\phi)$ gilt daher wegen Feststellung 4.1

$$|\lambda(\phi)| = \lambda(\alpha\phi) = \lambda(u) \leq \lambda(|\alpha\phi|) = \lambda(|\phi|).$$

b) Es ist $|\phi|$ eine aus einem Summanden bestehende λ-Majorante von ϕ, und daher gilt $\|\phi\|_\lambda \leq \lambda(|\phi|)$. Zum Beweis der umgekehrten Ungleichung sei nun $\sum \phi_k$ eine beliebige λ-Majorante von ϕ. Für

$$\tau_n := |\phi| \wedge \sum_{k=1}^n \phi_k \in \mathcal{C}_c^+(X)$$

gilt dann $\mathrm{supp}\,\tau_n \subseteq \mathrm{supp}\,\phi$ und $\tau_n \to |\phi|$ *punktweise*. Da aber die Folge (τ_n) *monoton wachsend* ist, gilt nach dem *Satz von Dini* II. 6.16 (vgl. auch Beispiel II. 10.6) sogar $\tau_n \to |\phi|$ *gleichmäßig*, also $\||\phi| - \tau_n\|_{\sup} \to 0$. Aus Satz 4.9 folgt somit $\lambda(\tau_n) \to \lambda(|\phi|)$. Wegen $\tau_n \leq \sum_{k=1}^n \phi_k$ gilt aber

$$\lambda(\tau_n) \leq \sum_{k=1}^n \lambda(\phi_k) \leq \sum_{k=1}^\infty \lambda(\phi_k) \quad \text{für alle } n \in \mathbb{N},$$

also auch $\lambda(|\phi|) \leq \sum_{k=1}^\infty \lambda(\phi_k)$. Daraus folgt dann $\lambda(|\phi|) \leq \|\phi\|_\lambda$.   ◇

4.12 Satz und Definition. *Es sei X ein lokalkompakter Raum. Ein positives Funktional $\lambda : \mathcal{C}_c(X) \mapsto \mathbb{C}$ besitzt eine eindeutig bestimmte stetige lineare Fortsetzung $\overline{\lambda} : \mathcal{L}_1(X, \lambda) \mapsto \mathbb{C}$ mit $\|\overline{\lambda}\| = 1$; diese heißt λ-Integral auf X, im Fall $\lambda = L$ Lebesgue-Integral auf $\mathbb{R}^n$. Man schreibt*

$$\int_X f(x)\, d\lambda(x) := \overline{\lambda}(f), \quad \int_{\mathbb{R}^n} f(x)\, dx := \overline{L}(f). \tag{13}$$

BEWEIS. Dies folgt sofort aus Theorem 4.11 und Satz 1.1. Aufgrund der Konstruktion in Satz 1.1 gilt

$$\int_X f(x)\, d\lambda(x) = \lim_{n \to \infty} \lambda(\psi_n) \tag{14}$$

für jede Folge $(\psi_n) \subseteq \mathcal{C}_c(X)$ mit $\|f - \psi_n\|_\lambda \to 0$.   ◇

Im Fall $X = \mathbb{R}^n$ schreibt man auch

$$\overline{L}(f) =: \overline{L}_n(f) =: \int_{\mathbb{R}^n} f(x)\, d^n x, \tag{15}$$

wenn die Dimension n betont werden soll.

4.13 Satz. *Der Raum* $\mathcal{L}_1(X, \lambda)$ *hat die folgenden Eigenschaften:*
a) Aus $f \in \mathcal{L}_1(X, \lambda)$ *folgt auch* $|f| \in \mathcal{L}_1(X, \lambda)$.
b) Aus $f, g \in \mathcal{L}_1(X, \lambda, \mathbb{R})$ *folgt auch* $f \wedge g \in \mathcal{L}_1(X, \lambda)$ *und* $f \vee g \in \mathcal{L}_1(X, \lambda)$.
c) Es seien $f \in \mathcal{L}_1(X, \lambda)$ *und* $g \in \mathcal{B}(X)$. *Ist zusätzlich* g *stetig oder* $g \in \mathcal{L}_1(X, \lambda)$, *so folgt* $f \cdot g \in \mathcal{L}_1(X, \lambda)$.

BEWEIS. a) Offenbar gilt $|f| \in \mathcal{L}(X, \lambda)$. Ist nun $(\psi_n) \subseteq \mathcal{C}_c(X)$ mit $\| f - \psi_n \|_\lambda \to 0$, so folgt wegen $\big| |f| - |\psi_n| \big| \leq |f - \psi_n|$ sofort auch $\big\| |f| - |\psi_n| \big\|_\lambda \leq \| f - \psi_n \|_\lambda \to 0$.
b) ergibt sich sofort aus a) aufgrund von (3).
c) Es gibt $(\psi_n) \subseteq \mathcal{C}_c(X)$ mit $\| f - \psi_n \|_\lambda \to 0$. Wegen Feststellung 4.6 a) gilt dann auch $\| fg - \psi_n g \|_\lambda \leq \| g \|_{\text{sup}} \| f - \psi_n \|_\lambda \to 0$, und für stetiges g ist $\psi_n g \in \mathcal{C}_c(X)$. Im Fall $g \in \mathcal{L}_1(X, \lambda)$ und $\psi_n \neq 0$ wählt man $\tau_n \in \mathcal{C}_c(X)$ mit $\| g - \tau_n \|_\lambda \leq \frac{1}{n \| \psi_n \|_{\text{sup}}}$, setzt $\tau_n = 0$ für $\psi_n = 0$ und erhält dann $\| \psi_n g - \psi_n \tau_n \|_\lambda \leq \frac{1}{n} \to 0$, also auch $\| fg - \psi_n \tau_n \|_\lambda \to 0$. $\diamond$

Satz 4.13 c) und auch Satz 4.14 d) gelten allgemeiner für *meßbare* beschränkte Funktionen g, vgl. Folgerung 6.6.

4.14 Satz. *Das* λ*-Integral* $\overline{\lambda} : \mathcal{L}_1(X, \lambda) \mapsto \mathbb{C}$ *hat folgende Eigenschaften:*
a) Für eine Folge $(f_n) \subseteq \mathcal{L}_1(X, \lambda)$ *und* $f \in \mathcal{L}_1(X, \lambda)$ *mit* $\| f - f_n \|_\lambda \to 0$ *gilt* $\int_X f_n(x) \, d\lambda(x) \to \int_X f(x) \, d\lambda(x)$.
b) Für $f \in \mathcal{L}_1(X, \lambda)$ *gilt*

$$\Big| \int_X f(x) \, d\lambda(x) \Big| \leq \int_X |f(x)| \, d\lambda(x) = \| f \|_\lambda. \tag{16}$$

c) Das λ*-Integral ist* positiv: *Aus* $f \geq 0$ *folgt auch* $\int_X f(x) \, d\lambda(x) \geq 0$.
d) Es seien $f \in \mathcal{L}_1(X, \lambda)$ *und* $g \in \mathcal{B}(X)$. *Zusätzlich sei* g *stetig oder* $g \in \mathcal{L}_1(X, \lambda)$. *Dann gilt*

$$\Big| \int_X f(x) g(x) \, d\lambda(x) \Big| \leq \| g \|_{\text{sup}} \int_X |f(x)| \, d\lambda(x). \tag{17}$$

BEWEIS. a) Man hat $|\overline{\lambda}(f) - \overline{\lambda}(f_n)| = |\overline{\lambda}(f - f_n)| \leq \| f - f_n \|_\lambda \to 0$.
b) Für $f \in \mathcal{C}_c(X)$ ist (16) gerade die Aussage von (12). Für $f \in \mathcal{L}_1(X, \lambda)$ wählt man eine Folge $(\psi_n) \subseteq \mathcal{C}_c(X)$ mit $\| f - \psi_n \|_\lambda \to 0$. Wie im Beweis von Satz 4.13 a) folgt auch $\big\| |f| - |\psi_n| \big\|_\lambda \leq \| f - \psi_n \|_\lambda \to 0$ sowie $\| \psi_n \|_\lambda \to \| f \|_\lambda$, so daß wegen a) die Behauptung mit $n \to \infty$ aus (12) folgt.
c) Aus b) ergibt sich sofort

$$\int_X f(x) \, d\lambda(x) = \int_X |f(x)| \, d\lambda(x) = \| f \|_\lambda \geq 0.$$

d) Nach Satz 4.13 c) gilt jedenfalls $fg \in \mathcal{L}_1(X, \lambda)$. Mit b) und Feststellung 4.6 a) folgt dann (17) aus

$$|\overline{\lambda}(fg)| \leq \overline{\lambda}(|fg|) = \|fg\|_\lambda \leq \|g\|_{\sup} \|f\|_\lambda. \qquad \diamond$$

Nun werden *Nullmengen* und *Nullfunktionen* behandelt:

4.15 Definition. *Es sei* $\lambda : \mathcal{C}_c(X) \mapsto \mathbb{C}$ *ein positives Funktional über einem lokalkompakten metrischen Raum* X.
a) *Eine Menge* $N \subseteq X$ *heißt* λ-Nullmenge, *falls für ihre charakteristische Funktion* $\|\chi_N\|_\lambda = 0$ *gilt. Mit* $\mathfrak{N}_\lambda(X)$ *wird das System aller* λ-*Nullmengen in* X *bezeichnet.*
b) *Eine Eigenschaft gilt* λ-*fast überall* (λ-f.ü.) *auf* X, *falls sie außerhalb einer* λ-*Nullmenge gilt.*

4.16 Bemerkung. Für $N \subseteq X$ gilt wegen (16) genau dann $N \in \mathfrak{N}_\lambda(X)$, wenn $\chi_N \in \mathcal{L}_1(X,\lambda)$ und $\int_X \chi_N(x)\, d\lambda(x) = 0$ ist. $\square$

Abzählbare Vereinigungen von Nullmengen sind wieder Nullmengen:

4.17 Feststellung. *Es seien* $\{N_k\}_{k\in\mathbb{N}} \subseteq \mathfrak{N}_\lambda(X)$ *und* $N \subseteq \bigcup_{k=1}^{\infty} N_k$. *Dann gilt auch* $N \in \mathfrak{N}_\lambda(X)$.

BEWEIS. Wegen $\chi_N \leq \sum_{k=1}^{\infty} \chi_{N_k}$ folgt dies sofort aus Satz 4.5. $\diamond$

4.18 Beispiele. a) Für einen kompakten Quader $Q = \prod_{k=1}^{n} [a_k, b_k] \subseteq \mathbb{R}^n$ gilt

$$\|\chi_Q\|_L \leq m_n(Q) = \prod_{k=1}^{n} (b_k - a_k) \qquad (18)$$

aufgrund von (8); in (5.6) wird gezeigt, daß in (18) Gleichheit gilt. Insbesondere gilt $Q \in \mathfrak{N}_L(\mathbb{R}^n) = \mathfrak{N}(\mathbb{R}^n)$ für *ausgeartete* Quader, d.h. solche mit $a_j = b_j$ für ein $j \in \{1,\dots,n\}$.
b) Aus Feststellung 4.17 folgt nun sofort $N \in \mathfrak{N}(\mathbb{R}^n)$ für *abzählbare* Mengen $N \subseteq \mathbb{R}^n$. Weiter ist die Menge $\mathbb{R}_{n-1} := \{(x',0) \in \mathbb{R}^n \mid x' \in \mathbb{R}^{n-1}\}$ eine abzählbare Vereinigung ausgearteter Quader und somit ebenfalls eine L_n-Nullmenge in $\mathbb{R}^n$. In Folgerung 8.10 wird gezeigt, daß auch $\mathcal{C}^1$-*Mannigfaltigkeiten* der Dimension $\leq n-1$ stets L_n-Nullmengen sind.
c) Die *Cantor-Menge* (vgl. Beispiel II.4.7c)) ist eine *überabzählbare* L_1-Nullmenge in $\mathbb{R}$. In der Tat gilt $C := \bigcap_{n=1}^{\infty} C_n$, wobei C_n eine disjunkte Vereinigung von 2^n Intervallen der Länge 3^{-n} ist. Aus Satz 4.5 und (18) folgt dann $\|\chi_C\|_L \leq \|\chi_{C_n}\|_L \leq (\frac{2}{3})^n$ für alle $n \in \mathbb{N}$, also $\|\chi_C\|_L = 0$. $\square$

Ab jetzt wird die folgende Notation verwendet: Für Mengen $A \subseteq B \subseteq X$ und Funktionen $f : B \mapsto \mathbb{C}$ wird mit

$$f_A^0(x) := \begin{cases} f(x) & , \quad x \in A \\ 0 & , \quad x \notin A \end{cases} \tag{19}$$

die durch 0 auf ganz X fortgesetzte Funktion $f|_A$ bezeichnet.

4.19 Satz. *a) Es sei* $h : X \mapsto \mathbb{C}$ *eine* λ-*Nullfunktion, d. h. es gelte* $\|h\|_\lambda = 0$. *Dann folgt* $N := \{x \in X \mid h(x) \neq 0\} \in \mathfrak{N}_\lambda(X)$.
b) Es seien $N \in \mathfrak{N}_\lambda(X)$ *und* $h : N \mapsto \mathbb{C}$ *eine beliebige Funktion. Dann ist* h_N^0 *eine* λ-*Nullfunktion auf* X.

BEWEIS. a) Wegen $\chi_N \leq \sum\limits_{k=1}^{\infty} |h|$ folgt $\|\chi_N\|_\lambda = 0$ sofort aus Satz 4.5.

b) Wegen $|h_N^0| \leq \sum\limits_{k=1}^{\infty} \chi_N$ folgt auch $\|h_N^0\|_\lambda = 0$ sofort aus Satz 4.5. $\Diamond$

4.20 Beispiele, Definitionen und Bemerkungen. a) Die *Dirichlet-Funktion* $\chi_\mathbb{Q} : \mathbb{R} \mapsto \mathbb{R}$ ist also eine L-Nullfunktion.
b) Der Raum aller λ-Nullfunktionen auf X ist durch

$$\mathcal{N}(X,\lambda) := \mathcal{N} := \{h : X \mapsto \mathbb{C} \mid h(x) = 0 \ \lambda\text{-f.ü.}\} \tag{20}$$
$$= \{h \in \mathcal{L}(X,\lambda) \mid \|h\|_\lambda = 0\} \subseteq \mathcal{L}_1(X,\lambda) \tag{21}$$

gegeben. In der Integrationstheorie werden fast überall gleiche Funktionen oft identifiziert. Durch

$$f \sim g :\Leftrightarrow f - g \in \mathcal{N} \Leftrightarrow \|f - g\|_\lambda = 0 \Leftrightarrow f = g \ \lambda\text{-f.ü.} \tag{22}$$

wird eine *Äquivalenzrelation* auf $\mathcal{L}(X,\lambda)$ definiert, deren Äquivalenzklassen die *normierten Quotientenräume*

$$L(X,\lambda) := \mathcal{L}(X,\lambda)/_\mathcal{N}, \quad L_1(X,\lambda) := \mathcal{L}_1(X,\lambda)/_\mathcal{N} \tag{23}$$

bilden (vgl. Aufgabe II. 2.8).
c) Satz 4.5 gilt auch dann, wenn statt (10) nur die Abschätzung

$$|f(x)| \leq \sum\limits_{k=1}^{\infty} |g_k(x)| \quad \text{für} \quad \lambda\text{-fast alle} \quad x \in X \tag{24}$$

vorausgesetzt wird; um dies einzusehen, ändert man f auf der Ausnahme-menge von (24) einfach zu 0 ab.
d) Im folgenden werden gelegentlich Zahlen $f(x)$ für λ-fast alle $x \in X$ definiert. Man definiert dann $f(x)$ *stillschweigend* irgendwie auf der Ausnahme-Nullmenge (z. B. als 0) und erhält damit eine Funktion $f : X \mapsto \mathbb{C}$, deren Äquivalenzklasse modulo $\mathcal{N}(X,\lambda)$ eindeutig bestimmt ist. $\square$

Aufgaben

4.1 Für die Funktionen f_α und g_α aus Beispiel 4.3 d) betrachte man die rotationssymmetrischen Funktionen $x \mapsto f_\alpha(|x|)$ und $x \mapsto g_\alpha(|x|)$ auf $\mathbb{R}^2$ und $\mathbb{R}^3$. Für welche $\alpha > 0$ liegen diese in $\mathcal{L}_1(\mathbb{R}^2)$ bzw. $\mathcal{L}_1^{\cdot}(\mathbb{R}^3)$?
HINWEIS. Man benutze die Formeln für Kreisflächen und Kugelvolumina (vgl. Beispiel 2.4 b)).

4.2 Aus $f \in \mathcal{C}(a,b)$ und $f_{(a,b)}^0 \in \mathcal{L}(\mathbb{R})$ folgere man die Konvergenz des uneigentlichen Integrals $\int_{a\downarrow}^{\uparrow b} |f(x)| \, dx$.

4.3 Man untersuche, ob die folgenden Funktionen in $\mathcal{L}_1(\mathbb{R})$ liegen und berechne gegebenenfalls die Integrale:
a) $f(x) = \frac{\sin x}{x}$, b) $f(x) := \frac{1}{1+x^2}$, c) $\log x \, \chi_{(0,1)}$.

4.4 Man zeige, daß $\mathcal{L}(X,\lambda)$ die Menge aller Funktionen $f : X \mapsto \mathbb{C}$ ist, für die eine Folge $(\tau_k) \subseteq \mathcal{C}_c(X,\mathbb{R})$ mit $\tau_{k-1} \leq \tau_k$, $|f| \leq \sup \tau_k$ sowie $\sup \lambda(\tau_k) < \infty$ existiert. Wie läßt sich $\|f\|_\lambda$ mit Hilfe solcher Folgen (τ_k) schreiben?

4.5 Gilt die abzählbare Version der Dreiecks-Ungleichung (Satz 4.5) auch für die sup-Norm oder für die Riemann-Halbnorm auf $\mathcal{B}[a,b]$?

4.6 Zu $N \subseteq \mathbb{R}^n$ und $\varepsilon > 0$ gebe es eine Folge (Q_k) kompakter Quader in $\mathbb{R}^n$ mit $N \subseteq \bigcup_{k=1}^{\infty} Q_k$ und $\sum_{k=1}^{\infty} |Q_k| < \varepsilon$. Man zeige $N \in \mathfrak{N}(\mathbb{R}^n)$.

4.7 Man zeige, daß die folgenden Mengen in $\mathfrak{N}(\mathbb{R}^2)$ liegen:
a) $\mathbb{R} \times \mathbb{Q}$, b) $\{tv \mid t \in \mathbb{R}\}$ für Vektoren $v \in \mathbb{R}^2$,
c) $\Gamma(f) = \{(x, f(x)) \mid x \in \mathbb{R}\}$ für stetige Funktionen $f \in \mathcal{C}(\mathbb{R}, \mathbb{R})$.

4.8 Man zeige, daß eine Menge $N \subseteq X$ genau dann eine λ-Nullmenge ist, wenn eine Folge $(\phi_k) \subseteq \mathcal{C}_c^+(X)$ existiert mit $\sum_{k=1}^{\infty} \lambda(\phi_k) < \infty$ und
$$N \subseteq D := \{x \in X \mid \sum_{k=1}^{\infty} \phi_k(x) = \infty\}.$$

4.9 Es seien X kompakt und $\lambda : \mathcal{C}(X) \mapsto \mathbb{C}$ ein positives Funktional. Man zeige $\lambda \in \mathcal{C}(X)' = L(X, \mathbb{C})$ und $\|\lambda\| = \lambda(1)$.

4.10 a) Man zeige, daß die folgenden Abbildungen positive Funktionale auf $\mathcal{C}_c(\mathbb{R}^2)$ sind: $\delta_a : \phi \mapsto \phi(a)$, $\lambda : \phi \mapsto \int_{\mathbb{R}} \phi(x,x) \, dx$.
b) Es seien $\lambda : \mathcal{C}_c(X) \mapsto \mathbb{C}$ ein positives Funktional und $g \in \mathcal{C}(X)$. Ist dann $g \cdot \lambda : \phi \mapsto \lambda(g\phi)$ ebenfalls ein positives Funktional auf $\mathcal{C}_c(X)$?

4.11 a) Es sei $\Gamma \subseteq \mathbb{R}^n$ eine glatte Jordankurve mit glatter Jordan-Parametrisierung $\gamma : [a, b] \mapsto \Gamma$. Man zeige, daß durch

$$\sigma : \phi \mapsto \int_\Gamma \phi(x)\, ds := \int_a^b \phi(\gamma(t))\,|\dot{\gamma}(t)|\, dt \qquad (25)$$

ein von der Auswahl von γ unabhängiges positives Funktional $\sigma : C(\Gamma) \mapsto \mathbb{C}$ mit $\|\sigma\| = \mathsf{L}(\Gamma)$ erklärt wird.

b) Für $f : \Gamma \mapsto \mathbb{C}$ zeige man $f \in \mathcal{L}_1(\Gamma, \sigma) \Leftrightarrow (f \circ \gamma)\,|\dot{\gamma}| \in \mathcal{L}_1[a, b]$ und $\int_\Gamma f(x)\, ds = \int_{[a,b]} f(\gamma(t))\,|\dot{\gamma}(t)|\, dt$ in diesem Fall.

c) Für $N \subseteq \Gamma$ zeige man $N \in \mathfrak{N}_\sigma(\Gamma) \Leftrightarrow \gamma^{-1}(N) \in \mathfrak{N}(\mathbb{R})$.

4.12 Auf einer Indexmenge I wird durch $d(i, i) = 0$ und $d(i, j) = 1$ für $i \neq j$ die *diskrete Metrik* definiert. Man zeige:

a) Es ist I lokalkompakt, und jede kompakte Menge $J \subseteq I$ ist *endlich*. Für I sind Separabilität und Abzählbarkeit äquivalent.

b) Ein positives Funktional $\Sigma : C_c(I) \mapsto \mathbb{C}$ wird definiert durch

$$\Sigma(\phi) := \sum_{i \in \mathrm{supp}\,\phi} \phi(i), \quad \phi \in C_c(I). \qquad (26)$$

c) Für den Raum der *summierbaren Familien* auf I (vgl. Abschnitt I. 39*)

$$\ell_1(I) = \{ f : I \mapsto \mathbb{C} \mid \|f\|_1 := \sup \{ \sum_{i \in I'} |f(i)| \mid I' \subseteq I \text{ endlich} \} < \infty \} \qquad (27)$$

gilt $\ell_1(I) = \mathcal{L}(I, \Sigma)$ und $\|f\|_1 = \|f\|_\Sigma$ für $f \in \ell_1(I)$. Insbesondere ist $\|\ \|_\Sigma$ eine *Norm* auf $\mathcal{L}(I, \Sigma)$, und man hat $\mathfrak{N}_\Sigma(I) = \{\emptyset\}$.

d) Es ist $\mathcal{L}_1(I, \Sigma) = \mathcal{L}(I, \Sigma)$, und $\int_I f(i)\, d\Sigma(i) = \sum_{i \in I} f(i)$ ist die *Summe* von $f \in \ell_1(I)$ im Sinne von (I. 39.7)*.

5   Konvergenzsätze

Aufgabe: Es sei $f \in \mathcal{L}_1(\mathbb{R})$. Man zeige, daß die Funktion $\widehat{f} : t \mapsto \int_\mathbb{R} f(x)\, e^{-itx}\, dx$ auf $\mathbb{R}$ stetig ist. Wann gilt sogar $\widehat{f} \in C^1(\mathbb{R})$?

In diesem Abschitt werden einige der wichtigsten Resultate der Lebesgueschen Integrationstheorie entwickelt. Die *Konvergenzsätze* der Theorie beruhen auf dem bereits durch Satz 4.5 vorbereiteten

5.1 Theorem (Beppo Levi). *Es seien X ein lokalkompakter metrischer Raum und $\lambda : C_c(X) \mapsto \mathbb{C}$ ein positives Funktional. Es sei $(g_k) \subseteq \mathcal{L}(X, \lambda)$ eine Folge mit $\sum_{k=1}^{\infty} \|g_k\|_\lambda < \infty$. Dann gilt:*

a) *Die Reihe* $\sum\limits_{k=1}^{\infty} |g_k(x)|$ *konvergiert* λ *-fast überall.*

b) *Ist* $g : X \mapsto \mathbb{C}$ *eine Funktion mit* $g(x) = \sum\limits_{k=1}^{\infty} g_k(x)$ λ *-fast überall, so gilt* $g \in \mathcal{L}(X, \lambda)$ *und* $\| g - \sum\limits_{k=1}^{n} g_k \|_\lambda \to 0$.

c) *Im Fall* $(g_k) \subseteq \mathcal{L}_1(X, \lambda)$ *folgt auch* $g \in \mathcal{L}_1(X, \lambda)$ *, und man hat*

$$\int_X g(x)\, d\lambda(x) = \sum_{k=1}^{\infty} \int_X g_k(x)\, d\lambda(x). \tag{1}$$

BEWEIS. a) Für $D := \{ x \in X \mid \sum\limits_{k=1}^{\infty} |g_k(x)| = \infty \}$ ist $\chi_D \le \sum\limits_{k=n+1}^{\infty} |g_k|$ für alle $n \in \mathbb{N}$, und aus Satz 4.5 folgt $\| \chi_D \|_\lambda \le \sum\limits_{k=n+1}^{\infty} \| g_k \|_\lambda \to 0$ für $n \to \infty$, also $\| \chi_D \|_\lambda = 0$.

b) Nach Satz 4.5 und Bemerkung 4.20 c) gilt $g \in \mathcal{L}(X, \lambda)$, und wegen $g - \sum\limits_{k=1}^{n} g_k = \sum\limits_{k=n+1}^{\infty} g_k$ λ-f. ü. folgt auch $\| g - \sum\limits_{k=1}^{n} g_k \|_\lambda \le \sum\limits_{k=n+1}^{\infty} \| g_k \|_\lambda \to 0$.

c) ergibt sich sofort aus b) und Satz 4.14 a).   ◇

Absolut konvergente Reihen in $\mathcal{L}(X, \lambda)$ sind also konvergent. Aus Satz II. 5.16 ergibt sich damit:

5.2 Folgerung. *Die halbnormierten Räume* $\mathcal{L}(X, \lambda)$ *und* $\mathcal{L}_1(X, \lambda)$ *sowie die normierten Räume* $L(X, \lambda)$ *und* $L_1(X, \lambda)$ *sind vollständig.*

BEWEIS. Aus einer Cauchy-Folge $(f_n) \subseteq \mathcal{L}(X, \lambda)$ wählt man eine Teilfolge (f_{n_k}) mit $\sum\limits_{k=2}^{\infty} \| f_{n_k} - f_{n_{k-1}} \|_\lambda < \infty$. Wegen

$$f_{n_j} = f_{n_1} + \sum_{k=2}^{j} (f_{n_k} - f_{n_{k-1}}) \quad \text{für } j \in \mathbb{N} \tag{2}$$

ist dann nach dem Satz von Beppo Levi (f_{n_j}) und damit auch (f_n) in $\mathcal{L}(X, \lambda)$ konvergent.   ◇

Es ist also insbesondere $L_1(\mathbb{R}^n)$ eine *Vervollständigung* von $(\mathcal{C}_c(\mathbb{R}^n), \| \; \|_L)$. Der Beweis von Folgerung 5.2 liefert auch:

5.3 Folgerung. *a) Eine in* $\mathcal{L}(X, \lambda)$ *konvergente Folge* (f_n) *besitzt eine* λ *-fast überall konvergente Teilfolge* (f_{n_j}) *.*

b) *Eine Funktion* $f : X \mapsto \mathbb{C}$ *liegt genau dann in* $\mathcal{L}_1(X, \lambda)$ *, wenn es eine Folge* (τ_k) *in* $\mathcal{C}_c(X)$ *gibt mit*

$$f(x) = \sum_{k=1}^{\infty} \tau_k(x) \quad \lambda - f. ü. \quad \text{und} \quad \sum_{k=1}^{\infty} \int_X |\tau_k(x)|\, d\lambda(x) < \infty. \tag{3}$$

BEWEIS. a) Nach dem Satz von Beppo Levi kann man die Teilfolge (f_{n_j}) aus (2) nehmen.

b) Es gibt eine Folge (ψ_n) in $C_c(X)$ mit $\| f - \psi_n \|_\lambda \to 0$. Man wendet das Argument im Beweis von Folgerung 5.2 auf die Folge (ψ_n) an und setzt $\tau_1 := \psi_{n_1}$, $\tau_k := \psi_{n_k} - \psi_{n_{k-1}}$ für $k \geq 2$; offenbar folgt dann (3) mit $j \to \infty$ aus (2). Die Umkehrung ist ein Spezialfall des Satzes von Beppo Levi. $\diamond$

Dagegen muß eine in $\mathcal{L}(X, \lambda)$ oder $\mathcal{L}_1(X, \lambda)$ konvergente Folge (f_n) selbst *nicht* λ-fast überall punktweise konvergieren:

5.4 Beispiel. Für $m, r \in \mathbb{N}_0$ sei $J_{m,r} := [r\, 2^{-m}, (r + 1)\, 2^{-m})$. Für $n \in \mathbb{N}$ schreibt man $n = 2^m + r$ mit $m, r \in \mathbb{N}_0$, $0 \leq r < 2^m$, und setzt $f_n := \chi_{J_{m,r}} \in \mathcal{L}(\mathbb{R})$ (aus Beispiel 5.6 unten folgt auch $f_n \in \mathcal{L}_1(\mathbb{R})$). Dann gilt $\| f_n \|_L \leq |J_{m,r}| = 2^{-m} \to 0$ für $n \to \infty$, also $f_n \to 0$ in $\mathcal{L}(\mathbb{R})$. Für $x \in [0, 1)$ ist aber $(f_n(x))$ eine Folge, die aus unendlich vielen Nullen und unendlich vielen Einsen besteht, also divergent ist. Für die Teilfolge (f_{2^m}) dagegen gilt $f_{2^m}(x) \to 0$ für alle $x \neq 0$. $\square$

Eine Umformulierung des Satzes von Beppo Levi mittels (4.16) ist der

5.5 Satz (über monotone Konvergenz). *Es sei* $(f_n) \subseteq \mathcal{L}_1(X, \lambda, \mathbb{R})$ *eine* λ-*fast überall monoton wachsende Folge mit*

$$\sup_{n \in \mathbb{N}} \int_X f_n(x)\, d\lambda(x) =: C < \infty. \tag{4}$$

Dann konvergiert $(f_n(x))$ λ-*f. ü. gegen eine Funktion* $f \in \mathcal{L}_1(X, \lambda, \mathbb{R})$, *und es gilt*

$$\int_X f(x)\, d\lambda(x) \;=\; \lim_{n \to \infty} \int_X f_n(x)\, d\lambda(x). \tag{5}$$

BEWEIS. Man setzt $g_1 := f_1$ und $g_k := f_k - f_{k-1}$ für $k \geq 2$. Für $n \in \mathbb{N}$ gilt dann

$$\sum_{k=1}^n \| g_k \|_\lambda \;=\; \| f_1 \|_\lambda + \sum_{k=2}^n \int_X (f_k - f_{k-1})(x)\, d\lambda(x)$$

$$=\; \| f_1 \|_\lambda + \int_X f_n(x)\, d\lambda(x) - \int_X f_1(x)\, d\lambda(x) \;\leq\; 2\| f_1 \|_\lambda + C,$$

also $\sum_{k=1}^\infty \| g_k \|_\lambda < \infty$. Wegen $f_n = \sum_{k=1}^n g_k$ folgt dann die Behauptung aus dem Satz von Beppo Levi. $\diamond$

Dieses Ergebnis gilt entsprechend für monoton *fallende* Funktionenfolgen.

5.6 Beispiele, Bemerkungen und Definitionen. a) Für eine kompakte Menge $K \subseteq X$ gilt $\eta_j \downarrow \chi_K$ für die Abschneidefunktionen $\eta_j = \eta_{K,1/j}$ aus (2.17) (vgl. auch die Bemerkungen 3.3). Wegen $\lambda(\eta_j) \geq 0$ für alle j folgt also $\chi_K \in \mathcal{L}_1(X, \lambda)$ aus dem Satz über monotone Konvergenz.

b) Für kompakte Quader $Q = \prod_{k=1}^{n} [a_k, b_k] \subseteq \mathbb{R}^n$ gilt auch $\zeta_j \downarrow \chi_Q$, und aus (2.19) und (5) folgt

$$\int_{\mathbb{R}^n} \chi_Q(x)\, dx \;=\; |Q| \;=\; m_n(Q) \;=\; \prod_{k=1}^{n}(b_k - a_k). \tag{6}$$

Da ∂Q eine L_n-Nullmenge ist, gilt dies auch für die *offenen* Quader Q° (und jede Menge Q^* mit $Q^\circ \subseteq Q^* \subseteq Q$).

c) Der Raum der *Treppenfunktionen* (mit kompaktem Träger) auf $\mathbb{R}^n$ sei

$$\mathcal{T}(\mathbb{R}^n) := \mathrm{sp}\,\{\chi_Q \mid Q \subseteq \mathbb{R}^n \text{ kompakter Quader}\}. \tag{7}$$

Nach b) gilt dann $\mathcal{T}(\mathbb{R}^n) \subseteq \mathcal{L}_1(\mathbb{R}^n)$ und

$$\int_{\mathbb{R}^n} t(x)\, dx \;=\; \sum_{j=1}^{m} a_j |Q_j| \quad \text{für} \quad t = \sum_{j=1}^{m} a_j \chi_{Q_j} \in \mathcal{T}(\mathbb{R}^n). \qquad \square \tag{8}$$

Für $A \subseteq X$ werden die folgenden *Notationen* erklärt:

$$\mathcal{L}_1(A, \lambda) \;:=\; \{f \in \mathcal{F}(A, \mathbb{C}) \mid f_A^0 \in \mathcal{L}_1(X, \lambda)\} \quad \text{und} \tag{9}$$

$$\int_A f(x)\, d\lambda(x) \;:=\; \int_X f_A^0(x)\, d\lambda(x) \quad \text{für} \quad f \in \mathcal{L}_1(A, \lambda). \tag{10}$$

5.7 Satz. *Für kompakte Intervalle in $\mathbb{R}$ gilt $\mathcal{R}[a,b] \subseteq \mathcal{L}_1[a,b]$ und*

$$\int_{[a,b]} f(x)\, dL(x) \;=\; \int_a^b f(x)\, dx \quad \text{für} \quad f \in \mathcal{R}[a,b]. \tag{11}$$

BEWEIS. Nach Bemerkung 5.6 c) ist $\mathcal{T}[a,b] \subseteq \mathcal{L}_1[a,b]$, und (11) ist für $t \in \mathcal{T}[a,b]$ richtig. Zu $f \in \mathcal{R}[a,b]$ gibt es eine Folge (t_n) in $\mathcal{T}[a,b]$ mit $\| f - t_n \|_L \leq (b-a)\, \| f - t_n \|_{\sup} \to 0$ (vgl. (4.8)), und daraus folgen sofort $f \in \mathcal{L}_1[a,b]$ und (11). $\diamond$

Satz 5.7 gilt auch für *Riemann-integrierbare* Funktionen[3].

5.8 Satz. *Gegeben seien Mengen $A_n \subseteq X$ mit $\chi_{A_n} \in \mathcal{L}_1(X, \lambda)$ und $A_n \subseteq A_{n+1}$ für $n \in \mathbb{N}$ sowie $A := \bigcup_{n=1}^{\infty} A_n$. Für eine Funktion $f : A \mapsto \mathbb{C}$ gilt genau dann $f \in \mathcal{L}_1(A, \lambda)$, wenn für alle $n \in \mathbb{N}$ stets $f|_{A_n} \in \mathcal{L}_1(A_n, \lambda)$ ist und $\sup_{n \in \mathbb{N}} \int_{A_n} |f(x)|\, d\lambda(x) < \infty$ gilt. Ist dies der Fall, so hat man*

$$\int_A f(x)\, d\lambda(x) \;=\; \lim_{n \to \infty} \int_{A_n} f(x)\, d\lambda(x). \tag{12}$$

---

[3]Nach einem Resultat von H. Lebesgue liegt eine Funktion $f \in \mathcal{B}[a,b]$ genau dann in $\mathcal{R}[a,b]$, wenn f L-*fast überall stetig* ist, vgl. dazu etwa [19], Abschnitt 1.8.

BEWEIS. „$\Rightarrow$ ": Man hat $f_{A_n}^0 = f_A^0 \chi_{A_n} \in \mathcal{L}_1(X, \lambda)$ nach Satz 4.13 c), und es gilt $\int_{A_n} |f(x)| d\lambda(x) = \int_X |f_{A_n}^0(x)| d\lambda(x) \le \int_X |f_A^0(x)| d\lambda(x)$ für alle $n \in \mathbb{N}$.

„$\Leftarrow$ ": Wegen (4.5) kann man $f \ge 0$ annehmen; wegen $f_{A_n}^0 \uparrow f_A^0$ folgen dann $f_A^0 \in \mathcal{L}_1(X, \lambda)$ und (12) aus dem Satz über monotone Konvergenz. $\diamond$

Satz 5.8 klärt insbesondere den Zusammenhang zwischen Lebesgue-Integralen und uneigentlichen Integralen über reellen Intervallen I. Eine Funktion $f : I \mapsto \mathbb{C}$ heißt *lokale Regelfunktion*, Notation: $f \in \mathcal{R}^{loc}(I)$ (vgl. Definition I. 25.1), falls die Einschränkungen $f|_J$ von f auf alle kompakte Intervalle $J \subseteq I$ in $\mathcal{R}(J)$ liegen.

5.9 Folgerung. *Es seien* $I = (a, b) \subseteq \mathbb{R}$ *ein offenes Intervall und* $f \in \mathcal{R}^{loc}(I)$. *Es gilt* $f \in \mathcal{L}_1(I)$ *genau dann, wenn das uneigentliche Integral* $\int_{a\downarrow}^{\uparrow b} |f(x)| dx$ *konvergiert, und dann ist* $\int_I f(x) dL(x) = \int_a^b f(x) dx$.

Ab jetzt werden für $f \in \mathcal{L}_1(I)$ auch die folgenden, für (uneigentliche) Regel-Integrale üblichen Notationen verwendet:

$$\int_a^b f(x) dx := \int_{(a,b)} f(x) dL(x), \quad \int_b^a f(x) dx := -\int_a^b f(x) dx. \quad (13)$$

Es folgen nun weitere wichtige Konvergenzsätze.

5.10 Lemma. *Es seien* $g \in \mathcal{L}_1(X, \lambda, \mathbb{R})$ *und* $(f_n) \subseteq \mathcal{L}_1(X, \lambda, \mathbb{R})$ *eine Folge mit* $g(x) \le f_n(x)$ λ-*f. ü. für alle* $n \in \mathbb{N}$. *Dann existiert* λ-*f. ü.* $F(x) := \inf_{n\in\mathbb{N}} f_n(x)$, *und man hat* $F \in \mathcal{L}_1(X, \lambda)$.

BEWEIS. Es ist $F_n(x) := \inf_{k=1}^n f_k(x) \in \mathcal{L}_1(X, \lambda)$ nach Satz 4.13 b). Offenbar gilt dann λ-fast überall $F_1 \ge F_2 \ge \ldots \ge g$, erst recht also auch $\int_X F_n(x) d\lambda(x) \ge \int_X g(x) d\lambda(x) > -\infty$ für alle $n \in \mathbb{N}$. Nach dem Satz über monotone Konvergenz existiert $F(x) = \lim_{n\to\infty} F_n(x) = \inf_{n\in\mathbb{N}} f_n(x)$ dann λ-f. ü., und es gilt $F \in \mathcal{L}_1(X, \lambda)$. $\diamond$

5.11 Lemma (Fatou). *Es sei* $(f_n) \subseteq \mathcal{L}_1(X, \lambda, \mathbb{R})$ *eine Folge mit*

$$\sup_{n\in\mathbb{N}} \int_X f_n(x) d\lambda(x) =: C < \infty, \quad (4)$$

und es gebe $g \in \mathcal{L}_1(X, \lambda, \mathbb{R})$ *mit* $g(x) \le f_n(x)$ λ-*f. ü. für alle* $n \in \mathbb{N}$. *Dann existiert* $f(x) := \liminf f_n(x)$ λ-*f. ü., es ist* $f \in \mathcal{L}_1(X, \lambda)$, *und es gilt*

$$\int_X f(x) d\lambda(x) \le \liminf \int_X f_n(x) d\lambda(x). \quad (14)$$

BEWEIS. Nach Satz 5.10 existiert λ-fast überall $F_n(x) := \inf_{k \geq n} f_k(x)$, und es gilt $F_n \in \mathcal{L}_1(X, \lambda, \mathbb{R})$. Wegen $F_n \leq f_n$ ist $\int_X F_n(x) \, d\lambda(x) \leq C$ für alle $n \in \mathbb{N}$. Wegen $F_n \leq F_{n+1}$ existiert nach dem Satz über monotone Konvergenz λ-f.ü. $\lim_{n \to \infty} F_n(x) = \liminf f_n(x) =: f(x) \in \mathcal{L}_1(X, \lambda)$, und es ist $\int_X f(x) \, d\lambda(x) = \lim_{n \to \infty} \int_X F_n(x) \, d\lambda(x) \leq \liminf \int_X f_n(x) \, d\lambda(x)$. $\Diamond$

5.12 Beispiel. Die Ungleichung in (14) kann durchaus echt sein. Um dies einzusehen, setzt man einfach $f_{2n} = \chi_{[0,1]}$ und $f_{2n+1} = \chi_{[2,3]}$; dann gilt $\liminf f_n(x) = 0$ für alle $x \in \mathbb{R}$, aber $\int_{\mathbb{R}} f_n(x) \, dx = 1$ für alle $n \in \mathbb{N}$. $\Box$

5.13 Theorem (von Lebesgue über majorisierte Konvergenz).
Es sei $(f_n) \subseteq \mathcal{L}_1(X, \lambda)$ *eine Folge mit* $\mathcal{L}_1$*-Majorante, d. h.*

$$\exists \, g \in \mathcal{L}_1(X, \lambda) \; \forall \, n \in \mathbb{N} \; : \; |f_n(x)| \leq g(x) \quad \lambda - f.\ddot{u}.. \tag{15}$$

Weiter existiere $\lim_{n \to \infty} f_n(x) =: f(x) \; \lambda$*-f. ü.. Dann folgen* $f \in \mathcal{L}_1(X, \lambda)$,

$$\lim_{n \to \infty} \int_X |f_n(x) - f(x)| \, d\lambda(x) \;=\; 0 \quad \text{und} \tag{16}$$

$$\lim_{n \to \infty} \int_X f_n(x) \, d\lambda(x) \;=\; \int_X f(x) \, d\lambda(x). \tag{5}$$

BEWEIS. Durch Anwendung des Lemmas von Fatou auf $(\operatorname{Re} f_n)$ und $(\operatorname{Im} f_n)$ erhält man sofort $f \in \mathcal{L}_1(X, \lambda)$. Wegen $-2g \leq -|f_n - f| \leq 0$ λ-f.ü. liefert eine weitere Anwendung dann $0 \leq \liminf \left(-\int_X |f_n(x) - f(x)| \, d\lambda(x) \right)$, also (16) und dann auch (5). $\Diamond$

Eine wichtige Anwendung des Satzes über majorisierte Konvergenz ist das folgende Resultat zur *Stetigkeit* und *Differenzierbarkeit parameterabhängiger Integrale*, das Folgerung II. 18.9 und Theorem II. 18.10 wesentlich erweitert. Für eine Abbildung $f : T \times X \mapsto Z$ werden wie in (II. 3.5) die Notationen

$$f_t : x \mapsto f(t, x) \quad \text{und} \quad f^x : t \mapsto f(t, x) \tag{17}$$

für die *partiellen Abbildungen* verwendet.

5.14 Satz. *Es seien* T *ein metrischer Raum,* X *ein lokalkompakter metrischer Raum und* $\lambda : \mathcal{C}_c(X) \mapsto \mathbb{C}$ *ein positives Funktional. Für eine Funktion* $f : T \times X \mapsto \mathbb{C}$ *mit* $f_t \in \mathcal{L}_1(X, \lambda)$ *für alle* $t \in T$ *setzt man*

$$F(t) := \int_X f(t, x) \, d\lambda(x) \quad \text{für} \; t \in T. \tag{18}$$

a) Es sei f^x *stetig in* $t_0 \in T$ *für* λ*-fast alle* $x \in X$, *und es gelte*

$$\exists \, g \in \mathcal{L}_1(X, \lambda) \; \forall \, t \in T \; : \; |f_t(x)| \leq g(x) \quad \lambda - f.\ddot{u}.. \tag{19}$$

Dann ist F stetig in $t_0 \in T$.

b) Es sei nun T eine offene Menge in $\mathbb{R}^n$. Es gebe $N \in \mathfrak{N}_\lambda(X)$, so daß $\frac{\partial f}{\partial t_j}(t, x)$ für alle $t \in T$ und $x \in X \backslash N$ existiert, und es gelte

$$\exists \, h \in \mathcal{L}_1(X, \lambda) \; \forall \, t \in T \; \forall \, x \in X \backslash N \; : \; |(\tfrac{\partial f}{\partial t_j})_t(x)| \; \leq \; h(x). \tag{20}$$

Dann ist F auf T partiell nach t_j differenzierbar, und es gilt

$$\frac{\partial F}{\partial t_j}(t) \; = \; \int_X \frac{\partial f}{\partial t_j}(t, x) \, d\lambda(x), \quad t \in T. \tag{21}$$

BEWEIS. a) Aus $t_k \to t_0$ in T folgt $F(t_k) \to F(t_0)$ aufgrund des Satzes über majorisierte Konvergenz.

b) Für $K_{2r}(a) \subseteq T$, $t \in K_r(a)$ und eine Nullfolge (h_k) reeller Zahlen mit $0 < |h_r| < r$ gilt

$$\Delta_k(t, x) := \tfrac{1}{h_k}\left(f(t + h_k e_j, x) - f(t, x)\right) \to \frac{\partial f}{\partial t_j}(t, x) \; \text{ für } \; x \in X \backslash N.$$

Wegen $|\Delta_k(t, x)| = |\frac{\partial f}{\partial t_j}(t + \theta h_k e_j, x)| \leq h(x)$ für $x \in X \backslash N$ folgen für $t \in K_r(a)$ dann $(\frac{\partial f}{\partial t_j})_t \in \mathcal{L}_1(X, \lambda)$ sowie

$$\tfrac{1}{h_k}\left(F(t + h_k e_j) - F(t)\right) \; = \; \int_X \Delta_k(t, x) \, d\lambda(x) \to \int_X \frac{\partial f}{\partial t_j}(t, x) \, d\lambda(x)$$

aus dem Satz über majorisierte Konvergenz. $\diamond$

5.15 Beispiele und Bemerkungen. a) Gelten die Voraussetzungen von Satz 5.14 b) für alle $j = 1, \ldots, n$ und ist $f^x \in \mathcal{C}^1(T)$ für λ-fast alle $x \in X$, so folgt auch $F \in \mathcal{C}^1(T)$.

b) Satz 5.14 b) gilt entsprechend auch für die *totale Differenzierbarkeit*, vgl. dazu etwa [1], Abschnitt 16.2.

c) Für $\alpha > 0$ wird (vgl. auch Aufgabe 22.2)

$$F(t) := F_\alpha(t) := \int_{\mathbb{R}} e^{-x^2/4\alpha}\, e^{-ixt}\, dx = 2\sqrt{\pi\alpha}\, e^{-\alpha t^2}, \quad t \in \mathbb{R}, \tag{22}$$

gezeigt. Für $f(t, x) := e^{-x^2/4\alpha}\, e^{-ixt}$ sind wegen $\frac{\partial f}{\partial t}(t, x) = -ix\, e^{-x^2/4\alpha}\, e^{-ixt}$ und Folgerung 5.9 alle Voraussetzungen von Satz 5.14 erfüllt. Mit (21) folgt

$$\begin{aligned} F'(t) &= -i \int_{\mathbb{R}} x\, e^{-x^2/4\alpha}\, e^{-ixt}\, dx \\ &= 2\alpha i\, e^{-x^2/4\alpha}\, e^{-ixt}\big|_{-\infty}^{\infty} - 2\alpha t \int_{\mathbb{R}} e^{-x^2/4\alpha}\, e^{-ixt}\, dx = -2\alpha t\, F(t) \end{aligned}$$

für alle $t \in \mathbb{R}$. Mittels Feststellung II.31.1 und (II.18.12) ergibt sich daraus $F(t) = C\, e^{-\alpha t^2}$ mit $C = F(0) = \int_{\mathbb{R}} e^{-x^2/4\alpha}\, dx = 2\sqrt{\pi\alpha}$.

Formel (22) hat wichtige Anwendungen auf die *Wärmeleitungsgleichung* und die *Fourier-Transformation* (vgl. die Abschnitte 35 und 41). $\square$

Aufgaben

5.1 Man zeige a) $\lim_{n\to\infty} \int_0^\pi \sin^n x\, dx = 0$, b) $\lim_{r\to\infty} \int_0^1 r\, e^{(x^2-1)r^2}\, dx = 0$.

5.2 Man berechne $\lim_{n\to\infty} \int_0^n \frac{1}{\sqrt{x}} (1 - \frac{x}{n})^n\, dx$.

5.3 Für $\alpha \in \mathbb{R}$ sei die Funktionenfolge $f_n(x) := n^\alpha x^n (1 - x)$ auf $[0,1]$ gegeben. Wann gilt $\| f_n \|_{\sup} \to 0$, wann ist $(\| f_n \|_{\sup})$ beschränkt, und wann besitzt (f_n) eine $\mathcal{L}_1$-Majorante?

5.4 Gelten die Sätze 5.5 und 5.13 auch ohne die Monotonie-Bedingung bzw. die Majoranten-Bedingung (15)?

5.5 Es sei $f : [a,b] \mapsto \mathbb{R}$ monoton wachsend und L-f. ü. differenzierbar (vgl. dazu Theorem 14.5).
a) Man zeige $f' \in L_1[a,b]$ und $\int_{[a,b]} f'(x)\, dx \le f(b^-) - f(a^+)$.
b) Man zeige, daß in a) „$<$" auftreten kann.
HINWEIS. Mit $f(x) := f(b)$ für $x \ge b$ gilt $f'(x) = \lim_{n\to\infty} n\,(f(x + \frac{1}{n}) - f(x))$ L-f. ü.; man verwende das Lemma von Fatou.

5.6 a) Für kompakte Mengen $K \subseteq X$ zeige man $\mathcal{C}(K) \subseteq \mathcal{L}_1(K, \lambda)$.
b) Man zeige $\int_Q f(x)\, dx = \int_{\mathbb{R}^n} f_Q^0(x)\, d^n x$ für kompakte Quader $Q \subseteq \mathbb{R}^n$ und $f \in \mathcal{C}(Q)$, wobei das erste Integral wie in (2.8) zu verstehen ist.
HINWEIS. a) Man benutze den Fortsetzungssatz von Tietze (vgl. Satz II. 16.8).
b) Man benutze $\zeta_j \downarrow \chi_Q$ oder approximiere „von innen".

5.7 a) Es sei $w : \mathbb{R} \mapsto \mathbb{R}$ monoton wachsend. Man zeige, daß durch die *Stieltjes-Integration* (vgl. Abschnitt II. 14)
$$S_w(\phi) := \int_a^b \phi(x)\, dw(x) \quad \text{für} \quad \phi \in \mathcal{C}_c(\mathbb{R}) \quad \text{und} \quad \operatorname{supp}\phi \subseteq [a+1, b-1] \quad (23)$$
ein positives Funktional $S_w : \mathcal{C}_c(\mathbb{R}) \mapsto \mathbb{C}$ erklärt wird.
b) Für $a < b \in \mathbb{R}$ zeige man $\int_{\mathbb{R}} \chi_{[a,b]}\, dS_w(x) = w(b^+) - w(a^-)$ und bestimme $\int_{\mathbb{R}} \chi_I\, dS_w(x)$ für alle beschränkten Intervalle I.
c) Wann gilt $1 \in \mathcal{L}_1(\mathbb{R}, S_w)$? Sind einpunktige Mengen S_w-Nullmengen? Können offene Intervalle S_w-Nullmengen sein?

5.8 Im Anschluß an Aufgabe 4.12 folgere man den großen Umordnungssatz I. 39.6* aus dem Satz von Beppo Levi.

5.9 Man berechne $F(t) := \int_{\mathbb{R}} e^{-x^2} \cos tx\, dx$ für $t \in \mathbb{R}$.

5.10 Es sei $F(t) := \int_0^\infty e^{-tx} \frac{\sin x}{x}\, dx$ für $t \ge 0$.
a) Für $t > 0$ zeige man $F'(t) = \int_0^\infty e^{-tx} \sin x\, dx = -\frac{1}{1+t^2}$. Man schließe $F(t) = C - \arctan t$ und $C = \frac{\pi}{2}$ mittels $t \to \infty$.
b) Man zeige die Stetigkeit von F in 0 und schließe $\int_0^\infty \frac{\sin x}{x}\, dx = \frac{\pi}{2}$.

6   Meßbare Funktionen und Maße

In diesem Abschnitt werden alle vorkommenden lokalkompakten metrischen Räume als *separabel* vorausgesetzt. Mit einer *kompakten Ausschöpfung* $(K_\ell)_{\ell=1}^\infty$ von X (vgl. (3.1); im Fall $X = \mathbb{R}^n$ kann man einfach $K_\ell = \overline{K}_\ell(0)$ nehmen) wählt man *Abschneidefunktionen* (vgl. (2.16))

$$\eta_\ell := \eta_{K_\ell,\varepsilon_\ell} \in \mathcal{C}_c^+(X) \quad \text{mit} \quad \operatorname{supp}\eta_\ell \subseteq K_{\ell+1}^\circ; \tag{1}$$

dann gilt $0 \le \eta_\ell \le 1$ und $\eta_\ell(x) \uparrow 1$ für alle $x \in X$.

6.1 Definition. *Es sei* $\lambda : \mathcal{C}_c(X) \mapsto \mathbb{C}$ *ein positives Funktional. Eine Funktion* $f : X \mapsto \mathbb{C}$ *heißt* λ*-meßbar, wenn eine Folge* (ψ_j) *in* $\mathcal{C}_c(X)$ *mit* $\psi_j(x) \to f(x)$ *für* λ*-fast alle* $x \in X$ *existiert. Mit* $\mathcal{M}(X,\lambda)$ *wird die Menge aller* λ*-meßbaren Funktionen auf* X *bezeichnet.*

6.2 Beispiele. a) Wegen Folgerung 5.3 hat man $\mathcal{L}_1(X,\lambda) \subseteq \mathcal{M}(X,\lambda)$.
b) Für $f \in \mathcal{C}(X)$ gilt $\mathcal{C}_c(X) \ni f \cdot \eta_\ell \to f$, also auch $f \in \mathcal{M}(X,\lambda)$.   ◇

6.3 Feststellung. *a) Aus* $f_1,\dots,f_m \in \mathcal{M}(X,\lambda)$ *und* $F \in \mathcal{C}(\mathbb{K}^m,\mathbb{K})$ *folgt auch* $F(f_1,\dots,f_m) \in \mathcal{M}(X,\lambda)$.
b) Es ist $\mathcal{M}(X,\lambda)$ *ein Funktionenverband und eine Funktionenalgebra. Aus* $f \in \mathcal{M}(X,\lambda)$ *folgt auch* $\bar{f} \in \mathcal{M}(X,\lambda)$.

BEWEIS. a) Für $1 \le k \le m$ gibt es Folgen $(\psi_j^{(k)})$ in $\mathcal{C}_c(X)$ mit $\psi_j^{(k)} \to f_k$ λ-fast überall, und es folgt $\mathcal{C}_c(X) \ni \eta_j\, F(\psi_j^{(1)},\dots,\psi_j^{(m)}) \to F(f_1,\dots,f_m)$ λ-fast überall.
b) ist ein Spezialfall von a).

Die *Komposition* meßbarer Funktionen ist i. a. *nicht* meßbar, vgl. Beispiel 14.10 c) und auch Aufgabe 6.10.

6.4 Satz. *Für eine Funktion* $f : X \mapsto [0,\infty)$ *sind äquivalent:*
(a) $f \in \mathcal{M}(X,\lambda)$,
(b) $f \wedge g \in \mathcal{L}_1(X,\lambda)$ *für alle* $g \in \mathcal{L}_1^+(X,\lambda)$,
(c) $f \wedge \ell\eta_\ell \in \mathcal{L}_1(X,\lambda)$ *für alle* $\ell \in \mathbb{N}$.

BEWEIS. „(a) $\Rightarrow$ (b)“: Es sei (ψ_j) eine Folge in $\mathcal{C}_c(X)$ mit $\psi_j \to f$ λ-f. ü.. Dann gilt auch $(\operatorname{Re}\psi_j)^+ \wedge g \to f \wedge g$ λ-f. ü., und der Satz über majorisierte Konvergenz impliziert $f \wedge g \in \mathcal{L}_1(X,\lambda)$.
„(b) $\Rightarrow$ (c)“ ist klar.
„(c) $\Rightarrow$ (a)“: Es gilt $f(x) = \lim\limits_{\ell \to \infty} (f \wedge \ell\eta_\ell)(x)$ für alle $x \in X$. Wegen $f \wedge \ell\eta_\ell \in \mathcal{L}_1(X,\lambda)$ gibt es $\psi_\ell \in \mathcal{C}_c(X)$ mit $\| f \wedge \ell\eta_\ell - \psi_\ell \|_\lambda \le 2^{-\ell}$; nach dem Satz von Beppo Levi folgt dann $f \wedge \ell\eta_\ell - \psi_\ell \to 0$ und somit $\psi_\ell \to f$ λ-fast überall.   ◇

6.5 Satz. *Für eine Funktion* $f : X \mapsto \mathbb{C}$ *sind äquivalent:*

(a) $f \in \mathcal{L}_1(X, \lambda)$,

(b) $f \in \mathcal{M}(X, \lambda) \cap \mathcal{L}(X, \lambda)$,

(c) $f \in \mathcal{M}(X, \lambda)$ *und* $|f| \leq h$ λ*-f. ü. für eine Funktion* $h \in \mathcal{L}_1(X, \lambda)$.

BEWEIS. „(a) $\Rightarrow$ (b)" ist klar.

„(b) $\Rightarrow$ (c)": Ist $\sum \phi_k$ eine λ-Majorante von f, so kann man nach dem Satz von Beppo Levi $h := \sum\limits_{k=1}^{\infty} \phi_k \in \mathcal{L}_1^+(X, \lambda)$ wählen.

„(c) $\Rightarrow$ (a)": Man kann $f \geq 0$ annehmen; dann gilt λ-fast überall $f = f \wedge h \in \mathcal{L}_1(X, \lambda)$ nach Satz 6.4. $\Diamond$

Es ist also $f : X \mapsto \mathbb{C}$ genau dann λ-integrierbar, wenn f die (sehr schwache) *Glattheitsbedingung* „$f \in \mathcal{M}(X, \lambda)$" und die *Wachstumsbedingung* „$f \in \mathcal{L}(X, \lambda)$" erfüllt. Die folgende Anwendung dieser Tatsache verallgemeinert Satz 4.14 d):

6.6 Folgerung. *Es sei* $g : X \mapsto \mathbb{C}$ λ*-meßbar und beschränkt. Für* $f \in \mathcal{L}_1(X, \lambda)$ *gilt dann auch* $f \cdot g \in \mathcal{L}_1(X, \lambda)$.

BEWEIS. Es ist $f \cdot g \in \mathcal{M}(X, \lambda)$ nach Feststellung 6.3, und man hat $f \cdot g \in \mathcal{L}(X, \lambda)$ nach Feststellung 4.6. $\Diamond$

6.7 Satz. *Es sei* (f_n) *eine Folge in* $\mathcal{M}(X, \lambda)$ *mit* $f_n \to f \in \mathcal{F}(X)$ λ*-fast überall. Dann gilt auch* $f \in \mathcal{M}(X, \lambda)$.

BEWEIS. Man kann $f_n \geq 0$ annehmen. Für $g \in \mathcal{L}_1^+(X, \lambda)$ gilt nach Satz 6.4 dann $f_n \wedge g \in \mathcal{L}_1^+(X, \lambda)$, und man hat $f_n \wedge g \to f \wedge g$ λ-f. ü.. Der Satz über majorisierte Konvergenz liefert dann auch $f \wedge g \in \mathcal{L}_1^+(X, \lambda)$, also $f \in \mathcal{M}(X, \lambda)$ wiederum aufgrund von Satz 6.4. $\Diamond$

Für eine Funktion $f \in \mathcal{M}^+(X, \lambda) \backslash \mathcal{L}_1(X, \lambda)$ setzt man

$$\int_X f(x)\, d\lambda(x) := +\infty . \tag{2}$$

6.8 Definition. *a) Eine Menge* $A \subseteq X$ *heißt* λ**-meßbar**, *falls* $\chi_A \in \mathcal{M}(X, \lambda)$ *gilt. Mit* $\mathfrak{M}_\lambda(X)$ *wird das System aller* λ*-meßbaren Mengen in* X *bezeichnet.*

b) Für $A \in \mathfrak{M}_\lambda(X)$ *wird das* λ**-Maß** *von* A *definiert durch*

$$m_\lambda(A) := \int_X \chi_A(x)\, d\lambda(x) \in [0, \infty] . \tag{3}$$

6.9 Satz. *a) Das System* $\mathfrak{M}_\lambda(X)$ *hat die folgenden Eigenschaften:*

(α) $X \in \mathfrak{M}_\lambda(X)$,

(β) $A \in \mathfrak{M}_\lambda(X) \Rightarrow A^c := X \backslash A \in \mathfrak{M}_\lambda(X)$,

(γ) $(A_k)_{k \in \mathbb{N}} \subseteq \mathfrak{M}_\lambda(X) \Rightarrow A := \bigcup\limits_{k=1}^{\infty} A_k \in \mathfrak{M}_\lambda(X)$.

b) *Das Maß* $m_\lambda : \mathfrak{M}_\lambda(X) \mapsto [0, \infty]$ *ist* σ-**additiv**, *d.h. für eine disjunkte Folge* $(A_k)_{k \in \mathbb{N}}$ *in* $\mathfrak{M}_\lambda(X)$ *und* $A := \bigcup\limits_{k=1}^{\infty} A_k$ *gilt*

$$m_\lambda(A) = \sum_{k=1}^{\infty} m_\lambda(A_k). \tag{4}$$

BEWEIS. a) (α): Wegen $\chi_X = 1 \in \mathcal{M}(X, \lambda)$ gilt $X \in \mathfrak{M}_\lambda(X)$.

(β): Aus $\chi_A \in \mathcal{M}(X, \lambda)$ folgt auch $\chi_{A^c} = 1 - \chi_A \in \mathcal{M}(X, \lambda)$.

(γ): Wegen $\chi_{A_1 \cup A_2} = \chi_{A_1} \vee \chi_{A_2}$ folgt zunächst $A_1 \cup A_2 \in \mathfrak{M}_\lambda(X)$ und induktiv dann $B_n := A_1 \cup \ldots \cup A_n \in \mathfrak{M}_\lambda(X)$ für alle $n \in \mathbb{N}$. Aus $\chi_{B_n} \uparrow \chi_A$ folgt dann auch $A \in \mathfrak{M}_\lambda(X)$ aufgrund von Satz 6.7.

b) Offenbar gilt $\chi_A = \sum\limits_{k=1}^{\infty} \chi_{A_k}$. Ist nun $m_\lambda(A) < \infty$, also $\chi_A \in \mathcal{L}_1(X, \lambda)$, so folgt auch $\sum\limits_{k=1}^{\infty} m_\lambda(A_k) = \sum\limits_{k=1}^{\infty} \int_X \chi_{A_k} \, d\lambda(x) < \infty$, und dies impliziert umgekehrt $m_\lambda(A) < \infty$ und (4) aufgrund des Satzes von Beppo Levi.   ◇

6.10 Beispiele. *Kompakte* Mengen $K \subseteq X$ sind nach Beispiel 5.6 a) λ-meßbar mit $m_\lambda(K) < \infty$. *Lokalkompakte* Mengen $Y \subseteq X$ besitzen kompakte Ausschöpfungen (3.1), liegen also nach Satz 6.9 a) ebenfalls in $\mathfrak{M}_\lambda(X)$. Insbesondere sind *offene* und *abgeschlossene* Teilmengen von X λ-meßbar. In Beispiel 8.3 werden *nicht Lebesgue-meßbare* Teilmengen von $\mathbb{R}^n$ konstruiert.   □

6.11 Definition. *Ein System* $\mathfrak{M}$ *von Teilmengen einer Menge* X *heißt* σ-*Algebra auf* X, *wenn die Aussagen* (α) − (γ) *aus Satz 6.9 a) für* $\mathfrak{M}$ *gelten. Eine* σ-*additive Abbildung* $\mu : \mathfrak{M} \mapsto [0, \infty]$ *heißt* (positives) *Maß auf* $\mathfrak{M}$.

Die folgende Aussage gilt für (fast) beliebige σ-Algebren und Maße (vgl. Aufgabe 6.5):

6.12 Satz. *a) Für* $A, B \in \mathfrak{M}_\lambda(X)$ *und* $A \subseteq B$ *gilt* $m_\lambda(A) \leq m_\lambda(B)$.

b) Es seien $(A_k)_{k \in \mathbb{N}}$ *eine Folge in* $\mathfrak{M}_\lambda(X)$ *mit* $A_k \subseteq A_{k+1}$ *für alle* $k \in \mathbb{N}$ *und* $A := \bigcup\limits_{k=1}^{\infty} A_k$. *Dann gilt* $m_\lambda(A_k) \to m_\lambda(A)$.

c) Für eine Folge $(A_k)_{k \in \mathbb{N}}$ *in* $\mathfrak{M}_\lambda(X)$ *gilt auch* $D := \bigcap\limits_{k=1}^{\infty} A_k \in \mathfrak{M}_\lambda(X)$. *Gilt zusätzlich* $A_{k+1} \subseteq A_k$ *für alle* $k \in \mathbb{N}$ *und* $m_\lambda(A_1) < \infty$, *so folgt* $m_\lambda(A_k) \to m_\lambda(D)$.

BEWEIS. a) ist klar, b) folgt ähnlich wie (4) aus dem Satz über monotone Konvergenz (vgl. auch Satz 5.9).

c) Wegen $D^c := \bigcup_{k=1}^{\infty} A_k^c \in \mathfrak{M}_\lambda(X)$ gilt auch $D \in \mathfrak{M}_\lambda(X)$, und die letzte Aussage folgt wieder aus dem Satz über monotone Konvergenz.   ◇

6.13 Definitionen und Bemerkungen. In den Abschnitten 14 und 15 wird auch das *äußere* λ-*Maß* einer *beliebigen* Menge $E \subseteq X$ verwendet. Dieses ist definiert durch

$$m_\lambda^*(E) := \| \chi_E \|_\lambda \quad (:= \infty, \text{ falls } \chi_E \notin \mathcal{L}(X,\lambda)). \tag{5}$$

Natürlich gilt $m_\lambda^*(E) = m_\lambda(E)$ für $E \in \mathfrak{M}_\lambda(X)$. Nach Satz 4.5 ist m_λ^* *abzählbar subadditiv* auf der Potenzmenge $\mathfrak{P}(X)$ von X.   □

Nun wird die *Regularität* von λ-Maßen bewiesen:

6.14 Lemma. *Zu $E \subseteq X$ mit $m_\lambda^*(E) < \infty$ und $\varepsilon > 0$ gibt es eine offene Menge $U \subseteq X$ mit $E \subseteq U$ und $m_\lambda(U) < m_\lambda^*(E) + \varepsilon$, im Fall $E \in \mathfrak{M}_\lambda(X)$ sogar $m_\lambda(U \backslash E) < \varepsilon$.*

BEWEIS. Es sei $0 < \delta < 1$ mit $\frac{1}{1-\delta} (m_\lambda^*(E) + \delta) < m_\lambda^*(E) + \varepsilon$. Man wählt eine λ-Majorante $\sum \phi_k$ von χ_E mit $\sum_{k=1}^{\infty} \lambda(\phi_k) \leq m_\lambda^*(E) + \delta$ und setzt

$$U := \{x \in X \mid \sum_{k=1}^{\infty} \phi_k(x) > 1 - \delta\}.$$

Für $x_0 \in U$ gibt es $n \in \mathbb{N}$ mit $\sum_{k=1}^{n} \phi_k(x_0) > 1 - \delta$. Da diese endliche Summe *stetig* ist, gilt auch $\sum_{k=1}^{n} \phi_k(x) > 1 - \delta$ für x nahe x_0, und daher ist U *offen*. Offenbar gilt $E \subseteq U$ und $\chi_U \leq \frac{1}{1-\delta} \sum_{k=1}^{\infty} \phi_k$, also

$$m_\lambda(U) \leq \frac{1}{1-\delta} \sum_{k=1}^{\infty} \lambda(\phi_k) \leq \frac{1}{1-\delta} (m_\lambda^*(E) + \delta) < m_\lambda^*(E) + \varepsilon.$$

Die letzte Aussage folgt dann sofort aus der Additivität des Maßes m_λ.   ◇

6.15 Satz. *Zu $A \in \mathfrak{M}_\lambda(X)$ und $\varepsilon > 0$ gibt es eine offene Menge U und eine abgeschlossene Menge C mit $C \subseteq A \subseteq U$ und $m_\lambda(U \backslash C) < \varepsilon$.*

BEWEIS. a) Für eine *kompakte Ausschöpfung* $(K_\ell)_{\ell=1}^{\infty}$ von X (vgl. (3.1)) gilt $m_\lambda(A \cap K_\ell) < \infty$; nach Lemma 6.14 gibt es also offene Mengen $U_\ell \supseteq A \cap K_\ell$

mit $m_\lambda(U_\ell \backslash (A \cap K_\ell)) < \frac{\varepsilon}{2^{\ell+1}}$. Dann ist $U := \bigcup_{\ell=1}^{\infty} U_\ell$ offen in X, und es gilt

$A \subseteq U$ sowie $U \backslash A \subseteq \bigcup_{\ell=1}^{\infty} (U_\ell \backslash (A \cap K_\ell))$, also $m_\lambda(U \backslash A) < \frac{\varepsilon}{2}$.

b) Durch Anwendung von a) auf A^c findet man eine offene Menge $V \subseteq X$ mit $A^c \subseteq V$ und $m_\lambda(V \backslash A^c) < \frac{\varepsilon}{2}$. Dann ist $C := V^c$ abgeschlossen, es gilt $C \subseteq A$ und $m_\lambda(A \backslash C) = m_\lambda(V \backslash A^c) < \frac{\varepsilon}{2}$. Insgesamt folgt also $C \subseteq A \subseteq U$ und $m_\lambda(U \backslash C) < \varepsilon$. ◇

6.16 Folgerung. *Für $A \in \mathfrak{M}_\lambda(X)$ gilt:*

$$m_\lambda(A) = \inf \{m_\lambda(U) \mid A \subseteq U \text{ offen}\}, \tag{6}$$
$$m_\lambda(A) = \sup \{m_\lambda(K) \mid A \supseteq K \text{ kompakt}\}. \tag{7}$$

BEWEIS. Aussage (6) folgt sofort aus Satz 6.15. Zu $\varepsilon > 0$ gibt es eine abgeschlossene Menge $C \subseteq A$ mit $m_\lambda(A \backslash C) \leq \varepsilon$, also $m_\lambda(A) - \varepsilon \leq m_\lambda(C)$. Mit den (K_ℓ) aus (3.1) ist $C_\ell := C \cap K_\ell$ kompakt, und aus Satz 6.12 b) folgt $m_\lambda(C_\ell) \to m_\lambda(C)$, also (7). ◇

6.17 Bemerkungen und Definitionen. a) Es sei $\mathfrak{E}$ ein System von Teilmengen einer Menge X. Der Durchschnitt $\mathfrak{E}^\sigma$ aller $\mathfrak{E}$ umfassenden σ-Algebren in X ist eine σ-Algebra, die *von $\mathfrak{E}$ erzeugte σ-Algebra in X*.
b) In einem metrischen (oder topologischen) Raum X erzeugt das System aller offenen Mengen die σ-Algebra $\mathfrak{B}(X)$ aller *Borel-Mengen* in X.
c) Ist X ein separabler lokalkompakter metrischer Raum, so ist wegen Beispiel 6.10 offenbar $\mathfrak{B}(X) \subseteq \mathfrak{M}_\lambda(X)$ für jedes positive Funktional $\lambda : \mathcal{C}_c(X) \mapsto \mathbb{C}$. Aufgrund von Satz 6.15 gilt genauer

$$\mathfrak{M}_\lambda(X) = \{B \cup N \mid B \in \mathfrak{B}(X), N \in \mathfrak{N}_\lambda(X)\}. \tag{8}$$

Da $\mathfrak{B}(X)$ unabhängig von λ definiert ist, ist also die σ-Algebra $\mathfrak{M}_\lambda(X)$ durch das System ihrer Nullmengen eindeutig bestimmt. Während $\mathfrak{B}(X)$ unter *Homöomorphien invariant* ist (vgl. Aufgabe 6.9 c)), gilt dies i. a. *nicht* für $\mathfrak{M}_\lambda(X)$. Ein entsprechendes Beispiel folgt in 14.10 c); dieses verwendet gewisse in Beispiel 8.3 konstruierte nicht L-meßbare Mengen in $\mathbb{R}$ und liefert auch eine Menge $N \in \mathfrak{N}_L(\mathbb{R}) \backslash \mathfrak{B}(\mathbb{R})$. □

Die Meßbarkeit von *Funktionen* kann mit Hilfe meßbarer *Mengen* folgendermaßen charakterisiert werden:

6.18 Satz. *Für eine Funktion $f : X \mapsto \overline{\mathbb{R}}$ sind äquivalent:*
(a) $f \in \mathcal{M}(X, \lambda)$,
(b) $f^{-1}((-\infty, a]) \in \mathfrak{M}_\lambda(X)$ *für alle $a \in \mathbb{R}$,*
(c) $f^{-1}(I) \in \mathfrak{M}_\lambda(X)$ *für alle Intervalle $I \subseteq \mathbb{R}$.*

BEWEIS. „(a) $\Rightarrow$ (b)": Es ist $h_n := n\left(f \vee (a + \frac{1}{n}) - f \vee a\right) \in \mathcal{M}(X, \lambda)$, und man hat $h_n(x) \to 0$ für $f(x) > a$ und $h_n(x) \to 1$ für $f(x) \leq a$. Folglich gilt $\chi_{f^{-1}((-\infty, a])} = \lim\limits_{n \to \infty} h_n \in \mathcal{M}(X, \lambda)$ aufgrund von Satz 6.7.

„(b) $\Rightarrow$ (c)": Aus $(-\infty, a) = \bigcup\limits_{k=1}^{\infty} (-\infty, a - \frac{1}{k}]$ folgt $f^{-1}((-\infty, a)) \in \mathfrak{M}_\lambda(X)$, und durch Komplementbildung ergibt sich auch $f^{-1}((a, \infty)) \in \mathfrak{M}_\lambda(X)$ sowie $f^{-1}([a, \infty)) \in \mathfrak{M}_\lambda(X)$. Da beschränkte Intervalle Durchschnitte zweier unbeschränkter Intervalle sind, folgt (c).

„(c) $\Rightarrow$ (a)": Für $n \in \mathbb{N}$ und $j = -n\,2^n + 1, \ldots, n\,2^n$ definiert man $A_{n,j} := \{x \in X \mid (j-1)\,2^{-n} \leq f(x) < j\,2^{-n}\}$, $U_n := \{x \in X \mid f(x) < -n\}$ und $O_n := \{x \in X \mid f(x) \geq n\}$. Nach (c) liegen diese Mengen in $\mathfrak{M}_\lambda(X)$, und daher gilt

$$s_n := \sum_{j=-n2^n+1}^{n2^n} (j-1)\,2^{-n}\,\chi_{A_{n,j}} + n\,\chi_{O_n} - n\,\chi_{U_n} \in \mathcal{M}(X, \lambda). \quad (9)$$

Mit Satz 6.7 folgt dann auch $f = \lim\limits_{n \to \infty} s_n \in \mathcal{M}(X, \lambda)$. $\diamond$

Analog zu (5.9) definiert man den Raum der λ-meßbaren Funktionen auf einer Menge $A \subseteq X$ als

$$\mathcal{M}(A, \lambda) := \{f \in \mathcal{F}(A, \mathbb{C}) \mid f_A^0 \in \mathcal{M}(X, \lambda)\}. \quad (10)$$

6.19 Satz. *Für $A \in \mathfrak{M}_\lambda(X)$ und $f \in \mathcal{F}(A, \mathbb{R})$ sind äquivalent:*

(a) $f \in \mathcal{M}(A, \lambda)$,

(b) $\{x \in A \mid f(x) \leq a\} \in \mathfrak{M}_\lambda(X)$ *für alle* $a \in \mathbb{R}$,

(c) *Es gibt eine Folge (α_j) in $\mathcal{C}(A, \mathbb{R})$ mit $\alpha_j(x) \to f(x)$ für λ-fast alle* $x \in A$.

BEWEIS. „(a) $\Leftrightarrow$ (b)" folgt aus Satz 6.18 und

$$\{x \in X \mid f_A^0(x) \leq a\} = \{x \in A \mid f(x) \leq a\} \quad \text{für } a < 0,$$
$$= \{x \in A \mid f(x) \leq a\} \cup A^c \quad \text{für } a \geq 0.$$

„(a) $\Rightarrow$ (c)": Es gibt eine Folge (ψ_j) in $\mathcal{C}_c(X)$ mit $\psi_j(x) \to f_A^0(x)$ für λ-fast alle $x \in X$, und man setzt einfach $\alpha_j := \psi_j|_A$.

„(c) $\Rightarrow$ (a)": Für $f \in \mathcal{C}(A, \mathbb{R})$ ist die Menge $\{x \in A \mid f(x) \leq a\}$ *abgeschlossen in A*, und es folgt $\{x \in A \mid f(x) \leq a\} = A \cap C$ mit einer *in X abgeschlossenen Menge C*. Aus Beispiel 6.10 folgt somit (b) für f und damit auch $f_A^0 \in \mathcal{M}(X, \lambda)$.

Gilt nun (c) für $f \in \mathcal{F}(A, \mathbb{R})$, so ist, wie soeben gezeigt, $\alpha_{jA}^0 \in \mathcal{M}(X, \lambda)$ und wegen $\alpha_{jA}^0 \to f_A^0$ λ-fast überall auf X folgt auch $f_A^0 \in \mathcal{M}(X, \lambda)$. $\diamond$

Für einen $\mathcal{C}^1$-Diffeomorphismus $\alpha : U \mapsto D$ offener Intervalle in $\mathbb{R}$ gilt

$$\int_D \phi(x)\, dx \; = \; \int_U \phi(\alpha(u))\, |\alpha'(u)|\, du \quad \text{für} \quad \phi \in \mathcal{C}_c(D) \tag{11}$$

(vgl. Satz 11.1); in Satz 11.6 folgt eine *mehrdimensionale Verallgemeine-rung* dieser *Substitutionsregel*. Die Formeln (11) und (11.12) gelten auch für *integrierbare Funktionen* f; dies ergibt sich aus dem folgenden allgemei-nereren *Transformationssatz* 6.21, der u. a. auch bei der *Integration über Mannigfaltigkeiten* (vgl. Satz 19.10) verwendet wird.

6.20 Lemma. *Es sei $Y \subseteq X$ eine lokalkompakte Menge.*
a) Es ist $\mathcal{C}_c(Y)$ ein dichter Unterraum von $\mathcal{L}_1(Y, \lambda)$.
b) Für $f \in \mathcal{L}_1(Y, \lambda)$ und $\varepsilon > 0$ gibt es eine Folge (ϕ_k) in $\mathcal{C}_c^+(Y)$ mit
$|f| \le \sum\limits_{k=1}^{\infty} \phi_k$ *und* $\sum\limits_{k=1}^{\infty} \int_Y \phi_k(y)\, d\lambda \le \int_Y |f(y)|\, d\lambda + \varepsilon$.

BEWEIS. a) Wegen $Y \in \mathfrak{M}_\lambda(X)$ gilt $\mathcal{C}(Y) \subseteq \mathcal{M}(Y, \lambda)$ nach Satz 6.19. Für $\alpha \in \mathcal{C}_c(Y)$ ist $\alpha_Y^0 \in \mathcal{L}(X, \lambda)$ nach Bemerkung 4.3c) und somit $\alpha_Y^0 \in \mathcal{L}_1(X, \lambda)$ nach Satz 6.5.

Für $f \in \mathcal{L}_1^+(Y, \lambda)$ gilt nach (5.3) $f_Y^0 = \sum\limits_{k=1}^{\infty} \tau_k$ λ-f. ü. für eine Folge (τ_k) in $\mathcal{C}_c(X, \mathbb{R})$ mit $\sum\limits_{k=1}^{\infty} |\tau_k| =: g \in \mathcal{L}_1(X, \lambda)$. Wie in (1) wählt man eine Folge (α_ℓ) in $\mathcal{C}_c^+(Y)$ mit $0 \le \alpha_\ell \le 1$ und $\alpha_\ell(y) \uparrow 1$ für $y \in Y$. Dann folgt

$$\psi_\ell := \Big(\sum_{k=1}^{\ell} \tau_k|_Y \Big)^+ \wedge \ell\, \alpha_\ell \in \mathcal{C}_c^+(Y) \tag{12}$$

und $\psi_\ell(y) \to f(y)$ für λ-fast alle $y \in Y$, also auch $\psi_{\ell Y}^0(x) \to f_Y^0(x)$ für λ-fast alle $x \in X$. Wegen $0 \le \psi_{\ell Y}^0 \le g$ λ-f. ü. folgt dann aus dem Satz über majorisierte Konvergenz $\int_Y |f(y) - \psi_\ell(y)|\, d\lambda(y) \to 0$.

b) Es gibt eine Folge (τ_k) in $\mathcal{C}_c^+(X)$ mit $\sum\limits_{k=1}^{\infty} \int_X \tau_k(x)\, d\lambda \le \int_Y |f(x)|\, d\lambda + \varepsilon$ und $|f_Y^0| \le \sum\limits_{k=1}^{\infty} \tau_k$. Man definiert $\psi_\ell \in \mathcal{C}_c^+(Y)$ wie in (12) und setzt dann einfach $\phi_1 := \psi_1$ und $\phi_\ell := \psi_\ell - \psi_{\ell-1}$ für $\ell \ge 2$. $\diamond$

6.21 Satz. *Es seien X, Z separable lokalkompakte metrische Räume und $\lambda : \mathcal{C}_c(X) \mapsto \mathbb{C}$, $\sigma : \mathcal{C}_c(Z) \mapsto \mathbb{C}$ positive Funktionale. Weiter seien U und D lokalkompakte Teilmengen von X und Z und $\Psi : U \mapsto D$ ein Hommöomorphismus. Es gebe eine Funktion $j \in \mathcal{C}(U)$ mit $j(u) > 0$ für alle $u \in U$ und*

$$\int_D \phi(z)\, d\sigma(z) \; = \; \int_U \phi(\Psi(u))\, j(u)\, d\lambda(u) \quad \text{für alle} \quad \phi \in \mathcal{C}_c(D). \tag{13}$$

a) *Für eine Funktion* $f : D \mapsto \mathbb{C}$ *gilt dann* $f \in \mathcal{L}_1(D) \Leftrightarrow (f \circ \Psi) \cdot j \in \mathcal{L}_1(U)$, *und in diesem Fall ist*

$$\int_D f(z)\, d\sigma(z) \;=\; \int_U f(\Psi(u))\, j(u)\, d\lambda(u)\,. \tag{14}$$

b) *Für eine Menge* $A \subseteq U$ *gilt* $A \in \mathfrak{N}_\lambda(X) \Leftrightarrow \Psi(A) \in \mathfrak{N}_\sigma(Z)$.

c) *Für* $f : D \mapsto \mathbb{C}$ *gilt* $f \in \mathcal{M}(D, \sigma) \Leftrightarrow f \circ \Psi \in \mathcal{M}(U, \lambda)$.

d) *Für eine Menge* $A \subseteq U$ *gilt* $A \in \mathfrak{M}_\lambda(X) \Leftrightarrow \Psi(A) \in \mathfrak{M}_\sigma(Z)$, *und in diesem Fall ist*

$$m_\sigma(\Psi(A)) \;=\; \int_A j(u)\, d\lambda(u)\,. \tag{15}$$

BEWEIS. a) „$\Rightarrow$": Zu $f \in \mathcal{L}_1(D)$ gibt es nach Lemma 6.20 eine Folge (ψ_ℓ) in $\mathcal{C}_c(D)$ mit $\int_D |f(z) - \psi_\ell(z)|\, d\sigma(z) < \frac{1}{\ell}$ sowie Funktionen $\phi_\ell^{(k)} \in \mathcal{C}_c^+(D)$ mit $|f(z) - \psi_\ell(z)| \leq \sum_{k=1}^{\infty} \phi_\ell^{(k)}(z)$ für $z \in D$ und $\sum_{k=1}^{\infty} \int_D \phi_\ell^{(k)}(z)\, d\sigma(z) < \frac{1}{\ell}$. Man hat $(\psi_\ell \circ \Psi) \cdot j \in \mathcal{C}_c(U)$ und $(\phi_\ell^{(k)} \circ \Psi) \cdot j \in \mathcal{C}_c^+(U)$. Für $u \in U$ folgt

$$\big| f(\Psi(u))\, j(u) - \psi_\ell(\Psi(u))\, j(u) \big| \leq \sum_{k=1}^{\infty} \phi_\ell^{(k)}(\Psi(u))\, j(u)\,,$$

und aufgrund von (13) ergibt sich

$$\sum_{k=1}^{\infty} \int_U \phi_\ell^{(k)}(\Psi(u))\, j(u)\, d\lambda(u) = \sum_{k=1}^{\infty} \int_D \phi_\ell^{(k)}(z)\, d\sigma(z) < \tfrac{1}{\ell}\,.$$

Folglich gilt $(f \circ \Psi) \cdot j \in \mathcal{L}_1(U)$, und (14) folgt wegen (13) aus

$$\int_U f(\Psi(u)\, j(u)\, d\lambda(u) = \lim_{\ell \to \infty} \int_U \psi_\ell(\Psi(u)\, j(u)\, d\lambda(u)$$
$$= \lim_{\ell \to \infty} \int_D \psi_\ell(z)\, d\sigma(z) = \int_D f(z)\, d\sigma(z)\,.$$

„$\Leftarrow$": Aus (13) ergibt sich auch

$$\int_U \eta(u)\, d\lambda(u) = \int_D \eta(\Psi^{-1}(z))\, \tfrac{1}{j \circ \Psi^{-1}}(z)\, d\sigma(z) \quad \text{für alle } \eta \in \mathcal{C}_c(U). \tag{16}$$

Nach Beweisteil „$\Rightarrow$" folgt dann $g \in \mathcal{L}_1(U) \Rightarrow (g \circ \Psi^{-1}) \cdot \tfrac{1}{j \circ \Psi^{-1}} \in \mathcal{L}_1(D)$, insbesondere also $(f \circ \Psi) \cdot j \in \mathcal{L}_1(U) \Rightarrow f \in \mathcal{L}_1(D)$.

b) folgt durch Anwendung von a) und Satz 4.19 auf $f := \chi_{\Psi(A)}$.

c) Für $f \in \mathcal{M}^+(D, \lambda)$ gibt es eine Folge (ψ_j) in $\mathcal{C}_c(Z)$ mit $\psi_j \to f$ σ-f.ü., und nach „Abschneiden" mit $j\alpha_j$ wie in (12) kann man $\psi_j \in \mathcal{C}_c(D)$ annehmen. Wegen b) folgt dann auch $\mathcal{C}_c(U) \ni \psi_j \circ \Psi \to f \circ \Psi$ λ-f.ü. Die Umkehrung ergibt sich genauso.

d) folgt durch Anwendung von c) und a) auf $f := \chi_{\Psi(A)}$. $\diamond$

Der Spezialfall $Z = D = U$ und $\Psi = I$, $j = 1$ liefert:

6.22 Folgerung. *Es seien* X *ein separabler lokalkompakter metrischer Raum,* $\lambda : C_c(X) \mapsto \mathbb{C}$ *ein positives Funktional und* U *eine lokalkompakte Teilmenge von* X. *Durch*

$$\sigma(\eta) := \int_U \eta(u)\, d\lambda(u) \quad \text{für} \quad \eta \in C_c(U) \tag{17}$$

wird ein positives Funktional $\sigma : C_c(U) \mapsto \mathbb{C}$ *definiert. Dann gilt* $\mathcal{L}_1(U,\sigma) = \mathcal{L}_1(U,\lambda)$ *und*

$$\int_U f(u)\, d\sigma(u) = \int_U f(u)\, d\lambda(u) \quad \text{für} \quad f \in \mathcal{L}_1(U,\sigma) = \mathcal{L}_1(U,\lambda). \tag{18}$$

Insbesondere stimmt also der in 1.4 definierte Raum $\mathcal{L}_1[a,b]$ nach Aufgabe 1.4 und Satz 5.7 mit dem in 4.7 und (5.9) erklärten Raum $\mathcal{L}_1([a,b], L_1)$ überein. Entsprechendes gilt für die $\mathcal{L}_1$-Räume über kompakten Quadern im $\mathbb{R}^n$ (vgl. Aufgabe 5.6 b) und Beispiel 9.10 a)).

Aufgaben

6.1 Es sei $f \in \mathcal{M}(X,\lambda)$ mit $f(x) \neq 0$ λ-f. ü.. Man zeige $\frac{1}{f} \in \mathcal{M}(X,\lambda)$.

6.2 Zu $f \in \mathcal{M}(X,\lambda)$ konstruiere man $\alpha \in \mathcal{M}(X,\lambda)$ mit $|\alpha| = 1$ und $f = \alpha |f|$.

6.3 Für eine Folge (f_n) in $\mathcal{M}(X,\lambda)$ zeige man auch

$$\sup f_n, \inf f_n, \limsup f_n, \liminf f_n \in \mathcal{M}(X,\lambda),$$

falls diese Ausdrücke λ-fast überall existieren.

6.4 Es sei (A_k) eine Folge in $\mathfrak{M}_\lambda(X)$ mit $\sum_{k=1}^{\infty} m_\lambda(A_k) < \infty$. Man zeige, daß λ-fast alle $x \in X$ in nur *endlich* vielen A_k liegen.

6.5 Es sei $\mu : \mathfrak{M} \mapsto [0,\infty]$ ein positives Maß auf einer σ-Algebra $\mathfrak{M}$ in X, und es gebe $M \in \mathfrak{M}$ mit $\mu(M) < \infty$. Man beweise Satz 6.12 für μ. Gilt Aussage (c) auch im Fall $\mu(A_k) = \infty$ für alle k?

6.6 Für $f \in \mathcal{M}^+(X,\lambda)$ oder $f \in \mathcal{L}_1(X,\lambda)$ definiere man

$$m_f(A) := \int_A f(x)\, d\lambda(x) \quad \text{für} \quad A \in \mathfrak{M}_\lambda(X). \tag{19}$$

a) Man zeige, daß m_f auf $\mathfrak{M}_\lambda(X)$ σ-additiv ist, im Fall $f \in \mathcal{M}^+(X,\lambda)$ also ein positives Maß auf $\mathfrak{M}_\lambda(X)$ definiert.
b) Im Fall $f \in \mathcal{L}_1(X,\lambda)$ beweise man

$$\forall\, \varepsilon > 0\; \exists\, \delta > 0\; \forall\, A \in \mathfrak{M}_\lambda(X) : \; m_\lambda(A) < \delta \Rightarrow |m_f(A)| < \varepsilon. \tag{20}$$

HINWEIS. Man zeige (20) zuerst für $\psi \in C_c(X)$.

6.7 Gilt $m_\lambda(\overline{D}) = m_\lambda(D)$ für offene Mengen $D \subseteq X$?

6.8 Man zeige, daß eine Menge $A \subseteq X$ genau dann λ-meßbar ist, wenn für alle Mengen $E \subseteq X$ gilt:

$$m_\lambda^*(E) = m_\lambda^*(E \cap A) + m_\lambda^*(E \backslash A).$$

6.9 a) Man beweise die Aussage von Bemerkung 6.17 a).
b) Für eine λ-meßbare Funktion $f : X \mapsto \mathbb{R}$ zeige man $f^{-1}(B) \in \mathfrak{M}_\lambda(X)$ für jede Borel-Menge $B \in \mathfrak{B}(\mathbb{R})$.
c) Für $f \in \mathcal{C}(X, Y)$ und $B \in \mathfrak{B}(Y)$ zeige man auch $f^{-1}(B) \in \mathfrak{B}(X)$.

6.10 Eine Funktion $g : X \mapsto \mathbb{R}$ heißt *Borel-meßbar*, falls $g^{-1}(I) \in \mathfrak{B}(X)$ für jede offene Menge $I \subseteq \mathbb{R}$ gilt. Man zeige:
a) Für $f \in \mathcal{M}(X, \lambda, \mathbb{R})$ und eine Borel-meßbare Funktion $g : \mathbb{R} \mapsto \mathbb{R}$ folgt auch $g \circ f \in \mathcal{M}(X, \lambda)$.
b) Zu $f \in \mathcal{M}(X, \lambda, \mathbb{R})$ gibt es eine Borel-meßbare Funktion $h : X \mapsto \mathbb{R}$ mit $h(x) = f(x)$ λ-fast überall.

6.11 Für $f \in \mathcal{M}(X, \lambda)$ und die Funktionenfolge (s_n) aus (9) zeige man:
a) Ist $f \geq 0$, so gilt $s_n \uparrow f$.
b) Ist f beschränkt, so gilt $s_n \to f$ *gleichmäßig*.

6.12 Es seien $A \in \mathfrak{M}_\lambda(X)$ und $f : A \mapsto [0, \infty)$. Man zeige

$$f \in \mathcal{M}(A, \lambda) \Leftrightarrow f \wedge g \in \mathcal{L}_1(A, \lambda) \text{ für alle } g \in \mathcal{L}_1^+(A, \lambda).$$

6.13 Es seien $A \in \mathfrak{M}_\lambda(X)$ mit $m_\lambda(A) < \infty$ und $f : A \mapsto \mathbb{C}$ beschränkt und in λ-fast allen Punkten von A stetig. Man zeige $f \in \mathcal{L}_1(A, \lambda)$.

7 L_p-Räume

In diesem Abschnitt werden die Banachräume $L_p(A, \lambda)$ für $1 \leq p \leq \infty$ eingeführt. Stets seien X ein *separabler* lokalkompakter metrischer Raum und $\lambda : \mathcal{C}_c(X) \mapsto \mathbb{C}$ ein positives Funktional.

7.1 Definition. *Für* $1 \leq p < \infty$ *und* $A \in \mathfrak{M}_\lambda(X)$ *sei*

$$\mathcal{L}_p(A, \lambda) := \{f \in \mathcal{M}(A, \lambda) \mid |f|^p \in \mathcal{L}_1(A, \lambda)\}, \tag{1}$$

$$\|f\|_{L_p} := \left(\int_A |f(x)|^p \, d\lambda(x) \right)^{1/p} \text{ für } f \in \mathcal{L}_p(A, \lambda). \tag{2}$$

Aufgrund der *Minkowskischen Ungleichung* 7.5 ist $\mathcal{L}_p(A, \lambda)$ ein *Vektorraum*, und (2) definiert eine *Halbnorm* auf $\mathcal{L}_p(A, \lambda)$, die die „*Konvergenz im p-ten Mittel*" beschreibt. Für den „Grenzfall $p = \infty$" wird $\mathcal{L}_p(A, \lambda)$ so erklärt:

7.2 Definition. *Für* $A \in \mathfrak{M}_\lambda(X)$ *sei*

$$\mathcal{L}_\infty(A,\lambda) := \{f \in \mathcal{M}(A,\lambda) \,|\, \exists\, C > 0 : m_\lambda(\{x \in A \,|\, |f(x)| > C\}) = 0\} \,. \tag{3}$$

Die Funktionen in $\mathcal{L}_\infty(A,\lambda)$ *heißen* λ*-wesentlich beschränkt. Für* $f \in \mathcal{L}_\infty(A,\lambda)$ *setzt man*

$$\| f \|_{L_\infty} := \inf \{C > 0 \mid m_\lambda(\{x \in A \mid |f(x)| > C\}) = 0\} \,. \tag{4}$$

7.3 Feststellung. *a) Durch (4) wird eine* Halbnorm *auf dem Vektorraum* $\mathcal{L}_\infty(A,\lambda)$ *definiert.*
b) Für $f \in \mathcal{L}_\infty(A,\lambda)$ *gilt* $|f(x)| \leq \| f \|_{L_\infty}$ *für* λ*-fast alle* $x \in A$.

BEWEIS. a) rechnet man leicht nach, vgl. Aufgabe 7.2.
b) Für $n \in \mathbb{N}$ gilt $|f(x)| \leq \| f \|_{L_\infty} + \frac{1}{n}$ bis auf eine λ-Nullmenge M_n. Da auch $\bigcup_{n=1}^\infty M_n$ eine λ-Nullmenge ist, folgt die Behauptung. $\Diamond$

Zwei Zahlen $p, q \in [1,\infty]$ heißen *konjugierte Exponenten*, falls

$$\frac{1}{p} + \frac{1}{q} = 1 \quad (\text{mit } \tfrac{1}{\infty} = 0) \tag{5}$$

ist. Wie in Satz I. 21.9* gilt dann die

7.4 Satz (Höldersche Ungleichung). *Es seien* $p, q \in [1,\infty]$ *konjugierte Exponenten. Für* $f \in \mathcal{L}_p(A,\lambda)$ *und* $g \in \mathcal{L}_q(A,\lambda)$ *gilt* $f \cdot g \in \mathcal{L}_1(A,\lambda)$ *sowie*

$$\| f \cdot g \|_{L_1} \leq \| f \|_{L_p} \cdot \| g \|_{L_q} \,. \tag{6}$$

BEWEIS. a) Für $p = 1$ ist $q = \infty$. Nach Feststellung 7.3 b) gilt dann $|f(x)g(x)| \leq |f(x)| \| g \|_{L_\infty}$ λ-fast überall und somit

$$\int_A |f(x)g(x)| \, d\lambda(x) \leq \| g \|_{L_\infty} \int_A |f(x)| \, d\lambda(x) \,.$$

b) Es sei jetzt $1 < p, q < \infty$. Ist $\| f \|_{L_p} = 0$, so gilt $f(x) = 0$ λ-f. ü., also auch $f(x)g(x) = 0$ λ-f. ü., und (6) ist offenbar richtig. Für $\| f \|_{L_p} > 0$ und $\| g \|_{L_q} > 0$ setzt man $F := \frac{f}{\| f \|_{L_p}}$ und $G := \frac{g}{\| g \|_{L_q}}$; dann ist

$$\int_A |F(x)|^p \, d\lambda(x) = \int_A |G(x)|^q \, d\lambda(x) = 1 \,.$$

Aufgrund der Konvexität der Exponentialfunktion hat man

$$|F(x) \cdot G(x)| \leq \tfrac{1}{p} |F(x)|^p + \tfrac{1}{q} |G(x)|^q \,, \quad x \in A$$

(vgl. Lemma I. 21.8*); Integration über A liefert dann

$$\int_A |F(x) \cdot G(x)| \, d\lambda(x) \leq \tfrac{1}{p} + \tfrac{1}{q} = 1$$

und somit die Behauptung. $\Diamond$

Wie in Satz I. 21.10* ergibt sich aus der Hölderschen Ungleichung:

7.5 Satz (Minkowskische Ungleichung). *Für $1 \leq p < \infty$ ist $\mathcal{L}_p(A, \lambda)$ ein Vektorraum, und durch (2) wird eine Halbnorm auf $\mathcal{L}_p(A, \lambda)$ definiert. Insbesondere gilt für Funktionen $f, g \in \mathcal{L}_p(A, \lambda)$*

$$\left(\int_A |f + g|^p \, d\lambda \right)^{1/p} \leq \left(\int_A |f|^p \, d\lambda \right)^{1/p} + \left(\int_A |g|^p \, d\lambda \right)^{1/p} . \tag{7}$$

BEWEIS. a) Die Konvexität der Funktion $t \to t^p$ auf $[0, \infty)$ liefert

$$\left(\tfrac{a+b}{2} \right)^p \leq \tfrac{1}{2}(a^p + b^p) \quad \text{für} \quad a, b \geq 0 . \tag{8}$$

Aus $f, g \in \mathcal{L}_p(A, \lambda)$ folgt wegen Satz 6.5 also auch $f + g \in \mathcal{L}_p(A, \lambda)$.
b) Für $f, g \in \mathcal{L}_p(A, \lambda)$ gilt zunächst

$$\int_A |f + g|^p \, d\lambda \; \leq \; \int_A |f| \, |f + g|^{p-1} \, d\lambda + \int_A |g| \, |f + g|^{p-1} \, d\lambda ;$$

wegen $(p - 1)q = p$ liefert dann die Höldersche Ungleichung

$$
\begin{aligned}
\int_A |f + g|^p \, d\lambda \; &\leq \; \left(\int_A |f|^p \, d\lambda \right)^{1/p} \left(\int_A |f + g|^{(p-1)q} \, d\lambda \right)^{1/q} \\
&+ \; \left(\int_A |g|^p \, d\lambda \right)^{1/p} \left(\int_A |f + g|^{(p-1)q} \, d\lambda \right)^{1/q} \\
&= \; (\| f \|_{L_p} + \| g \|_{L_p}) \left(\int_A |f + g|^p \, d\lambda \right)^{1/q} .
\end{aligned}
$$

Für $\| f + g \|_{L_p} \neq 0$ liefert Division durch $\left(\int_A |f + g|^p \, d\lambda \right)^{1/q}$ dann die Behauptung (7). Die anderen Aussagen sind klar. $\quad \diamond$

7.6 Bemerkungen und Definitionen. Für $1 \leq p < \infty$ gilt offenbar

$$\mathcal{N} := \{ f : A \mapsto \mathbb{C} \mid f(x) = 0 \; \lambda\text{–f. ü.} \} = \{ f \in \mathcal{L}_p(A, \lambda) \mid \| f \|_{L_p} = 0 \} , \tag{9}$$

und wegen Feststellung 7.3 b) ist dies auch für $p = \infty$ richtig. Wie in Bemerkung 4.20 b) ist somit

$$L_p(A, \lambda) := {}^{\mathcal{L}_p(A, \lambda)} / _{\mathcal{N}} , \quad 1 \leq p \leq \infty , \tag{10}$$

der zu $\mathcal{L}_p(A, \lambda)$ assoziierte *normierte* Raum. $\quad \square$

7.7 Satz. *Die Räume $\mathcal{L}_p(A, \lambda)$ und $L_p(A, \lambda)$ sind vollständig für alle meßbaren Mengen $A \in \mathfrak{M}_\lambda(X)$ und alle $1 \leq p \leq \infty$.*

BEWEIS. a) Es seien $1 \leq p < \infty$ und (f_n) eine Cauchy-Folge in $\mathcal{L}_p(A, \lambda)$. Es genügt, die Konvergenz einer *Teilfolge* in $\mathcal{L}_p(A, \lambda)$ zu beweisen (vgl. Lemma II. 5.15). Für $k \in \mathbb{N}$ wählt man $n_k > n_{k-1}$ mit

$$\| f_m - f_{n_k} \|_{L_p}^p = \int_A |f_m - f_{n_k}|^p \, d\lambda \; \leq \; 4^{-pk} \quad \text{für} \quad m \geq n_k \tag{11}$$

und schreibt einfach k statt n_k. Für die Menge (vgl. Feststellung 6.3 a))

$$Y_k := \{x \in A \mid |f_{k+1}(x) - f_k(x)|^p \geq 2^{-pk}\} \in \mathfrak{M}_\lambda(X)$$

gilt dann $m_\lambda(Y_k) \leq 2^{-pk} \leq 2^{-k}$. Für $Z_n := \bigcup_{k=n+1}^\infty Y_k \in \mathfrak{M}_\lambda(X)$ folgt

$m_\lambda(Z_n) \leq 2^{-n}$, und $Z := \bigcap_{n=1}^\infty Z_n$ ist eine λ-Nullmenge. Für $x \notin Z$ gilt

aber $|f_{k+1}(x) - f_k(x)| \leq 2^{-k}$ ab einem $n \in \mathbb{N}$, so daß die Reihe

$$f(x) := f_1(x) + \sum_{k=1}^\infty (f_{k+1}(x) - f_k(x))$$

konvergiert. Man hat dann $f = \lim_{n\to\infty} f_n$ λ-fast überall, und Satz 6.7 impliziert $f \in \mathcal{M}(A, \lambda)$.

b) Bei festem k gilt $|f_m - f_k|^p \to |f - f_k|^p$ λ-fast überall, und wegen (11) liefert das *Lemma von Fatou* sofort $|f - f_k|^p \in \mathcal{L}_1(A, \lambda)$ sowie

$$\int_A |f - f_k|^p \, d\lambda \leq \liminf_{m\to\infty} \int_A |f_m - f_k|^p \, d\lambda \leq 4^{-pk}.$$

Somit gilt $f - f_k \in \mathcal{L}_p(A, \lambda)$, also auch $f \in \mathcal{L}_p(A, \lambda)$, und $f_k \to f$ in $\mathcal{L}_p(A, \lambda)$.

c) Im Fall $p = \infty$ ist der Beweis wesentlich einfacher: außerhalb einer λ-Nullmenge ist (f_n) eine Cauchy-Folge bezüglich der *gleichmäßigen* Konvergenz und somit dort gleichmäßig konvergent. $\diamond$

Der Beweis von Satz 7.7 zeigt auch (vgl. Folgerung 5.3 a)):

7.8 Folgerung. *Eine in $\mathcal{L}_p(A, \lambda)$ konvergente Folge (f_n) besitzt eine λ-fast überall konvergente Teilfolge.*

7.9 Satz. *Für $1 \leq p < \infty$ und eine lokalkompakte Menge $Y \subseteq X$ ist $\mathcal{C}_c(Y)$ ein dichter Unterraum von $\mathcal{L}_p(Y, \lambda)$.*

BEWEIS. Nach dem Beweis von Lemma 6.20 a) gibt es zu $0 \leq f \in \mathcal{L}_p(Y, \lambda)$ eine Folge $(\psi_\ell) \subseteq \mathcal{C}_c^+(Y)$ mit $\psi_\ell \to f^p$ λ-f.ü. und $\psi_\ell \leq g$ λ-f.ü. für ein geeignetes $g \in \mathcal{L}_1(A, \lambda)$. Für $\tau_\ell := \psi_\ell^{1/p} \in \mathcal{C}_c^+(Y)$ gilt nach (8)

$$|f - \tau_\ell|^p \leq 2^{p-1}(f^p + \tau_\ell^p) \leq 2^p g \quad \lambda-\text{f.ü.}, \tag{12}$$

und der Satz über majorisierte Konvergenz liefert $\int_Y |f - \tau_\ell|^p \, d\lambda \to 0$. $\diamond$

Im allgemeinen ist $\mathcal{C}_c(Y)$ *nicht* dicht in $\mathcal{L}_\infty(Y)$, vgl. Aufgabe 7.6.

Aufgaben

7.1 Man finde eine *unbeschränkte* Funktion $f \in \mathcal{L}_\infty[0,1]$.

7.2 Man bestätige Feststellung 7.3 a) und gebe einen detaillierten Beweis von Satz 7.7 im Fall $p = \infty$.

7.3 Es sei $1 \leq r \leq t \leq \infty$. Für den Fall $m_\lambda(A) < \infty$ beweise man $\mathcal{L}_t(A,\lambda) \subseteq \mathcal{L}_r(A,\lambda)$ sowie

$$\| f \|_{L_r} \leq m_\lambda(A)^{1/r - 1/t} \| f \|_{L_t} \quad \text{für} \quad f \in \mathcal{L}_t(A,\lambda).$$

7.4 Auf $\mathbb{N}$ sei die diskrete Metrik gegeben (vgl. Aufgabe 4.12).
a) Für das Funktional Σ aus (4.26) zeige man $\mathcal{L}_\infty(\mathbb{N},\Sigma) = \ell_\infty$ sowie

$$\mathcal{L}_p(\mathbb{N},\Sigma) = \ell_p = \{x = (x_k)_{k=1}^\infty \mid \| x \|_p := \big(\sum_{k=1}^\infty | x_k |^p \big)^{1/p} < \infty\}. \quad (13)$$

b) Für $1 \leq r \leq t \leq \infty$ zeige man $\ell_r \subseteq \ell_t$ und $\| x \|_t \leq \| x \|_r$ für $x \in \ell_r$.

7.5 Man beweise die „$\mathcal{L}_p$-Versionen" des Satzes von Beppo Levi und des Satzes über majorisierte Konvergenz:
a) Für eine Folge $(g_k) \subseteq \mathcal{L}_p(A,\lambda)$ mit $\sum_{k=1}^\infty \| g_k \|_{L_p} < \infty$ konvergiert die Reihe $\sum_{k=1}^\infty | g_k(x) |$ λ-fast überall.
b) Eine Folge $(f_n) \subseteq \mathcal{L}_p(A,\lambda)$ konvergiere λ-fast überall gegen eine Funktion f. Es gebe eine $\mathcal{L}_p$-*Majorante*, d.h. es gelte $| f_n | \leq g$ λ-fast überall für ein $g \in \mathcal{L}_p(A,\lambda)$. Dann folgt $f \in \mathcal{L}_p(A,\lambda)$ und $\| f - f_n \|_{L_p} \to 0$.

7.6 a) Man zeige, daß die konstante Funktion 1 auf $\mathbb{R}^n$ nicht im $\mathcal{L}_\infty$-Abschluß von $\mathcal{C}_c(\mathbb{R}^n)$ liegt.
b) Ist $\mathcal{C}(Y)$ für *kompakte* Räume Y dicht in $\mathcal{L}_\infty(Y)$?

7.7 Es sei Y lokalkompakt. Zu $f \in \mathcal{L}_\infty(Y,\lambda)$ konstruiere man eine Folge $(\psi_n) \subseteq \mathcal{C}_c(Y)$ mit $\psi_n \to f$ λ-f.ü. und $\| \psi_n \|_{\sup} \leq \| f \|_{L_\infty}$.

7.8 In der Situation von Satz 6.21 beweise man

$$f \in \mathcal{L}_p(D) \quad \Leftrightarrow \quad (f \circ \Psi) \cdot j^{1/p} \in \mathcal{L}_p(U).$$

II. Das Lebesgue-Integral auf $\mathbb{R}^n$

In diesem Kapitel wird zunächst gezeigt, daß das Lebesgue-Integral und das Lebesgue-Maß auf $\mathbb{R}^n$ durch ihre *Translationsinvarianz* im wesentlichen eindeutig festgelegt und auch gegen *orthogonale Transformationen invariant* sind. Somit liefert das Lebesgue-Maß eine zufriedenstellende Lösung des in Abschnitt I.16 formulierten Problems der Definition von *Flächeninhalten* und *Volumina*.

Ein wichtiges Thema dieses Kapitels ist die *konkrete Berechnung* von Integralen und Volumina, auch von *Mittelwerten, Schwerpunkten* und *Trägheitsmomenten.* Mit Hilfe des *Satzes von Fubini-Tonelli* wird die Berechnung mehrdimensionaler Lebesgue-Integrale in Abschnitt 9 auf die eindimensionaler Integrale zurückgeführt. Die in Abschnitt 10 diskutierten *Faltungen* und *Dirac-Folgen* spielen eine wichtige Rolle in den Kapiteln VI und VII; *Zerlegungen der Eins* liefern zusammen mit *lokalen Zerlegungen* von *Diffeomorphismen* in endliche Produkte von *Transpositionen* und *primitiven Diffeomorphismen* in Abschnitt 11 einen Beweis der *Transformationsformel*, d. h. der *mehrdimensionalen Substitutionsregel.* Als erste Anwendungen werden *Polarkoordinaten im $\mathbb{R}^n$* diskutiert und wird in Abschnitt 12 die *Transformation des Laplace-Operators* unter C^2-Diffeomorphismen berechnet; in diesem Abschnitt wird auch bewiesen, daß die Menge der *kritischen Werte* einer C^∞-Abbildung stets eine *Nullmenge* ist *(Lemma von Sard).*

Thema der Abschnitte 13–15 sind Funktionen von *einer* Veränderlichen; ihre Resultate werden erst ab Kapitel VI gelegentlich verwendet. In Abschnitt 13 wird eine Reihe spezieller Integrale mit Hilfe der *Eulerschen Γ-Funktion* berechnet. In den Abschnitten 14–15 wird der *Hauptsatz der Differential- und Integralrechnung* im Rahmen der Lebesgueschen Integrationstheorie diskutiert. Es wird gezeigt, daß *monotone Funktionen fast überall differenzierbar* sind und daß die *unbestimmten Integrale von L_1-Funktionen* auf kompakten Intervallen genau die *absolut stetigen* Funktionen sind.

8 Lebesgue-Maß und Nullmengen im $\mathbb{R}^n$

Aufgabe: Man versuche, die Invarianz des Lebesgue-Maßes auf $\mathbb{R}^2$ unter Translationen, Drehungen und Spiegelungen zu beweisen.

In Abschnitt I.16 wurde das Ziel formuliert, auf einer möglichst großen Klasse von Teilmengen der Ebene einen *Flächeninhalt* so zu definieren, daß dabei einige einleuchtende Eigenschaften (**A1**)–(**A4**) gelten. Dieses Ziel wird allgemeiner im $\mathbb{R}^n$ durch die Konstruktion des *Lebesgue-Maßes*

$$m = m_n : \mathfrak{M}(\mathbb{R}^n) = \mathfrak{M}_L(\mathbb{R}^n) \mapsto [0, \infty]$$

erreicht; für dieses n -*dimensionale Volumen* gelten in der Tat die folgenden Aussagen:

(V1)   Für Quader $Q = \prod_{k=1}^{n} [a_k, b_k] \subseteq \mathbb{R}^n$ gilt $Q \in \mathfrak{M}(\mathbb{R}^n)$ und

$$m(Q) = \prod_{k=1}^{n} (b_k - a_k).$$

(V2) $\mathfrak{M}(\mathbb{R}^n)$ ist eine σ -Algebra in $\mathbb{R}^n$, und m ist σ -additiv.

(V3)   Für $A \in \mathfrak{M}(\mathbb{R}^n)$ und eine Translation $T_h : x \mapsto x + h$ des $\mathbb{R}^n$ gilt auch $T_h(A) \in \mathfrak{M}(\mathbb{R}^n)$ und $m(T_h(A)) = m(A)$.

(V4)   Für $A \in \mathfrak{M}(\mathbb{R}^n)$ und eine orthogonale Transformation $S \in \mathbb{O}_{\mathbb{R}}(n)$ des $\mathbb{R}^n$ gilt auch $S(A) \in \mathfrak{M}(\mathbb{R}^n)$ und $m(S(A)) = m(A)$.

Die Aussagen (V1) und (V2) wurden in Beispiel 5.6 b) und Satz 6.9 bewiesen. Natürlich ist (V2) wesentlich stärker als die in

(A2)   Für $A, B \in \mathfrak{M}(\mathbb{R}^n)$ gilt auch $A \cup B$, $A \cap B$, $A \backslash B \in \mathfrak{M}(\mathbb{R}^n)$, und man hat $m(A \cup B) = m(A) + m(B) - m(A \cap B)$.

verlangte *endliche* Additivität des Maßes. (V3) und (V4) sind Spezialfälle der *Transformationsformel* 11.7. Es ist m durch (V1)–(V3) auf $\mathfrak{B}(\mathbb{R}^n)$ eindeutig bestimmt und kann unter Erhaltung dieser Eigenschaften *nicht* auf die Potenzmenge $\mathfrak{P}(\mathbb{R}^n)$ des $\mathbb{R}^n$ fortgesetzt werden (vgl. Satz 8.5 und Beispiel 8.3). Für $n \geq 3$ gibt es auch keine Abbildung $\mu : \mathfrak{P}(\mathbb{R}^n) \mapsto [0, \infty]$ mit (V1), (A2), (V3) und (V4) (vgl. [10], Band 3, Abschnitt 11a), während für $n = 1$ und $n = 2$ mehrere solcher *„exotischen Volumina"* existieren.

Für $h \in \mathbb{R}^n$ und eine Menge $A \subseteq \mathbb{R}^n$ sei

$$A + h := T_h(A) := \{ x + h \mid x \in A \} \tag{1}$$

die um h verschobene Menge; für eine Funktion $f : \mathbb{R}^n \to \mathbb{C}$ sei

$$\tau_h f := f \circ T_{-h} : x \mapsto f(x - h) \tag{2}$$

die um h verschobene Funktion. Die *Translationsinvarianz* von Lebesgue-Integral und Lebesgue-Maß und somit (V3) folgen sofort aus (2.20) und Satz 6.21 (mit $X = U = Z = D = \mathbb{R}^n$ und $\Psi = T_{\pm h}$):

8.1 Satz. *a) Für $f \in \mathcal{L}_1(\mathbb{R}^n)$ und $h \in \mathbb{R}^n$ gilt auch $\tau_h f \in \mathcal{L}_1(\mathbb{R}^n)$ und*

$$\int_{\mathbb{R}^n} (\tau_h f)(x)\, dx = \int_{\mathbb{R}^n} f(x)\, dx. \tag{3}$$

b) Für $A \in \mathfrak{M}(\mathbb{R}^n)$ gilt auch $A + h \in \mathfrak{M}(\mathbb{R}^n)$ und $m(A + h) = m(A)$.

Die *Translationsoperatoren* τ_h sind also *lineare Isometrien* auf $\mathcal{L}_1(\mathbb{R}^n)$. Für jede Funktion $f \in \mathcal{L}_1(\mathbb{R}^n)$ hängt $\tau_h(f)$ stetig von h ab:

8.2 Satz. *Für* $f \in \mathcal{L}_1(\mathbb{R}^n)$ *gilt*

$$\lim_{h \to 0} \int_{\mathbb{R}^n} |f(x) - f(x-h)| \, dx = 0. \tag{4}$$

BEWEIS. a) Zunächst sei $\phi \in C_c(\mathbb{R}^n)$ mit $\operatorname{supp} \phi \subseteq [a,b]^n$. Dann gilt $\operatorname{supp} \tau_h \phi \subseteq [a-1, b+1]^n$ für $|h| \leq 1$, und aus der *gleichmäßigen* Stetigkeit von ϕ folgt $\| \phi - \tau_h \phi \|_{\sup} \to 0$ für $h \to 0$. Somit folgt (4) für ϕ aus Satz 4.9.
b) Zu $f \in \mathcal{L}_1(\mathbb{R}^n)$ und $\varepsilon > 0$ sei $\phi \in C_c(\mathbb{R}^n)$ mit $\int_{\mathbb{R}^n} |f(x) - \phi(x)| \, dx < \varepsilon$, also auch $\int_{\mathbb{R}^n} |\tau_h f(x) - \tau_h \phi(x)| \, dx < \varepsilon$ für alle $h \in \mathbb{R}^n$ gewählt. Dann folgt

$$\int_{\mathbb{R}^n} |f(x) - f(x-h)| \, dx \leq \int_{\mathbb{R}^n} |\phi(x) - \phi(x-h)| \, dx + 2\varepsilon \leq 3\varepsilon$$

für genügend kleine $|h|$ aufgrund von a).   ◇

Aus der Translationsinvarianz des Lebesgue-Maßes (und dem Auswahlaxiom der Mengenlehre) folgt die *Existenz nicht Lebesgue-meßbarer Mengen:*

8.3 Beispiel (Vitali). Es sei $A \in \mathfrak{M}(\mathbb{R}^n)$ beschränkt mit $m(A) > 0$ und $A \subseteq [-L, L]^n$. Durch $x \sim y := x - y \in \mathbb{Q}^n$ wird eine Äquivalenzrelation auf A definiert. Für eine Menge $E \subseteq A$, die aus jeder Äquivalenzklasse genau ein Element enthält, gilt

$$A \subseteq \bigcup \{E + r \mid r \in \mathbb{Q}^n \cap [-2L, 2L]^n\} \subseteq [-3L, 3L]^n,$$

wobei die Vereinigung *disjunkt* ist. Nach Satz 8.1 b) folgt aus $E \in \mathfrak{M}(\mathbb{R}^n)$ auch $E + r \in \mathfrak{M}(\mathbb{R}^n)$ und $m(E + r) = m(E)$ für alle $r \in \mathbb{Q}^n$, also

$$0 < m(A) \leq \sum_{k=1}^{\infty} m(E) \leq (6L)^n.$$

Dies ist sowohl für $m(E) = 0$ als auch für $m(E) > 0$ unmöglich, und somit kann E nicht Lebesgue-meßbar sein. Nach Satz 6.18 ist dann auch die Funktion χ_E nicht Lebesgue-meßbar.   □

Offene Mengen im $\mathbb{R}^n$ sind abzählbare disjunkte Vereinigungen gewisser *halboffener Würfel*. Genauer gilt mit

$$\mathcal{W}_m := \left\{ W = \prod_{j=1}^{n} \left[\frac{a_j}{2^m}, \frac{a_j + 1}{2^m} \right) \mid a_j \in \mathbb{Z} \right\}, \quad m \in \mathbb{N}_0 : \tag{5}$$

8.4 Lemma. *Jede offene Menge* $D \subseteq \mathbb{R}^n$ *ist eine abzählbare disjunkte Vereinigung von Würfeln aus* $\mathcal{W} := \bigcup \{\mathcal{W}_m \mid m \in \mathbb{N}_0\}$.

BEWEIS (vgl. Abb. 8a). a) Für festes $m \in \mathbb{N}_0$ sind die Würfel aus $\mathcal{W}_m$ *disjunkt*, und man hat $\bigcup \{W \mid W \in \mathcal{W}_m\} = \mathbb{R}^n$.

b) Für $j > k$, $W \in \mathcal{W}_j$ und $W' \in \mathcal{W}_k$ gilt stets $W \subseteq W'$ oder $W \cap W' = \emptyset$.

c) Man setzt $\Phi_0 := \{W \in \mathcal{W}_0 \mid W \subseteq D\}$ und rekursiv

$$\Phi_m := \{ W \in \mathcal{W}_m \mid W \subseteq D \setminus \bigcup \{W' \mid W' \in \Phi_1 \cup \ldots \cup \Phi_{m-1}\} \} .$$

Dann ist $\Phi := \bigcup_{m=0}^{\infty} \Phi_m$ ein abzählbares System *disjunkter* Würfel aus $\mathcal{W}$, die alle in D enthalten sind.

d) Es bleibt $D = \bigcup \{W \mid W \in \Phi\}$ zu zeigen. Zu $a \in D$ gibt es $\varepsilon > 0$ mit $\{x \in \mathbb{R}^n \mid \|x - a\|_\infty < \varepsilon\} \subseteq D$. Für $2^{-j} < \varepsilon$ gibt es $W \in \mathcal{W}_j$ mit $a \in W$ und $W \subseteq D$. Nach Konstruktion gilt dann $W \in \Phi_j$ oder $W \subseteq W'$ für ein $W' \in \Phi_k$ mit $0 \le k \le j - 1$, und daraus folgt die Behauptung. $\Diamond$

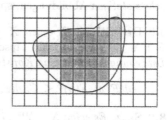

Abb. 8a

Das Lebesgue-Maß ist durch seine Translationsinvarianz im wesentlichen eindeutig bestimmt. Ein Borel-Maß $\mu : \mathfrak{B}(\mathbb{R}^n) \mapsto [0, \infty]$ heißt *regulär*, wenn (6.6) und (6.7) für μ und $A \in \mathfrak{B}(\mathbb{R}^n)$ gelten.

8.5 Satz. *Es sei* $\mu : \mathfrak{B}(\mathbb{R}^n) \mapsto [0, \infty]$ *ein reguläres translationsinvariantes Borel-Maß mit* $\mu([0,1)^n) = 1$. *Dann gilt* $\mu = m|_{\mathfrak{B}(\mathbb{R}^n)}$.

BEWEIS. Wegen der Translationsinvarianz von μ haben alle Würfel aus $\mathcal{W}_m$ das gleiche Maß. Da $[0,1)^n$ disjunkte Vereinigung von 2^n Würfeln aus $\mathcal{W}_1$ ist, folgt $\mu(W) = 2^{-n}$ für $W \in \mathcal{W}_1$. Induktiv folgt dann genauso $\mu(W) = 2^{-nm}$ für $W \in \mathcal{W}_m$, also $\mu = m$ auf $\mathcal{W}$. Wegen Lemma 8.4 folgt daraus $\mu = m$ auf allen offenen Mengen, und wegen der Regularität schließlich $\mu = m$ auf $\mathfrak{B}(\mathbb{R}^n)$. $\Diamond$

Aus Lemma 8.4 und der Regularität von m ergibt sich die folgende wichtige Charakterisierung der Lebesgue-Nullmengen (vgl. Aufgabe 4.6):

8.6 Satz. *Eine Menge $N \subseteq \mathbb{R}^n$ ist genau dann eine L-Nullmenge, wenn es zu jedem $\varepsilon > 0$ eine Folge halboffener Würfel $(W_k) \subseteq \mathcal{W}$ mit $N \subseteq \bigcup_{k=1}^{\infty} W_k$ und $\sum_{k=1}^{\infty} m(W_k) < \varepsilon$ gibt.*

BEWEIS. „$\Leftarrow$ ": Man hat $\chi_N \le \sum_{k=1}^{\infty} \chi_{W_k}$ und somit aufgrund von Satz 4.5

$$\|\chi_N\|_L \le \sum_{k=1}^{\infty} \|\chi_{W_k}\|_L = \sum_{k=1}^{\infty} m(W_k) < \varepsilon \text{ für alle } \varepsilon > 0 .$$

„$\Rightarrow$ ": Da m regulär ist, gibt es eine *offene* Menge U in $\mathbb{R}^n$ mit $N \subseteq U$ und $m(U) < \varepsilon$. Die Behauptung folgt somit aus Lemma 8.4 und der σ-Additivität von m. $\Diamond$

8.7 Bemerkung. Aussage „$\Leftarrow$ " von Satz 6.6 gilt offenbar für beliebige Mengen $W_k \in \mathfrak{M}(\mathbb{R}^n)$. Umgekehrt kann man die Würfel auch als *kompakt* oder, aufgrund des „$\varepsilon/2^k$-Tricks", als *offen* annehmen. $\Diamond$

Aus Satz 8.6 ergibt sich die *Invarianz* von L-Nullmengen unter *lokal Lipschitz-stetigen* Abbildungen, speziell unter C^1-*Abbildungen:*

8.8 Definition. *Es seien X und Y metrische Räume. Eine Abbildung $F : X \mapsto Y$ heißt* lokal Lipschitz-stetig, *wenn es zu jedem $a \in X$ eine Umgebung U_a und eine Konstante $C_a \geq 0$ gibt mit*

$$d(F(x), F(y)) \leq C_a\, d(x, y) \quad \textit{für } x, y \in U_a. \tag{6}$$

8.9 Satz. *Es seien $N \subseteq \mathbb{R}^n$ eine L-Nullmenge und $F : N \mapsto \mathbb{R}^n$ eine lokal Lipschitz-stetige Abbildung. Dann ist auch $F(N)$ eine L-Nullmenge.*

BEWEIS. a) Jeder Punkt $a \in N$ besitzt eine Umgebung U_a, auf der (6) für die Maximum-Norm des $\mathbb{R}^n$ gilt. Nach Satz 3.4 besitzt die offene Überdeckung $\{U_a \mid a \in N\}$ von N eine *abzählbare* Teilüberdeckung $\{U_j \mid j \in \mathbb{N}\}$; es genügt also, $F(N_j) := F(N \cap U_j) \in \mathfrak{N}_L(\mathbb{R}^n)$ für alle $j \in \mathbb{N}$ zu zeigen.

b) Zu $\varepsilon > 0$ gibt es nach Satz 8.6 eine Folge von Würfeln (W_k) mit $N_j \subseteq \bigcup_{k=1}^{\infty} W_k$ und $\sum_{k=1}^{\infty} m(W_k) < \varepsilon$. Wegen (6) ist $F(N_j \cap W_k)$ in einem Würfel W_k' enthalten, dessen Kantenlänge höchstens um den Faktor C_j größer ist als die von W_k. Es folgt also $F(N_j) \subseteq \bigcup_{k=1}^{\infty} W_k'$ und

$$\sum_{k=1}^{\infty} m(W_k') \leq C_j^n \sum_{k=1}^{\infty} m(W_k) < C_j^n\, \varepsilon, \text{ also } m(F(N_j)) = 0.   \Diamond$$

Satz 8.8 ist für nur *stetige* Abbildungen i. a. *nicht* richtig; Gegenbeispiele liefern etwa stetige Surjektionen $\gamma : [0,1] \mapsto [0,1]^2$ (*Peano-Kurven*, vgl. dazu Beispiel II. 14.15). Man beachte auch Beispiel 14.10 c), Aufgabe 8.10 d) und Satz 15.4.

8.10 Folgerung. *Eine C^1-Mannigfaltigkeit S der Dimension $p \leq n-1$ ist eine L_n-Nullmenge im $\mathbb{R}^n$.*

BEWEIS. Zu $a \in S$ gibt es eine offene Umgebung V_a in $\mathbb{R}^n$ und einen C^1-Diffeomorphismus $\Phi_a : V_a \mapsto W_a$ auf einen offenen Würfel W_a in $\mathbb{R}^n$ mit $\Phi_a(S \cap V_a) = \{w \in W_a \mid w_{p+1} = \ldots = w_n = 0\}$ (vgl. Definition

II. 23.1 und Satz 19.2). Nach Beispiel 4.18 b) ist daher $\Phi_a(S \cap V_a)$ eine L_n-Nullmenge, und nach Satz 8.8 gilt dies dann auch für $S \cap V_a$, da Φ_a^{-1} lokal Lipschitz-stetig ist (vgl. (II. 19.20)). Da S nach Satz 3.4 von *abzählbar* vielen Mengen V_a überdeckt wird, folgt schließlich auch $m_n(S) = 0$.   ◇

Aufgaben

8.1 Es seien $h \in \mathbb{R}^n$ und $D = \mathrm{diag}(d_1, \ldots, d_n) \in GL_{\mathbb{R}}(n)$. Man zeige

$$\int_{\mathbb{R}^n} f(x)\, dx = \int_{\mathbb{R}^n} f(D(x - h))\, |\det D|\, dx \quad \text{für} \quad f \in \mathcal{L}_1(\mathbb{R}^n),$$
$$m(D(A)) = |\det D|\, m(A) \quad \text{für} \quad A \in \mathfrak{M}(\mathbb{R}^n).$$

8.2 Für die Translationsoperatoren τ_h aus (2) zeige man $\tau_h f \to f$ gleichmäßig auf allen kompakten Teilmengen von $\mathcal{L}_1(\mathbb{R}^n)$.

8.3 a) Für $1 \leq p \leq \infty$ und $f \in \mathcal{L}_p(\mathbb{R}^n)$ zeige man $\|\tau_h f\|_{L_p} = \|f\|_{L_p}$.
b) Für $1 \leq p < \infty$ und $f \in \mathcal{L}_p(\mathbb{R}^n)$ zeige man $\|\tau_h f - f\|_{L_p} \to 0$ für $h \to 0$.

8.4 Man zeige, daß $N \subseteq \mathbb{R}^n$ genau dann eine Lebesgue-Nullmenge ist, wenn eine Folge (W_k) von offenen Würfeln mit $\sum_{k=1}^{\infty} m(W_k) < \infty$ existiert, so daß jeder Punkt $x \in N$ in unendlich vielen dieser Würfel enthalten ist.

8.5 Für $N \in \mathfrak{N}(\mathbb{R}^n)$ zeige man $N \times \mathbb{R}^m \in \mathfrak{N}(\mathbb{R}^{n+m})$ und anschließend $M := \{(x, y) \in \mathbb{R}^{2n} \mid x - y \in N\} \in \mathfrak{N}(\mathbb{R}^{2n})$.

8.6 Für das äußere Lebesgue-Maß einer Menge $E \subseteq \mathbb{R}^n$ zeige man

$$m^*(E) = \inf \left\{ \sum_{k=1}^{\infty} m(W_k) \mid W_k \text{ Würfel mit } E \subseteq \bigcup_{k=1}^{\infty} W_k \right\}.$$

8.7 a) Für Funktionen $f : X \mapsto \mathbb{C}$ und $g : Y \mapsto \mathbb{C}$ definiert man das *Tensorprodukt* $f \otimes g : X \times Y \mapsto \mathbb{C}$ durch $(f \otimes g)(x, y) := f(x)\, g(y)$.
Für $f \in \mathcal{M}(\mathbb{R}^n)$ und $g \in \mathcal{M}(\mathbb{R}^m)$ beweise man $f \otimes g \in \mathcal{M}(\mathbb{R}^{n+m})$.
b) Für $A \in \mathfrak{M}(\mathbb{R}^n)$ und $B \in \mathfrak{M}(\mathbb{R}^m)$ folgere man $A \times B \in \mathfrak{M}(\mathbb{R}^{n+m})$.

8.8 Für eine Matrix $T \in GL_{\mathbb{R}}(2)$ zeige man $m_2(T([0,1)^2)) = |\det T|$ und schließe $m_2(T(A)) = |\det T|\, m_2(A)$ für alle $A \in \mathfrak{M}(\mathbb{R}^2)$. Man verallgemeinere dieses Resultat auf höhere Dimensionen.

8.9 a) Für offene Mengen $D \subseteq \mathbb{R}^n$ und $f \in \mathcal{C}^1(D, \mathbb{R})$ sind die *Niveaumengen* von f gegeben durch

$$N_\alpha(f) = \{x \in D \mid f(x) = \alpha\}, \quad \alpha \in \mathbb{R}.$$

Aus der Annahme $N_\alpha(f) \cap \{x \in D \mid \text{grad } f(x) = 0\} \in \mathfrak{N}(\mathbb{R}^n)$ folgere man sogar $N_\alpha(f) \in \mathfrak{N}(\mathbb{R}^n)$.

b) Für ein *Polynom* $P \in \mathbb{R}[x_1, \ldots, x_n]$ auf $\mathbb{R}^n$ mit $\deg P \geq 1$ zeige man $N_\alpha(P) \in \mathfrak{N}(\mathbb{R}^n)$ für alle $\alpha \in \mathbb{R}$.

8.10 Es sei $I \subseteq \mathbb{R}$ ein Intervall. Eine Funktion $g : I \mapsto \mathbb{R}$ heißt *absolut stetig* (vgl. Definition 15.1), falls zu jedem $\varepsilon > 0$ ein $\delta > 0$ existiert, so daß für jedes *disjunkte* endliche (oder abzählbare) System von offenen Intervallen $\{(a_k, b_k)\}$ in I gilt:

$$\sum_k (b_k - a_k) < \delta \;\Rightarrow\; \sum_k |g(b_k) - g(a_k)| < \varepsilon. \tag{7}$$

Für eine absolut stetige Funktion $g : I \mapsto \mathbb{R}$ beweise man:

a) g ist gleichmäßig stetig.

b) Auf kompakten Teilintervallen von I ist g *von beschränkter Variation*.

c) g bildet Nullmengen in Nullmengen ab.

8.11 Für ein Intervall $I \subseteq \mathbb{R}$, $a \in I$ und $f \in \mathcal{L}_1(I, \mathbb{R})$ definiere man $F : I \mapsto \mathbb{R}$ durch

$$F(x) := \int_a^x f(t)\, dt \quad (:= -\int_x^a f(t)\, dt \text{ für } x < a). \tag{8}$$

a) Man beweise, daß F *absolut stetig* ist.

b) Ist F sogar lokal Lipschitz-stetig?

9   Der Satz von Fubini

Aufgabe: Man berechne das Integral $\int_{\mathbb{R}^2} e^{-x^2 - y^2}\, d^2(x, y)$.

Das n-dimensionale Integral einer Funktion $\phi \in \mathcal{C}_c(\mathbb{R}^n)$ wurde in (2.8) durch *Zurückführung auf eindimensionale Integrale definiert*. In diesem Abschnitt wird nun auch die Berechnung des n-dimensionalen Integrals einer Funktion $f \in \mathcal{L}_1(\mathbb{R}^n)$ auf die eindimensionaler Integrale zurückgeführt. In der Tat kann man für jede Produktdarstellung

$$\mathbb{R}^n = \mathbb{R}^p \times \mathbb{R}^q \quad \text{mit } p, q \in \mathbb{N} \text{ und } n = p + q \tag{1}$$

des $\mathbb{R}^n$ Integrale über $\mathbb{R}^n$ in solche über $\mathbb{R}^p$ und $\mathbb{R}^q$ aufspalten. Dabei werden die Notationen (5.17) für *partielle Abbildungen* und die *Abkürzung*

$$\|f\|_m := \|f\|_{L_m} \tag{2}$$

für $f \in \mathcal{L}(\mathbb{R}^m)$ verwendet.

9.1 Satz. *Für $f \in \mathcal{L}(\mathbb{R}^n)$ gilt $f_x \in \mathcal{L}(\mathbb{R}^q)$ für fast alle $x \in \mathbb{R}^p$. Die (fast überall definierte) Funktion $\nu_f : x \mapsto \| f_x \|_q$ liegt in $L(\mathbb{R}^p)$, und man hat*

$$\| \nu_f \|_p \leq \| f \|_n. \tag{3}$$

BEWEIS. Zu $\varepsilon > 0$ gibt es eine Folge $(\phi_k) \subseteq \mathcal{C}_c^+(\mathbb{R}^n)$ mit

$$| f(x,y) | \leq \sum_{k=1}^{\infty} \phi_k(x,y) \quad \text{und} \quad \sum_{k=1}^{\infty} \int_{\mathbb{R}^n} \phi_k(x,y)\, d^n(x,y) \leq \| f \|_n + \varepsilon. \tag{4}$$

Für die Funktionen

$$I^y(\phi_k) : x \mapsto \int_{\mathbb{R}^q} \phi_k(x,y)\, d^q y \in \mathcal{C}_c^+(\mathbb{R}^p) \tag{5}$$

gilt dann

$$\sum_{k=1}^{\infty} \int_{\mathbb{R}^p} I^y(\phi_k)(x)\, d^p x = \sum_{k=1}^{\infty} \int_{\mathbb{R}^n} \phi_k(x,y)\, d^n(x,y) \leq \| f \|_n + \varepsilon; \tag{6}$$

nach dem Satz von Beppo Levi folgt daraus

$$\sum_{k=1}^{\infty} I^y(\phi_k)(x) < \infty \quad \text{für fast alle } x \in \mathbb{R}^p.$$

Wegen $| f_x(y) | \leq \sum\limits_{k=1}^{\infty} \phi_{kx}(y)$ und $\sum\limits_{k=1}^{\infty} \| \phi_{kx} \|_q = \sum\limits_{k=1}^{\infty} I^y(\phi_k)(x)$ ergibt sich dann $f_x \in \mathcal{L}(\mathbb{R}^q)$ und $\nu_f(x) = \| f_x \|_q \leq \sum\limits_{k=1}^{\infty} I^y(\phi_k)(x) < \infty$ für fast alle $x \in \mathbb{R}^p$ sowie

$$\| \nu_f \|_p \leq \sum_{k=1}^{\infty} \int_{\mathbb{R}^p} I^y(\phi_k)(x)\, d^p x \leq \| f \|_n + \varepsilon$$

aufgrund von (6). Mit $\varepsilon \to 0$ folgt daraus die Behauptung. $\diamond$

9.2 Theorem (Fubini). *Für $f \in \mathcal{L}_1(\mathbb{R}^n)$ gilt $f_x \in \mathcal{L}_1(\mathbb{R}^q)$ für fast alle $x \in \mathbb{R}^p$. Die (fast überall definierte) Funktion $F : x \mapsto \int_{\mathbb{R}^q} f(x,y)\, d^q y$ liegt in $L_1(\mathbb{R}^p)$, und man hat*

$$\int_{\mathbb{R}^n} f(x,y)\, d^n(x,y) = \int_{\mathbb{R}^p} F(x)\, d^p x = \int_{\mathbb{R}^p} \left(\int_{\mathbb{R}^q} f(x,y)\, d^q y \right) d^p x. \tag{7}$$

BEWEIS. a) Wegen $f \in \mathcal{L}_1(\mathbb{R}^n)$ gibt es eine Folge (ψ_j) in $\mathcal{C}_c(\mathbb{R}^n)$ mit $\| \psi_j - f \|_n \to 0$. Nach Satz 9.1 gilt $f_x \in \mathcal{L}(\mathbb{R}^q)$ für fast alle $x \in \mathbb{R}^p$, und für die (fast überall definierten) Funktionen $\nu_j : x \mapsto \| \psi_{jx} - f_x \|_q$ gilt $\| \nu_j \|_p \leq \| \psi_j - f \|_n \to 0$. Nach Folgerung 5.3 a) besitzt die Folge (ν_j) eine Teilfolge mit $\nu_{j_k}(x) \to 0$ fast überall, und dies impliziert $f_x \in \mathcal{L}_1(\mathbb{R}^q)$ für fast alle $x \in \mathbb{R}^p$.

b) Für die Funktionen $I^y(\psi_{j_k}) \in \mathcal{C}_c(\mathbb{R}^p)$ gemäß (5) gilt nun

$$| I^y(\psi_{j_k})(x) - F(x)| \le \nu_{j_k}(x) \quad \text{für fast alle } x \in \mathbb{R}^p \,.$$

Es folgt $\| I^y(\psi_{j_k}) - F \|_p \le \| \nu_{j_k} \|_p \to 0$, also $F \in \mathcal{L}_1(\mathbb{R}^p)$ und

$$
\begin{aligned}
\int_{\mathbb{R}^p} F(x)\, d^p x &= \lim_{k \to \infty} \int_{\mathbb{R}^p} I^y(\psi_{j_k})(x)\, d^p x \\
&= \lim_{k \to \infty} \int_{\mathbb{R}^n} \psi_{j_k}(x,y)\, d^n(x,y) = \int_{\mathbb{R}^n} f(x,y)\, d^n(x,y) \,. \quad \diamond
\end{aligned}
$$

9.3 Bemerkungen. a) Aufgrund von Satz 2.3 kann in (7) die Reihenfolge der Integrationen über $\mathbb{R}^q$ und $\mathbb{R}^p$ auch vertauscht werden. Für $f \in \mathcal{L}_1(\mathbb{R}^n)$ gilt also

$$
\begin{aligned}
\int_{\mathbb{R}^n} f(x,y)\, d^n(x,y) &= \int_{\mathbb{R}^p} \left(\int_{\mathbb{R}^q} f(x,y)\, d^q y \right) d^p x \\
&= \int_{\mathbb{R}^q} \left(\int_{\mathbb{R}^p} f(x,y)\, d^p x \right) d^q y \,. \qquad (8)
\end{aligned}
$$

Durch Iteration dieser Formel erhält man auch

$$\int_{\mathbb{R}^n} f(x,y)\, d^n(x,y) = \int_{\mathbb{R}} \left(\cdots \left(\int_{\mathbb{R}} f(x_1,\dots,x_n)\, dx_1 \right) \cdots \right) dx_n \,, \quad (9)$$

wobei die n-fache Integration auch in jeder anderen Reihenfolge durchgeführt werden kann.

b) Für $f \in \mathcal{L}_1(\mathbb{R}^n)$ gilt $f_x \in \mathcal{L}_1(\mathbb{R}^q)$ i. a. *nicht für alle* $x \in \mathbb{R}^p$. Ist etwa $p = q = 1$, $N \subseteq \mathbb{R}$ eine Nullmenge und $f = \chi_{N \times \mathbb{R}}$ so gilt $\| f \|_2 = 0$, aber $f_x = 1 \notin \mathcal{L}_1(\mathbb{R})$ für alle $x \in N$. Mit einer nicht meßbaren *Vitali-Menge* $E \subseteq \mathbb{R}$ aus Beispiel 8.3 ist auch $g = \chi_{N \times E}$ eine L_2-Nullfunktion, aber für $x \in N$ ist sogar $g_x = \chi_E \notin \mathcal{M}(\mathbb{R})$.

c) Der Satz von Fubini gilt auch für Integrale über *Produkte lokalkompakter Räume;* dies wird in Aufgabe 9.11 skizziert. $\qquad\qquad\qquad\qquad\qquad \Box$

Existiert für eine Funktion $f : \mathbb{R}^n \mapsto \mathbb{C}$ eines der iterierten Integrale in (8), d. h. gilt etwa $f_x \in \mathcal{L}_1(\mathbb{R}^q)$ für fast alle $x \in \mathbb{R}^p$ und liegt die (fast überall definierte) Funktion $F : x \mapsto \int_{\mathbb{R}^q} f(x,y)\, d^q y$ in $L_1(\mathbb{R}^p)$, so muß *nicht* $f \in \mathcal{L}_1(\mathbb{R}^n)$ gelten, d. h. die *Umkehrung* des Satzes von Fubini ist i. a. *falsch:*

9.4 Beispiel. a) Mit den Dreiecken $T_1 := \{(x,y) \mid 0 < x < y < 1\}$ und $T_2 := \{(x,y) \mid 0 < y < x < 1\}$ in $\mathbb{R}^2$ definiert man $f \in \mathcal{M}(\mathbb{R}^2)$ durch

$$f(x,y) := y^{-2} \chi_{T_1}(x,y) - x^{-2} \chi_{T_2}(x,y) \qquad (10)$$

(vgl. Abb. 9a). Für $0 < y < 1$ ist (vgl. Abb. 9b)

$$\int_{\mathbb{R}} f(x,y)\, dx = \int_0^y y^{-2}\, dx - \int_y^1 x^{-2}\, dx = \frac{1}{y} + \frac{1}{x} \Big|_y^1 = 1 \,,$$

und es folgt $\int_{\mathbb{R}} \int_{\mathbb{R}} f(x,y)\,dx\,dy = 1$. Für $0 < x < 1$ ist

$$\int_{\mathbb{R}} f(x,y)\,dy \;=\; -\int_0^x x^{-2}\,dy + \int_x^1 y^{-2}\,dy \;=\; -\tfrac{1}{x} - \tfrac{1}{y}\Big|_x^1 \;=\; -1,$$

also $\int_{\mathbb{R}} \int_{\mathbb{R}} f(x,y)\,dy\,dx = -1$.

b) Die beiden Doppelintegrale in (8) existieren also, haben aber verschiedene Werte; aufgrund des Satzes von Fubini muß daher $f \notin \mathcal{L}_1(\mathbb{R}^2)$ gelten. Man beachte, daß die Doppelintegrale von $|f|$ *divergieren,* so ist z. B.

$$\int_{\mathbb{R}} |f(x,y)|\,dx \;=\; \int_0^y y^{-2}\,dx + \int_y^1 x^{-2}\,dx \;=\; \tfrac{1}{y} - \tfrac{1}{x}\Big|_y^1 \;=\; \tfrac{2}{y} - 1$$

für $0 < y < 1$ und somit $\int_{\mathbb{R}} \int_{\mathbb{R}} |f(x,y)|\,dx\,dy = \infty$.   □

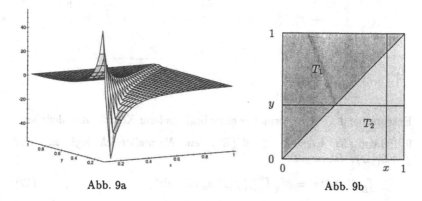

Abb. 9a   Abb. 9b

Die Integrale in Beispiel 9.4 verhalten sich ähnlich wie die *Doppelreihen* in Beispiel I. 39.2* b). Analog zu Satz I. 39.10* gilt die folgende „Umkehrung" des Satzes von Fubini:

9.5 Satz (Tonelli). *Für eine meßbare Funktion $f \in \mathcal{M}(\mathbb{R}^n)$ existiere das iterierte Integral $\int_{\mathbb{R}^p} \int_{\mathbb{R}^q} |f(x,y)|\,d^q y\,d^p x$. Dann folgt $f \in \mathcal{L}_1(\mathbb{R}^n)$, und es gilt Formel (8).*

BEWEIS. Wegen Satz 6.5 ist nur $|f| \in \mathcal{L}_1(\mathbb{R}^n)$ zu zeigen. Mit den Abschneidefunktionen (η_ℓ) aus (6.1) und $f_\ell = |f| \wedge \ell\eta_\ell \in \mathcal{L}_1(\mathbb{R}^n)$ (vgl. Satz 6.4) gilt $f_\ell \uparrow |f|$. Der Satz von Fubini liefert

$$\begin{aligned}
\int_{\mathbb{R}^n} f_\ell(x,y)\,d^n(x,y) &= \int_{\mathbb{R}^p} \int_{\mathbb{R}^q} f_\ell(x,y)\,d^q y\,d^p x \\
&\leq \int_{\mathbb{R}^p} \int_{\mathbb{R}^q} |f(x,y)|\,d^q y\,d^p x < \infty,
\end{aligned}$$

und somit folgt $|f| \in \mathcal{L}_1(\mathbb{R}^n)$ aus dem Satz über monotone Konvergenz. ◇

9.6 Folgerung. *Für eine meßbare Funktion $f \in \mathcal{M}(\mathbb{R}^n)$ existiere das iterierte Integral $\int_\mathbb{R} \cdots \int_\mathbb{R} |f(x_1,\ldots,x_n)| \, dx_1 \cdots dx_n$. Dann folgt $f \in \mathcal{L}_1(\mathbb{R}^n)$, und es gilt Formel (9), auch in jeder anderen Reihenfolge.*

9.7 Definition. *Eine meßbare Menge $B \in \mathfrak{M}(\mathbb{R}^n)$ heißt Normalbereich bzgl. x_n, wenn sie die Form (vgl. Abb. 9c)*

$$B = \{(x',x_n) \in \mathbb{R}^n \mid x' \in A, \, a(x') \leq x_n \leq b(x')\} \tag{11}$$

mit einer meßbaren Menge $A \in \mathfrak{M}(\mathbb{R}^{n-1})$ und geeigneten Funktionen $a,b : A \mapsto [-\infty,+\infty]$ mit $a \leq b$ hat.

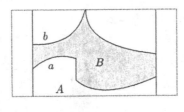

Abb. 9c   Abb. 9d

Entsprechend werden Normalbereiche bzgl. anderer Koordinaten definiert.

9.8 Satz. *Es seien $B \in \mathfrak{M}(\mathbb{R}^n)$ ein Normalbereich bzgl. x_n und $f \in \mathcal{L}_1(B)$. Dann gilt*

$$\int_B f(x) \, d^n x = \int_A \int_{a(x')}^{b(x')} f(x',x_n) \, dx_n \, dx', \tag{12}$$

wobei das innere Integral für fast alle $x' \in A$ existiert.

BEWEIS. Der Satz von Fubini liefert sofort

$$\int_B f(x) \, d^n x = \int_{\mathbb{R}^n} f_B^0(x) \, dx = \int_{\mathbb{R}^{n-1}} \int_\mathbb{R} f_B^0(x',x_n) \, dx_n \, dx'$$

$$= \int_A \int_{a(x')}^{b(x')} f(x',x_n) \, dx_n \, dx'. \qquad \diamond$$

9.9 Bemerkungen. a) Satz 9.8 gilt entsprechend für Normalbereiche bezüglich anderer Koordinaten.

b) Ist eine Menge $B \subseteq \mathbb{R}^n$ wie in (11) mittels *meßbarer* Funktionen $a,b : A \mapsto \mathbb{R}$ definiert, so ist B *meßbar* (vgl. Aufgabe 9.2). $\square$

9.10 Beispiele. a) Ein kompakter Quader $Q = \prod_{k=1}^{n} [a_k,b_k] =: Q' \times [a_n,b_n]$ ist ein Normalbereich bzgl. x_n, und für $f \in \mathcal{C}(Q)$ liefert (12) sofort

$$\int_Q f(x) \, d^n x = \int_{Q'} \int_{a_n}^{b_n} f(x',x_n) \, dx_n \, d^{n-1} x' = \int_{Q'} g(x') \, d^{n-1} x'$$

mit $g \in C(Q')$, $g(x') := \int_{a_n}^{b_n} f(x', x_n)\, dx_n$ (vgl. Folgerung II.18.9). Daraus ergibt sich induktiv (vgl. Aufgabe 5.6 b))

$$\int_Q f(x)\, d^n x = \int_{a_1}^{b_1} \left(\cdots \left(\int_{a_n}^{b_n} f(x_1, \ldots, x_n)\, dx_n \right) \cdots \right) dx_1, \qquad (13)$$

d. h. für $f \in C(Q)$ stimmt das in 4.12 und (5.10) erklärte Lebesgue-Integral mit dem mehrfachen Integral aus (2.8) überein. Somit gilt auch Folgerung 6.22 entsprechend.

b) Für $f \in C^+(Q)$ ist die Menge $\Gamma^-(f) \subseteq \mathbb{R}^{n+1}$ aus (2.9) „unter dem Graphen von f" ein Normalbereich bzgl. x_{n+1}. Folglich ist

$$\int_Q f(x)\, d^n x = \int_Q \int_0^{f(x)} 1\, dx_{n+1}\, d^n x = m_{n+1}(\Gamma^-(f)) \qquad (14)$$

das $(n+1)$-dimensionale Volumen von $\Gamma^-(f)$.

c) Das Integral $I := \int_0^\pi \int_x^\pi \frac{\sin y}{y}\, dy\, dx$ kann in der angegebenen Reihenfolge nicht explizit berechnet werden. Man hat jedoch $I = \int_T \frac{\sin y}{y}\, d^2(x, y)$, wobei T das Dreieck mit den Ecken $(0, 0)$, $(0, \pi)$ und (π, π) ist (vgl. Abb. 9d). Da T auch ein Normalbereich bzgl. x ist, ergibt sich

$$I = \int_0^\pi \int_0^y \frac{\sin y}{y}\, dx\, dy = \int_0^\pi \sin y\, dy = 2. \qquad \square$$

9.11 Definitionen und Bemerkungen. a) Für Mengen $A \subseteq X \times Y$ in einem kartesischen Produkt definiert man für $x \in X$ und $y \in Y$ die *Schnittmengen*

$$A_x := \{ y \in Y \mid (x, y) \in A \}, \quad A^y := \{ x \in X \mid (x, y) \in A \}. \qquad (15)$$

b) Für eine Menge $A \subseteq \mathbb{R}^n$ und $x \in \mathbb{R}^p$ gilt

$$(\chi_A)_x = \chi_{A_x}; \qquad (16)$$

für eine Nullmenge $N \in \mathfrak{N}(\mathbb{R}^n)$ ist daher $N_x \in \mathfrak{N}(\mathbb{R}^q)$ für fast alle $x \in \mathbb{R}^p$ aufgrund von Satz 9.1. Ist umgekehrt $N \in \mathfrak{M}(\mathbb{R}^n)$ mit $N_x \in \mathfrak{N}(\mathbb{R}^q)$ für fast alle $x \in \mathbb{R}^p$, so ist N eine Nullmenge in $\mathbb{R}^n$ aufgrund des Satzes von Tonelli. Diese Aussage gilt *nicht* für *beliebige* Mengen $N \subseteq \mathbb{R}^n$: Nach W. Sierpinski (1920; vgl. [11], Beispiel 10.23) gibt es eine Funktion $f : \mathbb{R} \mapsto \mathbb{R}$, deren *Graph* $\Gamma(f)$ *nicht meßbar* in $\mathbb{R}^2$ ist (obwohl $\Gamma(f)_x$ stets einpunktig ist). Dieses Beispiel zeigt auch, daß im Satz von Tonelli die Voraussetzung der Meßbarkeit von f wesentlich ist.

c) Für $A \in \mathfrak{M}(\mathbb{R}^n)$ gilt $A_x \in \mathfrak{M}(\mathbb{R}^q)$ für fast alle $x \in \mathbb{R}^p$ (vgl. Aufgabe 9.1); die Sätze von Fubini und Tonelli liefern

$$m_n(A) = \int_{\mathbb{R}^p} m_q(A_x)\, d^p x, \qquad (17)$$

falls $m_n(A) < \infty$ ist oder das Integral existiert *(Prinzip von Cavalieri)*. Insbesondere folgt $m_n(A_1) = m_n(A_2)$ aus $m_q(A_{1x}) = m_q(A_{2x})$ für fast alle $x \in \mathbb{R}^p$. $\square$

Es folgen nun einige konkrete geometrische und physikalische Beispiele und Anwendungen:

9.12 Beispiele. a) Für $A = X \times Y$ mit $X \in \mathfrak{M}(\mathbb{R}^p)$ und $Y \in \mathfrak{M}(\mathbb{R}^q)$ gilt $A_x = Y$ für $x \in X$ und $A_x = \emptyset$ für $x \notin X$; aus (17) folgt also

$$m_n(X \times Y) = m_p(X) \cdot m_q(Y). \tag{18}$$

Insbesondere gilt (vgl. Abb. 9e)

$$m_n(B \times [0,h]) = h\, m_{n-1}(B) \tag{19}$$

für einen *Zylinder* $Z_{B,h} = B \times [0,h]$ über $B \in \mathfrak{M}(\mathbb{R}^{n-1})$ mit Höhe h.

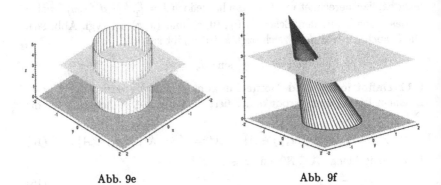

Abb. 9e   Abb. 9f

b) Es seien $B \in \mathfrak{M}(\mathbb{R}^{n-1})$ mit $m_{n-1}(B) < \infty$, $a' \in \mathbb{R}^{n-1}$ und $h > 0$. Durch

$$C_{B,h} := \{((1-t)(x',0) + t(a',h) \in \mathbb{R}^n \mid x' \in B,\, 0 \le t \le 1\} \tag{20}$$

wird dann ein *Kegel* über B mit Höhe h definiert (vgl. Abb. 9f). Wegen

$$C_{B,h}^{x_n} = \{((1 - \tfrac{x_n}{h})x' + \tfrac{x_n}{h}\,a' \in \mathbb{R}^{n-1} \mid x' \in B\} \tag{21}$$

für $0 \le x_n \le h$ folgt $m_{n-1}(C_{B,h}^{x_n}) = (1 - \tfrac{x_n}{h})^{n-1}\, m_{n-1}(B)$ (vgl. Satz 8.1 b) und Aufgabe 8.1) und somit (unabhängig von der Lage von a'!)

$$m_n(C_{B,h}) = m_{n-1}(B) \int_0^h (1 - \tfrac{x_n}{h})^{n-1}\, dx_n = \tfrac{h}{n}\, m_{n-1}(B) \tag{22}$$

aus dem Prinzip von Cavalieri. $\square$

9.13 Beispiel. a) Offenbar gilt $m_1[a-r,a+r] = 2r$ für die Länge eines kompakten Intervalls in $\mathbb{R}$. Für das *Volumen Euklidischer Kugeln* im $\mathbb{R}^n$ wird nun induktiv

$$m_n(\overline{K}_r(a)) = \omega_n \cdot r^n, \quad r > 0, \ a \in \mathbb{R}^n, \tag{23}$$

mit geeigneten $\omega_n > 0$ gezeigt. Da m_n *translationsinvariant* ist, genügt es, (23) für $K := \overline{K}_r(0)$ zu zeigen. Man hat $K^{x_n} = \overline{K}_\rho(0,x_n)$ mit $\rho^2 = r^2 - x_n^2$ für $|x_n| \le r$ und $K^{x_n} = \emptyset$ für $|x_n| > r$ (vgl. Abb. 9g). Ist nun (23) für $n-1$ richtig, so liefert (17) sofort

$$m_n(\overline{K}_r(0)) = \int_{-r}^{r} \omega_{n-1}(\sqrt{r^2-x_n^2})^{n-1}\,dx_n = \omega_{n-1}r^n \int_{-1}^{1}(1-t^2)^{\frac{n-1}{2}}\,dt,$$

und somit gilt (23) auch für n mit

$$\omega_n = \omega_{n-1} \cdot \int_{-1}^{1}(1-t^2)^{\frac{n-1}{2}}\,dt. \tag{24}$$

Offenbar ist ω_n das Volumen der n-dimensionalen Einheitskugel in $\mathbb{R}^n$.

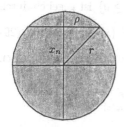

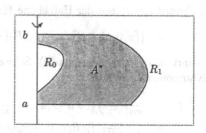

Abb. 9g

Abb. 9h

b) Mit der Substitution $t = \cos u$ und (I. 24.19), (I. 24.20) erhält man

$$c_n := \int_{-1}^{1}(1-t^2)^{\frac{n-1}{2}}\,dt = \int_0^\pi \sin^n u\,du,$$

$$c_{2k} = \frac{2k-1}{2k} \cdot \frac{2k-3}{2k-2} \cdots \frac{3}{4} \cdot \frac{1}{2} \cdot \pi,$$

$$c_{2k+1} = \frac{2k}{2k+1} \cdot \frac{2k-2}{2k-1} \cdots \frac{4}{5} \cdot \frac{2}{3} \cdot 2.$$

Insbesondere ergibt sich nacheinander aus $\omega_1 = 2$:

$$\omega_2 = \tfrac{\pi}{2} \cdot 2 = \pi, \ \omega_3 = \tfrac{4}{3} \cdot \pi, \ \omega_4 = \tfrac{3}{8}\pi \cdot \tfrac{4}{3}\pi = \tfrac{\pi^2}{2}, \ \omega_5 = \tfrac{16}{15} \cdot \tfrac{\pi^2}{2} = \tfrac{8}{15}\pi^2;$$

allgemein bestätigt man induktiv (vgl. auch (13.4))

$$\omega_n = \begin{cases} \dfrac{\pi^k}{k!} & , \ n = 2k \text{ gerade} \\[2mm] \dfrac{2^n\,k!\,\pi^k}{n!} & , \ n = 2k+1 \text{ ungerade} \end{cases} \tag{25}$$

Für $n \to \infty$ hat man also $\omega_n \to 0$ für das Verhältnis der Volumina von Euklidischer Einheitskugel und Einheitswürfel im $\mathbb{R}^n$!   □

9.14 Beispiele. a) Es sei $A \in \mathfrak{M}(\mathbb{R}^n)$ mit $0 < \int_A (1 + |x|)\, d^n x < \infty$. Der *Schwerpunkt* von A wird dann definiert als

$$S(A) := \tfrac{1}{m(A)} \int_A x\, d^n x \in \mathbb{R}^n, \tag{26}$$

wobei das Integral komponentenweise zu bilden ist.
b) Für ein Intervall $I \subseteq \mathbb{R}$ und meßbare Funktionen $R_0, R_1 : I \mapsto [0, \infty)$ mit $R_0 \leq R_1$ wird ein *Rotationskörper* definiert durch

$$A := \{(x, y, z) \in \mathbb{R}^3 \mid z \in I,\, R_0(z)^2 \leq x^2 + y^2 \leq R_1(z)^2\} \tag{27}$$

(vgl. Abb. 9h); man hat $A \in \mathfrak{M}(\mathbb{R}^3)$ (vgl. Aufgabe 9.2b)) und

$$m_3(A) = \int_I \int_{A^z} 1\, d^2(x, y)\, dz = \pi \int_I (R_1(z)^2 - R_0(z)^2)\, dz. \tag{28}$$

Der *Schnitt* von A mit der Halbebene $\{(x, 0, z) \mid x \geq 0\}$ ist gegeben durch

$$A^* := \{(x, 0, z) \in \mathbb{R}^2 \mid z \in I,\, R_0(z) \leq x \leq R_1(z)\}. \tag{29}$$

Existiert der (zweidimensionale) Schwerpunkt von A^*, so ist dessen x-Komponente gegeben durch

$$\begin{aligned}
\xi &= \tfrac{1}{m_2(A^*)} \int_{A^*} x\, d^2(x, z) = \tfrac{1}{m_2(A^*)} \int_I \int_{R_0(z)}^{R_1(z)} x\, dx\, dz \\
&= \tfrac{1}{2 m_2(A^*)} \int_I (R_1(z)^2 - R_0(z)^2)\, dz;
\end{aligned}$$

mit (28) ergibt sich daraus die *Guldinsche Regel*

$$m_3(A) = 2\pi\, \xi\, m_2(A^*). \qquad\qquad\qquad □ \tag{30}$$

Aufgaben

9.1 Für $f \in \mathcal{M}(\mathbb{R}^n)$ zeige man $f_x \in \mathcal{M}(\mathbb{R}^q)$ für fast alle $x \in \mathbb{R}^p$.

9.2 a) Es seien $A \in \mathfrak{M}(\mathbb{R}^{n-1})$ und $b : A \mapsto \mathbb{R}$ meßbar. Man zeige, daß der Graph $\Gamma(b)$ in $\mathbb{R}^n$ meßbar und somit eine L_n-Nullmenge ist.
b) Man bestätige die Aussagen von Bemerkung 9.9b) und Beispiel 9.14b).

9.3 a) Für $f \in \mathcal{L}_1(\mathbb{R}^p)$ und $g \in \mathcal{L}_1(\mathbb{R}^q)$ beweise man $f \otimes g \in \mathcal{L}_1(\mathbb{R}^n)$ sowie $\int_{\mathbb{R}^n} f(x)\, g(y)\, d^n(x, y) = \int_{\mathbb{R}^p} f(x)\, d^p x \cdot \int_{\mathbb{R}^q} g(y)\, d^q y$ (vgl. Aufgabe 8.7).
b) Wann gilt umgekehrt $f \otimes g \in \mathcal{L}_1(\mathbb{R}^n) \Rightarrow f \in \mathcal{L}_1(\mathbb{R}^p)$?

9.4 Man berechne $\int_0^1 \int_x^1 y^2 \sin \frac{2\pi x}{y} \, dy \, dx$.

9.5 Für das *Standardsimplex* $\Delta_n := \{x \in \mathbb{R}^n \mid x_1, \ldots, x_n \geq 0, \sum_{j=1}^n x_j \leq 1\}$ zeige man $m_n(\Delta_n) = \frac{1}{n!}$.

9.6 a) Für $0 \leq R_0 < R_1 < \infty$ und $g \in C[R_0, R_1]$ beweise man

$$\int_{R_0 \leq |x| \leq R_1} g(|x|) \, d^n x = n \omega_n \int_{R_0}^{R_1} g(r) \, r^{n-1} \, dr. \tag{31}$$

b) Mit Hilfe von Satz 5.8 folgere man $|x|^{-\alpha} \in \mathcal{L}_1(K_R(0)) \Leftrightarrow \alpha < n$ und $|x|^{-\alpha} \in \mathcal{L}_1(\mathbb{R}^n \backslash K_R(0)) \Leftrightarrow \alpha > n$.

c) Für $I_n := \int_{\mathbb{R}^n} e^{-|x|^2} \, d^n x$ zeige man $I_n = I_1^n$, berechne I_2 und folgere $I_n = \pi^{\frac{n}{2}}$.

9.7 Man untersuche, ob die folgenden Funktionen über die angegebenen Mengen integrierbar sind:

a) $f(x,y) := (2 - xy) \, xy \, e^{-xy}$ über $[0,1] \times [0,\infty)$,

b) $f(x,y) := \sin y \, e^{-xy}$ über $[0,\infty)^2$,   c) $f(x,y) := \frac{xy}{(x^2+y^2)^2}$ über $\mathbb{R}^2$,

d) $f(x,y) := \frac{1}{x+y}$ über $[0,1]^2$,   e) $f(x,y) := \frac{1}{x+y}$ über $[-1,1]^2$.

9.8 Für $\phi \in C_c^k(\mathbb{R}^3) = C_c(\mathbb{R}^3) \cap C^k(\mathbb{R}^3)$ und $x \in \mathbb{R}^3$ definiere man

$$P(x) := \frac{1}{4\pi} \int_{\mathbb{R}^3} \frac{\phi(y)}{|x-y|} \, d^3 y = \frac{1}{4\pi} \int_{\mathbb{R}^3} \frac{\phi(x-z)}{|z|} \, d^3 z. \tag{32}$$

Man beweise die Gleichung in (32), zeige $P \in C^k(\mathbb{R}^3)$ und $\Delta P(x) = 0$ für $x \notin \operatorname{supp} \phi$.

9.9 Ein *Torus* $T_R(a) \subseteq \mathbb{R}^3$ entsteht durch Rotation einer Kreisscheibe $\{(x,z) \mid (x-a)^2 + z^2 \leq R^2\}$ mit $0 < R \leq a$ um die z-Achse. Man berechne sein Volumen $m_3(T_R(a))$.

9.10 Man berechne die Schwerpunkte der folgenden Mengen:

a) einer Halbellipse $A := \{(x,y) \mid \frac{x^2}{a^2} + \frac{y^2}{b^2} \leq 1, y \geq 0\}$,

b) eines Halbellipsoids $A := \{(x,y,z) \mid \frac{x^2}{a^2} + \frac{y^2}{b^2} + \frac{z^2}{c^2} \leq 1, z \geq 0\}$,

c) eines Kegels $C := \{(x,y,z) \mid z \geq 0, x^2 + y^2 \leq R^2 (1 - \frac{z}{h})^2\}$.

9.11 Es seien X, Y lokalkompakte Räume, $P := X \times Y$ der Produktraum und $\lambda : C_c(X) \mapsto \mathbb{C}$, $\kappa : C_c(Y) \mapsto \mathbb{C}$ positive Funktionale.

a) Für $\phi \in C_c(P)$ zeige man

$$\int_X \left(\int_Y \phi(x,y) \, d\kappa(y) \right) d\lambda(x) = \int_Y \left(\int_X \phi(x,y) \, d\lambda(x) \right) d\kappa(y). \tag{33}$$

HINWEIS. Für kompakte Mengen $K \subseteq X$ und $L \subseteq Y$ ist $C(K) \otimes C(L) :=$ $\{ \sum_{k=1}^{n} f_k(x)\, g_k(y) \mid n \in \mathbb{N},\, f_k \in C(K),\, g_k \in C(L) \}$ *dicht* in $C(K \times L)$ (vgl. die Folgerung II. 12.6 aus dem Satz von Stone-Weierstraß und Aufgabe 10.1).

b) Man beweise den Satz von Fubini für das durch (33) definierte *Produktfunktional* $\lambda \times \kappa : \mathcal{C}_c(P) \mapsto \mathbb{C}$. Gilt auch der Satz von Tonelli?

10   Zerlegungen der Eins und Faltung

Aufgabe: Es seien $f_1, \ldots, f_n \in C^\infty(\mathbb{R})$ *ohne gemeinsame Nullstelle. Man konstruiere* $g_1, \ldots, g_n \in C^\infty(\mathbb{R})$ *mit* $\sum_{k=1}^{n} f_k(x)\, g_k(x) = 1$ *für alle* $x \in \mathbb{R}$.

Mit Hilfe von *Zerlegungen der Eins* können oft *lokale* Ergebnisse über stetige oder differenzierbare Abbildungen *globalisiert* werden. Diese spielen eine wichtige Rolle u. a. bei den Beweisen der *Transformationsformel* 11.6 und der *Integralsätze von Gauß und Stokes* (vgl. 17.8, 20.8 und 29.11), bei der Integration über *Mannigfaltigkeiten* und in der Theorie der *Distributionen*. Zerlegungen der Eins werden mit Hilfe geeigneter *Abschneidefunktionen* konstruiert. Die Existenz *stetiger* Abschneidefunktionen ist klar, und die *differenzierbarer* Abschneidefunktionen ergibt sich im $\mathbb{R}^n$ daraus durch *Faltung* mit *glatten* „*Dirac-Folgen*". Die Faltung wird in Theorem 10.6 für $\mathcal{L}_1$ - und $\mathcal{L}_p$ -Funktionen unter Verwendung der Sätze von *Fubini* und *Tonelli* eingeführt; sie wird in Kapitel VII auf gewisse *Distributionen* ausgedehnt und auf die Lösung von partiellen Differentialgleichungen angewendet.

Bemerkung: Für den Beweis der Transformationsformel im nächsten Abschnitt wird nur Satz 10.1 benötigt; differenzierbare Zerlegungen der Eins werden erst ab Abschnitt 17 verwendet.

10.1 Satz. *Es seien* X *ein separabler metrischer Raum,* $\mathfrak{U}$ *ein System offener Teilmengen von* X *und* $D := \bigcup \{ U \mid U \in \mathfrak{U} \}$. *Dann gibt es Folgen* (U_j) *in* $\mathfrak{U}$ *und* (α_j) *in* $C(X)$ *mit den folgenden Eigenschaften:*

(a) Es ist $D = \bigcup \{ U_j \mid j \in \mathbb{N} \}$.

(b) Es ist $\operatorname{supp} \alpha_j \subseteq U_j$ *für alle* $j \in \mathbb{N}$.

(c) Jeder Punkt $x \in D$ *besitzt eine Umgebung* $V \subseteq D$ *mit* $V \cap \operatorname{supp} \alpha_j \neq \emptyset$ *nur für endlich viele* $j \in \mathbb{N}$. *Auch für kompakte Mengen* $K \subseteq D$ *gilt* $K \cap \operatorname{supp} \alpha_j \neq \emptyset$ *nur für endlich viele* $j \in \mathbb{N}$.

(d) Man hat $0 \leq \alpha_j \leq 1$ *und* $\sum_{j=1}^{\infty} \alpha_j(x) = 1$ *für* $x \in D$.

BEWEIS. a) Es ist $\rho(x) := \sup\{r > 0 \mid \exists\, U \in \mathfrak{U}$ mit $K_r(x) \subseteq U\} > 0$ für $x \in D$. Es sei nun $\{x_j\}_{j \in \mathbb{N}}$ dicht in D und $r_j := \frac{1}{2}\rho(x_j)$; wie im Beweis von Satz 3.4 gilt dann $D = \bigcup\limits_{j=1}^{\infty} V_j$ mit $V_j := K_{r_j}(x_j)$. Wählt man nun $U_j \in \mathfrak{U}$ mit $B_j := K_{\frac{3}{2}r_j}(x_j) \subseteq U_j$, so ist (a) offenbar erfüllt.

b) Wie in Bemerkung 2.9 c) wählt man nun Abschneidefunktionen $\eta_j \in \mathcal{C}(X)$ mit $0 \le \eta_j \le 1$, $\eta_j(x) = 1$ für $x \in V_j$ und supp $\eta_j \subseteq B_j$. Damit setzt man

$$\alpha_1 := \eta_1, \quad \alpha_j := \eta_j\,(1 - \eta_1)\cdots(1 - \eta_{j-1}) \quad \text{für } j \ge 2. \tag{1}$$

Offenbar gilt dann supp $\alpha_j \subseteq$ supp $\eta_j \subseteq B_j \subseteq U_j$, also (b).

c) Für $x \in V_k$ ist $\eta_k(x) = 1$ und somit $\alpha_j(x) = 0$ für $j > k$; dies zeigt die erste Aussage von (c). Für eine kompakte Menge $K \subseteq D$ hat man $K \subseteq V_1 \cup \ldots \cup V_m$ für ein $m \in \mathbb{N}$ (vgl. Theorem II. 10.9), und dies impliziert auch die zweite Aussage von (c).

d) Nach (1) gilt stets $0 \le \alpha_j \le 1$, und induktiv ergibt sich leicht

$$\sum_{j=1}^{\ell} \alpha_j = 1 - (1 - \eta_1)\cdots(1 - \eta_\ell) \quad \text{für alle } \ell \in \mathbb{N}. \tag{2}$$

Für $\ell = 1$ ist dies in der Tat richtig; gilt (2) für ℓ, so folgt auch

$$\sum_{j=1}^{\ell+1} \alpha_j = 1 - (1 - \eta_1)\cdots(1 - \eta_\ell) + \eta_{\ell+1}\,(1 - \eta_1)\cdots(1 - \eta_\ell)$$

$$= 1 - (1 - \eta_1)\cdots(1 - \eta_\ell) \cdot (1 - \eta_{\ell+1}),$$

also (2) für $\ell + 1$. Für $x \in D$ gibt es $k \in \mathbb{N}$ mit $x \in V_k$; dann ist aber $\eta_k(x) = 1$, und (2) liefert sofort $\sum\limits_{j=1}^{\infty} \alpha_j(x) = \sum\limits_{j=1}^{k} \alpha_j(x) = 1$. $\diamond$

10.2 Definitionen und Bemerkungen. a) Die in Satz 10.1 konstruierte Folge (α_j) in $\mathcal{C}(X)$ wird eine *der offenen Überdeckung* $\mathfrak{U}$ *von* D *untergeordnete stetige Zerlegung der Eins* (ZdE) genannt. Wegen Eigenschaft (c) ist diese *lokal endlich*, auf *kompakten* Mengen sogar *endlich*.

b) Man kann auch Zerlegungen der Eins $(\alpha_j) \subseteq \mathcal{A}(X)$ in *Unteralgebren* von $\mathcal{C}(X)$ konstruieren, wenn die *Abschneidefunktionen* η_j aus Beweisteil b) in $\mathcal{A}(X)$ gewählt werden können.

c) Satz 10.14 zeigt, daß dies im Fall $X = \mathbb{R}^n$ für $\mathcal{A}(\mathbb{R}^n) = \mathcal{C}^\infty(\mathbb{R}^n)$ möglich ist. Folglich gilt Satz 10.1 dann auch mit $\mathcal{C}^\infty$-Funktionen α_j. $\square$

Eine erste Anwendung von Satz 10.1 ist der folgende *Approximationssatz* 10.4. Zur Vorbereitung dienen die folgenden

10.3 Bemerkungen und Notationen. a) Es sei X ein kompakter metrischer Raum. Für $n \in \mathbb{N}$ wird zu der offenen Überdeckung $\{K_{1/n}(x)\}_{x \in X}$ von X eine untergeordnete stetige ZdE $\alpha_1^{(n)}, \ldots, \alpha_{r_n}^{(n)} \in \mathcal{C}^+(X)$ gewählt mit $\operatorname{supp} \alpha_j^{(n)} \subseteq K_{1/n}(x_j^{(n)}) =: K_j^{(n)}$. Die Menge

$$\mathcal{Z} := \{\alpha_j^{(n)} \mid n \in \mathbb{N}, j = 1, \ldots, r_n\} \subseteq \mathcal{C}(X) \tag{3}$$

ist offenbar abzählbar.

b) Für einen normierten Raum F und Mengen $\mathcal{A} \subseteq \mathcal{C}(X)$ sowie $B \subseteq F$ wird das *Tensorprodukt* definiert durch

$$\mathcal{A} \otimes B := \{\sum_{k=1}^n \phi_k y_k \mid n \in \mathbb{N}, \phi_k \in \mathcal{A}, y_k \in B\} \subseteq \mathcal{C}(X, F). \tag{4}$$

Die Funktionen in $\mathcal{A} \otimes B$ besitzen ein *endlichdimensionales Bild*.

c) Für einen normierten Raum F und $M \subseteq F$ wird mit

$$\Gamma(M) := \{\sum_{k=1}^n t_k x_k \mid n \in \mathbb{N}, x_k \in M, t_k \in [0,1], \sum_{k=1}^n t_k = 1\} \tag{5}$$

die *konvexe Hülle* von M bezeichnet (vgl. Aufgabe II. 8.8). $\qquad \square$

10.4 Satz. *Es seien X ein kompakter metrischer Raum, F ein normierter Raum und $B \subseteq F$ eine dichte Teilmenge.*
a) Zu $f \in \mathcal{C}(X, F)$ und $\varepsilon > 0$ gibt es $g \in \mathcal{Z} \otimes F$ mit $g(X) \subseteq \Gamma(f(X))$ und $\|f - g\|_{\sup} \leq \varepsilon$.
b) Es ist $\mathcal{Z} \otimes B$ dicht in $\mathcal{C}(X, F)$.
c) Mit F ist auch der Raum $\mathcal{C}(X, F)$ separabel.

BEWEIS. a) Da f gleichmäßig stetig ist, gibt es $n \in \mathbb{N}$ mit $\|f(x) - f(y)\| < \varepsilon$ für $d(x, y) < \frac{2}{n}$. Mit den Notationen aus 10.3 a) wählt man $x_j \in K_j^{(n)}$ und setzt

$$g := \sum_{j=1}^{r_n} \alpha_j^{(n)} f(x_j) \in \mathcal{Z} \otimes F. \tag{6}$$

Wegen (5) und Satz 10.1 d) gilt $g(X) \subseteq \Gamma(f(X))$, und für $x \in X$ ist

$$\|f(x) - g(x)\| = \|\sum_{j=1}^{r_n} \alpha_j^{(n)}(x)(f(x) - f(x_j))\| \leq \varepsilon \sum_{j=1}^{r_n} \alpha_j^{(n)}(x) \leq \varepsilon,$$

da ja für $\alpha_j^{(n)}(x) \neq 0$ stets $x \in K_j^{(n)}$ ist und somit $\|f(x) - f(x_j)\| < \varepsilon$ gilt.
b) Zu $f \in \mathcal{C}(X, F)$ und $\varepsilon > 0$ wählt man $g \in \mathcal{Z} \otimes F$ wie in (6) und dann $y_j \in B$ mit $\|f(x_j) - y_j\| < \varepsilon$. Für $h := \sum_{j=1}^{r_n} \alpha_j^{(n)} y_j \in \mathcal{Z} \otimes B$ gilt dann

$\| h - g \|_{\text{sup}} \leq \varepsilon$ und somit $\| h - f \|_{\text{sup}} \leq 2\varepsilon$.

c) Ist F separabel, so kann B abzählbar gewählt werden; dann ist aber auch die Menge $\mathcal{Z} \otimes B$ abzählbar. ◇

Satz 10.4 a) wird im Beweis des *Schauderschen Fixpunktsatzes* 32.19 verwendet. Aus Satz 10.4 c) ergibt sich auch die Separabilität von L_p-Räumen:

10.5 Satz. *Es seien X ein separabler lokalkompakter metrischer Raum, $\lambda : \mathcal{C}_c(X) \mapsto \mathbb{C}$ ein positives Funktional, $A \in \mathfrak{M}_\lambda(X)$ und $1 \leq p < \infty$. Dann sind die Räume $\mathcal{L}_p(A, \lambda)$ und $L_p(A, \lambda)$ separabel.*

BEWEIS. a) Es sei $(K_\ell)_{\ell=1}^\infty$ eine kompakte Ausschöpfung von X. Nach Satz 7.9 ist $\mathcal{C}_c(X) = \bigcup\limits_{\ell=1}^{\infty} \mathcal{C}_c(K_\ell)$ dicht in $L_p(X, \lambda)$. Nach Satz 10.4 c) sind alle Räume $\mathcal{C}_c(K_\ell)$ separabel; dies gilt erst recht bezüglich der L_p-Norm und folgt dann auch für $L_p(X, \lambda)$.

b) Für $A \in \mathfrak{M}_\lambda(X)$ liefert $f \mapsto f_A^0$ eine *Isometrie* von $L_p(A, \lambda)$ auf einen Teilraum von $L_p(X, \lambda)$. Nach a) und Satz II. 4.10 ist dieser separabel, und dies gilt dann auch für $L_p(A, \lambda)$. ◇

Im allgemeinen ist $L_\infty(A, \lambda)$ *nicht* separabel, vgl. Aufgabe 10.3.

Es wird nun die *Faltung* von $\mathcal{L}_1$- und $\mathcal{L}_p$-Funktionen auf $\mathbb{R}^n$ eingeführt:

10.6 Theorem. *Es seien $1 \leq p \leq \infty$, $f \in \mathcal{L}_1(\mathbb{R}^n)$ und $g \in \mathcal{L}_p(\mathbb{R}^n)$. Die Funktionen $F_x : y \mapsto f(x - y)\, g(y)$ liegen für fast alle $x \in \mathbb{R}^n$ in $\mathcal{L}_1(\mathbb{R}^n)$, im Fall $p = \infty$ sogar für alle $x \in \mathbb{R}^n$. Für die Funktion*

$$f * g : x \mapsto \begin{cases} \int_{\mathbb{R}^n} f(x - y)\, g(y)\, dy & , \quad F_x \in \mathcal{L}_1(\mathbb{R}^n) \\ 0 & , \quad F_x \notin \mathcal{L}_1(\mathbb{R}^n) \end{cases} \tag{7}$$

gilt $f * g \in \mathcal{L}_p(\mathbb{R}^n)$ sowie

$$\| f * g \|_{L_p} \leq \| f \|_{L_1} \| g \|_{L_p}. \tag{8}$$

BEWEIS. a) Für $h \in \mathcal{L}_1(\mathbb{R}^n)$ liegen auch die Funktionen $y \mapsto h(x - y)$ in $\mathcal{L}_1(\mathbb{R}^n)$, und es gilt (vgl. Aufgabe 8.1)

$$\int_{\mathbb{R}^n} h(x - y)\, dy = \int_{\mathbb{R}^n} h(y)\, dy, \quad x \in \mathbb{R}^n. \tag{9}$$

b) Im Fall $p = \infty$ gilt wegen (9) offenbar $F_x \in \mathcal{L}_1(\mathbb{R}^n)$ sowie

$$| (f * g)(x) | \leq \int_{\mathbb{R}^n} | f(x - y)\, g(y) |\, dy \leq \| f \|_{L_1} \| g \|_{L_\infty}$$

für *alle* $x \in \mathbb{R}^n$, insbesondere also auch (8).

c) Für eine meßbare Funktion $h \in \mathcal{M}(\mathbb{R}^n)$ sind auch die Funktionen

$$\mathbb{R}^{2n} \ni (x,y) \mapsto h(x), \, h(y), \, h(x-y)$$

L_{2n}-meßbar. Ist in der Tat (ψ_n) eine Folge in $\mathcal{C}_c(\mathbb{R}^n)$ mit $\psi_n(x) \to h(x)$ für fast alle $x \in \mathbb{R}^n$, so gilt auch $\psi_n(x) \to h(x)$, $\psi_n(y) \to h(y)$ sowie $\psi_n(x-y) \to h(x-y)$ für fast alle $(x,y) \in \mathbb{R}^{2n}$ (vgl. Aufgabe 8.5).

d) Für $1 \le p < \infty$ gilt nach (9)

$$\int_{\mathbb{R}^n} \int_{\mathbb{R}^n} |f(x-y)| \, |g(y)|^p \, dx \, dy \;=\; \int_{\mathbb{R}^n} |g(y)|^p \int_{\mathbb{R}^n} |f(x-y)| \, dx \, dy$$
$$\le \; \|f\|_{L_1} \|g\|_{L_p}^p . \tag{10}$$

Nach dem Satz von Tonelli liegt die Funktion $(x,y) \mapsto |f(x-y)| \, |g(y)|^p$ in $\mathcal{L}_1(\mathbb{R}^{2n})$, und nach dem Satz von Fubini liegt dann die Funktion $y \mapsto |f(x-y)| \, |g(y)|^p$ in $\mathcal{L}_1(\mathbb{R}^n)$ für fast alle $x \in \mathbb{R}^n$. Wegen

$$|F_x(y)| \;=\; (|f(x-y)|^{1/q})\,(|f(x-y)|^{1/p}\,|g(y)|) \tag{11}$$

folgt für diese x auch $F_x \in \mathcal{L}_1(\mathbb{R}^n)$ aufgrund der Hölderschen Ungleichung.

e) Im Fall $p = 1$ impliziert der Satz von Fubini weiter $f * g \in \mathcal{L}_1(\mathbb{R}^n)$ sowie

$$\|f * g\|_{L_1} \;\le\; \int_{\mathbb{R}^n} \int_{\mathbb{R}^n} |f(x-y)| \, |g(y)| \, dy \, dx$$
$$= \int_{\mathbb{R}^n} \int_{\mathbb{R}^n} |f(x-y)| \, |g(y)| \, dx \, dy \;=\; \|f\|_{L_1} \|g\|_{L_1} .$$

Somit ist die Behauptung im Fall $p = 1$ bewiesen.

f) Mit $K_\ell := \overline{K}_\ell(0)$ wendet man im Fall $p > 1$ den für $p = 1$ schon gezeigten Satz auf f und $g_\ell := g \chi_{K_\ell} \in \mathcal{L}_p(\mathbb{R}^n) \cap \mathcal{L}_1(\mathbb{R}^n)$ an. Es folgt $f * g_\ell \in \mathcal{L}_1(\mathbb{R}^n)$, und wegen $f * g = \lim_{\ell \to \infty} f * g_\ell$ f. ü. ist $f * g$ meßbar. Mit (11) und (10) folgt

$$\int_{\mathbb{R}^n} |(f * g)(x)|^p \, dx \;=\; \int_{\mathbb{R}^n} \Big| \int_{\mathbb{R}^n} F_x(y) \, dy \Big|^p \, dx$$
$$\le \; \int_{\mathbb{R}^n} \Big(\int_{\mathbb{R}^n} |f(x-y)| \, dy \Big)^{p/q} \Big(\int_{\mathbb{R}^n} |f(x-y)| \, |g(y)|^p \, dy \Big) \, dx$$
$$\le \; \|f\|_{L_1}^{\frac{p}{q}+1} \|g\|_{L_p}^p \;=\; \|f\|_{L_1}^p \|g\|_{L_p}^p$$

aufgrund der Hölderschen Ungleichung. Somit gilt also $f * g \in \mathcal{L}_p(\mathbb{R}^n)$, und man hat die Abschätzung (8). $\Diamond$

Grundlegende Eigenschaften der Faltung sind:

10.7 Satz. *a) Für $f \in \mathcal{L}_1(\mathbb{R}^n)$ und $g \in \mathcal{L}_p(\mathbb{R}^n)$ gilt auch*

$$(f * g)(x) \;=\; \int_{\mathbb{R}^n} f(y)\, g(x-y) \, dy \quad \text{für fast alle } x \in \mathbb{R}^n . \tag{12}$$

Insbesondere ist $f * g = g * f$ für $f, g \in \mathcal{L}_1(\mathbb{R}^n)$.

b) *Für $f \in \mathcal{L}_1(\mathbb{R}^n)$ und $g \in \mathcal{L}_p(\mathbb{R}^n)$ gilt*

$$\operatorname{supp}(f * g) \subseteq \operatorname{supp} f + \operatorname{supp} g. \tag{13}$$

c) *Für $k \in \mathbb{N}_0 \cup \{\infty\}$, $f \in \mathcal{C}_c^k(\mathbb{R}^n)$ und $g \in \mathcal{L}_p(\mathbb{R}^n)$ gilt $f * g \in \mathcal{C}^k(\mathbb{R}^n)$, und für $|\alpha| \leq k$ ist*

$$\partial^\alpha (f * g) = (\partial^\alpha f) * g. \tag{14}$$

BEWEIS. a) folgt aus sofort aus (7) und (9).

b) Ist $(f * g)(x) \neq 0$, so muß ein $y \in \operatorname{supp} g$ existieren mit $x - y \in \operatorname{supp} f$.

c) Für $k \in \mathbb{N}_0$ und $|\alpha| \leq k$ gilt $\partial_x^\alpha (f(x-y)\, g(y)) = (\partial^\alpha f)(x-y)\, g(y)$. Diese Funktion ist für feste $x \in \mathbb{R}^n$ integrierbar nach y und für feste $y \in \mathbb{R}^n$ stetig in x. Zu festem $x_0 \in \mathbb{R}^n$ gibt es eine Funktion $\psi_\alpha \in \mathcal{C}_c^+(\mathbb{R}^n) \subseteq \mathcal{L}_q(\mathbb{R}^n)$ mit $|(\partial^\alpha f)(x-y)| \leq \psi_\alpha(y)$ für alle $x \in K_1(x_0)$ und alle $y \in \mathbb{R}^n$. Es ist $h_\alpha := \psi_\alpha \cdot g \in \mathcal{L}_1(\mathbb{R}^n)$ aufgrund der Hölderschen Ungleichung, und wegen

$$|\partial_x^\alpha (f(x-y)\, g(y))| \leq h_\alpha(y) \quad \text{für } x \in K_1(x_0) \text{ und } y \in \mathbb{R}^n$$

ergeben sich $f * g \in \mathcal{C}^k(\mathbb{R}^n)$ und (14) aus (7) und Satz 5.14.   ◇

10.8 Bemerkungen. a) Das Faltungsprodukt zweier Funktionen ist also mindestens so glatt wie einer der Faktoren, was auf das *punktweise* Produkt zweier Funktionen *nicht* zutrifft (vgl. dazu auch die Aufgaben 10.8–10.11).

b) Die Faltung ist auch *assoziativ* und liefert somit auf $L_1(\mathbb{R}^n)$ die Struktur einer *Banachalgebra* (vgl. Abschnitt II. 26). Für ein *Einselement* $\delta \in L_1(\mathbb{R}^n)$ folgte aus $\delta * \phi = \phi$ insbesondere $\int_{\mathbb{R}^n} \delta(y)\, \phi(-y)\, dy = \phi(0)$ für alle $\phi \in \mathcal{C}_c(\mathbb{R}^n)$, d.h. es müßte $\int_{\mathbb{R}^n} \delta(y)\, dy = 1$ und $\operatorname{supp} \delta = \{0\}$ gelten, was offenbar unmöglich ist. Einen wichtigen „Ersatz" für das fehlende Einselement liefert die folgende Begriffsbildung: □

10.9 Definition. a) *Eine Folge (δ_k) in $\mathcal{L}_1(\mathbb{R}^n)$ heißt* Dirac-Folge *oder eine* approximative Eins *von $\mathcal{L}_1(\mathbb{R}^n)$, wenn sie die folgenden Eigenschaften hat:*

$$\delta_k \geq 0, \quad \int_{\mathbb{R}^n} \delta_k(x)\, dx = 1, \quad \lim_{k \to \infty} \int_{|x| \geq \xi} \delta_k(x)\, dx = 0 \quad \text{für alle } \xi > 0. \tag{15}$$

b) *Eine Abbildung $\delta : (0, b) \mapsto \mathcal{L}_1(\mathbb{R}^n)$ heißt* Dirac-Familie *oder* approximative Eins *von $\mathcal{L}_1(\mathbb{R}^n)$ (für $t \to 0^+$), falls (δ_{t_k}) für jede Folge $t_k \to 0^+$ eine* Dirac-Folge *ist.*

Ab jetzt (wie bereits in (15)) wird für die *Euklidische Norm* auf $\mathbb{R}^n$ die folgende Notation verwendet:

$$|x| := \|x\|_2 := \left(\sum_{j=1}^n x_j^2 \right)^{\frac{1}{2}}. \tag{16}$$

10.10 Beispiele und Bemerkungen. a) Für $\omega_n = m_n(K_1(0))$ und $r > 0$ definiere man $\chi_r := \frac{1}{\omega_n r^n} \chi_{K_r(0)} \in \mathcal{L}_1(\mathbb{R}^n)$. Offenbar ist dann (χ_r) eine Dirac-Familie für $r \to 0^+$.

b) Man wählt eine Funktion $\rho \in C^\infty(\mathbb{R}^n)$ mit

$$\rho \geq 0, \quad \text{supp}\,\rho \subseteq \overline{K}_1(0) \quad \text{und} \quad \int_{\mathbb{R}^n} \rho(x)\,dx = 1, \tag{17}$$

z. B. $\rho(x) = c \exp(\frac{1}{|x|^2-1}) \chi_{K_1(0)}$ für ein geeignetes $c > 0$. Für $\varepsilon > 0$ definiert man

$$\rho_\varepsilon(x) := \varepsilon^{-n} \rho(\tfrac{x}{\varepsilon}); \tag{18}$$

(vgl. Abb. 10a für $\varepsilon = \frac{1}{2}, 1$ und 2); aufgrund von (2.21) gilt dann

$$\rho_\varepsilon \in C^\infty(\mathbb{R}^n), \quad \rho_\varepsilon \geq 0, \quad \text{supp}\,\rho_\varepsilon \subseteq \overline{K}_\varepsilon(0) \quad \text{und} \quad \int_{\mathbb{R}^n} \rho_\varepsilon(x)\,dx = 1. \tag{19}$$

Folglich ist (ρ_ε) eine Dirac-Familie für $\varepsilon \to 0^+$.

c) Für eine Dirac-Folge (δ_k) und $f \in \mathcal{L}_p(\mathbb{R}^n)$ ist

$$(\delta_k * f)(x) = \int_{\mathbb{R}^n} \delta_k(x-y)\,f(y)\,dy$$

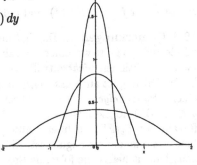

der *Mittelwert* von f bezüglich des Gewichts $\delta_k(x-y)$ über $\mathbb{R}^n$. Für $\delta_k = \rho_\varepsilon$ wird dieser nur über die Kugel $\overline{K}_\varepsilon(x)$ gebildet, und auch für allgemeine Dirac-Folgen spielen wegen (15) bei großem k die Werte von f außerhalb kleiner Kugeln um x kaum eine Rolle. Somit ist die Konvergenz von $\delta_k * f$ gegen f zu erwarten.

Abb. 10a

d) Die *Fejér-Kerne* sind ein 2π-periodisches Analogon einer Dirac-Folge (vgl. Satz I. 40.5* b) und Definition 33.5); der *Satz von Fejér* ist daher eine Variante des folgenden Resultats (vgl. auch Satz 33.7):   □

10.11 Theorem. *Es sei $(\delta_k) \subseteq \mathcal{L}_1(\mathbb{R}^n)$ eine Dirac-Folge.*
a) Für $f \in C_c(\mathbb{R}^n)$ gilt dann $\|\delta_k * f - f\|_{\sup} \to 0$ für $k \to \infty$.
b) Für $1 \leq p < \infty$ und $f \in \mathcal{L}_p(\mathbb{R}^n)$ gilt $\|\delta_k * f - f\|_{L_p} \to 0$ für $k \to \infty$.

BEWEIS. a) Für alle $\xi > 0$ gilt nach (12)

$$(\delta_k * f - f)(x) = \int_{|y| < \xi} (f(x-y) - f(x))\,\delta_k(y)\,dy$$
$$+ \int_{|y| \geq \xi} (f(x-y) - f(x))\,\delta_k(y)\,dy =: A_k(\xi) + B_k(\xi).$$

Da $f \in C_c(\mathbb{R}^n)$ gleichmäßig stetig ist, gibt es zu $\varepsilon > 0$ ein $\xi > 0$ mit $|A_k(\xi)| \leq \sup_{|y|<\xi} |f(x-y) - f(x)| \int_{\mathbb{R}^n} \delta_k(y)\, dy \leq \varepsilon$ für alle k und dann ein $k_0 \in \mathbb{N}$ mit $|B_k(\xi)| \leq 2\|f\|_{\sup} \int_{|y|\geq\xi} \delta_k(y)\, dy \leq 2\|f\|_{\sup} \varepsilon$ für $k \geq k_0$. Folglich gilt $\|\delta_k * f - f\|_{\sup} \leq (1 + 2\|f\|_{L_1})\varepsilon$ für $k \geq k_0$.
b) Zu $\varepsilon > 0$ gibt es nach Satz 7.9 ein $\phi \in C_c(\mathbb{R}^n)$ mit $\|f - \phi\|_{L_p} \leq \varepsilon$. Wegen (8) und a) folgt dann

$$\begin{aligned}
\|\delta_k * f - f\|_{L_p} &\leq \|\delta_k * f - \delta_k * \phi\|_{L_p} + \|\delta_k * \phi - \phi\|_{L_p} + \|\phi - f\|_{L_p} \\
&\leq \|\delta_k * \phi - \phi\|_{L_p} + 2\varepsilon \leq 3\varepsilon \quad \text{ab einem} \quad k_0 \in \mathbb{N}. \qquad \diamond
\end{aligned}$$

10.12 Bemerkungen. a) Für $f \in \mathcal{L}_\infty(\mathbb{R}^n)$ zeigt der Beweis von Theorem 10.11 auch $(\delta_k * f)(x) \to f(x)$ in *Stetigkeitspunkten* x von f. Ist f in allen Punkten einer kompakten Menge K stetig, so ist die Konvergenz *gleichmäßig* auf K (vgl. Bemerkung I.40.9* a)).
b) Theorem 10.11 spielt eine wichtige Rolle bei der *Fourier-Transformation* und der Lösung der *Wärmeleitungsgleichung* in Abschnitt 41. $\qquad\square$

10.13 Folgerung. *Für eine offene Menge $D \subseteq \mathbb{R}^n$ ist $C_c^\infty(D)$ dicht in $C_c(D)$ und in $\mathcal{L}_p(D)$ für $1 \leq p < \infty$.*

BEWEIS. Es sei $f \in C_c(D)$. Mit der Dirac-Familie $(\rho_\varepsilon) \subseteq C_c^\infty(\mathbb{R}^n)$ aus (18) hat man $\|\rho_\varepsilon * f - f\|_{\sup} \to 0$ für $\varepsilon \to 0$, und für $\rho_\varepsilon * f \in C^\infty(\mathbb{R}^n)$ gilt

$$\operatorname{supp}(\rho_\varepsilon * f) \subseteq (\operatorname{supp} f)_\varepsilon = \operatorname{supp} f + \overline{K}_\varepsilon(0) \tag{20}$$

aufgrund von (13), also $\rho_\varepsilon * f \in C_c^\infty(D)$ für kleine $\varepsilon > 0$. Die zweite Behauptung folgt dann aus Satz 7.9. $\qquad\diamond$

Unter Verwendung der Dirac-Familie (ρ_ε) werden nun C^∞-Abschneidefunktionen auf $\mathbb{R}^n$ konstruiert, die die Existenz von C^∞-*Zerlegungen der Eins* implizieren (vgl. Bemerkung 10.2 c)):

10.14 Satz. *Es seien $K \subseteq \mathbb{R}^n$ kompakt, $D \subseteq \mathbb{R}^n$ offen mit $K \subseteq D$ und $d := d(K, D^c) > 0$ die Distanz von K zum Komplement von D. Dann gibt es $\eta \in C^\infty(\mathbb{R}^n)$ mit $0 \leq \eta \leq 1$, $\operatorname{supp} \eta \subseteq D$, $\eta(x) = 1$ für $x \in K$ und*

$$|\operatorname{grad} \eta(x)| \leq \tfrac{C}{d}\chi_D(x), \tag{21}$$

wobei die Konstante $C \geq 0$ nur von n und ρ abhängt.

BEWEIS. a) Mit $\varepsilon := \frac{d}{4}$ setzt man einfach

$$\eta(x) := (\rho_\varepsilon * \chi_{K_{2\varepsilon}})(x) = \int_{K_{2\varepsilon}} \rho_\varepsilon(x-y)\, dy \quad \text{für} \quad x \in \mathbb{R}^n. \tag{22}$$

Offenbar gilt $0 \leq \eta \leq 1$ und $\operatorname{supp} \eta \subseteq K_{3\varepsilon} \subseteq D$ nach (20); für $x \in K$ ist
$\eta(x) = \int_{K_{2\varepsilon}} \rho_\varepsilon(x - y)\, dy = \int_{\mathbb{R}^n} \rho_\varepsilon(x - y)\, dy = 1$.
b) Nach (14) gilt

$$\partial_{x_j}\eta(x) = (\partial_{x_j}\rho_\varepsilon * \chi_{K_{2\varepsilon}})(x) = \int_{K_{2\varepsilon}} \partial_{x_j}\left(\rho_\varepsilon(x - y)\right) dy \qquad (23)$$

für $x \in \mathbb{R}^n$. Nach (18) hat man

$$\partial_{x_j}\left(\rho_\varepsilon(x - y)\right) = \tfrac{1}{\varepsilon}\,\varepsilon^{-n}\,(\partial_{x_j}\rho)(\tfrac{x-y}{\varepsilon}),$$

und aus (23) folgt mit $z = \tfrac{x-y}{\varepsilon}$ (vgl. Aufgabe 8.1)

$$|\partial_{x_j}\eta(x)| \leq \tfrac{1}{\varepsilon}\,\varepsilon^{-n} \int_{\mathbb{R}^n} |(\partial_{x_j}\rho)(\tfrac{x-y}{\varepsilon})|\, dy = \tfrac{1}{\varepsilon} \int_{\mathbb{R}^n} |(\partial_{x_j}\rho)(z)|\, dz.$$

Wegen $\operatorname{supp}\eta \subseteq D$ folgt daraus (21) mit $C = 4\left(\sum\limits_{j=1}^{n} \|\partial_{x_j}\rho\|_L^2\right)^{\frac{1}{2}}$.   ◇

Abschätzung (21) wird beim Beweis 20.9 des *Gaußschen Integralsatzes* verwendet. Abschätzungen für höhere Ableitungen werden in Aufgabe 10.9 formuliert. Durch Wahl geeigneter Funktionen ρ lassen sich Abschneidefunktionen und Zerlegungen der Eins in *nicht-quasianalytischen Unteralgebren* von $C^\infty(\mathbb{R}^n)$ konstruieren (vgl. Aufgabe 10.11 und [17], Band 1, 1.3–1.4).

Der folgende Satz 10.16 ist grundlegend für die in Kapitel VII entwickelte Theorie der *Distributionen* (vgl. auch Lemma II.27.9).

10.15 Definition. *Es seien $D \subseteq \mathbb{R}^n$ offen und $1 \leq p \leq \infty$. Eine meßbare Funktion $f : D \mapsto \mathbb{C}$ heißt* lokale $\mathcal{L}_p$-Funktion, $f \in \mathcal{L}_p^{\mathrm{loc}}(D)$, *falls $f|_K \in \mathcal{L}_p(K)$ für jede kompakte Menge $K \subseteq D$ gilt.*

10.16 Satz. *Es seien $D \subseteq \mathbb{R}^n$ offen und $f \in \mathcal{L}_1^{\mathrm{loc}}(D)$. Gilt*

$$\int_D f(y)\,\phi(y)\, dy = 0 \qquad (24)$$

für alle Testfunktionen $\phi \in C_c^\infty(D)$, so ist $f(x) = 0$ fast überall.

BEWEIS. Es sei $K \subseteq D$ kompakt und $3d := d(K, D^c)$. Nach Satz 10.14 gibt es $\eta \in C_c^\infty(D)$ mit $0 \leq \eta \leq 1$, $\eta(x) = 1$ für $x \in K$ und $\operatorname{supp}\eta \subseteq K_d$. Nach Theorem 10.11 gilt dann $\| f\eta - \rho_\varepsilon * (f\eta) \|_{L_1} \to 0$ für $\varepsilon \to 0$; wegen (24) gilt aber

$$\rho_\varepsilon * (f\eta)(x) = \int_D f(y)\,\eta(y)\,\rho_\varepsilon(x - y)\, dy = 0$$

für $0 < \varepsilon < d$ und $x \in K_{2d}$, also für alle $x \in \mathbb{R}^n$. Es folgt $f(x)\eta(x) = 0$ für fast alle $x \in \mathbb{R}^n$ und somit $f = 0$ fast überall auf K.   ◇

Aufgaben

10.1 Aus Satz 10.4 folgere man die Dichtheit von $C(X)'\otimes C(Y)$ in $C(X\times Y)$ (vgl. Folgerung II.12.6 und Aufgabe 9.11).

10.2 Es seien A eine Banachalgebra (vgl. Abschnitt II.26), X ein separabler metrischer Raum und $f\in C(X,A)$, so daß $f(x)$ für alle $x\in X$ *linksinvertierbar* ist. Man konstruiere $g\in C(X,A)$ mit $g(x)\,f(x)=e$ für alle $x\in X$.

10.3 Man zeige, daß der Folgenraum ℓ_∞ nicht separabel ist.

10.4 Man beweise die Assoziativität der Faltung.

10.5 Für eine Dirac-Folge $(\delta_k)\subseteq \mathcal{L}_1(\mathbb{R}^n)$ und eine Funktion $\phi\in C_c(\mathbb{R}^n)$ beweise man $\int_{\mathbb{R}^n}\phi(x)\,\delta_k(x)\,dx\to\phi(0)$ für $k\to\infty$.

10.6 Die Dichte der *Gauß-Verteilung* mit *Erwartungswert* $\alpha\in\mathbb{R}$ und *Streuung* $\sigma>0$ ist gegeben durch $G_{\alpha,\sigma^2}(x):=(2\pi\sigma^2)^{-1/2}\exp\left(-\frac{(x-\alpha)^2}{2\sigma^2}\right)$.
a) Man zeige, daß (G_{0,σ^2}) eine Dirac-Familie für $\sigma\to 0^+$ ist.
b) Man zeige $\int_{\mathbb{R}} x\,G_{\alpha,\sigma^2}(x)\,dx=\alpha$ und $\int_{\mathbb{R}}(x-\alpha)^2\,G_{\alpha,\sigma^2}(x)\,dx=\sigma^2$.
c) Man beweise $G_{\alpha,\sigma^2}*G_{\beta,\tau^2}=G_{\alpha+\beta,\sigma^2+\tau^2}$.

10.7 Die Dichte der *Cauchy-Verteilung* zum Parameter $\alpha>0$ ist gegeben durch $C_\alpha(x):=\frac{\alpha}{\pi(\alpha^2+x^2)}$.
a) Man zeige, daß (C_α) eine Dirac-Familie für $\alpha\to 0^+$ ist.
b) Man beweise $C_\alpha*C_\beta=C_{\alpha+\beta}$.

10.8 Es seien $k,\ell\in\mathbb{N}_0\cup\{\infty\}$, $f\in C_c^k(\mathbb{R}^n)$ und $g\in C^\ell(\mathbb{R}^n)$. Man beweise, daß durch (7) ein Faltungsprodukt $f*g\in C^{k+\ell}(\mathbb{R}^n)$ definiert wird, und zeige $\partial^{\alpha+\beta}(f*g)=(\partial^\alpha f)*(\partial^\beta g)$ für $|\alpha|\le k$ und $|\beta|\le\ell$.

10.9 Für die in Satz 10.14 konstruierte Funktion $\eta\in C^\infty(\mathbb{R}^n)$ zeige man

$$|\partial^\alpha\eta(x)|\le(\tfrac{4}{d})^{|\alpha|}\int_{\mathbb{R}^n}|(\partial^\alpha\rho)(z)|\,dz\,\chi_D(x)\quad\text{für alle}\quad\alpha\in\mathbb{N}_0^n.$$

10.10 Für $r>0$ sei $H_r:=\frac{1}{r}\chi_{[0,r]}\in\mathcal{L}_1(\mathbb{R})$.
a) Für $f\in\mathcal{L}_1(\mathbb{R})$ zeige man $H_r*f\in C(\mathbb{R})$.
b) Für $f\in C^k(\mathbb{R})$ zeige man $H_r*f\in C^{k+1}(\mathbb{R})$.

10.11 Es sei $(r_k)\subseteq\mathbb{R}$ mit $r_0\ge r_1\ge\ldots>0$ und $r:=\sum_{k=0}^{\infty}r_k<\infty$. Man konstruiere $u\in C^\infty(\mathbb{R})$ mit $\operatorname{supp}u\subseteq[0,r]$, $u\ge 0$, $\int_{\mathbb{R}}u(x)\,dx=1$ und $\|u^{(k)}\|_{\sup}\le\frac{2^k}{r_0\cdots r_k}$ für $k\in\mathbb{N}_0$.
HINWEIS. Die Folge $(u_k:=H_{r_0}*\cdots*H_{r_k})$ konvergiert in $C^\infty(\mathbb{R})$.

11   Die Transformationsformel

In diesem Abschnitt wird die *Substitutionsregel* auf den Fall *mehrdimensionaler Integrale* verallgemeinert. Diese wurde in Satz I. 22.9 für *orientierte* Integrale stetiger Funktionen so formuliert:

$$\int_a^b \phi(\alpha(u))\, \alpha'(u)\, du \;=\; \int_{\alpha(a)}^{\alpha(b)} \phi(x)\, dx \tag{1}$$

$$=\; -\int_{\alpha(b)}^{\alpha(a)} \phi(x)\, dx \quad \text{im Fall} \quad \alpha(b) < \alpha(a)\,.$$

Für *nicht orientierte* Integrale ergibt sich daraus:

11.1 Satz. *Es sei $\alpha : U \mapsto D$ ein $\mathcal{C}^1$-Diffeomorphismus offener Mengen in $\mathbb{R}$. Für $\phi \in \mathcal{C}_c(D)$ gilt dann*

$$\int_{\mathbb{R}} \phi(x)\, dx \;=\; \int_{\mathbb{R}} \phi(\alpha(u))\, |\alpha'(u)|\, du\,. \tag{2}$$

BEWEIS. a) Zunächst seien U und D offene *Intervalle*. Dann gilt $\alpha' > 0$ auf U oder $\alpha' < 0$ auf U, und die Behauptung folgt aus (1).
b) Offene Mengen in $\mathbb{R}$ sind abzählbare disjunkte Vereinigungen offener Intervalle, vgl. Bemerkung II. 4.7 b). Bei geeigneter Numerierung gilt also $U = \bigcup \{I_k \mid k \in A\}$ und $D = \bigcup \{J_k \mid k \in A\}$ mit einer abzählbaren Indexmenge A, wobei die I_k und J_k offene Intervalle sind und stets $\alpha(I_k) = J_k$ gilt. Für $\phi \in \mathcal{C}_c(D)$ ist $\phi = \sum_k \phi_k$ mit $\phi_k := \phi \chi_{J_k} \in \mathcal{C}_c(J_k)$, wobei in der Summe nur endlich viele Terme $\neq 0$ sind. Nach a) gilt (2) für alle ϕ_k, und daraus folgt (2) auch für ϕ. $\qquad\qquad\diamond$

Eine (2) entsprechende *mehrdimensionale Transformationsformel* wird zunächst für *spezielle Diffeomorphismen,* die im wesentlichen nur *eine* Koordinate ändern, bewiesen und dann in mehreren Schritten erweitert. Im folgenden wird die Abkürzung

$$J\Psi(a) := \det \Psi'(a) \;=\; \det D\Psi(a) \tag{3}$$

für die *Funktionaldeterminante* oder *Jacobi-Determinante* einer in einem Punkt $a \in U \subseteq \mathbb{R}^n$ differenzierbaren Abbildung $\Psi : U \mapsto \mathbb{R}^n$ verwendet.

11.2 Definition. *Es seien $U \subseteq \mathbb{R}^n$ offen und $m \in \{1,\dots,n\}$. Eine Abbildung $\Pi_m : U \mapsto \mathbb{R}^n$ heißt* primitiv, *wenn sie die folgende Form hat:*

$$\Pi_m(u) \;=\; (u_1,\dots,u_{m-1},\alpha(u),u_{m+1},\dots,u_n), \quad u \in U\,. \tag{4}$$

Eine primitive Abbildung Π_m wie in (4) ist genau dann in $a \in U$ differenzierbar, wenn dies für α gilt; in diesem Fall ist $D\Pi_m(a)_{ij} = \delta_{ij}$ für $i \neq m$ und $D\Pi_m(a)_{mj} = \partial_j \alpha(a)$. Folglich hat man

$$J\Pi_m(a) \;=\; \det D\Pi_m(a) \;=\; \partial_m \alpha(a)\,. \tag{5}$$

11.3 Satz. *Es sei* $\Pi_m : U \mapsto D$ *ein primitiver* C^1*-Diffeomorphismus offener Mengen im* $\mathbb{R}^n$. *Für* $\phi \in C_c(D)$ *gilt dann*

$$\int_{\mathbb{R}^n} \phi(x)\,dx \;=\; \int_{\mathbb{R}^n} \phi(\Pi_m(u))\,|\,J\Pi_m(u)\,|\,du\,. \tag{6}$$

BEWEIS. Mit $x' := (x_1, \ldots, x_{m-1}, x_{m+1}, \ldots, x_n)$ für $x \in \mathbb{R}^n$ gilt

$$\int_{\mathbb{R}^n} \phi(x)\,dx \;=\; \int_{\mathbb{R}^{n-1}} \int_{\mathbb{R}} \phi(x_m, x')\,dx_m\,dx'\,.$$

Bei festem $x' = u'$ ist $u_m \mapsto \alpha(u_m, u')$ wegen (5) ein C^1-Diffeomorphismus der offenen Schnittmenge $U^{u'}$ auf die offene Schnittmenge $D^{x'}$ in $\mathbb{R}$. Aus Satz 11.1 erhält man somit

$$\int_{\mathbb{R}^n} \phi(x)\,dx \;=\; \int_{\mathbb{R}^{n-1}} \int_{\mathbb{R}} \phi(\alpha(u_m, u'), u')\,|\,\partial_m \alpha(u_m, u')\,|\,du_m\,du'$$
$$=\; \int_{\mathbb{R}^n} \phi(\Pi_m(u))\,|\,J\Pi_m(u)\,|\,du\,. \qquad \diamond$$

In Satz 11.6 wird die Transformationsformel (6) auch für *beliebige* C^1-Diffeomorphismen $\Psi : U \mapsto D$ bewiesen. Eine anschauliche Motivation für dieses Ergebnis im Fall $n = 2$ wird (in allgemeinerer Form) in 19.3 besprochen.

Aufgrund von Satz 2.3 gilt (6) sicher für *Transpositionen*, d. h. für spezielle *lineare* Transformationen $T = T^{ij} \in GL(\mathbb{R}^n)$ der Form

$$T : (u_1, \ldots, u_i, \ldots, u_j, \ldots, u_n) \mapsto (u_1, \ldots, u_j, \ldots, u_i, \ldots, u_n)\,. \tag{7}$$

Ein wesentlicher Schritt zum Beweis von Satz 11.6 ist nun die in Satz 11.5 folgende *lokale Zerlegung* beliebiger C^1-Diffeomorphismen:

11.4 Lemma. *Für* $m \in \{1, \ldots, n\}$ *bezeichne* $\mathcal{D}_m$ *die Menge aller Abbildungen* $\Psi_m \in C^1(U, \mathbb{R}^n)$ *offener Umgebungen* U *von* $0 \in \mathbb{R}^n$ *nach* $\mathbb{R}^n$ *mit* $\Psi_m(0) = 0$ *und* $\Psi_m'(0) \in GL(\mathbb{R}^n)$ *der Form*

$$\Psi_m(u) \;=\; (u_1, \ldots, u_{m-1}, \alpha_m(u),, \ldots, \alpha_n(u))\,, \quad u \in U\,. \tag{8}$$

Für $1 \leq m \leq n-1$ *und* $\Psi_m \in \mathcal{D}_m$ *gibt es dann* $\Psi_{m+1} \in \mathcal{D}_{m+1}$, *eine primitive Abbildung* $\Pi_m \in \mathcal{D}_1$ *und eine Transposition* $T_m \in GL(\mathbb{R}^n)$ *mit*

$$\Psi_m \;=\; T_m \circ \Psi_{m+1} \circ \Pi_m \quad \text{nahe} \quad 0 \in \mathbb{R}^n\,. \tag{9}$$

BEWEIS. a) Wegen $\Psi_m'(0) \in GL(\mathbb{R}^n)$ und (8) gibt es $k \in \{m, \ldots, n\}$ mit $\partial_m \alpha_k(0) \neq 0$. Die Abbildung $\Pi_m : U \mapsto \mathbb{R}^n$,

$$\Pi_m(u) := (u_1, \ldots, u_{m-1}, \alpha_k(u), u_{m+1}, \ldots, u_n)\,, \quad u \in U\,,$$

ist primitiv mit $\Pi_m(0) = 0$, und nach (5) hat man auch $\Pi_m'(0) \in GL(\mathbb{R}^n)$, also $\Pi_m \in \mathcal{D}_1$. Nach dem *Satz über inverse Funktionen* gibt es eine offene

Menge $V \subseteq U$ mit $0 \in V$, so daß $\Pi_m : V \mapsto W$ ein $\mathcal{C}^1$-Diffeomorphismus ist.

b) Mit der Transposition $T_m := T^{km}$ definiert man $\Psi_{m+1} \in \mathcal{C}^1(W, \mathbb{R}^n)$ durch

$$\Psi_{m+1}(w) := T_m(\Psi_m(\Pi_m^{-1}(w))), \quad w \in W. \tag{10}$$

Offenbar gilt $\Psi_{m+1}(0) = 0$ und $\Psi'_{m+1}(0) \in GL(\mathbb{R}^n)$. Für $u \in V$ stimmen die ersten m Komponenten von

$$\Psi_{m+1}(\Pi_m(u)) = T_m(\Psi_m(u)) = (u_1, \ldots, u_{m-1}, \alpha_k(u), , \ldots, \alpha_n(u))$$

mit denen von $\Pi_m(u)$ überein, und daher gilt $\Psi_{m+1} \in \mathcal{D}_{m+1}$. Wegen $T_m^2 = I$ folgt dann (9) sofort aus (10). $\qquad \diamond$

11.5 Satz. *Es seien $U \subseteq \mathbb{R}^n$ offen mit $0 \in U$ und $\Psi \in \mathcal{C}^1(U, \mathbb{R}^n)$ mit $\Psi(0) = 0$ und $\Psi'(0) \in GL(\mathbb{R}^n)$. Dann gilt*

$$\Psi = T_1 \circ \cdots \circ T_{n-1} \circ \Pi_n \circ \cdots \circ \Pi_1 \quad \textit{nahe} \quad 0 \in \mathbb{R}^n, \tag{11}$$

wobei die $T_i \in GL(\mathbb{R}^n)$ Transpositionen und die Π_i nahe $0 \in \mathbb{R}^n$ definierte primitive $\mathcal{C}^1$-Abbildungen mit $\Pi_i(0) = 0$ und $\Pi'_i(0) \in GL(\mathbb{R}^n)$ sind.

BEWEIS. Wegen $\Psi \in \mathcal{D}_1$ ergibt sich aus Lemma 11.4 sukzessive

$$\Psi = T_1 \circ \Psi_2 \circ \Pi_1 = T_1 \circ T_2 \circ \Psi_3 \circ \Pi_2 \circ \Pi_1 = \ldots$$
$$= T_1 \circ \cdots \circ T_{n-1} \circ \Psi_n \circ \Pi_{n-1} \circ \cdots \circ \Pi_1 \quad \text{nahe} \quad 0 \in \mathbb{R}^n;$$

offenbar ist $\Psi_n \in \mathcal{D}_n$ primitiv, und daraus folgt (11). $\qquad \diamond$

11.6 Satz. *Es sei $\Psi : U \mapsto D$ ein $\mathcal{C}^1$-Diffeomorphismus offener Mengen im $\mathbb{R}^n$. Für $\phi \in \mathcal{C}_c(D)$ gilt dann*

$$\int_{\mathbb{R}^n} \phi(x)\, dx = \int_{\mathbb{R}^n} \phi(\Psi(u)) \,|J\Psi(u)|\, du. \tag{12}$$

BEWEIS. a) Es seien $\Psi_1 : U_1 \mapsto U_2$ und $\Psi_2 : U_2 \mapsto U_3$ $\mathcal{C}^1$-Diffeomorphismen, für die (12) gilt und $\Psi := \Psi_2 \circ \Psi_1 : U_1 \mapsto U_3$. Für $\phi \in \mathcal{C}_c(U_3)$ ist dann

$$\int_{\mathbb{R}^n} \phi(x)\, dx = \int_{\mathbb{R}^n} \phi(\Psi_2(y)) \,|J\Psi_2(y)|\, dy$$
$$= \int_{\mathbb{R}^n} \phi(\Psi_2(\Psi_1(u))) \,|J\Psi_2(\Psi_1(u))| \,|J\Psi_1(u)|\, du$$
$$= \int_{\mathbb{R}^n} \phi(\Psi(u)) \,|J\Psi(u)|\, du$$

aufgrund der Kettenregel; (12) gilt daher auch für Ψ.

b) Für $a \in U$ liefert die Anwendung von Satz 11.5 auf die Abbildung $h \mapsto \Psi(a + h) - \Psi(a)$ eine Zerlegung

$$\Psi(x) = \Psi(a) + T_1 \circ \cdots \circ T_{n-1} \circ \Pi_n \circ \cdots \circ \Pi_1(x - a)$$

wie in (11) über einer Umgebung $W \subseteq U$ von a. Aufgrund der *Translationsinvarianz* des Integrals, Satz 11.3, Satz 2.3 und a) ist somit (12) für $\phi \in \mathcal{C}_c(\Psi(W))$ gültig.

c) Jeder Punkt $x \in D$ besitzt also eine Umgebung $V_x \subseteq D$, so daß (12) für $\phi \in \mathcal{C}_c(V_x)$ richtig ist. Es sei nun $(\alpha_j) \subseteq \mathcal{C}_c(D)$ eine der offenen Überdeckung $\{V_x \mid x \in D\}$ von D untergeordnete *stetige Zerlegung der Eins* (vgl. Satz 10.1). Für $\phi \in \mathcal{C}_c(D)$ gilt dann $\phi = \sum_{j=1}^{m} \alpha_j \phi$ für ein geeignetes $m \in \mathbb{N}$, und wegen $\alpha_j \phi \in \mathcal{C}_c(V_{x_j})$ für ein geeignetes $x_j \in D$ folgt aufgrund von b) dann (12) auch für ϕ.   ◇

Aus den Sätzen 11.6 und 6.21 ergibt sich nun sofort:

11.7 Theorem (Transformationsformel). *Es sei* $\Psi : U \mapsto D$ *ein* $\mathcal{C}^1$-*Diffeomorphismus offener Mengen im* $\mathbb{R}^n$.
a) Für eine Funktion $f : D \mapsto \mathbb{C}$ *gilt* $f \in \mathcal{L}_1(D) \Leftrightarrow (f \circ \Psi)\,|\,J\Psi\,| \in \mathcal{L}_1(U)$, *und in diesem Fall ist*

$$\int_D f(x)\,dx = \int_U f(\Psi(u))\,|\,J\Psi(u)\,|\,du. \tag{13}$$

b) Für eine meßbare Menge $A \subseteq U$ *ist auch* $\Psi(A) \subseteq D$ *meßbar, und es gilt*

$$m(\Psi(A)) = \int_A |\,J\Psi(u)\,|\,du. \tag{14}$$

11.8 Folgerung. *Es seien* $T \in GL(\mathbb{R}^n)$ *und* $A \in \mathfrak{M}(\mathbb{R}^n)$. *Dann ist auch* $T(A) \in \mathfrak{M}(\mathbb{R}^n)$, *und man hat*

$$m(T(A)) = |\det T|\,m(A). \tag{15}$$

Dies impliziert insbesondere Eigenschaft **(V4)** aus Abschnitt 8, also die *Invarianz* des Lebesgue-Maßes gegen *orthogonale Transformationen*.

Die Aussage von Theorem 11.7 gilt auch für gewisse Transformationen, die nur außerhalb geeigneter Ausnahme-Mengen $\mathcal{C}^1$-Diffeomorphismen sind. Die folgende Aussage kann leicht auf Theorem 11.7 zurückgeführt werden; eine interessantere Variante 12.4 folgt im nächsten Abschnitt.

11.9 Folgerung. *Es seien* $A \subseteq W \subseteq \mathbb{R}^n$, W *offen und* $\Psi \in \mathcal{C}^1(W, \mathbb{R}^n)$. *Es gebe eine offene Menge* $U \subseteq A$ *mit* $m(A \backslash U) = 0$, *so daß* $\Psi : U \mapsto D$ *ein* $\mathcal{C}^1$-*Diffeomorphismus ist. Für eine Funktion* $f : \Psi(A) \mapsto \mathbb{C}$ *gilt dann* $f \in \mathcal{L}_1(\Psi(A)) \Leftrightarrow (f \circ \Psi)\,|\,J\Psi\,| \in \mathcal{L}_1(A)$, *und in diesem Fall ist*

$$\int_{\Psi(A)} f(x)\,dx = \int_A f(\Psi(u))\,|\,J\Psi(u)\,|\,du. \tag{16}$$

BEWEIS. Wegen $\Psi(A)\backslash D \subseteq \Psi(A\backslash U)$ und $m(\Psi(A\backslash U)) = 0$ nach Satz 8.9 folgt die Behauptung sofort aus Theorem 11.7 und Satz 4.19. $\diamond$

11.10 Beispiele. Es wird die Transformation auf *Polarkoordinaten im* $\mathbb{R}^n$ diskutiert (für $n = 3$ vgl. Abb. 11a und Beispiel II. 21.13).
a) Im Fall $n = 2$ wird zunächst $\Psi_2 \in \mathcal{C}^\infty(\mathbb{R}^2, \mathbb{R}^2)$ durch

$$\Psi_2(r, \varphi_1) := (r\cos\varphi_1, r\sin\varphi_1)^\top$$

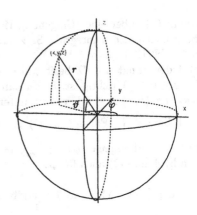

definiert; für $n \geq 3$ dann rekursiv $\Psi_n \in \mathcal{C}^\infty(\mathbb{R}^n, \mathbb{R}^n)$ durch

Abb. 11a

$$\Psi_n(u) := (\Psi_{n-1}(u')\cos\varphi_{n-1}, r\sin\varphi_{n-1})^\top \quad \text{mit} \tag{17}$$

$$u := (r, \varphi_1, \ldots, \varphi_{n-2}, \varphi_{n-1}) =: (r, \varphi', \varphi_{n-1}) =: (r, \varphi) =: (u', \varphi_{n-1}). \tag{18}$$

Im Fall $n = 2$ oder $n = 3$ schreibt man φ statt φ_1, und im Fall $n = 3$ auch ϑ statt φ_2. Induktiv folgt aus (17) sofort $|\Psi_n(r, \varphi)| = r$, und explizit gilt:

$$\Psi_n(r, \varphi) = \begin{pmatrix} r\cos\varphi_{n-1}\cos\varphi_{n-2}\cdots\cos\varphi_2\cos\varphi_1 \\ r\cos\varphi_{n-1}\cos\varphi_{n-2}\cdots\cos\varphi_2\sin\varphi_1 \\ r\cos\varphi_{n-1}\cos\varphi_{n-2}\cdots\cos\varphi_3\sin\varphi_2 \\ \vdots \\ r\cos\varphi_{n-1}\sin\varphi_{n-2} \\ r\sin\varphi_{n-1} \end{pmatrix}. \tag{19}$$

b) Für die *Funktionaldeterminante* von Ψ_n hat man

$$J\Psi_n(r, \varphi) = \det D\Psi_n(r, \varphi) = r^{n-1}\cdot\cos^{n-2}\varphi_{n-1}\cdots\cos^2\varphi_3\cdot\cos\varphi_2. \tag{20}$$

Für $n = 2$ ist das klar. Aus (17) ergibt sich

$$D\Psi_n(u', \varphi_{n-1}) = \begin{pmatrix} D\Psi_{n-1}(u')\cos\varphi_{n-1} & -\Psi_{n-1}(u')\sin\varphi_{n-1} \\ \sin\varphi_{n-1}\ \ 0\ \ldots\ 0 & r\cos\varphi_{n-1} \end{pmatrix}, \tag{21}$$

und wegen $\Psi_{n-1}(r, \varphi') = r\Psi_{n-1}(1, \varphi') = r\frac{\partial}{\partial r}\Psi_{n-1}(r, \varphi')$ liefert Entwicklung nach der letzten Zeile

$$\begin{aligned} J\Psi_n(u) &= r\cos^n\varphi_{n-1}\,J\Psi_{n-1}(u') + r\sin^2\varphi_{n-1}\cos^{n-2}\varphi_{n-1}\,J\Psi_{n-1}(u') \\ &= r\cos^{n-2}\varphi_{n-1}\,J\Psi_{n-1}(u'). \end{aligned}$$

Gilt also (20) für $n - 1$, so auch für n.

c) Mit $W_{n-1} := (-\pi, \pi) \times (-\frac{\pi}{2}, \frac{\pi}{2})^{n-2}$ sei $P_n := (0, \infty) \times W_{n-1}$. Offenbar ist $\Psi_2 : P_2 \mapsto \mathbb{R}^2$ injektiv. Ist die Injektivität von $\Psi_{n-1} : P_{n-1} \mapsto \mathbb{R}^{n-1}$ bereits gezeigt und sind $u = (r, \varphi', \varphi_{n-1})$, $v = (\rho, \psi', \psi_{n-1}) \in P_n$ mit $\Psi_n(u) = \Psi_n(v)$, so folgen mit (17) dann nacheinander $r = \rho$, $\sin \varphi_{n-1} = \sin \psi_{n-1}$, $\varphi_{n-1} = \psi_{n-1}$, $\Psi_{n-1}(u') = \Psi_{n-1}(v')$ und $u' = v'$. Folglich ist $\Psi_n : P_n \mapsto \Psi_n(P_n)$ für alle n bijektiv, nach (20) und dem Satz über inverse Funktionen also ein C^∞-Diffeomorphismus.

d) Nun wird induktiv die Surjektivität von $\Psi_n : \overline{P_n} \mapsto \mathbb{R}^n$ gezeigt:
Für $n = 2$ ist das klar. Die Behauptung gelte für $n - 1$, und es sei $x = (x', x_n) \in \mathbb{R}^n$. Mit $r := |x|$ und $r' := |x'|$ gilt $r^2 = r'^2 + x_n^2$; es gibt also $\varphi_{n-1} \in [-\frac{\pi}{2}, \frac{\pi}{2}]$ mit $(r', x_n) = r(\cos \varphi_{n-1}, \sin \varphi_{n-1})$. Nach Induktionsvoraussetzung gibt es $u' = (r', \varphi') \in \overline{P_{n-1}}$ mit $x' = \Psi_{n-1}(r', \varphi')$, und mit $u := (r, \varphi', \varphi_{n-1}) \in \overline{P_n}$ folgt

$$
\begin{aligned}
x &= (x', x_n) = (r' \Psi_{n-1}(1, \varphi'), x_n) = r(\Psi_{n-1}(1, \varphi') \cos \varphi_{n-1}, \sin \varphi_{n-1}) \\
&= (\Psi_{n-1}(r, \varphi') \cos \varphi_{n-1}, r \sin \varphi_{n-1}) = \Psi_n(u).
\end{aligned}
$$

e) Aus der Transformationsformel 11.9 ergibt sich nun, daß eine Funktion $f : \mathbb{R}^n \mapsto \mathbb{C}$ genau dann in $\mathcal{L}_1(\mathbb{R}^n)$ liegt, wenn $(f \circ \Psi_n) |J\Psi_n| \in \mathcal{L}_1(\overline{P_n})$ gilt. Mit

$$
C(\varphi) := \cos^{n-2} \varphi_{n-1} \cdots \cos^2 \varphi_3 \cdot \cos \varphi_2 \tag{22}
$$

gilt in diesem Fall nach dem *Satz von Fubini*

$$
\int_{\mathbb{R}^n} f(x)\, dx = \int_0^\infty \left(\int_{\overline{W_{n-1}}} f(\Psi_n(r, \varphi))\, C(\varphi)\, r^{n-1}\, d^{n-1} \varphi \right) dr; \tag{23}
$$

natürlich ist auch der *Satz von Tonelli* in dieser Situation anwendbar. In Beispiel 19.16 wird gezeigt, daß das innere Integral in (23) das $(n-1)$-dimensionale Integral von f über die *Sphäre* $S_r(0)$ ist (im Fall $n = 2$ beachte man auch Aufgabe 4.11); Formel (23) ist also eine „sphärische Variante" der Sätze von Fubini und Tonelli.

f) Für eine *rotationssymmetrische* Funktion $f : x \mapsto g(|x|)$ ergibt sich aus e) sofort $f \in \mathcal{L}_1(\mathbb{R}^n) \Leftrightarrow g(r)\, r^{n-1} \in \mathcal{L}_1[0, \infty)$ sowie

$$
\int_{\mathbb{R}^n} f(x)\, dx = \tau_n \int_0^\infty g(r)\, r^{n-1}\, dr \quad \text{mit} \tag{24}
$$

$$
\tau_n = \int_{\overline{W_{n-1}}} C(\varphi)\, d^{n-1} \varphi \tag{25}
$$

in diesem Fall (vgl. Aufgabe 9.6). Insbesondere hat man für $R > 0$

$$
|x|^{-\alpha} \in \mathcal{L}_1(K_R(0)) \quad \Leftrightarrow \quad \alpha < n \quad \text{und} \tag{26}
$$

$$
|x|^{-\alpha} \in \mathcal{L}_1(\mathbb{R}^n \backslash K_R(0)) \quad \Leftrightarrow \quad \alpha > n. \tag{27}
$$

Mit $f := \chi_{\overline{K}_1(0)}$ und $g = \chi_{[0,1]}$ in (24) ergibt sich sofort

$$\omega_n = m(\overline{K}_1(0)) = \tau_n \int_0^1 r^{n-1}\, dr, \quad \text{also}$$

$$\tau_n = n\,\omega_n \tag{28}$$

für das $(n-1)$-*dimensionale Volumen* der *Sphäre* S^{n-1} (vgl. (19.28); man beachte auch (9.25) und (20.27)). □

Aufgaben

11.1 Man zeige, daß im Fall einer *linearen* Abbildung $\Psi \in GL(\mathbb{R}^n)$ die in Satz 11.5 konstruierten primitiven Abbildungen ebenfalls linear sind.

11.2 Für $a_0, \ldots, a_n \in \mathbb{R}^n$ berechne man das Volumen der konvexen Hülle
$$\Gamma\{a_0, \ldots, a_n\} = \{\sum_{k=0}^n t_k a_k \mid t_k \geq 0, \sum_{k=1}^n t_k = 1\}.$$

11.3 Es sei $S(A)$ der Schwerpunkt (vgl. Beispiel 9.14 a)) einer Menge $A \in \mathfrak{M}(\mathbb{R}^n)$ mit $0 < \int_A (1 + |x|)\, dx < \infty$. Für $T \in GL(\mathbb{R}^n)$ und $b \in \mathbb{R}^n$ berechne man den Schwerpunkt der Menge $T(A) + b$.

11.4 Für eine symmetrische und positiv definite Matrix $A \in M_\mathbb{R}(n)$ beweise man $\int_{\mathbb{R}^n} e^{-\langle x, Ax \rangle}\, d^n x = \pi^{\frac{n}{2}} (\det A)^{-\frac{1}{2}}$.

11.5 Für $s > 0$ zeige man, daß das Integral $I(\xi) := \int_{\mathbb{R}^n} \dfrac{|e^{i\langle x, \xi \rangle} - 1|^2}{|\xi|^{2s} |x|^{n+2s}}\, dx > 0$ von $\xi \in \mathbb{R}^n$ unabhängig ist.

11.6 Für welche $\alpha \in \mathbb{R}$ ist die Funktion $(x,y) \mapsto (x+y)^\alpha$ über $K_1(0) \subseteq \mathbb{R}^2$ bzw. über $\mathbb{R}^2 \backslash K_1(0)$ integrierbar?

11.7 Es sei $\Psi \in C^\infty(\mathbb{R}^2, \mathbb{R}^2)$ durch $\Psi(u,v) := (u(1-v), uv)^\top$ definiert.
a) Man berechne $J\Psi$ und zeige, daß Ψ ein Diffeomorphismus von $(0,1)^2$ auf das Dreieck $T := \{(x,y) \in \mathbb{R}^2 \mid x, y > 0, x+y < 1\}$ ist.
b) Für $p, q \in \mathbb{R}$ und eine Funktion $g : (0,1) \mapsto \mathbb{C}$ definiere man $f : T \mapsto \mathbb{C}$ durch $f(x,y) := x^{p-1} y^{q-1} g(x+y)$ und zeige, daß f genau dann über T integrierbar ist, wenn $p > 0$, $q > 0$ und $u^{p+q-1} g(u) \in \mathcal{L}_1(0,1)$ gilt.

11.8 Für $x \in \mathbb{R}^3$ berechne man das *Gravitationspotential*

$$P(x) := \frac{1}{4\pi} \int_K \frac{1}{|x-y|}\, d^3 y \tag{29}$$

einer Kugelschale $K := \{y \in \mathbb{R}^3 \mid R_0 \leq |y| \leq R_1\}$ $(0 \leq R_0 < R_1)$.
HINWEIS. Man zeige, daß P rotationssymmetrisch ist, und beachte dann $\Delta P(x) = 0$ für $x \notin K$ sowie Beispiel II. 18.15.

11.9 Für eine Gerade A in $\mathbb{R}^3$ und eine kompakte Menge $K \subseteq \mathbb{R}^3$ heißt

$$\Theta_A(K) := \int_K d_A(x)^2 \, d^3x \tag{30}$$

das *Trägheitsmoment* von K bezüglich der *Rotationsachse* A.
a) Man berechne $\Theta_A(\overline{K}_1(0))$ für eine Achse A durch 0.
b) Man beweise den *Satz von Steiner:*
Ist A^* die zu A parallele Achse durch den Schwerpunkt $S(K)$ von K, so gilt $\Theta_A(K) = \Theta_{A^*}(K) + d_A(S(K))^2 \, m(K)$.

12 Das Lemma von Sard und Transformation des Laplace-Operators

In diesem Abschnitt werden eine *Erweiterung* und eine interessante *Anwendung* der Transformationsformel behandelt. Die Erweiterung 12.4 ergibt sich aus dem *Lemma von Sard* 12.2, das auch für die analytische Theorie des *Abbildungsgrades* grundlegend ist (vgl. dazu etwa [35]). Bei der Anwendung handelt es sich um einen Beweis der schon in Bemerkung II. 29.7 angegebenen Formel zur *Transformation des Laplace-Operators;* ein weiterer Beweis dieser Formel mit Hilfe des Kalküls der *Differentialformen* folgt in Bemerkung 27.15 c).

Bemerkung: Die Ergebnisse dieses Abschnitts werden in diesem Buch nicht weiter verwendet.

12.1 Definition. *Es sei $U \subseteq \mathbb{R}^n$ offen. Die Menge der* kritischen Punkte *einer Abbildung $f \in C^1(U, \mathbb{R}^\ell)$ ist gegeben durch*

$$C := C_f := \{x \in U \mid \operatorname{rk} Df(x) < \ell\} \subseteq U; \tag{1}$$

ihr Bild $f(C) \subseteq \mathbb{R}^\ell$ heißt Menge der kritischen Werte *von f.*

Es ist C_f in U abgeschlossen. Im Fall $n < \ell$ und auch für konstante Abbildungen f ist $C_f = U$ und $f(U)$ eine Nullmenge im $\mathbb{R}^\ell$. Allgemein gilt:

12.2 Theorem (Lemma von Sard). *Es seien $U \subseteq \mathbb{R}^n$ offen und $f \in C^\infty(U, \mathbb{R}^\ell)$. Die Menge $f(C)$ der kritischen Werte von f ist eine Lebesgue-Nullmenge im $\mathbb{R}^\ell$.*

BEWEIS. a) Der Beweis erfolgt durch Induktion über $n \in \mathbb{N}_0$. Wegen $\ell \geq 1$ ist die Behauptung klar im Fall $n = 0$, und sie werde nun für $n - 1 \in \mathbb{N}_0$ vorausgesetzt. Mit den in U abgeschlossenen Mengen

$$C_k := \{x \in U \mid \partial^\alpha f(x) = 0 \text{ für } 1 \leq |\alpha| \leq k\}, \quad k \in \mathbb{N}, \tag{2}$$

gilt offenbar $C \supseteq C_1 \supseteq C_2 \supseteq \dots$.

b) Es wird $m_\ell(f(C \backslash C_1)) = 0$ gezeigt. Für $n = 1$ ist dies wegen $C = C_1$ klar. Es seien nun $n \geq 2$ und $a \in C \backslash C_1$. Es gibt Indizes i und j mit $\partial_i f_j(a) \neq 0$, und man kann etwa $i = j = 1$ annehmen. Die Abbildung

$$h : U \mapsto \mathbb{R}^n, \quad h(x_1, \dots, x_n) := (f_1(x_1, \dots, x_n), x_2, \dots, x_n), \tag{3}$$

ist dann nach dem *Satz über inverse Funktionen* ein C^∞-Diffeomorphismus einer offenen Kugel V um a mit $V \cap C_1 = \emptyset$ auf eine offene Menge $W \subseteq \mathbb{R}^n$. Für die Abbildung $g := f \circ h^{-1} \in C^\infty(W, \mathbb{R}^\ell)$ gilt $h(C_f \cap V) = C_g \cap W$ und daher $f(C_f \cap V) = g(C_g \cap W)$. Man hat

$$g(y) = g(\eta, y') = (\eta, g'(\eta, y')) \tag{4}$$

für $y = (\eta, y') \in W$ und daher

$$Dg(\eta, y') = \begin{pmatrix} 1 & 0 \\ * & Dg'_\eta(y') \end{pmatrix},$$

also $y \in C_g \Leftrightarrow y' \in C_{g'_\eta}$. Aufgrund von (4) und der Induktionsvoraussetzung ist daher für alle $\eta \in \mathbb{R}$ die *Schnittmenge* (vgl. (9.15))

$$(g(C_g \cap W))_\eta = g'_\eta(C_{g'_\eta} \cap W_\eta)$$

eine Nullmenge in $\mathbb{R}^{\ell-1}$. Die Menge

$$f((C_f \backslash C_1) \cap V) = f(C_f \cap V) = g(C_g \cap W)$$

ist *meßbar* in $\mathbb{R}^\ell$ und somit nach dem *Satz von Tonelli* (vgl. Bemerkung 9.11 b)) dort eine Nullmenge. Da $C_f \backslash C_1$ durch abzählbar viele solche Kugeln V überdeckt werden kann, ist auch $f(C_f \backslash C_1)$ eine Nullmenge in $\mathbb{R}^\ell$.

c) Nun wird $m_\ell(f(C_k \backslash C_{k+1})) = 0$ für $k \in \mathbb{N}$ gezeigt. Für $a \in C_k \backslash C_{k+1}$ kann man $\partial_1 \partial^\alpha f_1(a) \neq 0$ für ein $|\alpha| = k$ annehmen. Jetzt definiert man

$$h : U \mapsto \mathbb{R}^n, \quad h(x_1, \dots, x_n) := (\partial^\alpha f_1(x_1, \dots, x_n), x_2, \dots, x_n); \tag{5}$$

wie in b) ist $h : V \mapsto W$ ein C^∞-Diffeomorphismus, wobei V eine offene Kugel um a mit $V \cap C_{k+1} = \emptyset$ ist. Es sei wieder $g := f \circ h^{-1} \in C^\infty(W, \mathbb{R}^\ell)$. Für $x = (\xi, x') \in C_k \cap V$ ist $h(x) = (0, x') \in C_g$ mit $x' \in C_{g_0}$, da ja $Df(x) = Dg(h(x)) Dh(x) = 0$ und $Dh(x)$ invertierbar ist. Es folgt also $f(x) = g(0, x') = g_0(x') \in g_0(C_{g_0})$, und somit ist

$$f((C_k \backslash C_{k+1}) \cap V) = f(C_k \cap V) \subseteq g_0(C_{g_0})$$

eine Nullmenge im $\mathbb{R}^\ell$ aufgrund der Induktionsvoraussetzung.

d) Schließlich wird $m_\ell(f(C_k)) = 0$ für $k > \frac{n}{\ell} - 1$ gezeigt. Für einen kompakten Würfel $W \subseteq U$ der Kantenlänge $d > 0$ gibt es aufgrund der *Taylor-Formel* eine Konstante $M = M(f, W)$ mit

$$\| f(y) - f(x) \| \leq C \| y - x \|^{k+1} \quad \text{für} \quad x \in C_k \cap W \ \text{und} \ y \in W , \quad (6)$$

wobei $\| \ \|$ die Maximum-Norm auf $\mathbb{R}^n$ und $\mathbb{R}^\ell$ bezeichne. Für $r \in \mathbb{N}$ zerlegt man W in r^n Würfel W_j der Kantenlänge $\frac{d}{r}$. Gibt es $x \in C_k \cap W_j$, so gilt $\| y - x \| \leq \frac{d}{r}$ für alle $y \in W_j$, nach (6) also $\| f(y) - f(x) \| \leq C (\frac{d}{r})^{k+1}$, und $f(W_j)$ liegt in einem Würfel der Kantenlänge $2C (\frac{d}{r})^{k+1}$. Es folgt

$$m_\ell(f(C_k \cap W)) \leq r^n (2C (\tfrac{d}{r})^{k+1})^\ell = 2^\ell C^\ell d^{\ell(k+1)} r^{n-\ell(k+1)} \to 0$$

für $r \to \infty$ wegen $k + 1 > \frac{n}{\ell}$, also $m_\ell(f(C_k \cap W)) = 0$. Da U durch abzählbar viele solche Würfel W überdeckt werden kann, ist auch $f(C_k)$ eine Nullmenge in $\mathbb{R}^\ell$.   ◇

12.3 Bemerkungen. a) Im Beweisteil d) wurde nur benötigt, daß f eine C^{k+1}-Abbildung für $k+1 > \frac{n}{\ell}$ ist. Da in dem Induktionsbeweis aber auch die Dimensionspaare $(n-1, \ell-1), \ldots, (n-\ell+1, 1)$ auftreten, wurde in obigem Beweis benutzt, daß f eine C^{k+1}-Abbildung für $k + 1 > \max\{0, n - \ell + 1\}$ ist. Das Lemma von Sard gilt auch noch für $f \in C^{k+1}(U, \mathbb{R}^\ell)$ und

$$k + 1 > \max\{0, n - \ell\} , \quad (7)$$

wobei diese Bedingung nicht mehr abgeschwächt werden kann: Nach H. Witney[4] gibt es eine Funktion $f \in C^1(\mathbb{R}^2, \mathbb{R})$, für die $f(C_f)$ ein reelles Intervall enthält.

b) Für $f \in C^2(\mathbb{R}^2, \mathbb{R})$ verlaufen alle Lösungen der *exakten Differentialgleichung* $df = 0$ in den *Niveaumengen* $N_c(f) = \{p \in \mathbb{R}^2 \mid f(p) = c\}$ (vgl. Abschnitt II. 33). Für *fast alle* $c \in \mathbb{R}$ sind diese also eindimensionale C^2-Mannigfaltigkeiten, im kompakten Fall endliche disjunkte Vereinigungen glatter C^2-geschlossener Jordankurven (vgl. Aufgabe II. 23.4).

c) Im Fall $\ell = n$ gilt das Lemma von Sard für C^1-Abbildungen (in Übereinstimmung mit (7)). Dazu beweist man zunächst $m_n(f(C_1)) = 0$ durch die folgende leichte Modifikation von Beweisteil d):
Es ist Df auf W gleichmäßig stetig. Zu $\varepsilon > 0$ wählt man $r \in \mathbb{N}$ so groß, daß für $C_1 \cap W_j \neq \emptyset$ stets $\| Df(z) \| \leq \varepsilon$ für $z \in W_j$ gilt. Dann liegt $f(W_j)$ in einem Würfel der Kantenlänge $\varepsilon \frac{d}{r}$, und es folgt

$$m_n(f(C_1 \cap W)) \leq r^n (\varepsilon \tfrac{d}{r})^n = d^n \varepsilon^n , \quad \text{also} \ m_n(f(C_1 \cap W)) = 0 .$$

---

[4]Duke Math. Journal 1, 514-517 (1935)

Anschließend beweist man $m_n(f(C \backslash C_1)) = 0$ durch Induktion über n wie im Beweisteil b) von Theorem 12.2.

d) Eine allgemeinere Fassung des *Lemmas von Sard* lautet so (vgl. [35] und auch Satz 14.12 im Fall $n = 1$): Es seien $U \subseteq \mathbb{R}^n$ offen und $f \in C^1(U, \mathbb{R}^n)$. Für eine meßbare Menge $A \subseteq U$ ist auch $f(A)$ meßbar, und es gilt

$$m_n(f(A)) \leq \int_A |Jf(x)| \, dx. \qquad\qquad \square \quad (8)$$

12.4 Satz. *Es seien $U \subseteq \mathbb{R}^n$ offen und $\Psi \in C^1(U, \mathbb{R}^n)$ injektiv auf $U \backslash C_\Psi$. Für $f : \Psi(U) \mapsto \mathbb{C}$ gilt dann $f \in \mathcal{L}_1(\Psi(U)) \Leftrightarrow (f \circ \Psi) |J\Psi| \in \mathcal{L}_1(U)$, und in diesem Fall ist*

$$\int_{\Psi(U)} f(x) \, dx = \int_U f(\Psi(u)) |J\Psi(u)| \, du. \qquad\qquad (9)$$

BEWEIS. Es ist $\Psi : U \backslash C_\Psi \mapsto \Psi(U \backslash C_\Psi)$ ein C^1-Diffeomorphismus; wegen $\Psi(U) \backslash \Psi(U \backslash C_\Psi) \subseteq \Psi(C_\Psi)$ und $J\Psi = 0$ auf C_Ψ folgt die Behauptung also aus der Transformationsformel 11.7 und dem Lemma von Sard. $\qquad \diamond$

Es folgt nun der angekündigte Beweis der Formel zur *Transformation des Laplace-Operators*. Für eine C^2-Koordinatentransformation $\Psi : U \mapsto D$ offener Mengen im $\mathbb{R}^n$ und $f \in \mathcal{F}(D)$ wird mit

$$\tilde{f} := \Psi^*(f) = f \circ \Psi \in \mathcal{F}(U) \qquad\qquad (10)$$

die durch Ψ nach U *transformierte* Funktion bezeichnet. Für $f \in C^2(D)$ erlauben die Formeln (14) und (15) die Berechnung der Funktion $\widetilde{\Delta f} \in C(U)$ mittels geeigneter Ableitungen der Funktion $\tilde{f} \in C^2(U)$.

12.5 Bemerkungen und Notationen. a) Es sei $U \subseteq \mathbb{R}^p$ offen. Für eine Abbildung $\psi \in C^1(U, \mathbb{R}^n)$ sind die *Gramsche Matrizen* oder *Maßtensoren* in $M_{\mathbb{R}}(n, p)$ gegeben durch (vgl. II. 29.3)

$$G\Psi(u) = (g_{ij}(u)) = D\Psi(u)^\top D\Psi(u) = (\langle \tfrac{\partial \Psi}{\partial u_i}, \tfrac{\partial \Psi}{\partial u_j} \rangle(u)), \quad u \in U, \quad (11)$$

die *Gramschen Determinanten* durch $g(u) = g\psi(u) = \det G\Psi(u)$.

b) Stets ist $G\Psi(u)$ symmetrisch und positiv semidefinit, und im Fall $p = n$ hat man $|J\Psi(u)| = |\det D\Psi(u)| = \sqrt{g\Psi(u)}$. Im Fall eines *Diffeomorphismus* Ψ wird mit $G\Psi^{-1}(u) = (g^{ij}(u))$ die zu $G\Psi(u)$ *inverse* Matrix bezeichnet. $\qquad\qquad \square$

Es werden zwei Hilfsaussagen benötigt:

12.6 Lemma. *Es sei $\Psi : U \mapsto D$ ein C^1-Diffeomorphismus offener Mengen im $\mathbb{R}^n$. Für $f, h \in C^1(D)$ gilt dann*

$$\langle \operatorname{grad} f, \operatorname{grad} h \rangle \circ \Psi = \sum_{i,j=1}^n g^{ij} \frac{\partial \tilde{f}}{\partial u_i} \frac{\partial \tilde{h}}{\partial u_j} = \sum_{i,j=1}^n g^{ij} \frac{\partial \tilde{f}}{\partial u_j} \frac{\partial \tilde{h}}{\partial u_i}. \quad (12)$$

BEWEIS. Nach der Kettenregel gilt $D\tilde{f} = ((Df) \circ \Psi) \cdot D\Psi$ und somit $(Df) \circ \Psi = (D\tilde{f})(D\Psi)^{-1}$. Daraus folgt

$$
\begin{aligned}
\langle \operatorname{grad} f, \operatorname{grad} h \rangle \circ \Psi &= ((Df) \circ \Psi)((Dh) \circ \Psi)^\top \\
&= (D\tilde{f})(D\Psi)^{-1} (D\Psi)^{-1\,\top}(D\tilde{h})^\top \\
&= (D\tilde{f}) G\Psi^{-1}(D\tilde{h})^\top = \langle \operatorname{grad} \tilde{f}, G\Psi^{-1} \operatorname{grad} \tilde{h} \rangle
\end{aligned}
$$

und damit (12). ◊

12.7 Lemma. *Es sei $D \subseteq \mathbb{R}^n$ offen. Für $f \in C^2(D)$ und $h \in C^2_c(D)$ gilt*

$$\int_D \Delta f \cdot h \, dx = -\int_D \langle \operatorname{grad} f, \operatorname{grad} h \rangle \, dx = \int_D f \cdot \Delta h \, dx. \qquad (13)$$

BEWEIS. Wegen (2.8) liefert partielle Integration bezüglich x_j

$$\int_{\mathbb{R}^n} \frac{\partial^2 f}{\partial x_j^2} \cdot h \, dx = -\int_{\mathbb{R}^n} \frac{\partial f}{\partial x_j} \frac{\partial h}{\partial x_j} \, dx = \int_{\mathbb{R}^n} f \cdot \frac{\partial^2 h}{\partial x_j^2} \, dx,$$

und durch Summation über $j = 1, \ldots, n$ folgt (13). ◊

Die partielle Integration mit *Randtermen* wird in Abschnitt 20 behandelt.

12.8 Theorem. *Es sei $\Psi : U \mapsto D$ ein C^2 -Diffeomorphismus offener Mengen im $\mathbb{R}^n$. Für $f \in C^2(D)$ gilt dann*

$$\Delta_\Psi \tilde{f} = \widetilde{\Delta f} = \frac{1}{\sqrt{g}} \sum_{i,j=1}^n \frac{\partial}{\partial u_i} \left(\sqrt{g}\, g^{ij} \frac{\partial \tilde{f}}{\partial u_j} \right) \qquad (14)$$

$$= \sum_{i,j=1}^n g^{ij} \frac{\partial^2 \tilde{f}}{\partial u_i \partial u_j} + \sum_{j=1}^n \left(\frac{1}{\sqrt{g}} \sum_{i=1}^n \frac{\partial(\sqrt{g}\, g^{ij})}{\partial u_i} \right) \frac{\partial \tilde{f}}{\partial u_j}. \qquad (15)$$

BEWEIS. Für $h \in C^2_c(D)$ liefert die Transformationsformel (12)

$$\int_D \Delta f \cdot h \, dx = \int_U (\Delta f \circ \Psi) \cdot (h \circ \Psi) \, |J\Psi| \, du = \int_U \widetilde{\Delta f} \cdot \tilde{h} \sqrt{g} \, du. \qquad (16)$$

Integriert man zuerst partiell nach Lemma 12.7, transformiert dann und integriert partiell „zurück", so erhält man wegen Lemma 12.6

$$
\begin{aligned}
\int_D \Delta f \cdot h \, dx &= -\int_D \langle \operatorname{grad} f, \operatorname{grad} h \rangle \, dx \\
&= -\int_U (\langle \operatorname{grad} f, \operatorname{grad} h \rangle \circ \Psi) \sqrt{g} \, du \\
&= -\int_U \sum_{i,j=1}^n g^{ij} \frac{\partial \tilde{f}}{\partial u_j} \frac{\partial \tilde{h}}{\partial u_i} \sqrt{g} \, du \\
&= \int_U \sum_{i,j=1}^n \frac{\partial}{\partial u_i} \left(\sqrt{g}\, g^{ij} \frac{\partial \tilde{f}}{\partial u_j} \right) \tilde{h} \, du.
\end{aligned}
$$

Da nun $\tilde{h}$ alle Funktionen in $C_c^2(U)$ durchläuft, folgt mit (16) und Satz
10.16 die Behauptung (14) und dann auch (15).   ◇

Die Formeln (14) und (15) sind wesentlich einfacher, falls die Gramschen
Matrizen *diagonal* sind, falls also Ψ *orthogonale Koordinaten* auf D liefert
(vgl. die Bemerkungen II. 29.5). Dies ist für die Polarkoordinaten im $\mathbb{R}^n$ der
Fall (vgl. Aufgabe 12.1).

Aufgaben

12.1 Man zeige, daß die Polarkoordinaten im $\mathbb{R}^n$ orthogonal sind.

12.2 Man berechne man $\widetilde{\Delta f}$ explizit
a) in Polarkoordinaten für $n = 2$ und $n = 3$,
b) in *elliptischen Koordinaten* $x = a \cosh \xi \cos \eta$, $y = a \sinh \xi \sin \eta$.

13   Γ-Funktion und Integralberechnungen

Aufgabe: Man zeige $\int_0^1 t^{x-1} (1-t)^{-x} dt = \frac{\pi}{\sin \pi x}$ *für* $0 < x < 1$.

Im diesem Abschnitt werden einige interessante spezielle Integrale durch
die Γ-*Funktion* ausgedrückt; insbesondere ergibt sich *Eulers Spezialfall* der
Legendreschen Relation für *elliptische Integrale*. Bei vielen Beweisen werden
Konvergenzsätze oder die Transformationsformel benutzt.
Die Γ-Funktion wird nach L. Euler folgendermaßen eingeführt:

13.1 Definition. *Die* Gamma-Funktion *wird definiert durch*

$$\Gamma(z) := \int_0^\infty t^{z-1} e^{-t} dt \quad \text{für} \quad z \in \mathbb{C} \quad \text{mit} \quad \text{Re } z > 0. \tag{1}$$

Die Abbildungen 13c und 13d zeigen Γ und $|\Gamma|$ auf $\mathbb{R} \backslash (-\mathbb{N}_0)$ und $\mathbb{C} \backslash (-\mathbb{N}_0)$
(vgl. die Erweiterung der Definition in 13.11).

13.2 Beispiele und Bemerkungen. a) Für $\text{Re } z > 0$ liegt die Funktion
$t \mapsto t^{z-1} e^{-t}$ in $\mathcal{L}_1(0, \infty)$ (vgl. Folgerung 5.9).
b) Für $0 < a < b$ liefert partielle Integration

$$\int_a^b t^z e^{-t} dt = -e^{-t} t^z \big|_a^b + z \int_a^b t^{z-1} e^{-t} dt;$$

mit $a \to 0^+$ und $b \to +\infty$ folgt also die *Funktionalgleichung*

$$\Gamma(z+1) = z \cdot \Gamma(z), \quad \text{Re } z > 0. \tag{2}$$

Wegen $\Gamma(1) = 1$ ergibt sich daraus sofort

$$\Gamma(n+1) = n! \quad \text{für} \quad n \in \mathbb{N}_0 ; \tag{3}$$

die Gamma-Funktion *interpoliert* also *die Fakultäten*.
c) Nach Beispiel 11.10f) gilt (mit der Substitution $r^2 = t$)

$$\begin{aligned}
I_n &:= \int_{\mathbb{R}^n} e^{-|x|^2} d^n x = n\,\omega_n \int_0^\infty e^{-r^2} r^{n-1}\, dr = n\,\omega_n\, \tfrac{1}{2} \int_0^\infty e^{-t} t^{\frac{n}{2}-1}\, dt \\
&= \tfrac{n}{2}\,\omega_n\, \Gamma(\tfrac{n}{2}) = \omega_n\, \Gamma(\tfrac{n}{2}+1)\,,
\end{aligned}$$

wobei $\omega_n = m_n(K_1(0))$ das Volumen der n-dimensionalen Einheitskugel ist (vgl. auch Aufgabe 9.6). Für $n = 2$ hat man $I_2 = \omega_2\,\Gamma(2) = \omega_2 = \pi$. Wegen $e^{-|x|^2} = e^{-x_1^2} \cdots e^{-x_n^2}$ gilt aber $I_n = I_1^n$, und man erhält $I_1 = \sqrt{\pi}$ sowie $I_n = \pi^{\frac{n}{2}}$. Folglich gilt

$$\omega_n = \frac{\pi^{\frac{n}{2}}}{\Gamma(\frac{n}{2}+1)}\,. \tag{4}$$

d) Insbesondere ist $\Gamma(\tfrac{1}{2}) = \frac{2I_1}{\omega_1} = I_1 = \sqrt{\pi}$ aufgrund von c). Daraus folgt mit (2) sofort

$$\Gamma(\tfrac{2n+1}{2}) = \frac{(2n-1)\cdot(2n-3)\cdots 3\cdot 1}{2^n}\,\sqrt{\pi}\,, \quad n \in \mathbb{N}_0\,. \tag{5}$$

Wegen (3) und (5) stimmt (4) mit (9.25) überein. $\qquad\qquad\Box$

Bemerkung: Die weiteren Ergebnisse dieses Abschnitts werden in diesem Buch nicht verwendet.

13.3 Satz. *Die Gamma-Funktion ist* analytisch *auf der Halbebene* $H = \{z \in \mathbb{C} \mid \operatorname{Re} z > 0\}$.

BEWEIS. Für $a \in H$, $0 < \delta < \operatorname{Re} a$ und $h \in \mathbb{C}$ mit $|h| < \delta$ gilt

$$t^{a+h-1} e^{-t} = t^{a-1} e^{-t} \sum_{k=0}^\infty \frac{(\log t)^k}{k!}\, h^k\,, \quad t > 0\,. \tag{6}$$

Für die Funktionen $f_n(t) := t^{a-1} e^{-t} \sum_{k=0}^n \frac{(\log t)^k}{k!}\, h^k$ gilt $f_n(t) \to t^{a+h-1} e^{-t}$
für alle $t > 0$, und man hat

$$|f_n(t)| \leq t^{\operatorname{Re} a - 1} e^{-t} e^{|\log t|\delta} =: g(t) \quad \text{für} \quad n \in \mathbb{N} \quad \text{und} \quad t \in (0,\infty)\,.$$

Wegen $g(t) = t^{\operatorname{Re} a + \delta - 1} e^{-t}$ für $t \geq 1$ und $g(t) = t^{\operatorname{Re} a - \delta - 1} e^{-t}$ für $t \leq 1$ gilt $g \in \mathcal{L}_1(0,\infty)$. Somit folgt aus (6) und (1) mit dem *Satz über majorisierte Konvergenz*

$$\Gamma(a+h) = \lim_{n\to\infty} \int_0^\infty f_n(t)\, dt = \sum_{k=0}^\infty \frac{1}{k!} \int_0^\infty t^{a-1} e^{-t}\, (\log t)^k\, dt\, h^k \tag{7}$$

für $|h| < \delta$ und somit die Behauptung.   ◇

Insbesondere gilt für die *(komplexen) Ableitungen* von Γ

$$\Gamma^{(k)}(a) = \int_0^\infty t^{a-1}e^{-t}(\log t)^k \, dt, \quad \text{Re}\, a > 0. \tag{8}$$

Aus (8) erhält man leicht:

13.4 Satz. *Die Funktion* $\log\Gamma$ *ist* konvex *auf* $(0,\infty)$.

BEWEIS. Nach Folgerung I. 21.4* ist

$$(\log\Gamma(x))'' = \left(\tfrac{\Gamma'(x)}{\Gamma(x)}\right)' = \tfrac{\Gamma(x)\Gamma''(x)-\Gamma'(x)^2}{\Gamma(x)^2} \geq 0$$

für $x > 0$ zu zeigen. Dies ergibt sich sofort aus (8) und der *Schwarzschen Ungleichung* (Satz 7.4 für $p = q = 2$):

$$\left(\int_0^\infty t^{x-1}e^{-t}\log t \, dt\right)^2 = \left(\int_0^\infty (t^{\frac{x-1}{2}}e^{-t/2})(t^{\frac{x-1}{2}}e^{-t/2}\log t) \, dt\right)^2$$
$$\leq \int_0^\infty t^{x-1}e^{-t} \, dt \cdot \int_0^\infty t^{x-1}e^{-t}(\log t)^2 \, dt. \; ◇$$

Die Gamma-Funktion ist durch ihre Funktionalgleichung (2) und ihre logarithmische Konvexität im wesentlichen eindeutig bestimmt:

13.5 Satz (Bohr-Mollerup). *Für eine Funktion* $G : (0,\infty) \mapsto \mathbb{R}$ *gelte* $G(1) = 1$, *die Funktionalgleichung*

$$G(x+1) = x \cdot G(x) \quad \text{für alle} \quad x > 0, \tag{9}$$

und $\log G$ *sei konvex auf* $(0,\infty)$. *Dann folgt* $G(x) = \Gamma(x)$ *für alle* $x > 0$.

BEWEIS. a) Wegen (9) und $G(1) = 1$ genügt es zu zeigen, daß G auf $(0,1)$ eindeutig bestimmt ist. Für $g := \log G$ gilt $g(1) = 0$, und (9) liefert

$$g(x+1) = g(x) + \log x, \quad x > 0.$$

Durch Iteration folgt für alle $n \in \mathbb{N}_0$ dann

$$g(x+n+1) = g(x) + \log\big(x(x+1)\cdots(x+n)\big), \quad x > 0. \tag{10}$$

b) Es sei nun $0 < x < 1$. Da g *konvex* ist, gilt

$$g(n+1) - g(n) \leq \tfrac{g(n+1+x)-g(n+1)}{x} \leq g(n+2) - g(n+1) \tag{11}$$

für $n \in \mathbb{N}$ (vgl. Satz I. 21.2* und Abb. 13a mit $k := n+1$). Wegen (9) ist $g(n+1) = \log n!$, und aus (10) und (11) ergibt sich

$$x\log n \leq g(x) + \log\big(x(x+1)\cdots(x+n)\big) - \log n! \leq x\log(n+1), \quad \text{also}$$

$$0 \leq g(x) - \log\Big(\tfrac{n! \, n^x}{x(x+1)\cdots(x+n)}\Big) \leq x\log(1 + \tfrac{1}{n}).$$

Mit $n \to \infty$ folgt daraus sofort

$$g(x) = \lim_{n\to\infty} \log\left(\frac{n!\, n^x}{x(x+1)\cdots(x+n)}\right) \quad \text{für} \ \ 0 < x < 1; \tag{12}$$

folglich sind g und $G = e^g$ auf $(0,1)$ eindeutig bestimmt.   ◇

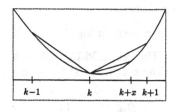

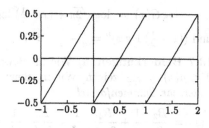

Abb. 13a: Konvexität   Abb. 13b: $\widetilde{B_1}$

In Theorem I. 41.13* wurde die *Stirlingsche Formel*

$$n! = \sqrt{2\pi n} \cdot e^{-n} \cdot n^n \cdot e^{\mu(n)} \tag{13}$$

für die Fakultäten bewiesen; dabei ist (das Integral in (I. 41.33)* verschiebe man nach $[0,\infty)$)

$$\mu(x) = -\int_0^\infty \frac{\widetilde{B}_1(t)}{t+x}\, dt \quad \text{für} \ \ x > 0 \tag{14}$$

mit der 1-periodischen Funktion (vgl. Abb. 13b)

$$\widetilde{B}_1(t) = t - [t] - \tfrac{1}{2} \tag{15}$$

ein *(nicht absolut)* konvergentes uneigentliches Integral. Allgemeiner gilt:

13.6 Satz (Stirlingsche Formel). *Man hat*

$$\Gamma(x) = \sqrt{2\pi}\, x^{x-\frac{1}{2}}\, e^{-x}\, e^{\mu(x)} \quad \textit{für} \ \ x > 0. \tag{16}$$

BEWEIS. Die Funktion $G(x) := \sqrt{2\pi}\, x^{x-\frac{1}{2}}\, e^{-x}\, e^{\mu(x)}$ erfüllt die Bedingungen des Satzes von Bohr-Mollerup:

a) Nach (13) ist $G(1) = 1$. Da $\widetilde{B}_1$ 1-periodisch ist, gilt

$$\mu(x) = -\sum_{k=0}^\infty \int_k^{k+1} \frac{\widetilde{B}_1(t)}{t+x}\, dt = -\sum_{k=0}^\infty \int_0^1 \frac{\widetilde{B}_1(t)}{t+k+x}\, dt = \sum_{k=0}^\infty h(x+k) \tag{17}$$

mit der Hilfsfunktion

$$h(x) = -\int_0^1 \frac{\widetilde{B}_1(t)}{t+x}\, dt = -\int_0^1 \frac{t-\frac{1}{2}}{t+x}\, dt = (x+\tfrac{1}{2})\log(1+\tfrac{1}{x}) - 1. \tag{18}$$

b) Aus (17) und (18) folgt

$$\mu(x) - \mu(x+1) = h(x) = (x + \tfrac{1}{2})(\log(x+1) - \log x) - 1$$

und daraus $\log G(x+1) = \log(xG(x))$, also die Funktionalgleichung (9).

c) Wegen $h''(x) = \frac{1}{2x^2(x+1)^2} > 0$ sind h und μ konvex, und wegen

$$\log G(x) = \log \sqrt{2\pi} + (x - \tfrac{1}{2}) \log x - x + \mu(x)$$

und $((x - \tfrac{1}{2}) \log x)'' = \frac{1}{x} + \frac{1}{2x^2} > 0$ gilt dies dann auch für $\log G$. ◇

13.7 Bemerkungen. a) Wie im Beweis von Theorem I. 36.13* läßt sich $0 < \mu(x) \le \frac{1}{12x}$ zeigen. Wie im Beweis von Theorem I. 41.13* liefert die *Eulersche Summenformel*

$$\mu(x) = \frac{B_2}{2} \cdot \frac{1}{x} + \frac{B_4}{3 \cdot 4} \cdot \frac{1}{x^3} + \frac{B_6}{5 \cdot 6} \cdot \frac{1}{x^5} + \cdots + \frac{B_{2k}}{(2k-1) \cdot 2k} \cdot \frac{1}{x^{2k-1}} \quad (19)$$

$$+ \; \theta \cdot \frac{B_{2k+2}}{(2k+1)(2k+2)} \cdot \frac{1}{x^{2k+1}}, \quad 0 < \theta < 1,$$

mit den *Bernoulli-Zahlen* B_{2k} (vgl. Abschnitt I.41*), insbesondere

$$\mu(x) = \frac{1}{12\,x} - \frac{1}{360\,x^3} + \frac{1}{1260\,x^5} - \frac{1}{1680\,x^7} + \frac{1}{1180\,x^9} - \theta \frac{691}{360360\,x^{11}}.$$

b) Ersetzt man in (16) $\mu(x)$ durch die Näherung $\sum_{j=1}^{k} \frac{B_{2j}}{(2j-1) \cdot 2j} \cdot \frac{1}{x^{2j-1}}$, so ist der relative Fehler bei der Berechnung von $\Gamma(x)$

$$\le \exp\left(\frac{|B_{2k+2}|}{(2k+1)(2k+2)} \cdot \frac{1}{x^{2k+1}}\right) - 1.$$

Wegen $|B_{2k}| \sim \frac{(2k)!}{(2\pi)^{2k}}$ (vgl. (I. 41.17)*) strebt dieser gegen 0 *nicht* für $k \to \infty$, wohl aber für $x \to \infty$. Aufgrund der Funktionalgleichung (2) kann man die Berechnung von $\Gamma(x)$ auf die von $\Gamma(x+n)$ für ein genügend großes $n \in \mathbb{N}$ zurückführen (vgl. (26) und Aufgabe 13.4). □

Nach (12) gilt die Formel

$$\Gamma(x) = G(x) := \lim_{n \to \infty} \frac{n! \, n^x}{x(x+1) \cdots (x+n)} \quad \text{für} \quad 0 < x < 1. \quad (20)$$

Der Limes in (20) existiert sogar für alle $x \in \mathbb{C} \backslash (-\mathbb{N}_0)$ und ist stets $\neq 0$. Zur Vorbereitung des Beweises dient das folgende

13.8 Lemma. *Zu $R > 0$ existiert eine Konstante $C > 0$ mit*

$$|(1 + \tfrac{1}{k})^z - (1 + \tfrac{z}{k})| \le \frac{C}{k^2} \quad \text{für} \quad |z| \le R \quad \text{und} \quad k \in \mathbb{N}. \quad (21)$$

BEWEIS. Es sei $f(z) := (1 + \frac{1}{k})^z = \exp(z \log(1 + \frac{1}{k}))$ und $h(t) := f(tz)$. Dann gilt aufgrund der Taylor-Formel

$$f(z) - f(0) = h(1) - h(0) = h'(0) + \int_0^1 h''(t)(1-t)\,dt$$
$$= f'(0)z + \int_0^1 f''(tz)z^2(1-t)\,dt, \quad \text{also}$$
$$(1 + \tfrac{1}{k})^z - 1 = \log(1 + \tfrac{1}{k})z + \int_0^1 (\log(1 + \tfrac{1}{k}))^2 (1 + \tfrac{1}{k})^z z^2 (1-t)\,dt.$$

Die Reihenentwicklung $\log(1 + x) = \sum_{j=1}^{\infty} \frac{(-1)^{j+1}}{j} x^j$ für $-1 < x \le 1$ liefert nun $(\log(1 + \frac{1}{k}))^2 \le \frac{1}{k^2}$ und $|\log(1 + \frac{1}{k}) - \frac{1}{k}| \le \frac{1}{2k^2}$, also (21). $\diamond$

13.9 Satz. *Das unendliche Produkt*

$$G(z) := \frac{1}{z} \prod_{k=1}^{\infty} \frac{(1 + \frac{1}{k})^z}{1 + \frac{z}{k}} \tag{22}$$

konvergiert absolut und lokal gleichmäßig auf $\mathbb{C} \backslash (-\mathbb{N}_0)$, *und man hat*

$$G(z) = \lim_{n \to \infty} \frac{n!\, n^z}{z(z+1)\cdots(z+n)} \quad \text{für} \quad z \in \mathbb{C} \backslash (-\mathbb{N}_0). \tag{23}$$

BEWEIS. Wegen $n = \prod_{k=1}^{n-1} \frac{k+1}{k} = \prod_{k=1}^{n-1} (1 + \frac{1}{k})$ gilt

$$\frac{n!\, n^z}{z(z+1)\cdots(z+n)} = \frac{1}{(1 + \frac{1}{n})^z} \frac{1}{z} \prod_{k=1}^{n} \frac{(1 + \frac{1}{k})^z}{1 + \frac{z}{k}} \quad \text{für} \quad n \in \mathbb{N};$$

zu zeigen ist daher die gleichmäßige Konvergenz der Reihe

$$\sum_{k \ge 1} \left| \frac{(1 + \frac{1}{k})^z}{1 + \frac{z}{k}} - 1 \right|$$

auf jeder kompakten Menge $K \subseteq \mathbb{C} \backslash (-\mathbb{N}_0)$ (vgl. Satz I. 37.17* und Definition II. 16.2). Nun gibt es $\alpha > 0$ mit $|1 + \frac{z}{k}| \ge \alpha$ für $z \in K$ und $k \in \mathbb{N}$, und aus Lemma 13.8 folgt

$$\left| \frac{(1 + \frac{1}{k})^z}{1 + \frac{z}{k}} - 1 \right| = \left| \frac{(1 + \frac{1}{k})^z - (1 + \frac{z}{k})}{1 + \frac{z}{k}} \right| \le \frac{C}{\alpha} \frac{1}{k^2}$$

für $z \in K$ und damit die Behauptung. $\diamond$

13.10 Satz. *Für* $\operatorname{Re} z > 0$ *gilt die* Gaußsche Produktdarstellung

$$\Gamma(z) = G(z) = \lim_{n \to \infty} \frac{n!\, n^z}{z(z+1)\cdots(z+n)} = \frac{1}{z} \prod_{k=1}^{\infty} \frac{(1 + \frac{1}{k})^z}{1 + \frac{z}{k}}$$

der Gamma-Funktion.

BEWEIS. a) Offenbar gilt $(1 - \frac{t}{n})^n \chi_{(0,n)}(t) \to e^{-t}$ für $t > 0$. Für $0 < t < n$ ist $\log(1 - \frac{t}{n}) \leq -\frac{t}{n}$ und daher $(1 - \frac{t}{n})^n \leq e^{-t}$; somit ist $t^{\mathrm{Re}\, z - 1} e^{-t}$ eine $\mathcal{L}_1$-Majorante von $t^{z-1}(1 - \frac{t}{n})^n \chi_{(0,n)}(t)$ auf $(0, \infty)$. Der *Satz über majorisierte Konvergenz* impliziert also

$$\Gamma(z) \;=\; \int_0^\infty t^{z-1} e^{-t}\, dt \;=\; \lim_{n \to \infty} \int_0^n t^{z-1} (1 - \tfrac{t}{n})^n\, dt, \quad \mathrm{Re}\, z > 0. \tag{24}$$

b) Mittels $u = \frac{t}{n}$ und partieller Integration ergibt sich weiter

$$\begin{aligned}
\int_0^n t^{z-1}(1 - \tfrac{t}{n})^n\, dt &= n^z \int_0^1 u^{z-1}(1-u)^n\, du = n^z\, \tfrac{n}{z} \int_0^1 u^z (1-u)^{n-1}\, du \\
&= n^z\, \tfrac{n}{z}\, \tfrac{n-1}{z+1} \int_0^1 u^{z+1}(1-u)^{n-2}\, du \\
&= \dots = n^z\, \tfrac{n}{z}\, \tfrac{n-1}{z+1} \cdots \tfrac{1}{z+n-1} \int_0^1 u^{z+n-1}\, du \\
&= n^z\, \tfrac{n}{z}\, \tfrac{n-1}{z+1} \cdots \tfrac{1}{z+n-1}\, \tfrac{1}{z+n}
\end{aligned}$$

und damit die Behauptung.   ◇

Die Sätze 13.9 und 13.10 rechtfertigen die folgende

13.11 Definition. *Die Γ-Funktion wird auf $\mathbb{C}\backslash(-\mathbb{N}_0)$ definiert durch*

$$\Gamma(z) := G(z) = \lim_{n \to \infty} \frac{n!\, n^z}{z(z+1)\cdots(z+n)}. \tag{25}$$

Es zeigt Abb. 13c den Betrag der komplexen Γ-Funktion (Maple hat Schwierigkeiten mit dem Erfassen der Pole), Abb. 13d die reellen Funktionen Γ und $\frac{1}{\Gamma}$ (gepunktet).

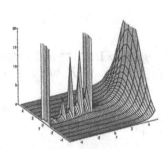

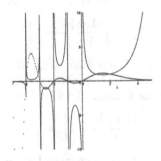

Abb. 13c   Abb. 13d

13.12 Bemerkungen. a) Die Funktionalgleichung (2) folgt auch aus (25), und zwar auf ganz $\mathbb{C}\backslash(-\mathbb{N}_0)$:

$$\Gamma(z+1) = \lim_{n \to \infty} \frac{n!\, n^z}{z(z+1)\cdots(z+n)}\, \frac{nz}{z+1+n} = z\,\Gamma(z).$$

b) Insbesondere gilt

$$\Gamma(z) = \frac{\Gamma(z+k)}{z(z+1)\cdots(z+k-1)} \quad \text{für} \quad z \in \mathbb{C}\backslash(-\mathbb{N}_0) \text{ mit } \operatorname{Re} z > -k, \quad (26)$$

und somit ist Γ nach Satz 13.3 auf ganz $\mathbb{C}\backslash(-\mathbb{N}_0)$ *analytisch*.

c) Wegen Satz 13.9 besitzt $\Gamma = G$ auf $\mathbb{C}\backslash(-\mathbb{N}_0)$ keine Nullstellen. Die Analytizität folgt auch aus Satz 13.9 in Verbindung mit dem *Satz von Weierstraß* 22.20; damit folgt Satz 13.10 auch aus (20) und dem *Identitätssatz* II. 28.12 für analytische Funktionen.

d) Wegen

$$\frac{z(z+1)\cdots(z+n)}{n^z\, n!} = z \prod_{k=1}^{n} \left(\frac{z+k}{k}\, e^{-z/k}\right) \exp\left(z\left(\sum_{k=1}^{n} \frac{1}{k} - \log n\right)\right)$$

ergibt sich aus (25) mit der *Eulerschen Konstanten* $\gamma = \lim\limits_{n\to\infty}\left(\sum\limits_{k=1}^{n} \frac{1}{k} - \log n\right)$ (vgl. die Beispiele I. 18.9 b) und I. 41.12*) die *Weierstraßsche Produktdarstellung* der Γ-Funktion:

$$\frac{1}{\Gamma(z)} = z\, e^{\gamma z} \prod_{k=1}^{\infty} \left(1 + \frac{z}{k}\right) e^{-z/k}, \quad z \in \mathbb{C}. \quad (27)$$

Das Produkt in (27) konvergiert *absolut* und *lokal gleichmäßig* auf $\mathbb{C}$ (vgl. Aufgabe 13.3). Wegen (26) und Satz 13.9 ist $\frac{1}{\Gamma}$ auf ganz $\mathbb{C}$ analytisch und besitzt Nullstellen genau in den Punkten $\{0, -1, -2, \ldots\}$.

e) Aus (2) und (27) ergibt sich die *Ergänzungsformel* der Γ-Funktion

$$\frac{1}{\Gamma(z)}\frac{1}{\Gamma(1-z)} = -\frac{1}{z}\frac{1}{\Gamma(z)}\frac{1}{\Gamma(-z)} = z \prod_{k=1}^{\infty} \left(1 - \frac{z^2}{k^2}\right) = \frac{\sin \pi z}{\pi} \quad (28)$$

für $z \in \mathbb{C}$. In der Tat folgt (28) aus der *Produktdarstellung des Sinus* (I. 40.28)* für $z \in \mathbb{R}$ mit $-1 < z < 1$ und dann für alle $z \in \mathbb{C}$ aus dem Identitätssatz. $\square$

13.13 Definition. *Die* Eulersche Betafunktion *wird definiert durch*

$$B(z,w) := \int_0^1 t^{z-1}(1-t)^{w-1}\, dt \quad \text{für} \quad \operatorname{Re} z, \operatorname{Re} w > 0. \quad (29)$$

13.14 Satz. *Es gilt*

$$B(z,w) = \frac{\Gamma(z)\,\Gamma(w)}{\Gamma(z+w)} \quad \text{für} \quad \operatorname{Re} z, \operatorname{Re} w > 0. \quad (30)$$

BEWEIS. Die Substitution $t = \sin^2 \varphi$ liefert

$$B(z,w) = 2 \int_0^{\pi/2} (\sin \varphi)^{2z-1} (\cos \varphi)^{2w-1} \, d\varphi \quad \text{für} \quad \text{Re}\, z, \text{Re}\, w > 0; \qquad (31)$$

die Substitution $t = r^2$ in (1)

$$\Gamma(s) = 2 \int_0^\infty r^{2s-1} e^{-r^2} \, dr \quad \text{für} \quad \text{Re}\, s > 0. \qquad (32)$$

Daraus ergibt sich mittels *Polarkoordinaten* und der *Transformationsformel* für $\text{Re}\, z, \text{Re}\, w > 0$:

$$\begin{aligned}
B(z,w)\,\Gamma(z+w) &= 4 \int_0^\infty \int_0^{\pi/2} (\sin \varphi)^{2z-1} (\cos \varphi)^{2w-1} \, d\varphi \, r^{2z+2w-1} e^{-r^2} \, dr \\
&= 4 \int_0^\infty \int_0^{\pi/2} (r \sin \varphi)^{2z-1} (r \cos \varphi)^{2w-1} e^{-r^2} r \, d\varphi \, dr \\
&= 4 \int_{(0,\infty)^2} v^{2z-1} u^{2w-1} e^{-(u^2+v^2)} \, d^2(u,v) \\
&= 2 \int_0^\infty v^{2z-1} e^{-v^2} \, dv \cdot 2 \int_0^\infty u^{2w-1} e^{-u^2} \, du \\
&= \Gamma(z)\,\Gamma(w). \qquad\qquad\qquad\qquad\quad \diamond
\end{aligned}$$

13.15 Beispiele und Bemerkungen. a) Für $\text{Re}\, z > 0$ gilt nach (31)

$$\begin{aligned}
\frac{\Gamma(z)^2}{\Gamma(2z)} &= B(z,z) = 2 \int_0^{\pi/2} (\sin \varphi)^{2z-1} (\cos \varphi)^{2z-1} \, d\varphi \\
&= 2^{2-2z} \int_0^{\pi/2} (\sin 2\varphi)^{2z-1} \, d\varphi = 2^{1-2z} \int_0^\pi (\sin t)^{2z-1} \, dt \\
&= 2^{2-2z} \int_0^{\pi/2} (\sin t)^{2z-1} \, dt = 2^{1-2z} B(z, \tfrac{1}{2}) = \frac{\sqrt{\pi}\,\Gamma(z)}{2^{2z-1}\,\Gamma(z + \frac{1}{2})}.
\end{aligned}$$

Es folgt die *Legendresche Verdoppelungsformel*

$$\Gamma(2z) = \tfrac{1}{\sqrt{\pi}} 2^{2z-1} \Gamma(z)\,\Gamma(z + \tfrac{1}{2}), \qquad (33)$$

die aufgrund des Identitätssatzes für alle $z \in \mathbb{C}$ mit $-2z \notin \mathbb{N}_0$ gilt.

b) Für $m, n \in \mathbb{N}$ liefert die Substitution $u = t^n$ die Formel

$$\int_0^1 \frac{t^{m-1}}{\sqrt{1-t^n}} \, dt = \frac{1}{n} B(\tfrac{m}{n}, \tfrac{1}{2}) = \frac{\sqrt{\pi}\,\Gamma(\frac{m}{n})}{n\,\Gamma(\frac{m}{n} + \frac{1}{2})}. \qquad (34)$$

c) Die *vollständigen elliptischen Normalintegrale erster und zweiter Gattung* zum *Modul* $k = \frac{\sqrt{2}}{2}$ sind gegeben durch (vgl. Abschnitt I. 30*)

$$K := K(\tfrac{\sqrt{2}}{2}) := \int_0^1 \frac{dt}{\sqrt{(1-\frac{t^2}{2})(1-t^2)}} = \sqrt{2} \int_0^1 \frac{dt}{\sqrt{(2-t^2)(1-t^2)}}, \quad (35)$$

$$E := E(\tfrac{\sqrt{2}}{2}) := \int_0^1 \sqrt{\frac{1-\frac{t^2}{2}}{1-t^2}} \, dt = \frac{1}{\sqrt{2}} \int_0^1 \sqrt{\frac{2-t^2}{1-t^2}} \, dt. \qquad (36)$$

Die Substitution $u = \sqrt{1-t^2}$ und (34) liefern einerseits

$$\frac{K}{\sqrt{2}} = \int_0^1 \frac{du}{\sqrt{(1+u^2)(1-u^2)}} = \int_0^1 \frac{du}{\sqrt{1-u^4}} = \frac{\sqrt{\pi}\,\Gamma(\frac{1}{4})}{4\,\Gamma(\frac{3}{4})}$$

und andererseits

$$\sqrt{2}\,E - \frac{K}{\sqrt{2}} = \int_0^1 \sqrt{\frac{2-t^2}{1-t^2}}\,dt - \int_0^1 \frac{dt}{\sqrt{(2-t^2)(1-t^2)}}$$

$$= \int_0^1 \sqrt{\frac{1-t^2}{2-t^2}}\,dt = \int_0^1 \frac{u^2}{\sqrt{1-u^4}}\,du$$

$$= \frac{\sqrt{\pi}\,\Gamma(\frac{3}{4})}{4\,\Gamma(\frac{5}{4})} = \frac{\sqrt{\pi}\,\Gamma(\frac{3}{4})}{\Gamma(\frac{1}{4})} = \frac{\pi}{2\sqrt{2}K}\,,$$

also Eulers Spezialfall

$$2\,E\,K - K^2 = \tfrac{\pi}{2} \tag{37}$$

der *Legendreschen Relation*, der bei der schnellen Berechnung der Zahl π eine wichtige Rolle spielt (vgl. die Bemerkungen I. 30.7*).   □

Aufgaben

13.1 Man zeige: a) $\int_0^\infty t^z\,e^{-t^2}\,dt = \frac{1}{2}\,\Gamma(\frac{1+z}{2})$ für $\operatorname{Re} z > -1$,

b) $\int_0^1 (\log\frac{1}{t})^{z-1}\,dt = \Gamma(z)$ und $\int_0^1 e^{-t^z}\,dt = \Gamma(1+\frac{1}{z})$ für $\operatorname{Re} z > 0$.

13.2 Man beweise die Integraldarstellung der ζ-Funktion:

$$\zeta(s) = \sum_{k=1}^\infty \frac{1}{k^s} = \frac{1}{\Gamma(s)} \int_0^\infty \frac{t^{s-1}}{e^t - 1}\,dt, \quad \operatorname{Re} s > 1.$$

HINWEIS. Man zeige zuerst $\int_0^\infty t^{s-1}\,e^{-kt}\,dt = \frac{\Gamma(s)}{k^s}$.

13.3 Man beweise die logarithmische Konvexität von Γ auf $(0,\infty)$ durch die Abschätzung $\Gamma(\frac{x}{p} + \frac{y}{q}) \le \Gamma(x)^{1/p}\,\Gamma(y)^{1/q}$ für konjugierte Exponenten.

13.4 Für $0 < x < 1$ werde $\Gamma(x)$ über $\Gamma(x+10)$ mittels (16) und (19) mit $k = 5$ berechnet. Man zeige, daß der Fehler $\le 5\cdot 10^{-12}\cdot\frac{1}{x}$ ist.

13.5 a) Man beweise, daß die Funktion $\mu(z) := -\int_0^\infty \frac{\widetilde{B}_1(t)}{t+z}\,dt$ auf der Halbebene $H = \{z \in \mathbb{C} \mid \operatorname{Re} z > 0\}$ analytisch ist.

b) Man folgere die Stirlingsche Formel $\Gamma(z) = \sqrt{2\pi}\,z^{z-\frac{1}{2}}\,e^{-z}\,e^{\mu(z)}$ auch für $\operatorname{Re} z > 0$.

c) Gilt auch (19) für $\operatorname{Re} z > 0$?

13.6 Man beweise, daß das Weierstraß-Produkt $\prod\limits_{k=1}^{\infty}(1+\frac{z}{k})\,e^{-z/k}$ aus (27) absolut und lokal gleichmäßig auf $\mathbb{C}$ konvergiert.

13.7 a) Man zeige, daß die Reihe $\sum_{k\geq 1}(\frac{z}{k}-\mathrm{Log}(1+\frac{z}{k}))$ auf $\mathbb{C}\backslash(-\infty,0]$ absolut und lokal gleichmäßig konvergiert.

b) Man zeige $e^{\Phi(z)}=\Gamma(z)$ für die Funktion $\Phi:\mathbb{C}\backslash(-\infty,0]\mapsto\mathbb{C}$,

$$\Phi(z):=-\mathrm{Log}\,z-\gamma z+\sum_{k=1}^{\infty}(\tfrac{z}{k}-\mathrm{Log}(1+\tfrac{z}{k})).$$

c) Man folgere

$$\Phi'(z) \;=\; \frac{\Gamma'(z)}{\Gamma(z)} \;=\; -\frac{1}{z}-\gamma+\sum_{k=1}^{\infty}(\tfrac{1}{k}-\tfrac{1}{z+k})\quad\text{und}$$

$$\Phi''(z) \;=\; \frac{\Gamma''(z)\,\Gamma(z)-\Gamma'(z)^2}{\Gamma(z)^2} \;=\; \sum_{k=0}^{\infty}\tfrac{1}{(z+k)^2}\,,\quad z\in\mathbb{C}\backslash(-\infty,0].$$

d) Man schließe

$$\Gamma'(1)=\int_0^{\infty}e^{-t}\log t\,dt=-\gamma,\quad \Gamma''(1)=\int_0^{\infty}e^{-t}\,(\log t)^2\,dt=\tfrac{\pi^2}{6}+\gamma^2.$$

e) Für $\Phi(z+1)=\Phi(z)+\mathrm{Log}\,z$ zeige man die *Potenzreihenentwicklung*

$$\Phi(z+1) \;=\; -\gamma z+\sum_{j=2}^{\infty}\tfrac{(-1)^j}{j}\,\zeta(j)\,z^j,\quad |z|<1.$$

13.8 Man zeige $K(\frac{\sqrt{2}}{2})=\frac{\Gamma(\frac{1}{4})^2}{4\sqrt{\pi}}$ und $\displaystyle\int_0^1\frac{1}{\sqrt{1-t^3}}\,dt=\frac{\Gamma(\frac{1}{3})^3}{\sqrt{3}\,\sqrt[3]{16}\,\pi}$.

14   Differentiation monotoner Funktionen

Aufgabe: Man versuche, den Hauptsatz der Differential- und Integralrechnung mittels der Lebesgueschen Integrationstheorie zu verallgemeinern.

Es seien $I\subseteq\mathbb{R}$ ein Intervall und $f:I\mapsto\mathbb{R}$ eine monotone Funktion. Man sieht leicht ein, daß f *außerhalb einer abzählbaren Menge stetig* ist (vgl. Satz I. 8.20). In diesem Abschnitt wird gezeigt, daß f sogar *außerhalb einer Nullmenge differenzierbar* ist. Der Beweis dieses Resultats, das von H. Lebesgue 1904 für stetige monotone Funktionen gezeigt wurde, bedarf einiger Vorbereitungen[5].

---

[5]Dieser ähnlich wie in [30], VIII §2, und [40], §9, geführte Beweis benutzt die abzählbare Additivität des Lebesgue-Maßes. In [31], I.3, wird ein Beweis angegeben, der keinerlei Maßtheorie verwendet.

Bemerkung: Die Resultate dieses und des folgenden Abschnitts werden nur in den Kapiteln VI und VII gelegentlich verwendet.

14.1 Definition. *Ein System $\mathfrak{V}$ kompakter Intervalle positiver Länge heißt Vitali-Überdeckung einer Menge $E \subseteq \mathbb{R}$, wenn zu $x \in E$ und $\varepsilon > 0$ ein Intervall $I \in \mathfrak{V}$ mit $x \in I$ und $|I| < \varepsilon$ existiert.*

14.2 Überdeckungssatz von Vitali. *Es seien $E \subseteq \mathbb{R}$ beschränkt, $E \subseteq U$ offen und $\mathfrak{V}$ eine Vitali-Überdeckung von E. Dann gibt es abzählbar viele disjunkte Intervalle $\{I_k\}$ in $\mathfrak{V}$ mit $I_k \subseteq U$ für alle k und eine Nullmenge $N \in \mathfrak{N}(\mathbb{R})$ mit $E \subseteq \bigcup_k I_k \cup N$.*

BEWEIS. a) Man kann U als beschränkt annehmen. Offenbar ist auch $\mathfrak{V}_U := \{I \in \mathfrak{V} \mid I \subseteq U\}$ eine Vitali-Überdeckung von E.

b) Mit $s_1 := \sup\{|I| \mid I \in \mathfrak{V}_U\}$ wählt man $I_1 \in \mathfrak{V}_U$ mit $|I_1| > \frac{1}{2} s_1$. Sind bereits „große" disjunkte Intervalle $I_1, \ldots, I_n$ in $\mathfrak{V}_U$ konstruiert und gibt es zu $J_n := \bigcup_{k=1}^{n} I_k$ disjunkte Intervalle in $\mathfrak{V}_U$, so setzt man

$$s_{n+1} := \sup\{|I| \mid I \in \mathfrak{V}_U , I \cap J_n = \emptyset\}$$

und wählt $I_{n+1} \in \mathfrak{V}_U$ mit $I_{n+1} \cap J_n = \emptyset$ und $|I_{n+1}| > \frac{1}{2} s_{n+1}$.

c) Bricht das Verfahren aus b) ab, so gibt es ein $n \in \mathbb{N}$, so daß kein zu J_n disjunktes Intervall in $\mathfrak{V}_U$ existiert. Ist $x \in E \backslash J_n$, so gibt es wegen der Kompaktheit von J_n ein $\varepsilon > 0$ mit $K_\varepsilon(x) \cap J_n = \emptyset$, nach a) dann ein $I \in \mathfrak{V}_U$ mit $I \subseteq K_\varepsilon(x)$, also $I \cap J_n = \emptyset$. Der Widerspruch zeigt $E \subseteq J_n$.

d) Andernfalls liefert das Verfahren aus b) eine Folge $\{I_k\}$ disjunkter Intervalle in $\mathfrak{V}_U$; für diese gilt $\sum_{k=1}^{\infty} |I_k| \leq m(U) < \infty$. Zu $x \in E \backslash J_n$ findet man wie in c) ein $I \in \mathfrak{V}_U$ mit $x \in I$ und $I \cap J_n = \emptyset$. Gilt auch $I \cap J_m = \emptyset$ für alle $m > n$, so ist nach b) $|I| < 2 |I_{m+1}|$, und man erhält den Widerspruch $|I| = 0$. Folglich gibt es einen größten Index $\ell \geq n$ mit $I \cap J_\ell = \emptyset$. Dann ist $|I| < 2 |I_{\ell+1}|$ und $I \cap I_{\ell+1} \neq \emptyset$, also I in dem zu $I_{\ell+1}$ konzentrischen Intervall $I'_{\ell+1} \supseteq I_{\ell+1}$ fünffacher Länge enthalten.

e) Nach d) gilt $E \subseteq J_n \cup R_n$ mit $R_n := \bigcup_{k=n+1}^{\infty} I'_k$ für alle $n \in \mathbb{N}$, also auch

$$E \subseteq \bigcup_{n=1}^{\infty} J_n \cup N = \bigcup_{n=1}^{\infty} I_n \cup N \quad \text{mit} \quad N := \bigcap_{n=1}^{\infty} R_n .$$

Wegen $m(R_n) \leq 5 \sum_{k=n+1}^{\infty} |I_k| \to 0$ ist N eine Nullmenge, und daraus folgt die Behauptung. $\diamond$

14.3 Notationen und Definitionen. a) Es seien $I \subseteq \mathbb{R}$ ein Intervall und $f : I \mapsto \mathbb{R}$ eine Funktion. Für $x \in I$ und $y \in I \backslash \{x\}$ werden mit

$$\Delta f(x; y) := \frac{f(y) - f(x)}{y - x} \tag{1}$$

Differenzenquotienten von f bezeichnet. Ähnlich wie bei der Einführung von *Häufungswerten* definiert man:

b) Eine „Zahl" $\eta \in [-\infty, \infty]$ heißt *Ableitungszahl* von f in $x \in I$, falls eine Folge $(x_k) \subseteq I \backslash \{x\}$ existiert mit $x_k \to x$ und $\Delta f(x; x_k) \to \eta$. Die Menge $Af(x)$ aller Ableitungszahlen von f in x ist nicht leer, und man setzt

$$D^+ f(x) := \sup Af(x), \quad D^- f(x) := \inf Af(x) \in [-\infty, \infty]. \tag{2}$$

Offenbar ist f genau dann differenzierbar in $x \in I$ (einseitig in Endpunkten), wenn $D^+ f(x) = D^- f(x) \in \mathbb{R}$ gilt. $\square$

Für ein kompaktes Intervall $I \subseteq \mathbb{R}$ und eine differenzierbare Funktion $f : I \mapsto \mathbb{R}$ mit $f' \geq C > 0$ ist nach dem Mittelwertsatz $m(f(I)) \geq C\, m(I)$. Bei der folgenden weitgehenden Verallgemeinerung dieser Aussage (vgl. auch Lemma 14.11) wird das *äußere Lebesgue-Maß* auf $\mathbb{R}$ verwendet (vgl. Definition 6.13).

14.4 Satz. *Es seien $I \subseteq \mathbb{R}$ ein kompaktes Intervall, $f : I \mapsto \mathbb{R}$ eine streng monoton wachsende Funktion, $C > 0$ und $E \subseteq I$ eine Menge. Eine der folgenden beiden Bedingungen gelte für alle $x \in E$:*

$$(\alpha) \quad D^- f(x) < C \quad oder \quad (\beta) \quad D^+ f(x) > C. \tag{3}$$

Dann folgt

$$(\alpha) \quad m^*(f(E)) \leq C\, m^*(E) \quad oder \quad (\beta) \quad m^*(f(E)) \geq C\, m^*(E). \tag{4}$$

BEWEIS. a) Zu $x \in E$ gibt es eine Folge $(x_k) \subseteq I \backslash \{x\}$ mit $x_k \to x$ und (α) $\Delta f(x; x_k) < C$ bzw. (β) $\Delta f(x; x_k) > C$. Für $I_k(x) := [x, x_k]$ oder $:= [x_k, x]$ und $J_k(x) := [f(x), f(x_k)]$ oder $:= [f(x_k), f(x)]$ gilt dann

$$(\alpha) \quad 0 < |J_k(x)| < C |I_k(x)| \quad bzw. \quad (\beta) \quad |J_k(x)| > C |I_k(x)| > 0. \tag{5}$$

b) Im Fall (α) wählt man zu $\varepsilon > 0$ eine offene Menge $U \subseteq \mathbb{R}$ mit $E \subseteq U$ und $m(U) \leq m^*(E) + \varepsilon$ (vgl. Lemma 6.14). Wegen $|I_k(x)| \to 0$ und (5) ist das System $\mathfrak{V} := \{J_k(x) \mid x \in E, \ I_k(x) \subseteq U\}$ eine Vitali-Überdeckung von $f(E)$; nach dem Überdeckungssatz von Vitali gibt es also abzählbar viele disjunkte Intervalle $\{J_\ell\}$ in $\mathfrak{V}$ und eine Nullmenge $N \in \mathfrak{N}(\mathbb{R})$ mit

$f(E) \subseteq \bigcup_\ell J_\ell \cup N$. Wegen $f(I_\ell) \subseteq J_\ell$ sind auch die entsprechenden Intervalle I_ℓ disjunkt. Die abzählbare Subadditivität von m^* (vgl. Satz 4.5) und die abzählbare Additivität von m liefern

$$m^*(f(E)) \leq \sum_\ell |J_\ell| \leq C \sum_\ell |I_\ell| \leq C\,m(U) \leq C\,(m^*(E) + \varepsilon),$$

und mit $\varepsilon \to 0$ ergibt sich die Behauptung (4) (α).

c) Im Fall (β) wählt man zu $\varepsilon > 0$ eine offene Menge $W \subseteq \mathbb{R}$ mit $f(E) \subseteq W$ und $m(W) \leq m^*(f(E)) + \varepsilon$. Für $x \in F := \{y \in E \mid f \text{ ist stetig in } y\}$ gilt $|J_k(x)| \to 0$; wegen (5) ist das System $\mathfrak{V} := \{I_k(x) \mid x \in F,\ J_k(x) \subseteq W\}$ daher eine Vitali-Überdeckung von F. Es gibt also abzählbar viele disjunkte Intervalle $\{I_\ell\}$ in $\mathfrak{V}$ und $N \in \mathfrak{N}(\mathbb{R})$ mit $F \subseteq \bigcup_\ell I_\ell \cup N$. Da f streng monoton wächst, sind auch die entsprechenden Intervalle J_ℓ disjunkt. Da $E \backslash F$ abzählbar ist, folgt

$$m^*(E) = m^*(F) \leq \sum_\ell |I_\ell| \leq \tfrac{1}{C} \sum_\ell |J_\ell| \leq \tfrac{1}{C} m(W) \leq \tfrac{1}{C}(m^*(f(E)) + \varepsilon),$$

und mit $\varepsilon \to 0$ ergibt sich die Behauptung (4) (β). $\diamond$

14.5 Theorem (Lebesgue). *Es sei $I \subseteq \mathbb{R}$ ein Intervall. Eine monotone Funktion $f : I \mapsto \mathbb{R}$ ist fast überall differenzierbar.*

BEWEIS. a) Es genügt, die Behauptung für *streng* monoton wachsende Funktionen zu zeigen; dann folgt sie auch allgemein durch Übergang zur Funktion $x \mapsto \pm f(x) + x$. Natürlich kann man $I = [a,b]$ als kompakt annehmen.

b) Für rationale Zahlen $0 < r < s$ betrachtet man die Mengen

$$E_{rs} := \{x \in I \mid D^- f(x) < r < s < D^+ f(x)\}.$$

Aus Satz 14.4 ergibt sich sofort

$$m^*(E_{rs}) \leq \tfrac{1}{s} m^*(f(E_{rs})) \leq \tfrac{r}{s} m^*(E_{rs}), \tag{6}$$

also $m^*(E_{rs}) = 0$ und auch $m^*(f(E_{rs})) = 0$. Für

$$E := \{x \in I \mid D^- f(x) < D^+ f(x)\} = \bigcup \{E_{rs} \mid r < s \in \mathbb{Q}\} \tag{7}$$

gilt dann auch $m^*(E) = 0$ und $m^*(f(E)) = 0$, da ja $\mathbb{Q}$ abzählbar ist. Folglich existiert $f'(x) = D^- f(x) = D^+ f(x) \in [0,\infty]$ fast überall.

c) Für $R > 0$ gilt $A := \{x \in I \mid f'(x) = \infty\} \subseteq A_R := \{x \in I \mid D^+(x) > R\}$. Nach Satz 14.4 gilt $m^*(A_R) \leq \tfrac{1}{R} m^*(f(A_R)) \leq \tfrac{1}{R}(f(b) - f(a))$, und somit ist auch A eine Nullmenge. $\diamond$

Die Aussage von Theorem 14.5 kann nicht weiter verschärft werden; zu *jeder* Nullmenge $N \subseteq I$ gibt es nämlich eine (sogar stetige) monoton wachsende Funktion auf I, die in den Punkten von N *nicht* differenzierbar ist:

14.6 Beispiel. a) Es sei $N \subseteq [a,b]$ eine Nullmenge. Zu $k \in \mathbb{N}$ wählt man eine offene Menge $U_k \subseteq \mathbb{R}$ mit $N \subseteq U_k$ und $m(U_k) \leq 2^{-k}$. Die Funktionen

$$g_k(x) := \int_a^x \chi_{U_k}(x)\, dx, \quad x \in [a,b],$$

sind ≥ 0, stetig und monoton wachsend. Wegen $\|g_k\|_{\sup} \leq 2^{-k}$ ist $g(x) := \sum_{k=1}^{\infty} g_k(x)$ als Summe einer gleichmäßig konvergenten Reihe stetiger monoton wachsender Funktionen ebenfalls stetig und monoton wachsend.
b) Für $x \in N$ und $n \in \mathbb{N}$ gibt es $\delta > 0$ mit $K_\delta(x) \subseteq U_k$ für $1 \leq k \leq n$. Für $0 < h < \delta$ und $1 \leq k \leq n$ gilt dann

$$g_k(x+h) = \int_a^x \chi_{U_k}(x)\, dx + \int_x^{x+h} \chi_{U_k}(x)\, dx = g_k(x) + h,$$

und daraus folgt

$$\tfrac{1}{h}\left(g(x+h) - g(x)\right) \geq \sum_{k=1}^{n} \tfrac{1}{h}\left(g_k(x+h) - g_k(x)\right) \geq n.$$

Dies gilt auch für $-\delta < h < 0$, und somit gilt $g'(x) = +\infty$ für $x \in N$. $\square$

Theorem 14.5 ist grundlegend für alle weiteren Resultate in diesem und dem nächsten Abschnitt. Eine erste wichtige Anwendung ist der folgende Satz von Fubini über die *Differentiation* von *Reihen monotoner Funktionen*. Man beachte, daß (sogar gleichmäßig konvergente) Reihen von $\mathcal{C}^1$-Funktionen i. a. *nicht* überall gliedweise differenziert werden können (vgl. die Bemerkungen I. 22.13).

14.7 Satz (Fubini). *Es seien $\sum_k f_k$ eine punktweise konvergente Reihe monoton wachsender Funktionen auf $[a,b]$ und $f(x) = \sum_{k=1}^{\infty} f_k(x)$ für $x \in [a,b]$. Dann ist auch f monoton wachsend, und es gilt*

$$f'(x) = \sum_{k=1}^{\infty} f_k'(x) \quad \text{fast überall}. \tag{8}$$

BEWEIS. a) Man kann ohne Einschränkung $f_k(a) = 0$ für $k \in \mathbb{N}$ annehmen; dann gilt

$$s_n(x) := \sum_{k=1}^{n} f_k(x) \uparrow f(x) \quad \text{für} \quad x \in [a,b]. \tag{9}$$

Nach Theorem 14.5 gibt es eine Nullmenge $N \subseteq [a,b]$, so daß alle in (9) auftretenden Funktionen außerhalb von N differenzierbar sind. Es ist klar, daß f monoton wachsend ist; da dies auch für $f - s_{n+1}$ gilt, hat man

$$s_n'(x) \leq s_{n+1}'(x) \leq f'(x) \quad \text{für} \quad n \in \mathbb{N} \quad \text{und} \quad x \in [a,b]\backslash N. \tag{10}$$

Folglich ist $\sum_k f'_k(x)$ fast überall konvergent.

b) Man wählt nun Indizes $n_k > n_{k-1}$ mit $f(b) - s_{n_k}(b) \leq 2^{-k}$; da $f - s_{n_k}$ monoton wachsend ist, ist dann die Reihe $\sum_k (f - s_{n_k})$ punktweise konvergent auf $[a,b]$. Nach a) ist dann aber die Reihe $\sum_k (f' - s'_{n_k})$ fast überall konvergent, insbesondere gilt also $\lim_{k\to\infty} (f' - s'_{n_k}) = 0$ fast überall. Wegen (10) impliziert dies dann auch $s'_n \to f'$ fast überall.   ◇

Im nächsten Satz wird die nur fast überall definierte Funktion f' gemäß Bemerkung 4.20 d) stillschweigend auf die Ausnahme-Nullmenge fortgesetzt und mit ihrer Äquivalenzklasse in $L_1[a,b] = \mathcal{L}_1[a,b]/\mathcal{N}$ identifiziert. Im folgenden wird oft entsprechend verfahren.

14.8 Satz. *a) Es sei $f : [a,b] \mapsto \mathbb{R}$ eine monoton wachsende Funktion. Dann gilt $f' \in L_1[a,b]$ und*

$$\int_a^b f'(x)\,dx \leq f(b^-) - f(a^+).\qquad(11)$$

b) Es sei $f : [a,b] \mapsto \mathbb{R}$ stetig und streng monoton wachsend. Mit der Menge $A := \{x \in [a,b] \mid f'(x) = \infty\}$ gilt dann

$$\int_a^b f'(x)\,dx \geq f(b) - f(a) - m^*(f(A)).\qquad(12)$$

BEWEIS. a) folgt aus Theorem 14.5 und dem *Lemma von Fatou* (vgl. Aufgabe 5.5).

b) Mit der Menge E aus (7) ist $A \cup E := N$ die Nullmenge der Punkte, in denen f nicht differenzierbar ist; wegen $m(f(E)) = 0$ gilt dann offenbar $m^*(f(A)) = m^*(f(N))$. Zu $\varepsilon > 0$ und $k \in \mathbb{N}_0$ sei

$$A_k := \{x \in [a,b]\backslash N \mid \varepsilon k \leq f'(x) < \varepsilon (k+1)\} \in \mathfrak{M}[a,b];\qquad(13)$$

dann gilt $[a,b] = \bigcup_{k=0}^\infty A_k \cup N$, wobei die Vereinigung disjunkt ist. Es folgt $\sum_{k=0}^\infty m(A_k) = b - a$, und man hat $m^*(f(A_k)) \leq \varepsilon (k+1) m(A_k)$ nach Satz 14.4. Damit ergibt sich

$$\int_a^b f'(x)\,dx \geq \sum_{k=0}^\infty \varepsilon k m(A_k) = \sum_{k=0}^\infty \varepsilon (k+1) m(A_k) - \varepsilon (b-a)$$

$$\geq \sum_{k=0}^\infty m^*(f(A_k)) - \varepsilon (b-a)$$

$$\geq f(b) - f(a) - m^*(f(N)) - \varepsilon (b-a)$$

aufgrund von $[f(a), f(b)] = \bigcup_{k=0}^\infty f(A_k) \cup f(N)$ und der abzählbaren Subadditivität von m^*. Mit $\varepsilon \to 0$ folgt dann (12).   ◇

14.9 Folgerung. *Eine Funktion $f \in \mathcal{BV}[a,b]$ von beschränkter Variation ist fast überall differenzierbar, und es gilt $f' \in L_1[a,b]$.*

BEWEIS. Eine Funktion $f \in \mathcal{BV}([a,b], \mathbb{R})$ kann als Differenz monoton wachsender Funktionen geschrieben werden *(Jordan-Zerlegung I. 23.9*)*.   ◇

14.10 Beispiele. a) In (11) gilt i. a. keine Gleichheit. Ein einfaches Beispiel dafür liefert etwa die Funktion $f = \chi_{[1,2]}$ auf dem Intervall $[0,2]$. Ein *stetiges* Beispiel dafür ist die *Cantor-Funktion* auf $J := [0,1]$:

b) Die *Cantor-Menge* (vgl. Beispiel II. 4.7 c)) ist gegeben durch $C := \bigcap\limits_{n=0}^{\infty} C_n$, wobei $C_0 = J$ und C_n eine disjunkte Vereinigung von 2^n Intervallen der Länge 3^{-n} ist, die aus den Intervallen von C_{n-1} durch Entfernung der offenen mittleren Drittel entstehen. Die stetigen Funktionen

$$f_n(x) := (\tfrac{3}{2})^n \int_0^x \chi_{C_n}(x)\, dx, \quad x \in J,$$

sind monoton wachsend und auf allen Intervallen in $J\backslash C_n$ konstant. Wegen

$$(\tfrac{3}{2})^n \int_I \chi_{C_n}(x)\, dx = (\tfrac{3}{2})^{n+1} \int_I \chi_{C_{n+1}}(x)\, dx = (\tfrac{1}{2})^n$$

für alle Intervalle I in C_n gilt $f_{n+1}(x) = f_n(x)$ für $x \notin C_n$ und

$$\left| f_{n+1}(x) - f_n(x) \right| \le \int_I \left| (\tfrac{3}{2})^{n+1} \chi_{C_{n+1}} - (\tfrac{3}{2})^n \chi_{C_n} \right| dx \le (\tfrac{1}{2})^{n-1}$$

für $x \in I \subseteq C_n$. Folglich konvergiert (f_n) gleichmäßig auf J gegen eine stetige monoton wachsende Funktion f mit $f(0) = 0$ und $f(1) = 1$. Jeder Punkt $x \notin C$ liegt in einem Intervall $I \subseteq J\backslash C_n$, und dort ist $f = f_n$ konstant. Somit gilt $f'(x) = 0$ für $x \notin C$. Insbesondere ist $\int_0^1 f'(x)\, dx = 0$; Gleichheit gilt nicht in (11), sondern in (12) mit $m^*(f(A)) = 1$.

c) Mit Hilfe der Cantor-Funktion f lassen sich weitere interessante Beispiele zur Maßtheorie konstruieren. Die Funktion $g : x \mapsto x + f(x)$ ist *streng monoton wachsend* und somit eine *Homöomorphie* von $[0,1]$ auf $[0,2]$. Da f auf allen Intervallen in $[0,1]\backslash C$ konstant ist, gilt $m(g([0,1]\backslash C)) = 1$ und daher auch $m(g(C)) = 1$. Nach Beispiel 8.3 existiert eine *nicht meßbare Menge* $E \subseteq g(C)$; die Menge $N := g^{-1}(E) \subseteq C$ ist dann eine *Nullmenge*, die aber *keine Borel-Menge* sein kann (vgl. Aufgabe 6.9 c)). Weiter ist natürlich χ_N Lebesgue-meßbar, $\chi_N \circ g^{-1} = \chi_E$ aber nicht.   □

Zum Beweis von Satz 15.2 im nächsten Abschnitt wird der folgende Satz 14.12 benötigt. Dieser ergibt sich ähnlich wie im Beweis von Satz 14.8 b) aus der folgenden Variante von Satz 14.4[6]:

---

[6]vgl. D.E. Varberg: On absolutely continuous functions, The American Mathematical Monthly 72, Nr. 8, S. 831-841 (1965)

14.11 Lemma. *Es seien* $I = [a, b] \subseteq \mathbb{R}$ *ein kompaktes Intervall,* $f : I \mapsto \mathbb{R}$ *eine Funktion und* $E \subseteq I$ *eine Menge, so daß für alle* $x \in E$ *die Ableitung* $f'(x) \in \mathbb{R}$ *existiert. Es gebe* $C > 0$ *mit* $|f'(x)| \le C$ *für alle* $x \in E$. *Dann gilt*

$$m^*(f(E)) \le C \, m^*(E). \tag{14}$$

BEWEIS. Zu $\varepsilon > 0$ wählt man eine offene Menge $U \subseteq \mathbb{R}$ mit $E \subseteq U$ und $m(U) \le m^*(E) + \varepsilon$. Zu $x \in E \backslash \{a, b\}$ gibt es ein symmetrisches offenes Intervall $I(x) \subseteq U$ um x mit

$$|f(y) - f(x)| \le (C + \varepsilon)|y - x| \quad \text{für alle} \quad y \in I(x). \tag{15}$$

Die offene Überdeckung $\{I(x) \mid x \in E \backslash \{a, b\}\}$ von $E \backslash \{a, b\}$ besitzt nach Satz 3.4 (b) eine abzählbare Teilüberdeckung $\{I(x_k)\}_{k \in \mathbb{N}}$, und für die offenen Mengen $E_j := I(x_1) \cup \ldots \cup I(x_j)$ gilt stets

$$m^*(f(E_j)) \le (C + \varepsilon) \, m(E_j), \quad j \in \mathbb{N}. \tag{16}$$

Aufgrund der Subadditivität von m^* folgt dann

$$m^*(f(E)) \le \lim_{j \to \infty} m^*(f(E_j)) \le \lim_{j \to \infty} (C + \varepsilon) \, m(E_j) \le (C + \varepsilon) \, (m^*(E) + \varepsilon)$$

und somit die Behauptung.   ◇

14.12 Satz. *Es seien* $I \subseteq \mathbb{R}$ *ein kompaktes Intervall,* $f \in \mathcal{M}(I, \mathbb{R})$ *eine meßbare Funktion und* $E \in \mathfrak{M}(I)$ *eine meßbare Menge, so daß für alle* $x \in E$ *die Ableitung* $f'(x) \in \mathbb{R}$ *existiert. Dann gilt*

$$m^*(f(E)) \le \int_E |f'(x)| \, dx \quad (\in [0, \infty]). \tag{17}$$

BEWEIS. Es ist f' punktweiser Limes einer Folge von Differenzenquotienten von f und somit meßbar auf E. Für $j, k \in \mathbb{N}_0$ und $\varepsilon > 0$ setzt man

$$E_j := \{x \in E \mid j \le |f'(x)| < j + 1\} \in \mathfrak{M}(I), \tag{18}$$

$$E_j^k := \{x \in E_j \mid \varepsilon k \le |f'(x)| < \varepsilon (k + 1)\} \in \mathfrak{M}(I). \tag{19}$$

Nach Lemma 14.11 gilt dann für $j \in \mathbb{N}_0$

$$m^*(f(E_j)) = m^*(\bigcup_{k=0}^{\infty} f(E_j^k)) \le \sum_{k=0}^{\infty} m^*(f(E_j^k)) \le \sum_{k=0}^{\infty} \varepsilon (k + 1) \, m(E_j^k)$$

$$\le \sum_{k=0}^{\infty} \varepsilon k \, m(E_j^k) + \varepsilon \, m(E_j) \le \int_{E_j} |f'(x)| \, dx + \varepsilon \, m(E_j),$$

also (17) für E_j. Daraus ergibt sich schließlich die Behauptung

$$m^*(f(E)) \le \sum_{j=0}^{\infty} m^*(f(E_j)) \le \sum_{j=0}^{\infty} \int_{E_j} |f'(x)| \, dx = \int_E |f'(x)| \, dx. \quad ◇$$

Aufgaben

14.1 Eine *Sprungfunktion* $s : [a,b] \mapsto \mathbb{R}$ ist gegeben durch

$$s(x) = \sum_{k=1}^{\infty} \left(a_k \chi_{[x_k,b]} + b_k \chi_{(x_k,b]} \right), \quad x \in [a,b],$$

wobei (x_k) eine Folge in $[a,b]$ ist und (a_k) und (b_k) summierbare reelle Folgen sind.
a) Man zeige $s \in \mathcal{BV}[a,b]$ und $s'(x) = 0$ fast überall.
b) Für $f \in \mathcal{BV}([a,b],\mathbb{R})$ zeige man $f = s + g$ für eine Sprungfunktion s und eine *stetige* Funktion g.

14.2 Es sei $v_f : x \mapsto V_a^x(f)$ die *totale Variationsfunktion* einer Funktion $f \in \mathcal{BV}([a,b],\mathbb{R})$ (vgl. (I.23.15)*). Man zeige $v_f'(x) = |f'(x)|$ fast überall.

14.3 Man zeige, daß fast alle Punkte $x \in E$ einer Menge $E \subseteq [a,b]$ *Verdichtungspunkte* von E sind, d.h.

$$\lim_{h \to 0+} \tfrac{1}{2h} m^*(E \cap (x-h, x+h)) = 1 \quad \text{für fast alle} \quad x \in E.$$

14.4 Es seien $f : [a,b] \mapsto \mathbb{R}$ monoton wachsend und $f_\varepsilon(x) := f(x) + \varepsilon\, x$ für $\varepsilon > 0$. Man zeige

$$m^*(f(E)) \le m^*(f_\varepsilon(E)) \le m^*(f(E)) + \varepsilon\, m^*(E) \quad \text{für} \quad E \subseteq [a,b]$$

und folgere die Gültigkeit der Sätze 14.4 und 14.8 b) auch für nicht notwendig *streng* monoton wachsende Funktionen.

14.5 Man gebe einen detaillierten Beweis von (16) (zuerst für jedes der offenen Intervalle, aus denen E_j besteht).

15   Absolut stetige Funktionen

In diesem Abschnitt wird der *Hauptsatz der Differential- und Integralrechnung* im Rahmen der Lebesgueschen Integrationstheorie behandelt.

Die Cantor-Funktion aus Beispiel 14.10 b) zeigt, daß für stetige Funktionen F von beschränkter Variation die zweite Aussage des Hauptsatzes (vgl. Theorem I.22.3 b))

$$F(x) = F(a) + \int_a^x F'(t)\,dt, \quad x \in [a,b], \tag{1}$$

i.a. *nicht* richtig ist. In der Tat steht auf der rechten Seite von (1) nach Aufgabe 8.11 a) stets eine *absolut stetige* Funktion:

15.1 Definition. *Eine Funktion* $F : [a, b] \mapsto \mathbb{C}$ *heißt* absolut stetig, *wenn zu jedem* $\varepsilon > 0$ *ein* $\delta > 0$ *existiert, so daß für jedes* disjunkte *endliche (oder abzählbare) System von offenen Intervallen* $\{(a_k, b_k)\}$ *in* $[a, b]$ *gilt:*

$$\sum_k (b_k - a_k) < \delta \;\Rightarrow\; \sum_k |F(b_k) - F(a_k)| < \varepsilon. \tag{2}$$

Mit $\mathcal{AC}[a, b]$ *wird die Menge aller absolut stetigen Funktionen auf* $[a, b]$ *bezeichnet.*

Beispiele für absolut stetige Funktionen sind etwa *Lipschitz-stetige* Funktionen (vgl. Aufgabe 15.8). Genaue Charakterisierungen der absoluten Stetigkeit liefern der Hauptsatz 15.5 und der folgende

15.2 Satz (Banach-Zaretzki). *Es gilt*

$$\mathcal{AC}[a, b] = \{F \in \mathcal{C}[a, b] \cap \mathcal{BV}[a, b] \mid F(N) \in \mathfrak{N}(\mathbb{R}) \; \textit{für alle} \; N \in \mathfrak{N}[a, b]\}.$$

BEWEIS. Die Inklusion „$\subseteq$" wurde bereits als Aufgabe 8.10 formuliert. Zum Beweis von „$\supseteq$" sei $\{(a_k, b_k)\}$ ein disjunktes endliches System von offenen Intervallen in $[a, b]$ und $A := \bigcup_k [a_k, b_k]$. Wegen $F \in \mathcal{BV}[a, b]$ ist nach Folgerung 14.9 das Komplement $N_k := [a_k, b_k] \backslash E_k$ der Menge

$$E_k := \{x \in [a_k, b_k] \mid F'(x) \in \mathbb{R} \text{ existiert}\}$$

eine Nullmenge; nach Voraussetzung gilt dies dann auch für $F(N_k)$, und daher hat man $m(F([a_k, b_k])) = m(F(E_k))$. Aus der Stetigkeit von F und Satz 14.12 folgt dann

$$\begin{aligned}
\sum_k |F(b_k) - F(a_k)| &\leq \sum_k m(F([a_k, b_k])) = \sum_k m(F(E_k)) \\
&\leq \sum_k \int_{E_k} |F'(x)| \, dx = \int_A |F'(x)| \, dx.
\end{aligned}$$

Wegen $F' \in L_1[a, b]$ gibt es zu $\varepsilon > 0$ ein $\delta > 0$ mit $\int_A |F'(x)| \, dx < \varepsilon$ für $m(A) < \delta$ (vgl. (6.20)), und daraus folgt die Behauptung (2).   ◇

Einen anderen Beweis des Satzes von Banach-Zaretzki findet man in [30], IX § 3. Der hier vorgestellte Beweis[7] liefert offenbar auch:

15.3 Satz. *Es sei* $F \in \mathcal{C}[a, b]$*, so daß* F' *außerhalb einer* abzählbaren *Menge existiert und in* $L_1[a, b]$ *liegt. Dann ist* F *absolut stetig auf* $[a, b]$*.*

15.4 Satz. *a) Es ist* $\mathcal{AC}[a, b]$ *eine Funktionenalgebra.*
b) Für $F \in \mathcal{AC}([a, b], \mathbb{R})$ *ist die totale Variationsfunktion* $v_F : x \mapsto V_a^x(F)$ *von* F *ebenfalls absolut stetig. Folglich gilt* $F = v - w$ *mit monoton wachsenden Funktionen* $v, w \in \mathcal{AC}([a, b], \mathbb{R})$*.*

---

[7]nach D.E. Varberg: On absolutely continuous functions, The American Mathematical Monthly 72, Nr. 8, S. 831-841 (1965)

BEWEIS. a) folgt sofort aus der Abschätzung

$$| (FG)(x) - (FG)(y) | \le \| G \|_{\text{sup}} | F(x) - F(y) | + \| F \|_{\text{sup}} | G(x) - G(y) | .$$

b) Zu $\varepsilon > 0$ sei $\delta > 0$ so gewählt, daß (2) für F gilt, und es sei $\{(a_k, b_k)\}_{k=1}^n$ ein disjunktes System von offenen Intervallen in $[a, b]$ mit $\sum\limits_{k=1}^n (b_k - a_k) < \delta$.
Man wählt Zerlegungen $Z_k = \{a_k = x_0^k < x_1^k < \ldots < x_{r_k}^k = b_k\}$ von $[a_k, b_k]$ mit $V_{a_k}^{b_k}(F) \le \sum\limits_{j=1}^{r_k} | F(x_j^k) - F(x_{j-1}^k) | + \frac{\varepsilon}{n}$. Dann ist auch $\{(x_{j-1}^k, x_j^k)\}$ ein disjunktes System von offenen Intervallen mit $\sum\limits_{k=1}^n \sum\limits_{j=1}^{r_k} (x_j^k - x_{j-1}^k) < \delta$, und es folgt

$$\sum_{k=1}^n (v_F(b_k) - v_F(a_k)) = \sum_{k=1}^n V_{a_k}^{b_k}(F) \le \sum_{k=1}^n \sum_{j=1}^{r_k} | F(x_j^k) - F(x_{j-1}^k) | + \varepsilon \le 2\varepsilon .$$

Somit ist $v_F \in \mathcal{AC}([a, b], \mathbb{R})$, und die Behauptung folgt mit $v := v_F$ und $w := v_F - F$. $\Diamond$

Die absolut stetigen Funktionen sind nun genau die unbestimmten Integrale von L_1-Funktionen:

15.5 Theorem (Hauptsatz). *a) Für eine Funktion $f \in \mathcal{L}_1[a, b]$ ist die Integralfunktion*

$$F(x) := \int_a^x f(t)\, dt , \quad x \in [a, b], \tag{3}$$

absolut stetig, und es gilt $F'(x) = f(x)$ fast überall.
b) Eine absolut stetige Funktion $F \in \mathcal{AC}[a, b]$ ist fast überall differenzierbar; es gilt $F' \in L_1[a, b]$, und man hat

$$F(x) - F(a) = \int_a^x F'(t)\, dt , \quad x \in [a, b]. \tag{1}$$

BEWEIS. a) Nach Aufgabe 8.10 a) ist F absolut stetig. Nach Folgerung 5.3 gibt es eine Folge (τ_k) in $C[a, b]$ mit

$$f(t) = \sum_{k=1}^\infty \tau_k(t) \text{ fast überall und } \sum_{k=1}^\infty \int_a^b | \tau_k(t) |\, dt < \infty . \tag{4}$$

Für $f \in \mathcal{L}_1([a, b], \mathbb{R})$ werden nach dem Satz von Beppo Levi durch

$$f^* := \sum_{k=1}^\infty \tau_k^+ \text{ und } f_* := \sum_{k=1}^\infty \tau_k^-$$

Funktionen in $\mathcal{L}_1[a,b]$ definiert, für die $f^* - f_* = f$ gilt. Man kann also in (4) ohne Einschränkung $\tau_k \geq 0$ annehmen. Dann ist $f \geq 0$ und somit F monoton wachsend. Mit

$$T_k(x) := \int_a^x \tau_k(t)\, dt\,, \quad x \in [a,b]\,, \tag{5}$$

gilt dann $F(x) = \sum\limits_{k=1}^{\infty} T_k(x)$ für $x \in [a,b]$ (sogar gleichmäßig). Da die T_k monoton wachsend sind, liefert der Satz von Fubini 14.7 dann

$$F'(x) = \sum_{k=1}^{\infty} T_k'(x) = \sum_{k=1}^{\infty} \tau_k(x) = f(x) \quad \text{fast überall.}$$

b) Für $F \in \mathcal{AC}([a,b],\mathbb{R})$ gilt $F(x) = (v_F(x){+}x) - ((v_F(x){-}F(x){+}x))$; nach Satz 15.4 b) kann man also F als streng monoton wachsend annehmen. Nach Satz 14.8 gilt $F' \in L_1[a,b]$. Offenbar genügt es, (1) für $x = b$ zu zeigen. Dies folgt aber nun sofort aus Satz 14.8, da ja nach Satz 15.2 bzw. Aufgabe 8.10 für den in (14.12) auftretenden Störterm $m^*(F(A)) = 0$ gilt.   ◇

15.6 Bemerkung. Nach Theorem 15.5 a) konvergieren für $f \in \mathcal{L}_1[a,b]$ die *Mittelwerte* von f über kleine Intervalle um x fast überall gegen $f(x)$:

$$\lim_{h \to 0} \tfrac{1}{h} \int_x^{x+h} (f(t) - f(x))\, dt = 0 \quad \text{fast überall.} \tag{6}$$

Es gilt sogar die stärkere Aussage (vgl. Aufgabe 15.1)

$$\lim_{h \to 0} \tfrac{1}{h} \int_x^{x+h} |f(t) - f(x)|\, dt = 0 \quad \text{fast überall.} \tag{7}$$

Punkte $x \in [a,b]$, in denen (7) gilt, heißen *Lebesgue-Punkte* von f.   □

15.7 Definitionen und Bemerkungen. a) Es sei $I \subseteq \mathbb{R}$ ein Intervall. In Erweiterung der früheren Sprechweise (vgl. Definition I.22.1) heißt eine Funktion $F \in \mathcal{F}(I)$ eine *Stammfunktion* von $f \in \mathcal{F}(I)$, falls $F'(x) = f(x)$ fast überall gilt. Nach Theorem 15.5 unterscheiden sich *absolut stetige* Stammfunktionen von f nur um eine Konstante.
b) Eine Funktion $S \in \mathcal{F}(I)$ heißt *singulär*, falls $S'(x) = 0$ fast überall gilt. Jede Funktion $F \in \mathcal{BV}[a,b]$ besitzt eine eindeutig bestimmte *Zerlegung*

$$F = F_{ac} + F_s \quad \text{mit } F_{ac} \in \mathcal{AC}[a,b]\,, \ F_{ac}(a) = F(a)\,, \ F_s \text{ singulär.} \tag{8}$$

Dazu setzt man einfach

$$F_{ac}(x) := F(a) + \int_a^x F'(t)\, dt \quad \text{für } x \in [a,b] \tag{9}$$

und $F_s = F - F_{ac}$. Gilt auch $F = G_{ac} + G_s$, so ist $F_{ac} - G_{ac} = G_s - F_s$ singulär *und* absolut stetig, also konstant $= F_{ac}(a) - G_{ac}(a) = 0$. Mit F

ist auch F_s stetig. Mit F ist auch F_{ac} monoton wachsend, und aufgrund von (14.11) gilt dies auch für F_s :

$$F_s(y) - F_s(x) = F(y) - F(x) - \int_x^y F'(t)\,dt \geq 0 \quad \text{für} \quad x \leq y\,. \qquad \square$$

15.8 Satz (Partielle Integration). *Es seien $f \in \mathcal{L}_1[a,b]$, F eine absolut stetige Stammfunktion von f und $g \in \mathcal{AC}[a,b]$. Dann gilt*

$$\int_a^b f(x)g(x)\,dx = F(x)g(x)\big|_a^b - \int_a^b F(x)g'(x)\,dx\,. \tag{10}$$

BEWEIS. Nach der Produktregel gilt $fg = F'g = (Fg)' - Fg'$ fast überall. Da Fg absolut stetig ist, folgt (10) damit sofort aus (1). $\qquad \diamond$

15.9 Satz (Substitutionsregel). *Es sei $g \in \mathcal{AC}([a,b],\mathbb{R})$ monoton wachsend mit $g(a) = c$ und $g(b) = d$. Für eine Funktion $f \in \mathcal{L}_1[c,d]$ gilt dann $(f \circ g) \cdot g' \in \mathcal{L}_1[c,d]$ und*

$$\int_a^b f(g(x))\,g'(x)\,dx = \int_c^d f(t)\,dt\,. \tag{11}$$

BEWEIS. a) Es sei $[\gamma,\delta] \subseteq [c,d]$ ein kompaktes Intervall. Mit $\gamma = g(\alpha)$ und $\delta = g(\beta)$ gilt dann für $f = \chi_{[\gamma,\delta]}$ aufgrund von (1):

$$\int_c^d f(t)\,dt = \delta - \gamma = g(\beta) - g(\alpha) = \int_\alpha^\beta g'(x)\,dx = \int_a^b f(g(x))\,g'(x)\,dx\,.$$

b) Formel (11) gilt also für *Treppenfunktionen* $f \in \mathcal{T}[c,d]$; durch gleichmäßige Approximation ergibt sie sich daraus mit dem Satz über majorisierte Konvergenz auch für *stetige* Funktionen $f \in \mathcal{C}[c,d]$.

c) Die allgemeine Behauptung ergibt sich jetzt wie im Beweisteil a) „$\Rightarrow$" von Satz 6.21. $\qquad \diamond$

15.10 Bemerkungen. a) In der Situation von Satz 15.9 gilt die volle Aussage von Satz 6.21, wenn g eine *absolut stetige Umkehrfunktion* besitzt; dann gilt ja (6.16) mit dem Faktor $\frac{1}{g' \circ g^{-1}} = (g^{-1})' \in \mathcal{L}_1[c,d]$. Ist dies der Fall, so gilt $1 = (g^{-1})'(g(x))\,g'(x)$ für fast alle $x \in [a,b]$, für die g^{-1} in $g(x)$ differenzierbar ist, nach Satz 15.2 also $g'(x) > 0$ für fast alle $x \in [a,b]$. Umgekehrt impliziert $g'(x) > 0$ fast überall die absolute Stetigkeit von g^{-1} (vgl. Aufgabe 15.5).

b) Für die Gültigkeit von Satz 15.9 ist die *Monotonie* von g wesentlich. In [12], III §5, werden eine absolut stetige Funktion $g : [a,b] \mapsto [c,d]$ und eine Funktion $f \in \mathcal{L}_1[c,d]$ konstruiert, für die $(f \circ g) \cdot g' \notin \mathcal{L}_1[c,d]$ gilt. $\qquad \square$

Ein *Weg* $\gamma : [a,b] \mapsto \mathbb{R}^n$ heißt *absolut stetig,* wenn dies für alle Komponenten zutrifft; natürlich gilt dann (2) entsprechend. Die folgende Verallgemeinerung von Satz II.14.14 gilt bezüglich *jeder* Norm auf $\mathbb{R}^n$:

15.11 Satz. *Ein absolut stetiger Weg* $\gamma : [a,b] \mapsto \mathbb{R}^n$ *ist rektifizierbar; die Weglängenfunktion* $\varphi_\gamma : t \mapsto \mathsf{L}_a^t(\gamma)$ *ist ebenfalls absolut stetig, und es gilt*

$$\mathsf{L}(\gamma) = \int_a^b \| \dot\gamma(t) \| \, dt. \tag{12}$$

BEWEIS. a) Für eine Zerlegung $Z \in \mathfrak{Z}[a,b]$ gilt nach dem Hauptsatz

$$\sum_{k=1}^r \| \gamma(t_k) - \gamma(t_{k-1}) \| = \sum_{k=1}^r \| \int_{t_{k-1}}^{t_k} \dot\gamma(\tau) \, d\tau \|$$

$$\leq \sum_{k=1}^r \int_{t_{k-1}}^{t_k} \| \dot\gamma(\tau) \| \, d\tau = \int_a^b \| \dot\gamma(\tau) \| \, d\tau.$$

Somit ist γ rektifizierbar, und man hat $\mathsf{L}(\gamma) \leq \int_a^b \| \dot\gamma(t) \| \, dt$.

b) Für jedes disjunkte endliche System von offenen Intervallen $\{(a_k, b_k)\}$ in $[a,b]$ gilt nach a)

$$\sum_k (\varphi_\gamma(b_k) - \varphi_\gamma(a_k)) = \sum_k \mathsf{L}_{a_k}^{b_k}(\gamma) \leq \sum_k \int_{a_k}^{b_k} \| \dot\gamma(\tau) \| \, d\tau \, ;$$

da die Funktion $t \mapsto \int_a^t \| \dot\gamma(\tau) \| \, d\tau$ absolut stetig ist, gilt dies dann auch für die Weglängenfunktion φ_γ.

c) Nun sei $t \in [a,b)$ fest und $h > 0$ mit $t + h \leq b$. Aufgrund von a) und der Abschätzung $\| \gamma(t+h) - \gamma(t) \| \leq \mathsf{L}_t^{t+h}(\gamma) = \varphi_\gamma(t+h) - \varphi_\gamma(t)$ folgt

$$\| \tfrac{\gamma(t+h)-\gamma(t)}{h} \| \leq \tfrac{\varphi_\gamma(t+h)-\varphi_\gamma(t)}{h} \leq \tfrac{1}{h} \int_t^{t+h} \| \dot\gamma(\tau) \| \, d\tau.$$

Mit $h \to 0^+$ ergibt sich $\dot\varphi_\gamma^+(t) = \| \dot\gamma(t) \|$ für fast alle $t \in [a,b]$. Dies folgt genauso für die linksseitigen Ableitungen; man hat also $\dot\varphi_\gamma(t) = \| \dot\gamma(t) \|$ fast überall, und der Hauptsatz liefert $\mathsf{L}(\gamma) = \varphi_\gamma(b) - \varphi_\gamma(a) = \int_a^b \| \dot\gamma(t) \| \, dt$. $\Diamond$

15.12 Beispiele und Bemerkungen. a) Nach (12) ist die *totale Variation* einer Funktion $F \in AC[a,b]$ gegeben durch (vgl. Satz I. 23.5* und auch Aufgabe 14.2)

$$V_a^b(F) = \int_a^b | F'(x) | \, dx. \tag{13}$$

b) Ist für einen rektifizierbaren Weg $\gamma : [a,b] \mapsto \mathbb{R}^n$ die Weglängenfunktion *streng* monoton wachsend, so wird wie in Bemerkung II. 9.9 durch

$$\sigma : [0, \mathsf{L}\,(\Gamma)] \mapsto \mathbb{R}^n, \quad \sigma(s) := \gamma(\varphi_\gamma^{-1}(s)), \tag{14}$$

eine zu γ äquivalente Parametrisierung von $\Gamma := (\gamma)$ mit $\varphi_\sigma(s) = s$ für $s \in [0, \mathsf{L}\,(\gamma)]$ definiert. Diese ist absolut stetig wegen

$$\| \sigma(s_2) - \sigma(s_1) \| \leq \mathsf{L}_{s_1}^{s_2}(\sigma) = \varphi_\sigma(s_2) - \varphi_\sigma(s_1) = s_2 - s_1 \quad \text{für } s_1 \leq s_2.$$

c) Ist γ absolut stetig, so gilt dies nach Satz 15.11 auch für die Parametertransformation $\varphi_\gamma : [a,b] \mapsto [0, \mathsf{L}\,(\Gamma)]$. Gilt außerdem $\dot\gamma(t) \neq 0$ fast überall, so ist auch φ_γ^{-1} absolut stetig (vgl. Bemerkung 15.10 a)). $\square$

Am Ende dieses Abschnitts wird noch kurz auf *Sobolevräume* und ihre *Einbettungen* eingegangen; mehrdimensionale Verallgemeinerungen dieser Räume werden in Abschnitt 42 untersucht.

15.13 Definition. *Für $k \in \mathbb{N}$ und $1 \leq p \leq \infty$ werden* Sobolevräume *definiert durch*

$$\mathcal{H}_p^k[a,b] := \{f \in C^{k-1}[a,b] \mid f^{(k-1)} \in \mathcal{AC}[a,b] , \; f^{(k)} \in L_p[a,b]\} . \quad (15)$$

Natürlich gilt $\mathcal{H}_1^1[a,b] = \mathcal{AC}[a,b]$.

15.14 Satz. *a) Auf $\mathcal{H}_p^k[a,b]$ wird eine Norm definiert durch*

$$\| f \|_{\mathcal{H}_p^k} := (\sum_{j=0}^{k} \frac{1}{b-a} \| f^{(j)} \|_{L_p}^p)^{1/p} , \quad 1 \leq p < \infty , \quad (16)$$

$$\| f \|_{\mathcal{H}_\infty^k} := \max_{j=0}^{k} \| f^{(j)} \|_{L_\infty} . \quad (17)$$

b) Für $1 \leq p \leq q \leq \infty$ hat man die stetigen Inklusionen

$$\mathcal{H}_q^k[a,b] \hookrightarrow \mathcal{H}_p^k[a,b] \hookrightarrow \mathcal{H}_1^k[a,b] \hookrightarrow C^{k-1}[a,b] . \quad (18)$$

c) Die Sobolevräume $\mathcal{H}_p^k[a,b]$ sind vollständig.

d) Für $1 \leq p < \infty$ sind die Polynome *dicht in $\mathcal{H}_p^k[a,b]$.*

BEWEIS. a) ist klar, und die ersten beiden Aussagen von b) folgen sofort aus Aufgabe 7.3.

Zu $g \in \mathcal{AC}[a,b]$ gibt es nach dem Mittelwertsatz der Integralrechnung ein $c \in [a,b]$ mit $\frac{1}{b-a} \int_a^b g(t)\, dt = g(c)$. Der Hauptsatz liefert dann

$$g(x) = \frac{1}{b-a} \int_a^b g(t)\, dt + \int_c^x g'(t)\, dt , \quad x \in [a,b] , \quad \text{also} \quad (19)$$

$$\| g \|_{\sup} \leq \frac{1}{b-a} \| g \|_{L_1} + \| g' \|_{L_1} . \quad (20)$$

Die Anwendung von (20) auf $f^{(j)}$ für $j = k-1, \ldots, 0$ liefert dann die Stetigkeit der Inklusion $\mathcal{H}_1^k[a,b] \hookrightarrow C^{k-1}[a,b]$.

c) Die Räume $C^{k-1}[a,b]$ und $L_p[a,b]$ sind vollständig. Zu einer Cauchy-Folge (f_n) in $\mathcal{H}_p^k[a,b]$ gibt es daher $f \in C^{k-1}[a,b]$ mit $\| f - f_n \|_{C^{k-1}} \to 0$ und $g \in L_p[a,b]$ mit $\| g - f_n^{(k)} \|_{L_p} \to 0$. Aus

$$f_n^{(k-1)}(x) = f_n^{(k-1)}(a) + \int_a^x f_n^{(k)}(t)\, dt , \quad x \in [a,b] ,$$

folgt sofort auch

$$f^{(k-1)}(x) = f^{(k-1)}(a) + \int_a^x g(t)\, dt , \quad x \in [a,b] ,$$

also $f^{(k-1)} \in \mathcal{AC}[a,b]$, $f^{(k)} = g \in L_p[a,b]$ und somit $\| f - f_n \|_{\mathcal{H}_p^k} \to 0$.

d) Nach Satz 7.9 ist $C[a,b]$ dicht in $L_p[a,b]$. Zu $f \in \mathcal{H}_p^k[a,b]$ gibt es daher nach dem *Weierstraßschen Approximationssatz* eine Folge $(P_n^k)_{n \in \mathbb{N}}$ von Polynomen mit $\| f^{(k)} - P_n^k \|_{L_p} \to 0$. Für $j = k-1, \ldots, 0$ definiert man nacheinander die Polynome

$$P_n^j(x) := f^{(j)}(a) + \int_a^x P_n^{j+1}(t)\, dt$$

und erhält $\| f^{(j)} - P_n^j \|_{\sup} \to 0$ für $j = k-1, \ldots, 0$, insbesondere also $\| f - P_n^0 \|_{\mathcal{H}_p^k} \to 0$. $\diamond$

15.15 Satz. *a) Es seien* $1 < p \leq \infty$, $\frac{1}{p} + \frac{1}{q} = 1$ *und* $f \in \mathcal{H}_p^k[a,b]$. *Dann gilt für* $f^{(k-1)}$ *die* Hölder-Bedingung

$$| f^{(k-1)}(x) - f^{(k-1)}(y) | \leq \| f^{(k)} \|_{L_p} | x-y |^{1/q} \quad \text{für } x, y \in [a,b]. \tag{21}$$

b) Für $1 < p \leq \infty$ *ist die Einheitskugel von* $\mathcal{H}_p^k[a,b]$ *relativ kompakt in* $C^{k-1}[a,b]$.

BEWEIS. a) folgt sofort aus dem Hauptsatz und der Hölderschen Ungleichung.

b) Es sei (f_n) eine Folge in $\mathcal{H}_p^k[a,b]$ mit $\| f_n \|_{\mathcal{H}_p^k} \leq 1$. Nach (18) ist (f_n) in $C^{k-1}[a,b]$ beschränkt, und nach (21) ist die Folge $(f_n^{(k-1)})$ *gleichstetig*. Der *Satz von Arzelà-Ascoli* liefert also eine Teilfolge (f_{n_j}) von (f_n), für die $(f_{n_j}^{(k-1)})$ gleichmäßig konvergiert. Man kann annehmen, daß auch die Folgen $(f_{n_j}^{(\ell)}(a))$ für $0 \leq \ell \leq k-2$ konvergieren; andernfalls geht man einfach zu einer weiteren Teilfolge über. Wegen

$$f_{n_j}^{(\ell)}(x) = f_{n_j}^{(\ell)}(a) + \int_a^x f_{n_j}^{(\ell+1)}(t)\, dt, \quad x \in [a,b],\ 0 \leq \ell \leq k-2,$$

ergibt sich nacheinander auch die gleichmäßige Konvergenz der Folgen $(f_{n_j}^{(k-2)}), \ldots, (f_{n_j})$, also die Konvergenz von (f_{n_j}) in $C^{k-1}[a,b]$. $\diamond$

Aufgaben

15.1 Man beweise (7).

15.2 Es sei $F \in \mathcal{AC}[a,b]$ mit $F(x) \neq 0$ für $x \in [a,b]$. Man zeige auch $\frac{1}{F} \in \mathcal{AC}[a,b]$.

15.3 Für $F \in \mathcal{BV}[a,b]$ zeige man $F \in \mathcal{AC}[a,b] \Leftrightarrow v_F \in \mathcal{AC}[a,b]$.

15.4 a) Es sei $F_\alpha(x) := x^\alpha \cos \frac{1}{x}$ (mit $F_\alpha(0) := 0$). Für welche $\alpha \in \mathbb{R}$ gilt $F_\alpha \in \mathcal{AC}[0,1]$?
a) Es sei $F(x) := x^2 \cos \frac{1}{x^2}$ (mit $F(0) := 0$). Man zeige, daß F auf $[0,1]$ differenzierbar ist, aber $F' \notin \mathcal{L}_1[0,1]$ gilt. In welchem Sinne gilt (1)?

15.5 a) Für $F \in \mathcal{AC}([a,b], \mathbb{R})$ gelte $F'(x) > 0$ für fast alle $x \in [a,b]$. Man zeige, daß F^{-1} absolut stetig ist.
b) Man finde eine streng monoton wachsende Funktion $F \in \mathcal{AC}([a,b], \mathbb{R})$, für die F^{-1} nicht absolut stetig ist.

15.6 Es seien $A \subseteq \mathbb{R}^n$ meßbar und $F \in \mathcal{C}(A, \mathbb{R}^n)$. Man zeige, daß F genau dann Nullmengen in Nullmengen abbildet, wenn F meßbare Teilmengen von A auf meßbare Teilmengen von $\mathbb{R}^n$ abbildet.

15.7 Ist die Einheitskugel von $\mathcal{H}_1^1[a,b] = \mathcal{AC}[a,b]$ relativ kompakt in $\mathcal{C}[a,b]$?

15.8 Man zeige, daß $\mathcal{H}_\infty^1[a,b]$ mit dem Raum

$$\Lambda^1[a,b] := \{ F \in \mathcal{F}[a,b] \mid \|F\|_{\Lambda^1} := \|F\|_{\sup} + \sup_{x \neq y} \frac{|F(x)-F(y)|}{|x-y|} < \infty \}$$

der *Lipschitz-stetigen* Funktionen übereinstimmt und beweise die Äquivalenz der Normen $\| \ \|_{\mathcal{H}_\infty^1}$ und $\| \ \|_{\Lambda^1}$ auf $\mathcal{H}_\infty^1[a,b] = \Lambda^1[a,b]$.

15.9 Es seien $F \in \mathcal{AC}([a,b], \mathbb{R})$ mit $F([a,b]) \subseteq [c,d]$ und $G \in \mathcal{AC}[c,d]$. Zusätzlich sei $G \in \Lambda^1[c,d]$ Lipschitz-stetig, F streng monoton wachsend oder $G \circ F \in \mathcal{BV}[a,b]$. Man zeige $G \circ F \in \mathcal{AC}[a,b]$.

15.10 Für $1 < p < \infty$ zeige man das folgende Resultat von F. Riesz:

$$\mathcal{H}_p^1[a,b] = \{ F \in \mathcal{F}[a,b] \mid \sup_{Z \in \mathfrak{Z}[a,b]} \sum_{k=1}^r \frac{|F(x_{k+1}) - F(x_k)|^p}{(x_{k+1} - x_k)^{p-1}} < \infty \}.$$

Gilt dies auch für $p = 1$?

15.11 a) Es sei $F \in \mathcal{AC}(\mathbb{R})$. Man zeige $F \in \mathcal{BV}(\mathbb{R}) \Leftrightarrow F' \in \mathcal{L}_1(\mathbb{R})$.
b) Man finde Funktionen $F \in \mathcal{AC}(\mathbb{R}) \backslash \mathcal{BV}(\mathbb{R})$.

15.12 Man führe die folgenden Skizzen alternativer Beweise von Theorem 15.5 detailliert durch:

a) Es sei 15.5 a) schon gezeigt, und man betrachte die Hilfsfunktion $D(x) := F(x) - F(a) - \int_a^x F'(t) \, dt$. Mit F ist auch D monoton wachsend, und wegen $D'(x) = 0$ f. ü. ist D konstant.
b) Es sei 15.5 b) schon gezeigt, und man setze $h := f - F' \in \mathcal{L}_1[a,b]$. Aus $\int_a^x h(t) \, dt = 0$ für $x \in [a,b]$ folgt dann $h = 0$.

III. Wegintegrale und der Satz von Gauß

Das zentrale Thema der Kapitel III–V sind *Integralsätze*, d. h. *mehrdimensionale Varianten des Hauptsatzes der Differential- und Integralrechnung*, und ihre *Anwendungen*.

In Abschnitt 16 wird gezeigt, daß stetige *Vektorfelder* genau dann *Gradientenfelder* sind, wenn ihre *Wegintegrale* nur von den Anfangs- und Endpunkten der Wege abhängen bzw. über *geschlossene* Wege *verschwinden*. Für *wirbelfreie* Vektorfelder verschwinden Wegintegrale über *nullhomotope* geschlossene Wege, so daß diese über *einfach zusammenhängenden Gebieten* stets Gradientenfelder sind.

Der Integralsatz von Gauß verwandelt das Integral der *Divergenz* eines Vektorfeldes über eine beschränkte offene Menge mit *„fast überall glattem Rand"* im $\mathbb{R}^n$ in ein gewisses Integral dieses Vektorfeldes über den *Rand* dieser Menge. Dieses Ergebnis wird in Abschnitt 17 zunächst für *ebene* offene Mengen mit *stückweise glattem Rand* formuliert und bewiesen; der allgemeine Fall folgt dann in Abschnitt 20. Dazu müssen zuvor die entsprechenden *Randintegrale* eingeführt werden; allgemeiner wird in Abschnitt 19 eine *Integrationstheorie für skalare Funktionen* auf p-dimensionalen C^1-Mannigfaltigkeiten entwickelt und anschließend auf den Fall p-dimensionaler C^1-*Flächen mit Singularitäten* ausgedehnt. Wichtige Hilfsmittel dabei sind die *Transformationsformel*, die Integrationstheorie aus Kapitel I und eine Charakterisierung der p-*dimensionalen Nullmengen* im $\mathbb{R}^n$ mittels geeigneter *Würfelüberdeckungen*.

Als Anwendungen der Ergebnisse dieses Kapitels werden in Abschnitt 18 die *Keplerschen Gesetze der Planetenbewegung* aus dem *Newtonschen Gravitationsgesetz* hergeleitet und in Abschnitt 21 der *Brouwersche Fixpunktsatz* bewiesen.

16 Wegintegrale und Potentiale

In diesem (unabhängig von den Kapiteln I und II lesbaren) Abschnitt wird mit Hilfe von *Wegintegralen* die bereits in Abschnitt II.25 diskutierte Frage geklärt, wann ein *gegebenes Vektorfeld* ein *Gradientenfeld* ist, d. h. ein *Potential* besitzt.

16.1 Motivation. Bei der Verschiebung eines Massenpunktes um einen Vektor $h \in \mathbb{R}^n$ (etwa $n = 2$ oder $n = 3$) in einem konstanten *Kraftfeld* K wird die *Arbeit* $A = \langle K, h \rangle$ geleistet (vgl. Abb. 16a). Wird der Massenpunkt in einem ortsabhängigen Kraftfeld $K : D \mapsto \mathbb{R}^n$ längs eines Weges

$\gamma : [a, b] \mapsto D$ verschoben, so kann die geleistete Arbeit mittels Zerlegungen

$$Z = \{a = t_0 < t_1 < \ldots < t_r = b\} \quad \text{von} \quad [a, b] \tag{1}$$

durch den Ausdruck

$$A \sim \sum_{k=1}^{r} \langle K(\gamma(t_{k-1})), \gamma(t_k) - \gamma(t_{k-1}) \rangle$$

$$\sim \sum_{k=1}^{r} \langle K(\gamma(t_{k-1})), \dot{\gamma}(t_{k-1}) \rangle (t_k - t_{k-1}) \tag{2}$$

approximiert werden. Ersetzt man die letzte Summe durch das entsprechende Integral, so erhält man die folgende Definition 16.3 eines Wegintegrals. $\square$

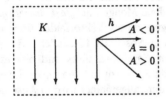

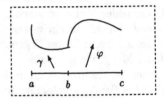

Abb. 16a: $A = \langle K, h \rangle$ Abb. 16b: Summe von Wegen

Dieses wird hier[8] für *stetige* Vektorfelder und *stückweise* stetig differenzierbare Wege $\gamma \in \mathcal{C}_{st}^1([a, b], \mathbb{R}^n)$ erklärt; nach Definition II.9.3 bedeutet letzteres die Existenz einer Zerlegung (1) mit $\gamma|_{[t_{k-1}, t_k]} \in \mathcal{C}^1([t_{k-1}, t_k], \mathbb{R}^n)$ für $k = 1, \ldots, r$. Ein Weg γ ist also genau dann stückweise $\mathcal{C}^1$, wenn er eine endliche *Summe* von $\mathcal{C}^1$-Wegen ist; wie in (II.8.4) wird für einen Weg $\varphi : [b, c] \mapsto \mathbb{R}^n$ mit $\varphi(b) = \gamma(b)$ der Weg $\gamma + \varphi : [a, c] \mapsto \mathbb{R}^n$ erklärt durch (vgl. Abb. 16b)

$$(\gamma + \varphi)(t) := \begin{cases} \gamma(t) & , \quad a \leq t \leq b \\ \varphi(t) & , \quad b \leq t \leq c \end{cases} . \tag{3}$$

Für stückweise $\mathcal{C}^1$-Wege hat man den folgenden *Äquivalenzbegriff* (vgl. Definition II.9.7):

16.2 Definition. *a) Eine streng monoton wachsende Bijektion* $\alpha : [a, b] \mapsto [c, d]$ *heißt* (orientierungserhaltende) Parametertransformation, *wenn* $\alpha \in \mathcal{C}_{st}^1([a, b], \mathbb{R})$ *und* $\alpha^{-1} \in \mathcal{C}_{st}^1([c, d], \mathbb{R})$ *gilt.*
b) Zwei $\mathcal{C}_{st}^1$-Wege $\gamma_1 : [a, b] \mapsto \mathbb{R}^n$ *und* $\gamma_2 : [c, d] \mapsto \mathbb{R}^n$ *heißen* äquivalent, *Notation:* $\gamma_1 \sim \gamma_2$, *falls* $\gamma_1 = \gamma_2 \circ \alpha$ *für eine Parametertransformation* $\alpha : [a, b] \mapsto [c, d]$ *gilt.*

---

[8]Man kann auch über *rektifizierbare* Wege integrieren, vgl. dazu etwa [19], 1.17.

In Definition 16.2 b) wird tatsächlich eine *Äquivalenzrelation* erklärt. Äquivalente Wege durchlaufen die gleiche *Kurve* $(\gamma_1) = (\gamma_2)$, und zwar in der *gleichen Richtung*, da α streng monoton *wächst*.

16.3 Definition. *Für einen Weg* $\gamma \in C^1_{st}([a,b], \mathbb{R}^n)$ *und ein stetiges Vektorfeld* $v \in C((\gamma), \mathbb{R}^n)$ *wird durch*

$$\int_\gamma \langle v(x), dx \rangle := \int_a^b \langle v(\gamma(t)), \dot{\gamma}(t) \rangle \, dt \in \mathbb{R} \tag{4}$$

das Wegintegral von v *über* γ *erklärt.*

16.4 Bemerkungen. a) Aus der Substitutionsregel ergibt sich sofort $\int_{\gamma_1} \langle v(x), dx \rangle = \int_{\gamma_2} \langle v(x), dx \rangle$ für äquivalente C^1_{st}-Wege $\gamma_1 \sim \gamma_2$.
b) Für den *in umgekehrter Richtung* durchlaufenen Weg (vgl. (II.8.3))

$$-\gamma : [a,b] \mapsto \mathbb{R}^n \, , \quad -\gamma(t) := \gamma(a + b - t) \, , \tag{5}$$

gilt $\frac{d}{dt}(-\gamma)(t) = -\dot{\gamma}(a + b - t)$ und daher $\int_{-\gamma} \langle v(x), dx \rangle = -\int_\gamma \langle v(x), dx \rangle$.
c) Man hat $\int_{\gamma + \varphi} \langle v(x), dx \rangle = \int_\gamma \langle v(x), dx \rangle + \int_\varphi \langle v(x), dx \rangle$ für eine Summe von Wegen wie in (3). $\square$

Es zeigt sich nun, daß ein *Vektorfeld genau dann ein Gradientenfeld* ist, wenn seine *Wegintegrale* nur von den *Anfangs*- und *Endpunkten*

$$\gamma^A := \gamma(a) \quad \text{und} \quad \gamma^E := \gamma(b) \tag{6}$$

der Wege $\gamma : [a,b] \mapsto \mathbb{R}^n$ abhängen:

16.5 Satz. *Für ein Gebiet* $G \subseteq \mathbb{R}^n$ *und ein stetiges Vektorfeld* $v \in C(G, \mathbb{R}^n)$ *sind äquivalent:*

(a) Es ist $v = \operatorname{grad} g$ *für ein Potential* $g \in C^1(G, \mathbb{R})$.
(b) Es ist $\int_\gamma \langle v(x), dx \rangle = 0$ *für jeden geschlossenen* C^1_{st}-Weg γ *in* G.
(c) Es ist $\int_{\gamma_0} \langle v(x), dx \rangle = \int_{\gamma_1} \langle v(x), dx \rangle$ *für* C^1_{st}-Wege γ_0, γ_1 *in* G *mit* $\gamma_0^A = \gamma_1^A$ *und* $\gamma_0^E = \gamma_1^E$.

BEWEIS. „(a) $\Rightarrow$ (b)": Aufgrund der Kettenregel gilt

$$\int_\gamma \langle v(x), dx \rangle = \int_a^b \langle v(\gamma(t)), \dot{\gamma}(t) \rangle \, dt = \int_a^b \langle \operatorname{grad} g(\gamma(t)), \dot{\gamma}(t) \rangle \, dt$$

$$= \int_a^b \frac{d}{dt}(g \circ \gamma)(t) \, dt = g(\gamma(b)) - g(\gamma(a)), \quad \text{also}$$

$$\int_\gamma \langle v(x), dx \rangle = g(\gamma^E) - g(\gamma^A). \tag{7}$$

Für einen *geschlossenen* Weg ist $\gamma^E = \gamma^A$ und somit $\int_\gamma \langle v(x), dx \rangle = 0$.

„(b) $\Rightarrow$ (c)": Der Weg $\gamma := \gamma_1 + (-\gamma_0)$ ist *geschlossen,* und aus (b) folgt

$$\int_{\gamma_1}\langle v(x), dx\rangle - \int_{\gamma_0}\langle v(x), dx\rangle = \int_\gamma\langle v(x), dx\rangle = 0\,.$$

„(c) $\Rightarrow$ (a)": Es sei $a \in G$ fest
gewählt. Zu $x \in G$ gibt es einen
$\mathcal{C}^1_{st}$-Weg γ_x mit $(\gamma_x) \subseteq G$ und
$\gamma_x^A = a$, $\gamma_x^E = x$ (vgl. Theorem
II. 8.12), und man setzt

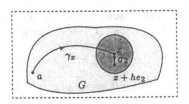

$$g(x) := \int_{\gamma_x}\langle v(y), dy\rangle\,. \qquad (8)$$

Abb. 16c

Dies ist in der Tat möglich, da
nach Voraussetzung (c) das Weg-
integral in (8) nicht von der Wahl des Weges γ_x abhängt. Für eine Kugel
$K_\delta(x) \subseteq G$, $|h| < \delta$ und $j = 1, \dots, n$ hat man (vgl. Abb. 16c)

$$g(x + he_j) - g(x) \;=\; \int_{\gamma_x + \sigma_j}\langle v(y), dy\rangle - \int_{\gamma_x}\langle v(y), dy\rangle \;=\; \int_{\sigma_j}\langle v(y), dy\rangle$$

mit der *Strecke* $\sigma_j : t \mapsto x + the_j$ ($t \in [0,1]$) von x nach $x + he_j$. Es folgt

$$\tfrac{1}{h}\left(g(x + he_j) - g(x)\right) \;=\; \tfrac{1}{h}\int_0^1\langle v(\sigma_j(t)), he_j\rangle\, dt$$

$$=\; \int_0^1 v_j(x + the_j)\, dt \to v_j(x)$$

für $h \to 0$, also $\partial_j g(x) = v_j(x)$ und somit $\operatorname{grad} g = v$. $\qquad \diamond$

16.6 Erinnerung. Nach dem *Satz von Schwarz* ist ein $\mathcal{C}^1$-Gradientenfeld
v *wirbelfrei,* erfüllt also die *Integrabilitätsbedingungen*

$$\partial_i v_j - \partial_j v_i \;=\; 0 \quad \text{für } 1 \le i, j \le n \qquad (9)$$

(vgl. Satz II. 25.3). Umgekehrt besitzt ein wirbelfreies $\mathcal{C}^1$-Vektorfeld v über
einem bezüglich $a \in G$ *sternförmigen Gebiet* G das Potential

$$g(x) := \int_{\sigma[a,x]}\langle v(y), dy\rangle \;=\; \int_0^1\langle v(a + t(x - a)), x - a\rangle\, dt\,, \qquad (10)$$

wobei $\sigma[a,x]$ die *Strecke* von a nach x bezeichnet (vgl. Theorem II. 25.5).
Dagegen gilt für das Wegintegral des auf $\mathbb{R}^2 \backslash \{(0,0)\}$ wirbelfreien Vektorfeldes $w(x_1, x_2) := \frac{1}{x_1^2 + x_2^2}(-x_2, x_1)^\top$ über den Einheitskreis offenbar
$\int_{\kappa_1}\langle w(x), dx\rangle = 2\pi \ne 0$, und w besitzt nach Satz 16.5 *kein Potential*
auf $\mathbb{R}^2 \backslash \{(0,0)\}$ (vgl. Beispiel II. 25.4 b)). $\qquad \Box$

Es folgt nun eine wesentliche Erweiterung von Theorem II. 25.5, die auf dem
für die Topologie grundlegenden *Homotopie-Begriff* beruht:

16.7 Definition. *a) Zwei geschlossene Wege* γ_0, $\gamma_1 : [0,1] \mapsto X$ *in einem metrischen Raum* X *heißen* homotop *in* X, *falls eine* Homotopie, *d. h. eine stetige Abbildung* $H : [0,1]^2 \mapsto X$ *existiert mit*

$$H(0,t) = \gamma_0(t) \quad und \quad H(1,t) = \gamma_1(t) \quad \text{für alle} \quad t \in [0,1], \quad (11)$$

$$H(s,0) = H(s,1) \quad \text{für alle} \quad s \in [0,1]. \tag{12}$$

b) Ein geschlossener Weg $\gamma : [0,1] \mapsto X$ *heißt* nullhomotop *in* X, *falls* γ *zu einem konstanten Weg* $\gamma_0 : t \mapsto x_0 \in X$ *in* X *homotop ist.*

Durch eine Homotopie H wird der geschlossene Weg $\gamma_0 = H_0$ durch die *Schar* H_s geschlossener Wege *innerhalb von* X in den geschlossenen Weg $\gamma_1 = H_1$ *stetig deformiert.* Es zeigt Abb. 16d zwei in $\mathbb{R}^2 \backslash K$ homotope geschlossene Wege, die in $\mathbb{R}^2$, nicht aber in $\mathbb{R}^2 \backslash K$ nullhomotop sind.

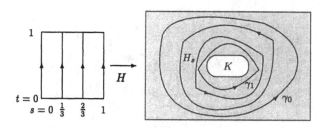

Abb. 16d

16.8 Theorem. *Es seien* $G \subseteq \mathbb{R}^n$ *ein Gebiet und* $v \in \mathcal{C}^1(G, \mathbb{R}^n)$ *ein wirbelfreies Vektorfeld auf* G. *Für zwei in* G *homotope geschlossene* $\mathcal{C}^1_{st}$-*Wege* γ_0 *und* γ_1 *gilt dann* $\int_{\gamma_0} \langle v(x), dx \rangle = \int_{\gamma_1} \langle v(x), dx \rangle$.

BEWEIS. a) Es sei $H : [0,1]^2 \mapsto G$ eine Homotopie mit $\gamma_0 = H_0$ und $\gamma_1 = H_1$. Da $H([0,1]^2)$ kompakt ist, gibt es $\varepsilon > 0$ mit $H([0,1]^2)_\varepsilon \subseteq G$. Da H gleichmäßig stetig ist, gibt es $\delta > 0$ mit

$$\max \{ |s - s'|, |t - t'| \} \leq \delta \ \Rightarrow \ |H(s,t) - H(s',t')| < \varepsilon \tag{13}$$

für alls $s, s', t, t' \in [0,1]$.

b) Es sei nun Z eine Zerlegung von $[0,1]$ wie in (1) mit $t_k - t_{k-1} < \delta$ für $k = 1, \ldots, r$. Mit $a_{jk} := H(t_j, t_k) \in G$ definiert man die Strecken $\sigma_{jk} := \sigma[a_{j-1,k}, a_{jk}]$ für $j = 1, \ldots, r$ und $k = 0, \ldots, r$ sowie $\pi_{jk} := \sigma[a_{j,k-1}, a_{jk}]$ für $j = 1, \ldots, r-1$ und $k = 1, \ldots, r$. Für diese j sei $\pi_j := \pi_{j1} + \cdots + \pi_{jr}$ der *Polygonzug* durch die Punkte $a_{j0}, a_{j1}, \ldots, a_{jr}$; für $j = 0$ und $j = r$

setzt man $\pi_0 := \gamma_0$ und $\pi_r := \gamma_1$ sowie $\pi_{jk} := \pi_j|_{[t_{k-1}, t_k]}$. Es wird nun $\int_{\pi_{j-1}} \langle v(x), dx \rangle = \int_{\pi_j} \langle v(x), dx \rangle$ für $j = 1, \ldots, r$ gezeigt, und daraus folgt dann offenbar die Behauptung.

c) Die Wege $\pi_{j-1,k} + \sigma_{jk}$ und $\sigma_{j,k-1} + \pi_{jk}$ von $a_{j-1,k-1}$ nach a_{jk} verlaufen wegen (13) in der Kugel $K_\varepsilon(a_{jk}) \subseteq G$ (vgl. Abb. 16e). Nach Theorem II. 25.5 besitzt v ein Potential auf $K_\varepsilon(a_{jk})$, und aus Satz 16.5 folgt $\int_{\pi_{j-1,k} + \sigma_{j,k}} \langle v(x), dx \rangle = \int_{\sigma_{j,k-1} + \pi_{jk}} \langle v(x), dx \rangle$, also

$$\int_{\pi_{j-1,k}} \langle v(x), dx \rangle - \int_{\pi_{jk}} \langle v(x), dx \rangle = \int_{\sigma_{j,k-1}} \langle v(x), dx \rangle - \int_{\sigma_{jk}} \langle v(x), dx \rangle .$$

Wegen $a_{j0} = H(t_j, 0) = H(t_j, 1) = a_{jr}$ liefert Summation über k dann

$$\int_{\pi_{j-1}} \langle v(x), dx \rangle - \int_{\pi_j} \langle v(x), dx \rangle = \int_{\sigma_{j0}} \langle v(x), dx \rangle - \int_{\sigma_{jr}} \langle v(x), dx \rangle = 0$$

und somit die Behauptung.   ◇

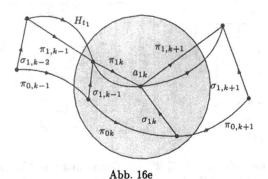

Abb. 16e

16.9 Beispiel. Für das Wegintegral des auf $\mathbb{R}^2 \backslash \{0\}$ wirbelfreien Vektorfeldes $w(x_1, x_2) = \frac{1}{x_1^2 + x_2^2} (-x_2, x_1)^\top$ über die Ellipse $\eta : [-\pi, \pi] \mapsto \mathbb{R}^2$, $\eta(t) := (a \cos t, b \sin t)^\top$ $(a, b > 0)$ gilt

$$\int_\eta \langle w(x), dx \rangle = \int_{-\pi}^{\pi} \frac{ab}{a^2 \cos^2 t + b^2 \sin^2 t} \, dt .$$

Nun ist $H(s, t) := (1 - s) \eta(t) + s \kappa(t)$ eine Homotopie in $\mathbb{R}^2 \backslash \{0\}$ zwischen η und der Einheitskreislinie $\kappa : t \mapsto (\cos t, \sin t)^\top$. Aus Theorem 16.8 folgt dann $\int_\eta \langle w(x), dx \rangle = \int_\kappa \langle w(x), dx \rangle = 2\pi$ und somit

$$\int_{-\pi}^{\pi} \frac{dt}{a^2 \cos^2 t + b^2 \sin^2 t} = \frac{2\pi}{ab} .$$ □ (14)

16.10 Definition. *Ein wegzusammenhängender Raum X heißt* einfach zusammenhängend, *wenn jeder geschlossene Weg in X dort nullhomotop ist.*

Aus Satz 16.5 und Theorem 16.8 ergibt sich sofort die

16.11 Folgerung. *Es seien $G \subseteq \mathbb{R}^n$ ein einfach zusammenhängendes
Gebiet und $v \in C^1(G, \mathbb{R}^n)$ ein wirbelfreies Vektorfeld auf G. Dann gilt
$v = \operatorname{grad} g$ für ein Potential $g \in C^2(G, \mathbb{R})$.*

16.12 Beispiele. a) Ein bezüglich $a \in G$
sternförmiges Gebiet G in $\mathbb{R}^n$ ist einfach
zusammenhängend; ist der Tat γ ein geschlossener Weg in G, so liefert

$$H(s,t) := (1-s)\gamma(t) + sa$$

eine Homotopie in G zwischen γ und dem
konstanten Weg H_1 (vgl. Abb. 16f).

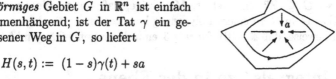

Abb. 16f

b) Homöomorphe Bilder einfach zusammenhängender Räume sind ebenfalls
einfach zusammenhängend.

c) Es ist $\mathbb{R}^n \backslash \{0\}$ für $n \geq 3$ einfach zusammenhängend (vgl. Aufgabe 16.7),
nicht jedoch für $n = 2$ aufgrund von Beispiel 16.9. Folglich ist $\mathbb{R}^n$ für $n \geq 3$
nicht homöomorph zu $\mathbb{R}^2$. □

Aufgaben

16.1 Man bestätige die Bemerkungen 16.4.

16.2 Es seien $\gamma \in C^1_{st}([a, b], \mathbb{R}^n)$ und $v \in C(\mathbb{R}^n, \mathbb{R}^n)$. Für welche linearen
Transformationen $T \in GL(\mathbb{R}^n)$ gilt $\int_{T(\gamma)} \langle Tv(x), dx \rangle = \int_\gamma \langle v(x), dx \rangle$?

16.3 Man beweise $\left| \int_\gamma \langle v(x), dx \rangle \right| \leq \sup \{ |v(x)| \mid x \in (\gamma) \} \, \mathsf{L}(\gamma)$ für Wege
$\gamma \in C^1_{st}([a, b], \mathbb{R}^n)$ und Vektorfelder $v \in C((\gamma), \mathbb{R}^n)$.

16.4 Man zeige, daß Homotopie eine Äquivalenzrelation auf der Menge aller
geschlossenen Wege $\gamma : [0,1] \mapsto X$ ist.

16.5 Man beweise Theorem 16.8 für C^2-Homotopien durch Differentiation
von $\int_{H_s} \langle v(x), dx \rangle = \int_0^1 \langle v(H(s,t)), \frac{\partial H}{\partial t}(s,t) \rangle \, dt$ nach s.

16.6 Es seien $\gamma_0, \gamma_1 : [0,1] \mapsto X$ mit $\gamma_0^A = \gamma_1^A$ und $\gamma_0^E = \gamma_1^E$ in X *strikt
homotope* Wege, d. h. es gebe eine eine *Homotopie* $H \in C([0,1]^2, X)$ mit

$$H(0,t) = \gamma_0(t) \quad \text{und} \quad H(1,t) = \gamma_1(t) \quad \text{für alle} \quad t \in [0,1], \qquad (15)$$

$$H(s,0) = \gamma_0^A \quad \text{und} \quad H(s,1) = \gamma_0^E \quad \text{für alle} \quad s \in [0,1]. \tag{16}$$

a) Man zeige, daß $\gamma_0 + \gamma_0^E + (-\gamma_1)$ zu einem in X nullhomotopen Weg äquivalent ist.

b) Man zeige $\int_{\gamma_0} \langle v(x), dx \rangle = \int_{\gamma_1} \langle v(x), dx \rangle$ für $\mathcal{C}_{st}^1$-Wege γ_0, γ_1 in einem Gebiet $X \subseteq \mathbb{R}^n$ und ein wirbelfreies Vektorfeld $v \in \mathcal{C}^1(X, \mathbb{R}^n)$.

16.7 a) Es seien $n \geq 2$ und $a \in S^{n-1}$. Man zeige, daß $S^{n-1} \backslash \{a\}$ und $\mathbb{R}^{n-1}$ homöomorph sind.

b) Es sei $G \subseteq \mathbb{R}^n$ ein Gebiet. Man zeige, daß ein geschlossener Weg $\gamma : [0,1] \mapsto G$ in G zu einem Polygonzug homotop ist.

c) Man beweise, daß $\mathbb{R}^n \backslash \{0\}$ für $n \geq 3$ einfach zusammenhängend ist.

17   Integralsätze in der Ebene

In diesem Abschnitt wird der *Gaußsche Integralsatz* für beschränkte offene Mengen mit *stückweise glattem Rand* in der Ebene bewiesen; nach einer Umformulierung zum *Greenschen Integralsatz* folgen als erste Anwendungen eine *Flächenformel* und die *Leibnizsche Sektorformel*.

Bemerkung: Die Resultate dieses Abschnitts sind der Ausgangspunkt für die Entwicklung der Grundlagen der Funktionentheorie in Kapitel IV. Der Gaußsche Integralsatz wird in Theorem 20.3 noch einmal in wesentlich allgemeinerer Form bewiesen; der vorliegende Abschnitt kann daher auch als Motivation und Vorbereitung für Abschnitt 20 betrachtet werden.

Zunächst werden *(nicht orientierte) Wegintegrale skalarer Funktionen* erklärt:

17.1 Definition. *Für einen Weg $\gamma \in \mathcal{C}_{st}^1([a,b], \mathbb{R}^n)$ und eine stetige Funktion $f \in \mathcal{C}((\gamma))$ wird durch*

$$\int_\gamma f \, ds := \int_\gamma f(x) \, ds(x) := \int_a^b f(\gamma(t)) \, |\dot{\gamma}(t)| \, dt \tag{1}$$

das Wegintegral von f über γ erklärt.

17.2 Bemerkungen. a) Aus der Substitutionsregel ergibt sich sofort $\int_{\gamma_1} f \, ds = \int_{\gamma_2} f \, ds$ für äquivalente $\mathcal{C}_{st}^1$-Wege $\gamma_1 \sim \gamma_2$. Weiter hat man $\int_{-\gamma} f \, ds = \int_\gamma f \, ds$; das in (1) definierte Wegintegral ist also von der *Orientierung* von γ *unabhängig*. Offenbar ist

$$\int_\gamma 1 \, ds = \int_a^b |\dot{\gamma}(t)| \, dt = \mathsf{L}(\gamma) \tag{2}$$

die *Länge* des Weges γ (vgl. Definition II. 9.3 und Satz 15.11).

b) Mit $A \in O_{\mathbb{R}}(n)$ und $b \in \mathbb{R}^n$ sei $\Psi : u \mapsto Au + b$ eine *affine Isometrie* des $\mathbb{R}^n$. Für einen Weg $\gamma \in C^1_{st}([a, b], \mathbb{R}^n)$ und $f \in C(\Psi((\gamma)))$ hat man dann

$$\int_{\Psi \circ \gamma} f \, ds \;=\; \int_a^b f(\Psi(\gamma(t))) \, | \, A \, \dot{\gamma}(t) \, | \, dt \;=\; \int_\gamma (f \circ \Psi) \, ds \,, \tag{3}$$

also *Invarianz des Wegintegrals* unter Ψ (vgl. dazu auch Satz II. 29.2 und die Bemerkungen II. 29.3). □

17.3 Definition. *a) Ein Weg* $\gamma \in C^1_{st}([a, b], \mathbb{R}^n)$ *heißt stückweise glatt, wenn für alle (auch einseitigen) Ableitungen stets* $\dot{\gamma}(t) \neq 0$ *gilt.*

b) Eine [geschlossene] Jordankurve $\Gamma \subseteq \mathbb{R}^n$ *heißt stückweise glatt, wenn sie eine stückweise glatte Jordan-Parametrisierung* $\gamma \in C^1_{st}([a, b], \mathbb{R}^n)$ *besitzt. In diesem Fall wird für* $f \in C(\Gamma)$ *durch*

$$\int_\Gamma f \, ds := \int_\Gamma f(x) \, ds(x) := \int_\gamma f(x) \, ds(x) \tag{4}$$

das Kurvenintegral *von* f *über* Γ *definiert.*

17.4 Bemerkungen. a) Ein Weg γ ist genau dann stückweise glatt, wenn er eine endliche Summe glatter Wege im Sinne von (16.3) ist.

b) Sind γ und γ_1 stückweise glatte Jordan-Parametrisierungen der stückweise glatten [geschlossenen] Jordankurve Γ [mit $\gamma_1^A = \gamma^A$], so gilt $\gamma_1 \sim \gamma$ oder $\gamma_1 \sim -\gamma$ (vgl. die Bemerkungen II. 9.12 und Aufgabe II. 9.9); das Kurvenintegral in (4) ist also wohldefiniert (eine weitere, äquivalente Definition folgt in 19.17, vgl. auch Beispiel 19.20 a)). Jede der beiden Äquivalenzklassen stückweise glatter Jordan-Parametrisierungen von Γ [bei festem Anfangspunkt] heißt eine *Orientierung* von Γ.

c) Für einen stückweise glatten Weg γ gilt $\dot{\gamma}(t) = | \, \dot{\gamma}(t) \, | \, t(\gamma(t))$ mit den *Tangenteneinheitsvektoren* $t(\gamma(t)) = \frac{\dot{\gamma}(t)}{| \, \dot{\gamma}(t) \, |}$ (bis auf endlich viele t). Für ein Vektorfeld $v \in C(\Gamma, \mathbb{R}^n)$ folgt daher

$$\int_\gamma \langle v(x), dx \rangle \;=\; \int_a^b \langle v(\gamma(t)), \dot{\gamma}(t) \rangle \, dt \;=\; \int_\Gamma \langle v, t \rangle \, ds \tag{5}$$

aus (16.4), (1) und (4). Man beachte, daß bei Änderung der Orientierung γ durch $-\gamma$ und t durch $-t$ ersetzt werden.

d) Es ist $L(\Gamma) := \int_\Gamma 1 \, ds = L(\gamma)$ die *Länge* der Kurve Γ, und $\frac{1}{L(\Gamma)} \int_\Gamma f \, ds$ ist der *Mittelwert* der Funktion f über Γ. □

Die folgende Definition wird in den Abbildungen 17a und 17b illustriert:

17.5 Definition. *Eine beschränkte offene Menge* $G \subseteq \mathbb{R}^2$ *besitzt einen* stückweise glatten Rand, *Notation:* $G \in \mathfrak{G}_{st}(\mathbb{R}^2)$, *wenn folgendes gilt:*

(a) Es ist $\partial G = \bigcup\limits_{\ell=1}^{m} \Gamma_\ell$ eine endliche disjunkte Vereinigung stückweise glatter geschlossener Jordankurven.
(b) Zu $q \in \partial G$ gibt es eine affine Isometrie

$$\Psi_q : (\xi, \eta)^\top \mapsto A_q (\xi, \eta)^\top + q, \quad A_q \in \mathbb{O}_2(\mathbb{R}), \tag{6}$$

des $\mathbb{R}^2$, ein offenes Rechteck $R := R_q := (a,b) \times (c,d) \subseteq \mathbb{R}^2$ mit $(0,0) \in R$ und eine Funktion $\psi = \psi_q \in C^1_{st}((a,b), \mathbb{R})$ mit $\psi(a,b) \subseteq (c,d)$ und $\psi(0) = 0$, die höchstens in 0 nicht differenzierbar ist, so daß folgendes gilt:

$$\Psi_q^{-1}(G) \cap R \;=\; \{(\xi, \eta) \in R \mid \eta < \psi(\xi)\} \tag{7}$$
$$\Psi_q^{-1}(\partial G) \cap R \;=\; \{(\xi, \eta) \in R \mid \eta = \psi(\xi)\}. \tag{8}$$

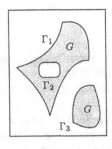

Abb. 17a

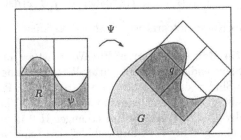

Abb. 17b

17.6 Beispiele, Bemerkungen und Definitionen. a) Beispiele für beschränkte offene Mengen mit stückweise glattem Rand sind etwa Kreise, Ovale, Ellipsen, Dreiecke, Rechtecke oder auch das Innere von Normalbereichen (vgl. Definition 9.7), die über kompakten Intervallen mittels C^1_{st}-Funktionen definiert sind.
b) Die Menge $G := K_2(0)\backslash([-1,1] \times \{0\})$ (vgl. Abb. 17c) liegt nicht in $\mathfrak{G}_{st}(\mathbb{R}^2)$; auf der Randkomponente $[-1,1] \times \{0\}$ ist Bedingung 17.5 b) nicht erfüllt.
c) Man beachte, daß für $G \in \mathfrak{G}_{st}(\mathbb{R}^2)$ die Komponenten von ∂G Jordan-Parametrisierungen mit $\dot\gamma(t) \neq 0$ für alle (auch einseitigen) Ableitungen besitzen müssen; *Nullwinkel* zwischen einseitigen Ableitungen sind nicht zugelassen, so daß etwa das Innengebiet der Astroide aus Abb. 17d nicht in $\mathfrak{G}_{st}(\mathbb{R}^2)$ liegt. Nach Theorem 20.3 sind diese Einschränkungen für die Gültigkeit des Gaußschen Integralsatzes jedoch nicht wirklich notwendig.

d) Außerhalb endlich vieler Punkte sind die Tangenten an ∂G wohldefiniert.
Für $p = \Psi_q(\xi, \eta) \in \partial G \cap \Psi_q(R_q)$ ist (mit eventueller Ausnahme von q)

$$n(p) := n_a(p) := \Psi_q \left(\frac{(-\psi'(\xi), 1)^\top}{\sqrt{1 + \psi'(\xi)^2}} \right) \tag{9}$$

ein Normalenvektor an ∂G im Punkte p, und zwar der *äußere Normalenvektor*. Unter den beiden Normalenvektoren der Länge 1 ist dieser eindeutig durch die folgende Eigenschaft festgelegt: Es gibt $\delta > 0$ mit

$$x + tn(p) \notin G \text{ für } 0 < t < \delta \text{ und } x + tn(p) \in G \text{ für } -\delta < t < 0. \tag{10}$$

Für $G \in \mathfrak{G}_{st}(\mathbb{R}^2)$ ist also auf ∂G außerhalb endlich vieler Punkte das stetige äußere Normalenvektorfeld $n = n_a$ definiert.

e) Für $G \in \mathfrak{G}_{st}(\mathbb{R}^2)$ wird das *Kurvenintegral* einer Funktion $f \in \mathcal{C}(\partial G)$ über ∂G definiert durch

$$\int_{\partial G} f \, ds := \sum_{\ell=1}^{m} \int_{\Gamma_\ell} f \, ds.$$

Abb. 17c

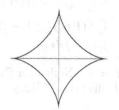

Abb. 17d

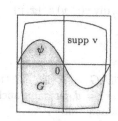

Abb. 17e

17.7 Lemma. *Es seien* $R := (a, b) \times (c, d) \subseteq \mathbb{R}^2$ *ein offenes Rechteck,* $\psi \in \mathcal{C}^1_{st}((a, b), \mathbb{R})$ *mit* $\psi(a, b) \subseteq (c, d)$ *höchstens in* $0 \in (a, b)$ *nicht differenzierbar,* $G := \{(x, y) \in R \mid y < \psi(x)\}$ *und* $v \in \mathcal{C}^1_c(R, \mathbb{R}^2)$. *Dann gilt*

$$\int_G \operatorname{div} v(x, y) \, d^2(x, y) = \int_{\partial G \cap R} \langle v, n \rangle \, ds. \tag{12}$$

BEWEIS. a) Es ist $\partial G \cap R = \Gamma := \{(t, \psi(t)) \mid t \in (a, b)\}$ der Graph von ψ, also eine stückweise glatte Jordankurve. Wegen $\operatorname{supp} v \subseteq R$ ist $\operatorname{supp} v \cap \Gamma$ in einer *kompakten* Teilkurve von Γ enthalten (vgl. Abb. 17e), so daß das Kurvenintegral in (12) wohldefiniert ist.
b) Mit $v := (P, Q)^\top$ hat man wegen $Q(x, c) = 0$:

$$\int_G \frac{\partial Q}{\partial y}(x, y) \, d^2(x, y) = \int_a^b \int_c^{\psi(x)} \frac{\partial Q}{\partial y}(x, y) \, dy \, dx$$
$$= \int_a^b (Q(x, \psi(x)) - Q(x, c)) \, dx = \int_a^b Q(x, \psi(x)) \, dx.$$

c) Ebenso gilt auch

$$\int_G \frac{\partial P}{\partial x}(x,y)\, d^2(x,y) \;=\; \int_a^b \int_c^{\psi(x)} \frac{\partial P}{\partial x}(x,y)\, dy\, dx\,;$$

für das innere Integral hat man für $x \neq 0$ stets

$$\int_c^{\psi(x)} \frac{\partial P}{\partial x}(x,y)\, dy \;=\; \frac{d}{dx} \int_c^{\psi(x)} P(x,y)\, dy - P(x,\psi(x))\, \psi'(x)$$

(vgl. Aufgabe II. 19.7), und wegen $P(b,y) = P(a,y) = 0$ ergibt sich

$$\int_G \frac{\partial P}{\partial x}(x,y)\, d^2(x,y) \;=\; -\int_a^b P(x,\psi(x))\, \psi'(x)\, dx\,.$$

d) Es ist $\gamma : (a,b) \mapsto \mathbb{R}^2$, $\gamma(t) = (t,\psi(t))$, eine stückweise glatte Jordan-Parametrisierung von $\Gamma = \partial G \cap R$ mit $\dot{\gamma}(t) = (1,\psi'(t))^{\mathsf{T}}$, und $\mathfrak{n}(\gamma(t)) = \frac{(-\psi'(t),1)^{\mathsf{T}}}{\sqrt{1+\psi'(t)^2}}$ ist der äußere Normalenvektor an ∂G im Punkt $\gamma(t) \in \Gamma$. Addition der Formeln aus b) und c) liefert daher

$$\begin{aligned}
\int_G \operatorname{div} v(x,y)\, d^2(x,y) \;&=\; -\int_a^b P(x,\psi(x))\, \psi'(x)\, dx + \int_a^b Q(x,\psi(x))\, dx \\
&=\; \int_a^b \big((P\,\mathfrak{n}_1)\,(\gamma(t)) + (Q\,\mathfrak{n}_2)\,(\gamma(t)) \big)\, |\,\dot{\gamma}(t)\,|\, dt \\
&=\; \int_\Gamma \langle v,\mathfrak{n}\rangle\, ds\,. \qquad\qquad \diamond
\end{aligned}$$

Für $G = R$ ist $\partial G \cap R = \emptyset$. Nach dem Beweis von Lemma 17.7 für $\psi(x) = d$ ist dann auch $\int_G \operatorname{div} v(x,y)\, d^2(x,y) = 0$, und (12) gilt auch in diesem Fall.

17.8 Theorem (Integralsatz von Gauß). *Es seien* $G \in \mathfrak{G}_{st}(\mathbb{R}^2)$, *$U$ eine offene Umgebung von $\overline{G}$ und $v \in \mathcal{C}^1(U,\mathbb{R}^2)$ ein Vektorfeld. Dann gilt*

$$\int_G \operatorname{div} v(x,y)\, d^2(x,y) \;=\; \int_{\partial G} \langle v,\mathfrak{n}\rangle\, ds\,. \tag{13}$$

BEWEIS. Zu $q \in \partial G$ wählt man ein offenes Rechteck R_q wie in Definition 17.5 mit $S_q := \Psi_q(R_q) \subseteq U$; zu $q \in G$ wählt man ein offenes Rechteck $S_q \subseteq G$ mit $q \in S_q$. Nach Satz 10.1 gibt es eine der offenen Überdeckung $\{S_q \mid q \in \overline{G}\}$ von $\overline{G}$ untergeordnete endliche $\mathcal{C}^\infty$-Zerlegung der Eins $\{\alpha_j\}_{j=1}^r$ mit $\operatorname{supp} \alpha_j \subseteq S_{q_j}$. Für $v_j := \alpha_j\, v$ liefert dann Lemma 17.7 sofort, für $q_j \in \partial G$ mittels der affinen isometrischen Transformation Ψ_{q_j},

$$\int_{G \cap S_{q_j}} \operatorname{div} v_j(x,y)\, d^2(x,y) \;=\; \int_{\partial G \cap S_{q_j}} \langle v_j,\mathfrak{n}\rangle\, ds\,,$$

da ja die Integrationen, die Bildung des äußeren Normalenvektorfeldes, das Skalarprodukt und auch die Divergenzbildung unter Ψ_{q_j} *invariant* sind (vgl. Theorem 11.7 und die Bemerkungen 17.2 b) sowie II. 29.6). Aufgrund der

Linearität des Divergenzoperators folgt dann

$$\int_{\partial G}\langle v,\mathfrak{n}\rangle\, ds \;=\; \sum_{j=1}^{r}\int_{\partial G}\langle v_j,\mathfrak{n}\rangle\, ds \;=\; \sum_{j=1}^{r}\int_{\partial G\cap S_{q_j}}\langle v_j,\mathfrak{n}\rangle\, ds$$

$$=\; \sum_{j=1}^{r}\int_{G\cap S_{q_j}}\operatorname{div}v_j\, d^2(x,y) \;=\; \sum_{j=1}^{r}\int_{G}\operatorname{div}v_j\, d^2(x,y)$$

$$=\; \int_{G}\operatorname{div}(\sum_{j=1}^{r}v_j)\, d^2(x,y) \;=\; \int_{G}\operatorname{div}v\, d^2(x,y)$$

und somit die Behauptung.   ◇

In der Situation des Gaußschen Integralsatzes seien $v=(P,Q)^{\mathsf{T}}$ und $w:=D_{-\pi/2}\,v=(Q,-P)^{\mathsf{T}}$ das „um den Winkel $-\frac{\pi}{2}$ gedrehte" Vektorfeld. Dann gelten

$$\operatorname{div}w \;=\; \tfrac{\partial Q}{\partial x}-\tfrac{\partial P}{\partial y}\quad\text{und} \tag{14}$$

$$\langle w,\mathfrak{n}\rangle \;=\; Q\mathfrak{n}_1-P\mathfrak{n}_2 \;=\; Pt_1+Qt_2 \;=\; \langle v,t\rangle\quad\text{mit} \tag{15}$$

$$t \;:=\; D_{\pi/2}\,\mathfrak{n} \;:=\; (-\mathfrak{n}_2,\mathfrak{n}_1)^{\mathsf{T}}\,; \tag{16}$$

es ist $t(p)$ der „um den Winkel $+\frac{\pi}{2}$ gedrehte" Normalen-vektor $\mathfrak{n}(p)$, also ein *Tangenteneinheitsvektor* an ∂G. Offenbar liefert t eine *Orientierung* von ∂G, für die die offene Menge G „links umlaufen" wird (vgl. Abb. 17f). Faßt man noch $v(x,y,z):=(P(x,y),Q(x,y),0)^{\mathsf{T}}$ als Vektorfeld über $U\times\mathbb{R}\subseteq\mathbb{R}^3$ auf, so ist $\frac{\partial Q}{\partial x}-\frac{\partial P}{\partial y}=$ $(\operatorname{rot}v)_3$ die z-Komponente der *Rotation* von v. Damit erhält man die folgende Umformulierung des Gaußschen Integralsatzes:

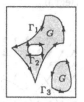

Abb. 17f

17.9 Satz (Integralsatz von Green). *Es sei $G\in\mathfrak{G}_{st}(\mathbb{R}^2)$, und ∂G sei durch $t=D_{\pi/2}\,\mathfrak{n}$ orientiert. Weiter seien $U\subseteq\mathbb{R}^2$ eine offene Umgebung von $\overline{G}$ und $v\in\mathcal{C}^1(U,\mathbb{R}^2)$ ein Vektorfeld. Dann gilt*

$$\int_{G}(\operatorname{rot}v)_3(x,y)\, d^2(x,y) \;=\; \int_{\partial G}\langle v,t\rangle\, ds\,. \tag{17}$$

17.10 Bemerkungen. a) Für das Randintegral in (17) kann man gemäß (5) auch $\int_{\gamma}\langle v,dx\rangle$ schreiben, wobei γ eine bezüglich t positiv orientierte stückweise glatte Jordan-Parametrisierung von ∂G ist.

b) Die Integralsätze von Gauß und Green erlauben die folgende *Veranschaulichung* der Operationen *„Divergenz"* und *„Rotation"* (vgl. Abb. 17g, h):

c) Es sei $v\in\mathcal{C}^1(D,\mathbb{R}^2)$ das *Geschwindigkeitsfeld* einer inkompressiblen *Strömung* konstanter Dichte $\rho=1$ auf einer offenen Menge $D\subseteq\mathbb{R}^2$. Für ein

Gebiet $G \in \mathfrak{G}_{st}(\mathbb{R}^2)$ mit $\overline{G} \subseteq D$ ist dann $\int_{\partial G} \langle v, \mathfrak{n} \rangle\, ds$ der *Fluß* von v durch den Rand ∂G pro Zeiteinheit, $\frac{1}{m(G)} \int_{\partial G} \langle v, \mathfrak{n} \rangle\, ds$ also die *mittlere Ergiebigkeit* von v in G. Ist (G_k) eine Folge von solchen Gebieten in D mit $(x_0, y_0) \in \bigcap\limits_{k=1}^{\infty} G_k$ und $\Delta(G_k) \to 0$ für ihre Durchmesser, so folgt

$$\begin{aligned}
\operatorname{div} v(x_0, y_0) &= \lim_{k \to \infty} \frac{1}{m(G_k)} \int_{G_k} \operatorname{div} v(x, y)\, d^2(x, y) \\
&= \lim_{k \to \infty} \frac{1}{m(G_k)} \int_{\partial G} \langle v, \mathfrak{n} \rangle (x, y)\, ds \qquad (18)
\end{aligned}$$

aufgrund von Theorem 17.8 und der Stetigkeit von $\operatorname{div} v$. Folglich kann $\operatorname{div} v(x_0, y_0)$ als *lokale Ergiebigkeit* oder *Quellenstärke* von v in (x_0, y_0) interpretiert werden.

d) In der Situation von c) ist $\int_{\partial G} \langle v, \mathfrak{t} \rangle\, ds$ die *Zirkulation* oder *Wirbelstärke* von v längs ∂G. Aus Satz 17.9 ergibt sich daher ähnlich wie in c), daß $(\operatorname{rot} v)_3(x_0, y_0)$ als „*Wirbelstärke* oder *-dichte*" von v in (x_0, y_0) interpretiert werden kann. Vektorfelder mit $(\operatorname{rot} v)_3 = 0$ sind somit „*wirbelfrei*"; dies liefert nun eine Veranschaulichung dieses bereits in den Abschnitten II. 25 und 16 für Vektorfelder in beliebig vielen Veränderlichen eingeführten Begriffs.   □

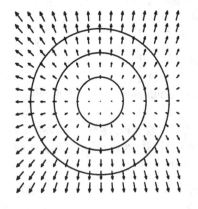

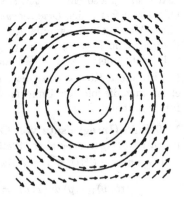

Abb. 17g: Divergenz   Abb. 17h: Rotation

Es folgen nun erste Anwendungen Integralsätze von Gauß und Green:

17.11 Flächenformel. a) Für das Vektorfeld $v(x, y) := (-y, x)^{\top}$ gilt $(\operatorname{rot} v)_3 = 2$; für $G \in \mathfrak{G}_{st}(\mathbb{R}^2)$ liefert daher der Greensche Integralsatz sofort die *Flächenformel*

$$m_2(G) = \tfrac{1}{2} \int_{\partial G} (\langle x, t_2 \rangle - \langle y, t_1 \rangle)\, ds \tag{19}$$

$$= \tfrac{1}{2} \sum_{\ell=1}^{m} \int_{a_\ell}^{b_\ell} (x_\ell(t)\, \dot{y}_\ell(t) - y_\ell(t)\, \dot{x}_\ell(t))\, dt,$$

wobei $\gamma_\ell = (x_\ell, y_\ell)^{\top} : [a_\ell, b_\ell] \mapsto \mathbb{R}^2$ positiv orientierte stückweise glatte Jordan-Parametrisierungen der Randkurven Γ_ℓ von G sind.

b) Ein *Cartesisches Blatt* ist für $a > 0$ gegeben durch

$$\Gamma := \{(x,y) \in \mathbb{R}^2 \mid f(x,y) := x^3 + y^3 - 3axy = 0\},$$

vgl. Abb. 17i und Aufgabe II. 22.6 b). Es ist $\Gamma_0 := \Gamma \cap [0, \infty)^2$ der Rand eines Normalbereiches $G \subseteq [0, \infty)^2$. Die Berechnung von $m_2(G)$ mit Hilfe des Prinzips von Cavalieri (9.17) ist mühsam, da zur Bestimmung der Integrationsgrenzen eine kubische Gleichung gelöst werden muß. Nun ist

$$\gamma : (0, \infty) \mapsto \Gamma_0, \quad \gamma(t) := (x(t), y(t)) := (\tfrac{3at}{t^3+1}, \tfrac{3at^2}{t^3+1}),$$

eine glatte Jordan-Parametrisierung von $\Gamma_0 \backslash \{(0,0)\}$, und wegen

$$x(t)\, \dot{y}(t) - y(t)\, \dot{x}(t) = x(t)^2\, \tfrac{d}{dt} \tfrac{y(t)}{x(t)} = x(t)^2 = \tfrac{9a^2 t^2}{(t^3+1)^2}$$

liefert die Flächenformel (19) (vgl. Aufgabe 17.4)

$$m_2(G) = \tfrac{1}{2} \int_0^\infty \tfrac{9a^2 t^2}{(t^3+1)^2}\, dt = \tfrac{3a^2}{2} \int_0^\infty \tfrac{3t^2}{(t^3+1)^2}\, dt = \tfrac{3a^2}{2} \int_1^\infty \tfrac{du}{u^2}\, du = \tfrac{3a^2}{2}. \quad \square$$

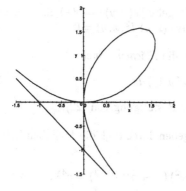

Abb. 17i: Cartesisches Blatt   Abb. 17k: Lemniskate

17.12 Leibnizsche Sektorformel. a) Es sei $G \in \mathfrak{G}_{st}(\mathbb{R}^2)$ *sternförmig* bezüglich $0 \in G$, und $\partial G = \Gamma$ sei *eine* geschlossene stückweise glatte Jordankurve mit stückweise glatter Jordan-Parametrisierung $\gamma : I \mapsto \partial G$.

Für $t \in I$ sei $\sigma(t) = \sigma[0, \gamma(t)]$ die Strecke oder der *Fahrstrahl* von $0 \in G$ nach $\gamma(t) \in \partial G$, und für $t_1 < t_2 \in I$ bezeichne $G_{12} := G(t_1, t_2)$ das im Zeitraum $t_1 \leq t \leq t_2$ von dem Fahrstrahl „überstrichene" Gebiet, also das von der Spur des Jordanweges $\sigma(t_1) + \gamma|_{[t_1, t_2]} + (-\sigma(t_2))$ berandete Gebiet in $\mathfrak{G}_{st}(\mathbb{R}^2)$ (vgl. Abb. 17j).

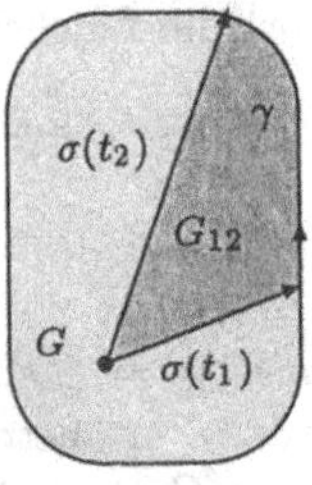

b) Für eine Strecke $\sigma : t \mapsto (x(t), y(t)) = (ct, dt)$ gilt

$$x(t)\,\dot{y}(t) - y(t)\,\dot{x}(t) \;=\; cdt - cdt \;=\; 0\,,$$

Abb. 17j

und daher ergibt sich aus (19) die *Leibnizsche Sektorformel*

$$m(G(t_1, t_2)) \;=\; \tfrac{1}{2} \int_{t_1}^{t_2} \left(\gamma_1(t) \dot{\gamma}_2(t) - \gamma_2(t) \dot{\gamma}_1(t) \right) dt\,. \tag{20}$$

c) Für die Parametrisierung $\gamma(t) = (a \cos t, b \sin t)$, $0 \leq t \leq 2\pi$, einer *Ellipse* erhält man aus (20) sofort

$$m(G(t_1, t_2)) \;=\; \tfrac{1}{2} \int_{t_1}^{t_2} (ab \cos^2 t + ab \sin^2 t)\, dt \;=\; \tfrac{ab}{2}\,(t_2 - t_1)\,. \tag{21}$$

Somit „überstreicht der Fahrstrahl in gleichen Zeiträumen gleiche Flächen" *(2. Keplersches Gesetz der Planetenbewegung)*. $\qquad\qquad\Box$

Aufgaben

17.1 Für ein Vektorfeld $v \in \mathcal{C}^1(\mathbb{R}^2, \mathbb{R}^2)$ gelte $|v(x, y)| = o(\frac{1}{r})$ für $r \to \infty$ sowie $\operatorname{div} v \in \mathcal{L}_1(\mathbb{R}^2)$. Man zeige $\int_{\mathbb{R}^2} \operatorname{div} v(x, y)\, d^2(x, y) = 0$.

17.2 a) Für $G \in \mathfrak{G}_{st}(\mathbb{R}^2)$ beweise man die *Flächenformeln*

$$m(G) \;=\; \int_{\partial G} \langle x, \mathfrak{t}_2 \rangle\, ds \;=\; - \int_{\partial G} \langle y, \mathfrak{t}_1 \rangle\, ds\,. \tag{22}$$

b) Für Ellipsen gebe man eine explizite Bestätigung von (22).

17.3 Eine *Lemniskate* ist für $a > 0$ gegeben durch (vgl. die Aufgaben II. 9.7 und II. 22.6 a) sowie Abb. 17k)

$$\Gamma := \{ (x, y) \in \mathbb{R}^2 \mid ((x-a)^2 + y^2)\,((x+a)^2 + y^2) = a^4 \}\,.$$

Für $a = \frac{1}{2}\sqrt{2}$ berechne man den Flächeninhalt des Innengebietes G von $\Gamma_0 := \Gamma \cap ([0, \infty) \times \mathbb{R})$.

17.4 Man begründe die Anwendung der Flächenformel in Beispiel 17.11 b).

18 Planetenbewegung

In diesem kurzen Abschnitt werden mit Hilfe der *Leibnizschen Sektorformel* die *Keplerschen Gesetze der Planetenbewegung* aus dem *Newtonschen Gravitationsgesetz* hergeleitet (diese werden im folgenden nicht weiter verwendet).

Das am Ende des letzten Abschnitts bereits erwähnte *2. Keplersche Gesetz* gilt allgemein für Bewegungen in Zentralkraftfeldern:

18.1 Bewegung in Zentralkraftfeldern. a) Es sei $x(t) \in \mathbb{R}^3 \backslash \{0\}$ der Ort eines Punktes mit Masse $m > 0$ zur Zeit $t \in \mathbb{R}$; wirkt auf diesen ein *Kraftfeld* $F \in C^1(\mathbb{R}^3 \backslash \{0\})$, so gilt die *Bewegungsgleichung*

$$m \ddot{x} = F(x). \tag{1}$$

Bei gegebenen *Anfangswerten* $x(0)$ und $\dot{x}(0)$ besitzt diese nach dem *Satz von Picard-Lindelöf* eine eindeutig bestimmte maximale Lösung auf einem offenen Intervall $I^* \subseteq \mathbb{R}$ mit $0 \in I^*$ (vgl. Abschnitt II. 35).
b) Hat F ein *Potential*, ist also $F(x) = -m \operatorname{grad} V(x)$ mit $V \in C^2(\mathbb{R}^3 \backslash \{0\})$, so hat man wie in Abschnitt II. 34 *Energieerhaltung:* Für

$$E := \tfrac{m}{2} |\dot{x}|^2 + m V(x) \tag{2}$$

gilt $\frac{1}{m} \frac{dE}{dt} = \langle \dot{x}, \ddot{x} \rangle + \langle \operatorname{grad} V(x), \dot{x} \rangle = \langle \dot{x}, \ddot{x} \rangle - \frac{1}{m} \langle F(x), \dot{x} \rangle = 0$.
c) Ein *Zentralkraftfeld* $F(x) = f(|x|)x$ mit $f \in C^1(0, \infty)$ besitzt das Potential $V(x) = g(|x|)$, wobei $g \in C^2(0, \infty)$ eine Stammfunktion von $r \mapsto -\frac{r}{m} f(r)$ ist (vgl. Beispiel II. 25.2). Für Zentralkraftfelder ist auch der *Drehimpuls*

$$J := x \times m \dot{x} \tag{3}$$

konstant: $\frac{dJ}{dt} = \dot{x} \times m \dot{x} + x \times m \ddot{x} = x \times f(|x|)x = 0$.
d) Die Bewegung verläuft also in einer Ebene. Im Fall $J = 0$ ist die Bahnkurve eine Gerade durch das Gravitationszentrum 0. Für $J \neq 0$ wählt man das Koordinatensystem so, daß $J = (0, 0, J_3)^\top$ mit $J_3 > 0$ gilt; wegen

$$\tfrac{1}{m} J_3 = x_1 \dot{x}_2 - x_2 \dot{x}_1$$

liefert dann die *Leibnizsche Sektorformel* sofort das 2. Keplersche Gesetz

$$\tfrac{1}{2} \int_{t_1}^{t_2} (x_1 \dot{x}_2 - x_2 \dot{x}_1)\, dt = \tfrac{J_3}{2m} (t_2 - t_1). \qquad \qquad \square \tag{4}$$

Die beiden anderen Keplerschen Gesetze gelten für das speziellere Gravitationsfeld:

18.2 Bewegung im Gravitationsfeld. a) Das Gravitationsfeld ist gegeben durch $F(x) = -m\,M\,\gamma\,\frac{x}{|x|^3}$; als Potential kann man daher

$$V(x) = -M\,\gamma\,\frac{1}{|x|} \qquad (5)$$

nehmen. Mit dem Koordinatensystem aus 18.1 c) führt man *Polarkoordinaten* in der (x_1, x_2)-Ebene ein. Der Energiesatz lautet dann

$$\frac{1}{m}\,E = \frac{1}{2}\,|\dot{x}|^2 - M\,\gamma\,\frac{1}{|x|} = \frac{1}{2}\,(\dot{r}^2 + r^2\,\dot{\varphi}^2) - M\,\gamma\,\frac{1}{r}\,, \qquad (6)$$

und für den Drehimpuls gilt

$$\frac{1}{m}\,J_3 = x_1\dot{x}_2 - x_2\dot{x}_1 = r^2\,\dot{\varphi}\,. \qquad (7)$$

b) Man setzt $\dot{\varphi} = \frac{J_3}{mr^2}$ aus (7) in (6) ein; wegen $\dot{r} = \frac{dr}{d\varphi}\frac{d\varphi}{dt} = \frac{dr}{d\varphi}\dot{\varphi}$ folgt

$$\frac{1}{2}\left(\frac{J_3^2}{m\,r^4}\left(\frac{dr}{d\varphi}\right)^2 + \frac{J_3^2}{m\,r^2}\right) - m\,M\,\gamma\,\frac{1}{r} = E\,,$$

$$\left(\frac{dr}{d\varphi}\right)^2 = r^4\left(\frac{2mE}{J_3^2} + \frac{2m^2M\gamma}{J_3^2}\,\frac{1}{r} - \frac{1}{r^2}\right).$$

Man setzt nun

$$\varepsilon^2 := 1 + \frac{2EJ_3^2}{m^3M^2\gamma^2}\,, \quad \frac{1}{p} := \frac{m^2M\gamma}{J_3^2} \qquad (8)$$

und substituiert $r = \frac{1}{w}$. Mit $' = \frac{d}{d\varphi}$ gilt dann $r'^2 = r^4 w'^2$ und somit

$$w'^2 = \frac{2mE}{J_3^2} + \frac{2m^2M\gamma}{J_3^2}\,w - w^2 = \frac{\varepsilon^2}{p^2} - \left(w - \frac{1}{p}\right)^2.$$

c) Dies liefert die *Differentialgleichung mit getrennten Variablen*

$$\frac{dw}{d\varphi} = \sqrt{\frac{\varepsilon^2}{p^2} - \left(w - \frac{1}{p}\right)^2} \qquad (9)$$

mit den *Lösungen* (vgl. Abschnitt II.32)

$$r = \frac{p}{1 \mp \varepsilon\cos\varphi}\,. \qquad (10)$$

Für $\varepsilon = 0$ erhält man *Kreise*, für $\varepsilon > 0$ allgemeinere *Kegelschnitte* in der Ebene *(1. Keplersches Gesetz.)* Dazu schreibt man (10) in der Form

$$r\,(1 - \varepsilon\cos\varphi) = p \Leftrightarrow r = \varepsilon\,r\cos\varphi + p \Leftrightarrow r = \varepsilon\,(x + \tfrac{p}{\varepsilon})\,. \qquad (11)$$

Somit ist also der Abstand r des Massenpunktes vom *Brennpunkt* 0 proportional zu seinem Abstand $d := x + \frac{p}{\varepsilon}$ von der *Leitlinie* $L := \{(x, y) \mid x = -\frac{p}{\varepsilon}\}$ (vgl. Abb. 18a für $p = \varepsilon$). Weiter ist (11) äquivalent zu $x^2 + y^2 = (\varepsilon\,x + p)^2$, also zu

$$(1 - \varepsilon^2)\,x^2 + y^2 - 2\varepsilon\,p\,x = p^2\,. \qquad (12)$$

Für $\varepsilon < 1$ erhält man eine *Ellipse*, für $\varepsilon = 1$ eine *Parabel* und für $\varepsilon > 1$ eine *Hyperbel* (im Fall $p = \varepsilon = 2$ ist in Abb. 18a nur ein Hyperbelast eingezeichnet). Nach (8) können diese Fälle auch durch $E < 0, E = 0$ und $E > 0$ charakterisiert werden. Man beachte, daß die Energie E nach (2) durch die *Beträge* der *Anfangswerte* $x(0)$ und $\dot{x}(0)$ festgelegt ist, also nicht von der *Richtung* der Anfangsgeschwindigkeit $\dot{x}(0)$ abhängt.

d) Im elliptischen Fall ist die Bewegung *periodisch* (vgl. Satz II. 35.9). Mit

$$\xi := x - \tfrac{p\varepsilon}{1-\varepsilon^2} \,,\ a := \tfrac{p}{1-\varepsilon^2} \,,\ b := \tfrac{p}{\sqrt{1-\varepsilon^2}} \quad (13)$$

ist (12) äquivalent zu

$$\tfrac{\xi^2}{a^2} + \tfrac{y^2}{b^2} = 1. \qquad (14)$$

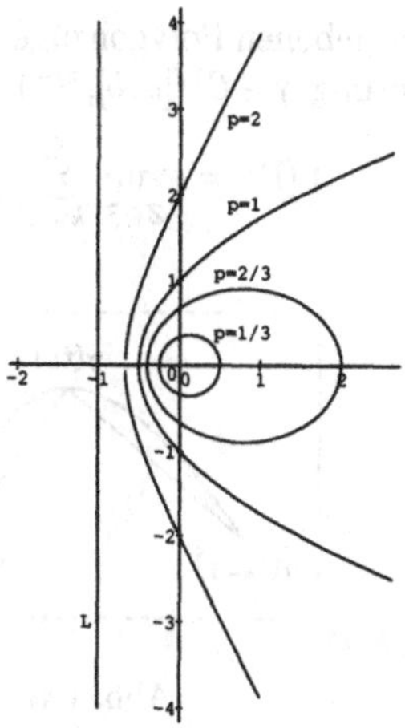

Abb. 18a

Nach (4) ist der *Flächeninhalt* der Ellipse gegeben durch

$$\pi a b = \pi a^2 \sqrt{1 - \varepsilon^2} = \tfrac{J_3}{2m} T \,,$$

wobei T die *Periode* der Bahnbewegung ist. Aus (8) und (13) folgt

$$T^2 = \tfrac{4\pi^2 m^2}{J_3^2}\, a^4 \,(1 - \varepsilon^2) = \tfrac{4\pi^2 m^2}{pm^2 M\gamma}\, a^3\, a\,(1 - \varepsilon^2) = \tfrac{4\pi^2}{pM\gamma}\, a^3\, p = \tfrac{4\pi^2}{M\gamma}\, a^3 \,,$$

und somit ist $\tfrac{T^2}{a^3}$ konstant *(3. Keplersches Gesetz.)*   □

19   Integration über p-Flächen

Aufgabe: Man versuche, den „Flächeninhalt" der Einheitssphäre S^2 im $\mathbb{R}^3$ zu bestimmen.

In diesem Abschnitt werden *Flächeninhalte* für und *Flächenintegrale* über Flächen im $\mathbb{R}^3$ definiert; allgemeiner wird eine *Integrationstheorie für skalare Funktionen* auf p-dimensionalen C^1-Mannigfaltigkeiten im $\mathbb{R}^n$ entwickelt und anschließend auf den Fall p-dimensionaler C^1-*Flächen mit Singularitäten* ausgedehnt.

19.1 Beispiele und Bemerkungen. a) Die *Länge* einer *glatten Jordankurve* Γ im $\mathbb{R}^n$ wird definiert als das Supremum der Längen aller Γ einbeschriebenen Polygonzüge (vgl. Abb. 19a). Für eine glatte Jordan-Parametri-sierung $\gamma \in C^1([a,b], \mathbb{R}^n)$ von Γ gilt (vgl. Abschnitt 17 und Satz 15.11)

$$L(\Gamma) = \sup_{Z \in 3} \sum_{k=1}^{r} |\gamma(t_k) - \gamma(t_{k-1})| = \int_a^b |\dot{\gamma}(t)| \, dt. \tag{1}$$

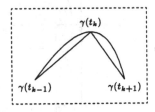

Abb. 19a　　　　　　Abb. 19b

b) Es liegt nahe, analog zu a) den *Flächeninhalt* einer glatten Fläche S (etwa im $\mathbb{R}^3$) als das Supremum der Summen von Flächeninhalten geeig-neter S einbeschriebener *ebener* Flächenstücke zu definieren. Das folgende Beispiel zeigt, daß dies nur unter gewissen einschränkenden Bedingungen an die ebenen Flächenstücke möglich ist:

c) Der *Zylinder* $Z := \{(x,y,z) \in \mathbb{R}^3 \mid x^2 + y^2 = 1, 0 \le z \le 1\}$ wird durch die C^∞-Abbildung

$$\psi : [-\pi, \pi] \times [0,1] \mapsto \mathbb{R}^3, \quad \psi(u,v) := (\cos u, \sin u, v)$$

„global parametrisiert" (vgl. Beispiel 19.19 b)). Für $m \in \mathbb{N}$ und $0 \le j \le m$ betrachtet man die Kreislinien $S_j^m := \{(x,y,z) \in Z \mid z = \frac{j}{m}\}$, und für $n \in \mathbb{N}$ wählt man auf S_j^m jeweils n äquidistante Teilpunkte, die über der Mitte der entsprechenden Teilbögen von S_{j-1}^m liegen. Man erhält ein Z einbeschriebenes Polyeder aus $2nm$ Dreiecken (vgl. Abb. 19c). Die Grund-linie eines solchen Dreiecks ist $2 \sin \frac{\pi}{n}$, die Höhe $(\frac{1}{m^2} + (1 - \cos \frac{\pi}{n})^2)^{\frac{1}{2}}$ (vgl. Abb. 19d); der Flächeninhalt des Poleyeders ist also gegeben durch

$$F(n,m) = 2n \sin \frac{\pi}{n} \sqrt{1 + m^2(1 - \cos \frac{\pi}{n})^2}.$$

Wegen $2n \sin \frac{\pi}{n} \to 2\pi$ und $m^2(1 - \cos \frac{\pi}{n})^2 \sim \frac{\pi^4}{4} \frac{m^2}{n^4}$ für große n gilt

$$\lim_{n \to \infty} F(n, n^\alpha) = \begin{cases} 2\pi & , \ \alpha < 2 \\ 2\pi \sqrt{1 + \frac{\pi^4}{4}} & , \ \alpha = 2 \ ; \\ \infty & , \ \alpha > 2 \end{cases} \tag{2}$$

für $n, m \to \infty$ strebt $F(n,m)$ nur dann gegen den „richtigen" Wert 2π, wenn $m = o(n^2)$ gilt, d.h. die Dreiecke nicht *„zu steil"* zur Zylinderfläche stehen.

d) Zur Durchführung der in b) formulierten Idee benötigt man also, daß sich die Richtungen der Normalen der ebenen Flächenstücke an die der Normalen an S annähern. Auf diese Durchführung wird hier verzichtet; statt dessen wird in 19.3 direkt mit Flächenstücken in geeigneten *Tangentialebenen* argumentiert. Dies ist analog zu der Formel

$$\mathsf{L}(\Gamma) \;=\; \lim_{|Z|\to 0}\; \sum_{k=1}^{r} |\dot{\gamma}(t_{k-1})|\,(t_k - t_{k-1}),\tag{3}$$

für Kurvenlängen, die sich sofort aus (1) ergibt (vgl. Abb. 19b).   □

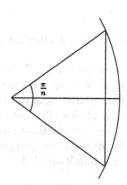

Abb. 19c   Abb. 19d

Der Flächeninhalt „glatter Flächen" im $\mathbb{R}^3$, allgemeiner der p-dimensionale Flächeninhalt von C^1-Mannigfaltigkeiten im $\mathbb{R}^n$ wird in 19.5 und 19.8 erklärt. Mannigfaltigkeiten wurden bereits in Abschnitt II. 23 eingeführt. Zur Erinnerung werden hier noch einmal verschiedene Formulierungen für ihre Definition (mit leichten Abwandlungen von Bezeichnungen) notiert (vgl. Satz II. 23.3). Für $p \in \{1,\ldots,n-1\}$ sei im folgenden stets $m = n - p$.

19.2 Satz. *Es sei* $k \in \mathbb{N} \cup \infty$. *Eine Menge* $S \subseteq \mathbb{R}^n$ *ist genau dann eine* p-*dimensionale* C^k-*Mannigfaltigkeit, Notation:* $S \in \mathfrak{M}_p^k(n)$, *wenn eine der folgenden äquivalenten Bedingungen erfüllt ist:*

(a) Zu jedem $q \in S$ *gibt es eine offene Umgebung* $\widetilde{V}$ *in* $\mathbb{R}^n$ *und einen* C^k-*Diffeomorphismus* $\Phi : \widetilde{V} \mapsto \widetilde{U}$ *auf eine offene Menge* $\widetilde{U}$ *in* $\mathbb{R}^n$ *mit*

$$\Phi(S \cap \widetilde{V}) \;=\; \mathbb{R}_p \cap \widetilde{U} =: \{u \in \widetilde{U} \mid u_{p+1} = \ldots = u_n = 0\}.\tag{4}$$

(b) Zu jedem $q \in S$ *gibt es eine offene Umgebung* $\widetilde{V}$ *in* $\mathbb{R}^n$ *und* $f \in C^k(\widetilde{V}, \mathbb{R}^m)$ *mit* $S \cap \widetilde{V} = \{x \in \widetilde{V} \mid f(x) = 0\}$ *und* $\mathrm{rk}\, Df(q) = m$.

(c) Zu jedem $q \in S$ gibt es nach Umnumerierung der Koordinaten offene Mengen V_1 in $\mathbb{R}^p$ und V_2 in $\mathbb{R}^m$ mit $q \in \tilde{V} := V_1 \times V_2$ sowie eine Funktion $g \in C^k(V_1, \mathbb{R}^m)$ mit $g(V_1) \subseteq V_2$ und $S \cap \tilde{V} = \Gamma(g) = \{(u, g(u)) \mid u \in V_1\}$.
(d) Zu jedem $q \in S$ gibt es eine bezüglich S offene Umgebung $V \subseteq S$, eine offene Menge U in $\mathbb{R}^p$ und $\psi \in C^k(U, \mathbb{R}^n)$ mit $\operatorname{rk} D\psi(u) = p$ auf U, so daß $\psi : U \mapsto V$ eine Homöomorphie ist.

Die lokalen *Einbettungen* $\psi : U \mapsto V \subseteq S$ gemäß (d) heißen *lokale Parametrisierungen* von S, ihre Umkehrabbildungen $\kappa : V \mapsto U$ *Karten* von S. Ein *Atlas* von S ist eine Menge $\mathfrak{A} = \{\kappa_j : V_j \mapsto U_j\}$ von Karten mit $\bigcup_j V_j = S$.

Es folgt nun eine *Motivation* für Definition 19.5:

19.3 Motivation. a) Es seien $S \in \mathfrak{M}_2^1(3)$ eine *glatte Fläche im* $\mathbb{R}^3$, $U := (a, b) \times (c, d)$ ein offenes Rechteck in $\mathbb{R}^2$, $\psi : U \mapsto V \subseteq S$ eine lokale Parametrisierung von S und $\phi \in C_c(V)$ eine skalare Funktion, etwa eine *Massendichte*. Um die „richtige Definition" für $\int_S \phi(x) \, d\sigma$, etwa zur Berechnung der *Gesamtmasse,* zu finden, wird im folgenden eine „Näherung" für diese Größe „hergeleitet" (mit $\phi_n \uparrow \chi_V$ ergibt sich daraus dann der Flächeninhalt von V):

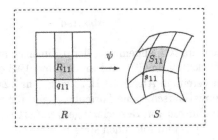
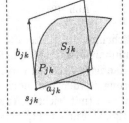

Abb. 19e   Abb. 19f

b) Man wählt Zerlegungen

$$Z = \{a = u_0 < u_1 < \ldots < u_r = b\}, \quad r \in \mathbb{N},$$
$$P = \{c = v_0 < v_1 < \ldots < v_s = d\}, \quad s \in \mathbb{N},$$

von $[a, b]$ und $[c, d]$. Die Rechtecke $R_{jk} := [u_{j-1}, u_j] \times [v_{k-1}, v_k]$ haben die linken unteren Eckpunkte $q_{jk} = (u_{j-1}, v_{k-1})$ und bilden eine „*bis auf Strecken disjunkte*" Zerlegung von R. Die Mengen $S_{jk} := \psi(R_{jk})$

bilden daher eine *„bis auf Kurven disjunkte"* Zerlegung von V, und mit $s_{jk} := \psi(q_{jk})$ setzt man

$$\int_S \phi(x)\, d\sigma \;\sim\; \sum_{j=1}^{r} \sum_{k=1}^{s} \phi(s_{jk})\, \mu_2(S_{jk}), \tag{5}$$

wobei $\mu_2(S_{jk})$ der noch zu definierende *Flächeninhalt* von S_{jk} sei. Dieser kann durch den Flächeninhalt des von den (in s_{jk} startenden) Vektoren

$$\psi(u_j, v_{k-1}) - \psi(u_{j-1}, v_{k-1}) \;\sim\; \tfrac{\partial \psi}{\partial u}(u_{j-1}, v_{k-1})\,(u_j - u_{j-1}) \;=:\, a_{jk}, \tag{6}$$

$$\psi(u_{j-1}, v_k) - \psi(u_{j-1}, v_{k-1}) \;\sim\; \tfrac{\partial \psi}{\partial v}(u_{j-1}, v_{k-1})\,(v_k - v_{k-1}) \;=:\, b_{jk} \tag{7}$$

aufgespannten *Parallelogramms* P_{jk} in der *Tangentialebene* in s_{jk} an S approximiert werden (vgl. die Abbildungen 19e und 19f).

c) Der Flächeninhalt $\mu_2(P)$ eines Parallelogramms $P \subseteq \mathbb{R}^3$ sollte *invariant unter affinen Isometrien* des $\mathbb{R}^3$ sein und im Fall $P \subseteq \mathbb{R}_2 \cong \mathbb{R}^2$ mit $m_2(P)$ übereinstimmen. Wird $P \subseteq \mathbb{R}^3$ von zwei linear unabhängigen Vektoren $a, b \in \mathbb{R}^3$ aufgespannt, so hat man

$$P \;=\; \{t_1 a + t_2 b \mid 0 \leq t_1, t_2 \leq 1\} \;=\; D([0,1]^2) \tag{8}$$

mit der Matrix $D := (a, b) \in \mathbb{M}_\mathbb{R}(3,2)$. Nun dreht man P in die $x_1\,x_2$-Ebene, d. h. man wählt eine *orthogonale Matrix* $T \in \mathbb{O}_\mathbb{R}(3)$ mit $T(P) \subseteq \mathbb{R}_2$. Dann gilt $T(P) = TD([0,1]^2) = (C([0,1]^2), 0)^\top$, wobei $C \in \mathbb{M}_\mathbb{R}(2,2)$ durch $\begin{pmatrix} C \\ 0 \end{pmatrix} = TD$ gegeben ist. Wegen

$$C^\top C \;=\; (C^\top\ 0) \begin{pmatrix} C \\ 0 \end{pmatrix} \;=\; (TD)^\top TD \;=\; D^\top T^\top TD \;=\; D^\top D$$

hängt $m_2(C([0,1]^2)) = |\det C| = \sqrt{\det D^\top D}$ nicht von der Wahl von T ab, und man definiert (vgl. auch Aufgabe 19.8)

$$\mu_2(P) \;=\; m_2(C([0,1]^2)) \;=\; \sqrt{\det D^\top D} \;=\; \sqrt{\det G} \;=\; \sqrt{g} \tag{9}$$

mit dem *Maßtensor* oder der *Gramschen Matrix* $G = D^\top D \in \mathbb{M}_\mathbb{R}(2)$ und der *Gramschen Determinante* $g = \det G$ von D (vgl. die Bemerkungen II. 29.3 und 12.5 a)).

d) Wegen (6) und (7) gilt in b) für das Parallelogramm P_{jk} offenbar

$$\begin{aligned} \mu_2(P_{jk})^2 \;&=\; g\psi(u_{j-1}, v_{k-1})\,(u_j - u_{j-1})^2\,(v_k - v_{k-1})^2 \\ &=\; g\psi(u_{j-1}, v_{k-1})\, m_2(R_{jk})^2 \end{aligned}$$

mit der Gramschen Determinante $g\psi = \det G\psi = \det D\psi^\top D\psi$ von ψ. Mit (5) und $\mu_2(S_{jk}) \sim \mu_2(P_{jk})$ „folgt" dann weiter

$$\int_S \phi\, d\sigma \;\sim\; \sum_{j=1}^{r}\sum_{k=1}^{s} \phi(s_{jk})\, \mu_2(S_{jk})$$

$$\sim\; \sum_{j=1}^{r}\sum_{k=1}^{s} \phi(\psi(u_{j-1}, v_{k-1}))\, \sqrt{g\psi(u_{j-1}, v_{k-1})}\, m_2(R_{jk})$$

$$\sim\; \int_U \phi(\psi(u,v))\, \sqrt{g\psi(u,v)}\, d^2(u,v).$$

e) Die Überlegungen aus a)–d) gelten analog auch für $S \in \mathfrak{M}_p^1(n)$ und offene Quader $U \subseteq \mathbb{R}^p$. Als p-dimensionales Volumen eines von linear unabhängigen Vektoren $\{d_1, \ldots, d_p\}$ im $\mathbb{R}^n$ aufgespannten Parallelotops P erhält man wieder

$$\mu_p(P) \;=\; m_p(TP) \;=\; \sqrt{\det D^\top D} \;=\; \sqrt{\det G} \;=\; \sqrt{g}$$

mit der Matrix $D := (d_1, \ldots, d_p) \in \mathbb{M}_\mathbb{R}(n,p)$, und es „folgt"

$$\int_S \phi(x)\, d\sigma_p(x) \;\sim\; \int_U \phi(\psi(u))\, \sqrt{g\psi(u)}\, d^p u. \tag{10}$$

f) Ist $\{n_1, \ldots, n_m\}$ eine Orthonormalbasis von $\mathrm{sp}\{d_1, \ldots, d_p\}^\perp$, so gilt auch $\mu_p(P) = m_n(Q)$ mit dem n-dimensionalen Parallelotop

$$Q := \{\sum_{j=1}^{m} t_j n_j + \sum_{k=1}^{p} s_k d_k \mid 0 \le t_j, s_k \le 1\} \subseteq \mathbb{R}^n$$

(vgl. Abb. 19g). Mit den Matrizen $N := (n_1, \ldots, n_m) \in \mathbb{M}_\mathbb{R}(n,m)$ und $M := (N, D) \in \mathbb{M}_\mathbb{R}(n,n)$ gilt in der Tat

$$M^\top M \;=\; \begin{pmatrix} I & 0 \\ 0 & D^\top D \end{pmatrix}$$

und somit $\mu_p(P)^2 = \det D^\top D = \det M^\top M = m_n(Q)^2$. $\qquad\square$

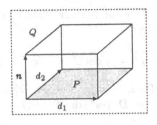

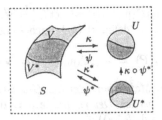

Abb. 19g   Abb. 19h

Formel (10) läßt sich nun für $\phi \in \mathcal{C}_c(V)$ als Definition des Integrals verwenden; zuvor muß allerdings gezeigt werden, daß die rechte Seite von der

Wahl der lokalen Parametrisierung $\psi : U \mapsto V$ unabhängig ist.

19.4 Lemma. *Es seien $\psi : U \mapsto V$ und $\psi^* : U^* \mapsto V^*$ lokale Parametrisierungen von $S \in \mathfrak{M}_p^1(n)$ mit $V \cap V^* \neq \emptyset$. Für $\phi \in \mathcal{C}_c(V \cap V^*)$ gilt dann*

$$\int_U \phi(\psi(u)) \sqrt{g\psi(u)} \, d^p u \;=\; \int_{U^*} \phi(\psi^*(w)) \sqrt{g\psi^*(w)} \, d^p w . \tag{11}$$

BEWEIS. Man hat $\phi \circ \psi \in \mathcal{C}_c(U)$ und $\phi \circ \psi^* \in \mathcal{C}_c(U^*)$. Der *Kartenwechsel*

$$\chi := \kappa \circ \psi^* : \kappa^*(V \cap V^*) \mapsto \kappa(V \cap V^*) \tag{12}$$

ist als „Teil" von $\Phi \circ \Phi^{*-1}$ ein $\mathcal{C}^1$-Diffeomorphismus. Die Transformationsformel liefert aufgrund von $\psi \circ \chi = \psi^*$ dann (vgl. Abb. 19h)

$$\begin{aligned}
\int_U \phi(\psi(u)) \sqrt{g\psi(u)} \, d^p u &= \int_{U^*} \phi(\psi(\chi(w))) \sqrt{g\psi(\chi(w))} \, | J\chi(w) | \, d^p w \\
&= \int_{U^*} \phi(\psi^*(w)) \sqrt{g\psi^*(w)} \, d^p w
\end{aligned}$$

wegen $g\psi(\chi(w)) J\chi(w)^2 = \det \big((D\psi(\chi(w)) \, D\chi(w))^\top (D\psi(\chi(w)) \, D\chi(w)) \big) = \det(D\psi^*(w)^\top D\psi^*(w))$. $\diamond$

19.5 Definition. *a) Es seien $S \in \mathfrak{M}_p^1(n)$, $\kappa : V \mapsto U$ eine Karte von S, $\psi = \kappa^{-1} : U \mapsto V$ und $\phi \in \mathcal{C}_c(V)$. Dann setzt man*

$$\sigma_p(\phi) := \int_S \phi(x) \, d\sigma_p(x) := \int_U \phi(\psi(u)) \sqrt{g\psi(u)} \, d^p u . \tag{13}$$

b) Es seien $\mathfrak{A} = \{\kappa : V \mapsto U\}$ ein Atlas von S und $\{\alpha_j\}$ eine $\mathfrak{A}$ untergeordnete stetige Zerlegung der Eins mit $\operatorname{supp} \alpha_j \subseteq V_j$. Für $\phi \in \mathcal{C}_c(S)$ setzt man dann

$$\sigma_p(\phi) := \int_S \phi(x) \, d\sigma_p(x) := \sum_j \int_S \alpha_j(x) \, \phi(x) \, d\sigma_p(x) . \tag{14}$$

19.6 Satz. *Durch die Formeln (13) und (14) wird ein positives Funktional $\sigma = \sigma_p : \mathcal{C}_c(S) \mapsto \mathbb{C}$ (wohl) definiert.*

BEWEIS. Aufgrund von Lemma 19.4 ist $\sigma_p(\phi)$ für $\phi \in \mathcal{C}_c(V)$ durch (13) wohldefiniert. Für $\phi \in \mathcal{C}_c(S)$ sind nur *endlich* viele Summanden in (14) $\neq 0$ (vgl. Satz 10.1). Ist nun $\mathfrak{A}^* = \{\kappa^* : V^* \mapsto U^*\}$ ein weiterer Atlas von S und $\{\alpha_k^*\}$ eine $\mathfrak{A}^*$ untergeordnete ZdE mit $\operatorname{supp} \alpha_k^* \subseteq V_k^*$, so gilt

$$\sum_j \int_S \alpha_j \, \phi \, d\sigma = \sum_j \int_S \sum_k \alpha_k^* \, \alpha_j \, \phi \, d\sigma = \sum_k \int_S \sum_j \alpha_k^* \, \alpha_j \, \phi \, d\sigma = \sum_k \int_S \alpha_k^* \, \phi \, d\sigma .$$

Somit hängt die rechte Seite in (14) nicht von der Wahl des Atlas und der ZdE ab, und $\sigma_p : \mathcal{C}_c(S) \mapsto \mathbb{C}$ ist in der Tat wohldefiniert. Linearität und Positivität von σ_p sind dann klar. $\diamond$

19.7 Beispiele. Es werden spezielle Gramsche Determinanten berechnet:

a) Für einen C^1-Weg $\gamma : I \mapsto \mathbb{R}^n$ gilt $D\gamma = \dot{\gamma}$, also $G\gamma = \dot{\gamma}^\top \dot{\gamma} = |\dot{\gamma}|^2$ und $\sqrt{g\gamma} = |\dot{\gamma}|$.

b) Es seien $U \subseteq \mathbb{R}^2$ offen und $\psi \in C^1(U, \mathbb{R}^3)$. Aus $D\psi = (\frac{\partial \psi}{\partial u}, \frac{\partial \psi}{\partial v})$ ergibt sich dann $G\psi = \begin{pmatrix} (\frac{\partial \psi}{\partial u})^\top \\ (\frac{\partial \psi}{\partial v})^\top \end{pmatrix} (\frac{\partial \psi}{\partial u}, \frac{\partial \psi}{\partial v})$ und somit

$$\sqrt{g\psi} = \sqrt{EG - F^2} \tag{15}$$

mit den metrischen *Fundamentalgrößen*

$$E = |\tfrac{\partial \psi}{\partial u}|^2, \quad G = |\tfrac{\partial \psi}{\partial v}|^2, \quad F = \langle \tfrac{\partial \psi}{\partial u}, \tfrac{\partial \psi}{\partial v} \rangle \tag{16}$$

von ψ. Eine andere Formel für $g\psi$ mit Hilfe des Vektorprodukts im $\mathbb{R}^3$ lautet (vgl. Aufgabe 19.1):

$$\sqrt{g\psi} = |\tfrac{\partial \psi}{\partial u} \times \tfrac{\partial \psi}{\partial v}|. \tag{17}$$

c) Es seien $U \subseteq \mathbb{R}^{n-1}$ offen, $f \in C^1(U, \mathbb{R})$ und

$$\psi : U \mapsto \mathbb{R}^n, \quad \psi(x_1, \ldots, x_{n-1}) := (x_1, \ldots, x_{n-1}, f(x_1, \ldots, x_{n-1}))^\top, \tag{18}$$

eine (globale) Parametrisierung des Graphen von f. Dann gilt offenbar $\partial_j \psi = (\delta_{1j}, \ldots, \delta_{n-1,j}, \partial_j f)^\top$ für $j = 1, \ldots, n-1$, und man hat $\mathfrak{n} := (-\partial_1 f, \ldots, -\partial_{n-1} f, 1)^\top \in \mathrm{sp}\{\partial_1 \psi, \ldots, \partial_{n-1}\psi\}^\perp$. Ähnlich wie in 19.3 f) bildet man die Matrix

$$M := (\partial_1 \psi, \ldots, \partial_{n-1}\psi, \mathfrak{n}) = \begin{pmatrix} 1 & \cdots & 0 & -\partial_1 f \\ \vdots & \ddots & \vdots & \vdots \\ 0 & \cdots & 1 & -\partial_{n-1} f \\ \partial_1 f & \cdots & \partial_{n-1} f & 1 \end{pmatrix} \tag{19}$$

und erhält $\sqrt{g\psi} = \frac{1}{|\mathfrak{n}|} |\det M|$. Es wird nun induktiv

$$\det M = 1 + (\partial_1 f)^2 + \cdots + (\partial_{n-1} f)^2 \tag{20}$$

gezeigt. Für $n = 2$ ist dies richtig. Gilt (20) für $n - 1$, so liefert die Entwicklung von $\det M$ nach der ersten Zeile

$$\det M = 1 + (\partial_2 f)^2 + \cdots + (\partial_{n-1} f)^2 + (-1)^{n-1} \partial_1 f (-1)^{n-1} \partial_1 f,$$

also auch (20) für n. Dies bedeutet $\det M = |\mathfrak{n}|^2$ und somit

$$\sqrt{g\psi} = |\mathfrak{n}| = \sqrt{1 + |\operatorname{grad} f|^2}. \tag{21}$$

d) Bei festem $r > 0$ liefern die in Beispiel 11.10 diskutierten *Polarkoordinaten* eine lokale Parametrisierung

$$\psi := \Psi_{n,r} : W_{n-1} = (-\pi, \pi) \times (-\tfrac{\pi}{2}, \tfrac{\pi}{2})^{n-2} \mapsto \mathbb{R}^n \qquad (22)$$

der Sphäre $S_r(0)$. Aus (11.21) ergibt sich induktiv $\langle \partial_r \psi, \partial_{\varphi_j} \psi \rangle = 0$ für $j = 1, \ldots, n-1$ (vgl. Aufgabe 12.1), und wegen $|\partial_r \psi(r, \varphi)| = |\psi(1, \varphi)| = 1$ kann man $D\Psi_n(r, \varphi)$ für die in 19.3 f) auftretende Matrix M nehmen. Aus (11.20) folgt dann

$$\sqrt{g\psi(r,\varphi)} \; = \; J\Psi_n(r,\varphi) \; = \; r^{n-1} \cdot \cos^{n-2} \varphi_{n-1} \cdots \cos^2 \varphi_3 \cdot \cos \varphi_2 \,. \; \square \quad (23)$$

19.8 Bemerkungen und Definitionen. a) Es läßt sich nun die in den Abschnitten 4–7 entwickelte *Integrationstheorie* auf das positive Funktional $\sigma_p : \mathcal{C}_c(S) \mapsto \mathbb{C}$ anwenden. Sie liefert die *Räume* $\mathcal{L}_1(S) = \mathcal{L}_1(S, \sigma_p)$ und $\mathcal{M}(S) = \mathcal{M}(S, \sigma_p)$ der *Lebesgue-integrierbaren* und *-meßbaren Funktionen* auf S sowie das auf $\mathfrak{M}(S) = \mathfrak{M}_p(S) = \mathfrak{M}_{\sigma_p}(S)$ definierte *Lebesgue-Maß* $\mu = \mu_p = m_{\sigma_p}$.

b) Eine Menge $A \subseteq S$ heißt *klein*, wenn es eine lokale Parametrisierung $\psi : U \mapsto V$ von S mit $A \subseteq V$ gibt.

c) Für die konkrete Berechnung von Integralen über S ist Formel (14) nicht geeignet, da *stetige* Zerlegungen der Eins nur selten *explizit* angebbar sind. Statt dessen kann man aber auch ZdE's mittels *charakteristischer Funktionen* verwenden, damit S in kleine Teile „zerschneiden" und dann die Teilintegrale explizit mittels Formel (13) berechnen: $\qquad \square$

19.9 Satz. *Eine $\mathcal{C}^1$-Mannigfaltigkeit $S \in \mathfrak{M}^1_p(n)$ werde durch abzählbar viele meßbare Mengen $(V_j)_{j \in J} \subseteq \mathfrak{M}_p(S)$ „disjunkt bis auf Nullmengen zerlegt," d. h. es gelte $\mu_p(V_j \cap V_k) = 0$ für $j \neq k$ und $\mu_p(S \backslash \bigcup_{j \in J} V_j) = 0$. Eine Funktion $f : S \mapsto \mathbb{C}$ liegt genau dann in $\mathcal{L}_1(S)$, wenn $f|_{V_j} \in \mathcal{L}_1(V_j)$ für alle $j \in J$ gilt und $\sum_{j \in J} \int_{V_j} |f(x)| \, d\sigma_p(x) < \infty$ ist. In diesem Fall hat man*

$$\int_S f(x) \, d\sigma_p(x) \; = \; \sum_{j \in J} \int_{V_j} f(x) \, d\sigma_p(x) \,. \qquad (24)$$

BEWEIS. Wegen $f = \sum_{j \in J} f \chi_{V_j} \; \sigma_p$-fast überall folgt dies sofort aus dem Satz von Beppo Levi. $\qquad \qquad \diamond$

Da S separabel ist, kann man in Satz 19.9 für die V_j *kleine offene* Mengen wählen (vgl. Satz 3.4). Für die Teilintegrale in (24) verwendet man die folgende Konsequenz aus (13) und Satz 6.21:

19.10 Satz. *Es sei* $\psi : U \mapsto V$ *eine lokale Parametrisierung von* S.
a) Für eine Funktion $f : V \mapsto \mathbb{C}$ *gilt* $f \in \mathcal{L}_1(V) \Leftrightarrow (f \circ \psi)\sqrt{g\psi} \in \mathcal{L}_1(U)$,
und in diesem Fall ist

$$\int_V f(x)\, d\sigma_p(x) \;=\; \int_U f(\psi(u))\sqrt{g\psi(u)}\, d^p u\,. \tag{25}$$

b) Für eine Menge $A \subseteq V$ *gilt* $A \in \mathfrak{M}_p(V) \Leftrightarrow B := \psi^{-1}(A) \in \mathfrak{M}_p(U)$, *und in diesem Fall ist*

$$\mu_p(A) \;=\; \int_B \sqrt{g\psi(u)}\, d^p u\,. \tag{26}$$

Insbesondere hat man $\mu_p(A) = 0 \Leftrightarrow m_p(B) = 0$.

In Satz 19.15 wird eine weitere wichtige Charakterisierung von σ_p-Null-mengen bewiesen, die in Definition 19.17 die Ausdehnung der Integrations-theorie auf den Fall p-dimensionaler $\mathcal{C}^1$-*Flächen mit Singularitäten* erlaubt. Sie beruht auf der folgenden, durch Satz 8.6 motivierten Begriffsbildung:

19.11 Definition. *Für* $d > 0$ *heißt eine Menge* $N \subseteq \mathbb{R}^n$ *eine* d-*Nullmenge im Sinne von* Hausdorff, *wenn es zu jedem* $\varepsilon > 0$ *eine Folge von Würfeln* (W_k) *im* $\mathbb{R}^n$ *mit* $N \subseteq \bigcup\limits_{k=1}^{\infty} W_k$ *und* $\sum\limits_{k=1}^{\infty} m_n(W_k)^{\frac{d}{n}} < \varepsilon$ *gibt. Mit* $\mathfrak{H}_d(\mathbb{R}^n)$ *wird das System aller* d-*Nullmengen im* $\mathbb{R}^n$ *bezeichnet.*

19.12 Beispiele und Bemerkungen. a) Die Würfel in Definition 19.11 können stets als *kompakt* oder, aufgrund des „$\varepsilon/2^k$-Tricks", stets als *offen* gewählt werden.
b) Aufgrund von Satz 8.6 gilt $\mathfrak{H}_n(\mathbb{R}^n) = \mathfrak{N}_L(\mathbb{R}^n)$.
c) Für $0 < d < d'$ gilt $\mathfrak{H}_d(\mathbb{R}^n) \subseteq \mathfrak{H}_{d'}(\mathbb{R}^n)$.
d) Teilmengen von d-Nullmengen sind wieder d-Nullmengen.
e) Aufgrund des „$\varepsilon/2^k$-Tricks" sind *abzählbare Vereinigungen* von d-Null-mengen wieder d-Nullmengen. Insbesondere enthält $\mathfrak{H}_d(\mathbb{R}^n)$ alle *abzählba-ren Mengen.*
f) Für $p < d$ und $p \le n$ gilt $\mathbb{R}_p = \{(x',0) \mid x' \in \mathbb{R}^p\} \in \mathfrak{H}_d(\mathbb{R}^n)$:
Zu $\varepsilon > 0$ wählt man $j \in \mathbb{N}$ mit $j^{p-d} < \varepsilon$. Man zerlegt $[0,1]^p$ in j^p Würfel der Kantenlänge $\frac{1}{j}$ und erweitert diese zu Würfeln W_k im $\mathbb{R}^n$. Dann gilt

$$[0,1]^p \subseteq \bigcup\limits_{k=1}^{j^p} W_k \text{ und } \sum\limits_{k=1}^{j^p} m_n(W_k)^{\frac{d}{n}} = j^p\, \frac{1}{j^d} < \varepsilon\,, \text{ also } [0,1]^p \in \mathfrak{H}_d(\mathbb{R}^n). \text{ Mit}$$

e) folgt dann auch $\mathbb{R}_p \in \mathfrak{H}_d(\mathbb{R}^n)$. $\qquad\qquad\qquad\qquad\qquad\qquad\qquad\Box$

Fast wörtlich wie Satz 8.9 und Folgerung 8.10 ergeben sich:

19.13 Satz. *Es seien* $N \in \mathfrak{H}_d(\mathbb{R}^n)$ *und* $F : N \mapsto \mathbb{R}^n$ *eine lokal Lipschitz-stetige Abbildung. Dann gilt auch* $F(N) \in \mathfrak{H}_d(\mathbb{R}^n)$.

19.14 Folgerung. *Es seien* $S \in \mathfrak{M}_p^1(n)$ *eine* C^1 *-Mannigfaltigkeit und* $d > p$ *. Dann gilt* $S \in \mathfrak{H}_d(\mathbb{R}^n)$ *.*

Die angekündigte Charakterisierung von σ_p -Nullmengen lautet nun so:

19.15 Satz. *Für* $S \in \mathfrak{M}_p^1(n)$ *und* $N \subseteq S$ *sind äquivalent:*

(a) $N \in \mathfrak{N}_p(S)$ *,*

(b) $\kappa(N \cap V) \in \mathfrak{N}(U)$ *für jede Karte* $\kappa : V \mapsto U$ *von* S *,*

(c) $N \in \mathfrak{H}_p(\mathbb{R}^n)$ *.*

BEWEIS. „(a) $\Leftrightarrow$ (b)" folgt sofort aus Satz 19.10, da S separabel ist und somit einen *abzählbaren* Atlas besitzt (vgl. Satz 3.4).

„(b) $\Leftrightarrow$ (c)": Nach Satz 19.2 kann κ als Teil eines C^1 -Diffeomorphismus $\Phi : \tilde{V} \mapsto \tilde{U}$ gewählt werden; da Φ lokal Lipschitz-stetig ist, folgt

$$N \cap V \in \mathfrak{H}_p(\mathbb{R}^n) \quad \Leftrightarrow \quad \Phi(N \cap V) \in \mathfrak{H}_p(\mathbb{R}^n)$$
$$\Leftrightarrow \quad \kappa(N \cap V) \in \mathfrak{H}_p(\mathbb{R}^p) \quad \Leftrightarrow \quad \kappa(N \cap V) \in \mathfrak{N}(U)$$

aus Satz 19.13 und Bemerkung 19.12 b). Da S durch *abzählbar* viele Mengen $\tilde{V}$ überdeckt werden kann, folgt daraus die Behauptung . $\diamond$

19.16 Beispiel. Die in den Beispielen 11.10 und 19.7 d) diskutierten *Polarkoordinaten* liefern eine lokale Parametrisierung $\Psi_{n,r} : W_{n-1} \mapsto V$ der Sphäre $S_r = S_r(0)$. Aufgrund der Surjektivität von $\Psi_{n,r} : \overline{W_{n-1}} \mapsto S_r$ ist $S_r \backslash V \subseteq \Psi_{n,r}(\partial W_{n-1})$ nach Bemerkung 19.12 f), Satz 19.13 und Satz 19.15 eine σ_{n-1} -Nullmenge. Für eine Funktion $f : S_r \mapsto \mathbb{C}$ gilt also $f \in \mathcal{L}_1(S_r) \Leftrightarrow (f \circ \Psi_{n,r}) \sqrt{g \Psi_{n,r}} \in \mathcal{L}_1(W_{n-1})$ nach Satz 19.10, und in diesem Fall ist wegen (23)

$$\int_{S_r} f(x) \, d\sigma_{n-1}(x) = \int_{W_{n-1}} f(\Psi_{n,r}(\varphi)) \sqrt{g \Psi_{n,r}(\varphi)} \, d^{n-1}\varphi$$
$$= r^{n-1} \int_{W_{n-1}} f(\Psi_{n,r}(\varphi)) C(\varphi) \, d^{n-1}\varphi \qquad (27)$$

mit $C(\varphi) = \cos^{n-2} \varphi_{n-1} \cdots \cos^2 \varphi_3 \cdot \cos \varphi_2$ wie in (11.22). Insbesondere ist

$$\mu_{n-1}(S_r) = \tau_n \, r^{n-1} = r^{n-1} \int_{W_{n-1}} C(\varphi) \, d^{n-1}\varphi . \qquad (28)$$

Für das $(n-1)$ -*dimensionale Volumen* der *Einheitssphäre* S^{n-1} gilt

$$\tau_n = n \, \omega_n = \frac{n \, \pi^{\frac{n}{2}}}{\Gamma(\frac{n}{2} + 1)} = \frac{2 \, \pi^{\frac{n}{2}}}{\Gamma(\frac{n}{2})} \qquad (29)$$

nach (11.28) und (13.4), speziell $\tau_2 = 2\pi$, $\tau_3 = 4\pi$, $\tau_4 = 2\pi^2$, $\tau_5 = \frac{8}{3}\pi^2$.

$\square$

Integrale über Sphären können natürlich auch mittels anderer lokaler Parametrisierungen berechnet werden, vgl. Aufgabe 19.5.

19.17 Definition. *Es seien* $X \subseteq \mathbb{R}^n$, $k \in \mathbb{N} \cup \{\infty\}$ *und* $p \in \{1, \ldots, n-1\}$.

a) Ein Punkt $a \in X$ *heißt* C^k-*glatter oder* C^k-*regulärer Punkt der Dimension* p, *falls er eine offene Umgebung* U *in* $\mathbb{R}^n$ *mit* $X \cap U \in \mathfrak{M}_p^k(n)$ *besitzt. Mit* $X_r = X_{r,p}^k$ *wird die Menge aller* C^k-*regulären Punkte der Dimension* p *von* X *bezeichnet.*

b) X *heißt* p-*dimensionale* C^k-*Fläche oder kurz* p-*Fläche, Notation:* $X \in \mathfrak{F}_p^k(n)$, *wenn* $X_{r,p}^k$ *in* X *dicht ist und* $X \backslash X_{r,p}^k \in \mathfrak{H}_p(\mathbb{R}^n)$ *gilt.*

c) Für $X \in \mathfrak{F}_p^1(n)$ *setzt man*

$$\mathcal{L}_1(X, \sigma_p) \quad := \quad \{f : X \mapsto \mathbb{C} \mid f|_{X_r} \in \mathcal{L}_1(X_r, \sigma_p)\} \quad und \quad (30)$$

$$\int_X f(x) \, d\sigma_p(x) \quad := \quad \int_{X_r} f(x) \, d\sigma_p(x) \quad für \quad f \in \mathcal{L}_1(X, \sigma_p). \quad (31)$$

d) Eine Menge $A \subseteq X$ *heißt Lebesgue-meßbar (bezüglich* σ_p*), Notation:* $A \in \mathfrak{M}(X) = \mathfrak{M}_p(X)$, *wenn* $A \cap X_r \in \mathfrak{M}_p(X_r)$ *gilt, und in diesem Fall heißt*

$$\mu_p(A) := \mu_p(A \cap X_r) \tag{32}$$

das p-*dimensionale Lebesgue-Maß von* A.

19.18 Bemerkungen. a) Für $X \subseteq \mathbb{R}^n$ gilt stets $X_{r,p}^k \in \mathfrak{M}_p^k(n)$, und $X_{r,p}^k$ ist *offen in* X (natürlich kann $X_{r,p}^k = \emptyset$ sein). Für $X \in \mathfrak{F}_p^k(n)$ sind also die Definitionen in 19.17 c) und d) sinnvoll.

b) Es sei $X = S \cup N$, wobei $S \in \mathfrak{M}_p^k(n)$ in X offen und dicht ist und $N \in \mathfrak{H}_p(\mathbb{R}^n)$ gilt. Dann gilt $S \subseteq X_{r,p}^k$, und wegen $X \backslash X_{r,p}^k \subseteq N$ folgt $X \in \mathfrak{F}_p^k(n)$. Weiter ist $X_r \backslash S \subseteq N \in \mathfrak{H}_p(\mathbb{R}^n)$ eine σ_p-Nullmenge, und somit gilt auch

$$\int_X f(x) \, d\sigma_p(x) \quad = \quad \int_S f(x) \, d\sigma_p(x) \quad für \quad f \in \mathcal{L}_1(X, \sigma_p). \quad \Box \quad (33)$$

19.19 Beispiele. a) Die Menge $X := S^2 \cup \{0\}$ ist *keine* 2-Fläche im $\mathbb{R}^3$, da $X_{r,2}^1 = S^2$ in X nicht dicht ist.

b) Es seien $G \subseteq \mathbb{R}^p$ offen mit $m_p(\partial G) = 0$ und $\psi : \overline{G} \mapsto \mathbb{R}^n$ lokal Lipschitz-stetig, so daß $\psi(G) \cap \psi(\partial G) = \emptyset$ gilt und $\psi : G \mapsto \psi(G)$ eine *Einbettung* ist (vgl. Definition II. 23.5 b)), also eine Homöomorphie mit $\psi \in C^1(G, \mathbb{R}^n)$ und $\mathrm{rk}\, D\psi(u) = p$ für alle $u \in G$. Dann ist $\psi : G \mapsto \psi(G)$ *globale* Parametrisierung der Mannigfaltigkeit $\psi(G) \in \mathfrak{M}_p^1(n)$, und $\psi(G)$ ist offen und dicht in $\psi(\overline{G})$. Weiter gilt nach Satz 19.13 auch $\psi(\overline{G}) \backslash \psi(G) \subseteq \psi(\partial G) \in \mathfrak{H}_p(\mathbb{R}^n)$, und somit ist $\psi(\overline{G}) \in \mathfrak{F}_p^1(n)$ eine p-Fläche. $\qquad \Box$

19.20 Beispiele. a) Es sei $\Gamma \subseteq \mathbb{R}^n$ eine *[geschlossene] Jordankurve* mit Jordan-Parametrisierung $\gamma : [a,b] \mapsto \mathbb{R}^n$. Es gebe eine kompakte abzählbare Menge $A \subseteq I := [a,b]$, so daß $\gamma \in \mathcal{C}^1(I\backslash A, \mathbb{R}^n)$ und $\dot\gamma(t) \neq 0$ für $t \in I\backslash A$ gilt. Mit $I_r := I\backslash(A \cup \{a,b\})$ ist die glatte Kurve $S := \gamma(I_r) \in \mathfrak{M}_1^1(n)$ offen und dicht in Γ, und die abzählbare Menge $\Gamma\backslash S \subseteq \gamma(A)$ ist eine 1-Nullmenge. Somit hat man $\Gamma \in \mathfrak{F}_1^1(n)$. Für eine Funktion $f : \Gamma \mapsto \mathbb{C}$ gilt $f \in \mathcal{L}_1(\Gamma) \Leftrightarrow (f \circ \gamma)\,|\dot\gamma| \in \mathcal{L}_1(I)$ und

$$
\int_\Gamma f(x)\,ds \;\; := \;\; \int_\Gamma f(x)\,d\sigma_1(x) \;=\; \int_S f(x)\,d\sigma_1(x)
$$
$$
= \;\; \int_{I\backslash A} f(\gamma(t))\,|\dot\gamma(t)|\,dt \;=\; \int_I f(\gamma(t))\,|\dot\gamma(t)|\,dt \qquad (34)
$$

in diesem Fall; für *stückweise glatte* Jordankurven stimmt (34) mit Formel (17.4) überein. Insbesondere gilt genau dann $\mu_1(\Gamma) < \infty$, wenn γ *rektifizierbar* ist (vgl. dazu Satz 15.11).

b) Konkrete Beispiele für die in a) diskutierte Situation sind etwa die Graphen Γ_α und A_α der auf $[0,1]$ definierten Funktionen $c_\alpha : t \mapsto t^\alpha \cos\frac{1}{t}$ und $a_\alpha : t \mapsto t^\alpha |\cos\frac{1}{t}|$ für $\alpha > 0$ (vgl. Abb. 19i und Abb. 19j). Offenbar gilt dann $\mu_1(\Gamma_\alpha) < \infty \Leftrightarrow \mu_1(A_\alpha) < \infty \Leftrightarrow \alpha > 1$. $\qquad\square$

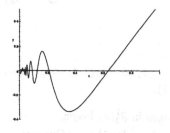

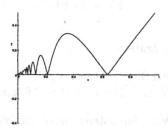

Abb. 19i   Abb. 19j

19.21 Beispiele. a) Es sei $\Gamma \subseteq \{(x,y,z) \in \mathbb{R}^3 \mid x \geq 0,\, y = 0\}$ eine *[geschlossene] Jordankurve* wie in Beispiel 19.20 a). Durch *Rotation* um die z-Achse (vgl. Beispiel 9.14) entsteht die *Fläche* $F := \psi(I \times [0,2\pi])$,

$$
\psi(t,v) := (\gamma_1(t)\cos v,\, \gamma_1(t)\sin v,\, \gamma_3(t))^\top. \qquad (35)
$$

Es ist $\psi : I_r \times (0,2\pi) \mapsto S$ eine globale Parametrisierung der Mannigfaltigkeit $S := \psi(I_r \times (0,2\pi)) \in \mathfrak{M}_2^1(3)$, und S ist offen und dicht in F. Weiter gilt $F \in \mathfrak{F}_2^1(3)$, da $F\backslash S$ in der Vereinigung abzählbar vieler Kreislinien enthalten und somit eine 2-Nullmenge ist. Aus (35) folgt leicht $\frac{\partial\psi}{\partial t} = (\dot\gamma_1(t)\cos v,\, \dot\gamma_1(t)\sin v,\, \dot\gamma_3(t))^\top$, $\frac{\partial\psi}{\partial v} = (-\gamma_1(t)\sin v,\, \gamma_1(t)\cos v,\, 0)^\top$, also (vgl. (16))

$$
E = \left|\frac{\partial\psi}{\partial t}\right|^2 = \dot\gamma_1(t)^2 + \dot\gamma_3(t)^2 = |\dot\gamma(t)|^2, \quad G = \left|\frac{\partial\psi}{\partial v}\right|^2 = \gamma_1(t)^2, \quad F = 0,
$$

$$\sqrt{g\psi(t,v)} = \sqrt{EG - F^2} = \gamma_1(t)\,|\dot{\gamma}(t)|\,. \tag{36}$$

Insbesondere ergibt sich daraus

$$\mu_2(F) = 2\pi \int_a^b \gamma_1(t)\,|\dot{\gamma}(t)|\,dt \tag{37}$$

für den Flächeninhalt der Rotationsfläche F. Mit $\Gamma := \{(R,0,t) \mid 0 \le t \le h\}$ erhält man einen Zylinder Z mit Flächeninhalt $\mu_2(Z) = 2\pi Rh$.

b) Für eine p-Fläche $X \in \mathfrak{F}_p^1(n)$ mit $0 < \int_X (1 + |x|)\,d\sigma_p(x) < \infty$ wird der *Schwerpunkt* definiert als (vgl. Beispiel 9.14)

$$S(X) := \tfrac{1}{\mu_p(X)} \int_X x\,d\sigma_p(x) \in \mathbb{R}^n\,. \tag{38}$$

Existiert in der Situation von a) der Schwerpunkt von Γ, so ist dessen x-Komponente gegeben durch

$$\xi = \tfrac{1}{\mathsf{L}(\Gamma)} \int_a^b \gamma_1(t)\,|\dot{\gamma}(t)|\,dt\,,$$

und mit (37) ergibt sich daraus die *zweite Guldinsche Regel*

$$\mu_2(F) = 2\pi\,\xi\,\mathsf{L}(\Gamma)\,. \qquad\qquad \Box \tag{39}$$

Aufgaben

19.1 Für Vektoren $a, b \in \mathbb{R}^3$ und $D = (a, b) \in \mathsf{M}_{\mathbb{R}}(3,2)$ zeige man $\sqrt{\det D^\top D} = |a \times b|$ und folgere daraus (17).

19.2 Man untersuche, ob die folgenden Mengen in $\mathfrak{F}_2^1(3)$ liegen:
a) $A := \{(x,y,z) \mid xyz = 0\}$,   b) $A \cup S^2$,   c) der Rand eines Quaders,
d) $W := \{(x,y,z) \mid x^2 - y^2 z = 0\}$,   e) der Rand eines Kegels.

19.3 Man berechne die Flächeninhalte der folgenden 2-Flächen im $\mathbb{R}^3$:
a) eines Paraboloids $P = \{(x,y,z) \mid 0 \le x^2 + y^2 \le 1,\, z = x^2 + y^2\}$,
b) eines Hyperboloids $H = \{(x,y,z) \mid 0 \le x^2 + y^2 \le 1,\, z = xy\}$,
c) einer Torusfläche $\partial T_R(a)$ (vgl. Aufgabe 9.9),
d) einer Kegelfläche $C := \{(x,y,z) \mid z \ge 0,\, x^2 + y^2 = R^2\,(1 - \tfrac{z}{h})^2\}$,
e) der Schraubenfläche $S = \{(u\cos v, u\sin v, hv)^\top \mid 0 \le u \le R,\, 0 \le v \le 2\pi\}$,
f) eines Rotationsellipsoids $E := \{(x,y,z) \mid \tfrac{x^2}{a^2} + \tfrac{y^2}{a^2} + \tfrac{z^2}{c^2} = 1\}$.

19.4 Man berechne die Schwerpunkte der folgenden 2-Flächen im $\mathbb{R}^3$:
a) einer Kegelfläche $C := \{(x,y,z) \mid z \ge 0,\, x^2 + y^2 = R^2\,(1 - \tfrac{z}{h})^2\}$,
b) einer Halbsphäre $S_r \cap \{(x,y,z) \mid z \ge 0\}$.

19.5 a) Für $f \in \mathcal{L}_1(S_r)$ zeige man (mit $x = (x', x_n) \in \mathbb{R}^n$):

$$\int_{S_r} f(x)\, d\sigma_{n-1}(x) \;=\; \int_{K_r(0)} f(x', \sqrt{r^2 - |x'|^2})\, \frac{r}{\sqrt{r^2 - |x'|^2}}\, d^{n-1}x'$$

$$+ \int_{K_r(0)} f(x', -\sqrt{r^2 - |x'|^2})\, \frac{r}{\sqrt{r^2 - |x'|^2}}\, d^{n-1}x'\,.$$

b) Im Fall $n = 3$ und $r = 1$ berechne man $\int_{S^2} f(x)\, d\sigma_2(x)$ auch mittels der stereographischen Projektionen aus Beispiel II. 23.6 b).

19.6 Für $c \in \mathbb{R}^n$, $\alpha \in \mathbb{R}$ und $r > 0$ sei $f(x) := |x - c|^\alpha$. Wann gilt $f \in \mathcal{L}_1(S_r)$?

19.7 Man berechne das *Gravitationspotential* einer Sphäre (vgl. (11.29)):

$$P(x) := \tfrac{1}{4\pi} \int_{S_r} \tfrac{1}{|x-y|}\, d\sigma_2(y)\,, \quad x \in \mathbb{R}^3\,. \tag{40}$$

19.8 Ein C^1-Diffeomorphismus $\Theta : G \mapsto D$ offener Mengen in $\mathbb{R}^n$ heißt *konform*, wenn stets $G\Theta(u) = c(u)^2 I$ für geeignete $c(u) > 0$ gilt (vgl. Definition II. 29.5 c)). Für p-Flächen $Y \subseteq G$ und $X = \Theta(Y) \subseteq D$ sowie Funktionen $f : X \mapsto \mathbb{C}$ zeige man $f \in \mathcal{L}_1(X) \Leftrightarrow (f \circ \Theta)\,|J\Theta|^{\frac{p}{n}} \in \mathcal{L}_1(Y)$ und

$$\int_X f(x)\, d\sigma_p(x) \;=\; \int_Y f(\Theta(y))\,|J\Theta(y)|^{\frac{p}{n}}\, d\sigma_p(y) \tag{41}$$

in diesem Fall, insbesondere also die *Invarianz* des Flächenintegrals gegen *orthogonale Transformationen*.

19.9 Man gebe detaillierte Beweise aller Aussagen von Beispiel 19.20.

19.10 Man gebe detaillierte Beweise von Satz 19.13 und Folgerung 19.14.

19.11 Für $A \in \mathfrak{H}_d(\mathbb{R}^n)$ zeige man $A \times \mathbb{R}^m \in \mathfrak{H}_{d+m}(\mathbb{R}^{n+m})$.

19.12 Für $X \in \mathfrak{F}_p^1(n)$ und $Y \in \mathfrak{F}_q^1(m)$ zeige man $X \times Y \in \mathfrak{F}_{p+q}^1(n+m)$ sowie $\mu_{p+q}(X \times Y) = \mu_p(X)\,\mu_q(Y)$.

19.13 Für kompakte $K \subseteq \mathbb{R}^n$ zeige man $K \in \mathfrak{H}_d(\mathbb{R}^n) \Leftrightarrow \lim_{\varepsilon \to 0} \frac{m_n(K_\varepsilon)}{\varepsilon^{n-d}} = 0$.

19.14 Für welche $d > 0$ liegt die *Cantor-Menge* (vgl. die Beispiele II. 4.7 c), 4.18 c) und 14.10 b)) in $\mathfrak{H}_d(\mathbb{R})$?

20   Der Integralsatz von Gauß im $\mathbb{R}^n$

Aufgabe: Man formuliere und beweise den Satz von Gauß für Würfel im $\mathbb{R}^3$.

In diesem Abschnitt wird der Satz von Gauß für beschränkte offene Mengen mit *„fast überall glattem Rand"* im $\mathbb{R}^n$ formuliert und bewiesen.[9] Die folgende Definition eines „glatten Randpunktes" ist zu der in 17.5 angegebenen äquivalent (vgl. Aufgabe 20.1).

20.1 Definition. *Es seien $G \subseteq \mathbb{R}^n$ offen und $k \in \mathbb{N} \cup \{\infty\}$.*

a) Ein Punkt $a \in \partial G$ heißt C^k-glatter oder C^k-regulärer Randpunkt von G, falls es eine offene Umgebung U von a und eine Funktion $\rho \in C^k(U, \mathbb{R})$ gibt mit $\operatorname{grad} \rho(x) \neq 0$ auf U und

$$G \cap U = \{x \in U \mid \rho(x) < 0\}. \tag{1}$$

b) Die Menge aller C^k-regulären Randpunkte von G heißt regulärer C^k-Rand $\partial_r^k G$ von G, ihr Komplement $\partial_s^k G := \partial G \backslash \partial_r^k G$ in ∂G heißt C^k-singulärer Rand von G.

c) Mit $\mathfrak{G}^k(\mathbb{R}^n)$ wird das System aller beschränkten offenen Mengen $G \subseteq \mathbb{R}^n$ mit C^k-glattem Rand, also $\partial_s^k G = \emptyset$, bezeichnet.

d) Eine beschränkte offene Menge $G \subseteq \mathbb{R}^n$ heißt C^k-Polyeder, Notation: $G \in \mathfrak{P}^k(\mathbb{R}^n)$, falls ihr regulärer C^k-Rand $\partial_r^k G$ in ∂G dicht ist und $\partial_s^k G = \partial G \backslash \partial_r^k G \in \mathfrak{H}_{n-1}(\mathbb{R}^n)$ gilt.

20.2 Beispiele und Bemerkungen. a) Es seien $a \in \partial_r^k G$ ein C^k-regulärer Randpunkt von G und U, ρ wie in Definition 20.1 a). Dann gilt

$$\partial G \cap U = \{x \in U \mid \rho(x) = 0\} \tag{2}$$

und somit $\partial G \cap U \in \mathfrak{M}_{n-1}^k(n)$ (vgl. Satz 19.2).
Ist in der Tat $x \in U$ und $\rho(x) > 0$ oder $\rho(x) < 0$, so gilt auch $\rho > 0$ oder $\rho < 0$ nahe x und somit $x \notin \partial G$.
Umgekehrt sei nun $x \in U$ mit $\rho(x) = 0$ und $h := \operatorname{grad} \rho(x) \neq 0$. Für kleine $t \in \mathbb{R}$ ist dann

$$\rho(x + th) = \rho(x) + \langle h, th \rangle + o(|th|) = t|h|^2 + o(|t|);$$

es gibt also $\delta > 0$ mit $\rho(x + th) > 0$ für $0 < t < \delta$ und $\rho(x + th) < 0$ für $-\delta < t < 0$. Dies bedeutet (vgl. (17.10))

$$x + th \notin G \text{ für } 0 < t < \delta \quad \text{und} \quad x + th \in G \text{ für } -\delta < t < 0, \tag{3}$$

---

[9]vgl. Heinz König: Ein einfacher Beweis des Integralsatzes von Gauß, Jahresbericht der DMV 66, 119–138 (1964) und [25], Kap. 10.

insbesondere also $x \in \partial G$.

b) Nach (3) gibt es also zu $x \in \partial_r^k G$ *genau einen Normalenvektor*
$\mathfrak{n}(x) = \mathfrak{n}_a(x) \in T_x(\partial G)^\perp$ mit $|\mathfrak{n}(x)| = 1$ und $x + t\mathfrak{n}(x) \notin G$ für $0 < t < \delta$
(vgl. Bemerkung 17.6 d) und Abb. 20b); dieser *äußere Normalenvektor* ist
für $x \in U$ gegeben durch

$$\mathfrak{n}(x) = \frac{\operatorname{grad} \rho(x)}{|\operatorname{grad} \rho(x)|}, \quad x \in \partial G \cap U, \tag{4}$$

und hängt somit *stetig* von $x \in \partial_r^k G$ ab.

c) Nach a) sind C^k-reguläre Randpunkte von G auch C^k-reguläre Punkte
der Dimension $n - 1$ von ∂G im Sinne von Definition 19.17 a); es gilt also
$\partial_r^k G \subseteq (\partial G)_r := (\partial G)_{r,n-1}^k$. Für $G \in \mathfrak{G}^k(\mathbb{R}^n)$ ist somit $\partial G \in \mathfrak{M}_{n-1}^k(n)$ eine
Mannigfaltigkeit, und für $G \in \mathfrak{P}^k(\mathbb{R}^n)$ ist $\partial G \in \mathfrak{F}_{n-1}^k(n)$ eine
C^k-*Hyperfläche* im $\mathbb{R}^n$. Integrale über ∂G können nach Bemerkung 19.18 b)
durch Integration über $\partial_r^k G$ gebildet werden.

d) Natürlich ist $\mathfrak{G}^k(\mathbb{R}^n) \subseteq \mathfrak{P}^k(\mathbb{R}^n)$. Auch beschränkte affine *Polyeder*, d. h.
endliche Durchschnitte offener Halbräume im $\mathbb{R}^n$, insbesondere etwa offene
Quader, liegen in $\mathfrak{P}^k(\mathbb{R}^n)$, die Innengebiete geschlossener Jordankurven im
$\mathbb{R}^2$ wie in Beispiel 19.20 liegen in $\mathfrak{P}^1(\mathbb{R}^2)$, die von Rotationsflächen im $\mathbb{R}^3$
wie in Beispiel 19.21 in $\mathfrak{P}^1(\mathbb{R}^3)$. $\qquad\square$

20.3 Theorem (Integralsatz von Gauß). *Es seien* $G \in \mathfrak{P}^1(\mathbb{R}^n)$ *ein*
C^1-*Polyeder mit äußerem Normalenvektorfeld* $\mathfrak{n} = \mathfrak{n}_a \in \mathcal{C}(\partial_r G, \mathbb{R}^n)$ *und*
$v \in \mathcal{C}(G \cup \partial_r G, \mathbb{R}^n)$ *ein beschränktes Vektorfeld mit* $v|_G \in \mathcal{C}^1(G, \mathbb{R}^n)$. *Gilt*
$\langle v, \mathfrak{n} \rangle \in \mathcal{L}_1(\partial G)$ *und* $\operatorname{div} v \in \mathcal{L}_1(G)$, *so ist*

$$\int_G \operatorname{div} v(x)\, d^n x = \int_{\partial G} \langle v, \mathfrak{n} \rangle(x)\, d\sigma_{n-1}(x). \tag{5}$$

20.4 Bemerkungen und Definitionen. a) Die *Beschränktheit* von v auf
$G \cup \partial_r G$ ist eine *wesentliche* Voraussetzung für die Gültigkeit von Theorem 20.3 (vgl. Aufgabe 20.9). Im Fall $\mu_{n-1}(\partial_r G) < \infty$ ist die Bedingung
„$\langle v, \mathfrak{n} \rangle \in \mathcal{L}_1(\partial G)$" dann stets erfüllt.

b) Es seien $G \subseteq \mathbb{R}^n$ offen und $k \in \mathbb{N}_0 \cup \{\infty\}$. Mit $\overline{C}^k(G, \mathbb{R}^m)$ wird der
Raum aller Funktionen $f \in \mathcal{C}^k(G, \mathbb{R}^m)$ bezeichnet, deren Ableitungen $\partial^\alpha f$
der Ordnung $|\alpha| \le k$ stetig auf $\overline{G}$ fortgesetzt werden können; auch diese
Fortsetzungen werden mit $\partial^\alpha f$ bezeichnet. Der Satz von Gauß gilt dann
insbesondere für alle C^1-Polyeder $G \in \mathfrak{P}^1(\mathbb{R}^n)$ mit $\mu_{n-1}(\partial_r G) < \infty$ und
alle Vektorfelder $v \in \overline{C}^1(G, \mathbb{R}^n)$.

c) Eine Version des Gaußschen Integralsatzes für „*unbeschränkte* C^1-*Polyeder*" wird in Aufgabe 20.10 formuliert.

d) Natürlich ist Theorem 20.3 auch im Fall $n = 2$ eine wesentliche Erweiterung von Theorem 17.8, vgl. dazu etwa Bemerkung 17.6 a).

e) Wie in Beispiel 17.10 c) ist $\int_{\partial G}\langle v, \mathfrak{n}\rangle(x)\,d\sigma_{n-1}(x)$ als *Fluß* von v durch ∂G zu interpretieren (von innen nach außen). Damit ergibt sich wieder die *(physikalische) Interpretation* der *Divergenz* auch im $\mathbb{R}^n$ als *Quellenstärke*, etwa einer inkompressiblen Strömung.   □

Der Gaußsche Integralsatz wird in mehreren Schritten bewiesen. Zunächst erfolgt in regulären Randpunkten eine

20.5 Anwendung des Satzes über implizite Funktionen. Es seien $G \subseteq \mathbb{R}^n$ offen, $a \in \partial_r^k G$ und ρ wie in Definition 20.1 a). Nach dem *Satz über implizite Funktionen* läßt sich die Gleichung $\rho(x) = 0$ nahe a nach einer der Variablen, etwa nach x_n, auflösen. Es gibt also einen offenen Quader $R' \subseteq \mathbb{R}^{n-1}$ und ein offenes Intervall $(c, d) \subseteq \mathbb{R}$ mit $a \in R := R' \times (c, d) \subseteq U$ und eine $\mathcal{C}^k$-Funktion $\psi : R' \mapsto (c, d)$ mit

$$\partial G \cap R = \{(x', x_n) \in R \mid \rho(x', x_n) = 0\} = \{(x', x_n) \in R \mid x_n = \psi(x')\}. \quad (6)$$

Die Mengen $R^\pm := \{(x', x_n) \in R \mid x_n - \psi(x') \gtrless 0\}$ sind wegzusammenhängend; wegen $\rho \neq 0$ auf diesen Mengen hat ρ auf R^+ und auf R^- einheitliche Vorzeichen $\epsilon_\pm \in \{-1, 1\}$. Ist $\epsilon_+ = \epsilon_-$, so hat ρ auf $\partial G \cap R$ lokale Extrema im Widerspruch zu $\operatorname{grad}\rho(x) \neq 0$ für $x \in R$; es folgt also $\epsilon_+\epsilon_- = -1$ und somit (vgl. Abb. 20a)

$$G \cap R = \{(x', x_n) \in R \mid x_n - \psi(x') < 0\} \quad \text{oder} \quad (7)$$
$$G \cap R = \{(x', x_n) \in R \mid x_n - \psi(x') > 0\}. \qquad \square \quad (8)$$

Als nächstes hat man die folgende Variante von Lemma 17.7 (vgl. Abb. 20b):

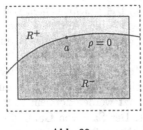

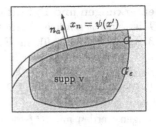

Abb. 20a   Abb. 20b

20.6 Lemma. *Es seien $R' \subseteq \mathbb{R}^{n-1}$ ein offener Quader, $\psi \in \mathcal{C}^1(R', \mathbb{R})$ mit $\psi(R') \subseteq (c, d)$, $R := R' \times (c, d) \subseteq \mathbb{R}^n$ und*

$$G := \{(x', x_n) \in R \mid x_n < \psi(x')\}. \qquad (9)$$

Es sei $v \in C(\overline{G}, \mathbb{R}^n)$ mit $v|_G \in C^1(G, \mathbb{R}^n)$, $\operatorname{div} v \in \mathcal{L}_1(G)$ und $\operatorname{supp} v \subseteq R$.
Dann gilt

$$\int_G \operatorname{div} v(x)\, d^n x \;=\; \int_{\partial G \cap R} \langle v, \mathfrak{n} \rangle(x)\, d\sigma_{n-1}(x)\,. \tag{10}$$

BEWEIS. a) Es gibt einen offenen Quader $R'' \subseteq \mathbb{R}^{n-1}$ mit $\overline{R''} \subseteq R'$ und
$\operatorname{supp} v \subseteq R'' \times (c, d)$. Wegen $\psi(x') \geq c + \varepsilon_0 > c$ für $x' \in R''$ kann man
ohne Einschränkung sofort $\psi(x') \geq c + \varepsilon_0 > c$ für $x' \in R'$ annehmen.
b) Für kleine $0 \leq \varepsilon \leq \varepsilon_0$ sei $G_\varepsilon := \{(x', x_n) \in R \mid x_n < \psi(x') - \varepsilon\}$;
dann ist $\partial G_\varepsilon \cap R = \Gamma_\varepsilon := \{(x', \psi(x') - \varepsilon) \mid x' \in R'\}$ der Graph von
$\psi - \varepsilon$. Nach Beispiel 19.7 c) ist der äußere Normalenvektor an Γ_ε im Punkte
$(x', \psi(x') - \varepsilon)$ gegeben durch

$$\mathfrak{n}(x') \;=\; (1 + |\operatorname{grad} \psi(x')|^2)^{-\frac{1}{2}} (-\partial_1 \psi(x'), \ldots, -\partial_{n-1} \psi(x'), 1)^\top \tag{11}$$

und insbesondere von ε unabhängig.
c) Für $\varepsilon > 0$ gilt wegen $v_n(x', c) = 0$

$$\begin{aligned}
\int_{G_\varepsilon} \partial_n v_n(x', x_n)\, d^n(x', x_n) &= \int_{R'} \int_c^{\psi(x') - \varepsilon} \partial_n v_n(x', x_n)\, dx_n\, dx' \\
&= \int_{R'} v_n(x', \psi(x') - \varepsilon)\, dx'\,,
\end{aligned}$$

und für $i = 1, \ldots, n-1$ ergibt sich

$$\int_{G_\varepsilon} \partial_i v_i(x', x_n)\, d^n(x', x_n) \;=\; \int_{R'} \int_c^{\psi(x') - \varepsilon} \partial_i v_i(x', x_n)\, dx_n\, dx'\,.$$

Wie im Beweis von Lemma 17.7 gilt für das innere Integral

$$\begin{aligned}
\int_c^{\psi(x') - \varepsilon} \partial_i v_i(x', x_n)\, dx_n &= \partial_i \int_c^{\psi(x') - \varepsilon} v_i(x', x_n)\, dx_n \\
&\quad - v_i(x', \psi(x') - \varepsilon)\, \partial_i \psi(x')\,,
\end{aligned}$$

und wegen $v_i(x', x_n) = 0$ für $x' \in \partial R'$ folgt

$$\int_{G_\varepsilon} \partial_i v_i(x', x_n)\, d^n(x', x_n) \;=\; -\int_{R'} v_i(x', \psi(x') - \varepsilon)\, \partial_i \psi(x')\, dx'\,.$$

Addition über i liefert dann wegen (11) und (19.21) sofort

$$\int_{G_\varepsilon} \operatorname{div} v(x)\, d^n x \;=\; \int_{\partial G_\varepsilon \cap R} \langle v, \mathfrak{n} \rangle(x)\, d\sigma_{n-1}(x)\,. \tag{12}$$

d) Die Funktionen $(x', \varepsilon) \mapsto v_i(x', \psi(x') - \varepsilon)$ liegen in $C_c(R' \times [0, \varepsilon_0])$; daher
hat man

$$\begin{aligned}
\int_{\partial G_\varepsilon \cap R} (v_i \mathfrak{n}_i)(x)\, d\sigma_{n-1}(x) &= -\int_{R'} v_i(x', \psi(x') - \varepsilon)\, \partial_i \psi(x')\, dx' \\
&\to -\int_{R'} v_i(x', \psi(x'))\, \partial_i \psi(x')\, dx' \\
&= \int_{\partial G \cap R} (v_i \mathfrak{n}_i)(x)\, d\sigma_{n-1}(x)
\end{aligned}$$

für $\varepsilon \to 0$ und $i = 1, \ldots, n - 1$. Entsprechendes gilt auch für $i = n$, und es folgt $\int_{\partial G_\varepsilon \cap R} \langle v, \mathfrak{n} \rangle(x) \, d\sigma_{n-1}(x) \to \int_{\partial G \cap R} \langle v, \mathfrak{n} \rangle(x) \, d\sigma_{n-1}(x)$ für $\varepsilon \to 0$. Wegen $\mathrm{div}\, v \in \mathcal{L}_1(G)$ gilt auch $\int_{G_\varepsilon} \mathrm{div}\, v(x) \, d^n x \to \int_G \mathrm{div}\, v(x) \, d^n x$ für $\varepsilon \to 0$, und daher folgt (10) aus (12). ◇

20.7 Bemerkungen. a) Der Beweis von Lemma 20.6 ist einfacher, wenn v auf einer Umgebung von $\overline{G}$ stetig differenzierbar ist; man kann dann sofort $\varepsilon = 0$ nehmen.

b) Für $G = R$ ist $\partial G \cap R = \emptyset$. Der Beweis von Lemma 20.6 gilt auch für $\psi(x) = d$ (man kann dann $\varepsilon = 0$ nehmen) und liefert $\int_G \mathrm{div}\, v(x) \, d^n x = 0$; (10) gilt also auch in diesem Fall.

c) Lemma 20.6 gilt auch für $G := \{(x', x_n) \in R \mid x_n > \psi(x')\}$ sowie bei Vertauschung der Koordinaten. Dies läßt sich analog oder durch Anwendung einer *affinen Isometrie* beweisen (vgl. Lemma 17.7). □

Wie im Beweis von Theorem 17.8 ergibt sich nun:

20.8 Lemma. *In der Situation von Theorem 20.3 sei zusätzlich* $\mathrm{supp}\, v$ *eine kompakte Teilmenge von* $G \cup \partial_r G$. *Dann gilt Formel (5).*

BEWEIS. Zu $a \in \partial_r G$ wählt man einen offenen Quader R_a wie in 20.5, zu $a \in G$ einen solchen mit $R_a \subseteq G$. Nach Satz 10.1 gibt es eine der offenen Überdeckung $\{R_a \mid a \in G \cup \partial_r G\}$ von $G \cup \partial_r G$ untergeordnete C^∞-Zerlegung der Eins $\{\alpha_j\}$ mit $\mathrm{supp}\, \alpha_j \subseteq R_{a_j}$ und $v_j := \alpha_j v \neq 0$ für nur endlich viele Indizes j. Aus Lemma 20.6 und den Bemerkungen 20.7 folgt dann

$$
\begin{aligned}
\int_{\partial_r G} \langle v, \mathfrak{n} \rangle \, d\sigma_{n-1} &= \sum_{j=1}^m \int_{\partial_r G} \langle v_j, \mathfrak{n} \rangle \, d\sigma_{n-1} = \sum_{j=1}^m \int_{\partial_r G \cap R_{a_j}} \langle v_j, \mathfrak{n} \rangle \, d\sigma_{n-1} \\
&= \sum_{j=1}^m \int_{G \cap R_{a_j}} \mathrm{div}\, v_j \, d^n x = \sum_{j=1}^m \int_G \mathrm{div}\, v_j \, d^n x \\
&= \int_G \mathrm{div}\Big(\sum_{j=1}^m v_j\Big) \, d^n x = \int_G \mathrm{div}\, v \, d^n x
\end{aligned}
$$

aufgrund der Linearität des Divergenzoperators. ◇

20.9 Beweis von Theorem 20.3. a) Es ist $\partial_s G$ eine kompakte $(n-1)$-Nullmenge; zu $\varepsilon > 0$ gibt es also endlich viele offene Würfel $W_1, \ldots, W_m$ mit Kantenlängen $r_1, \ldots, r_m$ und

$$
\partial_s G \subseteq \bigcup_{k=1}^m W_k \quad \text{sowie} \quad \sum_{k=1}^m r_k^{n-1} < \varepsilon. \tag{13}
$$

Es sei W_k^* der zu W_k konzentrische Würfel mit Kantenlänge $2r_k$. Nach Satz 10.14 gibt es $C > 0$ und Abschneidefunktionen $\eta_k \in \mathcal{C}^\infty(\mathbb{R}^n)$ mit $0 \leq \eta_k \leq 1$, $\operatorname{supp} \eta_k \subseteq W_k^*$, $\eta_k(x) = 1$ für $x \in W_k$ und

$$| \operatorname{grad} \eta_k(x) | \ \leq \ \tfrac{C}{r_k} \chi_{W_k^*}(x) . \tag{14}$$

Für die Abschneidefunktionen

$$\alpha_\varepsilon := \prod_{k=1}^m (1 - \eta_k) \in \mathcal{C}^\infty(\mathbb{R}^n) \tag{15}$$

gilt $0 \leq \alpha_\varepsilon \leq 1$, $\alpha_\varepsilon(x) = 0$ für $x \in W_1 \cup \ldots \cup W_m$ und $\alpha_\varepsilon(x) = 1$ für $x \notin W_1^* \cup \ldots \cup W_m^*$. Weiter ist

$$\partial_i \alpha_\varepsilon = \sum_{k=1}^m \partial_i (1 - \eta_k) \prod_{j \neq k} (1 - \eta_j), \text{ also } |\partial_i \alpha_\varepsilon| \leq \sum_{k=1}^m |\partial_i \eta_k|,$$

und mit $C_1 := \sqrt{n}\, C$ ergibt sich

$$| \operatorname{grad} \alpha_\varepsilon | \ \leq \ C_1 \sum_{k=1}^m \tfrac{1}{r_k} \chi_{W_k^*} . \tag{16}$$

b) Auf die Vektorfelder $v_\varepsilon := \alpha_\varepsilon \cdot v$ kann Lemma 20.8 angewendet werden; dies liefert

$$\int_G \operatorname{div} v_\varepsilon(x) \, d^n x \ = \ \int_{\partial G} \langle v_\varepsilon, \mathfrak{n} \rangle(x) \, d\sigma_{n-1}(x) . \tag{17}$$

Nach a) gilt $\lim_{\varepsilon \to 0} \alpha_\varepsilon(x) = 1$ und somit $\lim_{\varepsilon \to 0} \langle v_\varepsilon, \mathfrak{n} \rangle(x) = \langle v, \mathfrak{n} \rangle(x)$ für $x \in G \cup \partial_r G$; aufgrund von $|\langle v_\varepsilon, \mathfrak{n} \rangle| \leq |\langle v, \mathfrak{n} \rangle| \in \mathcal{L}_1(\partial_r G)$ und $|\alpha_\varepsilon \operatorname{div} v| \leq |\operatorname{div} v| \in \mathcal{L}_1(G)$ liefert der Satz über majorisierte Konvergenz sofort

$$\lim_{\varepsilon \to 0} \int_{\partial_r G} \langle v_\varepsilon, \mathfrak{n} \rangle(x) \, d\sigma_{n-1}(x) \ = \ \int_{\partial_r G} \langle v, \mathfrak{n} \rangle(x) \, d\sigma_{n-1}(x) \quad \text{und} \tag{18}$$

$$\lim_{\varepsilon \to 0} \int_G \alpha_\varepsilon(x) \operatorname{div} v(x) \, d^n x \ = \ \int_G \operatorname{div} v(x) \, d^n x . \tag{19}$$

c) Offenbar ist

$$\operatorname{div} v_\varepsilon \ = \ \alpha_\varepsilon \operatorname{div} v + \langle \operatorname{grad} \alpha_\varepsilon, v \rangle . \tag{20}$$

Aufgrund der Abschätzung

$$\begin{aligned}
\int_G |\langle \operatorname{grad} \alpha_\varepsilon, v \rangle| \, d^n x \ &\leq \ \int_G |\operatorname{grad} \alpha_\varepsilon| \, |v| \, d^n x \\
&\leq \ C_1 \| v \|_{\sup} \sum_{k=1}^m \tfrac{1}{r_k} \int_G \chi_{W_k^*}(x) \, d^n x \\
&\leq \ C_1 \| v \|_{\sup} \sum_{k=1}^m \tfrac{1}{r_k} 2^n r_k^n \leq C_2 \sum_{k=1}^m r_k^{n-1} \leq C_2 \, \varepsilon
\end{aligned}$$

mit $C_2 := 2^n C_1 \| v \|_{\text{sup}}$ gilt aber

$$\lim_{\varepsilon \to 0} \int_G \langle \operatorname{grad} \alpha_\varepsilon, v \rangle(x) \, d^n x \; = \; 0 \, ; \tag{21}$$

wegen (18)–(21) folgt somit (5) aus (17).   ◇

Damit ist der Gaußsche Integralsatz 20.3 vollständig bewiesen. Es folgen nun einige Anwendungen:

20.10 Partielle Integration. Es sei $G \in \mathfrak{P}^1(\mathbb{R}^n)$ mit äußerem Normalenvektorfeld $\mathfrak{n} \in \mathcal{C}(\partial_r G, \mathbb{R}^n)$ und $\mu_{n-1}(\partial_r G) < \infty$. Für Funktionen $f, g \in \overline{\mathcal{C}}^1(G, \mathbb{R})$ und das Vektorfeld $v := f g e_i \in \overline{\mathcal{C}}^1(G, \mathbb{R}^n)$ gilt dann $\operatorname{div} v = \frac{\partial f}{\partial x_i} g + f \frac{\partial g}{\partial x_i}$, und (5) impliziert

$$\int_G \frac{\partial f}{\partial x_i} g \, d^n x \; = \; \int_{\partial G} f g \, \mathfrak{n}_i \, d\sigma_{n-1} - \int_G f \frac{\partial g}{\partial x_i} \, d^n x \, . \tag{22}$$

Ist insbesondere $f g = 0$ auf ∂G, so hat man

$$\int_G \frac{\partial f}{\partial x_i} g \, d^n x \; = \; - \int_G f \frac{\partial g}{\partial x_i} \, d^n x \, . \qquad \square \tag{23}$$

20.11 Satz (Greensche Integralformeln). *Es sei* $G \in \mathfrak{P}^1(\mathbb{R}^n)$ *ein* $\mathcal{C}^1$- *Polyeder mit* $\mu_{n-1}(\partial_r G) < \infty$. *Für Funktionen* $f, g \in \overline{\mathcal{C}}^2(G, \mathbb{R})$ *gilt dann*

$$\int_G (\langle \operatorname{grad} f, \operatorname{grad} g \rangle + f \, \Delta g) \, d^n x \; = \; \int_{\partial G} f \frac{\partial g}{\partial \mathfrak{n}} \, d\sigma_{n-1} \, , \tag{24}$$

$$\int_G (f \, \Delta g - g \, \Delta f) \, d^n x \; = \; \int_{\partial G} \left(f \frac{\partial g}{\partial \mathfrak{n}} - \frac{\partial f}{\partial \mathfrak{n}} g \right) d\sigma_{n-1} \, , \tag{25}$$

wobei $\frac{\partial g}{\partial \mathfrak{n}} = \langle \operatorname{grad} g, \mathfrak{n} \rangle$ *die Richtungsableitung von* g *in Richtung des äußeren Normalenvektorfeldes* $\mathfrak{n} \in \mathcal{C}(\partial_r G, \mathbb{R}^n)$ *auf* $\partial_r G$ *und* Δ *den Laplace-Operator bezeichnet.*

BEWEIS. a) Man bildet das Vektorfeld $v(x) := f(x) \operatorname{grad} g(x)$. Nach der Produktregel gilt $\frac{\partial v_i}{\partial x_i} = \frac{\partial f}{\partial x_i} \frac{\partial g}{\partial x_i} + f \frac{\partial^2 g}{\partial x_i^2}$, also

$$\operatorname{div} v \; = \; \langle \operatorname{grad} f, \operatorname{grad} g \rangle + f \, \Delta g \, .$$

Andererseits ist $\langle v, \mathfrak{n} \rangle = f \langle \operatorname{grad} g, \mathfrak{n} \rangle = f \frac{\partial g}{\partial \mathfrak{n}}$, und somit folgt (24) sofort aus (5).

b) Zum Beweis von (25) vertauscht man in (24) die Rollen von f und g und subtrahiert.   ◇

20.12 Bemerkung. Anwendungen der Greenschen Integralformeln in der *Potentialtheorie* folgen in Abschnitt 25. Für Formel (24) wird nur $f \in \overline{\mathcal{C}}^1(G, \mathbb{R})$ benötigt; die Formeln (24) und (25) gelten auch für $g \in \overline{\mathcal{C}}^1(G, \mathbb{R}) \cap \mathcal{C}^2(G, \mathbb{R})$ mit $\Delta g = 0$ in G. $\square$

Eine wesentliche Erweiterung der *Flächenformel* (17.19) ist die folgende

20.13 Volumenformel. a) Es sei $G \in \mathfrak{P}^1(\mathbb{R}^n)$ mit äußerem Normalvektorfeld $\mathfrak{n} \in \mathcal{C}(\partial_r G, \mathbb{R}^n)$ und $\mu_{n-1}(\partial_r G) < \infty$. Für das Vektorfeld $v(x) = x$ gilt $\operatorname{div} v = n$; aus (5) folgt daher die *Volumenformel*

$$n \cdot m_n(G) = \int_{\partial G} \langle x, \mathfrak{n} \rangle (x) \, d\sigma_{n-1}(x). \tag{26}$$

b) Die Kugel $K = \overline{K}_1(0)$ im $\mathbb{R}^n$ besitzt einen glatten Rand, und man hat $\mathfrak{n}(x) = x$ für $x \in \partial K = S^{n-1}$. Aus (26) folgt somit wie in (11.28)

$$n \, \omega_n = n \, m_n(K) = \mu_{n-1}(S^{n-1}) = \tau_n. \qquad \square \tag{27}$$

Aufgaben

20.1 Es seien $G \subseteq \mathbb{R}^n$ offen und $a \in \partial G$. Man zeige, daß die Eigenschaft „$a \in \partial_r^k G$" zu jeder der folgenden beiden Bedingungen äquivalent ist:
a) Es gilt Bedingung 17.5 (b) mit einer $\mathcal{C}^k$-Funktion ψ.
b) Es gibt eine offene Umgebung U in $\mathbb{R}^n$ von a und einen $\mathcal{C}^k$-Diffeomorphismus $\Phi : U \mapsto K_1(0)$ mit

$$\Phi(G \cap U) = \{v \in K_1(0) \mid v_1 < 0\}, \ \ \Phi(\partial G \cap U) = \{v \in K_1(0) \mid v_1 = 0\}. \tag{28}$$

20.2 Für die folgenden offenen Mengen im $\mathbb{R}^n$ bestimme man den regulären und den singulären Rand:
a) Ellipsen im $\mathbb{R}^2$, Ellipsoide im $\mathbb{R}^3$,
b) Rechtecke im $\mathbb{R}^2$, Quader im $\mathbb{R}^n$,
c) Kegel $K := \{(x, y, z) \in \mathbb{R}^3 \mid 0 < z < h, \ x^2 + y^2 < R^2(1 - \frac{z}{h})^2\}$ im $\mathbb{R}^3$.

20.3 Es seien $\Psi : U \mapsto D$ ein $\mathcal{C}^k$-Diffeomorphismus offener Mengen im $\mathbb{R}^n$ und $G \in \mathfrak{P}^k(\mathbb{R}^n)$ mit $\overline{G} \subseteq U$. Man zeige $\Psi(G) \in \mathfrak{P}^k(\mathbb{R}^n)$.

20.4 Es seien $G \in \mathfrak{P}^1(\mathbb{R}^3)$ mit äußerem Normalvektorfeld $\mathfrak{n} \in \mathcal{C}(\partial_r G, \mathbb{R}^3)$ und $\psi : U \mapsto V$ eine lokale Parametrisierung von $\partial_r G$. Für ein Vektorfeld $v \in \mathcal{C}(V, \mathbb{R}^3)$ mit $\langle v, \mathfrak{n} \rangle \in \mathcal{L}_1(V, \sigma_2)$ zeige man

$$\int_V \langle v, \mathfrak{n} \rangle (x) \, d\sigma_2(x) = \pm \int_U \langle v(\psi(u, v)), (\tfrac{\partial \psi}{\partial u} \times \tfrac{\partial \psi}{\partial v})(u, v) \rangle \, d^2(u, v).$$

20.5 Man bestätige den Gaußschen Integralsatz durch explizite Berechnung beider Seiten von (5)
a) für die Kugel $K_1(0)$ in $\mathbb{R}^3$ und $v(x, y, z) := (x^2 + y^2 + z^2)(x, y, z)^\top$,
b) für die Pyramide $P := \{(x, y, z) \in \mathbb{R}^3 \mid 0 \leq z \leq 1, |x|, |y| \leq 1 - z\}$ und $v(x, y, z) := (x^4, z^3, y^2)^\top$.

20.6 Ein fester Körper $G \in \mathfrak{P}^1(\mathbb{R}^3)$ mit $\mu_2(\partial_r G) < \infty$ liege in einer Flüssigkeit der konstanten Dichte $\rho > 0$, deren Oberfläche durch $x_3 = 0$ gegeben sei. In einem Randpunkt $x \in \partial_r G$ übt diese auf G den *Druck* $\rho\, x_3\, \mathfrak{n}(x)$ aus (vgl. Abb. 20c). Für die *Auftriebskraft* $F := \int_{\partial G} \rho\, x_3\, \mathfrak{n}(x)\, d\sigma_2(x) \in \mathbb{R}^3$ zeige man $F_1 = F_2 = 0$ und $F_3 = \rho\, m_3(G)$ *(Archimedisches Prinzip).*

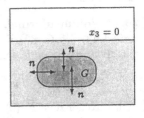

Abb. 20c

20.7 a) Für $G \in \mathfrak{P}^1(\mathbb{R}^3)$ mit $\mu_2(\partial G) < \infty$ und $a \notin G$ wird ein Vektorfeld auf $\mathbb{R}^3 \backslash \{a\}$ durch $E_a(x) := \frac{x-a}{|x-a|^3}$ definiert. Man zeige

$$\int_{\partial G} \langle E_a, \mathfrak{n} \rangle (x)\, d\sigma_2(x) = \begin{cases} 0 & , \quad a \notin G \\ 4\pi & , \quad a \in G \end{cases}.$$

b) Man folgere das *Gaußsche Gesetz der Elektrostatik:* Für das von den Ladungen $q_1, \ldots, q_r$ in den Punkten $a_1, \ldots, a_r \in \mathbb{R}^3 \backslash \partial G$ erzeugt elektrische Feld $E(x) := \sum_{j=1}^{r} q_j \frac{x-a_j}{|x-a_j|^3}$ gilt

$$\int_{\partial G} \langle E, \mathfrak{n} \rangle (x)\, d\sigma_2(x) = 4\pi \sum_{a_j \in G} q_j.$$

20.8 Es sei $G \in \mathfrak{P}^1(\mathbb{R}^n)$ mit $\mu_{n-1}(\partial G) < \infty$. Eine Funktion $u \in \overline{C}^2(G \times \mathbb{R})$ erfülle die *Wellengleichung*

$$\partial_t^2 u - c^2 \Delta_x u = 0 \quad \text{auf} \quad G \times \mathbb{R}$$

für ein $c > 0$ und die *Dirichlet-Randbedingung*

$$u = 0 \quad \text{auf} \quad \partial G \times \mathbb{R}.$$

Man beweise den *Energieerhaltungssatz* $\frac{dE}{dt} = 0$ für

$$E(t) := \int_G \left(\partial_t u(x,t)^2 + c^2 \,|\, \mathrm{grad}_x\, u(x,t)\,|^2 \right) d^n x.$$

20.9 Für $G := K_1(0) \cap (0, \infty)^2 \in \mathfrak{P}^\infty(\mathbb{R}^2)$ und $v(x,y) := \frac{1}{x^2+y^2}(x,y)^\top$ zeige man $\mathrm{div}\, v = 0$, also $\int_G \mathrm{div}\, v \, d^2(x,y) = 0$, aber $\int_{\partial G} \langle v, \mathfrak{n} \rangle \, d\sigma_1 = \frac{\pi}{2}$.

20.10 Man beweise die folgende Version des Gaußschen Integralsatzes für „unbeschränkte C^1-Polyeder" (d. h. offene Mengen $G \subseteq \mathbb{R}^n$, für die $\partial_r^k G$ in ∂G dicht ist und $\partial_s^k G \in \mathfrak{H}_{n-1}(\mathbb{R}^n)$ gilt):

Es sei $v \in \mathcal{C}(G \cup \partial_r G, \mathbb{R}^n)$ ein beschränktes Vektorfeld mit $v|_G \in \mathcal{C}^1(G, \mathbb{R}^n)$,
$\langle v, \mathfrak{n} \rangle \in \mathcal{L}_1(\partial G)$, $\operatorname{div} v \in \mathcal{L}_1(G)$ und

$$\lim_{r \to \infty} \tfrac{1}{r} \int_{G \cap K_r(0)} |v(x)| \, d^n x = 0. \tag{29}$$

Dann gilt Formel (5).

21 Der Brouwersche Fixpunktsatz

In diesem Abschnitt wird gezeigt, daß jede stetige Abbildung der euklidischen Einheitskugel des $\mathbb{R}^n$ in sich einen *Fixpunkt* besitzt. Der (nicht
konstruktive) indirekte Beweis dieses *Brouwerschen Fixpunktsatzes* beruht
auf dem *Gaußschen Integralsatz* und dem *Satz über inverse Funktionen* und
bedarf einiger Vorbereitungen:

21.1 Lemma. *Es seien* $D \subseteq \mathbb{R}^n$ *offen,* $v \in \mathcal{C}^2(D, \mathbb{R}^n)$ *und*

$$C_{ij}(x) = (-1)^{i+j} \det \begin{pmatrix} \partial_1 v_1 & \cdots & \Big| & \cdots & \partial_n v_1 \\ \vdots & \vdots & \Big| & \vdots & \vdots \\ \text{---} & \text{---} & (i,j) & \text{---} & \text{---} \\ \vdots & \vdots & \Big| & \vdots & \vdots \\ \partial_1 v_n & \cdots & \Big| & \cdots & \partial_n v_n \end{pmatrix} (x) \tag{1}$$

der Kofaktor von $\partial_j v_i(x)$ *in* $Jv(x)$, *wobei also die Matrix in (1) durch*
Streichen der i-ten Zeile und der j-ten Spalte aus $Dv(x)$ entsteht. Dann gilt

$$\sum_{j=1}^{n} \partial_j C_{ij}(x) = 0 \quad \text{für} \quad x \in D \quad \text{und} \quad i = 1, \ldots, n. \tag{2}$$

BEWEIS. Es sei $i \in \{1, \ldots, n\}$ fest. Mit den Spaltenvektoren

$$w_k := (\partial_k v_1, \ldots, \partial_k v_{i-1}, \partial_k v_{i+1}, \ldots, \partial_k v_n)^\top$$

gilt dann

$$C_{ij} = (-1)^{i+j} \det(w_1, \ldots, w_{j-1}, \widehat{w_j}, w_{j+1}, \ldots, w_n),$$

wobei die Notation $\widehat{w_j}$ bedeutet, daß das Argument w_j *wegzulassen* ist.
Die Produktregel liefert

$$\partial_j C_{ij} = (-1)^{i+j} \sum_{k \neq j} A_{kj} \quad mit$$

$$A_{kj} := \det(w_1, \ldots, \widehat{w_j}, \ldots, w_{k-1}, \partial_j w_k, w_{k+1}, \ldots, w_n).$$

Nun hat man $\partial_j w_k = \partial_k w_j$ und somit $A_{kj} = (-1)^{k-j-1} A_{jk}$ nach dem Satz von Schwarz. Somit folgt

$$(-1)^i \sum_{j=1}^n \partial_j C_{ij} = \sum_{j=1}^n (-1)^j \sum_{k \neq j} A_{kj}$$

$$= \sum_{j=1}^n \sum_{k<j} (-1)^j A_{kj} + \sum_{j=1}^n \sum_{k>j} (-1)^j A_{kj} =: S_1 + S_2 \quad \text{und}$$

$$S_2 = \sum_{j=1}^n \sum_{k>j} (-1)^{k-1} A_{jk} = \sum_{1 \leq j,k \leq n,\, k<j} (-1)^{j-1} A_{kj} = -S_1,$$

also die Behauptung (2). $\diamond$

Ein weiterer Beweis von Lemma 21.1 mit Hilfe des Kalküls der *Differenti-alformen* folgt in Bemerkung 27.10 b).

21.2 Lemma. *Es seien $D \subseteq \mathbb{R}^n$ offen und $v \in \mathcal{C}^2([0,1] \times D, \mathbb{R}^n)$. Mit den Kofaktoren $C_{ij}(t,x)$ gemäß (1) definiert man $C_i := (C_{i1}, \ldots, C_{in})^\top$ für $i = 1, \ldots, n$. Für $Jv = \det Dv$ gilt dann*

$$\frac{\partial}{\partial t} Jv = \sum_{i=1}^n \operatorname{div} (\dot{v}_i\, C_i). \tag{3}$$

BEWEIS. Aufgrund der Multilinearität der Determinante (vgl. dazu Aufgabe II. 19.5) und (2) hat man

$$\frac{\partial}{\partial t} Jv = \sum_{j=1}^n \det (\partial_1 v, \ldots, \partial_j \dot{v}, \ldots, \partial_n v) = \sum_{j=1}^n \sum_{i=1}^n (\partial_j \dot{v}_i)\, C_{ij}$$

$$= \sum_{i=1}^n \sum_{j=1}^n (\partial_j \dot{v}_i)\, C_{ij} = \sum_{i=1}^n \sum_{j=1}^n \partial_j (\dot{v}_i\, C_{ij}) = \sum_{i=1}^n \operatorname{div} (\dot{v}_i\, C_i). \quad \diamond$$

21.3 Lemma. *Es seien $\delta > 0$, $D = K_{1+\delta}(0)$ und $K := \overline{K}_1(0) \subseteq \mathbb{R}^n$. Es gibt keine Abbildung ("Retraktion") $g \in \mathcal{C}^2(D, \mathbb{R}^n)$ mit $g(D) \subseteq \partial K$ und $g(x) = x$ für alle $x \in \partial K$.*

BEWEIS. Andernfalls setzt man $v(t,x) := (1-t)\, x + t\, g(x)$ und betrachtet

$$F(t) := \int_K Jv(t,x)\, d^n x \quad \text{für} \quad t \in [0,1]. \tag{4}$$

Wegen $v(0,x) = x$ gilt $Dv(0,x) = I$ und $F(0) = m_n(K) = \omega_n$. Weiter gilt nach Satz 5.14, (3) und dem *Gaußschen Integralsatz*

$$F'(t) = \int_K \frac{\partial}{\partial t} Jv(t,x)\, d^n x = \int_K \sum_{i=1}^n \operatorname{div} (\dot{v}_i\, C_i)\, (t,x)\, d^n x$$

$$= \sum_{i=1}^n \int_{\partial K} \langle \dot{v}_i\, C_i, \mathfrak{n} \rangle (t,x)\, d\sigma_{n-1}(x) = 0$$

aufgrund von $\dot{v}(t,x) = -x + g(x) = 0$ auf ∂K.
Somit muß $F(1) = F(0) = \omega_n$ sein. Andererseits ist $v(1,x) = g(x)$, und
wegen $g(D) \subseteq \partial K$ gilt $Jv(1,x) = 0$ auf D aufgrund des *Satzes über inverse
Funktionen*. Dies impliziert $F(1) = 0$, und man hat einen Widerspruch. $\diamond$

Die Aussage von Lemma 21.3 gilt auch für beschränkte C^1-Polyeder K mit
$\mu_{n-1}(\partial K) < \infty$ und offene Umgebungen D von K.

21.4 Lemma. *Es seien* $\delta > 0$, $D = K_{1+\delta}(0)$ *und* $K := \overline{K}_1(0) \subseteq \mathbb{R}^n$. *Jede
Abbildung* $h \in C^2(D, \mathbb{R}^n)$ *mit* $h(D) \subseteq K$ *hat einen* Fixpunkt, *d.h. es gibt*
$x \in K$ *mit* $h(x) = x$.

BEWEIS (vgl. Abb. 21a). Andernfalls ist für
alle $x \in D$ der Strahl von $h(x)$ durch x definiert; $g(x)$ sei sein Schnittpunkt mit ∂K. Es
gilt

$$g(x) = h(x) + t(x)(x - h(x)),$$

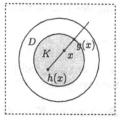

wobei $t(x)$ die eindeutig bestimmte *positive*
Lösung der quadratischen Gleichung

Abb. 21a

$$|x - h(x)|^2 t^2 + 2t \langle h(x), x - h(x) \rangle + |h(x)|^2 = 1$$

ist. Somit gilt $g \in C^2(D, \mathbb{R}^n)$ mit $g(D) \subseteq \partial K$, und wegen $g(x) = x$ für alle
$x \in \partial K$ erhält man einen Widerspruch zu Lemma 21.3. $\diamond$

21.5 Theorem (Brouwerscher Fixpunktsatz). *Jede stetige Abbildung*
$f : K \mapsto K$ *der euklidischen Einheitskugel des* $\mathbb{R}^n$ *in sich besitzt einen*
Fixpunkt, *d.h. es gibt* $x \in K$ *mit* $f(x) = x$.

BEWEIS. Andernfalls gibt es $\varepsilon > 0$ mit $|f(x) - x| \geq 4\varepsilon$ für alle $x \in K$.
Man wählt $\rho \in C_c(\mathbb{R})$ mit $0 \leq \rho \leq 1$ und $\rho = 1$ auf $[-2,2]$ und setzt f
durch

$$f(x) := \rho(|x|) f(\tfrac{x}{|x|}), \quad |x| \geq 1,$$

zu einer Funktion $f \in C_c(\mathbb{R}^n, \mathbb{R}^n)$ fort. Nach Folgerung 10.13 gibt es
$h_1 \in C_c^2(\mathbb{R}^n, \mathbb{R}^n)$ mit $\|f - h_1\|_{\sup} \leq \varepsilon$. Wegen $|f| \leq 1$ ist $|h_1| \leq 1 + \varepsilon$
auf $\mathbb{R}^n$. Für $h := \frac{1}{1+\varepsilon} h_1 \in C_c^2(\mathbb{R}^n, \mathbb{R}^n)$ gilt dann $h(\mathbb{R}^n) \subseteq K$ und

$$\|f - h\|_{\sup} \leq \|f - h_1\|_{\sup} + \|h_1 - h\|_{\sup} \leq 2\varepsilon,$$

also $|h(x) - x| \geq 2\varepsilon$ für alle $x \in K$. Damit folgt auch $|h(x) - x| \geq \varepsilon$ auf
einer Umgebung von K und somit ein Widerspruch zu Lemma 21.4. $\diamond$

Eine wesentliche Erweiterung des Brouwerschen Fixpunktsatzes folgt in Theorem 32.19. Die Aussage von Lemma 21.3 gilt allgemeiner so:

21.6 Satz. *Es gibt* keine stetige Retraktion *der euklidischen Einheitskugel des* $\mathbb{R}^n$ *auf ihren Rand, d. h.* keine stetige Abbildung $g : K \mapsto \partial K$ *mit* $g(x) = x$ *für alle* $x \in \partial K$.

BEWEIS. Andernfalls wäre $-g : K \mapsto K$ eine stetige Abbildung ohne Fixpunkt. $\diamond$

Der Beweis von Lemma 21.4 zeigt, daß Satz 21.6 eine äquivalente Formulierung des Brouwerschen Fixpunktsatzes ist.

Aufgaben

21.1 Man zeige, daß jede stetige Abbildung $f : K \mapsto \mathbb{R}^n$ der euklidischen Einheitskugel nach $\mathbb{R}^n$ mit $f(\partial K) \subseteq K$ einen Fixpunkt besitzt.

21.2 Es sei $v : K \mapsto \mathbb{R}^n$ ein stetiges Vektorfeld auf der euklidischen Einheitskugel mit $v(x) \neq 0$ und $\frac{v(x)}{\lceil v(x) \rceil} = x$ für $x \in \partial K$. Man zeige, daß v eine *Nullstelle* in K besitzt.

IV. Grundlagen der Funktionentheorie

In diesem Kapitel werden mit Hilfe des Gaußschen Integralsatzes *Integralformeln* für *holomorphe* und für *harmonische Funktionen* hergeleitet, die Funktionswerte im Innern gewisser Gebiete durch geeignete *Randintegrale* dieser Funktionen ausdrücken.

In den an Abschnitt 17 anschließenden Abschnitten 22–24 wird nur der Gaußsche Integralsatz *in der Ebene* verwendet. Seine Umformulierung zur *Cauchyschen Integralformel* in Abschnitt 22 liefert die für die Funktionentheorie grundlegende Äquivalenz der Begriffe *„Holomorphie"* und *„Analytizität"*; am Ende von Abschnitt 23 folgt noch eine allgemeine Formulierung der Cauchyschen Integralformel mittels *Windungszahlen*. Zuvor werden in Abschnitt 23 *isolierte Singularitäten* holomorpher Funktionen klassifiziert. Der *Residuensatz* ermöglicht relativ einfache Berechnungen von Integralen über $\mathbb{R}$ oder $\mathbb{R}_+$ und impliziert den *Satz von Rouché* über die *„Stabilität" von Nullstellen* holomorpher Funktionen.

In Abschnitt 24 werden holomorphe Funktionen von *mehreren Veränderlichen* untersucht; die *Cauchysche Integralformel für Polykreise* liefert wieder deren *Analytizität*. Mit Hilfe des Satzes von Rouché wird ein neuer Beweis für den *Satz über implizite Funktionen* bei *analytischen Gleichungssystemen* gegeben, und schließlich werden *analytische Lösungen* für *Anfangswertprobleme* bei (Systemen von) gewöhnlichen Differentialgleichungen mit *analytischen Daten* konstruiert.

Abschnitt 25 über *harmonische Funktionen* ist von den Abschnitten 22–24 im wesentlichen unabhängig, beruht aber auf Abschnitt 20. Für *Euklidische Kugeln* im $\mathbb{R}^n$ werden die *Greensche Funktion* und der *Poisson-Kern* zur *Lösung des Dirichlet-Problems* konstruiert.

22 Cauchy-Formeln und Konsequenzen

Eine wichtige Rolle in der Funktionentheorie spielen *komplexe Wegintegrale*:

22.1 Definition. *Für einen Weg $\gamma \in \mathcal{C}^1_{st}([a,b], \mathbb{C})$ und eine stetige Funktion $f \in \mathcal{C}((\gamma), \mathbb{C})$ wird durch*

$$\int_\gamma f(z)\, dz := \int_a^b f(\gamma(t))\, \dot{\gamma}(t)\, dt \in \mathbb{C} \tag{1}$$

das komplexe Wegintegral *von f über γ erklärt.*

22.2 Bemerkungen. a) In (1) wird natürlich die *komplexe Multiplikation* verwendet.

b) Für die *reellen Vektorfelder* $v := (\operatorname{Re} f, -\operatorname{Im} f)^{\top} =: (P, -Q)^{\top}$ und $w := D_{\pi/2} v = (Q, P)^{\top}$ folgt aus (1) sofort

$$\int_{\gamma} f(z)\,dz \;=\; \int_{\gamma}\langle v(x), dx\rangle + i \int_{\gamma}\langle w(x), dx\rangle. \tag{2}$$

c) Aus (2) ergibt sich sofort $\int_{\gamma_1} f(z)\,dz = \int_{\gamma_2} f(z)\,dz$ für äquivalente $\mathcal{C}^1_{st}$-Wege $\gamma_1 \sim \gamma_2$. Weiter gilt $\int_{-\gamma} f(z)\,dz = -\int_{\gamma} f(z)\,dz$ sowie auch $\int_{\gamma+\varphi} f(z)\,dz = \int_{\gamma} f(z)\,dz + \int_{\varphi} f(z)\,dz$ für eine Summe von Wegen wie in Formel (16.3). $\qquad\qquad\qquad\qquad\qquad\qquad\qquad\qquad\qquad\qquad\square$

22.3 Erinnerungen. a) Es sei $D \subseteq \mathbb{C}$ offen. Eine Funktion $f : D \mapsto \mathbb{C}$ heißt *komplex differenzierbar* in $z \in D$, falls

$$f'(z) := \lim_{\zeta \to z} \frac{f(\zeta) - f(z)}{\zeta - z} \in \mathbb{C} \tag{3}$$

existiert (vgl. Definition I.28.11). Ist f in jedem Punkt von D komplex differenzierbar und $f' : D \mapsto \mathbb{C}$ stetig, so heißt f **holomorph**. Mit $\mathcal{O}(D)$ wird der Raum aller holomorphen Funktionen auf D bezeichnet.
b) Nach Satz II.28.1 ist $f : D \mapsto \mathbb{C}$ genau dann in $z \in D$ komplex-differenzierbar, wenn f in z reell-differenzierbar ist und für $P = \operatorname{Re} f$, $Q = \operatorname{Im} f$ die *Cauchy-Riemannschen Differentialgleichungen*

$$\partial_x P(z) - \partial_y Q(z) = 0 \quad , \quad \partial_y P(z) + \partial_x Q(z) = 0 \tag{4}$$

erfüllt sind. In diesem Fall gilt $f'(z) = \partial_x P(z) + i\,\partial_x Q(z)$, und für die reelle Funktionaldeterminante hat man $Jf(z) = |f'(z)|^2$. Holomorphe Funktionen liegen also in $\mathcal{C}^1(D, \mathbb{C})$.
c) Mit $\partial_x f := \partial_x P + i\partial_x Q$, $\partial_y f := \partial_y P + i\partial_y Q$ und

$$\partial_z f := \tfrac{1}{2}(\partial_x f - i\partial_y f), \quad \partial_{\bar{z}} f := \tfrac{1}{2}(\partial_x f + i\partial_y f) \tag{5}$$

liefern die Cauchy-Riemann-Differentialgleichungen (4) sofort

$$\mathcal{O}(D) \;=\; \{f \in \mathcal{C}^1(D, \mathbb{C}) \mid \partial_{\bar{z}} f(z) = 0\} \quad \text{sowie} \tag{6}$$
$$f'(z) \;=\; \partial_z f(z) \quad \text{für } f \in \mathcal{O}(D). \qquad\qquad \square \tag{7}$$

Es seien $D \subseteq \mathbb{C}$ ein Gebiet und $f = P + iQ \in \mathcal{C}(D, \mathbb{C})$. Nach (2) und Satz 16.5 sind die Wegintegrale $\int_{\gamma} f(z)\,dz$ in D genau dann *wegunabhängig*, wenn die reellen Vektorfelder $v = (P, -Q)^{\top}$ und $w = (Q, P)^{\top}$ *Potentiale* $A, B \in \mathcal{C}^1(D, \mathbb{R})$ besitzen. Mit $F := A + iB \in \mathcal{C}^1(D, \mathbb{C})$ gilt aber

$$\operatorname{grad} A = v \quad \text{und} \quad \operatorname{grad} B = w \;\Leftrightarrow\; \partial_{\bar{z}} F = 0 \text{ und } \partial_z F = f. \tag{8}$$

Aus Bemerkung 22.3 c) und Satz 16.5 ergibt sich daher:

22.4 Satz. *Für ein Gebiet $D \subseteq \mathbb{C}$ und eine stetige Funktion $f \in \mathcal{C}(D, \mathbb{C})$ sind äquivalent:*

(a) Es existiert eine komplexe Stammfunktion *zu f, d. h. es gibt $F \in \mathcal{O}(D)$ mit $F' = f$.*

(b) Es ist $\int_\gamma f(z)\, dz = 0$ für jeden geschlossenen $\mathcal{C}_{st}^1$-Weg γ in D.

(c) Es ist $\int_{\gamma_0} f(z)\, dz = \int_{\gamma_1} f(z)\, dz$ für $\mathcal{C}_{st}^1$-Wege γ_0, γ_1 in D mit $\gamma_0^A = \gamma_1^A$ und $\gamma_0^E = \gamma_1^E$.

Aufgrund von (16.7) gilt natürlich

$$\int_\gamma F'(z)\, dz = F(\gamma^E) - F(\gamma^A) \tag{9}$$

für $F \in \mathcal{O}(D)$, und unter der Voraussetzung 22.4 (c) definiert

$$F(z) := \int_{\gamma_z} f(\zeta)\, d\zeta \tag{10}$$

eine komplexe Stammfunktion von f, wobei γ_z ein $\mathcal{C}_{st}^1$-Weg in D mit $\gamma_z^E = z$ und $\gamma_z^A = a$ für einen fest gewählten Punkt $a \in D$ ist (vgl. Abb. 16c).

Die in (2) auftretenden Vektorfelder v und w sind genau dann *wirbelfrei*, wenn die Cauchy-Riemann-Differentialgleichungen (4) gelten, wenn also f holomorph ist. Aus Theorem 16.8 folgt somit:

22.5 Theorem (Cauchyscher Integralsatz). *Es seien $D \subseteq \mathbb{C}$ ein Gebiet und $f \in \mathcal{O}(D)$.*

a) Für die Wegintegrale zweier in D homotoper geschlossener $\mathcal{C}_{st}^1$-Wege γ und γ_1 gilt $\int_\gamma f(z)\, dz = \int_{\gamma_1} f(z)\, dz$.

b) Für einen in D nullhomotopen geschlossenen $\mathcal{C}_{st}^1$-Weg γ ist $\int_\gamma f(z)\, dz = 0$.

22.6 Folgerung. *Es sei $D \subseteq \mathbb{C}$ ein einfach zusammenhängendes Gebiet. Dann besitzt jede holomorphe Funktion $f \in \mathcal{O}(D)$ eine komplexe Stammfunktion auf D.*

22.7 Beispiele. a) Für $z \in \mathbb{C}$ und $r > 0$ sind die Wege

$$\kappa_{z,r} : [-\pi, \pi] \mapsto \mathbb{C}, \quad \kappa_{z,r}(t) := z + r\, e^{it}, \tag{11}$$

glatte Jordan-Parametrisierungen der Kreislinien $S_r(z)$. Für $n \in \mathbb{Z}$ gilt

$$\int_{\kappa_{z,r}} (\zeta - z)^n\, d\zeta = \int_{-\pi}^{\pi} (re^{it})^n\, ire^{it}\, dt = i\, r^{n+1} \int_{-\pi}^{\pi} e^{i(n+1)t}\, dt, \quad \text{also}$$

$$\int_{\kappa_{z,r}} (\zeta - z)^n\, d\zeta = \begin{cases} 2\pi i & , \quad n = -1 \\ 0 & , \quad n \in \mathbb{Z} \setminus \{-1\} \end{cases} \tag{12}$$

Das Ergebnis für $n = -1$ zeigt, daß $\kappa_{z,r}$ in $\mathbb{C}\backslash\{z\}$ nicht nullhomotop und somit $\mathbb{C}\backslash\{z\}$ nicht einfach zusammenhängend ist. In der Tat handelt es sich hier für $z = 0$ um die komplexe Formulierung für Beispiel II. 25.4 b) (vgl. auch Erinnerung 16.6 und Abb. 23b).

b) Als erste Anwendung des Cauchyschen Integralsatzes werden die (uneigentlichen) *Fresnel-Integrale* (vgl. Beispiel II. 15.11 c)) berechnet: Für $r > 0$ sind die Polygone $\sigma_r := \sigma[0, r, r+ir, 0]$ (vgl. Abb. 22a) geschlossene $\mathcal{C}^1_{st}$-Wege in $\mathbb{C}$, und aus Theorem 22.5 ergibt sich

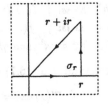

Abb. 22a

$$\int_{\sigma_r} e^{-z^2}\, dz = 0. \tag{13}$$

Nun hat man (vgl. Aufgabe 5.1 b))

$$|\int_{\sigma[r,r+ir]} e^{-z^2}\, dz| = |\int_0^1 e^{-(r+irt)^2}\, ir\, dt| \leq \int_0^1 r\, e^{(t^2-1)r^2}\, dt \to 0$$

für $r \to \infty$, und aus (13) folgt

$$\lim_{r\to\infty} \int_{\sigma[0,r+ir]} e^{-z^2}\, dz = \lim_{r\to\infty} \int_{\sigma[0,r]} e^{-z^2}\, dz = \int_0^\infty e^{-x^2}\, dx = \tfrac{1}{2}\sqrt{\pi}.$$

Dies bedeutet aber

$$\int_0^\infty e^{-(1+i)^2 x^2}\, (1+i)\, dx = (1+i)\int_0^\infty e^{-2ix^2}\, dx = \tfrac{1}{2}\sqrt{\pi},$$

und Trennung in Real- und Imaginärteil liefert

$$\int_0^\infty (\cos 2x^2 + \sin 2x^2)\, dx = \tfrac{1}{2}\sqrt{\pi},$$
$$\int_0^\infty (\cos 2x^2 - \sin 2x^2)\, dx = 0 \quad \text{und somit}$$

$$\int_0^\infty \cos x^2\, dx = \int_0^\infty \sin x^2\, dx = \frac{\sqrt{\pi}}{2\sqrt{2}} \tag{14}$$

wegen der Konvergenz dieser uneigentlichen Integrale. □

22.8 Bemerkungen. a) Ähnlich wie in (17.4) wird für eine [geschlossene] *orientierte* stückweise glatte Jordankurve $\Gamma \subseteq \mathbb{C}$ und $f \in \mathcal{C}(\Gamma)$ das komplexe Kurvenintegral durch

$$\int_\Gamma f(z)\, dz := \int_\gamma f(z)\, dz \tag{15}$$

definiert, wobei γ eine *positiv orientierte* stückweise glatte Jordan-Parametrisierung von Γ ist (vgl. die Bemerkungen 17.4). Der Rand $\partial G = \bigcup\limits_{\ell=1}^{m} \Gamma_\ell$ einer offenen Menge $G \in \mathfrak{G}_{st}(\mathbb{C})$ wird mittels $\mathfrak{t} = D_{\pi/2}\, \mathfrak{n}_a$ stets so *orientiert*, daß G „links umlaufen" wird (vgl. Abb. 17f), und für $f \in \mathcal{C}(\partial G)$ setzt man (vgl. (17.11))

$$\int_{\partial G} f(z)\, dz := \sum_{\ell=1}^{m} \int_{\Gamma_\ell} f(z)\, dz\,. \tag{16}$$

b) Für die in (2) auftretenden Vektorfelder v und w gilt

$$(\operatorname{rot} v)_3 + i\,(\operatorname{rot} w)_3 \;=\; -(\partial_x Q + \partial_y P) + i\,(\partial_x P - \partial_y Q) \;=\; 2i\,\partial_{\bar z} f\,. \tag{17}$$

Daraus ergibt sich die folgende komplexe Formulierung des *Greenschen Integralsatzes*:   □

22.9 Satz. *Es seien $D \subseteq \mathbb{C}$ offen, $f \in \mathcal{C}^1(D, \mathbb{C})$ und $G \in \mathfrak{G}_{st}(\mathbb{C})$ mit $\overline{G} \subseteq D$. Dann gilt*

$$\int_{\partial G} f(z)\, dz \;=\; 2i \int_G \partial_{\bar z} f(z)\, dm_2(z)\,. \tag{18}$$

22.10 Bemerkungen. Für $f \in \mathcal{O}(D)$ impliziert (18) sofort $\int_{\partial G} f(z)\, dz = 0$, also eine weitere Variante des Cauchyschen Integralsatzes. Aufgrund von Theorem 20.3 gilt (18) auch für Funktionen $f : \overline{G} \mapsto \mathbb{C}$, die auf $\overline{G}$ *stetig* und in G *holomorph* sind, selbst dann, wenn G einen nur fast überall glatten Rand besitzt, also ein $\mathcal{C}^1$-Polyeder ist.   □

22.11 Theorem (allgemeine Cauchysche Integralformel). *Es seien $D \subseteq \mathbb{C}$ offen, $f \in \mathcal{C}^1(D, \mathbb{C})$ und $G \in \mathfrak{G}_{st}(\mathbb{C})$ mit $\overline{G} \subseteq D$. Für $z \in G$ gilt dann*

$$2\pi i\, f(z) \;=\; \int_{\partial G} \frac{f(\zeta)}{\zeta - z}\, d\zeta - 2i \int_G \partial_{\bar\zeta} f(\zeta)\, \frac{1}{\zeta - z}\, dm_2(\zeta)\,. \tag{19}$$

BEWEIS. Es gibt $\varepsilon > 0$ mit $\overline{K}_\varepsilon(z) \subseteq G$. Für die offene Menge (vgl. Abb. 22b) $G_\varepsilon := G \backslash \overline{K}_\varepsilon(z) \in \mathfrak{G}_{st}(\mathbb{C})$ gilt offenbar $\partial G_\varepsilon = \partial G \cup S_\varepsilon(z)$. Die Funktion $h_z : \zeta \mapsto \frac{1}{\zeta - z}$ ist auf G_ε holomorph, und die Anwendung von (18) auf $f h_z$ über G_ε liefert sofort

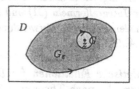

Abb. 22b

$$\int_{\partial G} \frac{f(\zeta)}{\zeta - z}\, d\zeta - \int_{\kappa_{z,\varepsilon}} \frac{f(\zeta)}{\zeta - z}\, d\zeta \;=\; 2i \int_{G_\varepsilon} \partial_{\bar\zeta} \left(\frac{f(\zeta)}{\zeta - z} \right) dm_2(\zeta)$$
$$=\; 2i \int_{G_\varepsilon} \partial_{\bar\zeta} f(\zeta)\, \frac{1}{\zeta - z}\, dm_2(\zeta) \tag{20}$$

wegen $\partial_{\bar\zeta} \left(\frac{1}{\zeta - z} \right) = 0$. Nun gilt aber

$$\int_{\kappa_{z,\varepsilon}} \frac{f(\zeta)}{\zeta - z}\, d\zeta \;=\; \int_{-\pi}^{\pi} \frac{f(z + \varepsilon e^{it})}{\varepsilon e^{it}}\, i\varepsilon\, e^{it}\, dt \;=\; i \int_{-\pi}^{\pi} f(z + \varepsilon e^{it})\, dt \;\to\; 2\pi i\, f(z)$$

für $\varepsilon \to 0$, und wegen $\partial_{\bar{\zeta}} f\, h_z \in \mathcal{L}_1(G)$ (vgl. Aufgabe 9.6 und (11.26)) hat man auch

$$\int_{G_\varepsilon} \partial_{\bar{\zeta}} f(\zeta)\, \tfrac{1}{\zeta - z}\, dm_2(\zeta) \to \int_G \partial_{\bar{\zeta}} f(\zeta)\, \tfrac{1}{\zeta - z}\, dm_2(\zeta)$$

für $\varepsilon \to 0$. Damit folgt (19) aus (20). $\diamond$

Ein Spezialfall von Theorem 22.11 ist:

22.12 Theorem (Cauchysche Integralformel). *Es seien $D \subseteq \mathbb{C}$ offen, $f \in \mathcal{O}(D)$ und $G \in \mathfrak{G}_{st}(\mathbb{C})$ mit $\overline{G} \subseteq D$. Für $z \in G$ gilt dann*

$$f(z) \;=\; \frac{1}{2\pi i} \int_{\partial G} \frac{f(\zeta)}{\zeta - z}\, d\zeta . \tag{21}$$

22.13 Bemerkungen. a) Nach Bemerkung 22.10 gilt die Cauchysche Integralformel (21) auch für Funktionen $f \in \mathcal{C}(\overline{G})$ mit $f|_G \in \mathcal{O}(G)$ über $\mathcal{C}^1$-Polyedern G.

b) Mittels (21) können also die Werte einer holomorphen Funktion im Inneren von G aus denen der Funktion auf dem Rand von G berechnet werden.

c) Durch Differentiation von (21) nach z gemäß Satz 5.14 b) oder Theorem II.18.10 ergibt sich auch

$$f^{(k)}(z) \;=\; \frac{k!}{2\pi i} \int_{\partial G} \frac{f(\zeta)}{(\zeta - z)^{k+1}}\, d\zeta , \quad z \in G, \quad k \in \mathbb{N}_0 . \tag{22}$$

Da man für $z \in D$ stets $G = K_r(z)$ mit $\overline{K}_r(z) \subseteq D$ wählen kann, sind holomorphe Funktionen also stets *unendlich oft (komplex) differenzierbar.* Man beachte, daß *reelle* $\mathcal{C}^1$-Funktionen dagegen i. a. *nicht* $\mathcal{C}^2$ sind! $\square$

Bemerkung: Die in diesem Abschnitt noch folgenden Beweise benutzen die Cauchyschen Integralformeln (21) und (22) nur für Kreise; für diesen Fall können diese auch elementar ohne Verwendung des Greenschen Integralsatzes bewiesen werden, vgl. Aufgabe 22.6.

Analytische Funktionen $f : D \mapsto \mathbb{C}$ besitzen *lokale Potenzreihenentwicklungen,* die nach Theorem I.33.15* oder Aufgabe I.39.5* gliedweise komplex differenziert werden können, und sind daher *holomorph* (vgl. Definition II.28.7 und Bemerkung II.28.8). Mit Hilfe der Cauchyschen Integralformel ergibt sich nun auch die *Umkehrung* dieser Aussage:

22.14 Theorem. *Es seien $D \subseteq \mathbb{C}$ offen und $f \in \mathcal{O}(D)$. Dann ist f analytisch. Für $c \in D$ und $K_\rho(c) \subseteq D$ gilt die Potenzreihenentwicklung*

$$f(z) \;=\; \sum_{k=0}^{\infty} a_k\, (z - c)^k , \quad |z - c| < \rho , \quad mit \tag{23}$$

$$a_k = \frac{1}{2\pi i} \int_{K_{c,r}} \frac{f(\zeta)}{(\zeta - c)^{k+1}} \, d\zeta, \quad 0 < r < \rho, \quad k \in \mathbb{N}_0.$$ (24)

BEWEIS. Für $0 < r < \rho$, $z \in K_r(c)$ und $\zeta \in S_r(c)$ gilt (vgl. Abb. 22c)

$$\frac{1}{\zeta - z} = \frac{1}{\zeta - c} \frac{1}{1 - \frac{z-c}{\zeta-c}} = \sum_{k=0}^{\infty} \frac{(z - c)^k}{(\zeta - c)^{k+1}},$$

wobei die Reihe gleichmäßig in $\zeta \in S_r(c)$ konvergiert. Aus (21) für $G = K_r(c)$ folgt also sofort (23) für $z \in K_r(c)$, wobei die Koeffizienten a_k durch (24) gegeben sind. Aus (23) folgt mittels Theorem I.33.15*

$$a_k = \frac{1}{k!} f^{(k)}(c), \quad k \in \mathbb{N}_0,$$ (25)

so daß die Integrale in (24) nicht von r abhängen (dies ergibt sich auch aus dem Cauchyschen Integralsatz 22.5). Mit $r \uparrow \rho$ folgt dann auch (23) für $z \in K_\rho(c)$.   ◇

22.15 Bemerkungen. a) Theorem 22.14 enthält auch ein interessantes Ergebnis für *analytische* Funktionen: Der Konvergenzradius der Potenzreihenentwicklung in $c \in D$ ist $\geq d_{\partial D}(c)$, also mindestens gleich der Distanz von c zum Rand von D.

b) Für Funktionen $f : D \mapsto \mathbb{C}$ sind die Begriffe „holomorph" und „analytisch" also *äquivalent*. Insbesondere sind *Kompositionen* und *Umkehrfunktionen* analytischer Funktionen wieder analytisch (letzteres bei nicht verschwindender Ableitung, vgl. Satz I.37.9*), und der *Identitätssatz* II.28.12 gilt auch für holomorphe Funktionen.   □

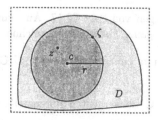

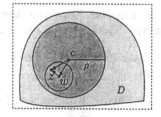

Abb. 22c   Abb. 22d

22.16 Satz. *Es sei $D \subseteq \mathbb{C}$ offen. Für $f \in C(D, \mathbb{C})$ sind äquivalent:*

(a) *f ist holomorph auf D,*

(b) *f besitzt auf jedem einfach zusammenhängenden Gebiet $D_1 \subseteq D$ eine komplexe Stammfunktion,*

(c) *Für jedes „kleine" Dreieck T mit $\overline{T} \subseteq K_\rho(c) \subseteq D$ gilt $\int_{\partial T} f(z) \, dz = 0$.*

BEWEIS. „$(a) \Rightarrow (b) \Rightarrow (c)$ " ergibt sich aus Folgerung 22.6 und Satz 22.4.
„$(c) \Rightarrow (a)$": Für $c \in D$ und $K_\rho(c) \subseteq D$ setzt man (vgl. Abb. 22d)

$$F(z) := \int_{\sigma[c,z]} f(\zeta)\, d\zeta, \quad z \in K_\rho(c). \tag{26}$$

Für $w \in K_\rho(c)$ mit $|w - c| = r < \rho$ und $|z - w| < \rho - r$ gilt dann

$$F(z) - F(w) = \int_{\sigma[w,z]} f(\zeta)\, d\zeta = (z - w) \int_0^1 f(w + t(z - w))\, dt$$

aufgrund von (c), und daraus folgt $F'(w) = f(w)$. Es ist also F eine komplexe Stammfunktion von f auf $K_\rho(c)$. Wegen Theorem 22.14 ist F analytisch; dies gilt dann auch für f auf $K_\rho(c)$ und somit auch auf D. $\diamond$

Die Aussage „$(c) \Rightarrow (a)$" ist in der Literatur als *Satz von Morera* bekannt.

22.17 Satz (Cauchy-Abschätzungen). *Es seien* $D \subseteq \mathbb{C}$ *offen,* $K \subseteq D$ *kompakt und* $\varepsilon > 0$ *mit* $K_\varepsilon \subseteq D$. *Für* $f \in \mathcal{O}(D)$ *und* $k \in \mathbb{N}_0$ *gilt dann*

$$\sup_{z \in K} |f^{(k)}(z)| \le k!\, \varepsilon^{-k} \sup_{\zeta \in K_\varepsilon} |f(\zeta)|. \tag{27}$$

BEWEIS. Für $z \in K$ liefert die Cauchysche Integralformel (22) für den Kreis $K_\varepsilon(z)$ oder auch (25) mit (24) sofort

$$|f^{(k)}(z)| = |\tfrac{k!}{2\pi i} \int_{\kappa_{z,\varepsilon}} \tfrac{f(\zeta)}{(\zeta - z)^{k+1}}\, d\zeta| \le \tfrac{k!}{\varepsilon^k} \sup_{\zeta \in S_\varepsilon(z)} |f(\zeta)| \tag{28}$$

$$\le \tfrac{k!}{\varepsilon^k} \sup_{\zeta \in K_\varepsilon} |f(\zeta)|. \qquad\qquad \diamond$$

Es folgt nun eine Reihe von Anwendungen von Satz 22.17. Auf ganz $\mathbb{C}$ holomorphe Funktionen werden auch als *ganze Funktionen* bezeichnet.

22.18 Satz (Liouville). *Eine beschränkte ganze Funktion* $f \in \mathcal{O}(\mathbb{C})$ *ist konstant.*

BEWEIS. Für die Koeffizienten der auf $\mathbb{C}$ konvergenten Potenzreihenentwicklung $f(z) = \sum\limits_{k=0}^{\infty} a_k z^k$ gilt nach (25) und (27)

$$|a_k| \le \varepsilon^{-k} \sup_{\zeta \in \overline{K}_\varepsilon(0)} |f(\zeta)| \le \varepsilon^{-k} \sup_{\zeta \in \mathbb{C}} |f(\zeta)|$$

für *alle* $\varepsilon > 0$, und $\varepsilon \to \infty$ liefert sofort $a_k = 0$ für $k \ge 1$. $\diamond$

Der Satz von Liouville impliziert sofort den (vgl. Theorem I.27.16)

22.19 Fundamentalsatz der Algebra. *Ein Polynom* $P(z) = \sum\limits_{k=0}^{m} a_k z^k$ *vom Grad* $m \geq 1$ *besitzt eine Nullstelle in* $\mathbb{C}$.

BEWEIS. Andernfalls gilt $\frac{1}{P} \in \mathcal{O}(\mathbb{C})$. Wegen $|P(z)| \geq \frac{1}{2}|a_m||z|^m$ für große $|z|$ ist $\frac{1}{P}$ beschränkt. Nach dem Satz von Liouville ist $\frac{1}{P}$ also konstant im Widerspruch zu $\deg P \geq 1$. $\diamond$

Eine Verallgemeinerung dieses Resultats im Rahmen der *Spektraltheorie* folgt in Satz 37.3.

Die komplexe Differentiation ist (im Gegensatz zur reellen) mit der *lokal gleichmäßigen Konvergenz*, d. h. mit der gleichmäßigen Konvergenz auf kompakten Mengen (vgl. Definition II. 16.2) verträglich:

22.20 Satz (Weierstraß). *Für eine Folge* (f_n) *in* $\mathcal{O}(D)$ *gelte* $f_n \to f$ *lokal gleichmäßig. Dann gilt auch* $f \in \mathcal{O}(D)$ *und* $f_n^{(k)} \to f^{(k)}$ *lokal gleichmäßig für alle* $k \in \mathbb{N}$.

BEWEIS. Es ist f stetig, und die Morera-Bedingung 22.16 (c) vererbt sich von den f_n auf die Grenzfunktion f. Die zweite Aussage folgt dann sofort aus (27). $\diamond$

22.21 Satz (Montel). *Eine Folge* (f_n) *in* $\mathcal{O}(D)$ *sei auf jeder kompakten Teilmenge von* D *gleichmäßig beschränkt. Dann besitzt* (f_n) *eine lokal gleichmäßig konvergente Teilfolge.*

BEWEIS. a) Es sei $K \subseteq D$ kompakt mit $K_{2\varepsilon} \subseteq D$. Nach (27) gilt

$$\sup_{n \in \mathbb{N}} \sup_{z \in K_\varepsilon} |f_n'(z)| \leq \frac{1}{\varepsilon} \sup_{n \in \mathbb{N}} \sup_{\zeta \in K_{2\varepsilon}} |f_n(\zeta)| =: C < \infty,$$

und für $z, w \in K$ mit $|z - w| < \varepsilon$ folgt

$$|f_n(z) - f_n(w)| = |\int_{\sigma[w,z]} f_n'(\zeta)\, d\zeta| \leq C|z - w|.$$

Somit ist (f_n) auf K *gleichstetig* und besitzt nach dem *Satz von Arzelà-Ascoli* II. 11.7 dort eine gleichmäßig konvergente Teilfolge.

b) Mittels einer kompakten Ausschöpfung $(K_\ell)_{\ell=1}^{\infty}$ von D wie in (3.1) oder (II. 16.6) folgt nun die Behauptung mit einem *Diagonalfolgen-Argument* wie im Beweis von Satz II. 10.4: Zunächst besitzt (f_n) eine auf K_1 gleichmäßig konvergente Teilfolge $(f_n^{(1)})$, dann $(f_n^{(1)})$ eine auf K_2 gleichmäßig konvergente Teilfolge $(f_n^{(2)})$, dann $(f_n^{(2)})$ eine auf K_3 gleichmäßig konvergente Teilfolge $(f_n^{(3)})$, u. s. w. Die Diagonalfolge $(f_n^{(n)})$ konvergiert dann lokal gleichmäßig auf D. $\diamond$

22.22 Bemerkungen. Der Raum $\mathcal{C}(D)$ ist ein *Fréchetraum* bezüglich lokal gleichmäßiger Konvergenz (vgl. die Bemerkungen II. 16.3–16.4 und die Erinnerungen 34.4). Nach dem Satz von Weierstraß 22.20 ist $\mathcal{O}(D)$ in $\mathcal{C}(D)$ abgeschlossen und somit ebenfalls ein *Fréchetraum*. Wie im $\mathbb{R}^n$ sind in diesem Raum nach dem Satz von Montel *alle beschränkten Mengen relativ kompakt;* dies gilt auch in Frécheträumen von $\mathcal{C}^\infty$-Funktionen, aber *nie* in *unendlichdimensionalen normierten* Räumen (vgl. Aufgabe II. 11.7). □

Weitere Anwendungen von Satz 22.17 beruhen auf dem folgenden

22.23 Lemma. *Es seien $D \subseteq \mathbb{C}$ offen, $f \in \mathcal{O}(D)$ und $\overline{K}_r(z_0) \subseteq D$. Gilt*

$$|f(z_0)| < \min_{\zeta \in S_r(z_0)} |f(\zeta)|, \tag{29}$$

so hat f eine Nullstelle in $K_r(z_0)$.

BEWEIS. Andernfalls ist $g := \frac{1}{f}$ holomorph auf einer Umgebung von $\overline{K}_r(z_0)$. Die Cauchy-Abschätzung (28) für $k = 0$ liefert $|g(z_0)| \leq \max_{\zeta \in S_r(z_0)} |g(\zeta)|$ und somit den Widerspruch $|f(z_0)| \geq \min_{\zeta \in S_r(z_0)} |f(\zeta)|$. ◇

22.24 Satz (von der Gebietstreue). *Es seien $D \subseteq \mathbb{C}$ ein Gebiet und $f \in \mathcal{O}(D)$ nicht konstant. Dann ist auch $f(D)$ ein Gebiet in $\mathbb{C}$.*

BEWEIS. a) Nach Satz II. 8.3 ist $f(D)$ wegzusammenhängend. Nun seien $w_0 \in f(D)$ und $z_0 \in D$ mit $f(z_0) = w_0$. Nach dem *Identitätssatz* II. 28.12 sind die Nullstellen von $f(z) - w_0$ in D *isoliert;* es gibt also $r > 0$ mit $K_{2r}(z_0) \subseteq D$ und $f(z) \neq w_0$ für $0 < |z - z_0| < 2r$.
b) Mit $\varepsilon := \frac{1}{3} \min_{z \in S_r(z_0)} |f(z) - w_0| > 0$ gilt dann $K_\varepsilon(w_0) \subseteq f(D)$. Für $w \in K_\varepsilon(w_0)$ und $z \in S_r(z_0)$ ist in der Tat

$$|f(z) - w| \geq |f(z) - w_0| - |w - w_0| \geq 2\varepsilon > |w_0 - w| = |f(z_0) - w|,$$

und Lemma 22.23 liefert einen Punkt $z \in K_r(z_0)$ mit $f(z) - w = 0$. ◇

22.25 Satz (Maximum-Prinzip). *Es seien $D \subseteq \mathbb{C}$ ein Gebiet und $f \in \mathcal{O}(D)$ eine holomorphe Funktion.*
a) Hat $|f|$ ein lokales Maximum in D, so ist f konstant.
b) Ist zusätzlich D beschränkt und $f \in \mathcal{C}(\overline{D})$, so gilt

$$\max_{z \in \overline{D}} |f(z)| = \max_{z \in \partial D} |f(z)|. \tag{30}$$

BEWEIS. a) Es gebe $z_0 \in D$ und $r > 0$ mit $K_r(z_0) \subseteq D$ und $|f(z_0)| \geq |f(z)|$ für alle $z \in K_r(z_0)$. Dann ist $f(K_r(z_0))$ nicht offen in $\mathbb{C}$ (vgl. Abb. 22e); nach Satz 22.24 ist f auf $K_r(z_0)$ konstant, und nach dem *Identitätssatz* ist f dann sogar auf ganz D konstant.

b) folgt sofort aus a) (mittels Folgerung II.6.11).   ◇

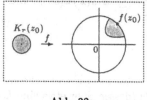

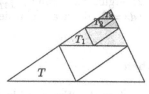

Abb. 22e   Abb. 22f

Der in Erinnerung 22.3 a) formulierte Holomorphiebegriff beinhaltet die *Stetigkeit* der komplexen Ableitung. Diese ergibt sich sogar automatisch aus der komplexen Differenzierbarkeit:

22.26 Satz (Goursat). *Es seien $D \subseteq \mathbb{C}$ offen und $f : D \mapsto \mathbb{C}$ komplex differenzierbar. Dann ist f holomorph.*

BEWEIS. a) Es wird die *Morera-Bedingung* 22.16 (c) nachgewiesen. Ein „kleines" Dreieck T mit $\overline{T} \subseteq K_\rho(c) \subseteq D$ wird gemäß Abb. 22f durch die Seitenmittelpunkte in 4 kleinere Dreiecke zerlegt; dann stimmt $\int_{\partial T} f(z)\,dz$ mit der Summe der Integrale über diese 4 kleineren Dreiecke überein. Für eines dieser Dreiecke, es heiße T_1, gilt dann $\mathsf{L}(\partial T_1) = \frac{1}{2}\mathsf{L}(\partial T)$, $\Delta(T_1) = \frac{1}{2}\Delta(T)$ für die Durchmesser sowie

$$\left| \int_{\partial T} f(z)\,dz \right| \leq 4 \left| \int_{\partial T_1} f(z)\,dz \right|. \tag{31}$$

b) Durch entsprechende Zerlegungen konstruiert man rekursiv eine Folge (T_n) von Dreiecken mit $T_{n+1} \subseteq T_n$, $\mathsf{L}(\partial T_n) = 2^{-n}\mathsf{L}(\partial T)$, $\Delta(T_n) = 2^{-n}\Delta(T)$ und

$$\left| \int_{\partial T} f(z)\,dz \right| \leq 4^n \left| \int_{\partial T_n} f(z)\,dz \right| \tag{32}$$

für alle $n \in \mathbb{N}$. Nach dem „Intervallschachtelungsprinzip" (vgl. Aufgabe II.5.1) gilt dann $\bigcap\limits_{n=1}^{\infty} T_n = \{w\}$ für ein $w \in D$.

c) Es sei $\varepsilon > 0$. Da f in w komplex differenzierbar ist, gibt es $\delta > 0$ mit

$$|f(z) - f(w) - f'(w)(z - w)| \leq \varepsilon |z - w| \quad \text{für } z \in K_\delta(w). \tag{33}$$

Für $n \in \mathbb{N}$ mit $\Delta(T_n) = 2^{-n}\Delta(T) < \delta$ gilt $T_n \subseteq K_\delta(w)$, und wegen $\int_{\partial T_n} dz = \int_{\partial T_n} z\, dz = 0$ ergibt sich aus (33)

$$| \int_{\partial T_n} f(z)\, dz | \;=\; | \int_{\partial T_n} (f(z) - f(w) - f'(w)\,(z-w))\, dz |$$
$$\leq \; \varepsilon \,\Delta(T_n)\, \mathsf{L}(\partial T_n) \;\leq\; \varepsilon\, 4^{-n}\Delta(T)\, \mathsf{L}(\partial T).$$

Aus (32) ergibt sich dann $| \int_{\partial T} f(z)\, dz | \;\leq\; \varepsilon\,\Delta(T)\,\mathsf{L}(\partial T)$ und somit $\int_{\partial T} f(z)\, dz = 0$, da ja $\varepsilon > 0$ beliebig war. $\qquad\qquad\diamond$

Aufgaben

22.1 Für einen $\mathcal{C}^1_{st}$-Weg γ wie in Abb. 22g (dessen Spur etwa eine *Lemniskate* mit $a = 1$ sein kann, vgl. Aufgabe 17.3) berechne man $\int_\gamma \frac{dz}{1-z^2}$.

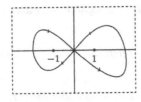

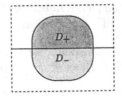

Abb. 22g   Abb. 22h

22.2 Für $t \in \mathbb{R}$ zeige man $\int_{-\infty}^{\infty} e^{-(x+it)^2}\, dx = \int_{-\infty}^{\infty} e^{-x^2}\, dx$ und gebe damit einen neuen Beweis für Formel (5.22).

22.3 a) Es seien $D \subseteq \mathbb{C}$ ein einfach zusammenhängendes Gebiet, und $f \in \mathcal{O}(D)$ besitze keine Nullstellen. Man konstruiere $g \in \mathcal{O}(D)$ mit $e^g = f$.
b) Es sei $D \subseteq \mathbb{C}\backslash\{0\}$ ein einfach zusammenhängendes Gebiet. Man konstruiere einen holomorphen *Zweig des Logarithmus* auf D (vgl. Definition II. 8.15).

22.4 Für $h \in \mathcal{C}_c^\infty(\mathbb{C})$ sei $g(z) := \int_\mathbb{C} \frac{h(z-\zeta)}{\pi\zeta}\, dm_2(\zeta)$, $z \in \mathbb{C}$. Man zeige $g \in \mathcal{C}^\infty(\mathbb{C})$ sowie, mittels (19), $\partial_{\bar{z}} g(z) = h(z)$.

22.5 Man beweise Satz 22.4 ohne Verwendung von Satz 16.5.

22.6 Man vervollständige die folgende Skizze eines „elementaren" Beweises" der Cauchyschen Integralformel (21) für Kreise:
a) Es genügt, den Einheitskreis zu behandeln.

b) Für $z \in K_1(0)$ zeigt man $\int_{\kappa_{0,1}} \frac{d\zeta}{\zeta - z} = 2\pi i$ mittels der *Homotopie* $H(s, \zeta) := \frac{1}{\zeta - sz}$ und Differentiation nach s.

c) Für $z \in K_1(0)$ und $f \in \mathcal{O}(K_{1+\varepsilon}(0))$ zeigt man $\int_{\kappa_{0,1}} (\frac{f(\zeta)}{\zeta - z} - \frac{f(z)}{\zeta - z}) d\zeta = 0$ mittels der *Homotopie* $H(s, \zeta) := \frac{f(z + s(\zeta - z)) - f(z)}{\zeta - z}$.

22.7 Man beweise das *Schwarzsche Spiegelungsprinzip* (vgl. Abb. 22h):
Es seien $D \subseteq \mathbb{C}$ ein Gebiet mit der Eigenschaft „$z \in D \Rightarrow \bar{z} \in D$" und $D_\pm := \{z \in D \mid \operatorname{Im} z \gtrless 0\}$. Es sei $f \in \mathcal{O}(D_+)$ stetig auf $D_+ \cup (D \cap \mathbb{R})$ fortsetzbar, so daß $f(D \cap \mathbb{R}) \subseteq \mathbb{R}$ gilt. Definiert man $f(z) := \overline{f(\bar{z})}$ für $z \in D_-$, so gilt $f \in \mathcal{O}(D)$.

22.8 Es sei $f(z) = \sum\limits_{k=0}^{\infty} a_k (z - c)^k$ für $z \in K_\rho(c)$. Für $0 < r < \rho$ zeige man

$$\sum_{k=0}^{\infty} |a_k|^2 r^{2k} = \frac{1}{2\pi} \int_{-\pi}^{\pi} |f(c + re^{it})|^2 \, dt. \tag{34}$$

Aus „$\leq$" folgere man das Maximum-Prinzip 22.25.

22.9 Für $f \in \mathcal{O}(\mathbb{C})$ gebe es Zahlen $\omega, \omega' \in \mathbb{C} \backslash \{0\}$ mit $\frac{\omega'}{\omega} \notin \mathbb{R}$ und $f(z) = f(z + \omega) = f(z + \omega')$ für alle $z \in \mathbb{C}$. Man zeige, daß f konstant ist.

22.10 Für $f \in \mathcal{O}(\mathbb{C})$ gelte $\operatorname{Re} f(z) \leq C$ für ein $C \in \mathbb{R}$. Man zeige, daß f konstant ist.

22.11 Für $f \in \mathcal{O}(\mathbb{C})$ gelte $|f(z)| \leq C (1 + |z|)^n$ für ein $n \in \mathbb{N}_0$ und ein $C \geq 0$. Man zeige, daß f ein Polynom von Grad $\leq n$ ist.

22.12 a) Es seien $D \subseteq \mathbb{C}$ offen, $K \subseteq D$ kompakt und $\varepsilon > 0$ mit $K_\varepsilon \subseteq D$. Für $f \in \mathcal{O}(D)$ zeige man

$$\sup_{z \in K} |f(z)| \leq \frac{1}{\pi \varepsilon^2} \int_{K_\varepsilon} |f(\zeta)| \, dm_2(\zeta). \tag{35}$$

b) Man folgere, daß die Räume $\mathcal{O}(D) \cap L_p(D)$ für $1 \leq p \leq \infty$ in $L_p(D)$ abgeschlossen sind.

22.13 Man beweise den *Satz von Vitali:* Für eine beschränkte Folge (f_n) in $\mathcal{O}(D)$ gebe es eine *nicht diskrete* Menge $A \subseteq D$, so daß $(f_n(z))$ für $z \in A$ konvergent ist. Dann ist (f_n) lokal gleichmäßig konvergent.

22.14 a) Es seien $D \subseteq \mathbb{C}$ ein Gebiet, und für $f \in \mathcal{O}(D)$ habe $|f|$ ein lokales Minimum in $z_0 \in G$. Man zeige $f(z_0) = 0$.

b) Mit Hilfe von a) gebe man einen weiteren Beweis des Fundamentalsatzes der Algebra.

22.15 Es sei $D \subseteq \mathbb{C}$ ein beschränktes Gebiet. Gibt es $f \in \mathcal{O}(D)$ mit $\inf \{|f(z)| \mid z \in D \cap (\partial D)_\varepsilon\} \to \infty$ für $\varepsilon \to 0$?

23   Isolierte Singularitäten und Residuensatz

Aufgabe: Man berechne $\int_0^\infty \frac{dx}{1+x^8}$.

Für holomorphe Funktionen auf *Kreisringen*

$$R_{\sigma,\rho}(c) := \{z \in \mathbb{C} \mid \sigma < |z - c| < \rho\}, \quad 0 \leq \sigma < \rho \leq \infty, \tag{1}$$

hat man die folgende *Laurent-Zerlegung*:

23.1 Satz. *Für eine holomorphe Funktion* $f \in \mathcal{O}(R_{\sigma,\rho}(c))$ *gilt*

$$f(z) = f_i(z) + f_a(z), \quad \sigma < |z - c| < \rho, \tag{2}$$

wobei $f_i \in \mathcal{O}(K_\rho(c))$ *und* $f_a \in \mathcal{O}(R_{\sigma,\infty}(c))$ *durch*

$$f_i(z) = \frac{1}{2\pi i} \int_{\kappa_{c,r}} \frac{f(\zeta)}{\zeta - z} d\zeta, \quad |z - c| < r < \rho, \quad r > \sigma, \tag{3}$$

$$f_a(z) = -\frac{1}{2\pi i} \int_{\kappa_{c,s}} \frac{f(\zeta)}{\zeta - z} d\zeta, \quad |z - c| > s > \sigma, \quad s < \rho, \tag{4}$$

gegeben sind. Für f_i *gilt die Potenzreihenentwicklung (22.23) mit den Koeffizienten gemäß (22.24), und für* f_a *hat man analog*

$$f_a(z) = \sum_{k=-\infty}^{-1} a_k (z-c)^k, \quad |z - c| > \sigma, \quad mit \tag{5}$$

$$a_k = \frac{1}{2\pi i} \int_{\kappa_{c,s}} \frac{f(\zeta)}{(\zeta-c)^{k+1}} d\zeta, \quad \sigma < s < \rho, \quad k \in -\mathbb{N}, \tag{6}$$

wobei die Reihe (5) absolut und lokal gleichmäßig auf $R_{\sigma,\infty}(c)$ *konvergiert.*

BEWEIS. a) Für $\sigma < s < r < \rho$ liefert die Cauchysche Integralformel 22.12 für den Kreisring $R_{s,r}(c) \in \mathfrak{G}_{st}(\mathbb{C})$ (vgl. Abb. 23a) sofort $f = f_i + f_a$ auf $R_{s,r}(c)$, wobei $f_i \in \mathcal{O}(K_r(c))$ und $f_a \in \mathcal{O}(R_{s,\infty}(c))$ durch (3) und (4) gegeben sind.

b) Für $|z - c| > s > \sigma$ und $\zeta \in S_s(c)$ gilt

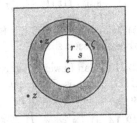

Abb. 23a

$$-\frac{1}{\zeta - z} = \frac{1}{z - c} \frac{1}{1 - \frac{\zeta - c}{z - c}} = \sum_{n=0}^\infty \frac{(\zeta - c)^n}{(z - c)^{n+1}},$$

wobei die Reihe gleichmäßig in $\zeta \in S_s(c)$ konvergiert. Aus (4) folgt

$$f_a(z) = \sum_{n=0}^\infty \frac{1}{2\pi i} \int_{\kappa_{c,s}} f(\zeta) (\zeta - c)^n d\zeta (z - c)^{-n-1},$$

mittels $k := -(n+1)$ also (5) für $|z-c| > s$ mit den Koeffizienten aus (6). Nach dem Cauchyschen Integralsatz 22.5 (oder 22.9) hängt das Integral in (6) nicht von s ab, und die Behauptung über f_a folgt mittels $s \downarrow \sigma$.

c) Die Aussage über f_i ergibt sich analog zu b) (vgl. Theorem 22.14).   ◇

Im Fall $\sigma = 0$ ist c eine *isolierte Singularität* der holomorphen Funktion f auf der *„gelochten Kreisscheibe"*

$$K'_\rho(c) := R_{0,\rho}(c) = K_\rho(c)\backslash\{c\}. \tag{7}$$

23.2 Folgerung. *Eine holomorphe Funktion* $f \in \mathcal{O}(K'_\rho(c))$ *besitzt eine* Laurent-Entwicklung

$$f(z) = \sum_{k=-\infty}^{\infty} a_k (z-c)^k, \quad 0 < |z-c| < \rho, \quad mit \tag{8}$$

$$a_k = \frac{1}{2\pi i} \int_{\kappa_{c,r}} \frac{f(\zeta)}{(\zeta-c)^{k+1}} d\zeta, \quad 0 < r < \rho, \quad k \in \mathbb{Z}, \tag{9}$$

wobei die Reihe (8) absolut und lokal gleichmäßig auf $K'_\rho(c)$ *konvergiert. Es gelten die* Cauchy-Abschätzungen

$$|a_k| \leq r^{-k} \sup_{\zeta \in S_r(c)} |f(\zeta)|, \quad 0 < r < \rho, \quad k \in \mathbb{Z}. \tag{10}$$

23.3 Definition. *a) Die* Ordnung *einer holomorphen Funktion* $f \in \mathcal{O}(K'_\rho(c))$ *mit Laurent-Entwicklung (8) in* c *wird definiert als*

$$\nu(f;c) := \inf \{k \in \mathbb{Z} \mid a_k \neq 0\} \in \mathbb{Z} \cup \{\pm\infty\}. \tag{11}$$

b) Die Singularität c *von* $f \in \mathcal{O}(K'_\rho(c))$ *heißt* hebbar, *falls* $\nu(f;c) \geq 0$ *ist, ein* Pol *von* f, *falls* $-\infty < \nu(f;c) < 0$ *gilt und* wesentlich, *falls* $\nu(f;c) = -\infty$ *ist.*

Im Fall einer *hebbaren* Singularität wird f durch $f(c) := a_0$ zu einer auf dem vollen Kreis $K_\rho(c)$ holomorphen Funktion *fortgesetzt*. Die drei Typen von Singularitäten können durch das *Abbildungsverhalten* von f nahe c charakterisiert werden. Die folgende Aussage a) heißt *Riemannscher Hebbarkeitssatz*, Aussage c) heißt *Satz von Casorati-Weierstraß*.

23.4 Satz. *Die Singularität* c *von* $f \in \mathcal{O}(K'_\rho(c))$ *ist*

a) genau dann hebbar, falls f *auf einer gelochten Kreisscheibe* $K'_r(c)$ *mit* $0 < r \leq \rho$ *beschränkt ist,*

b) genau dann ein Pol von f, *falls* $\lim_{z \to c} |f(z)| = \infty$ *gilt,*

c) genau dann wesentlich, falls $f(K'_r(c))$ *für alle* $0 < r \leq \rho$ *in* $\mathbb{C}$ *dicht ist.*

BEWEIS. a) „$\Rightarrow$" ist klar. „$\Leftarrow$": Gilt $|f(z)| \leq C$ auf $K_r'(c)$, so liefert (10) sofort $|a_k| \leq C\,s^{-k}$ für $0 < s \leq r$, und mit $s \to 0$ erhält man $a_k = 0$ für $k < 0$.

b) „$\Rightarrow$": Mit $p := -\nu(f;c)$ hat $g(z) := (z - c)^p\, f(z)$ eine hebbare Singularität in c, und es gilt $g(c) = a_{-p} \neq 0$. Dies bedeutet

$$\exists\, r, A, B > 0 \; \forall\, z \in K_r'(c) \; : \; A\,|z - c|^{-p} \leq |f(z)| \leq B\,|z - c|^{-p}. \tag{12}$$

„$\Leftarrow$": Wegen $\lim\limits_{z \to c} |f(z)| = \infty$ gibt es $r > 0$ mit $f(z) \neq 0$ auf $K_r'(c)$. Es folgt $\frac{1}{f} \in \mathcal{O}(K_r'(c))$ und $\lim\limits_{z \to c} \frac{1}{f}(z) = 0$; nach a) hat also $\frac{1}{f}$ eine hebbare Singularität in c, und es gilt $1 \leq \nu(\frac{1}{f};c) =: m < \infty$. Für $h(z) := (z - c)^{-m} (\frac{1}{f})(z)$ ist dann $h(c) \neq 0$, also $\frac{1}{h} \in \mathcal{O}(K_r(c))$, und wegen $f(z) = (z - c)^{-m} (\frac{1}{h})(z)$ gilt $\nu(f;c) = -m > -\infty$.

c) „$\Leftarrow$" folgt sofort aus a) und b).

„$\Rightarrow$": Es gebe $w \in \mathbb{C}$ und $r, \varepsilon > 0$ mit $|f(z) - w| \geq \varepsilon$ für $z \in K_r'(c)$. Dann ist $g(z) := \frac{1}{f(z) - w}$ auf $K_r'(c)$ holomorph und beschränkt, hat also nach a) eine hebbare Singularität in c. Dann kann aber $f(z) = \frac{1}{g(z)} + w$ höchstens einen Pol in c haben. $\Diamond$

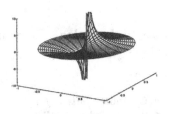

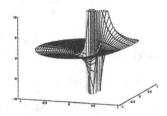

Abb. 23b: $\operatorname{Re}\frac{1}{z}$ Abb. 23c: $\operatorname{Re} e^{1/z}$

23.5 Beispiele und Bemerkungen. a) Im Fall $\nu(f;c) \geq 0$ heißt $\nu(f;c)$ auch die *Nullstellen-Ordnung* von f in c, im Fall $-\infty < \nu(f;c) < 0$ heißt $\pi(f;c) := -\nu(f;c)$ auch die *Polordnung* von f in c. Pole werden anhand von $\operatorname{Re}\frac{1}{z}$ in Abb. 23b veranschaulicht.

b) Die Funktion $f(z) := e^{1/z} = \sum\limits_{k=0}^{\infty} \frac{1}{k!}\, z^{-k}$ (vgl. Abb. 23c) hat eine wesentliche Singularität in 0, und es gilt $f(K_r'(0)) = \mathbb{C}\backslash\{0\}$ für alle $r > 0$.

c) Hat allgemeiner eine holomorphe Funktion f eine wesentliche Singularität in c, so gilt $f(K_r'(c)) = \mathbb{C}$ für alle $r > 0$ oder $f(K_r'(c)) = \mathbb{C}\backslash\{w\}$ für alle $r > 0$ und ein geeignetes $w \in \mathbb{C}$. Einen Beweis dieses *Satzes von Picard* findet man etwa in [8], Kap. I, §5. $\square$

23.6 Definition. *Für eine holomorphe Funktion $f \in \mathcal{O}(K'_\rho(c))$ heißt der (-1)-te Laurent-Koeffizient*

$$\operatorname{Res}(f;c) := a_{-1} = \tfrac{1}{2\pi i} \int_{\kappa_{c,r}} f(\zeta)\, d\zeta, \quad 0 < r < \rho, \tag{13}$$

das Residuum *von f in c.*

23.7 Theorem (Residuensatz). *Es seien $D \subseteq \mathbb{C}$ offen, $S \subseteq D$ diskret und $f \in \mathcal{O}(D\backslash S)$. Für eine offene Menge $G \in \mathfrak{G}_{st}(\mathbb{C})$ mit $\overline{G} \subseteq D$ und $\partial G \cap S = \emptyset$ gilt dann*

$$\int_{\partial G} f(\zeta)\, d\zeta = 2\pi i \sum_{c \in G} \operatorname{Res}(f;c). \tag{14}$$

BEWEIS. Wegen der Kompaktheit von $\overline{G}$ ist $G \cap S = \overline{G} \cap S =: \{c_1, \ldots, c_m\}$ endlich. Mit $\varepsilon := \tfrac{1}{3}\min\{|c_j - c_k|, d_{\partial G}(c_j) \mid 1 \le j \ne k \le m\}$ liefert der Cauchysche Integralsatz 22.9 für $G_\varepsilon := G\backslash \bigcup\limits_{j=1}^{m} \overline{K}_\varepsilon(c_k)$ sofort (vgl. Abb. 23d)

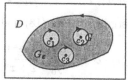

Abb. 23d

$$0 = \int_{\partial G_\varepsilon} f(\zeta)\, d\zeta = \int_{\partial G} f(\zeta)\, d\zeta - \sum_{j=1}^{m} \int_{\kappa_{c_j,\varepsilon}} f(\zeta)\, d\zeta$$

$$= \int_{\partial G} f(\zeta)\, d\zeta - 2\pi i \sum_{j=1}^{m} \operatorname{Res}(f;c_j). \qquad \diamond$$

23.8 Beispiele und Bemerkungen. a) Hat f höchstens einen *Pol erster Ordnung* in c, ist also $\nu(f;c) \ge -1$, so gilt

$$\operatorname{Res}(f;c) = \lim_{z \to c} (z - c)\, f(z). \tag{15}$$

Ist speziell $f(z) = \frac{g(z)}{h(z)}$ nahe c mit $\nu(g;c) \ge 0$ und $\nu(h;c) = 1$, so gilt

$$\operatorname{Res}(f;c) = \lim_{z \to c}(z - c)\,\frac{g(z)}{h(z)} = g(c)\lim_{z \to c}\frac{z-c}{h(z)-h(c)}, \quad \text{also}$$

$$\operatorname{Res}(\tfrac{g}{h};c) = \frac{g(c)}{h'(c)}. \tag{16}$$

b) Es sei $\pi(f;c) = p \ge 1$ für $f(z) = \sum\limits_{k=-p}^{\infty} a_k\,(z-c)^k$. Für die Funktion $g(z) := (z-c)^p\, f(z)$ gilt dann

$$g(z) = a_{-p} + a_{-p+1}\,(z-c) + \cdots + a_{-1}\,(z-c)^{p-1} + \cdots,$$

und daraus ergibt sich

$$\operatorname{Res}(f;c) = a_{-1} = \frac{1}{(p-1)!}\, g^{(p-1)}(c). \tag{17}$$

c) Zur Berechnung von $\int_0^\infty \frac{x^{m-1}}{1+x^n}\, dx$ für $m, n \in \mathbb{N}$ mit $n > m$ betrachtet man für $r > 1$ das von den Strecken $[0, r]$ und $[0, re^{\frac{2\pi}{n}i}]$ sowie dem Kreisbogen $K_r := \{re^{it} \mid t \in [0, \frac{2\pi}{n}]\}$ berandete Gebiet $G_r \in \mathfrak{G}_{st}(\mathbb{C})$ (vgl. Abb. 23e). Die einzige Singularität der Funktion $f(z) := \frac{z^{m-1}}{1+z^n}$ in G_r liegt im Punkte $c_n = e^{\frac{\pi}{n}i}$, und der Residuensatz liefert

$$\int_{\partial G_r} \frac{z^{m-1}}{1+z^n}\, dz \; = \; 2\pi i \operatorname{Res}(f; c_n). \tag{18}$$

Wegen $n > m$ gilt $\mid \int_{K_r} \frac{z^{m-1}}{1+z^n} \mid dz \to 0$ für $r \to \infty$, und wegen

$$\int_{\sigma[0,r]} \frac{z^{m-1}}{1+z^n}\, dz + \int_{\sigma[re^{\frac{2\pi}{n}i},0]} \frac{z^{m-1}}{1+z^n}\, dz \; = \; \int_0^r \frac{x^{m-1}}{1+x^n}\, dx - e^{\frac{2m\pi}{n}i} \int_0^r \frac{x^{m-1}}{1+x^n}\, dx$$

ergibt sich aus (18) und (16)

$$(1 - e^{\frac{2m\pi}{n}i}) \int_0^\infty \frac{x^{m-1}}{1+x^n}\, dx = 2\pi i \operatorname{Res}(f; c_n) = \frac{2\pi i e^{\frac{(m-1)\pi}{n}i}}{n(e^{\frac{\pi}{n}i})^{n-1}} = -\frac{2\pi i}{n} e^{\frac{m\pi}{n}i}$$

und somit (vgl. etwa (I.28.15) für $n = 4$ und $m = 1$)

$$\int_0^\infty \frac{x^{m-1}}{1+x^n}\, dx \; = \; -\frac{2\pi i}{n} \frac{e^{\frac{m\pi}{n}i}}{1 - e^{\frac{2m\pi}{n}i}} \; = \; \frac{\pi}{n \sin \frac{m\pi}{n}}. \tag{19}$$

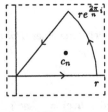

Abb. 23e

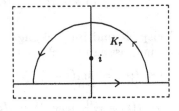

Abb. 23f

d) Zur Berechnung von $\int_{-\infty}^\infty \frac{dx}{(1+x^2)^n}$ für $n \geq 1$ betrachtet man für $r > 1$ das von der Strecke $[-r, r]$ und dem Halbkreis $K_r := \{re^{it} \mid t \in [0, \pi]\}$ berandete Gebiet $G_r \in \mathfrak{G}_{st}(\mathbb{C})$ (vgl. Abb. 23f). Die einzige Singularität der Funktion $f(z) := \frac{1}{(1+z^2)^n}$ in G_r liegt im Punkte i, und wegen $\mid \int_{K_r} \frac{dz}{(1+z^2)^n} \mid \to 0$ für $r \to \infty$ liefert der Residuensatz

$$\int_{-\infty}^\infty \frac{dx}{(1+x^2)^n} \; = \; \lim_{r \to \infty} \int_{\partial G_r} \frac{dz}{(1+z^2)^n} \; = \; 2\pi i \operatorname{Res}(f; i). \tag{20}$$

Für die wie in b) gebildete Funktion $g(z) := (z-i)^n f(z) = \frac{1}{(z+i)^n}$ gilt

$$g^{(n-1)}(z) \; = \; (-1)^{n-1} n(n+1) \cdots (2n-2)(z+i)^{-2n+1},$$

und (20) und (17) liefern

$$\int_{-\infty}^{\infty} \frac{dx}{(1+x^2)^n} = \frac{2\pi i}{(n-1)!} (-1)^{n-1} n (n+1) \cdots (2n-2) (2i)^{-2n+1}$$

$$= \frac{(2n-2)!}{2^{2n-2} (n-1)!^2} \pi . \tag{21}$$

Man hat beispielsweise $\int_{-\infty}^{\infty} \frac{dx}{(1+x^2)^{10}} = \frac{12155}{65536} \pi$ in Übereinstimmung mit Beispiel I. 28.14* c)).   □

Ähnlich wie in diesen Beispielen lassen sich viele spezielle Integrale mit Hilfe des Residuensatzes berechnen.

23.9 Definition. *Es sei $D \subseteq \mathbb{C}$ offen. Eine* meromorphe *Funktion auf D ist eine holomorphe Funktion $f : D\backslash\Pi_f \mapsto \mathbb{C}$, wobei Π_f in D diskret ist und f höchstens Pole in den Punkten von Π_f hat. Mit $\mathcal{M}(D)$ wird die Menge aller meromorphen Funktionen auf D bezeichnet.*[10]

23.10 Bemerkungen. a) Es seien $f \in \mathcal{M}(D)$ und $c \in D$ mit $\nu(f;c) < \infty$. Die Funktion $g(z) := (z-c)^{-\nu(f;c)} f(z) \in \mathcal{M}(D)$ ist dann holomorph in c mit $g(c) \neq 0$, und folglich gilt $\nu(f;z) = 0$ für $c \neq z$ nahe c.
b) Für ein Gebiet D und $0 \neq f \in \mathcal{M}(D)$ ist also nach a) die Menge

$$\Upsilon_f := \{c \in D \mid \nu(f;c) \neq 0\} \tag{22}$$

diskret, und auch $\frac{1}{f}$ ist eine meromorphe Funktion auf D. Somit ist $\mathcal{M}(D)$ ein *Körper*.
c) Nach a) ist $f \in \mathcal{M}(D)$ *lokal* der Quotient zweier holomorpher Funktionen. Aufgrund des *Weierstraßschen Produktsatzes* ist dies auch *global* richtig (vgl. etwa [7], VIII.5.1, [10], IV.2 oder [33], Th. 15.12).   □

23.11 Satz. *Es seien $D \subseteq \mathbb{C}$ eine offene Menge und $0 \neq f \in \mathcal{M}(D)$. Für eine offene Menge $G \in \mathfrak{G}_{st}(\mathbb{C})$ mit $\overline{G} \subseteq D$, $\partial G \cap \Upsilon_f = \emptyset$ und $h \in \mathcal{O}(D)$ gilt dann*

$$\frac{1}{2\pi i} \int_{\partial G} h(\zeta) \frac{f'(\zeta)}{f(\zeta)} d\zeta = \sum_{c \in \Upsilon_f \cap G} h(c) \nu(f;c) . \tag{23}$$

BEWEIS. Es sei $c \in G \cap \Upsilon_f$. Mit $k := \nu(f;c)$ und $g(z) := (z-c)^{-k} f(z)$ gilt $g \in \mathcal{M}(D)$ und $\nu(g;c) = 0$. Aus $f(z) = (z-c)^k g(z)$ folgt $f'(z) = k(z-c)^{k-1} g(z) + (z-c)^k g'(z)$, also $\frac{f'(z)}{f(z)} = \frac{k}{z-c} + \frac{g'(z)}{g(z)}$ und

$$\operatorname{Res}\left(h \frac{f'}{f};c\right) = h(c) k = h(c) \nu(f;c) . \tag{24}$$

Die Behauptung ergibt sich somit aus dem Residuensatz.   ◇

---

[10] $\mathcal{M}(D)$ ist nicht mit dem Raum der *meßbaren* Funktionen auf D zu verwechseln!

23.12 Beispiel. Für $h = 1$ liefert Satz 23.11 die Formel

$$\frac{1}{2\pi i} \int_{\partial G} \frac{f'(\zeta)}{f(\zeta)} \, d\zeta \; = \; N(f;G) - P(f;G) \in \mathbb{Z};$$ (25)

hierbei bezeichnet

$$N(f;G) \; := \; \sum_{c \in G, \nu(f;c) > 0} \nu(f;c) \quad \text{bzw.}$$ (26)

$$P(f;G) \; := \; - \sum_{c \in G, \nu(f;c) < 0} \nu(f;c)$$ (27)

die *mit Vielfachheit gezählte Anzahl* der *Nullstellen* bzw. *Polstellen* von f in G. Aufgrund der Interpretation des Integrals in (25) als *Windungszahl* in (30) wird Formel (25) als *Argument-Prinzip* bezeichnet. $\quad\square$

23.13 Satz (Rouché). *Es seien $D \subseteq \mathbb{C}$ und $G \in \mathfrak{G}_{st}(\mathbb{C})$ offene Mengen mit $\overline{G} \subseteq D$. Für $f, g \in \mathcal{O}(D)$ gelte*

$$|g(z)| < |f(z)| \quad \text{für alle} \quad z \in \partial G.$$ (28)

Dann ist $N(f + g; G) = N(f; G)$.

BEWEIS. Für $0 \leq t \leq 1$ gilt $f(z) + tg(z) \neq 0$ für alle $z \in \partial G$; nach (25) und Satz 5.14 oder Folgerung II.18.9 ist die Funktion

$$t \mapsto N(f + tg; G) \; = \; \frac{1}{2\pi i} \int_{\partial G} \frac{f'(\zeta) + tg'(\zeta)}{f(\zeta) + tg(\zeta)} \, d\zeta \in \mathbb{Z}$$

stetig auf $[0, 1]$ und somit konstant. $\quad\diamond$

23.14 Beispiel. Für $|z| = 1$ gilt $|z^5| = 1 < 2 \leq |-4z + 2|$; nach dem Satz von Rouché besitzt also das Polynom $z^5 - 4z + 2$ im Einheitskreis genau eine Nullstelle α. Mit $h(z) = z$ liefert Satz 23.11 die Formel

$$\alpha \; = \; \frac{1}{2\pi i} \int_{\kappa_{1,0}} \zeta \, \frac{5\zeta^4 - 4}{\zeta^5 - 4\zeta + 2} \, d\zeta.$$ $\quad\square$

23.15 Erinnerungen und Bemerkungen. a) Für einen geschlossenen Weg $\gamma : [a, b] \mapsto \mathbb{C}$ und $w \notin (\gamma)$ wurde in Abschnitt II.15 die *Windungszahl* oder *Umlaufzahl* von γ um w definiert. Nach (II.15.3) ist diese für einen $\mathcal{C}_{st}^1$-Weg gegeben durch (vgl. auch Aufgabe 23.13)

$$n(\gamma; w) \; = \; \frac{1}{2\pi i} \int_a^b \frac{\dot{\gamma}(t)}{\gamma(t) - w} \, dt \; = \; \frac{1}{2\pi i} \int_\gamma \frac{dz}{z - w} \in \mathbb{Z}.$$ (29)

b) Nun seien $D \subseteq \mathbb{C}$ offen, $(\gamma) \subseteq D$ und $f \in \mathcal{O}(D)$ mit $f(z) \neq 0$ für $z \in (\gamma)$. Das in Formel (25) auftretende Integral

$$\frac{1}{2\pi i} \int_\gamma \frac{f'(\zeta)}{f(\zeta)} \, d\zeta \; = \; \frac{1}{2\pi i} \int_{f \circ \gamma} \frac{dz}{z} \; = \; n(f \circ \gamma; 0)$$ (30)

ist dann die Windungszahl des C_{st}^1-Weges $f \circ \gamma$ um den Nullpunkt, gibt also (bis auf den Faktor 2π) die *Änderung des Arguments* von $f(z)$ beim Durchlaufen des geschlossenen Weges γ an.

c) Nach (29) ist die Windungszahl $n(\gamma; w)$ auf jeder Wegkomponenten von $\mathbb{C}\backslash(\gamma)$ konstant, und man hat $n(\gamma; w) = 0$ auf der unbeschränkten Wegkomponente von $\mathbb{C}\backslash(\gamma)$ (vgl. Satz II. 15.4 und Aufgabe II. 15.1). Aufgrund des *Cauchyschen Integralsatzes* 22.5 a) gilt auch $n(\gamma; w) = n(\gamma_1; w)$ für zwei in $\mathbb{C}\backslash\{w\}$ *homotope* geschlossene C_{st}^1-Wege γ und γ_1.

d) Wie in Bemerkung 22.8 sei nun $G \in \mathfrak{G}_{st}(\mathbb{C})$ eine offene Menge mit $\partial G = \bigcup\limits_{\ell=1}^{m} \Gamma_\ell$, und γ_ℓ sei eine positiv orientierte stückweise glatte Jordan-Parametrisierung von Γ_ℓ. Aufgrund des *Cauchyschen Integralsatzes* 22.10 und der *Cauchyschen Integralformel* 22.12 gilt dann (Abb. 23g zeigt $w_i \in G$ und $w_a \notin \overline{G}$)

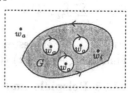

Abb. 23g

$$\sum_{\ell=1}^{m} n(\gamma_\ell; w) = \frac{1}{2\pi i} \int_{\partial G} \frac{dz}{z-w} = \begin{cases} 0 & , \quad w \notin \overline{G} \\ 1 & , \quad w \in G \end{cases}. \qquad \square \quad (31)$$

Am Ende dieses Abschnitts wird noch kurz auf eine allgemeine Formulierung der Cauchyschen Integralformel mit Hilfe von Windungszahlen eingegangen:

23.16 Theorem (Cauchysche Integralformel). *Es seien $D \subseteq \mathbb{C}$ offen und $f \in \mathcal{O}(D)$. Weiter seien $\gamma_1, \ldots, \gamma_m$ geschlossene C_{st}^1-Wege in D mit*

$$\sum_{\ell=1}^{m} n(\gamma_\ell; w) = 0 \quad \text{für alle} \quad w \in \mathbb{C}\backslash D. \qquad (32)$$

Für $z \in D$ gilt dann

$$\sum_{\ell=1}^{m} n(\gamma_\ell; z)\, f(z) = \frac{1}{2\pi i} \sum_{\ell=1}^{m} \int_{\gamma_\ell} \frac{f(\zeta)}{\zeta - z}\, d\zeta. \qquad (33)$$

BEWEIS. a) Die Funktion $g : (z, \zeta) \mapsto \frac{f(\zeta) - f(z)}{\zeta - z}$ wird durch $g(z,z) := f'(z)$ zu einer stetigen Funktion auf $D \times D$ fortgesetzt, und durch

$$h(z) := \sum_{\ell=1}^{m} \int_{\gamma_\ell} g(z, \zeta)\, d\zeta \qquad (34)$$

wird eine holomorphe Funktion $h \in \mathcal{O}(D)$ definiert.

b) Auf der offenen Menge $D_0 := \{w \in \mathbb{C} \mid \sum\limits_{\ell=1}^{m} n(\gamma_\ell; w) = 0\}$ definiert man

$$h_0(z) := \sum_{\ell=1}^{m} \int_{\gamma_\ell} \frac{f(\zeta)}{\zeta - z}\, d\zeta \in \mathcal{O}(D_0); \qquad (35)$$

wegen (32) ist $D \cup D_0 = \mathbb{C}$, und nach (29) gilt $h(z) = h_0(z)$ für $z \in D \cap D_0$; somit setzt h_0 die Funktion h zu einer *ganzen* Funktion fort. Nach (35) gilt aber $|h_0(z)| \to 0$ für $|z| \to \infty$, und der *Satz von Liouville* liefert $h = 0$. Wegen (29) folgt daraus die Behauptung.   ◇

23.17 Folgerung (Cauchyscher Integralsatz). *Es seien $D \subseteq \mathbb{C}$ offen, $f \in \mathcal{O}(D)$ und $\gamma_1, \dots, \gamma_m$ geschlossene $\mathcal{C}^1_{st}$ -Wege in D mit (32). Dann gilt*

$$\sum_{\ell=1}^{m} \int_{\gamma_\ell} f(\zeta)\, d\zeta = 0. \tag{36}$$

BEWEIS. Für ein festes $z \in D \backslash ((\gamma_1) \cup \dots \cup (\gamma_m))$ wendet man (33) auf die Funktion $\zeta \mapsto (\zeta - z)\, f(\zeta)$ an.   ◇

23.18 Beispiele und Bemerkungen. a) Man beachte, daß der Beweis von Theorem 23.16 auf dem Satz von Liouville beruht, also die Cauchy-Formel für Kreise benutzt. Wegen (31) ist Theorem 22.12 ein Spezialfall von Theorem 23.16.

b) Aus Theorem 23.16 folgt auch eine entsprechende Version des Residuensatzes, vgl. Aufgabe 23.15.

c) „*Zykel*", d. h. endlich viele geschlossene $\mathcal{C}^1_{st}$ -Wege $\gamma_1, \dots, \gamma_m$ heißen *nullhomolog* in D, falls sie (32) erfüllen. Nach Bemerkung 23.15 c) sind in D *nullhomotope* geschlossene $\mathcal{C}^1_{st}$ -Wege auch *nullhomolog* in D. Dagegen zeigt Abb. 23h einen in $\mathbb{C} \backslash \{a, b\}$ null-

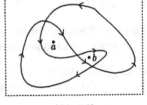

Abb. 23h

homologen Weg, der dort *nicht* nullhomotop ist.

d) Insbesondere sind in einem *einfach zusammenhängenden* Gebiet G alle Zykel nullhomolog. Diese Aussage ist dazu äquivalent, daß G „*keine Löcher besitzt*" (vgl. Aufgabe 23.17 a) (β)) und impliziert umgekehrt auch den einfachen Zusammenhang von G. Für einen Beweis der letzten Aussage und weitere Äquivalenzen zum einfachen Zusammenhang sei etwa auf [10], IV Anhang C, oder [33], Th. 13.11, verwiesen.   □

Aufgaben

23.1 Wo konvergieren die Laurent-Reihen $\sum_{k \in \mathbb{Z}} 2^{-|k|} z^k$ und $\sum_{k \in \mathbb{Z}} \frac{z^k}{1+k^2}$?

23.2 Man entwickle die rationale Funktion $\frac{2}{(z-2)(z-4)}$ in Laurent-Reihen um 0 in den Gebieten $K_2(0)$, $R_{2,4}(0)$ und $R_{4,\infty}(0)$.

23.3 Es sei $f(z) := \sum_{k=-\infty}^{\infty} a_k (z - c)^k$, wobei die Laurent-Reihe auf dem Kreisring $R_{\sigma,\rho}(c)$ konvergiere. Man berechne $f'(z)$.

23.4 Für $\rho > 1$ sei $f(z) := \sum_{k=-\infty}^{\infty} a_k z^k \in \mathcal{O}(R_{\frac{1}{\rho},\rho}(0))$. Für die Fourier-Koeffizienten der Funktion $h : t \mapsto f(e^{it})$ zeige man $\widehat{h}(k) = a_k$, $k \in \mathbb{Z}$, und beweise die Abschätzungen $|\widehat{h}(k)| \leq C_k \, r^{-|k|}$ für $1 \leq r < \rho$.

23.5 Die Funktion $f(z) := \sum_{k=0}^{\infty} a_k z^k \in \mathcal{O}(K_1(0))$ besitze eine meromorphe Fortsetzung auf eine offene Umgebung von $\overline{K}_1(0)$, die auf dem Rand $\partial K_1(0)$ höchstens Pole erster Ordnung besitzt. Man zeige $\sup_{k \in \mathbb{N}} |a_k| < \infty$. Gilt dies auch, wenn Pole zweiter Ordnung auf $\partial K_1(0)$ zugelassen sind?

23.6 Man zeige, daß für $w \in \mathbb{C} \backslash \{0\}$ bzw. für $w \in \mathbb{C}$ die Gleichung $e^{\frac{1}{z}} = w$ bzw. $\sin \frac{1}{z} = w$ für jedes $\varepsilon > 0$ unendlich viele Lösungen in $K'_\varepsilon(0)$ besitzt.

23.7 Man bestimme die Residuen der Funktion $f(z) := \frac{z+1}{z\,(z+2)\,(z-4)^2}$ in ihren Singularitäten.

23.8 Man zeige, daß die Γ-Funktion auf $\mathbb{C}$ meromorph ist mit einfachen Polen in den Punkten von $-\mathbb{N}_0$. Für $k \in \mathbb{N}_0$ berechne man $\mathrm{Res}\,(\Gamma; -k)$.

23.9 Es sei $R = \frac{P}{Q} \in \mathbb{C}(z)$ eine rationale Funktion ohne Nullstellen auf $\mathbb{R}$ mit $\deg P \leq \deg Q - 2$. Man zeige

$$\int_{-\infty}^{\infty} R(x) \, dx = 2\pi i \sum_{\mathrm{Im}\, c > 0} \mathrm{Res}\,(R; c).$$

23.10 Es sei $R = \frac{P}{Q} \in \mathbb{C}(z)$ eine rationale Funktion ohne Nullstellen auf $\mathbb{R}$ mit $\deg P \leq \deg Q - 1$. Man zeige die Konvergenz des folgenden uneigentlichen Integrals sowie

$$\int_{-\infty}^{\infty} R(x) \, e^{ix} \, dx = 2\pi i \sum_{\mathrm{Im}\, c > 0} \mathrm{Res}\,(R(z)\, e^{iz}; c).$$

23.11 Man beweise das folgende Resultat von Hurwitz:
Es sei $D \subseteq \mathbb{C}$ ein Gebiet, und für eine Folge (f_n) in $\mathcal{O}(D)$ gelte $f_n \to f$ lokal gleichmäßig.
a) Sind alle f_n *nullstellenfrei*, so ist $f = 0$ oder ebenfalls nullstellenfrei.
b) Sind alle f_n *injektiv*, so ist f konstant oder ebenfalls injektiv.

23.12 Man zeige, daß das Polynom $z^5 - 4z + 2$ in dem Kreisring $R_{1,2}(0)$ genau vier Nullstellen besitzt.

23.13 Für einen geschlossenen C_{st}^1-Weg $\gamma : [a, b] \mapsto \mathbb{C}$ und $w \notin (\gamma)$ sei

$$h(s) := \int_a^s \frac{\dot{\gamma}(t)}{\gamma(t) - w} \, dt, \quad a \leq s \leq b.$$

Aus $\frac{d}{ds} \left(e^{-h(s)} (\gamma(s) - w) \right) = 0$ schließe man $e^{-h(b)} = 1$ und $n(\gamma; w) \in \mathbb{Z}$.

23.14 Man führe Beweisschritt a) von Theorem 23.16 detailliert aus.

23.15 Es seien $D \subseteq \mathbb{C}$ offen, $S \subseteq D$ diskret und $\gamma_1, \ldots, \gamma_m$ geschlossene C_{st}^1-Wege in $D \backslash S$ mit (32). Für $f \in \mathcal{O}(D \backslash S)$ zeige man den Residuensatz

$$\sum_{\ell=1}^m \int_{\gamma_\ell} f(\zeta) \, d\zeta = 2\pi i \sum_{c \in D} n(f; c) \, \text{Res}\,(f; c). \tag{37}$$

23.16 Es seien $D \subseteq \mathbb{C}$ ein einfach zusammenhängendes Gebiet, $S \subseteq D$ diskret und $f \in \mathcal{O}(D \backslash S)$. Man zeige, daß f genau dann eine Stammfunktion auf $D \backslash S$ besitzt, wenn $\text{Res}\,(f; c) = 0$ für alle $c \in S$ gilt.

23.17 a) Für ein Gebiet $D \subseteq \mathbb{C}$ zeige man die Äquivalenz der folgenden Aussagen:

(α)   Alle Zykel in D sind nullhomolog.

(β)   Es gelte $\mathbb{C} \backslash D = A \cup B$ mit disjunkten abgeschlossenen Mengen $A \subseteq \mathbb{C}$ und $B \subseteq \mathbb{C}$. Ist A kompakt, so folgt $A = \emptyset$.

b) Es sei $D \subseteq \mathbb{C}$ ein Gebiet mit Eigenschaft (α). Man zeige, daß jede holomorphe Funktion $f \in \mathcal{O}(D)$ eine komplexe Stammfunktion auf D besitzt.

24   Holomorphe Funktionen
von mehreren Veränderlichen

In diesem Abschnitt wird eine *Cauchysche Integralformel* für *holomorphe Funktionen von mehreren komplexen Veränderlichen* hergeleitet, woraus sich wieder deren *Analytizität* ergibt. Viele Ergebnisse aus Abschnitt 22 lassen sich sofort auf den Fall mehrerer Veränderlicher übertragen, doch zeigt der *Kontinuitätssatz von Hartogs* auch wesentliche Unterschiede zum eindimensionalen Fall auf. Als Anwendung der Funktionentheorie wird die *Existenz lokaler Potenzreihenentwicklungen* für *Lösungen von (nichtlinearen) Gleichungssystemen* und von (expliziten Systemen von) *gewöhnlichen Differentialgleichungen* mit *analytischen Daten* gezeigt.

24.1 Erinnerungen, Definitionen und Bemerkungen. a) Es sei $D \subseteq \mathbb{C}^n \cong \mathbb{R}^{2n}$ offen. Eine Abbildung $f \in C^1(D, \mathbb{C}^m)$ heißt *holomorph*, wenn sie in allen Punkten von D komplex-differenzierbar ist, d. h. die *Cauchy-Riemannschen Differentialgleichungen*

$$\partial_{\bar{z}_j} f(z) := \tfrac{1}{2} (\partial_{x_j} f + i \partial_{y_j} f)(z) = 0 \quad \text{für} \quad j = 1, \ldots, n \tag{1}$$

erfüllt (vgl. Satz II. 28.4). Die Menge $\mathcal{O}(D)$ aller $\mathbb{C}$-wertigen holomorphen Funktionen auf D ist eine *Funktionenalgebra*, und hat $f \in \mathcal{O}(D)$ keine Nullstellen, so gilt auch $\frac{1}{f} \in \mathcal{O}(D)$. Die Komposition holomorpher Abbildungen ist wieder holomorph, und es gilt die *Kettenregel* (vgl. Bemerkung II. 27.2 e) und Theorem II. 19.9.)

b) Holomorphe Funktionen sind auch *partiell holomorph*, d. h. für $w \in D$ und $j = 1, \ldots, n$ sind die Funktionen

$$z_j \mapsto f(w_1, \ldots, w_{j-1}, z_j, w_{j+1}, \ldots, w_n)$$

nahe $w_j \in \mathbb{C}$ holomorph. Es gilt auch die *Umkehrung* dieser Aussage (*Satz von Hartogs*, vgl. etwa [17], Theorem 2.2.8); diese wird für *stetige* Funktionen in Theorem 24.2 bewiesen.

c) Für einen *Multiradius* $t \in \mathbb{R}_+^n := (0, \infty)^n$ und $c \in \mathbb{C}^n$ betrachtet man den offenen *Polykreis*

$$D_t(c) := \{z \in \mathbb{C}^n \mid |z_j - c_j| < t_j \text{ für } j = 1, \ldots, n\}, \tag{2}$$

seinen Abschluß $\overline{D}_t(c)$ und seinen „*distinguierten Rand*"

$$\delta D_t(c) := \{z \in \mathbb{C}^n \mid |z_j - c_j| = t_j \text{ für } j = 1, \ldots, n\} \tag{3}$$

(man beachte $\delta D_t(c) \neq \partial D_t(c)$ im Fall $n \geq 2$). Für $f \in C(\delta D_t(c))$ sei

$$\int_{\delta D_t(c)} f(z) \, dz := \int_{\kappa_{c_1, t_1}} \left(\cdots \left(\int_{\kappa_{c_n, t_n}} f(z_1, \ldots, z_n) \, dz_n \right) \cdots \right) dz_1; \tag{4}$$

nach Satz 2.3 kann die Integration auch in jeder anderen Reihenfolge durchgeführt werden.

d) Eine Abbildung $f : D \mapsto \mathbb{C}^m$ heißt *analytisch*, falls zu jedem $c \in D$ ein $t \in \mathbb{R}_+^n$ mit $D_t(c) \subseteq D$ existiert, so daß f in $D_t(c)$ eine *Potenzreihenentwicklung*

$$f(z) = \sum_{\alpha \in \mathbb{N}_0^n} a_\alpha (z - c)^\alpha, \quad z \in D_t(c), \tag{5}$$

besitzt. Diese Reihe konvergiert (in jeder Anordnung) lokal gleichmäßig auf $D_t(c)$ und kann dort beliebig oft gliedweise differenziert werden (vgl. Satz II. 28.5); insbesondere sind analytische Abbildungen stets holomorph.

e) In (5) wie auch im folgenden werden die üblichen *Multiindex-Notationen* (vgl. II. 20.14) verwendet. Man setzt noch $r < t :\Leftrightarrow t - r \in \mathbb{R}_+^n$ für $r, t \in \mathbb{R}_+^n$ und $\iota := (1, \ldots, 1) \in \mathbb{N}_0^n$. □

24.2 Theorem. *Es sei $D \subseteq \mathbb{C}^n$ offen. Für eine* stetige *Abbildung* $f : D \mapsto \mathbb{C}^m$ *sind äquivalent:*

(a) f ist analytisch.

(b) f ist holomorph.

(c) f ist partiell holomorph.

(d)   Für $c \in D$ und $t \in \mathbb{R}_+^n$ mit $\overline{D}_t(c) \subseteq D$ gilt die Cauchysche Integral-formel

$$f(z) \;=\; \frac{1}{(2\pi i)^n} \int_{\delta D_t(c)} \frac{f(\zeta)}{(\zeta - z)^\iota}\, d\zeta\,, \quad z \in D_t(c)\,. \tag{6}$$

(e)   Für $c \in D$ und $t \in \mathbb{R}_+^n$ mit $D_t(c) \subseteq D$ hat f eine Potenzreihenent-wicklung (5) auf $D_t(c)$.

BEWEIS. „(e) $\Rightarrow$ (a) $\Rightarrow$ (b) $\Rightarrow$ (c)" ist klar.

„(c) $\Rightarrow$ (d)": Für $z \in D_t(c)$ liefert mehrfache Anwendung der eindimensionalen Cauchy-Formel (22.21) sofort

$$
\begin{aligned}
f(z) \;&=\; \tfrac{1}{2\pi i} \int_{\kappa_{c_1,t_1}} \frac{f(\zeta_1, z_2, \ldots, z_n)}{\zeta_1 - z_1}\, d\zeta_1 \\
&=\; \tfrac{1}{(2\pi i)^2} \int_{\kappa_{c_1,t_1}} \int_{\kappa_{c_2,t_2}} \frac{f(\zeta_1, \zeta_2, z_3, \ldots, z_n)}{(\zeta_1 - z_1)(\zeta_2 - z_2)}\, d\zeta_2\, d\zeta_1 \;=\; \cdots \\
&=\; \tfrac{1}{(2\pi i)^n} \int_{\kappa_{c_1,t_1}} \cdots \int_{\kappa_{c_n,t_n}} \frac{f(\zeta_1, \ldots, \zeta_n)}{(\zeta_1 - z_1) \cdots (\zeta_n - z_n)}\, d\zeta_n \cdots d\zeta_1
\end{aligned}
$$

und somit (6).

„(d) $\Rightarrow$ (e)": Wie im Beweis von Theorem 22.14 gilt

$$\frac{1}{(\zeta - z)^\iota} \;=\; \sum_{\alpha \in \mathbb{N}_0^n} \frac{(z - c)^\alpha}{(\zeta - c)^{\alpha + \iota}}$$

für $0 < r < t$, $z \in D_r(c)$ und $\zeta \in \delta D_r(c)$, wobei die Reihe gleichmäßig in $\zeta \in \delta D_r(c)$ konvergiert. Aus (6) folgt also sofort (5) für $z \in D_r(c)$, wobei die Koeffizienten a_α durch

$$a_\alpha \;=\; \frac{1}{(2\pi i)^n} \int_{\delta D_r(c)} \frac{f(\zeta)}{(\zeta - c)^{\alpha + \iota}}\, d\zeta\,, \quad \alpha \in \mathbb{N}_0^n\,, \tag{7}$$

gegeben sind. Aus (5) folgt aber (vgl. Satz II. 28.5)

$$a_\alpha \;=\; \tfrac{1}{\alpha!}\, \partial_z^\alpha f(c)\,, \quad \alpha \in \mathbb{N}_0^n\,, \tag{8}$$

so daß die Integrale in (7) nicht von r abhängen. Mit $r_j \uparrow t_j$ folgt dann auch (5) für $z \in D_t(c)$. $\diamond$

24.3 Bemerkungen. Mit Hilfe der Cauchy-Formel (6) lassen sich einige Ergebnisse aus Abschnitt 22 sofort auf den Fall mehrerer Veränderlicher übertragen, insbesondere die Cauchy-Formel (22.22) für Ableitungen, die *Cauchy-Abschätzungen* 22.17 sowie die *Sätze von Liouville* 22.18, *Weierstraß* 22.20 und *Montel* 22.21. Das *Maximum-Prinzip* ergibt sich wie im Beweis von Satz 22.25 aus dem folgenden □

24.4 Satz (von der Gebietstreue). *Es seien* $D \subseteq \mathbb{C}^n$ *ein Gebiet und* $f \in \mathcal{O}(D)$ *nicht konstant. Dann ist auch* $f(D)$ *ein Gebiet in* $\mathbb{C}$.

BEWEIS. Es seien $c \in D$ und $t \in \mathbb{R}^n_+$ mit $D_t(c) \subseteq D$. Nach dem *Identitätssatz* II.28.11 gibt es $w \in D_t(c)$ mit $f(w) \neq f(c)$. Ist nun $E \subseteq \mathbb{C}^n$ die affine komplexe Gerade durch c und w, so ist $f : D_t(c) \cap E \mapsto \mathbb{C}$ eine nicht konstante holomorphe Funktion *einer* komplexen Veränderlichen. Nach Satz 22.24 ist $f(c)$ ein innerer Punkt von $f(D_t(c) \cap E)$, erst recht also von $f(D)$. ◇

Die Ergebnisse aus Abschnitt 23 lassen sich *nicht* ohne weiteres auf den Fall mehrerer Veränderlicher übertragen; in Folgerung 24.6 wird gezeigt, daß *isolierte Singularitäten* in diesem Fall gar nicht existieren.
Für Tupel komplexer Zahlen wird die folgende Schreibweise verwendet:

$$z = (z', z_n) \in \mathbb{C}^n \cong \mathbb{C}^{n-1} \times \mathbb{C}. \tag{9}$$

24.5 Kontinuitätssatz von Hartogs. *Es seien* $n \geq 2$, G *ein Gebiet in* $\mathbb{C}^{n-1}$, V *eine nicht leere offene Teilmenge von* G, $c \in \mathbb{C}$ *und* $0 < r < t$. *Dann besitzt jede auf* $A_t := (V \times K_t(c)) \cup (G \times R_{r,t}(c))$ *holomorphe Funktion* $f \in \mathcal{O}(A_t)$ *eine holomorphe Fortsetzung nach* $B_t := G \times K_t(c)$.

BEWEIS Für $r < s < t$ definiert man

$$h(z', z_n) := \frac{1}{2\pi i} \int_{\kappa_{c,s}} \frac{f(z', \zeta)}{\zeta - z_n} d\zeta, \quad z \in B_s; \tag{10}$$

dann gilt $h \in \mathcal{O}(B_s)$, und wegen (22.21) gilt $h = f$ auf $V \times K_s(c)$. Der Identitätssatz liefert auch $h = f$ auf A_s und mit $s \uparrow t$ die Behauptung. Die Situation wird in Abb. 24a für $c = 0$ in der $x_1 x_3$-Ebene veranschaulicht: G liegt in der x_3-Achse, $K_t(c)$ in der x_1-Achse; man denke sich das Bild noch um die x_3-Achse durch $c = 0$ rotiert! ◇

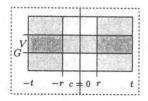

Abb. 24a

24.6 Folgerung. *a) Es seien* $n \geq 2$, $c \in \mathbb{C}^n$, $t \in \mathbb{R}_+^n$, W *ein Gebiet in* $\mathbb{C}^n$ *mit* $\delta D_t(c) \subseteq W$ *und* $f \in \mathcal{O}(W)$. *Dann besitzt* f *eine* holomorphe *Fortsetzung nach* $W \cup D_t(c)$.

b) Eine holomorphe Funktion von mindestens zwei Variablen besitzt keine isolierten Singularitäten und keine isolierten Nullstellen.

BEWEIS. a) Es gibt $0 < r < t < \rho \in \mathbb{R}_+^n$, so daß f auf $D_\rho(c) \backslash D_r(c)$ holomorph ist. Mit $G := D_{\rho'}(c') \subseteq \mathbb{C}^{n-1}$ und $V := G \backslash D_{r'}(c')$ gilt dann

$$D_\rho(c) \backslash D_r(c) = (V \times K_{\rho_n}(c_n)) \cup (G \times R_{r_n, \rho_n}(c_n)),$$

und wegen $G \times K_{\rho_n}(c_n) = D_\rho(c)$ folgt die Behauptung aus dem Kontinuitätssatz von Hartogs.

b) Die erste Aussage folgt aus a), die zweite durch Übergang zu $\frac{1}{f}$.   ◇

24.7 Bemerkung. *Jedes* Gebiet G in $\mathbb{C}$ ist ein *Holomorphiegebiet*, d. h. es gibt eine holomorphe Funktion $f \in \mathcal{O}(G)$, die sich *nicht* holomorph auf ein größeres Gebiet fortsetzen läßt (vgl. etwa [7], Satz VIII.5.2). Nach dem Hartogsschen Kontinuitätssatz dagegen trifft dies für $n \geq 2$ nicht für alle Gebiete im $\mathbb{C}^n$ zu. Für die Untersuchung von Holomorphiegebieten im $\mathbb{C}^n$ und die der *Nullstellen* holomorpher Funktionen von mehreren Veränderlichen sei etwa auf [13] oder [17] verwiesen.   □

Der *Satz über implizite Funktionen* gilt für *holomorphe* und damit auch für (reell- oder komplex-)*analytische* Abbildungen (vgl. die Bemerkungen II. 28.14); der in den Abschnitten II. 21 und II. 22 angegebene Beweis beruht auf dem *Iterationsverfahren* des *Banachschen Fixpunktsatzes*. Ergänzend dazu wird nun ein *funktionentheoretischer Beweis* skizziert:

24.8 Satz (über implizite Funktionen). *Es seien* $w \in \mathbb{C}^n$, $t \in \mathbb{R}_+^n$ *und* $f \in \mathcal{O}(D_t(w))$ *mit* $f(w) = 0$ *und* $\partial_{z_n} f(w) \neq 0$. *Dann gibt es* $0 < r \leq t$ *und eine eindeutig bestimmte Funktion* $g \in \mathcal{O}(D_{r'}(w'))$ *mit* $g(w') = w_n$, $g(D_{r'}(w')) \subseteq K_{r_n}(w_n)$ *und*

$$f(z', z_n) = 0 \Leftrightarrow z_n = g(z') \quad \text{für} \quad (z', z_n) \in D_r(w). \tag{11}$$

BEWEIS. Es gibt $0 < r_n < t_n$ mit $f(w', z_n) \neq 0$ für $0 < |z_n - w_n| < 2r_n$, und man setzt

$$\varepsilon := \inf\{|f(w', z_n)| \mid |z_n - w_n| = r_n\} > 0.$$

Aufgrund der (lokal gleichmäßigen) Stetigkeit von f gibt es $0 < r' \leq t'$ mit

$$|f(z', z_n) - f(w', z_n)| < \varepsilon \quad \text{für} \quad z' \in D_{r'}(w') \text{ und } |z_n - w_n| = r_n.$$

Für $z' \in D_{r'}(w')$ hat nach dem *Satz von Rouché* 23.13 die partielle Funktion $f_{z'} : z_n \mapsto f(z', z_n)$ wegen $N(f_{z'}; K_{r_n}(w_n)) = N(f_{w'}; K_{r_n}(w_n)) = 1$ genau eine Nullstelle $g(z')$ in $K_{r_n}(w_n)$. Nach Satz 23.11 gilt für diese

$$g(z') = \frac{1}{2\pi i} \int_{\kappa_{w_n}, r_n} \zeta \, \frac{\partial_\zeta f(z', \zeta)}{f(z', \zeta)} \, d\zeta, \tag{12}$$

und somit ist die dadurch definierte Funktion $g : D_{r'}(w') \mapsto K_{r_n}(w_n)$ holomorph. $\diamond$

Der allgemeine Satz über implizite Funktionen läßt sich durch Induktion über die Anzahl der Gleichungen auf Satz 24.8 zurückführen (vgl. Aufgabe 24.2).

Anfangswertprobleme bei *(Systemen von) gewöhnlichen Differentialgleichungen* mit *holomorphen Daten* besitzen lokal eindeutig bestimmte *holomorphe Lösungen*. Genauer gilt die folgende Variante des *Satzes von Picard-Lindelöf* (Vektoren im $\mathbb{C}^{n+1}$ werden mit $(z, w) \in \mathbb{C} \times \mathbb{C}^n$ bezeichnet):

24.9 Satz. *Es seien $G \subseteq \mathbb{C}^{n+1}$ offen, $f \in \mathcal{O}(G, \mathbb{C}^n)$ und $a \in \mathbb{C}, \xi \in \mathbb{C}^n$ mit $(a, \xi) \in G$. Dann gibt es $\delta > 0$, so daß das Anfangswertproblem*

$$\frac{du}{dz} = f(z, u), \quad u(a) = \xi, \tag{13}$$

genau eine beschränkte Lösung in $\mathcal{O}(K_\delta(a), \mathbb{C}^n)$ hat.

BEWEIS. a) Man wählt $d, b > 0$ mit $R := \overline{K}_d(a) \times \overline{K}_b(\xi) \subseteq G$ und setzt $\delta := \min\{d, \frac{b}{\|f\|_R}\}$. Für $(z, w_1), (z, w_2) \in R$ gilt nach der Kettenregel

$$f(z, w_1) - f(z, w_2) = \int_0^1 D_w f(z, w_2 + t(w_1 - w_2)) \, dt \, (w_1 - w_2), \tag{14}$$

und mit $L := \|D_w f\|_R$ folgt die *Lipschitz-Bedingung*

$$\|f(z, w_1) - f(z, w_2)\| \leq L \|w_1 - w_2\| \quad \text{für} \quad (z, w_1), (z, w_2) \in R. \tag{15}$$

Wie in Satz II. 35.4 ist das Anfangswertproblem (13) über $D := K_\delta(a)$ äquivalent zur *Integralgleichung* (vgl. Satz 22.4)

$$u(z) = \xi + \int_{[a,z]} f(\zeta, u(\zeta)) \, d\zeta, \quad z \in D. \tag{16}$$

b) Der Raum $E := \mathcal{O}^\infty(D, \mathbb{C}^n)$ aller beschränkten holomorphen Funktionen von D nach $\mathbb{C}^n$ ist nach dem Satz von Weierstraß 22.20 *vollständig* bezüglich der *gleichmäßigen Konvergenz*; diese wird durch die zur sup-Norm äquivalente Norm

$$\|u\|_L := \sup_{z \in D} \|u(z)\| e^{-2L|z-a|} \tag{17}$$

gegeben. Die Menge

$$X := \{u \in E \mid u(D) \subseteq \overline{K}_b(\xi)\}$$

ist in E abgeschlossen und somit ein *vollständiger* metrischer Raum.
c) Für $u \in X$ und $z \in D$ gilt

$$\| (Tu)(z) - \xi \| = \| \textstyle\int_{[a,z]} f(\zeta, u(\zeta))\, d\zeta \| \leq \delta \| f \|_R = b\,,$$

also auch $Tu \in X$. Für $u, v \in X$ und $z \in D$ gilt weiter

$$\| Tu(z) - Tv(z) \| = \| \textstyle\int_{[a,z]} \big(f(\zeta, u(\zeta)) - f(\zeta, v(\zeta)) \big)\, d\zeta \|$$

$$\leq L\, |z - a| \textstyle\int_0^1 \| u(a + t(z - a)) - v(a + t(z - a)) \|\, e^{-2Lt|z-a|}\, e^{2Lt|z-a|}\, dt$$

$$\leq L \| u - v \|_L\, |z - a| \textstyle\int_0^1 e^{2Lt|z-a|}\, dt \leq L \| u - v \|_L\, \frac{e^{2L|z-a|}}{2L}\,,$$

also $\| Tu - Tv \|_L \leq \frac{1}{2} \| u - v \|_L$. Nach dem Banachschen Fixpunktsatz hat somit T genau einen Fixpunkt in X und die Integralgleichung (16) genau eine Lösung in E. $\diamond$

24.10 Bemerkungen. a) Hängt in der Situation von Satz 24.9 die Funktion $f = f(z, w, \lambda)$ noch holomorph von weiteren komplexen Parametern $\lambda \in \Lambda \subseteq \mathbb{C}^m$ ab, so gilt dies auch für die Lösung $u(z, \lambda)$ von (13). In der Tat läßt sich die Lipschitz-Konstante L aus (15) über kompakten Teilmengen $K \subseteq \Lambda$ gleichmäßig in λ wählen, und die Iteration $u_0(z, \lambda) = \xi$,

$$u_{k+1}(z, \lambda) = \xi + \textstyle\int_{[a,z]} f(\zeta, u_k(\zeta, \lambda))\, d\zeta\,, \quad z \in D\,, \lambda \in K\,, \tag{18}$$

konvergiert dann gleichmäßig auf $D \times K$.
b) In der Situation von Satz 24.9 hängt die Lösung $u(z, a, \xi)$ von (13) holomorph von den Anfangswerten a und ξ ab. In der Tat wird (13) durch

$$v(z) := -\xi + u(a + z) \tag{19}$$

in das Anfangswertproblem

$$\tfrac{dv}{dz} := f(a + z, v + \xi)\,, \quad v(0) = 0 \tag{20}$$

mit festen Anfangsdaten und Parametern a, ξ transformiert.
c) Die Lösung von (13) kann also in eine Potenzreihe um a entwickelt werden, die durch einen entsprechenden *Ansatz* im Prinzip berechnet werden kann. Dies gilt dann auch für Anfangswertprobleme mit *reell-analytischen* Daten (vgl. Satz II. 28.13). $\square$

24.11 Bemerkung. a) Die Aussage von Bemerkung 24.10 a) gilt auch in der Situation des (reellen) Satzes von Picard-Lindelöf II. 35.5. Speziell hat man die folgende Aussage für *lineare Systeme*, die im Beweis von Satz 38.3 verwendet wird:

b) Es seien $J \subseteq \mathbb{R}$ ein kompaktes Intervall, $A \in C(J \times \Lambda, \mathsf{M}_n(\mathbb{C}))$ und $b \in C(J \times \Lambda, \mathbb{C}^n)$, so daß für feste $t \in J$ die Funktionen A_t und b_t holomorph in $\lambda \in \Lambda \subseteq \mathbb{C}^m$ sind. Für $a \in J$ und $\xi \in \mathbb{C}^n$ besitzt das Anfangswertproblem

$$\dot{x} = A(t,\lambda)\, x + b(t,\lambda), \quad x(a) = \xi, \tag{21}$$

eine eindeutig bestimmte Lösung $x \in C(J \times \Lambda, \mathbb{C}^n)$; für feste $t \in J$ sind die Funktionen x_t holomorph auf Λ. $\square$

Aufgaben

24.1 Man beweise die Holomorphie der Funktion g aus (12).

24.2 a) Man formuliere den Satz über implizite Funktionen für holomorphe Gleichungen $f_{k+1}(z) = \ldots = f_n(z) = 0$.
b) Im Fall $\partial_{z_j} f_i(w) = \delta_{ij}$ für $i,j = k+1, \ldots, n$ beweise man diesen durch Induktion über $n - k$. Anschließend behandle man den allgemeinen Fall mittels einer geeigneten Koordinatentransformation aus $GL_{\mathbb{C}}(n)$.
c) Man formuliere und beweise den Satz über inverse Funktionen für holomorphe Abbildungen.

24.3 Für die Lösung $x(t) = \sum\limits_{k=0}^{\infty} a_k\, t^k$ des Anfangswertproblems
$$\dot{x} = t^2 + x^2, \quad x(0) = 1,$$

für eine *Ricatti-Differentialgleichung* zeige man

$$x(t) = 1 + t + t^2 + \tfrac{4}{3} t^3 + \tfrac{7}{6} t^4 + \cdots$$

sowie $a_k \geq 1$ für alle $k \in \mathbb{N}_0$. Man schließe, daß die Lösung für $t \geq 0$ höchstens auf $[0,1)$ existieren kann.

25 Harmonische Funktionen

In diesem Abschnitt werden *harmonische Funktionen* auf offenen Mengen des $\mathbb{R}^n$ untersucht, d. h. Lösungen der partiellen Differentialgleichung $\Delta f = 0$. Dabei ergeben sich einige ähnliche Resultate wie für holomorphe Funktionen von einer Veränderlichen, aber natürlich auch wesentliche

Unterschiede. Grundlegend sind die *Integralformel* (4) und die *Lösung* des *Dirichlet-Problems* für die *Kugel* in Theorem 25.16; beides beruht auf den Greenschen Integralformeln 20.11 und somit auf dem *Gaußschen Integralsatz*. Der vorliegende Abschnitt kann dementsprechend im wesentlichen bereits im Anschluß an Abschnitt 20 gelesen werden.

25.1 Definition. *Es sei* $D \subseteq \mathbb{R}^n$ *offen. Eine Funktion* $u \in \mathcal{C}^2(D, \mathbb{K})$ *heißt* harmonisch, *wenn* $\Delta u = 0$ *gilt. Mit* $\mathcal{H}(D, \mathbb{K})$ *wird der Raum aller* $\mathbb{K}$-*wertigen harmonischen Funktionen auf* D *bezeichnet.*

25.2 Beispiele und Bemerkungen. a) Im Gegensatz zum holomorphen Fall ist $\mathcal{H}(D, \mathbb{K})$ *keine Funktionenalgebra;* dagegen sind mit u auch $\mathrm{Re}\, u$ und $\mathrm{Im}\, u$ harmonisch. Im Fall $n = 2$ gilt $\Delta f = 4 \partial_z \partial_{\bar{z}} f$ für $f \in \mathcal{C}^2(D, \mathbb{C})$, und daher ist $\mathcal{O}(D) \subseteq \mathcal{H}(D, \mathbb{C})$.
b) Die Monome z^n sind holomorph auf $\mathbb{C}$, also auch harmonisch auf $\mathbb{R}^2$. Ihre Real- und Imaginärteile liefern *reelle harmonische Polynome auf* $\mathbb{R}^2$.
c) Für $\alpha \in \mathbb{R}$ ist $e^{\alpha z} = e^{\alpha x + i\alpha y} = e^{\alpha x}(\cos \alpha y + i \sin \alpha y)$ holomorph, und die Funktionen $e^{\alpha x} \cos \alpha y$ und $e^{\alpha x} \sin \alpha y$ sind harmonisch auf $\mathbb{R}^2$.   □

Die folgende teilweise „Umkehrung" von Bemerkung 25.2 a) wurde bereits in Band 2 bewiesen (vgl. die Sätze II. 28.3 und II. 30.9):

25.3 Satz. *Es sei* $G \subseteq \mathbb{C}$ *ein einfach zusammenhängendes Gebiet. Zu* $u \in \mathcal{H}(G, \mathbb{R})$ *gibt es* $f \in \mathcal{O}(G)$ *mit* $u = \mathrm{Re}\, f$.

BEWEIS. Durch $w = (w_1, w_2)^\top := (-\partial_y u, \partial_x u)^\top$ wird ein reelles Vektorfeld $w \in \mathcal{C}^1(G, \mathbb{R}^2)$ definiert. Wegen $\partial_x w_2 - \partial_y w_1 = \partial_x^2 u + \partial_y^2 u = 0$ ist w wirbelfrei. Nach Folgerung 16.11 gibt es $g \in \mathcal{C}^2(G, \mathbb{R})$ mit $\mathrm{grad}\, g = w$, und für $f := u + ig$ gilt dann $2\partial_{\bar{z}} f = \partial_x f + i\partial_y f = \partial_x u - \partial_y g + i(\partial_x g + \partial_y u) = 0$. ◇

25.4 Folgerung. *Für offene Mengen* $D \subseteq \mathbb{R}^2$ *besteht* $\mathcal{H}(D) \subseteq \mathcal{C}^\infty(D)$ *aus reell-analytischen Funktionen.*

BEWEIS. Zu $u \in \mathcal{H}(D, \mathbb{R})$ und $z \in D$ gibt es $\delta > 0$ mit $K := K_\delta(z) \subseteq D$ und $f \in \mathcal{O}(K)$ mit $u = \mathrm{Re}\, f$ auf K. Nach Theorem 22.14 ist u reell-analytisch und insbesondere $\mathcal{C}^\infty$ auf K, und dies gilt dann auch auf D. ◇

Es wird nun eine Integralformel (4) für harmonische Funktionen von $n \geq 2$ Veränderlichen hergeleitet, aus der sich u. a. die Aussage von Folgerung 25.4 auch für den Fall $n \geq 3$ ergibt. Mit $\tau_n = \mu_{n-1}(S^{n-1})$ (vgl. (19.29)) wird die auf $\mathbb{R}^n \backslash \{0\}$ harmonische (und dort reell-analytische) Funktion

$$E(x) := \begin{cases} -\frac{1}{(n-2)\tau_n} \frac{1}{|x|^{n-2}} &, \quad n \geq 3 \\ \frac{1}{2\pi} \log |x| &, \quad n = 2 \end{cases} \tag{1}$$

als *Fundamentallösung* des Laplace-Operators Δ bezeichnet (vgl. Beispiel 40.2 c)); diese besitzt eine *Singularität* im Nullpunkt. Nach Beispiel II. 18.15 sind *alle rotationssymmetrischen* harmonischen Funktionen auf $\mathbb{R}^n \backslash \{0\}$ gegeben durch $c_1 E + c_2$, $c_1, c_2 \in \mathbb{R}$. Offenbar gilt für $n \geq 2$

$$\operatorname{grad} E(x) = \frac{1}{\tau_n} \frac{x}{|x|^n}, \quad x \in \mathbb{R}^n \backslash \{0\}. \tag{2}$$

Für $x \in \mathbb{R}^n$ heißt die Funktion

$$E_x : y \mapsto E(y - x) \tag{3}$$

das *Newton-Potential* mit Singularität $x \in \mathbb{R}^n$.

25.5 Satz. *Es sei* $G \in \mathfrak{P}^1(\mathbb{R}^n)$ *ein* C^1*-Polyeder mit* $\mu_{n-1}(\partial_r G) < \infty$. *Für eine in* G *harmonische Funktion* $u \in \overline{C}^1(G, \mathbb{R})$ *gilt dann*

$$\int_{\partial G} (u \, \partial_n E_x - E_x \, \partial_n u)(y) \, d\sigma_{n-1}(y) = \begin{cases} u(x) & , \quad x \in G \\ 0 & , \quad x \notin \overline{G} \end{cases}. \tag{4}$$

BEWEIS. a) Für $x \notin \overline{G}$ ist E_x auf einer Umgebung von $\overline{G}$ harmonisch, und die Greensche Integralformel (20.25) liefert (vgl. Bemerkung 20.12)

$$\int_{\partial G}(u \, \partial_n E_x - E_x \, \partial_n u) \, d\sigma_{n-1} = \int_G (u \, \Delta E_x - E_x \, \Delta u) \, d^n y = 0. \tag{5}$$

b) Für $x \in G$ wählt man wie im Beweis der Cauchyschen Integralformel 22.11 ein $r > 0$ mit $\overline{K}_r(x) \subseteq G$ und wendet gemäß Beweisteil a) Formel (4) auf $x \notin G_x := G \backslash \overline{K}_r(x)$ an; dann folgt

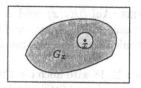

$\int_{\partial G}(u \, \partial_n E_x - E_x \, \partial_n u) \, d\sigma_{n-1} =$
$\int_{\partial K_r(x)}(u \, \partial_n E_x - E_x \, \partial_n u) \, d\sigma_{n-1}$ (6)

Abb. 25a

(vgl. Abb. 25a). Für $y \in \partial K_r(x)$ ist der äußere Normalenvektor gegeben durch $\mathfrak{n}(y) = \frac{y-x}{r}$, und aus (2) ergibt sich

$$\partial_n E_x(y) = \langle \operatorname{grad} E_x(y), \mathfrak{n}(y) \rangle = \frac{1}{\tau_n r^{n-1}}, \quad \text{also} \tag{7}$$

$$\lim_{r \to 0} \int_{\partial K_r(x)} u \, \partial_n E_x \, d\sigma_{n-1} = \lim_{r \to 0} \frac{1}{\mu_{n-1}(\partial K_r(x))} \int_{\partial K_r(x)} u \, d\sigma_{n-1} = u(x) \tag{8}$$

aufgrund der Stetigkeit von u. Mit $C_r := \| \operatorname{grad} u \|_{\overline{K}_r(x)}$ gilt weiter

$$\left| \int_{\partial K_r(x)} E_x \, \partial_n u \, d\sigma_{n-1} \right| \leq \frac{C_r \, \mu_{n-1}(\partial K_r(x))}{(n-2) \tau_n r^{n-2}} = \frac{C_r \, r}{n-2}, \quad n \geq 3,$$

$$\leq \frac{C_r \, \mu_1(\partial K_r(x)) \log r}{2\pi} = C_r \, r \log r, \quad n = 2,$$

und somit $\int_{\partial K_r(x)} E_x \, \partial_n u \, d\sigma_{n-1} \to 0$ für $r \to 0^+$. Die Behauptung ergibt sich somit aus (6) und (8). $\diamond$

25.6 Folgerung. *Für offene Mengen $D \subseteq \mathbb{R}^n$ besteht $\mathcal{H}(D) \subseteq \mathcal{C}^\infty(D)$ aus reell-analytischen Funktionen.*

BEWEIS. Zu $a \in D$ wählt man $r > 0$ mit $\overline{K}_{3r}(a) \subseteq D$. Die Funktionen $E(x - y)$ und $\partial_n^y E(x - y)$ sind für $y \in \mathbb{R}^n \backslash \overline{K}_r(a)$ reell-analytisch in $x \in K_r(a)$, und nach (4) für $D = K_{2r}(a)$ ist auch $u \in \mathcal{H}(D)$ auf $K_r(a)$ reell-analytisch. $\diamond$

25.7 Lemma. *Es sei $G \in \mathfrak{P}^1(\mathbb{R}^n)$ ein C^1-Polyeder mit $\mu_{n-1}(\partial_r G) < \infty$. Für eine in G harmonische Funktion $u \in \overline{C}^1(G, \mathbb{R})$ gilt dann*

$$\int_{\partial G} \partial_n u(y) \, d\sigma_{n-1}(y) = 0. \tag{9}$$

BEWEIS. Dies folgt sofort aus (5) mit 1 an Stelle von E_x. $\diamond$

25.8 Satz. *Es sei $D \subseteq \mathbb{R}^n$ offen. Eine harmonische Funktion $u \in \mathcal{H}(D)$ besitzt die folgende Mittelwerteigenschaft: Für $\overline{K}_r(x) \subseteq D$ gilt*

$$u(x) = \frac{1}{\tau_n \, r^{n-1}} \int_{\partial K_r(x)} u(y) \, d\sigma_{n-1}(y) = \frac{1}{\tau_n} \int_{S^{n-1}} u(x + r\eta) \, d\sigma_{n-1}(\eta). \tag{10}$$

BEWEIS. Auf $\partial K_r(x)$ sind E_x und $\partial_n E_x$ konstant. Daher folgt die erste Gleichung in (10) sofort aus (4), (7) und (9); die zweite ergibt sich mittels der konformen Variablentransformation $y = x + r\eta$ (vgl. Aufgabe 19.8). $\diamond$

In Satz 25.18 wird auch die *Umkehrung* von Satz 25.8 gezeigt. Eine wichtige Konsequenz der Mittelwerteigenschaft ist:

25.9 Satz (Maximum-Prinzip). *Es seien $G \subseteq \mathbb{R}^n$ ein Gebiet und $u \in \mathcal{H}(G)$ eine harmonische Funktion. Gibt es $a \in G$ mit*

$$u(a) = M := \max\{u(x) \mid x \in G\},$$

so ist u konstant.

BEWEIS. Die Menge $A := \{x \in G \mid u(x) = M\}$ ist nicht leer und abgeschlossen in G. Für $x \in A$ und $\overline{K}_r(x) \subseteq G$ gilt aufgrund der Mittelwerteigenschaft (10)

$$\int_{\partial K_\rho(x)} (M - u(y)) \, d\sigma_{n-1}(y) = 0$$

für $0 < \rho \leq r$, und wegen $M - u \geq 0$ und der Stetigkeit dieser Funktion muß $M - u = 0$ auf $\overline{K}_r(x)$ gelten. Somit ist A auch *offen* in G, und man hat $A = G$. $\diamond$

25.10 Folgerung. *Es seien* $G \subseteq \mathbb{R}^n$ *ein beschränktes Gebiet und* $u \in C(\overline{G})$ *in* G *harmonisch. Dann nimmt die Funktion* u *ihr Maximum und ihr Minimum auf dem Rand* ∂G *an.*

BEWEIS. Nach Folgerung II.6.11 besitzt u ein Maximum und ein Minimum auf $\overline{G}$. Die Behauptung folgt daher durch Anwendung von Satz 25.9 auf u und $-u$. ◇

Ein wichtiges Thema dieses Abschnitts, das auch in Abschnitt 43 weiter untersucht wird, ist das

25.11 Dirichlet-Problem. Es seien $D \subseteq \mathbb{R}^n$ ein beschränktes Gebiet und $g \in C(\partial D)$ gegeben. Existiert dann eine Fortsetzung $h \in C(\overline{D})$ von g, die in D harmonisch ist?

Aufgrund von Folgerung 25.10 hat das Dirichlet-Problem *höchstens eine* Lösung. Für Euklidische *Kugeln* gelingt die Lösung mittels Theorem 25.16 unten. Dies erfordert einige Vorbereitungen:

25.12 Bemerkungen und Definitionen. a) Es sei $D \in \mathfrak{P}^1(\mathbb{R}^n)$ ein C^1-Polyeder mit $\mu_{n-1}(\partial_r D) < \infty$. Die Integralformel (4) bleibt für $x \in D$ gültig, wenn das Newton-Potential $E_x : y \mapsto E(y - x)$ durch eine Funktion $G_x : y \mapsto E_x(y) - F_x(y)$ ersetzt wird, für die $F_x \in \overline{C}^1(D)$ auf D harmonisch ist; in der Tat gilt dann (5) für F_x, $x \in \overline{D}$. Gilt nun $G_x(y) = 0$ für $y \in \partial D$, so folgt aus (4) die Integralformel

$$u(x) = \int_{\partial D} u(y)\, \partial_n G_x(y)\, d\sigma_{n-1}(y), \quad x \in D. \tag{11}$$

b) Existiert eine solche Funktion $F_x \in \overline{C}^1(D)$ für alle $x \in D$, so heißt

$$G : (D \times \overline{D}) \backslash \{(x,x) \mid x \in D\} \mapsto \mathbb{R}, \quad G(x,y) = E_x(y) - F_x(y), \tag{12}$$

eine *Greensche Funktion* für D. □

25.13 Satz. *Eine Greensche Funktion für die Euklidische Einheitskugel* $K := K_1(0)$ *des* $\mathbb{R}^n$ *ist gegeben durch*

$$G(x,y) = E(x - y) - E(\tfrac{x}{|x|} - |x|\,y) \quad \text{für } x \in K \backslash \{0\} \tag{13}$$

und $G(0,y) = E(y) - E(\eta_0)$, $\eta_0 \in S^{n-1}$ *fest. Auf der Menge*

$$M := \{(x,y) \in \mathbb{R}^n \times \mathbb{R}^n \mid y \neq x \text{ und } y \neq \tfrac{x}{|x|^2}\}$$

ist G *in* x *und in* y *harmonisch, und man hat* $G(x,y) = G(y,x)$.

BEWEIS. Für $x \in \mathbb{R}^n$ ist $G(x,y)$ auf $\mathbb{R}^n \backslash \{x, \frac{x}{|x|^2}\}$ harmonisch in y; aus

$$\left| \frac{x}{|x|} - |x|\, y \right|^2 = 1 - 2\langle x, y \rangle + |x|^2 |y|^2 = \left| \frac{y}{|y|} - |y|\, x \right|^2 \qquad (14)$$

für $x, y \in \mathbb{R}^n \backslash \{0\}$ folgt $G(x,y) = G(y,x)$ auf M. Daher ist $G(x,y)$ auf $\mathbb{R}^n \backslash \{y, \frac{y}{|y|^2}\}$ auch harmonisch in x, und man hat $G(x,y) = 0$ für $|y| = 1$ und $x \neq y$. $\qquad\qquad\diamond$

Zur Auswertung von (11) für $D = K$ berechnet man:

25.14 Lemma. *Für* $x \in K_1(0)$ *und* $\eta \in S^{n-1}$ *gilt*

$$\partial_n G_x(\eta) = \frac{1 - |x|^2}{\tau_n |\eta - x|^n}. \qquad (15)$$

BEWEIS. Nach (2) gilt $\operatorname{grad} E_x = \frac{1}{\tau_n} \frac{\eta - x}{|\eta - x|^n}$. Mit (14) folgt

$$\operatorname{grad} F_x(\eta) = \frac{1}{\tau_n} \frac{|x|\,\eta - \frac{x}{|x|}}{|\,|x|\,\eta - \frac{x}{|x|}\,|^n}\,|x| = \frac{1}{\tau_n} \frac{|x|^2 \eta - x}{|\eta - x|^n},$$

und wegen $\mathfrak{n}(\eta) = \eta$ ergibt sich daraus die Behauptung

$$\begin{aligned}
\partial_n G_x(\eta) &= \langle \operatorname{grad} G_x(\eta), \mathfrak{n}(\eta) \rangle \\
&= \tfrac{1}{\tau_n |\eta - x|^n} \left(\langle \eta - x, \eta \rangle - \langle |x|^2 \eta - x, \eta \rangle \right) \\
&= \tfrac{1}{\tau_n |\eta - x|^n} (1 - |x|^2).
\end{aligned}$$
$\qquad\qquad\diamond$

25.15 Definition und Bemerkungen. a) Die Funktion

$$P : K_1(0) \times S^{n-1} \mapsto \mathbb{R}, \quad P(x,\eta) := \partial_n G_x(\eta) = \frac{1 - |x|^2}{\tau_n |\eta - x|^n}, \qquad (16)$$

heißt *Poisson-Kern* für die Einheitskugel. Für $0 < r < 1$ ist die Greensche Funktion auf $K_r(0) \times \{y \in \mathbb{R}^n \mid r < |y| < \frac{1}{r}\}$ definiert, und dort gilt

$$\Delta^x \partial_n^y G(x,y) = \partial_n^y \Delta^x G(x,y) = 0.$$

Insbesondere ist $x \mapsto P(x,\eta)$ für alle $\eta \in S^{n-1}$ *harmonisch*.
b) Man hat $P \geq 0$, und aus (16) und (11) mit $u = 1$ folgt

$$\int_{S^{n-1}} P(x,\eta)\, d\sigma_{n-1}(\eta) = 1 \quad \text{für} \quad |x| < 1. \qquad (17)$$

Für alle $\delta > 0$ gilt nach (16)

$$\lim_{r \to 1} \sup \{P(r\xi,\eta) \mid \xi, \eta \in S^{n-1} \text{ und } |\xi - \eta| \geq \delta\} = 0. \qquad (18)$$

Ähnlich wie in Satz 10.11 ergibt sich daher (vgl. auch Beispiel 33.6 b) und die Sätze 33.7 und 33.9): $\qquad\qquad\square$

25.16 Theorem. *Eine stetige Funktion $g \in C(S^{n-1})$ wird durch das* Poisson-Integral

$$Pg(x) := \begin{cases} \int_{S^{n-1}} P(x,\eta)\, g(\eta)\, d\sigma_{n-1}(\eta) & , \quad |x| < 1 \\ g(x) & , \quad |x| = 1 \end{cases} \tag{19}$$

zu einer auf der abgeschlossenen Einheitskugel $\overline{K}_1(0)$ stetigen Funktion $Pg \in C(\overline{K}_1(0))$ fortgesetzt, die auf $K_1(0)$ harmonisch ist.

BEWEIS. a) Da die Funktionen $x \mapsto P(x,\eta)$ auf $K_1(0)$ harmonisch sind (vgl. Bemerkung 25.15), gilt dies nach Satz 5.14 auch für Pg.
b) Zu $\xi \in S^{n-1}$ und $\varepsilon > 0$ gibt es $\delta > 0$ mit $|g(\xi) - g(\eta)| \le \varepsilon$ für $\eta \in S^{n-1}$ mit $|\xi - \eta| \le 2\delta$. Für $\xi' \in S^{n-1}$ mit $|\xi - \xi'| \le \delta$ und $0 \le r < 1$ folgt wegen (17) (vgl. Abb. 25b $\mapsto$)

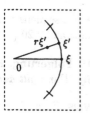

$$|g(\xi) - Pg(r\xi')| = |\int_{S^{n-1}} P(r\xi',\eta)\, (g(\xi) - g(\eta))\, d\sigma_{n-1}(\eta)| =: I_1 + I_2$$

mit

$$I_1 = |\int_{|\xi-\eta| \le 2\delta} P(r\xi',\eta)\, (g(\xi) - g(\eta))\, d\sigma_{n-1}(\eta)| \le \varepsilon .$$

Für $|\xi - \eta| \ge 2\delta$ gilt auch $|\xi' - \eta| \ge \delta$, und aufgrund von (18) gibt es $0 \le \rho < 1$ mit

$$\begin{aligned} I_2 &= |\int_{|\xi-\eta| \ge 2\delta} P(r\xi',\eta)\, (g(\xi) - g(\eta))\, d\sigma_{n-1}(\eta)| \\ &\le 2\|g\|_{\sup} \sup_{|\xi'-\eta| \ge \delta} P(r\xi',\eta) \le \varepsilon \end{aligned}$$

für $\rho \le r < 1$. Folglich gilt $|g(\xi) - Pg(r\xi')| \le 2\varepsilon$ für $|\xi - \xi'| \le \delta$ und $\rho \le r \le 1$. $\diamond$

25.17 Bemerkungen. a) Theorem 25.16 liefert die Lösung des *Dirichlet-Problems* für die Einheitskugel. Für beliebige Kugeln $K_R(a)$ ergibt sich diese daraus für $z = a + Rx \in K_R(a)$ mittels $y = a + R\eta$ zu

$$Pg(z) = \int_{S^{n-1}} \frac{1 - |x|^2}{\tau_n\, |\eta - x|^n}\, g(a + R\eta)\, d\sigma_{n-1}(\eta) \tag{20}$$

$$= \frac{1}{\tau_n R} \int_{\partial K_R(a)} \frac{R^2 - |z - a|^2}{|z - y|^n}\, g(y)\, d\sigma_{n-1}(y) . \tag{21}$$

b) Ist $g \in C(\overline{K}_R(a))$ in $K_R(a)$ harmonisch, so lösen g und Pg das Dirichlet-Problem mit den Randwerten $g|_{\partial K_R(a)}$, so daß $g = Pg$ folgt. Durch (20) und (21) ist also eine *Integralformel* für g, die *Poissonsche Integralformel* gegeben. $\square$

25.18 Satz. *Es sei* $D \subseteq \mathbb{R}^n$ *offen. Eine stetige Funktion* $u \in \mathcal{C}(D)$ *besitze die* Mittelwerteigenschaft *(10). Dann ist* u *harmonisch in* D.

BEWEIS. Es seien $\overline{K}_R(a) \subseteq D$ und $v \in \mathcal{H}(K_R(a))$ das Poisson-Integral (21) von $u|_{\partial K_R(a)}$. Die Funktion $u - v$ besitzt dann die Mittelwerteigenschaft in $K_R(a)$, so daß für diese das Maximum-Prinzip 25.9 gilt. Folgerung 25.10 impliziert dann $u - v = 0$ auf $K_R(a)$, so daß u dort harmonisch ist. $\diamond$

Eine Konsequenz von Satz 25.18 ist das folgende Analogon zum Satz von Weierstraß 22.20 (vgl. auch Aufgabe 39.6):

25.19 Folgerung. *Für eine Folge* (u_n) *in* $\mathcal{H}(D)$ *gelte* $f_n \to f$ *lokal gleichmäßig. Dann gilt auch* $u \in \mathcal{H}(D)$.

BEWEIS. Es ist f stetig, und die Mittelwerteigenschaft (10) vererbt sich von den u_n auf die Grenzfunktion u. $\diamond$

Aufgaben

25.1 Man zeige, daß für $y \in \mathbb{R}^n$ die Funktion $x \mapsto \frac{|y|^2 - |x|^2}{|y-x|^n}$ auf $\mathbb{R}^n \setminus \{y\}$ harmonisch ist.

25.2 Man führe den Beweis von Folgerung 25.6 detailliert durch.

25.3 Es seien $D \subseteq \mathbb{R}^n$ offen und $u \in \mathcal{C}(D)$. Man zeige die Äquivalenz der folgenden Aussagen:

(a) $u \in \mathcal{H}(D)$.
(b) u besitzt die *Mittelwerteigenschaft* (10).
(c) u besitzt die folgende *Mittelwerteigenschaft:* Für $\overline{K}_r(x) \subseteq D$ gilt

$$u(x) = \frac{1}{\omega_n r^n} \int_{K_r(x)} u(y) \, d^n y. \tag{22}$$

25.4 Man führe die folgende Beweisskizze für Satz 25.18 detailliert durch:
a) Mit rotationssymmetrischen Glättungsfunktionen ρ_ε wie in (10.18) gilt lokal $\rho_\varepsilon * u = c \cdot u$ und somit $u \in \mathcal{C}^\infty(D)$.
b) Mit der Greenschen Integralformel (20.25) folgt $\int_{K_r(a)} \Delta u(x) \, d^n x = 0$ für $\overline{K}_r(a) \subseteq D$.

25.5 Im Fall $n = 2$ folgere man die Mittelwerteigenschaft (10) harmonischer Funktionen aus der Cauchyschen Integralformel.

25.6 a) Im Fall $n = 2$ zeige man für den Poisson-Kern von $D = K_1(0)$

$$P(re^{i\varphi}, e^{it}) = \frac{1}{2\pi} \frac{1-r^2}{1+r^2-2r\cos(\varphi-t)} = \frac{1}{2\pi} \operatorname{Re}\left(\frac{e^{it}+re^{i\varphi}}{e^{it}-re^{i\varphi}}\right). \tag{23}$$

b) Es sei $u \in \mathcal{C}(\overline{D})$ harmonisch in D. Man zeige $u = \operatorname{Re} f$ mit der auf D holomorphen Funktion

$$f(z) = \frac{1}{2\pi} \int_{-\pi}^{\pi} \frac{e^{it}+z}{e^{it}-z} u(e^{it}) \, dt. \tag{24}$$

25.7 a) Es sei $u \in \mathcal{H}(K_R(0))$ mit $u \geq 0$. Man beweise die *Harnacksche Ungleichung*: Für $x \in K_R(0)$ und $\rho := \frac{|x|}{R}$ gilt

$$\frac{1-\rho}{(1+\rho)^{n-1}} u(0) \leq u(x) \leq \frac{1+\rho}{(1-\rho)^{n-1}} u(0). \tag{25}$$

b) Man folgere den *Satz von Liouville* für harmonische Funktionen:
Ist $u \in \mathcal{H}(\mathbb{R}^n)$ nach oben oder nach unten beschränkt, so ist u konstant.

c) Es seien $D \subseteq \mathbb{R}^n$ ein Gebiet und (u_n) eine punktweise *monoton wachsende* Folge in $\mathcal{H}(D)$, so daß die Folge $(u_n(a))$ für ein $a \in D$ beschränkt ist. Man zeige den *Harnackschen Konvergenzsatz*:
Es existiert $u = \lim\limits_{n\to\infty} u_n$ lokal gleichmäßig auf D, und es ist $u \in \mathcal{H}(D)$.

V. Differentialformen und der Satz von Stokes

In diesem Kapitel wird der Gaußsche Integralsatz zu einem Resultat über *Integrale von Differentialformen* umformuliert und dann auch über C^2-Polyedern in *orientierten* C^2-Mannigfaltigkeiten bewiesen.

Abschnitt 26 erinnert an *Pfaffsche Formen* und *Wegintegrale* und dient als *Motivation* für die folgenden Abschnitte. Der Kalkül der *Differentialformen* wird in Abschnitt 27 entwickelt. Die *Invarianz der Cartan-Ableitung* unter *beliebigen Koordinatentransformationen* ermöglicht ihre *Definition auf Mannigfaltigkeiten* (in Abschnitt 29) und auch eine relativ einfache Berechnung der *Operatoren der Vektoranalysis* in „*krummlinigen Koordinaten*".

Nach einer Diskussion des *Orientierungsbegriffs* in Abschnitt 28 folgt der Beweis des allgemeinen *Integralsatzes von Stokes* in Theorem 29.11, anschließend dann eine klassische Formulierung für Vektorfelder im Raum $\mathbb{R}^3$. In Abschnitt 30 werden *geschlossene* und *exakte* Differentialformen untersucht und gezeigt, daß diese Eigenschaften über *zusammenziehbaren* Mannigfaltigkeiten äquivalent sind. Als Anwendung der entwickelten Theorie wird der *Igelsatz* für stetige Vektorfelder auf Sphären gerader Dimension bewiesen.

Schließlich wird in Abschnitt 31 das Konzept „*Mannigfaltigkeit*" noch einmal *abstrakt*, d. h. ohne Einbettung in einen Raum $\mathbb{R}^n$, kurz diskutiert.

26 Pfaffsche Formen und Wegintegrale

Der Gaußsche Integralsatz

$$\int_{\partial G} \langle v, \mathfrak{n} \rangle (x)\, d\sigma_{n-1}(x) \; = \; \int_G \operatorname{div} v(x)\, d^n x \tag{1}$$

verwandelt gewisse Randintegrale von n-Tupeln $v = (v_1, \ldots, v_n)$ in Gebietsintegrale geeigneter Ableitungen dieser Tupel. Nun müssen diese Tupel nicht unbedingt als *Vektorfelder* interpretiert werden. Die Formulierung

$$\int_{\partial G} \langle v, \mathfrak{t} \rangle\, ds = \int_G (\operatorname{rot} v)_3(x,y)\, d^2(x,y) = \int_G (\partial_1 v_2 - \partial_2 v_1)(x,y)\, d^2(x,y) \tag{2}$$

als Greenscher Integralsatz im $\mathbb{R}^2$ etwa ist nur unter Translationen und *Drehungen* invariant (vgl. Abschnitt II. 29); mittels *Pfaffscher Formen* (vgl. Abschnitt II. 30) gelingt jedoch in (28) eine Formulierung von (2), die unter *beliebigen Koordinatentransformationen* invariant ist und eine weitgehende, dann auch (1) umfassende Erweiterung erlaubt.

26.1 Erinnerungen. a) Es sei $D \subseteq \mathbb{R}^n$ offen. Eine *Pfaffsche Form, Differentialform erster Ordnung* oder *1-Form* auf D ist eine Abbildung $\omega : D \mapsto (\mathbb{R}^n)' = L(\mathbb{R}^n, \mathbb{R})$. Mit $\Omega_k^1(D)$ wird der Raum aller Pfaffschen $\mathcal{C}^k$-Formen auf D bezeichnet.

b) Die Linearformen

$$dx_i : \mathbb{R}^n \ni h \mapsto h_i, \quad i = 1, \ldots, n, \tag{3}$$

bilden die zur Einheitsvektorenbasis des $\mathbb{R}^n$ *duale Basis* des Dualraums $(\mathbb{R}^n)' = L(\mathbb{R}^n, \mathbb{R})$. Für $\omega \in \Omega_k^1(D)$ hat man somit die Darstellung

$$\omega(x) = \sum_{i=1}^n a_i(x)\, dx_i \tag{4}$$

mit den $\mathcal{C}^k$-Funktionen $a_i(x) = \omega(x)(e_i)$. Die (totale) *Ableitung* einer Funktion $f \in \mathcal{C}^1(D, \mathbb{R})$ ist gegeben durch

$$df(x) = \sum_{i=1}^n \partial_i f(x)\, dx_i. \tag{5}$$

c) Es seien $U \subseteq \mathbb{R}^p$ und $D \subseteq \mathbb{R}^n$ offen, $\psi = (\psi_1, \ldots, \psi_n)^\top \in \mathcal{C}^{k+1}(U, \mathbb{R}^n)$ mit $\psi(U) \subseteq D$ und $\omega \in \Omega_k^1(D)$. Durch

$$(\psi^* \omega)(u)(h) := \omega(\psi(u))(D\psi(u)\, h), \quad u \in U, \quad h \in \mathbb{R}^p, \tag{6}$$

wird die durch ψ nach U *transformierte* Pfaffsche Form $\psi^*(\omega) \in \Omega_k^1(U)$ definiert. Für $f \in \mathcal{C}^1(D)$ hat man mit $\psi^* f = f \circ \psi$ aufgrund der Kettenregel die wichtige *Invarianzeigenschaft* (vgl. Satz II. 30.4)

$$\psi^*(df) = d(\psi^* f), \tag{7}$$

speziell also

$$\psi^*(dx_i)(u) = d\psi_i(u), \quad i = 1, \ldots, n. \tag{8}$$

Für Kompositionen von Abbildungen gilt stets (vgl. Aufgabe II. 30.2)

$$(\psi_2 \circ \psi_1)^* = \psi_1^* \circ \psi_2^*. \tag{9}$$

d) Unter Benutzung des Skalarprodukts auf $\mathbb{R}^n$ können mittels

$$(jv)(x)(h) := \langle h, v(x) \rangle \quad \text{für} \quad x \in D \quad \text{und} \quad h \in \mathbb{R}^n \tag{10}$$

Vektorfelder $v \in \mathcal{C}^k(D, \mathbb{R}^n)$ mit Pfaffschen Formen $\omega = j(v) \in \Omega_k^1(D)$ identifiziert werden; dabei gilt

$$j(a_1(x), \ldots, a_n(x))^\top = \sum_{i=1}^n a_i(x)\, dx_i. \tag{11}$$

Diese Identifikation ist *nur unter affinen Isometrien invariant* (vgl. Bemerkung 27.14 b)). Für $g \in \mathcal{C}^1(D)$ hat man

$$\operatorname{grad} g = v \;\Leftrightarrow\; dg = \omega \;\Leftrightarrow\; \partial_i g = a_i \quad \text{für} \quad i = 1, \dots, n . \quad \square \qquad (12)$$

Bemerkung: Für $x \in D$ ist $\omega(x)$ „eigentlich" als Linearform auf dem Raum $T_x(\mathbb{R}^n) \cong \mathbb{R}^n$ aller in x startenden Tangentenvektoren aufzufassen. Dies wird der Einfachheit wegen in den Abschnitten 26 und 27 unterdrückt, ist in den Abschnitten 29–31 aber wesentlich.

Wegintegrale Pfaffscher Formen werden nun so erklärt:

26.2 Definition. *Es seien $D \subseteq \mathbb{R}^n$ offen, $\omega \in \Omega_0^1(D)$ und $\gamma \in \mathcal{C}_{st}^1([a,b], \mathbb{R}^n)$ ein Weg mit $(\gamma) \subseteq D$. Dann setzt man*

$$\int_\gamma \omega := \int_a^b \omega(\gamma(t))\,(\dot{\gamma}(t))\,dt . \qquad (13)$$

26.3 Bemerkungen. a) Für $\eta = g(x)\,dx \in \Omega_0^1(\mathbb{R})$, $a < b \in \mathbb{R}$ und den Weg $\sigma : [a,b] \mapsto \mathbb{R}$, $\sigma(t) := t$, ist $\eta(\sigma(t))(\dot{\sigma}(t)) = \eta(t)(1) = g(t)$ und daher

$$\int_a^b \eta := \int_\sigma \eta = \int_a^b g(t)\,dt \qquad (14)$$

das Integral der Funktion g über $[a,b]$. Statt (13) kann man daher auch

$$\int_\gamma \omega = \int_a^b \gamma^* \omega \qquad (15)$$

schreiben, wobei $\gamma^* \omega$ wie in (6) definiert ist.

b) Nach (13), (10) und (16.4) gilt natürlich stets

$$\int_\gamma \omega = \int_\gamma \langle (j^{-1}\omega)\,(x), dx \rangle . \qquad (16)$$

Man hat also $\int_{\gamma_1} \omega = \int_{\gamma_2} \omega$ für äquivalente $\mathcal{C}_{st}^1$-Wege $\gamma_1 \sim \gamma_2$ sowie $\int_{-\gamma} \omega = -\int_\gamma \omega$, was man auch unabhängig von (16) nachrechnen kann.

c) Es seien $U \subseteq \mathbb{R}^p$ und $D \subseteq \mathbb{R}^n$ offen, $\psi \in \mathcal{C}^1(U, \mathbb{R}^n)$ mit $\psi(U) \subseteq D$, $\omega \in \Omega_0^1(D)$ und $\gamma \in \mathcal{C}_{st}^1([a,b], \mathbb{R}^p)$ ein Weg mit $(\gamma) \subseteq U$. Dann hat man

$$\int_\gamma \psi^* \omega = \int_a^b \gamma^* (\psi^* \omega) = \int_a^b (\psi \circ \gamma)^* \omega = \int_{\psi \circ \gamma} \omega \qquad (17)$$

aufgrund von (15) und (9), also *Invarianz des Wegintegrals unter beliebigen Koordinatentransformationen.* Aus diesem Grund ist Definition (13) für Wegintegrale „natürlicher" als Definition (16.4).

d) Ein konstantes „Kraftfeld" K (vgl. Motivation 16.1) kann nicht direkt gemessen werden, wohl aber die bei Verschiebung eines Massenpunktes um einen Vektor $h \in \mathbb{R}^n$ geleistete Arbeit A. Diese hängt aufgrund des „Parallelogramms der Kräfte" linear von h ab, so daß man K als *Linearform* auf $\mathbb{R}^n$ interpretieren kann und dann $A = K(h)$ erhält. Entsprechend kann man *ortsabhängige* „Kraftfelder" als Pfaffsche Formen auffassen. $\quad \square$

Ähnlich wie in Abschnitt 17 sollen nun Pfaffsche Formen auch über [stück-weise] glatte [geschlossene] Jordankurven Γ integriert werden. Wegen $\int_{-\gamma} \omega = - \int_{\gamma} \omega$ ist dabei eine feste *Orientierung* von Γ zu wählen.

26.4 Definition. *Es seien $D \subseteq \mathbb{R}^n$ offen, $\omega \in \Omega_0^1(D)$ und $\Gamma \subseteq D$ eine ori-entierte stückweise glatte [geschlossene] Jordankurve mit positiv orientierter stückweise glatter Jordan-Parametrisierung $\gamma \in \mathcal{C}_{st}^1([a,b], \mathbb{R}^n)$. Dann sei*

$$\int_{\Gamma} \omega := \int_{\gamma} \omega. \tag{18}$$

Wie in Bemerkung 17.4 b) ergibt sich, daß das Kurvenintegral in (18) wohl-definiert ist. Mit $v = j^{-1}\omega$ und dem positiv orientierten Tangenteneinheits-vektorfeld t auf Γ gilt nach (16) und (17.5) offenbar

$$\int_{\Gamma} \omega = \int_{\gamma} \langle v(x), dx \rangle = \int_{\Gamma} \langle v, t \rangle (x) \, ds. \tag{19}$$

Das Integral in (19) stimmt also mit der linken Seite von (2) überein, wenn Γ durch $\partial G \subseteq \mathbb{R}^2$ ersetzt wird. Nun wird auch die rechte Seite von (2) durch die Pfaffsche Form $\omega = jv$ ausgedrückt:

26.5 Bemerkungen und Definitionen. a) Es seien $D \subseteq \mathbb{R}^n$ offen und $\omega \in \Omega_1^1(D)$. Wie in Definiton II.27.3 wird die (totale) *Ableitung* $\omega'(x) \in L(\mathbb{R}^n, (\mathbb{R}^n)')$ als *Bilinearform*

$$\delta\omega(x) : (k, h) \mapsto \omega'(x)(k)(h), \quad k, h \in \mathbb{R}^n, \tag{20}$$

auf $\mathbb{R}^n$ interpretiert. Wie in Bemerkung II.27.3 c) berechnet man für $\omega(x) = \sum_{i=1}^{n} a_i(x) \, dx_i$, Punkte $x, x + k \in D$ und Vektoren $h \in \mathbb{R}^n$

$$\omega(x+k)(h) - \omega(x)(h) = \sum_{i=1}^{n} (a_i(x+k) - a_i(x)) \, h_i$$

$$= \sum_{i=1}^{n} \Big(\sum_{j=1}^{n} \partial_j a_i(x) \, k_j + o(\| k \|) \Big) h_i, \quad \text{also}$$

$$\omega'(x)(k)(h) = \sum_{i=1}^{n} \sum_{j=1}^{n} \partial_j a_i(x) \, k_j \, h_i \quad \text{und somit}$$

$$\delta\omega(x)(k, h) = \sum_{i=1}^{n} \sum_{j=1}^{n} \partial_j a_i(x) \, k_j \, h_i = \langle h, D\omega(x) \, k \rangle \tag{21}$$

mit der „*Funktionalmatrix*" $D\omega(x) = (\partial_j a_i(x)) \in \mathbb{M}_{\mathbb{R}}(n)$.
b) Nun wird (im Fall $n = 2$) auf der rechten Seite von (2) nicht über $\delta\omega$, sondern über den durch

$$d\omega(x)(k, h) := 2 \, [\delta\omega(x)](k, h) := \delta\omega(x)(k, h) - \delta\omega(x)(h, k) \tag{22}$$

erklärten (doppelten) *antisymmetrischen* oder *alternierenden* Teil $d\omega$ integriert. Dieser ist eine *Differentialform zweiter Ordnung* oder *2-Form* auf D, die *äußere, alternierende* oder *Cartan-Ableitung* von ω (vgl. die Definitionen 27.6 und 27.7). Für $\omega(x) = \sum\limits_{i=1}^{n} a_i(x)\, dx_i$ hat man

$$d\omega(x)(k,h) \;=\; \langle\, h\,,\, A\omega(x)\, k\,\rangle \tag{23}$$

mit der *schiefsymmetrischen* Matrix

$$A\omega(x) \;=\; D\omega(x) - D\omega(x)^{\mathsf{T}} \;=\; (\partial_j a_i(x) - \partial_i a_j(x)) \in A_{\mathbb{R}}(n)\,. \tag{24}$$

In Satz 27.13 wird die *Invarianz* der Cartan-Ableitung unter *beliebigen Transformationen* gezeigt; für die volle totale Ableitung ist dies *nicht* richtig (vgl. Aufgabe II.30.3 b)).

c) Im Fall $n = 2$ gilt also

$$
\begin{aligned}
d\omega(x)(k,h) \;&=\; \left\langle\, \begin{pmatrix} h_1 \\ h_2 \end{pmatrix}\,,\, \begin{pmatrix} (\partial_2 a_1(x) - \partial_1 a_2(x))\, k_2 \\ (\partial_1 a_2(x) - \partial_2 a_1(x))\, k_1 \end{pmatrix} \,\right\rangle \\
&=\; (\partial_1 a_2(x) - \partial_2 a_1(x))\, \det(k,h)\,.
\end{aligned}
$$

Nun ist die Determinante (vgl. Bemerkung 27.2 b))

$$dx_1 \wedge dx_2 \;:=\; \det \tag{25}$$

eine *Basis* des Raumes aller antisymmetrischen Bilinearformen auf $\mathbb{R}^2$. Setzt man noch (vgl. (29.9))

$$\int_G b(x_1,x_2)\, dx_1 \wedge dx_2 \;:=\; \int_G b(x_1,x_2)\, dm_2(x_1,x_2)\,, \tag{26}$$

so hat man

$$d\omega(x) \;=\; d\,(a_1(x)\, dx_1 + a_2(x)\, dx_2) \;=\; (\partial_1 a_2(x) - \partial_2 a_1(x))\, dx_1 \wedge dx_2\,, \tag{27}$$

und der Greensche Integralsatz im $\mathbb{R}^2$ lautet einfach

$$\int_{\partial G} \omega \;=\; \int_G d\omega\,. \qquad\qquad \square \tag{28}$$

26.6 Erinnerungen. Es sei nun wieder D eine offene Menge im $\mathbb{R}^n$. Eine Pfaffsche Form $\omega \in \Omega_1^1(D)$ heißt *geschlossen*, falls $d\omega = 0$ gilt, und $\omega \in \Omega_0^1(D)$ heißt *exakt*, falls es $g \in \mathcal{C}^1(D)$ mit $dg = \omega$ gibt; in diesem Fall heißt g *Stammfunktion* von ω. Nach (23) und (24) ist ω genau dann geschlossen, falls das Vektorfeld $v = j^{-1}\omega$ *wirbelfrei* ist und nach (12) genau dann *exakt*, wenn v ein *Potential* besitzt. Die Ergebnisse von Abschnitt 16 können daher auch so formuliert werden: $\qquad\qquad\square$

26.7 Satz. *Für ein Gebiet $G \subseteq \mathbb{R}^n$ und eine Pfaffsche Form $\omega \in \Omega_0^1(G)$ sind äquivalent:*

(a) ω ist exakt.

(b) Es ist $\int_\gamma \omega = 0$ für jeden geschlossenen C_{st}^1-Weg γ in G.

(c) Es ist $\int_{\gamma_0} \omega = \int_{\gamma_1} \omega$ für C_{st}^1-Wege γ_0, γ_1 in G mit $\gamma_0^{A,E} = \gamma_1^{A,E}$.

Ist dies der Fall, so gilt für jeden C_{st}^1-Weg γ in G

$$\int_\gamma \omega = g(\gamma^E) - g(\gamma^A) \quad \text{für} \quad \omega = dg. \tag{29}$$

26.8 Theorem. *Es seien $G \subseteq \mathbb{R}^n$ ein Gebiet und $\omega \in \Omega_1^1(G)$ geschlossen. Für zwei in G homotope geschlossene C_{st}^1-Wege gilt dann $\int_{\gamma_0} \omega = \int_{\gamma_1} \omega$.*

26.9 Folgerung. *Auf einem einfach zusammenhängenden Gebiet $G \subseteq \mathbb{R}^n$ ist jede geschlossene Pfaffsche Form $\omega \in \Omega_1^1(G)$ exakt.*

Aufgaben

26.1 Es sei $\varphi = \arg(x + iy)$ „das" Argument von $(x,y) \in \mathbb{R}^2$. Man zeige, daß $d\varphi \in \Omega_\infty^1(\mathbb{R}^2 \backslash \{0\})$ eine wohldefinierte Pfaffsche Form ist und berechne $d\varphi$ explizit. Ist $d\varphi$ geschlossen oder sogar exakt?

26.2 a) Es seien $g : (0,\infty) \mapsto \mathbb{R}$ stetig und $r := |x|$. Ist die Pfaffsche Form $\omega(x) := g(r) \sum_{i=1}^n x_i \, dx_i$ auf $\mathbb{R}^n \backslash \{0\}$ exakt?

b) Für Schraubenlinien $\gamma_c : [0, 2\pi] \mapsto \mathbb{R}^3$, $\gamma_c(t) := (\cos t, \sin t, ct)^\top$, und $\alpha \in \mathbb{R}$ berechne man $\int_{\gamma_c} r^{-\alpha} (x dx + y dy + z dz)$.

26.3 a) Man zeige, daß die Pfaffsche Form $\omega(x,y,z) := \frac{x dy - y dx}{x^2 + y^2}$ auf $\mathbb{R}^3 \backslash \{(0,0,z) \mid z \in \mathbb{R}\}$ geschlossen ist.

b) Man berechne die Wegintegrale von ω über die beiden Kreislinien $\kappa_1 : t \mapsto (3 \cos t, 3 \sin t, 0)^\top$ und $\kappa_2 : t \mapsto (0, 3 + \cos t, \sin t)^\top$ und schließe, daß diese in $\mathbb{R}^3 \backslash \{(0,0,z) \mid z \in \mathbb{R}\}$ nicht homotop sind.

26.4 Es seien G_1, $G_2 \subseteq \mathbb{R}^2$ beschränkte offene Mengen mit C^2-glattem Rand, $\overline{G_j} \subseteq U_j$ offen und $\Psi : U_1 \mapsto U_2$ ein C^2-Diffeomorphismus mit $\Psi(G_1) = G_2$, $\Psi(\partial G_1) = \partial G_2$ und $J\Psi > 0$ auf U_1. Für $\phi \in C_c(G_2)$ folgere man die *Transformationsformel* (11.12) aus dem Greenschen Integralsatz.

HINWEIS. Man wähle $P \in C^1(\mathbb{R}^2)$ mit $\frac{\partial P}{\partial x} = \phi$ und transformiere das Kurvenintegral $\int_{\partial G_2} P \, dy$ $\left(= \int_{G_2} \phi(x,y) \, dx \wedge dy \right)$.

27   Differentialformen

Aufgabe: Man berechne die Divergenz in ebenen Polarkoordinaten.

Aufgrund der Überlegungen des letzten Abschnitts sollten bei einer Verallgemeinerung des Gaußschen Integralsatzes *ortsabhängige alternierende Multilinearformen* eine wichtige Rolle spielen. Der Kalkül dieser *Differentialformen* wird in diesem Abschnitt entwickelt. In diesem Kalkül erhält man relativ durchsichtige Formulierungen für Rechnungen mit *Unterdeterminanten* von *Funktionalmatrizen*, zum Beispiel einen einfachen Beweis des für den *Brouwerschen Fixpunktsatz* wichtigen Lemmas 21.1. Die *Invarianz* der *Cartan-Ableitung* unter *beliebigen Koordinatentransformationen* erlaubt auch die Berechnung der *Operatoren der Vektoranalysis* in „*krummlinigen Koordinaten*" und liefert insbesondere einen neuen einfachen Beweis für Theorem 12.8 über die *Transformation des Laplace-Operators*.

Es werden zunächst einige grundlegende Tatsachen über p-Formen auf $\mathbb{R}^n$ kurz[11] vorgestellt:

27.1 Definition. *Es seien E ein endlichdimensionaler Vektorraum über $\mathbb{R}$ und $p \in \mathbb{N}$. Eine Abbildung $\lambda : E^p \mapsto \mathbb{R}$ heißt multilinear und alternierend, Notation: $\lambda \in \Lambda^p(E)$, falls λ in jedem Argument linear ist und stets gilt:*

$$\lambda(\ldots, h_i, \ldots, h_j, \ldots) = -\lambda(\ldots, h_j, \ldots, h_i, \ldots) \quad \text{für} \quad i \neq j. \tag{1}$$

27.2 Beispiele und Bemerkungen. a) Für $p = 1$ sind alle Linearformen auf E alternierend, und man hat $\Lambda^1(E) = E' = L(E, \mathbb{R})$.

b) Für $p = n$ ist die *Determinante* det ein Element von $\Lambda^n(\mathbb{R}^n)$, und $\{\det\}$ ist sogar eine *Basis* von $\Lambda^n(\mathbb{R}^n)$ (vgl. Satz 27.3). Aufgrund der Transformationsformel (vgl. Folgerung 11.8) ist $|\det(h_1, \ldots, h_n)|$ das *Volumen* des von $h_1, \ldots, h_n$ aufgespannten *Parallelotops*

$$Q(h_1, \ldots, h_n) := \{\sum_{i=1}^n t_i h_i \mid 0 \leq t_i \leq 1\} \subseteq \mathbb{R}^n. \tag{2}$$

Entsprechend kann man $\lambda(h_1, \ldots, h_p)$ für $\lambda \in \Lambda^p(\mathbb{R}^n)$ und $h_1, \ldots, h_p \in \mathbb{R}^n$ als *ein orientiertes p-dimensionales Volumen* des von $h_1, \ldots, h_p$ aufgespannten Parallelotops $Q(h_1, \ldots, h_p) \subseteq \mathbb{R}^n$ betrachten (vgl. auch Motivation 19.3); da λ *alternierend* ist, gilt $\lambda(h_1, \ldots, h_p) = 0$ für linear abhängige $h_1, \ldots, h_p \in \mathbb{R}^n$. Insbesondere ist $\Lambda^p(\mathbb{R}^n) = 0$ für $p > n$.

---

[11] Ausführlichere Darstellungen der *multilinearen Algebra* findet man etwa in [39] oder auch in [9], [12], [20] und [22].

c) Für $1 \le p \le n$ und $I = (i_1, \ldots, i_p) \in \{1, \ldots, n\}^p$ wird durch

$$d_I(h_1, \ldots, h_p) := \det \begin{pmatrix} h_{1,i_1} & h_{2,i_1} & \cdots & h_{p,i_1} \\ h_{1,i_2} & h_{2,i_2} & \cdots & h_{p,i_2} \\ \vdots & \vdots & \ddots & \vdots \\ h_{1,i_p} & h_{2,i_p} & \cdots & h_{p,i_p} \end{pmatrix} \tag{3}$$

ein Element $d_I \in \Lambda^p(\mathbb{R}^n)$ definiert. Sind zwei Indizes des Tupels I gleich, so gilt $d_I = 0$. Ist andernfalls $\sigma \in S_p$ eine Permutation der Indizes und $I^\sigma = (i_{\sigma 1}, \ldots, i_{\sigma p})$, so gilt $d_{I^\sigma} = \operatorname{sign} \sigma \, d_I$.   □

Es sei $\mathfrak{J}_p^n$ die Menge aller p-Tupel aus $\{1, \ldots, n\}^p$ mit $i_1 < \ldots < i_p$.

27.3 Satz. *Die Elemente* $\{d_I \mid I \in \mathfrak{J}_p^n\}$ *bilden eine Basis von* $\Lambda^p(\mathbb{R}^n)$.

BEWEIS. Für $\lambda \in \Lambda^p(\mathbb{R}^n)$ und $e_i = (\delta_{ij})_{j=1}^n$ gilt

$$\begin{aligned}
\lambda(h_1, \ldots, h_p) &= \lambda\Big(\sum_{i_1=1}^n h_{1,i_1} e_{i_1}, \ldots, \sum_{i_p=1}^n h_{p,i_p} e_{i_p}\Big) \\
&= \sum_{i_1, \ldots, i_p = 1}^n h_{1,i_1} \cdots h_{p,i_p} \lambda(e_{i_1}, \ldots, e_{i_p}) \\
&= \sum_{i_1 < \ldots < i_p} \sum_{\sigma \in S_p} \operatorname{sign} \sigma \, h_{1,\sigma i_1} \cdots h_{p,\sigma i_p} \lambda(e_{i_1}, \ldots, e_{i_p}) \\
&= \sum_{i_1 < \ldots < i_p} \lambda(e_{i_1}, \ldots, e_{i_p}) \, d_{(i_1, \ldots, i_p)}(h_1, \ldots, h_p), \quad \text{also}
\end{aligned}$$

$$\lambda = \sum_{I \in \mathfrak{J}_p^n} a_I \, d_I := \sum_{i_1 < \ldots < i_p} a_{i_1, \ldots, i_p} \, d_{(i_1, \ldots, i_p)} \tag{4}$$

mit den Koeffizienten

$$a_I := a_{i_1, \ldots, i_p} = \lambda(e_{i_1}, \ldots, e_{i_p}). \tag{5}$$

27.4 Definition. *Für p-Formen* $\lambda_1 = \sum\limits_{I \in \mathfrak{J}_p^n} a_I \, d_I \in \Lambda^p(\mathbb{R}^n)$ *und q-Formen*
$\lambda_2 = \sum\limits_{J \in \mathfrak{J}_q^n} b_J \, d_J \in \Lambda^q(\mathbb{R}^n)$ *definiert man*

$$\lambda_1 \wedge \lambda_2 := \sum_{I,J} a_I \, b_J \, d_{(i_1, \ldots, i_p, j_1, \ldots, j_q)} \in \Lambda^{p+q}(\mathbb{R}^n). \tag{6}$$

Das Dachprodukt „$\wedge$" ist assoziativ und distributiv. Offenbar gilt

$$d_I = d_{i_1} \wedge d_{i_2} \wedge \ldots \wedge d_{i_p}, \quad I = (i_1, \ldots, i_p) \in \mathfrak{J}_p^n. \tag{7}$$

Nach (6) hat man $d_I \wedge d_J = (-1)^{pq} d_J \wedge d_I$ und daher

$$\lambda_1 \wedge \lambda_2 = (-1)^{pq} \lambda_2 \wedge \lambda_1, \quad \lambda_1 \in \Lambda^p(\mathbb{R}^n), \quad \lambda_2 \in \Lambda^q(\mathbb{R}^n). \tag{8}$$

27.5 Beispiel. Man berechnet durch Entwicklung nach der ersten Zeile

$$
\begin{aligned}
d_{i_1} \wedge d_{i_2} \wedge \ldots \wedge d_{i_p} (h_1, \ldots, h_p) \; &= \; \det \begin{pmatrix} h_{1,i_1} & h_{2,i_1} & \cdots & h_{p,i_1} \\ h_{1,i_2} & h_{2,i_2} & \cdots & h_{p,i_2} \\ \vdots & \vdots & \ddots & \vdots \\ h_{1,i_p} & h_{2,i_p} & \cdots & h_{p,i_p} \end{pmatrix} \\[2mm]
&= \; \sum_{j=1}^{p} (-1)^{j-1} h_{j,i_1} \; \det \begin{pmatrix} h_{1,i_2} & h_{2,i_2} & \cdots | \cdots & h_{p,i_2} \\ \vdots & \vdots & \ddots & \vdots \\ h_{1,i_p} & h_{2,i_p} & \cdots | \cdots & h_{p,i_p} \end{pmatrix} \\[2mm]
&= \; \sum_{j=1}^{p} (-1)^{j-1} h_{j,i_1} \; d_{i_2} \wedge \ldots \wedge d_{i_p} (h_1, \ldots, \widehat{h_j}, \ldots, h_p) \\[2mm]
&= \; \sum_{j=1}^{p} (-1)^{j-1} d_{i_1}(h_j)\, d_{i_2} \wedge \ldots \wedge d_{i_p}(h_1, \ldots, \widehat{h_j}, \ldots, h_p),
\end{aligned}
$$

und daraus ergibt sich für $\lambda_1 \in \Lambda^1(\mathbb{R}^n)$ und $\lambda_2 \in \Lambda^{p-1}(\mathbb{R}^n)$ sofort

$$
\lambda_1 \wedge \lambda_2(h_1, \ldots, h_p) \; = \; \sum_{j=1}^{p} (-1)^{j-1} \lambda_1(h_j)\, \lambda_2(h_1, \ldots, \widehat{h_j}, \ldots, h_p). \quad \Box \quad (9)
$$

Nun wird der *Kalkül der Differentialformen* entwickelt:

27.6 Definition. *Es sei $D \subseteq \mathbb{R}^n$ offen. Eine* Differentialform *der Ordnung $p \in \{1, \ldots, n\}$ oder p-Form auf D ist eine Abbildung $\omega : D \mapsto \Lambda^p(\mathbb{R}^n)$. Mit $\Omega_k^p(D)$ wird der Raum aller C^k-Differentialformen der Ordnung p auf D bezeichnet.*

Weiter wird noch $\Omega_k^0(D) := C^k(D)$ gesetzt. Wegen $dx_i(x) = d_i$ für alle $x \in D$, (4) und (5) hat man für $\omega \in \Omega_k^p(D)$ die Darstellung

$$
\omega(x) \; = \; \sum_{i_1 < \ldots < i_p} a_{i_1, \ldots, i_p}(x)\, dx_{i_1} \wedge \cdots \wedge dx_{i_p} \; =: \; \sum_{I \in \mathcal{J}_p^n} a_I(x)\, dx_I \quad (10)
$$

mit den Koeffizienten $a_{i_1, \ldots, i_p}(x) = \omega(x)(e_{i_1}, \ldots, e_{i_p}) \in C^k(D)$.

Ähnlich wie in Bemerkung 26.5 b) läßt sich die *Cartan-Ableitung* einer p-Form (bis auf einen Faktor) als *alternierender Teil* der totalen Ableitung erklären; dies läßt sich unter Verwendung des Dachprodukts so formulieren (vgl. Aufgabe 27.6):

27.7 Definition. *Für* $\omega(x) = \sum\limits_{I \in \mathcal{J}_p^n} a_I(x)\,dx_I \in \Omega_1^p(D)$ *wird die* äußere,

alternierende *oder* Cartan-Ableitung $d\omega \in \Omega_0^{p+1}(D)$ *definiert durch*

$$d\omega(x) := \sum_{I \in \mathcal{J}_p^n} da_I(x) \wedge dx_I = \sum_{I \in \mathcal{J}_p^n} \sum_{j=1}^n \partial_j a_I\, dx_j \wedge dx_I . \tag{11}$$

27.8 Bemerkungen, Definitionen und Beispiele. a) Für Pfaffsche Formen $\omega(x) = \sum\limits_{i=1}^n a_i(x)\,dx_i \in \Omega_1^1(D)$ ist

$$d\omega(x) = \sum_{i=1}^n da_i(x) \wedge dx_i = \sum_{i=1}^n \sum_{j=1}^n \partial_j a_i(x)\, dx_j \wedge dx_i , \quad \text{also}$$

$$d\omega(x) = \sum_{i<j} (\partial_i a_j - \partial_j a_i)\, dx_i \wedge dx_j \tag{12}$$

in Übereinstimmung mit der Definition in 26.5 b). Nach Formel (12) sollte
$d\omega$ im Fall $n = 3$ mit der *Rotation* des Vektorfeldes $v = j^{-1}\omega$ zusam-
menhängen. Zur Präzisierung dieser Beziehung wie auch zur Abkürzung
werden „*Stern-Operatoren*" $* : \Omega_k^0(D) \mapsto \Omega_k^n(D)$ und $* : \Omega_k^1(D) \mapsto \Omega_k^{n-1}(D)$
definiert durch

$$* a(x) := a(x)\, dx_1 \wedge \cdots \wedge dx_n , \tag{13}$$

$$* \sum_{i=1}^n a_i(x)\, dx_i := \sum_{i=1}^n a_i(x)\,(-1)^{i-1}\, dx_1 \wedge \cdots \widehat{dx_i} \cdots \wedge dx_n . \tag{14}$$

Im Fall $n = 3$ gilt nach (12) für ein Vektorfeld $v \in \mathcal{C}^1(D, \mathbb{R}^3)$ mit $\omega := jv$
dann die Beziehung

$$d\omega = *j\,(\operatorname{rot} v) \in \Omega_0^2(D) . \tag{15}$$

b) Für eine $(n-1)$-Form $\omega = * \sum\limits_{i=1}^n a_i(x)\,dx_i \in \Omega_1^{n-1}(D)$ hat man

$$\begin{aligned}
d\omega(x) &= \sum_{i=1}^n (-1)^{i-1}\, da_i(x) \wedge dx_1 \wedge \cdots \widehat{dx_i} \cdots \wedge dx_n \\
&= \sum_{i=1}^n (-1)^{i-1} \sum_{j=1}^n \partial_j a_i(x)\, dx_j \wedge dx_1 \wedge \cdots \widehat{dx_i} \cdots \wedge dx_n \\
&= \sum_{i=1}^n \partial_i a_i(x)\, dx_1 \wedge \cdots \wedge dx_n = \operatorname{div} v(x)\, dx_1 \wedge \cdots \wedge dx_n ;
\end{aligned}$$

mit dem Vektorfeld $v := (a_1, \ldots, a_n)^\top \in \mathcal{C}^1(D, \mathbb{R}^n)$ gilt also $\omega = *j(v)$ und

$$d\omega = *(\operatorname{div} v) . \tag{16}$$

Die im Gaußschen Integralsatz (26.1) auftretenden n-Tupel können daher auch als $(n-1)$-Formen $\omega = *j(v)$ interpretiert werden (vgl. Satz 29.9).

c) Für $\alpha \in \mathbb{R}$, $r := |x|$ und $\omega_\alpha(x) := r^{2\alpha} \sum\limits_{i=1}^{n} x_i * dx_i \in \Omega_\infty^{n-1}(\mathbb{R}^n \setminus \{0\})$ gilt

$$d\omega_\alpha(x) = * \sum_{i=1}^{n} \frac{\partial}{\partial x_i}\, (r^{2\alpha} x_i) = * \sum_{i=1}^{n} (r^{2\alpha} + 2\,\alpha\, x_i^2\, r^{2(\alpha-1)}) = *(n + 2\alpha)\, r^{2\alpha}$$

und insbesondere $d\omega_\alpha = 0$ genau für $\alpha = -\frac{n}{2}$. $\qquad\qquad\square$

Wesentliche Eigenschaften der Cartan-Ableitung enthält:

27.9 Satz. *a) Die Cartan-Ableitung* $d : \Omega_1^p(D) \mapsto \Omega_0^p(D)$ *ist linear.*
b) Für $\omega \in \Omega_1^p(D)$ *und* $\lambda \in \Omega_1^q(D)$ *gilt*

$$d(\omega \wedge \lambda) = d\omega \wedge \lambda + (-1)^p\, \omega \wedge d\lambda. \tag{17}$$

c) Für $\omega \in \Omega_2^p(D)$ *gilt* $d^2\omega = d\,(d\omega) = 0$.

BEWEIS. a) ist natürlich klar.   b) Für $\omega = \sum\limits_{I} a_I\, dx_I$, $\lambda = \sum\limits_{J} b_J\, dx_J$ ist $\omega \wedge \lambda = \sum\limits_{I,J} a_I\, b_J\, dx_I \wedge dx_J$ und daher nach (11)

$$
\begin{aligned}
d(\omega \wedge \lambda) &= \sum_{I,J} d(a_I\, b_J) \wedge dx_I \wedge dx_J \\
&= \sum_{I,J} (da_I)\, b_J \wedge dx_I \wedge dx_J + \sum_{I,J} a_I\, db_J \wedge dx_I \wedge dx_J \\
&= \sum_{I,J} da_I \wedge dx_I \wedge (b_J\, dx_J) + (-1)^p \sum_{I,J} a_I\, dx_I \wedge db_J \wedge dx_J \\
&= d\omega \wedge \lambda + (-1)^p\, \omega \wedge d\lambda.
\end{aligned}
$$

c) Für $g \in \mathcal{C}^2(D) = \Omega_2^0(D)$ ist $dg \in \Omega_1^1(D)$ geschlossen und somit $d^2 g = 0$. Für $\omega = \sum\limits_{I} a_I\, dx_I \in \Omega_2^p(D)$ ergibt sich daraus mittels b)

$$d^2\omega = d \sum_{I} da_I \wedge dx_I = \sum_{I} d^2 a_I \wedge dx_I - \sum_{I} a_I \wedge d\,(dx_I) = 0$$

wegen $d\,(dx_I) = d\,(1\, dx_I) = d1 \wedge dx_I = 0$. $\qquad\qquad\diamond$

27.10 Beispiele und Bemerkungen. a) Es seien $D \subseteq \mathbb{R}^n$ offen und $g_1, \ldots, g_p \in \mathcal{C}^2(D, \mathbb{R})$. Mittels Induktion und Satz 27.9 ergibt sich

$$
\begin{aligned}
d\,(dg_1 \wedge \cdots \wedge dg_p) &= d^2 g_1 \wedge (dg_2 \wedge \cdots \wedge dg_p) \\
&\quad - dg_1 \wedge d\,(dg_2 \wedge \cdots \wedge dg_p) = 0. \tag{18}
\end{aligned}
$$

Explizit berechnet man

$$
\begin{aligned}
dg_1 \wedge \cdots \wedge dg_p &= \sum_{i_1=1}^{n} \partial_{i_1} g_1 \, dx_{i_1} \wedge \cdots \wedge \sum_{i_p=1}^{n} \partial_{i_p} g_p \, dx_{i_p} \\
&= \sum_{i_1,\ldots,i_p=1}^{n} \partial_{i_1} g_1 \cdots \partial_{i_p} g_p \, dx_{i_1} \wedge \cdots \wedge dx_{i_p} \\
&= \sum_{i_1<\ldots<i_p} \sum_{\sigma \in S_p} \operatorname{sign} \sigma \, \partial_{\sigma i_1} g_1 \cdots \partial_{\sigma i_p} g_p \, dx_{i_1} \wedge \cdots \wedge dx_{i_p}\,, \\
dg_1 \wedge \cdots \wedge dg_p &= \sum_{i_1<\ldots<i_p} \det\left(\partial_{i_k} g_k\right) dx_{i_1} \wedge \cdots \wedge dx_{i_p}\,.
\end{aligned}
\tag{19}
$$

b) Es sei nun $v \in \mathcal{C}^2(D, \mathbb{R}^n)$. Für die in Lemma 21.1 auftretenden *Kofaktoren* $C_{ij}(x)$ von $\partial_j v_i(x)$ in $Jv(x)$ gilt nach (19)

$$
\sum_{j=1}^{n} C_{ij}(x) * dx_j = (-1)^i \, dv_1 \wedge \cdots \widehat{dv_i} \cdots \wedge dv_n\,.
$$

Aus (18) folgt daher sofort

$$
0 = d \sum_{j=1}^{n} C_{ij}(x) * dx_j = \sum_{j=1}^{n} \partial_j C_{ij}(x) \, dx_1 \wedge \cdots \wedge dx_n
$$

und somit die Aussage von Lemma 21.1.   □

Die *Transformation* von Differentialformen wird wie in (26.6) erklärt:

27.11 Definition. *Es seien $U \subseteq \mathbb{R}^p$ und $D \subseteq \mathbb{R}^n$ offen, $\psi \in \mathcal{C}^{k+1}(U, \mathbb{R}^n)$ mit $\psi(U) \subseteq D$ und $\omega \in \Omega_k^p(D)$. Durch*

$$
(\psi^* \omega)(u)\,(h_1, \ldots, h_p) := \omega(\psi(u))\,(D\psi(u)h_1, \ldots, D\psi(u)h_p)
\tag{20}
$$

für $u \in U$, $h_1, \ldots, h_p \in \mathbb{R}^p$ wird die durch ψ nach U transformierte Differentialform $\psi^*(\omega) \in \Omega_k^p(U)$ definiert.

27.12 Beispiele und Bemerkungen. a) Für Funktionen $a, b \in \Omega_k^0(D)$ und Formen $\omega_1, \omega_2 \in \Omega_k^p(D)$ gilt offenbar

$$
\psi^*(a\,\omega_1 + b\,\omega_2) = (a \circ \psi)\,\psi^*(\omega_1) + (b \circ \psi)\,\psi^*(\omega_2)\,.
\tag{21}
$$

b) Durch Induktion über p wird nun

$$
\psi^*(dx_{i_1} \wedge \cdots \wedge dx_{i_p}) = \psi^*(dx_{i_1}) \wedge \cdots \wedge \psi^*(dx_{i_p}) = d\psi_{i_1} \wedge \cdots \wedge d\psi_{i_p}
\tag{22}
$$

gezeigt, wobei die zweite Gleichung aus Formel (26.8) folgt. Gilt (22) für $p - 1$, so berechnet man mittels (9) für $u \in U$ und $h_1, \ldots, h_p \in \mathbb{R}^p$

$$\psi^*(dx_{i_1} \wedge \cdots \wedge dx_{i_p})(u)(h_1, \ldots, h_p) =$$
$$(dx_{i_1} \wedge \cdots \wedge dx_{i_p})(\psi(u))(D\psi(u)h_1, \ldots, D\psi(u)h_p) =$$
$$\sum_{j=1}^{p} (-1)^{j-1} dx_{i_1}(D\psi(u)h_j)(dx_{i_2} \wedge \cdots \wedge dx_{i_p})(D\psi(u)h_1, \ldots \hat{j} \ldots, D\psi(u)h_p) =$$
$$\sum_{j=1}^{p} (-1)^{j-1} \psi^*(dx_{i_1})(u)(h_j)\, \psi^*(dx_{i_2} \wedge \cdots \wedge dx_{i_p})(u)(h_1, \ldots, \hat{h}_j, \ldots, h_p) =$$
$$\big(\psi^*(dx_{i_1}) \wedge \psi^*(dx_{i_2} \wedge \cdots \wedge dx_{i_p})\big)(u)(h_1, \ldots, h_p) =$$
$$\big(\psi^*(dx_{i_1}) \wedge \psi^*(dx_{i_2}) \wedge \cdots \wedge \psi^*(dx_{i_p})\big)(u)(h_1, \ldots, h_p).$$

c) Für $\omega(x) = \displaystyle\sum_{i_1 < \ldots < i_p} a_{i_1, \ldots, i_p}(x)\, dx_{i_1} \wedge \cdots \wedge dx_{i_p} \in \Omega_k^p(D)$ gilt nach (22)

$$\psi^*(\omega)(u) \;=\; \sum_{i_1 < \ldots < i_p} a_{i_1, \ldots, i_p}(\psi(u))\, d\psi_{i_1}(u) \wedge \cdots \wedge d\psi_{i_p}(u)\,, \qquad (23)$$

und daraus ergibt sich sofort auch

$$\psi^*(\omega \wedge \lambda) \;=\; \psi^*(\omega) \wedge \psi^*(\lambda) \quad \text{für} \quad \omega \in \Omega_k^p(D)\,, \; \lambda \in \Omega_k^q(D)\,. \qquad (24)$$

d) Wie in (26.9) gilt für Kompositionen von Abbildungen stets

$$(\psi_2 \circ \psi_1)^* = \psi_1^* \circ \psi_2^*\,. \qquad \square \quad (25)$$

Die Bildung der Cartan-Ableitung ist unter *beliebigen Transformationen invariant*:

27.13 Satz. *Es seien $U \subseteq \mathbb{R}^p$ und $D \subseteq \mathbb{R}^n$ offen, $\psi \in \mathcal{C}^2(U, \mathbb{R}^n)$ mit $\psi(U) \subseteq D$ und $\omega \in \Omega_1^p(D)$. Dann gilt*

$$d(\psi^*(\omega)) \;=\; \psi^*(d\omega)\,. \qquad (26)$$

BEWEIS. Für $p = 0$ folgt dies sofort aus der Kettenregel (vgl. (26.7)). Für $\omega = \sum_I a_I\, dx_I \in \Omega_1^p(D)$ gilt nach (23), (18), (22), (24) und (11)

$$d(\psi^*(\omega)) \;=\; d \sum_{i_1 < \ldots < i_p} (\psi^* a_{i_1, \ldots, i_p})\, d\psi_{i_1} \wedge \cdots \wedge d\psi_{i_p}$$
$$=\; \sum_I d(\psi^* a_I) \wedge \psi^*(dx_I) \;=\; \sum_I \psi^*(da_I) \wedge \psi^*(dx_I)$$
$$=\; \psi^*\Big(\sum_I da_I \wedge dx_I\Big) \;=\; \psi^*(d\omega)\,. \qquad \diamond$$

27.14 Beispiele und Bemerkungen. Es seien $U, D \subseteq \mathbb{R}^n$ offen und $\Psi : U \mapsto D$ ein $\mathcal{C}^1$-Diffeomorphismus.

a) Für eine n-Form $*a(x) = a(x) dx_1 \wedge \cdots \wedge dx_n \in \Omega_0^n(D)$ gilt

$$\Psi^*(*a)(u) = a(\Psi(u)) \, d\Psi_1(u) \wedge \cdots \wedge d\Psi_n(u) \qquad (27)$$
$$= a(\Psi(u)) \det D\Psi(u) \, du_1 \wedge \cdots \wedge du_n = J\Psi(u) \, (*\Psi^*a)(u) .$$

b) Ein Vektorfeld $v_1 \in \mathcal{C}(U, \mathbb{R}^n)$ wird durch

$$v(\Psi(u)) := \Psi_* v_1(\Psi(u)) := D\Psi(u) v_1(u) \qquad (28)$$

in ein Vektorfeld $v = \Psi_* v_1 \in \mathcal{C}(D, \mathbb{R}^n)$ transformiert; weiter definiert man $\eta := jv \in \Omega_0^1(D)$ und $v_2 := j^{-1}(\Psi^*\eta) \in \mathcal{C}(U, \mathbb{R}^n)$. Für $h \in \mathbb{R}^n$ und $u \in U$ gilt dann

$$\langle h, v_2(u) \rangle = (jv_2)(u)(h) = (\Psi^*\eta)(u)(h) = \eta(\Psi(u)) \, (D\Psi(u)h)$$
$$= \langle D\Psi(u)h, v(\Psi(u)) \rangle = \langle D\Psi(u)h, D\Psi(u)v_1(u) \rangle, \quad \text{also}$$

$$v_2(u) = D\Psi(u)^\top D\Psi(u) \, v_1(u) = G\Psi(u) \, v_1(u), \quad u \in U. \qquad (29)$$

c) Für $w_1 \in \mathcal{C}(U, \mathbb{R}^n)$ definiert man analog zu b) $w := \Psi_* w_1 \in \mathcal{C}(D, \mathbb{R}^n)$, $\omega := *jw \in \Omega_0^{n-1}(D)$ und $w_2 := (*j)^{-1}(\Psi^*\omega) \in \mathcal{C}(U, \mathbb{R}^n)$. Mit Hilfe der offensichtlichen Formel

$$\eta \wedge \omega = *\langle v, w \rangle \qquad (30)$$

berechnet man einerseits mittels (27) und (28)

$$\Psi^*(\eta \wedge \omega) = \Psi^*(*\langle v, w \rangle) = J\Psi * (\Psi^*\langle v, w \rangle) = J\Psi * \langle v \circ \Psi, w \circ \Psi \rangle$$
$$= J\Psi * \langle D\Psi v_1, D\Psi w_1 \rangle = J\Psi * \langle G\Psi v_1, w_1 \rangle$$

und andererseits mittels (24) und (29)

$$\Psi^*(\eta \wedge \omega) = \Psi^*\eta \wedge \Psi^*\omega = *\langle v_2, w_2 \rangle = *\langle G\Psi v_1, w_2 \rangle ;$$

da dies für alle $v_1 \in \mathcal{C}(U, \mathbb{R}^n)$ richtig ist, erhält man also

$$w_2(u) = J\Psi(u) \cdot w_1(u), \quad u \in U. \qquad (31)$$

d) Vektorfelder und 1-Formen werden also unter *orthogonalen Koordinatentransformationen* gleich transformiert. Dagegen gilt dies für Vektorfelder und $(n-1)$-Formen sowie für Funktionen und n-Formen nur unter *Drehungen*, während sich unter *Spiegelungen* unterschiedliche Vorzeichen ergeben. In der Physik heißen n-Formen auch *Pseudoskalarfelder*, $(n-1)$-Formen auch *Pseudovektorfelder* oder *axiale Vektorfelder*. □

Mit Hilfe der Bemerkungen 27.14 können die *Operatoren der Vektoranalysis* und damit auch der *Laplace-Operator* in *„krummlinigen Koordinaten"* berechnet werden:

27.15 Beispiele und Bemerkungen. Es seien wieder $U, D \subseteq \mathbb{R}^n$ offen und $\Psi : U \mapsto D$ ein $\mathcal{C}^2$-Diffeomorphismus.

a) Für eine skalare Funktion $f \in \mathcal{C}^1(D, \mathbb{R})$ seien $v := \operatorname{grad} f \in \mathcal{C}(D, \mathbb{R}^n)$ und wie in Bemerkung 27.14 b) $\eta := jv = df \in \Omega_0^1(D)$ sowie $v_1 = \Psi_*^{-1}(v) = \Psi_*^{-1}(\operatorname{grad} f)$. Für $f_1 := \Psi^* f \in \mathcal{C}^1(U, \mathbb{R})$ gilt $df_1 = \Psi^*(df)$ und somit $\operatorname{grad} f_1 = j^{-1} \Psi^*(df) = j^{-1} \Psi^*(\eta) = v_2$. Aus (29) folgt also in Übereinstimmung mit (II. 29.8):

$$\operatorname{grad}_\Psi f_1 := \Psi_*^{-1}(\operatorname{grad} f) = (G\Psi)^{-1} \operatorname{grad} f_1 . \qquad (32)$$

b) Für $w_1 \in \mathcal{C}^1(U, \mathbb{R}^n)$, $w := \Psi_* w_1 \in \mathcal{C}^1(D, \mathbb{R}^n)$, $\omega := *jw \in \Omega_0^{n-1}(D)$ und $w_2 := (*j)^{-1}(\Psi^*\omega) \in \mathcal{C}(U, \mathbb{R}^n)$ wie in Bemerkung 27.14 c) gilt nach (27), (16), (26) und (31)

$$\begin{aligned} J\Psi * \Psi^*(\operatorname{div} w) &= \Psi^*(*\operatorname{div} w) = \Psi^*(d\omega) = d\Psi^*\omega \\ &= d(*jw_2) = *\operatorname{div} w_2 = *\operatorname{div}(J\Psi w_1), \quad \text{also} \end{aligned}$$

$$\operatorname{div}_\Psi w_1 := \Psi^*(\operatorname{div} w) = \tfrac{1}{J\Psi} \operatorname{div}(J\Psi w_1) . \qquad (33)$$

c) Aus a) und b) ergibt sich für $f \in \mathcal{C}^2(D, \mathbb{R})$ nun leicht

$$\Delta_\Psi f_1 := \Psi^*(\Delta f) = \Psi^*(\operatorname{div} \operatorname{grad} f) = \tfrac{1}{J\Psi} \operatorname{div}(J\Psi \Psi_*^{-1}(\operatorname{grad} f)),$$

also die Aussage von Theorem 12.8:

$$\Delta_\Psi f_1 := \Psi^*(\Delta f) = \tfrac{1}{J\Psi} \operatorname{div}(J\Psi (G\Psi)^{-1} \operatorname{grad} f_1) . \qquad (34)$$

d) Im Fall $n = 3$ seien nun $v \in \mathcal{C}^1(D, \mathbb{R}^n)$ und $w := \operatorname{rot} v \in \mathcal{C}(D, \mathbb{R}^n)$. Nach (15) gilt dann $d\eta = \omega$ für $\eta := jv$ und $\omega := *jw$. Mittels (31), (26) und (29) berechnet man

$$\begin{aligned} \Psi_*^{-1} w &= w_1 = \tfrac{1}{J\Psi} w_2 = \tfrac{1}{J\Psi} (*j)^{-1}(\Psi^*\omega) = \tfrac{1}{J\Psi} (*j)^{-1} d(\Psi^*\eta) \\ &= \tfrac{1}{J\Psi} (*j)^{-1} d(jv_2) = \tfrac{1}{J\Psi} (*j)^{-1} d(j(G\Psi v_1)), \quad \text{also} \end{aligned}$$

$$\operatorname{rot}_\Psi v_1 := \Psi_*^{-1}(\operatorname{rot} v) = \tfrac{1}{J\Psi} \operatorname{rot}(G\Psi v_1) . \qquad \square \quad (35)$$

Aufgaben

27.1 Für $\lambda \in \Lambda^p(E)$ und $h_1, \ldots, h_p \in E$ zeige man

$$\lambda \Big(\sum_{i=1}^p a_{i1} h_i, \ldots, \sum_{i=1}^p a_{ip} h_i \Big) = \det(a_{ij}) \lambda(h_1, \ldots, h_p) .$$

27.2 Für $\varphi_1, \ldots, \varphi_p \in (\mathbb{R}^n)'$ und $h_1, \ldots, h_p \in \mathbb{R}^n$ beweise man

$$\varphi_1 \wedge \cdots \wedge \varphi_p \,(h_1, \ldots, h_p) = \det \begin{pmatrix} \varphi_1(h_1) & \varphi_1(h_2) & \cdots & \varphi_1(h_p) \\ \vdots & \vdots & \ddots & \vdots \\ \varphi_p(h_1) & \varphi_p(h_2) & \cdots & \varphi_p(h_p) \end{pmatrix}$$

27.3 Im $\mathbb{R}^4$ seien die Differentialformen

$$\omega_1 := dx_1 + x_2 \, dx_2, \quad \omega_2 := \sin x_2 \, dx_1 \wedge dx_3 + \cos x_3 \, dx_2 \wedge dx_4$$

und die Abbildung $\psi : (u_1, u_2, u_3, u_4) \mapsto (u_1, u_2, u_3 u_4, u_4)$ gegeben. Man berechne $d\omega_1$, $d\omega_2$, $\omega := \omega_1 \wedge \omega_2$, $d\omega$, $\lambda := \psi^*\omega$ und $d\lambda$.

27.4 In der *Thermodynamik* wird ein *Gas* durch *Volumen* $V > 0$ und *Temperatur* $T > 0$ gekennzeichnet; *Druck* $p = p(V, T)$ und *innere Energie* $E = E(V, T)$ sind Funktionen von V und T. Nach dem *zweiten Hauptsatz der Thermodynamik* gilt $d(\frac{dE + pdV}{T}) = 0$.
a) Man zeige $\frac{\partial E}{\partial V} = T \frac{\partial p}{\partial T} - p$.
b) Für ein *van der Waalssches Gas* gilt $(p + \frac{a}{V^2})(V - b) = cT$ mit $a, b \geq 0$ und $c > 0$. Wann ist $\frac{\partial E}{\partial V} = 0$?

27.5 Man verifiziere (24) und (25).

27.6 Für $\omega = a(x) \, dx_I \in \Omega_1^p(D)$ zeige man

$$\delta\omega(x)\,(k, h_1, \ldots, h_p) = da(x)(k) \cdot dx_I(h_1, \ldots, h_p)$$

und schließe mittels (9), daß $da(x) \wedge dx_I$ (bis auf einen Faktor) der alternierende Teil von $\delta\omega(x)$ ist.

27.7 Man berechne Divergenz und Rotation in Kugelkoordinaten.

28 Orientierungen

Im nächsten Abschnitt werden *Differentialformen* über *Mannigfaltigkeiten integriert,* auf denen eine *Orientierung* eindeutig festgelegt werden kann. Dieser Begriff muß daher zunächst geklärt werden.

28.1 Definition. *Es sei E ein p-dimensionaler Vektorraum über $\mathbb{R}$. Zwei Basen $\beta := (\beta_1, \ldots, \beta_p)$ und $\gamma := (\gamma_1, \ldots, \gamma_p)$ von E heißen gleich orientiert, falls der durch $T(\beta_i) := \gamma_i$ gegebene Isomorphismus $T \in GL(E)$ eine positive Determinante hat.*

28.2 Bemerkungen, Definitionen und Beispiele. a) Zu $T \in GL(E)$ mit $\det T > 0$ gibt es einen *stetigen Weg* in $GL(E)$ von T nach I; gleich orientierte Basen von E können also *stetig* ineinander *deformiert* werden (vgl. die Aufgaben II. 8.3 und 28.1).

b) In 28.1 wird eine Äquivalenzrelation auf der Menge $\mathfrak{B}(E)$ aller Basen von E definiert. Die beiden Elemente der Menge $o(E) = \{\pm\epsilon(E)\}$ der entsprechenden *Äquivalenzklassen* heißen *Orientierungen* von E.

c) Ein Isomorphismus $T : E \mapsto F$ p-dimensionaler Vektorräume induziert offenbar eine bijektive Abbildung $T : o(E) \mapsto o(F)$ der Orientierungen durch $T([(\beta_1, \dots, \beta_p)]) = [(T\beta_1, \dots, T\beta_p)]$.

d) Auf $\mathbb{R}^p$ wird stets die durch

$$(\beta_1, \dots, \beta_p) \in \epsilon_p^+ \quad :\Leftrightarrow \quad \det(\beta_1, \dots, \beta_p) > 0 \tag{1}$$

definierte *Standard-Orientierung* $\epsilon_p^+ = [(e_1, \dots, e_p)]$ verwendet.   □

Als *Orientierung* einer p-dimensionalen $\mathcal{C}^1$-Mannigfaltigkeit $S \in \mathfrak{M}_p^1(n)$ soll nun eine *Wahl von Orientierungen* $\epsilon(x) = \epsilon(T_x(S))$ auf den *Tangentialräumen* dienen, die „*stetig von $x \in S$ abhängt*". Möbiusbänder zeigen, daß solche Orientierungen nicht immer existieren müssen (vgl. Beispiel 28.8). Eine *Karte* $\kappa : V \mapsto U \subseteq \mathbb{R}^p$ von S definiert mittels

$$\epsilon_\kappa(x) := \psi'(\kappa(x))(\epsilon_p^+), \quad x \in V, \tag{2}$$

Orientierungen auf den Tangentialräumen über V; hierbei bezeichnet $\psi = \kappa^{-1} : U \mapsto V \subseteq S$ die entsprechende *lokale Parametrisierung* von S. Es ist also $\epsilon_\kappa(x)$ die Äquivalenzklasse der Basis

$$\left(\psi'(\kappa(x))e_1 = \tfrac{\partial\psi}{\partial u_1}(\kappa(x)), \ \dots, \ \psi'(\kappa(x))e_p = \tfrac{\partial\psi}{\partial u_p}(\kappa(x))\right) \tag{3}$$

von $T_x(S)$. *Orientierbarkeit* von S kann nun so erklärt werden:

28.3 Definition. *Eine Mannigfaltigkeit $S \in \mathfrak{M}_p^1(n)$ heißt* orientierbar, *wenn Orientierungen $\epsilon(x) = \epsilon(T_x(S))$ auf den Tangentialräumen so gewählt werden können, daß für einen Atlas $\mathfrak{A} = \{\kappa_j : V_j \mapsto U_j\}$ von S stets $\epsilon(x) = \epsilon_{\kappa_j}(x)$ für alle $x \in V_j$ gilt. Jede Wahl $\epsilon(S) = \{\epsilon(x)\}_{x \in S}$ solcher Orientierungen heißt eine* Orientierung *von S.*

28.4 Bemerkungen, Definitionen und Beispiele. a) Zwei Karten $\kappa_1 : V_1 \mapsto U_1$ und $\kappa_2 : V_2 \mapsto U_2$ von S heißen *gleich orientiert*, falls $\epsilon_{\kappa_2}(x) = \epsilon_{\kappa_1}(x)$ für alle $x \in V_1 \cap V_2$ gilt. S ist also genau dann orientierbar, falls S einen *Atlas aus gleich orientierten Karten* besitzt.

b) Es seien κ_1 und κ_2 Karten auf S mit $V_1 \cap V_2 \neq \emptyset$. Mit dem *Kartenwechsel*

$$\chi := \kappa_1 \circ \psi_2 : \kappa_2(V_1 \cap V_2) \mapsto \kappa_1(V_1 \cap V_2) \tag{4}$$

gilt dann $\psi_2 = \psi_1 \circ \chi$ und somit (vgl. Abb. 28a)

$$\psi_2'(u_2) = \psi_1'(u_1)\chi'(u_2) \quad \text{für} \quad x \in V_1 \cap V_2, \; u_j = \kappa_j(x). \tag{5}$$

c) Eine Karte $\kappa : V \mapsto U$ von S
kann durch Übergang beispielsweise zu
$\kappa^- := (\kappa_1, \kappa_2, \ldots, -\kappa_p) : V \mapsto U^-$ um-
orientiert werden. Für zwei Karten gilt
nach (5) genau dann $\epsilon_{\kappa_2}(x) = \epsilon_{\kappa_1}(x)$,
wenn $\det \chi'(u_2) > 0$ ist. Die stetige
Funktion $\det \chi'$ hat auf den *Wegkomponenten* von $\kappa_2(V_1 \cap V_2)$ *einheitliche
Vorzeichen*. Auf den Wegkomponenten
von $V_1 \cap V_2$ sind also entweder stets

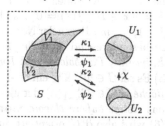

Abb. 28a

κ_2 und κ_1 oder κ_2 und κ_1^- gleich orientiert. Besitzt insbesondere S einen
Atlas $\mathfrak{A} = \{\kappa_1, \kappa_2\}$ aus *zwei* Karten, so daß $V_1 \cap V_2$ *zusammenhängend* ist,
so ist S orientierbar. Dies gilt etwa für die Späre S^2 im $\mathbb{R}^3$ (vgl. Beispiel
II. 23.6 d)).

d) Es seien $\epsilon(S) = \{\epsilon(x)\}_{x \in S}$ eine Orientierung von S und $\kappa : V \mapsto U$ eine
Karte von S, so daß V zusammenhängend ist. Nach c) sind die Mengen
$\{x \in V \mid \epsilon_\kappa(x) = \epsilon(x)\}$ und $\{x \in S \mid \epsilon_\kappa(x) = -\epsilon(x)\}$ *offen*, und es folgt
$\epsilon_\kappa(x) = \epsilon(x)$ für alle $x \in V$ (dann heißt κ *positiv orientiert* bezüglich $\epsilon(S)$)
oder $\epsilon_\kappa(x) = -\epsilon(x)$ für alle $x \in V$.

e) Wie in d) ergibt sich, daß für Orientierungen $\epsilon_1(S)$ und $\epsilon_2(S)$ einer
zusammenhängenden Mannigfaltigkeit S stets $\epsilon_2(x) = \epsilon_1(x)$ für alle $x \in S$
oder $\epsilon_2(x) = -\epsilon_1(x)$ für alle $x \in S$ gilt. Folglich besitzt S genau zwei
Orientierungen. $\quad\square$

Orientierungen von Mannigfaltigkeiten können durch *stetige Normalenfelder*
induziert werden:

28.5 Satz. *Zu einer Mannigfaltigkeit* $S \in \mathfrak{M}_p^1(n)$ *gebe es* stetige *Abbildun-
gen* $\mathfrak{n}_j : S \mapsto \mathbb{R}^n$, *so daß* $(\mathfrak{n}_1(x), \ldots, \mathfrak{n}_m(x))$ *für alle* $x \in S$ *eine Basis des
Normalenraumes* $N_x(S) = T_x(S)^\perp$ *ist. Durch*

$$(\beta_1, \ldots, \beta_p) \in \epsilon(x) :\Leftrightarrow \det(\mathfrak{n}_1(x), \ldots, \mathfrak{n}_m(x), \beta_1, \ldots, \beta_p) > 0 \tag{6}$$

wird dann eine Orientierung auf S *definiert.*

BEWEIS. Zu $x \in S$ wählt man eine Karte $\kappa : V \mapsto U$ mit $x \in V$ und
zusammenhängendem V, so daß $(\frac{\partial\psi}{\partial u_1}(\kappa(x)), \ldots, \frac{\partial\psi}{\partial u_p}(\kappa(x))) \in \epsilon(x)$, also

$$\det(\mathfrak{n}_1(x), \ldots, \mathfrak{n}_m(x), \tfrac{\partial\psi}{\partial u_1}(\kappa(x)), \ldots, \tfrac{\partial\psi}{\partial u_p}(\kappa(x))) > 0$$

gilt. Da die $\mathfrak{n}_j$ stetig sind, gilt dies dann auf ganz V, und man hat einen
Atlas wie in Definition 28.3 gefunden. $\quad\Diamond$

28.6 Beispiele. a) Mannigfaltigkeiten $S \in \mathfrak{M}_p^1(n)$, die *global* als Nullstellengebilde wie in Satz 19.2 (b) definiert werden können, sind orientierbar: Ist $D \subseteq \mathbb{R}^n$ offen und $f \in C^1(D, \mathbb{R}^m)$ mit $\mathrm{rk}\, Df(x) = m$ auf $S := \{x \in D \mid f(x) = 0\}$, so liefern die Vektorfelder $\mathfrak{n}_j(x) := \mathrm{grad}\, f_j(x)$, $j = 1, \ldots, m$, Basen der Normalenräume $N_x(S)$ (vgl. Bemerkung II. 23.9c)). Insbesondere sind etwa *Graphen* von C^1-Funktionen, *Sphären* im $\mathbb{R}^n$ oder *Ellipsoide, Paraboloide* und *Hyperboloide* im $\mathbb{R}^3$ orientierbar.

b) Es sei $G \in \mathfrak{P}^1(\mathbb{R}^n)$ ein C^1-Polyeder (vgl. Definition 20.1). Auf der *Hyperfläche* $\partial_r^1 G \in \mathfrak{M}_{n-1}^1(n)$ der glatten Randpunkte ist nach Bemerkung 20.4 b) das *stetige äußere Normaleneinheitsvektorfeld* $\mathfrak{n}(x) = \mathfrak{n}_a(x)$ definiert; nach (6) wird also $\partial_r^1 G$ orientiert durch

$$(\beta_1, \ldots, \beta_{n-1}) \in \epsilon(x) :\Leftrightarrow \det(\mathfrak{n}_a(x), \beta_1, \ldots, \beta_{n-1}) > 0. \tag{7}$$

c) Im Fall der Kugel $K_r(0)$ im $\mathbb{R}^n$ gilt $\mathfrak{n}_a(x) = \frac{x}{r}$ für $x \in \partial K_r(0) = S_r(0)$. Für die in Beispiel 19.7 d) diskutierte lokale Parametrisierung

$$\psi := \Psi_{n,r} : W_{n-1} = (-\pi, \pi) \times (-\tfrac{\pi}{2}, \tfrac{\pi}{2})^{n-2} \mapsto \mathbb{R}^n$$

der Sphäre $S_r(0)$ durch *Polarkoordinaten* (vgl. (19.22) und (11.19)) gilt $\mathfrak{n}_a(\Psi_n(r, \varphi)) = \frac{\partial}{\partial r} \Psi_n(r, \varphi)$ und daher

$$\det(\mathfrak{n}_a(\psi(\varphi)), \tfrac{\partial \psi}{\partial \varphi_1}(\varphi), \ldots, \tfrac{\partial \psi}{\partial \varphi_{n-1}}(\varphi)) = J\Psi_n(r, \varphi) > 0.$$

Die Karte $\kappa = \psi^{-1}$ ist also positiv orientiert. □

Für $p = n - 1$ gilt auch die Umkehrung von Satz 28.5:

28.7 Satz. *Eine Hyperfläche $S \in \mathfrak{M}_{n-1}^1(n)$ ist genau dann orientierbar, wenn es ein* stetiges Normaleneinheitsvektorfeld $\mathfrak{n} : S \mapsto \mathbb{R}^n$ *(also mit* $\mathfrak{n}(x) \in N_x(S)$ *und* $|\mathfrak{n}(x)| = 1$ *für alle* $x \in S$ *) gibt.*

BEWEIS. „⇐" ist ein Spezialfall von Satz 28.5.
„⇒" Es sei $\epsilon(S) = \{\epsilon(x)\}_{x \in S}$ eine Orientierung von S. Zu $x \in S$ gibt es wegen $\dim N_x(S) = 1$ genau einen Einheitsvektor $\mathfrak{n}(x) \in N_x(S)$ mit

$$\det(\mathfrak{n}(x), \beta_1, \ldots, \beta_{n-1}) > 0 \quad \text{für} \quad (\beta_1, \ldots, \beta_{n-1}) \in \epsilon(x). \tag{8}$$

Zu $a \in S$ wählt man eine offene Umgebung $\tilde{V}$ in $\mathbb{R}^n$ und $f \in C^1(\tilde{V}, \mathbb{R})$ mit $S \cap \tilde{V} = \{x \in \tilde{V} \mid f(x) = 0\}$ und $\mathrm{grad}\, f(x) \neq 0$ auf $\tilde{V}$ sowie eine positiv orientierte Karte $\kappa : V \mapsto U$ mit zusammenhängendem $a \in V \subseteq S \cap \tilde{V}$. Für die Funktion

$$d(x) := \det\left(\mathrm{grad}\, f(x), \tfrac{\partial \psi}{\partial u_1}(\kappa(x)), \ldots, \tfrac{\partial \psi}{\partial u_{n-1}}(\kappa(x)) \right)$$

gilt dann $d(x) > 0$ auf V oder $d(x) < 0$ auf V, also $\mathfrak{n}(x) = \frac{\operatorname{grad} f(x)}{|\operatorname{grad} f(x)|}$
oder $\mathfrak{n}(x) = -\frac{\operatorname{grad} f(x)}{|\operatorname{grad} f(x)|}$ auf V. In jedem Fall ist also $\mathfrak{n}$ stetig auf V und
somit auf S. $\diamond$

28.8 Beispiel. a) Es sei $\gamma : \mathbb{R} \mapsto S^2$ ein C^k-Weg mit $\gamma(s+\pi) = -\gamma(s)$ für
alle $s \in \mathbb{R}$, etwa

$$\gamma(s) = (\sin s, 0, \cos s)^\top . \tag{9}$$

Für $\delta > 0$ wird auf $G := \mathbb{R} \times I := \mathbb{R} \times (-\delta, \delta)$ durch

$$\psi(u,t) := (\cos u, \sin u, 0)^\top + t\,\gamma(\tfrac{u}{2}) \tag{10}$$

eine Abbildung $\psi \in C^k(G, \mathbb{R}^3)$ definiert, die

$$\psi(u + 2\pi, t) = \psi(u, -t) \quad \text{für} \quad (u,t) \in \mathbb{R} \times I \tag{11}$$

erfüllt. Ist nun ψ auf allen Rechtecken
$G_a := (a, a+2\pi) \times I$ eine *Einbettung* (d. h.
eine Homöomorphie $\psi : G_a \mapsto \psi(G_a)$ mit
$\operatorname{rk} D\psi(u,t) = 2$ auf G_a), so transformiert
ψ etwa das Rechteck $B := [-\pi, \pi] \times I$ in
ein *Möbius-Band* $M_\delta := \psi(B)$ durch „Ver-
kleben" der Ränder $\{\pi\} \times I$ und $\{-\pi\} \times I$
mittels $(\pi, t) \sim (-\pi, -t)$. Für den in (9)
definierten Weg γ ist dies mindestens für
$0 < \delta \leq \frac{1}{3}$ der Fall (vgl. Aufgabe 28.2).
Abb. 28b zeigt ein Möbius-Band M_δ mit
einem (in einem Punkt *unstetigen*) Normalenvektorfeld auf der „Seele" $\psi(\mathbb{R} \times \{0\})$.

Abb. 28b

b) Es ist $M_\delta \in \mathfrak{M}_2^k(3)$ eine C^k-Fläche im $\mathbb{R}^3$. Für ein stetiges Normaleneinheitsvektorfeld $\mathfrak{n} : M_\delta \mapsto \mathbb{R}^3$ gilt offenbar

$$\mathfrak{n}(\psi(u,t)) = \frac{(\frac{\partial \psi}{\partial u} \times \frac{\partial \psi}{\partial t})(u,t)}{|(\frac{\partial \psi}{\partial u} \times \frac{\partial \psi}{\partial t})(u,t)|} \quad \text{oder} \quad \mathfrak{n}(\psi(u,t)) = -\frac{(\frac{\partial \psi}{\partial u} \times \frac{\partial \psi}{\partial t})(u,t)}{|(\frac{\partial \psi}{\partial u} \times \frac{\partial \psi}{\partial t})(u,t)|}$$

für $(u,t) \in (-\pi, \pi) \times I$. Im ersten Fall folgt mit $u \to \pi^-$ sofort

$$\mathfrak{n}(\psi(\pi, 0)) = (\tfrac{\partial \psi}{\partial u} \times \tfrac{\partial \psi}{\partial t})(\pi, 0) \big/_{|\sim|} ,$$

aufgrund von (11) aber auch

$$\mathfrak{n}(\psi(\pi, t)) = \lim_{u \to (-\pi)^+} (\tfrac{\partial}{\partial u} \times \tfrac{\partial}{\partial t})\psi(u, -t) \big/_{|\sim|} = -(\tfrac{\partial \psi}{\partial u} \times \tfrac{\partial \psi}{\partial t})(-\pi, -t) \big/_{|\sim|}$$

und somit $\mathfrak{n}(\psi(\pi, 0)) = -(\tfrac{\partial \psi}{\partial u} \times \tfrac{\partial \psi}{\partial t})(\pi, 0)\big/_{|\sim|}$. Dies ist ein Widerspruch;
aufgrund von Satz 28.7 kann somit M_δ *nicht orientierbar* sein. $\square$

Für die folgenden Überlegungen ist es zweckmäßig, C^ℓ-Abbildungen zwischen Mannigfaltigkeiten und ihre *Differentiale* zu erklären (vgl. Abb. 28c):

28.9 Definition. *Es seien* $k \in \mathbb{N} \cup \{\infty\}$, $S_1 \in \mathfrak{M}_p^k(n)$, $S_2 \in \mathfrak{M}_q^k(m)$ *und* $0 \leq \ell \leq k$. *Eine Abbildung* $f : S_1 \mapsto S_2$ *heißt* C^ℓ-*Abbildung, Notation:* $f \in C^\ell(S_1, S_2)$, *wenn für alle Karten* κ *von* S_1 *und* κ_2 *von* S_2 *stets* $\kappa_2 \circ f \circ \psi$ *eine* C^ℓ-*Abbildung ist.*

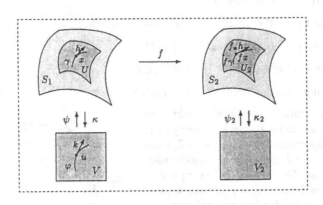

Abb. 28c

28.10 Satz und Definition. *Für* $f \in C^1(S_1, S_2)$ *und* $x \in S_1$ *gibt es genau eine lineare Abbildung* $f_*(x) : T_x(S_1) \mapsto T_{f(x)}(S_2)$ *mit*

$$f_*(x)\psi'(\kappa(x)) = (f \circ \psi)'(\kappa(x)) : \mathbb{R}^p \mapsto T_{f(x)}(S_2) \qquad (12)$$

für jede Karte $\kappa : V \mapsto U$ *von* S_1 *mit* $x \in S_1$, *das* Differential *von* f *in* x. *Für Kompositionen von* C^1-*Abbildungen zwischen Mannigfaltigkeiten gilt stets*

$$(g \circ f)_*(x) = g_*(f(x)) f_*(x). \qquad (13)$$

BEWEIS. Zu $h \in T_x(S_1)$ wählt man einen Weg $\gamma : (-\delta, \delta) \mapsto S_1$ mit $\gamma(0) = x$, $\dot{\gamma}(0) = h$ und setzt (vgl. Abb. 28c)

$$f_*(x)(h) := \tfrac{d}{dt}(f \circ \gamma)(0). \qquad (14)$$

Mit dem Weg $\varphi := \kappa \circ \gamma$ in $U \subseteq \mathbb{R}^p$, $u := \kappa(x) \in U$ und $k := \dot{\varphi}(0) \in \mathbb{R}^p$ gilt dann

$$h = \tfrac{d}{dt}(\psi \circ \varphi)(0) = \psi'(u)(k) \quad \text{und} \qquad (15)$$

$$f_*(x)(h) = \tfrac{d}{dt}(f \circ \psi \circ \varphi)(0) = (f \circ \psi)'(u)(k). \qquad (16)$$

Wegen (15) ist k durch h (und ψ) eindeutig festgelegt, und daher ist nach (16) die Definition von $f_*(x)(h)$ in (14) unabhängig von der Wahl von γ. Offenbar gilt (12), woraus sofort die Linearität des Differentials $f_*(x)$ folgt. Dessen Eindeutigkeit und (13) sind dann klar.   ◇

Im Fall $S_1 = \mathbb{R}^n$ und $S_2 = \mathbb{R}^m$ gilt natürlich $f_*(x) = f'(x)$.

Für den Integralsatz von Stokes wird eine Erweiterung von Beispiel 28.6 b) benötigt:

28.11 Definition. *Für $k \in \mathbb{N} \cup \{\infty\}$ sei $S \in \mathfrak{M}_p^k(n)$ eine p-dimensionale C^k-Mannigfaltigkeit. Eine offene Teilmenge G von S heißt C^k-Polyeder in S, Notation: $G \in \mathfrak{P}^k(S)$, falls ihr Abschluß $\overline{G}$ in S kompakt ist und es zu $q \in \partial G = \overline{G}^S \backslash G$ eine Karte $\kappa : V \mapsto Q$ von S mit $q \in V$ gibt, so daß Q ein offener Quader in $\mathbb{R}^p$ ist und $W := \kappa(G \cap V) \in \mathfrak{P}^k(\mathbb{R}^p)$ gilt (vgl. Abb. 28d).*

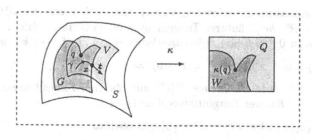

Abb. 28d

28.12 Bemerkungen, Definitionen und Beispiele. a) Ist $S \in \mathfrak{M}_p^k(n)$ *kompakt, so gilt $\partial S = \emptyset$ und $S \in \mathfrak{P}^k(S)$.*

b) Für $G \in \mathfrak{P}^k(S)$ existiert zu $q \in G$ eine Karte $\kappa : V \mapsto Q$ von S mit $q \in V \subseteq G$, also $\kappa(G \cap V) = Q$.

c) Für $q \in \partial G$ ist V offen in S und somit $\partial G \cap V$ der Rand von $G \cap V$ in V; die Anwendung der Homöomorphie $\kappa : V \mapsto Q$ liefert daher

$$\kappa(\partial G \cap V) = \partial(\kappa(G \cap V)) = \partial W. \tag{17}$$

Ein Punkt $x \in \partial G \cap V$ heißt C^k-*glatter* oder C^k-*regulärer Randpunkt* von G, falls $\kappa(x)$ ein C^k-glatter Randpunkt von $W = \kappa(G \cap V)$ ist; diese Eigenschaft ist von der Wahl der Karte unabhängig.

d) Die Menge $\partial_r^k G$ der C^k-glatten Randpunkte von G in S ist eine $(p-1)$-dimensionale C^k-Mannigfaltigkeit. Im Fall $\partial_r^k G = \partial G$ besitzt $G \in \mathfrak{G}^k(S)$

einen C^k -glatten Rand. Stets ist $\partial_r^k G$ dicht in ∂G , und wegen Satz 19.13 ist $\partial G \backslash \partial_r^k G \in \mathfrak{H}_{p-1}(\mathbb{R}^n)$ eine $(p-1)$ -Nullmenge. Insbesondere ist $\partial G \in \mathfrak{F}_{p-1}^k(n)$ eine $(p-1)$ -dimensionale C^k -Fläche.

e) Für die *obere Halbsphäre* $S_+^2 :=$ $\{x \in S^2 \mid x_3 > 0\} \in \mathfrak{G}^\infty(S^2)$ ist offenbar $\partial S_+^2 = S^1 \times \{0\}$ die Einheitskreislinie in der Ebene (vgl. Abb. 28e). Die eindimensionalen *Normalenräume* von ∂S_+^2 bezüglich S^2 sind durch $N_x(\partial S_+^2) \cap T_x(S^2) = \mathbb{R}e_3$ gegeben; man beachte $x + tn \notin S^2$ für $x \in \partial S_+^2$, $n \in \mathbb{R}e_3$ und $t \neq 0$. $\qquad \square$

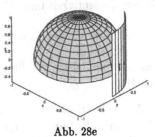

Abb. 28e

Es wird nun gezeigt, daß eine *Orientierung* von S mittels *äußerer Normalenvektoren* an G wieder eine solche von $\partial_r^k G$ induziert. Aufgrund von Beispiel 28.12 e) müssen diese allerdings etwas anders als in Bemerkung 20.2 erklärt werden.

28.13 Definition. *Es seien* $S \in \mathfrak{M}_p^1(n)$, $G \in \mathfrak{P}^1(S)$ *und* $x \in \partial_r^1 G$. *Ein Vektor* $t \in \mathbb{R}^n$ *heißt* äußerer Tangentenvektor *an* G *in* x , *falls es* $\delta > 0$ *und einen in* 0 *linksseitig differenzierbaren Weg* $\gamma : (-\delta, 0] \mapsto \mathbb{R}^n$ *mit*

$$(\gamma) \subseteq \overline{G}, \quad \gamma(0) = x \quad und \quad \dot{\gamma}(0) = t \tag{18}$$

gibt (vgl. Abb. 28d). Die Menge $T_x^a(G)$ *aller äußeren Tangentenvektoren an* G *in* x *heißt* äußerer Tangentialkegel *an* G *in* x .

Für $x = (x_1, x_2, 0) \in \partial S_+^2 = S^1 \times \{0\}$ gilt offenbar

$$T_x^a(S_+^2) = \{(h_1, h_2, h_3)^\top \in \mathbb{R}^3 \mid h_1 x_1 + h_2 x_2 = 0, \, h_3 \leq 0\}.$$

Allgemein hat man:

28.14 Satz. *Für* $S \in \mathfrak{M}_p^1(n)$, $G \in \mathfrak{P}^1(S)$ *und* $x \in \partial_r^1 G$ *ist* $T_x^a(G)$ *ein abgeschlossener Halbraum in* $T_x(S)$. *Gilt* $x = \psi(u) \in V$ *für eine Karte* $\kappa : V \mapsto Q$ *von* S *wie in Definition 28.11, so ist*

$$\kappa_*(x) T_x^a(G) = T_u^a(W) = \{h \in \mathbb{R}^p \mid \langle n(u), h \rangle \geq 0\}, \tag{19}$$

wobei n *das äußere Normaleneinheitsvektorfeld von* W_r^1 *bezeichnet.*

BEWEIS. a) Die Aussagen $T_x^a(G) \subseteq T_x(S)$ und $\kappa_*(x) T_x^a(G) = T_u^a(W)$ folgen leicht aus Definition 28.13.

b) Nach Definition 20.1 und (20.4) gibt es eine offene Umgebung U von u und eine Funktion $\rho \in C^1(U, \mathbb{R})$ mit $\operatorname{grad} \rho \neq 0$ auf U sowie

$$W \cap U = \{v \in U \mid \rho(v) < 0\} \quad und \quad n(u) = \frac{\operatorname{grad} \rho(u)}{|\operatorname{grad} \rho(u)|}. \tag{20}$$

Zu $h \in T_u^a(W)$ gibt es einen Weg $\gamma : (-\delta, 0] \mapsto \mathbb{R}^n$ mit $\gamma(0) = u$, $\dot{\gamma}(0) = h$ und $(\gamma) \subseteq \overline{W}$, also $\rho(\gamma(t)) \leq 0$ für $t \in (-\delta, 0]$. Daraus ergibt sich

$$\langle \operatorname{grad} \rho(u), h \rangle = \tfrac{d}{dt}(\rho \circ \gamma)(0) = \lim_{t \to 0^-} \tfrac{\rho(\gamma(t)) - \rho(\gamma(0))}{t} = \lim_{t \to 0^-} \tfrac{\rho(\gamma(t))}{t} \geq 0$$

und somit auch $\langle \mathfrak{n}(u), h \rangle \geq 0$.

c) Umgekehrt sei nun $h \in \mathbb{R}^p$ mit $\langle \mathfrak{n}(u), h \rangle \geq 0$. Nach dem *Satz über inverse Funktionen* gibt es eine offene Umgebung $U_1 \subseteq U$ von u und einen C^1-Diffeomorphismus $\chi = (\rho, \chi_2, \ldots, \chi_p)^\top : U_1 \mapsto Z$ mit (vgl. Abb. 28f)

$$\chi(W \cap U_1) = Z_- := \{z = (z_1, \ldots, z_p) \in Z \mid z_1 < 0\}. \tag{21}$$

Für $k := D\chi(u)h$ gilt dann $k_1 = \langle \operatorname{grad} \rho(u), h \rangle \geq 0$ und somit $k \in T_{\chi(u)}^a(Z_-)$, nach a) also auch $h \in T_u^a(W)$. $\diamond$

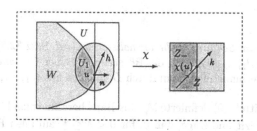

Abb. 28f

28.15 Bemerkungen und Definitionen. a) Für $S \in \mathfrak{M}_p^1(n)$, $G \in \mathfrak{P}^1(S)$ und $x \in \partial_r^1 G$ gibt es nach Satz 28.14 genau einen *äußeren Normaleneinheitsvektor* $\mathfrak{n}_a(x) \in T_x^a(G) \cap N_x(\partial G)$ an G in x. Gilt $x = \psi(u) \in V$ für eine Karte $\kappa : V \mapsto Q$ von S wie in Definition 28.11, so hat man

$$\mathfrak{n}_a(x) = \frac{(I - P(x))\psi_*(u)(\mathfrak{n}(u))}{|(I - P(x))\psi_*(u)(\mathfrak{n}(u))|}, \tag{22}$$

wobei $P(x)$ die *orthogonale Projektion* von $\mathbb{R}^n$ auf $T_x(\partial G)$ bezeichnet (vgl. die Sätze II.13.8 und 32.14).

b) Ist nun $\varepsilon(S)$ eine *Orientierung* von S, so wird durch

$$(\beta_1, \ldots, \beta_{p-1}) \in \varepsilon(T_x(\partial_r^1 G)) :\Leftrightarrow (\mathfrak{n}_a(x), \beta_1, \ldots, \beta_{p-1}) \in \varepsilon(T_x(S)) \tag{23}$$

eine *Orientierung des glatten Randes* $\partial_r^1 G$ induziert:
Es seien $q \in \partial_r^1 G$ und $\kappa : V \mapsto Q$ eine positiv orientierte Karte von S wie in Definition 28.11 mit $q \in V$. Weiter sei $\kappa^\partial : V^\partial \mapsto U^\partial \subseteq \mathbb{R}^{p-1}$ eine Karte von $\partial_r^1 G$ mit zusammenhängendem $V^\partial \subseteq V \cap \partial_r^1 G$, $q \in V^\partial$ und

$$(\psi_*^\partial(\kappa^\partial(q))e_1, \ldots, \psi_*^\partial(\kappa^\partial(q))e_{p-1}) \in \varepsilon(T_q(\partial_r^1 G)). \tag{24}$$

Wegen $\langle \mathbf{n}_a(x), \psi_*(\kappa(x))(\mathbf{n}(\kappa(x))) \rangle > 0$ auf V ist dies äquivalent zu

$$(\psi_*(\kappa(q))(\mathbf{n}(\kappa(q))), \psi_*^\vartheta(\kappa^\vartheta(q))e_1, \ldots, \psi_*^\vartheta(\kappa^\vartheta(q))e_{p-1}) \in \epsilon(T_q(S))$$

$$\Leftrightarrow \quad \det\left(\mathbf{n}(\kappa(q)), \kappa_*(q)\psi_*^\vartheta(\kappa^\vartheta(q))e_1, \ldots, \kappa_*(q)\psi_*^\vartheta(\kappa^\vartheta(q))e_{p-1}\right) > 0;$$

aus Stetigkeitsgründen (vgl. Aufgabe 28.7) gilt dies und somit auch (24) dann auch für alle $x \in V^\vartheta$, und man hat einen Atlas gemäß Definition 28.3 gefunden.

c) Die Einschränkung einer positiv orientierten Karte $\kappa : V \mapsto Q$ von S wie in Definition 28.11 auf $\partial_r^1 G \cap V$ liefert im allgemeinen *keine* Karte von $\partial_r^1 G$, wohl aber einen *orientierungserhaltenden* C^1-*Diffeomorphismus* $\kappa : \partial_r^1 G \cap V \mapsto \partial_r^1 W \cap Q$. $\qquad\qquad\square$

Aufgaben

28.1 Mittels *Gram-Schmidt-Orthonormalisierung* (vgl. Satz 32.9) verbinde man eine Basis $(\beta_1, \ldots, \beta_p) \in \epsilon_p^+$ des $\mathbb{R}^p$ stetig mit einer *Orthonormalbasis* des $\mathbb{R}^p$. Diese verbinde man dann durch *Drehungen* mit $(e_1, \ldots, e_p)$.

28.2 Für das mittels (9) definierte Möbius-Band berechne man $\left| \frac{\partial \psi}{\partial u} \times \frac{\partial \psi}{\partial t} \right| = \sqrt{EG - F^2}$ explizit und zeige, daß ψ für $0 < \delta \leq \frac{1}{3}$ auf allen Rechtecken $(a, a + 2\pi) \times I$ eine Einbettung ist.

28.3 Man zeige, daß für $\gamma(s) := (\cos 2s \cos s, \sin 2s \cos s, \sin s)^\top$ durch (10) Möbius-Bänder M_δ definiert werden.
Für diese beweise man $\mu_2(M_\delta) = 4\pi\delta + O(\delta)$ für $\delta \to 0$.

28.4 a) Man zeige, daß die Einschränkungen ψ_1 und ψ_2 der Abbildung ψ aus (10) auf $(0, 2\pi) \times I$ und $(-\pi, \pi) \times I$ lokale Parametrisierungen des Möbius-Bandes M sind.
b) Man berechne den Kartenwechsel $\chi = \kappa_1 \circ \psi_2$ explizit, zeige, daß $J\chi$ auf den beiden Wegkomponenten von $\kappa_2(V_1 \cap V_2)$ unterschiedliches Vorzeichen hat, und schließe, daß M nicht orientierbar ist.

28.5 Man verifiziere Schritt a) im Beweis von Satz 28.14.

28.6 Man beweise die Stetigkeit des in Definition 28.15 a) erklärten äußeren Normaleneinheitsvektorfeldes.

28.7 In der Situation von Bemerkung 28.15 b) beweise man die Stetigkeit der Funktionen $x \mapsto \kappa_*(x)\psi_*^\vartheta(\kappa^\vartheta(x))e_i$.

28.8 Eine Fläche $S \in \mathfrak{M}_2^1(3)$ im $\mathbb{R}^3$ sei durch das Normalenvektorfeld $\mathfrak{n}$ orientiert. Für $G \in \mathfrak{G}^1(S)$ sei ∂G gemäß (23) durch das äußere Normalenvektorfeld $\mathfrak{n}_a$ an G bezüglich S orientiert. Für einen positiv orientierten Tangentenvektor $\mathfrak{t}(x) \in \epsilon(T_x(\partial G))$ zeige man $\det(\mathfrak{n}(x), \mathfrak{n}_a(x), \mathfrak{t}(x)) > 0$.

28.9 Es seien $k \in \mathbb{N} \cup \{\infty\}$, $S \in \mathfrak{M}_p^k(n)$ und $f \in \mathcal{C}^k(S)$. Man konstruiere $F \in \mathcal{C}^k(\mathbb{R}^n)$ mit $F|_S = f$.

29   Der Integralsatz von Stokes

In diesem Abschnitt wird der Integralsatz von Gauß auf $\mathcal{C}^2$-*Polyeder* in *orientierten* $\mathcal{C}^2$-*Mannigfaltigkeiten* S erweitert. Zur Einführung der *Integration* von Differentialformen über S ist es zweckmäßig, *„Differentialformen"* zu betrachten, die nur dort definiert sind und *nur auf Tangentialvektoren* wirken.

29.1 Definition. *Eine* Differentialform *der Ordnung* r *auf einer* $\mathcal{C}^1$-*Mannigfaltigkeit* $S \in \mathfrak{M}_p^1(n)$ *ist eine Abbildung*

$$\omega : S \mapsto \bigcup_{x \in S} \Lambda^r(T_x(S)) \quad mit \quad \omega(x) \in \Lambda^r(T_x(S)) \ \textit{für alle } x \in S. \quad (1)$$

29.2 Definitionen, Beispiele und Bemerkungen. a) Für $S_1 \in \mathfrak{M}_p^1(n)$, $S_2 \in \mathfrak{M}_q^1(m)$ und $f \in \mathcal{C}^1(S_1, S_2)$ wird in Verallgemeinerung von Definition 27.11 für eine r-Form ω auf S_2 durch

$$(f^*\omega)(x)(h_1, \ldots, h_r) := \omega(f(x))(f_*(x)h_1, \ldots, f_*(x)h_r) \quad (2)$$

für $x \in S_1$, $h_1, \ldots, h_r \in T_x(S_1)$ die durch f nach S_1 *transformierte* r-Form $f^*(\omega)$ erklärt. Wie in (27.25) gilt für Kompositionen von Abbildungen stets $(g \circ f)^* = f^* \circ g^*$.

b) Es seien $D \subseteq \mathbb{R}^n$ offen und $S \in \mathfrak{M}_p^1(n)$ mit $S \subseteq D$. Mit der *Inklusion* $i_S : S \mapsto D$ für eine r-Form ω auf D dann $i_S^*\omega$ die *Einschränkung* auf S, die oft wieder einfach mit ω bezeichnet wird.

c) Es sei nun $S \in \mathfrak{M}_p^1(n)$ eine *orientierte* $\mathcal{C}^1$-Mannigfaltigkeit. Wegen $\dim \Lambda^p(T_x(S)) = 1$ gibt es zu $x \in S$ genau ein Element

$$do(x) = do_S(x) \in \Lambda^p(T_x(S)) \quad mit \quad do(x)(\eta_1, \ldots, \eta_p) = 1 \quad (3)$$

für *positiv orientierte Orthonormalbasen* von $T_x(S)$ (vgl. Aufgabe 27.1); die dadurch erklärte p-Form auf S heißt *Volumenform* von S.

d) Für eine positiv orientierte Karte $\kappa : V \mapsto U$ auf S ist $\psi^*(do) = a(u) \, du_1 \wedge \cdots \wedge du_p$ eine p-Form auf U mit

$$a(u) = \psi^*(do)(u)(e_1, \ldots, e_p) = do(\psi(u))(\psi_*(u)e_1, \ldots, \psi_*(u)e_p). \quad (4)$$

Für eine positiv orientierte Orthonormalbasis $\{\eta_1, \ldots, \eta_p\}$ von $T_x(S)$ und $u = \kappa(x)$ hat man

$$\psi_*(u)e_j \;=\; \sum_{i=1}^{p} t_{ij}\eta_i, \quad j = 1, \ldots, p,$$

mit einer geeigneten Matrix $T = (t_{ij}) \in GL_\mathbb{R}(p)$; aus (4) folgt dann (vgl. Aufgabe 27.1)

$$a(u) \;=\; \det T \, do(\psi(u))\,(\eta_1, \ldots, \eta_p) \;=\; \det T.$$

Nun ist aber

$$(T^\top T)_{ij} \;=\; \sum_{k=1}^{p} t_{ki} t_{kj} \;=\; \sum_{k,\ell=1}^{p} t_{ki} t_{\ell j} \langle \eta_k, \eta_\ell \rangle$$

$$=\; \langle \sum_{k=1}^{p} t_{ki}\,\eta_k,\; \sum_{\ell=1}^{p} t_{\ell j}\,\eta_\ell \rangle \;=\; \langle \psi_*(u)e_i, \psi_*(u)e_j \rangle \;=\; g_{ij}(u)$$

und somit $T^\top T = G\psi(u)$ die *Gramsche Matrix* von $D\psi(u)$, und mit der *Gramschen Determinante* $g\psi = \det G\psi$ von ψ folgt

$$\psi^*(do)(u) \;=\; \sqrt{g\psi(u)}\; du_1 \wedge \cdots \wedge du_p. \tag{5}$$

e) Jede p-Form ω auf $S \in \mathfrak{M}_p^k(n)$ hat die Gestalt

$$\omega(x) \;=\; A_\omega(x)\, do(x) \tag{6}$$

mit einer eindeutig bestimmten Funktion $A_\omega : S \mapsto \mathbb{R}$. Für $0 \leq \ell \leq k$ heißt ω eine $\mathcal{C}^\ell$-*Form*, Notation: $\omega \in \Omega_\ell^p(S)$, wenn $A_\omega \in \mathcal{C}^\ell(S, \mathbb{R})$ gilt. Wegen (5) und (6) ist dies dazu äquivalent, daß $\psi^*\omega \in \Omega_\ell^p(U)$ für jede Karte von S gilt.

f) Allgemeiner wird für $0 \leq r \leq p$ der Raum $\Omega_\ell^r(S)$ über (nicht notwendig orientierbaren) $\mathcal{C}^k$-Mannigfaltigkeiten definiert als der Raum derjenigen r-Formen ω auf S, für die $\psi^*\omega \in \Omega_\ell^r(U)$ für jede Karte von S gilt. □

29.3 Definition.[12] *Es sei* $S \in \mathfrak{M}_p^1(n)$ *eine orientierte* $\mathcal{C}^1$-*Mannigfaltigkeit. Eine* p-*Form* ω *auf* S *heißt* integrierbar über S, *Notation:* $\omega \in \Omega_{L_1}^p(S)$, *wenn* $A_\omega \in \mathcal{L}_1(S)$ *gilt. In diesem Fall setzt man*

$$\int_S \omega := \int_S A_\omega(x)\, d\sigma_p(x). \tag{7}$$

---

[12] Hier wird der Einfachheit wegen die Integration von *Differentialformen* über orientierte Mannigfaltigkeiten auf die von *Funktionen* zurückgeführt; eigentlich ist aber die Integration von Formen der „natürlichere" Vorgang, vgl. die Bemerkungen 31.7.

29.4 Beispiele und Bemerkungen. a) Aufgrund von (7) steht die in Abschnitt 19 entwickelte Integrationstheorie für Funktionen auf S nun auch für Differentialformen auf S zur Verfügung, und damit lassen sich p-Formen auch über p-dimensionale C^1-Flächen im Sinne von Definition 19.17 integrieren. Insbesondere gilt

$$\mu_p(S) \;=\; \int_S do\,. \tag{8}$$

b) Ist $S = U$ offen in $\mathbb{R}^n$, so gilt im Fall $A_\omega \in \mathcal{L}_1(U)$

$$\int_U A_\omega(u)\,du_1 \wedge \cdots \wedge du_p \;=\; \int_U A_\omega(u)\,dm_p(u)\,. \tag{9}$$

c) Es seien $\kappa : V \mapsto U$ eine positiv orientierte Karte von S und ω eine p-Form auf V. Nach (5) ist

$$\psi^*(\omega)(u) \;=\; A_\omega(\psi(u))\,\sqrt{g\psi(u)}\,du_1 \wedge \cdots \wedge du_p\,; \tag{10}$$

wegen (9) und Satz 19.10 gilt dann $\omega \in \Omega^p_{L_1}(V) \Leftrightarrow \psi^*\omega \in \mathcal{L}_1(U)$, und in diesem Fall hat man

$$\int_V \omega \;=\; \int_U \psi^*\omega\,. \tag{11}$$

Man beachte, daß die Gramsche Determinante von ψ in dieser Formel *nicht* auftritt. $\qquad\square$

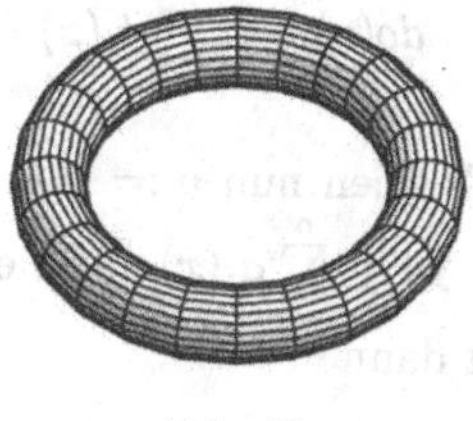

29.5 Beispiel. Durch Rotation der Kreislinie $\{(x_1, x_3) \mid (x_1 - a)^2 + x_3^2 = 1\}$ um die x_3-Achse entsteht für $a > 1$ ein *Torus* $T_a \in \mathfrak{M}_2^\infty(3)$, der mittels des äußeren Normalenvektors an den „vollen Torus" orientiert werde (vgl. Abb. 29a). Durch

Abb. 29a

$$\psi(u,v) := ((a + \cos v)\cos u, (a + \cos v)\sin u, \sin v)^\top \tag{12}$$

wird eine positiv orientierte lokale Parametrisierung $\psi : (-\pi, \pi)^2 \mapsto \mathbb{R}^3$ von T_a gegeben, für die $\mu_2(T_a \backslash \psi(-\pi, \pi)^2) = 0$ ist. Für $\omega \in \Omega^2_{L_1}(T_a)$ gilt dann $\int_{T_a} \omega = \int_{(-\pi, \pi)^2} \psi^*\omega$; für $\omega := \sum\limits_{i=1}^3 x_i * dx_i$ insbesondere

$$\int_{T_a} \omega \;=\; \int_{(-\pi, \pi)^2}(a + \cos u)\,(1 + a\cos u)\,du \wedge dv \;=\; 6\pi^2 a\,. \qquad\square$$

Bei *Änderung* der *Orientierung* einer Mannigfaltigkeit S ändern do und A_ω ihre Vorzeichen, und man hat

$$\int_{(S, -\epsilon)} \omega \;=\; -\int_{(S, \epsilon)} \omega\,. \tag{13}$$

Dagegen ist die in (7) definierte Integration von Differentialformen *invariant* gegen *orientierungserhaltende C^1-Diffeomorphismen:*

29.6 Satz. *Es sei* $f : S_1 \mapsto S_2$ *ein* C^1*-Diffeomorphismus von orientierten* C^1*-Mannigfaltigkeiten mit* $f_*(x)(\epsilon(T_x(S_1))) = \epsilon(T_{f(x)}(S_2))$ *für alle* $x \in S_1$. *Für* $\omega \in \Omega^p_{L_1}(S_2)$ *gilt dann auch* $f^*(\omega) \in \Omega^p_{L_1}(S_1)$, *und man hat*

$$\int_{S_2} \omega = \int_{S_1} f^*(\omega). \tag{14}$$

BEWEIS. Für eine positiv orientierte Karte $\kappa_2 : V_2 \mapsto U_2$ von S_2 ist offenbar $\kappa_1 := \kappa_2 \circ f : V_1 := f^{-1}(V_2) \mapsto U_2$ eine solche von S_1 (vgl. Abb. 28c), und für eine integrierbare Form $\omega \in \Omega^p_{L_1}(V_2)$ gilt aufgrund von (11)

$$\int_{V_2} \omega = \int_{U_2} \psi_2^* \omega = \int_{U_2} (f \circ \psi_1)^* \omega = \int_{U_2} \psi_1^* (f^* \omega) = \int_{V_1} f^* \omega,$$

insbesondere also auch $f^*(\omega) \in \Omega^p_{L_1}(V_1)$. Mittels einer Zerlegung von S_2 wie in Satz 19.9 folgt daraus die Behauptung. $\Diamond$

29.7 Beispiel. a) Es sei $\Gamma \in \mathfrak{M}^1_1(n)$ eine orientierte *eindimensionale* C^1-Mannigfaltigkeit, also etwa eine *glatte geschlossene Jordankurve*. Für $x \in S$ hat man den eindeutig bestimmten positiv orientierten Tangenteneinheitsvektor $\mathfrak{t}(x) = (\mathfrak{t}_1(x), \ldots, \mathfrak{t}_n(x))^\top \in T_x(S)$, und offenbar gilt

$$do(x) = \sum_{i=1}^n \mathfrak{t}_i(x) \, dx_i \big|_{T_x(S)}, \quad x \in \Gamma. \tag{15}$$

b) Es seien nun $v := (a_1, \ldots, a_n)^\top \in \mathcal{L}_1(\Gamma, \mathbb{R}^n)$ ein Vektorfeld auf Γ und $\omega := jv = \sum_{i=1}^n a_i(x) \, dx_i$ die entsprechende Pfaffsche Form. Aus (6) und (15) folgt dann

$$A_\omega(x) = \omega(\mathfrak{t}(x)) = \sum_{i=1}^n a_i(x) \, \mathfrak{t}_i(x) = \langle v(x), \mathfrak{t}(x) \rangle,$$

und aus (7) folgt in Übereinstimmung mit (26.19)

$$\int_\Gamma \omega = \int_\Gamma \langle v, \mathfrak{t} \rangle (x) \, ds. \tag{16}$$

Wegen Bemerkung 29.4 a) gilt dies auch für stückweise glatte geschlossene Jordankurven (vgl. auch Beispiel 19.20). $\Box$

29.8 Beispiel. a) Es sei $S \in \mathfrak{M}^1_{n-1}(n)$ eine durch das Normaleneinheitsvektorfeld $\mathfrak{n} \in C(S, \mathbb{R}^n)$ orientierte C^1-*Hyperfläche*. Für $x \in S$ ist offenbar $do(x)$ die *Einschränkung* der $(n-1)$-Form

$$\alpha(x) \in \Lambda^{n-1}(\mathbb{R}^n), \quad \alpha(x)(h_1, \ldots, h_{n-1}) := \det(\mathfrak{n}(x), h_1, \ldots, h_{n-1}),$$

auf $T_x(S)$. Die Entwicklung der Determinante nach der ersten Spalte ergibt

$$\alpha(x)(h_1,\ldots,h_{n-1}) = \sum_{i=1}^{n} (-1)^{i-1} \mathfrak{n}_i(x)\, dx_1 \wedge \cdots \widehat{dx_i} \cdots \wedge dx_n\, (h_1,\ldots,h_{n-1})$$

$$= \sum_{i=1}^{n} \mathfrak{n}_i(x)\,(*dx_i)\,(h_1,\ldots,h_{n-1})\,,$$

und damit folgt

$$do(x) = \sum_{i=1}^{n} \mathfrak{n}_i(x) * dx_i \big|_{T_x(S)}\,. \tag{17}$$

b) Es seien nun $v := (a_1,\ldots,a_n)^{\mathsf{T}} \in \mathcal{L}_1(S,\mathbb{R}^n)$ ein Vektorfeld auf S und $\omega := *jv = \sum_{i=1}^{n} a_i(x) * dx_i$ die entsprechende $(n-1)$-Form. Die Entwicklung der Determinante nach der ersten Spalte liefert für $h_1,\ldots,h_{n-1} \in T_x(S)$

$$\det(v(x),h_1,\ldots,h_{n-1}) = \sum_{i=1}^{n} a_i(x)\,(*dx_i)\,(h_1,\ldots,h_{n-1})$$

$$= \omega(x)\,(h_1,\ldots,h_{n-1})\,.$$

Nun gilt aber $v(x) - \langle v(x),\mathfrak{n}(x)\rangle \mathfrak{n}(x) \in T_x(S)$ und somit

$$\omega(x)\,(h_1,\ldots,h_{n-1}) = \langle v(x),\mathfrak{n}(x)\rangle \det(\mathfrak{n}(x),h_1,\ldots,h_{n-1})$$

$$= \langle v(x),\mathfrak{n}(x)\rangle do(x)\,(h_1,\ldots,h_{n-1})\,;$$

damit ergibt sich dann schließlich

$$\int_S \omega = \int_S \langle v,\mathfrak{n}\rangle do = \int_S \langle v,\mathfrak{n}\rangle\, d\sigma_{n-1}\,. \tag{18}$$

Es ist also $\int_S \omega$ der *Fluß* des Vektorfeldes v durch S in Richtung $\mathfrak{n}$. $\quad\square$

Aus (18), (9) und (27.16) ergibt sich nun die folgende Formulierung eines Spezialfalls des Gaußschen Integralsatzes:

29.9 Satz (Integralsatz von Gauß). *Es sei* $G \in \mathfrak{P}^1(\mathbb{R}^n)$ *ein* C^1-*Polyeder, dessen regulärer Rand* $\partial_r^1 G$ *durch das äußere Normalenvektorfeld gemäß (28.7) orientiert sei. Weiter sei* $D \subseteq \mathbb{R}^n$ *offen mit* $\overline{G} \subseteq D$, *und für eine* $(n-1)$-*Form* $\omega \in \Omega_1^{n-1}(D)$ *gelte* $\omega \in \Omega_{L_1}^{n-1}(\partial G)$. *Dann ist*

$$\int_G d\omega = \int_{\partial G} \omega\,. \tag{19}$$

Der *Integralsatz von Stokes* verallgemeinert Formel (19) mittels Karten und Zerlegungen der Eins auf Differentialformen über C^2-Polyedern in orientierten C^2-Mannigfaltigkeiten. Dazu wird zunächst die *Cartan-Ableitung* auch für Formen auf C^2-Mannigfaltigkeiten eingeführt (man beachte, daß dies nach Aufgabe II. 30.3 b) für die *totale* Ableitung *nicht* möglich ist):

29.10 Satz und Definition. *a) Es seien* $S \in \mathfrak{M}_p^2(n)$ *eine* C^2 -*Mannigfaltigkeit,* $0 \le r \le p$ *und* $\omega \in \Omega_1^r(S)$. *Durch*

$$d\omega(x) := \kappa^*(d\psi^*\omega)(x)\,, \quad x \in V\,, \tag{20}$$

für jede Karte $\kappa : V \mapsto U$ *von* S *wird die* Cartan-Ableitung $d\omega \in \Omega_0^{r-1}(S)$
von ω *definiert.*
b) Es seien $S_1 \in \mathfrak{M}_p^2(n)$, $S_2 \in \mathfrak{M}_q^2(m)$ *und* $f \in C^2(S_1, S_2)$. *Für* $0 \le r \le q$
und $\omega \in \Omega_1^r(S_2)$ *gilt dann*

$$d(f^*\omega) = f^*(d\omega)\,. \tag{21}$$

BEWEIS. a) Für zwei Karten $\kappa_1 : V_1 \mapsto U_1$ und $\kappa_2 : V_2 \mapsto U_2$ von S gilt
über $V_1 \cap V_2$ nach Satz 27.13 (vgl. Abb. 28a)

$$\begin{aligned}
\kappa_1^*(d(\psi_1^*\omega)) &= \kappa_1^*(d(\psi_1^*\kappa_2^*\psi_2^*\omega)) = \kappa_1^*(d(\kappa_2 \circ \psi_1)^*\psi_2^*\omega)) \\
&= \kappa_1^*(\kappa_2 \circ \psi_1)^*(d(\psi_2^*\omega)) = \kappa_2^*(d(\psi_2^*\omega))\,.
\end{aligned}$$

b) Für Karten $\kappa_1 : V_1 \mapsto U_1$ von S_1 und $\kappa_2 : V_2 \mapsto U_2$ von S_2 gilt nach
(20) und wiederum Satz 27.13 (vgl. Abb. 28c)

$$\psi_1^*(d(f^*\omega)) = d(\psi_1^* f^* \kappa_2^* \psi_2^*\omega) = \psi_1^* f^* \kappa_2^* d(\psi_2^*\omega) = \psi_1^* f^*(d\omega)\,. \;\diamond$$

29.11 Theorem (Integralsatz von Stokes). *Es seien* $S \in \mathfrak{M}_p^2(n)$ *eine*
orientierte C^2 -*Mannigfaltigkeit und* $G \in \mathfrak{P}^2(S)$ *ein* C^2 -*Polyeder, dessen*
regulärer Rand $\partial_r^2 G$ *durch das äußere Normaleneinheitsvektorfeld gemäß*
(28.23) orientiert sei. Weiter sei D *offen in* S *mit* $\overline{G} \subseteq D$, *und für eine*
$(p-1)$ -*Form* $\omega \in \Omega_1^{p-1}(S)$ *gelte* $\omega \in \Omega_{L_1}^{p-1}(\partial G)$. *Dann ist*

$$\int_G d\omega = \int_{\partial G} \omega\,. \tag{22}$$

BEWEIS. a) Zu $x \in \overline{G}$ wählt man eine Karte $\kappa_x : V_x \mapsto Q_x$ von S mit
$x \in V_x$ wie in Definition 28.11 oder Bemerkung 28.12 b) und eine in $\mathbb{R}^n$
offene Menge $\widetilde{V}_x$ mit $\widetilde{V}_x \cap S = V_x$. Nach Satz 10.1 gibt es eine der offenen
Überdeckung $\{V_x \mid x \in \overline{G}\}$ von $\overline{G}$ untergeordnete endliche C^∞ -Zerlegung
der Eins $\{\alpha_j\}$ mit supp $\alpha_j \subseteq \widetilde{V}_{x_j}$, und man setzt $\omega_j := \alpha_j|_S \omega$. Wegen
$\omega = \sum_j \omega_j$ und $d\omega = \sum_j d\omega_j$ genügt es, (22) für jedes ω_j zu zeigen.
b) Mit $V := V_{x_j}$, $\kappa := \kappa_{x_j}$ und $W = \kappa(G \cap V)$ ist supp $\psi^*(\omega_j)$ eine kompakte Teilmenge von $Q = \kappa(V)$ (vgl. Abb. 29b mit $T := \text{supp}\,\omega_j$ und
$T^* := \text{supp}\,\psi^*(\omega_j)$). Die Behauptung ergibt sich nun aus (11), dem Gaußschen Integralsatz, (28.17), Bemerkung 28.15 c) und Satz 29.6:

$$\begin{aligned}
\int_G d\omega_j &= \int_{G \cap V} d\omega_j = \int_W \psi^*(d\omega_j) = \int_W d(\psi^*\omega_j) = \int_{\partial W} \psi^*\omega_j \\
&= \int_{\kappa(\partial G \cap V)} \psi^*\omega_j = \int_{\partial G \cap V} \omega_j = \int_{\partial G} \omega_j\,. \qquad\qquad \diamond
\end{aligned}$$

In Beweisteil a) könnte man auch direkter mit einer C^∞-Zerlegung der Eins *auf S* argumentieren, vgl. Aufgabe 31.1.

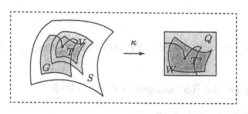

Abb. 29b

Der folgende Spezialfall des Satzes von Stokes ist eine zu Bemerkung 22.10 analoge Variante von Theorem 26.8:

29.12 Folgerung. *Es seien* $D \subseteq \mathbb{R}^n$ *offen und* $\Gamma \subseteq D$ *eine geschlossene stückweise* C^2-*glatte Jordankurve. Es gebe eine orientierbare* C^2-*glatte Fläche* $S \in \mathfrak{M}_2^2(n)$ *und ein* C^2-*Polyeder* $G \in \mathfrak{P}^2(S)$ *mit* $\overline{G} \subseteq D$ *und* $\partial G = \Gamma$. *Für eine geschlossene Pfaffsche Form* $\omega \in \Omega_1^1(D)$ *gilt dann*

$$\int_\Gamma \omega \;=\; \int_G d\omega \;=\; 0. \tag{23}$$

Für Vektorfelder im $\mathbb{R}^3$ ergibt sich aus Theorem 29.11:

29.13 Satz (Klassischer Integralsatz von Stokes). *Es seien* $S \in \mathfrak{M}_2^2(3)$ *eine durch das Normaleneinheitsvektorfeld* $\mathfrak{n} \in C(S, \mathbb{R}^3)$ *orientierte* C^2-*glatte Fläche im* $\mathbb{R}^3$ *und* $G \in \mathfrak{P}^2(S)$ *ein* C^2-*Polyeder, dessen regulärer Rand* $\partial_r G$ *durch das äußere Normaleneinheitsvektorfeld gemäß (28.23) orientiert sei; weiter sei* $\mathfrak{t}$ *das positiv orientierte Tangenteneinheitsvektorfeld auf* $\partial_r^2 G$. *Schließlich sei* D *offen in* $\mathbb{R}^3$ *mit* $\overline{G} \subseteq D$, *und für ein Vektorfeld* $v \in C^1(D, \mathbb{R}^3)$ *gelte* $v \in \mathcal{L}_1(\partial G, \mathbb{R}^3)$. *Dann ist*

$$\int_G \langle \operatorname{rot} v, \mathfrak{n} \rangle \, d\sigma_2 \;=\; \int_{\partial G} \langle v, \mathfrak{t} \rangle \, d\sigma_1. \tag{24}$$

BEWEIS. Für $\omega := jv \in \Omega_1^1(D)$ gilt $\int_{\partial G} \langle v, \mathfrak{t} \rangle \, d\sigma_1 = \int_{\partial G} \omega$ nach (16); nach (27.15) hat man $d\omega = *j(\operatorname{rot} v)$ und somit $\int_G d\omega = \int_G \langle \operatorname{rot} v, \mathfrak{n} \rangle \, d\sigma_2$ aufgrund von (18). $\diamond$

29.14 Bemerkungen. a) Nach (24) stimmt also die *Zirkulation* des Vektorfeldes v längs ∂G in Richtung $\mathfrak{t}$ mit dem *Fluß* der *Rotation* von v durch G in Richtung $\mathfrak{n}$ überein.

b) Für einen Punkt $q \in D$ und einen Einheitsvektor $\mathfrak{n} \in \mathbb{R}^3$ wendet man (24) auf die Ebene $S := \{x \in \mathbb{R}^3 \mid \langle x - q, \mathfrak{n} \rangle = 0\}$ und die Kreise $G_r := \{x \in S \mid |x - q| < r\}$ an und erhält (vgl. Bemerkung 17.10 d))

$$\langle \operatorname{rot} v(q), \mathfrak{n} \rangle \;=\; \lim_{r \to 0} \frac{1}{\pi r^2} \int_{G_r} \langle \operatorname{rot} v, \mathfrak{n} \rangle \, d\sigma_2 \;=\; \lim_{r \to 0} \frac{1}{\pi r^2} \int_{\partial G_r} \langle v, \mathfrak{t} \rangle \, d\sigma_1. \tag{25}$$

Die Komponente von $\operatorname{rot} v(q)$ in Richtung $\mathfrak{n}$ ist also die *Wirbelstärke* von v bezüglich der Ebene S im Punkte q.   □

Aufgaben

29.1 Zu $S \in \mathfrak{M}_p^\ell(n)$ und $\omega \in \Omega_\ell^p(S)$, konstruiere man $\eta \in \Omega_\ell^p(\mathbb{R}^n)$ mit $\omega = \eta|_S = i_S^* \eta$.

29.2 Man verifiziere die Rechnungen in Beispiel 29.5.

29.3 Man berechne $\int_{S^2} x\, dy \wedge dz$.

29.4 Man zeige, daß eine C^1-Mannigfaltigkeit $S \in \mathfrak{M}_p^1(n)$ genau dann orientierbar ist, wenn eine *stetige* p-Form $\omega \in \Omega_0^p(S)$ mit $\omega(x) \neq 0$ für alle $x \in S$ existiert.

29.5 Es sei $S \in \mathfrak{M}_p^2(n)$ eine *kompakte* orientierte C^2-Mannigfaltigkeit. Für $\omega \in \Omega_1^{p-1}(S)$ zeige man $\int_S d\omega = 0$.

29.6 Es seien $D \subseteq \mathbb{R}^3$ offen und $I \subseteq \mathbb{R}$ ein offenes Zeitintervall. Für elektrische und magnetische Felder $E, B : D \times I \mapsto \mathbb{R}^3$ zeige man die Äquivalenz der *Maxwell-Gleichung*

$$\operatorname{rot} E = -\tfrac{\partial B}{\partial t}$$

zu der Aussage

$$\tfrac{d}{dt} \int_G \langle B, \mathfrak{n} \rangle\, d\sigma_2 = -\int_{\partial G} \langle E, \mathfrak{t} \rangle\, d\sigma_1$$

für jedes $G \in \mathfrak{G}^2(S)$ mit $\overline{G} \subseteq D$ wie im klassischen Satz von Stokes.

30   Das Lemma von Poincaré

In den Abschnitten II. 30 und 26 wurden *geschlossene* und *exakte* Pfaffsche Formen untersucht. Diese Begriffe sind auch für Differentialformen beliebiger Ordnung wichtig; der Einfachheit wegen wird in diesem Abschnitt nur der C^∞-Fall betrachtet.

30.1 Definition. *Es seien $S \in \mathfrak{M}_p^\infty(n)$ eine p-dimensionale C^∞-Mannigfaltigkeit und $0 \leq r \leq p$.*
a) Eine Differentialform $\omega \in \Omega^r(S) := \Omega_\infty^r(S)$ heißt geschlossen, *falls $d\omega = 0$ gilt.*
b) Eine Differentialform $\omega \in \Omega^r(S)$ heißt exakt *(für $r \geq 1$), falls eine Differentialform $\lambda \in \Omega^{r-1}(S)$ mit $\omega = d\lambda$ existiert.*

30.2 Bemerkungen, Definitionen und Beispiele. a) Aufgrund von Satz 27.13 und Definition 29.10 sind exakte Differentialformen stets geschlossen. b) Mit

$$C^r(S) := \{\omega \in \Omega^r(S) \mid d\omega = 0\} \tag{1}$$

bezeichnet man den Raum der geschlossenen r-Formen und mit

$$B^r(S) := \{d\lambda \in \Omega^r(S) \mid \lambda \in \Omega^{r-1}(S)\} \tag{2}$$

den Raum der exakten r-Formen auf S. Mit $B^0(S) := \{0\}$ heißt der Quotientenraum

$$H^r(S) := C^r(S)/B^r(S) \tag{3}$$

die r-te de Rham-Cohomologiegruppe von S; diese Vektorräume „messen" die Differenz der Begriffe „geschlossen" und „exakt" über S.
c) Es ist $H^0(S) = C^0(S)$ der Raum der *lokal konstanten Funktionen* auf S, insbesondere also $H^0(S) \cong \mathbb{R}$ für *zusammenhängende* S.
d) Nach Folgerung 26.9 gilt $H^1(G) = 0$ für *einfach zusammenhängende* Gebiete $G \subseteq \mathbb{R}^n$.
e) Wegen (27.15) und (27.16) gilt für offene Mengen $D \subseteq \mathbb{R}^3$ genau dann $H^2(D) = 0$, wenn jedes Vektorfeld $v \in C^\infty(D, \mathbb{R}^3)$ mit $\operatorname{div} v = 0$ ein *Vektorpotential* $w \in C^\infty(D, \mathbb{R}^3)$ besitzt, für das also $\operatorname{rot} w = v$ gilt.
f) Wegen (27.16) gilt für offene Mengen $D \subseteq \mathbb{R}^n$ genau dann $H^n(D) = 0$, wenn es zu jeder Funktion $f \in C^\infty(D, \mathbb{R})$ ein Vektorfeld $v \in C^\infty(D, \mathbb{R}^n)$ mit $\operatorname{div} v = f$ gibt.
g) Für eine *kompakte* und *orientierte* Mannigfaltigkeit $S \in \mathfrak{M}_p^\infty(n)$ läßt sich der Satz von Stokes auf $G := S$ anwenden; wegen $\partial G = \emptyset$ ergibt sich

$$\int_S \omega = 0 \tag{4}$$

für exakte p-Formen $\omega \in B^p(S)$. Insbesondere kann die *Volumenform* $do \in C^p(S) = \Omega^p(S)$ nicht exakt sein, und es gilt $H^p(S) \neq 0$. Ist S *zusammenhängend*, so ist sogar

$$B^p(S) = \{\omega \in \Omega^p(S) \mid \int_S \omega = 0\}; \tag{5}$$

einen Beweis dieser Aussage findet man etwa in [20], § 20. Für eine Form $\omega \in C^p(S) = \Omega^p(S)$ ergibt sich daraus sofort $\omega - \alpha \, do \in B^p(S)$ mit $\alpha = \int_S \omega$, und daher gilt $H^p(S) \cong \mathbb{R}$.
h) Die $(n-1)$-Form $\omega(x) = \omega_{-n/2}(x) = r^{-n} \sum_{i=1}^n x_i *dx_i \in \Omega^{n-1}(\mathbb{R}^n \backslash \{0\})$ ist nach Beispiel 27.8 c) geschlossen. Gilt nun $\omega = d\lambda$ mit $\lambda \in \Omega^{n-2}(\mathbb{R}^n \backslash \{0\})$, so folgt $\int_{S^{n-1}} \omega = \int_{\partial S^{n-1}} \lambda = 0$ aus dem Satz von Stokes. Nach (29.17)

stimmt für $x \in S^{n-1}$ aber $\omega(x)$ auf $T_x(S^{n-1})$ mit der *Volumenform* $do(x)$ von S^{n-1} überein, d.h. es gilt $\int_{S^{n-1}} \omega = \mu_{n-1}(S^{n-1}) \neq 0$. Somit ist ω nicht exakt, und man hat $H^{n-1}(\mathbb{R}^n \backslash \{0\}) \neq 0$ für $n \geq 2$. Mittels g) und den Aufgaben 30.2 und 30.3 ergibt sich sogar $H^{n-1}(\mathbb{R}^n \backslash \{0\}) \cong \mathbb{R}$. $\qquad \square$

Für $S_1 \in \mathfrak{M}_p^\infty(n)$, $S_2 \in \mathfrak{M}_q^\infty(m)$ und $f \in \mathcal{C}^\infty(S_1, S_2)$ gilt nach Satz 29.10 offenbar $f^*(C^r(S_2)) \subseteq C^r(S_1)$ und $f^*(B^r(S_2)) \subseteq B^r(S_1)$; folglich induziert f^* lineare Abbildungen

$$f^* : H^r(S_2) \mapsto H^r(S_1) \tag{6}$$

zwischen den Cohomologiegruppen. Aus Theorem 30.4 unten folgt, daß f^* nur von der *Homotopieklasse* von f abhängt.

30.3 Definition. *Es seien* $S_1 \in \mathfrak{M}_p^\infty(n)$ *und* $S_2 \in \mathfrak{M}_q^\infty(m)$. *Zwei* $\mathcal{C}^\infty$*-Abbildungen* $f, g \in \mathcal{C}^\infty(S_1, S_2)$ *heißen* $\mathcal{C}^\infty$*-homotop, wenn es ein offenes Intervall* $[0, 1] \subseteq J \subseteq \mathbb{R}$ *und eine* $\mathcal{C}^\infty$*-Homotopie* $H \in \mathcal{C}^\infty(J \times S_1, S_2)$ *mit* $H(0, x) = f(x)$ *und* $H(1, x) = g(x)$ *für alle* $x \in S_1$ *gibt.*

30.4 Theorem. *Es seien* $S_1 \in \mathfrak{M}_p^\infty(n)$, $S_2 \in \mathfrak{M}_q^\infty(m)$, *und die Abbildungen* $f, g \in \mathcal{C}^\infty(S_1, S_2)$ *seien* $\mathcal{C}^\infty$*-homotop. Für* $r \geq 1$ *gibt es dann zu einer geschlossenen Form* $\omega \in C^r(S_2)$ *eine Form* $\lambda \in \Omega^{r-1}(S_1)$ *mit*

$$g^*(\omega) - f^*(\omega) = d\lambda. \tag{7}$$

Der Beweis von Theorem 30.4 erfordert einige Vorbereitungen:
Für eine Mannigfaltigkeit $S \in \mathfrak{M}_p^\infty(n)$ gilt $J \times S \in \mathfrak{M}_{p+1}^\infty(n+1)$. Für $(t, x) \in J \times S \subseteq \mathbb{R}^{n+1} = \mathbb{R} \times \mathbb{R}^n$ hat der Tangentialraum die Zerlegung

$$T_{(t,x)}(J \times S) = \mathbb{R} \times T_x(S). \tag{8}$$

Mit $e_1 = (1, 0, \ldots, 0)^\top \in \mathbb{R}^{n+1}$ und $\eta \in \Omega^r(J \times S)$ definiert man

$$(P\eta)(x)(h_1, \ldots, h_{r-1}) := \int_0^1 \eta(t, x)(e_1, h_1, \ldots, h_{r-1}) \, dt \tag{9}$$

für $x \in S$ und $h_1, \ldots, h_{r-1} \in T_x(S)$. Mit den *Einbettungen*

$$i_t : S \mapsto J \times S, \quad i_t(x) := (t, x), \tag{10}$$

gilt dann:

30.5 Lemma. *Für* $r \geq 1$ *werden durch (9) Integraloperatoren*

$$P : \Omega^r(J \times S) \mapsto \Omega^{r-1}(S) \tag{11}$$

definiert. Für $\eta \in \Omega^r(J \times S)$ *gilt*

$$P(d\eta) + d(P\eta) = i_1^* \eta - i_0^* \eta. \tag{12}$$

BEWEIS. a) Ist $\kappa : V \mapsto U$ eine Karte von S, so ist offensichtlich auch $I \times \kappa : J \times V \mapsto J \times U$ eine solche von $J \times S$. Mit $u = \kappa(x)$ hat man

$$\begin{aligned}
\psi^*(P\eta)(u)(k_1, \ldots, k_{r-1}) &= \int_0^1 \eta(t, \psi(u))(e_1, \psi_*(u)k_1, \ldots, \psi_*(u)k_{r-1})\, dt \\
&= P((I \times \psi)^*\eta)(u)(k_1, \ldots, k_{r-1}) \quad (13)
\end{aligned}$$

für $k_1, \ldots, k_{r-1} \in \mathbb{R}^p$; insbesondere ist also $\psi^*(P\eta) \in \Omega^{r-1}(U)$ eine $\mathcal{C}^\infty$-Form, und daher gilt $P\eta \in \Omega^{r-1}(S)$.

b) Wegen (13) und Definition 29.10 genügt es, Formel (12) für offene Mengen $S = U \subseteq \mathbb{R}^p$ zu beweisen. Im Fall

$$\eta(t, x) = a(t, x)\, dx_{i_1} \wedge \ldots \wedge dx_{i_r} \quad (14)$$

gilt $P\eta = 0$ und somit auch $d(P\eta) = 0$. Weiter ist

$$d\eta = \partial_t a\, dt \wedge dx_{i_1} \wedge \ldots \wedge dx_{i_r} + \sum_{j=1}^p \partial_{x_j} a\, dx_j \wedge dx_{i_1} \wedge \ldots \wedge dx_{i_r}$$

und daher

$$\begin{aligned}
P(d\eta)(x) &= \left(\int_0^1 \partial_t a(t, x)\, dt \right) dx_{i_1} \wedge \ldots \wedge dx_{i_r} \\
&= (a(1, x) - a(0, x))\, dx_{i_1} \wedge \ldots \wedge dx_{i_r} \\
&= i_1^*\eta(x) - i_0^*\eta(x).
\end{aligned}$$

c) Im Fall

$$\eta(t, x) = b(t, x)\, dt \wedge dx_{i_1} \wedge \ldots \wedge dx_{i_{r-1}} \quad (15)$$

gilt $i_1^*\eta = i_0^*\eta = 0$ wegen $i_s^*(dt) = 0$ für alle $s \in J$. Weiter hat man

$$d\eta = \sum_{j=1}^p \partial_{x_j} b\, dx_j \wedge dt \wedge dx_{i_1} \wedge \ldots \wedge dx_{i_{r-1}} \quad \text{und}$$

$$P(d\eta) = -\sum_{j=1}^p \left(\int_0^1 \partial_{x_j} b\, dt \right) dx_j \wedge dx_{i_1} \wedge \ldots \wedge dx_{i_{r-1}} = -d(P\eta)$$

wegen

$$P\eta(x) = \left(\int_0^1 b(t, x)\, dt \right) dx_{i_1} \wedge \ldots \wedge dx_{i_{r-1}}.$$

d) Formel (12) gilt also für alle Formen der Form (14) und (15) und daher auch für alle $\eta \in \Omega^r(J \times S)$. $\diamond$

30.6 Beweis von Theorem 30.4 Es seien also jetzt $\omega \in \mathcal{C}^r(S_2)$ eine geschlossene r-Form und $H \in \mathcal{C}^\infty(J \times S_1, S_2)$ eine $\mathcal{C}^\infty$-Homotopie mit

$H(0,x) = f(x)$ und $H(1,x) = g(x)$ für alle $x \in S_1$. Die Anwendung von Lemma 30.5 auf $\eta := H^*(\omega) \in \Omega^r(J \times S_1)$ liefert

$$g^*(\omega) - f^*(\omega) = (H \circ i_1)^*(\omega) - (H \circ i_0)^*(\omega) = i_1^*\eta - i_0^*\eta = d(P\eta)$$

wegen $d\eta = d(H^*\omega) = H^*(d\omega) = 0$, also die Behauptung (7) mit $\lambda := P\eta \in \Omega^{r-1}(S_1)$.   ◇

30.7 Folgerung (Lemma von Poincaré.) *Es sei $S \in \mathfrak{M}_p^\infty(n)$ zusammenziehbar, d. h. die Identität $I : S \mapsto S$ sei C^∞-homotop zu einer konstanten Abbildung $c : S \mapsto S$. Dann gilt $H^r(S) = 0$ für $r \geq 1$.*

BEWEIS. Zu einer geschlossenen Form $\omega \in C^r(S)$ gibt es nach Theorem 30.4 eine Form $\lambda \in \Omega^{r-1}(S)$ mit $I^*(\omega) - c^*(\omega) = d\lambda$, und wegen $I^*(\omega) = \omega$ und $c^*(\omega) = 0$ folgt daraus sofort $\omega = d\lambda$.   ◇

30.8 Beispiele. a) *Sternförmige Gebiete $G \subseteq \mathbb{R}^n$* (etwa bezüglich $a \in G$) sind zusammenziehbar. Dazu wählt man eine monoton wachsende Funktion $h \in C^\infty(\mathbb{R},\mathbb{R})$ mit $h(t) = 0$ für $t \leq 0$ und $h(t) = 1$ für $t \geq 1$ und definiert eine Homotopie $H \in C^\infty(\mathbb{R} \times G, G)$ durch $H(t,x) := a + h(t)(x-a)$.
b) Nach a) und dem Lemma von Poincaré sind geschlossene Differentialformen stets *lokal* exakt.   □

Aus Theorem 30.4 und dem Satz von Stokes ergibt sich:

30.9 Folgerung. *Es seien $S_1 \in \mathfrak{M}_p^\infty(n)$ eine orientierbare kompakte Mannigfaltigkeit und $S_2 \in \mathfrak{M}_q^\infty(m)$. Sind $f,g \in C^\infty(S_1,S_2)$ C^∞-homotop, so gilt für geschlossene p-Formen $\omega \in C^p(S_2)$*

$$\int_{S_1} g^*(\omega) = \int_{S_1} f^*(\omega). \tag{16}$$

BEWEIS. Nach Theorem 30.4 gibt es $\lambda \in \Omega^{p-1}(S_1)$ mit $g^*(\omega) - f^*(\omega) = d\lambda$. Aus dem Satz von Stokes folgt daher sofort

$$\int_{S_1} \left(g^*(\omega) - f^*(\omega)\right) = \int_{S_1} d\lambda = \int_{\partial S_1} \lambda = 0.   ◇$$

Folgerung 30.9 ist eine wesentliche Erweiterung des C^∞-Falls von Theorem 26.8, da ja geschlossene Wege in einem Gebiet $G \subseteq \mathbb{R}^n$ als auf der Kreislinie definierte Abbildungen $\gamma : S^1 \mapsto G$ aufgefaßt werden können. Man kann übrigens zeigen, daß in der Situation von Theorem 30.4 aus der Existenz einer *stetigen* Homotopie bereits die einer C^∞-Homotopie folgt.

Als Anwendung von Folgerung 30.9 wird nun der *„Satz vom Igel"* bewiesen. Dieser besagt anschaulich, daß man das äußere Normalenfeld $n(x) = x$ auf der zweidimensionalen Sphäre S^2 (eben den „Igel") nicht so „kämmen" kann, daß alle „Stacheln" tangential werden. Allgemeiner gilt:

30.10 Lemma. *Es sei $v \in C^\infty(S^n, \mathbb{R}^{n+1})$ ein Vektorfeld mit $v(x) \in T_x(S^n)$ für $x \in S^n$. Ist n gerade, so gibt es $x_0 \in S^n$ mit $v(x_0) = 0$.*

BEWEIS. Es gelte $v(x) \neq 0$ für alle $x \in S^n$. Wegen $v(x) \perp x$ wird durch

$$H(t, x) := \cos \pi t \, x + \sin \pi t \, \frac{v(x)}{|v(x)|} \qquad (17)$$

eine C^∞-Homotopie $H \in C^\infty(\mathbb{R} \times S^n, S^n)$ definiert mit $H(0, x) = x$ und $H(1, x) = -x$. Da n *gerade* ist, *kehrt* $-I$ die *Orientierung* von $\mathbb{R}^{n+1}$ *um*, und wegen $(-I)_* \mathsf{n}(x) = \mathsf{n}(-x)$ gilt dies auch für die Orientierung der Sphäre S^n. Aus Satz 29.6, (29.13) und Folgerung 30.9 ergibt sich dann

$$\int_{S^n} do = \int_{S^n} (-I)^*(do) = -\int_{S^n} do \,,$$

also der Widerspruch $\int_{S^n} do = 0$. $\qquad \diamond$

30.11 Igelsatz. *Es sei $v \in C(S^n, \mathbb{R}^{n+1})$ ein stetiges Vektorfeld mit $v(x) \in T_x(S^n)$ für $x \in S^n$. Ist n gerade, so gibt es $x_0 \in S^n$ mit $v(x_0) = 0$.*

BEWEIS. Andernfalls gibt es $\varepsilon > 0$ mit $|v(x)| \geq 3\varepsilon$ für alle $x \in S^n$. Man wählt $\rho \in C_c(0, \infty)$ mit $\rho = 1$ auf $[\frac{1}{2}, \frac{3}{2}]$. Für

$$v_1(x) := \rho(|x|) \, v(\tfrac{x}{|x|}), \quad x \in \mathbb{R}^{n+1} \backslash \{0\},$$

gilt $v_1 \in C_c(\mathbb{R}^{n+1} \backslash \{0\}, \mathbb{R}^{n+1})$ und $v_1(x) = v(x)$ für alle $x \in S^n$. Nach Folgerung 10.13 gibt es $w_1 \in C_c^\infty(\mathbb{R}^{n+1} \backslash \{0\}, \mathbb{R}^{n+1})$ mit $\|v_1 - w_1\|_\infty \leq \varepsilon$. Speziell gilt

$$|\langle w_1(x), x \rangle| = |\langle w_1(x) - v_1(x), x \rangle| \leq \varepsilon \quad \text{für} \quad x \in S^n.$$

Definiert man daher $w \in C_c^\infty(\mathbb{R}^{n+1} \backslash \{0\}, \mathbb{R}^{n+1})$ durch

$$w(x) := w_1(x) - \langle w_1(x), x \rangle \, x,$$

so gilt $\langle w(x), x \rangle = 0$ und

$$|w(x)| \geq |w_1(x)| - \varepsilon \geq |v_1(x)| - 2\varepsilon \geq \varepsilon$$

für alle $x \in S^n$ im Widerspruch zu Lemma 30.10. $\qquad \diamond$

Aufgaben

30.1 a) Es sei $\omega \in C^r(S)$. Man zeige, daß mit $\lambda \in \Omega^k(S)$ auch das Dachprodukt $\omega \wedge \lambda \in \Omega^{r+k}(S)$ geschlossen bzw. exakt ist.
b) Man definiere das Dachprodukt von Cohomologieklassen.

30.2 Zwei Mannigfaltigkeiten $S_1 \in \mathfrak{M}_p^\infty(n)$ und $S_2 \in \mathfrak{M}_q^\infty(m)$ heißen C^∞-*homotopieäquivalent*, Notation $S_1 \simeq S_2$, wenn es C^∞-Abbildungen $f \in C^\infty(S_1, S_2)$ und $g \in C^\infty(S_2, S_1)$ gibt, so daß $g \circ f$ und $f \circ g$ zu den Identitäten auf S_1 und S_2 C^∞-homotop sind.
a) Für *zusammenziehbares* S_2 zeige man $S_1 \times S_2 \simeq S_1$.
b) Aus $S_1 \simeq S_2$ folgere man $H^r(S_1) \cong H^r(S_2)$ für alle $r \geq 0$.

30.3 a) Man zeige $\mathbb{R}^n \backslash \{0\} \simeq S^{n-1}$ und schließe $H^n(\mathbb{R}^n \backslash \{0\}) = 0$.
b) Man berechne $H^r(\mathbb{R}^3 \backslash \{0\})$ für alle $r \geq 0$.
c) Für eine Gerade g im $\mathbb{R}^3$ berechne man $H^r(\mathbb{R}^3 \backslash g)$ für alle $r \geq 0$.

30.4 Man gebe einen neuen Beweis für die C^∞-Version von Lemma 21.3 und somit für den Brouwerschen Fixpunktsatz.

30.5 Man zeige, daß Folgerung 30.9 eine unmittelbare Konsequenz des Satzes von Stokes ist.
HINWEIS. $\int_{S_1} \left(g^*(\omega) - f^*(\omega) \right) = \int_{\partial([0,1] \times S_1)} H^*(\omega)$.

30.6 Es sei $G \subseteq \mathbb{R}^n$ ein bezüglich $0 \in G$ sternförmiges Gebiet. Für $\omega = \sum_I a_I \, dx_I \in \Omega^r(G)$ definiere man

$$(K\omega)(x) := \sum_I \left(\int_0^1 t^{r-1} a_I(tx) \, dt \right) \sum_{j=1}^r (-1)^{j-1} x_{i_j} \, dx_{i_1} \wedge \ldots \widehat{dx_{i_j}} \ldots \wedge dx_{i_r}$$

und zeige $K\omega \in \Omega^{r-1}(G)$ sowie $d(K\omega) + K(d\omega) = \omega$.

30.7 Auf einer Sphäre $S^{2k-1} \subseteq \mathbb{R}^{2k}$ *ungerader* Dimension finde man ein tangentiales C^∞-Vektorfeld ohne Nullstellen.

30.8 Der Laplace-Operator $\Delta : C^\infty(D) \mapsto C^\infty(D)$ ist für jede offene Menge $D \subseteq \mathbb{R}^n$ *surjektiv;* einen Beweis dieser Tatsache findet man etwa in [18], Band 1, 4.4 oder Band 2, 10.6 (vgl. auch Abschnitt 40). Damit beweise man für eine offene Menge $D \subseteq \mathbb{R}^3$ mit $H^2(D) = 0$:
a) Ein quellenfreies Vektorfeld $v \in C^\infty(D, \mathbb{R}^3)$ (d. h. $\operatorname{div} v = 0$) besitzt ein *quellenfreies Vektorpotential* $w \in C^\infty(D, \mathbb{R}^3)$, für das also $\operatorname{rot} w = v$ und $\operatorname{div} w = 0$ gilt.
b) Jedes Vektorfeld $v \in C^\infty(D, \mathbb{R}^3)$ besitzt eine *Helmholtz-Zerlegung*

$$v = \operatorname{grad} g + \operatorname{rot} w \tag{18}$$

mit $g \in C^\infty(D, \mathbb{R})$, $w \in C^\infty(D, \mathbb{R}^3)$ und $\operatorname{div} w = 0$.

31   Abstrakte Mannigfaltigkeiten

„Mannigfaltigkeiten" waren in diesem Buch bisher stets *Untermannigfaltigkeiten* eines geeigneten $\mathbb{R}^n$. Man kann diesen Begriff aber auch abstrakter fassen und gewinnt dadurch flexiblere Konstrukionsmöglichkeiten für Beispiele von Mannigfaltigkeiten, etwa durch *Quotientenbildung*.[13] Der Einfachheit wegen wird nur der C^∞-Fall näher betrachtet:

31.1 Definition. *Es seien S ein lokalkompakter Hausdorff-Raum, der eine abzählbare Vereinigung kompakter Mengen ist (vgl. Satz 3.4), und $p \in \mathbb{N}$.*

a) Eine Karte *auf S ist eine Homöomorphie $\kappa : V \mapsto U$ offener Mengen $V \subseteq S$ und $U \subseteq \mathbb{R}^p$.*

b) Zwei Karten $\kappa_1 : V_1 \mapsto U_1$ und $\kappa_2 : V_2 \mapsto U_2$ von S heißen verträglich, *falls der Kartenwechsel (vgl. Abb. 28a)*

$$\chi := \kappa_1 \circ \psi_2 : \kappa_2(V_1 \cap V_2) \mapsto \kappa_1(V_1 \cap V_2) \tag{1}$$

ein C^∞-Diffeomorphismus ist.

c) Ein Atlas *von S ist eine Menge $\mathfrak{A} = \{\kappa_j : V_j \mapsto U_j\}$ paarweise verträglicher Karten mit $\bigcup_j V_j = S$. Zwei Atlanten $\mathfrak{A}$ und $\mathfrak{B}$ heißen* äquivalent, *wenn Karten aus $\mathfrak{A}$ und $\mathfrak{B}$ stets verträglich sind.*

d) Eine Äquivalenzklasse $[\mathfrak{A}]$ von Atlanten liefert eine C^∞-Struktur auf S, und das Paar $(S, [\mathfrak{A}]) \in \mathfrak{M}_p$ heißt p-dimensionale C^∞-Mannigfaltigkeit.

C^∞-Untermannigfaltigkeiten von $\mathbb{R}^n$ im Sinne von Satz 19.2 sind natürlich C^∞-Mannigfaltigkeiten im Sinne von Definition 31.1.

31.2 Beispiele. a) Der *projektive Raum* $\mathbb{R}P^n$ ist die Menge aller eindimensionalen Unterräume des $\mathbb{R}^{n+1}$, d. h. die Menge aller Äquivalenzklassen $\pi(x) = [x] = [x_0, x_1, \ldots, x_n]$ von Punkten $x \in \mathbb{R}^{n+1}\backslash\{0\}$ unter der Äquivalenzrelation $x \sim y :\Leftrightarrow y = \lambda x$ mit $\lambda \in \mathbb{R}\backslash\{0\}$. Die Surjektion $\pi : \mathbb{R}^{n+1} \mapsto \mathbb{R}P^n$ definiert eine *Quotiententopologie* auf $\mathbb{R}P^n$: Eine Menge $V \subseteq \mathbb{R}P^n$ heißt *offen*, wenn $\pi^{-1}(V)$ offen in $\mathbb{R}^{n+1}$ ist.

b) Für $i = 0, \ldots, n$ sind die Mengen $V_i := \{[x] \in \mathbb{R}P^n \mid x_i \neq 0\}$ offen, und

$$\kappa_i : [x_0, \ldots, x_i, \ldots, x_n] \mapsto \left(\tfrac{x_0}{x_i}, \ldots, \tfrac{x_{i-1}}{x_i}, \tfrac{x_{i+1}}{x_i}, \ldots, \tfrac{x_n}{x_i}\right) \tag{2}$$

liefert eine Karte $\kappa_i : V_i \mapsto \mathbb{R}^n$ mit Umkehrabbildung

$$\psi_i : (u_1, \ldots, u_n) \mapsto [u_1, \ldots, u_i, 1, u_{i+1} \ldots, u_n]. \tag{3}$$

---

[13]Andererseits ist nach einem *Satz von Whitney* jede abstrakte Mannigfaltigkeit zu einer abgeschlossenen Untermannigfaltigkeit eines $\mathbb{R}^n$ diffeomorph.

Wegen $\kappa_j \circ \psi_i(u_1, \ldots, u_n) = (\frac{u_1}{u_{j+1}}, \ldots, \frac{u_j}{u_{j+1}}, \frac{u_{j+2}}{u_{j+1}}, \ldots, \frac{1}{u_{j+1}}, \ldots, \frac{u_n}{u_{j+1}})$ für $j < i$ und $u \in \kappa_i(V_i \cap V_j) \Leftrightarrow u_{j+1} \neq 0$ sind κ_i und κ_j *verträglich*, und damit wird $\mathbb{R}P^n$ eine n-dimensionale C^∞-Mannigfaltigkeit.

c) Die Einschränkung $\pi : S^n \mapsto \mathbb{R}P^n$ von π auf die Sphäre S^n ist noch surjektiv, und daher ist $\mathbb{R}P^n$ *kompakt*. Für $x \in S^n$ kann man sich $\kappa_0([x])$ als Schnittpunkt der Geraden durch x und 0 mit der Hyperebene $\{-1\} \times \mathbb{R}^n$ in $\mathbb{R}^{n+1}$ veranschaulichen (vgl. Abb. 31a). Der „Äquator" $\{0\} \times S^{n-1}$ liegt nicht im Definitionsbereich von κ; ihm entspricht in $\mathbb{R}P^n$ die „unendlich ferne projektive Hyperebene" $\{[x] \in \mathbb{R}P^n \mid x_0 = 0\}$.

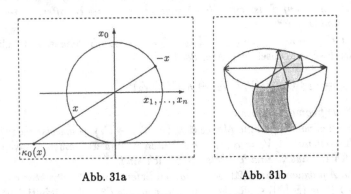

Abb. 31a   Abb. 31b

d) Zur Beschreibung von $\mathbb{R}P^n$ kann man π auch auf die „untere Halbsphäre" $S^n_- := \{x \in S^n \mid x_0 \leq 0\}$ einschränken und muß dann nur noch antipodische Punkte auf dem Äquator identifzieren. Für $n = 2$ ergibt sich dann, daß die *projektive Ebene* $\mathbb{R}P^2$ *Möbius-Bänder* als offene Teilmengen enthält und somit *nicht orientierbar* sein kann (vgl. Abb. 31b). $\square$

Allgemeiner läßt sich für $0 \leq k \leq n$ auf der Menge $\mathfrak{G}^n_k(\mathbb{R})$ aller k-*dimensionalen Unterräume* von $\mathbb{R}^n$ eine C^∞-Struktur definieren (vgl. Aufgabe 31.4); $\mathfrak{G}^n_k(\mathbb{R})$ heißt dann *Grassmann-Mannigfaltigkeit*.

Die bisher für Untermannigfaltigkeiten des $\mathbb{R}^n$ entwickelten Konzepte und Resultate lassen sich auf den Fall abstrakter Mannigfaltigkeiten übertragen; es werden nur die wenigen Punkte genauer diskutiert, die neue Überlegungen erfordern. Ein solcher Punkt ist das Konzept des *Tangentialraums*:

31.3 Definition. *a) Es seien $S \in \mathfrak{M}_p$ und $x \in S$. Zwei nahe x definierte C^∞-Funktionen heißen äquivalent, wenn sie in einer Umgebung von x übereinstimmen. Die Algebra $\mathcal{E}_x(S)$ der entsprechenden Äquivalenzklassen heißt Algebra der Keime der C^∞-Funktionen auf S bei x.*

b) Ein Tangentialvektor $\mathfrak{t} \in T_x(S)$ *an* S *in* x *ist eine* Derivation *auf der Algebra* $\mathcal{E}_x(S)$, *d. h. eine Linearform* $\mathfrak{t} \in \mathcal{E}_x(S)'$, *die die* Produktregel *erfüllt:*

$$\mathfrak{t}(\phi_1 \phi_2) = \mathfrak{t}(\phi_1)\,\phi_2(x) + \phi_1(x)\,\mathfrak{t}(\phi_2) \quad \textit{für} \quad \phi_1, \phi_2 \in \mathcal{E}_x(S). \tag{4}$$

Die Menge $T_x(S)$ der Derivationen auf $\mathcal{E}_x(S)$ ist natürlich ein Unterraum des Dualraums $\mathcal{E}_x(S)'$ von $\mathcal{E}_x(S)$.

31.4 Beispiel. Die *partiellen Ableitungen* $\frac{\partial}{\partial x_i}\big|_a$, $i = 1, \ldots, n$, sind offenbar Derivationen in $T_a(\mathbb{R}^n)$, und wegen $\frac{\partial}{\partial x_i}\big|_a(x_j) = \delta_{ij}$ sind sie linear unabhängig. Für $\phi \in \mathcal{E}_a(\mathbb{R}^n)$ gilt aufgrund der Taylor-Formel

$$\phi(x) = \phi(a) + \sum_{i=1}^{n} \frac{\partial \phi}{\partial x_i}(a)\,(x_i - a_i) + \sum_{i,j=1}^{n} (x_i - a_i)\,(x_j - a_j)\,\phi_{ij}(x)$$

mit geeigneten $\phi_{ij} \in \mathcal{E}_a(\mathbb{R}^n)$, und für eine Derivation $\mathfrak{t} \in T_a(\mathbb{R}^n)$ folgt

$$\mathfrak{t}(\phi) = \sum_{i=1}^{n} \frac{\partial \phi}{\partial x_i}(a)\,\mathfrak{t}(x_i - a_i) =: \sum_{i=1}^{n} t_i \frac{\partial}{\partial x_i}\big|_a(\phi) \tag{5}$$

aufgrund der Produktregel. Somit ist $\{\frac{\partial}{\partial x_1}\big|_a, \ldots, \frac{\partial}{\partial x_n}\big|_a\}$ eine *Basis* von $T_a(\mathbb{R}^n)$, und man hat $\dim T_a(\mathbb{R}^n) = n$. Mittels

$$\mathbb{R}^n \ni t = (t_1, \ldots, t_n)^\top \longleftrightarrow \sum_{i=1}^{n} t_i \frac{\partial}{\partial x_i}\big|_a \in T_a(\mathbb{R}^n) \tag{6}$$

lassen sich daher die Vektoren des $\mathbb{R}^n$ mit den Derivationen „in Richtung dieser Vektoren" identifizieren (für $|t| = 1$ handelt es sich um *Richtungsableitungen* im Sinne von Definition II. 19.13). □

31.5 Bemerkungen und Definitionen. a) Es seien $S_1 \in \mathfrak{M}_p$, $S_2 \in \mathfrak{M}_q$ und $f \in \mathcal{C}^\infty(S_1, S_2)$. Durch $f^\star(\phi) := \phi \circ f$ werden dann Homomorphismen $f^\star(x) : \mathcal{E}_{f(x)}(S_2) \mapsto \mathcal{E}_x(S_1)$ definiert. Die *transponierten* Abbildungen

$$f_*(x) : T_x(S_1) \mapsto T_{f(x)}(S_2), \quad f_*(x)(\mathfrak{t})(\phi) := \mathfrak{t}(\phi \circ f), \tag{7}$$

heißen dann *Differentiale* von f in den Punkten $x \in S_1$. Für Kompositionen von $\mathcal{C}^\infty$-Abbildungen gilt wie in (28.13) stets $(g \circ f)_*(x) = g_*(f(x))\,f_*(x)$.
b) Für eine lokale Parametrisierung $\psi : U \mapsto V$ von S ist also $\psi_*(u) : T_u(\mathbb{R}^p) \mapsto T_x(S)$ für $x = \psi(u)$ ein linearer Isomorphismus. Folglich bilden die Derivationen

$$\{\tfrac{\partial}{\partial x_1}\big|_x := \psi_*(u)(\tfrac{\partial}{\partial u_1}\big|_u), \ldots, \tfrac{\partial}{\partial x_n}\big|_x := \psi_*(u)(\tfrac{\partial}{\partial u_n}\big|_u)\} \tag{8}$$

eine *Basis* des Tangentialraumes $T_x(S)$ für $x = \psi(u) \in V$. □

31.6 Bemerkungen und Definitionen. a) Tangentialvektoren lassen sich, ähnlich wie im Fall von Untermannigfaltigkeiten des $\mathbb{R}^n$, als *Ableitungen von Wegen* konstruieren: Es seien $S \in \mathfrak{M}_p$ und $\gamma \in C^\infty((-\delta, \delta), S)$ mit $\gamma(0) = x$. Durch

$$\dot{\gamma}(0) := \gamma_*(0)(\tfrac{d}{dt}) : \phi \mapsto \tfrac{d}{dt}\big|_0 (\phi \circ \gamma) \quad \text{für} \quad \phi \in \mathcal{E}_x(S) \tag{9}$$

wird dann eine Derivation $\dot{\gamma}(0) \in T_x(S)$ erklärt.

b) Im Fall $S = \mathbb{R}^n$ hat man

$$\gamma_*(0)(\tfrac{d}{dt})(\phi) = D\phi(x)\,\dot{\gamma}(0) = \sum_{i=1}^n \dot{\gamma}_i(0)\,\tfrac{\partial}{\partial x_i}\big|_x(\phi),$$

so daß die *Derivation* $\dot{\gamma}(0) \in T_x(S)$ mit dem *Vektor* $\dot{\gamma}(0) \in \mathbb{R}^n$ gemäß (6) zu identifizieren ist. Dies zeigt auch, daß *alle* Derivationen auf $\mathcal{E}_x(\mathbb{R}^n)$ Ableitungen geeigneter Wege sind.

c) Die letzte Aussage von b) überträgt sich sofort auf Mannigfaltigkeiten. Für Untermannigfaltigkeiten des $\mathbb{R}^n$ stimmen also die frühere konkrete und die neue abstrakte Definition von Tangentialvektoren gemäß (6) überein. □

Zur *Integration* von *Differentialformen* und von *Funktionen* hat man schließlich noch die folgenden

31.7 Bemerkungen und Definitionen. a) Differentialformen auf $S \in \mathfrak{M}_p$ werden wie in Definition 29.1 und Bemerkung 29.2 f) erklärt. Ist S *orientierbar*, so läßt sich $\int_S \omega$ für Formen $\omega \in \Omega^p(S)$ mit *kleinem* Träger wie in (29.11) mittels Karten und für solche mit *kompaktem* Träger mittels einer Zerlegung der Eins ähnlich wie in Definition 19.5 erklären.

b) *Funktionen* auf $S \in \mathfrak{M}_p$ lassen sich *nicht kanonisch* über S integrieren. Man kann aber *Skalarprodukte* $\langle\ ,\ \rangle_x$ *auf den Tangentialräumen* $T_x(S)$ wählen, so daß für alle Karten die Maßtensoren

$$G(x) := (g_{ij}(x)) := \left(\langle \tfrac{\partial}{\partial x_i}\big|_x, \tfrac{\partial}{\partial x_j}\big|_x \rangle_x\right) \tag{10}$$

C^∞-Funktionen sind. Eine solche *Riemannsche Metrik* auf S läßt sich stets mittels einer C^∞-Zerlegung der Eins konstruieren; im Fall von Untermannigfaltigkeiten des $\mathbb{R}^n$ übernimmt man natürlich einfach das Euklidische Skalarprodukt des $\mathbb{R}^n$.

c) Bezüglich einer fest gewählten Riemannschen Metrik auf $S \in \mathfrak{M}_p$ lassen sich Definition 19.5 und die Integrationstheorie aus Abschnitt 19 auf Funktionen auf S übertragen. Auf *orientierbaren* $S \in \mathfrak{M}_p$ gibt es wieder eine eindeutig bestimmte *Volumenform*, und mit dieser gilt Formel (29.7). □

Aufgaben

31.1 Man beweise die Existenz von C^∞-Zerlegungen der Eins auf abstrakten Mannigfaltigkeiten.

HINWEIS. Man kann sich auf *abzählbare* Überdeckungen aus *kleinen* offenen Mengen beschränken und verfährt wie in Satz 10.1.

31.2 Man konstruiere eine Riemannsche Metrik auf $S \in \mathfrak{M}_p$.

31.3 Für welche $n \in \mathbb{N}$ ist der projektive Raum $\mathbb{R}P^n$ orientierbar?

31.4 Für $E \in \mathfrak{G}_k^n(\mathbb{R})$ sei $P_E : \mathbb{R}^n \mapsto E$ die orthogonale Projektion (vgl. die Sätze II. 13.8 und 32.14). Man beweise, daß $P_E : F \mapsto E$ für Räume $F \in V_E := \{F \in \mathfrak{G}_k^n(\mathbb{R}) \mid F \cap E^\perp = (0)\}$ bijektiv ist und daß

$$\kappa_E : V_E \mapsto L(E, E^\perp) \cong \mathbb{R}^{k(n-k)}, \quad \kappa_E(F) := P_{E^\perp} \circ (P_E \mid F)^{-1},$$

eine bijektive Abbildung definiert. Schließlich zeige man, daß alle so definierten Karten miteinander verträglich sind und somit eine C^∞-Struktur auf $\mathfrak{G}_k^n(\mathbb{R})$ definieren.

VI. Fourier-Reihen und Funktionalanalysis

Ein zentrales Thema der letzten beiden Kapitel des Buches ist die Anwendung von *Hilbertraum-Methoden* auf *Differentialgleichungen*.

In Abschnitt 32 werden zunächst die grundlegenden Tatsachen über *Fourier-Entwicklungen* in *Hilberträumen* wiederholt und dann *orthogonale Projektionen* konstruiert; eine Einführung in die Theorie der *linearen Operatoren* auf Hilberträumen folgt in Abschnitt 37. In den Abschnitten 33 und 34 wird die *Konvergenz von Fourier-Reihen* untersucht, insbesondere auch ihre *Cesàro-* und *Abel-Konvergenz*. Eine wichtige Methode ist die *Faltung* mit geeigneten *Dirac-Folgen* und *-Familien*. Diese liefert auch weitere Resultate zu Poisson-Integralen über Kreislinien, insbesondere den *Satz von Fatou* über die Existenz radialer Grenzwerte fast überall, und wird in Abschnitt 35 mit Hilfe der *Theta-Funktion* zur Lösung von *Anfangswertproblemen* für die *Wärmeleitungsgleichung* auf Kreislinien verwendet. Die Fourier-Reihe einer *stetigen* 2π*-periodischen* Funktion konvergiert i. a. *nicht punktweise;* dies wird in Abschnitt 34 aus dem *Prinzip der gleichmäßigen Beschränktheit* gefolgert, welches wiederum auf einem abstrakten *Satz von Baire* über vollständige metrische Räume beruht. Eine weitere wichtige Konsequenz aus dem Satz von Baire ist der *Satz von der offenen Abbildung;* diese grundlegenden Resultate der *Funktionalanalysis* werden im nächsten Kapitel in der Theorie der *Distributionen* angewendet.

Anfangswertprobleme mit *Randbedingungen* für die *Wärmeleitungsgleichung* und die *Wellengleichung* können durch *Fourier-Entwicklung* nach den *Eigenfunktionen* geeigneter *Randwertprobleme* in den Raumvariablen gelöst werden. Für die Wellengleichung $\rho\, \partial_t^2 u = \partial_x^2 u$ über einem kompakten Intervall wird diese Methode in Abschnitt 36 explizit durchgerechnet; die Wurzeln der *Eigenwerte* $\frac{\pi^2}{\rho L^2} k^2$, $k \in \mathbb{N}$, sind gerade die *Eigenfrequenzen* der *schwingenden Saite* der Länge $L > 0$. Explizite Rechnungen sind natürlich nur in einfachen Fällen möglich; die Lösung allgemeiner *symmetrischer Sturm-Liouville-Probleme mit getrennten Randbedingungen* auf kompakten Intervallen gelingt in Abschnitt 38 mit Hilfe des Hauptresultats von Abschnitt 37, des *Spektralsatzes* für *kompakte selbstadjungierte Operatoren*.

32 Hilberträume

In diesem Abschnitt werden zunächst die grundlegenden Ergebnisse über *Fourier-Entwicklungen* nach *Orthonormalsystemen* in *Hilberträumen* wiederholt, die bereits in Abschnitt II. 13 (etwas anders) bewiesen wurden.

Dann werden *metrische* und *orthogonale Projektionen* auf abgeschlossene konvexe Mengen und abgeschlossene Unterräume konstruiert und der *Rieszsche Darstellungssatz* für stetige Linearformen bewiesen. Erste Anwendungen sind die Lösung des *isoperimetrischen Problems* nach A. Hurwitz und die Erweiterung des *Brouwerschen Fixpunktsatz* 21.5 zum *Schauderschen Fixpunktsatz* für kompakte konvexe Mengen in Banachräumen.

Bemerkung: Für diese Anwendungen werden auch Resultate aus den Abschnitten 17 und 21 benötigt; sie werden im folgenden aber nicht weiter verwendet.

32.1 Definition. *Ein Vektorraum E über $\mathbb{K} = \mathbb{R}$ oder $\mathbb{K} = \mathbb{C}$ mit einem Skalarprodukt $\langle \, , \, \rangle : E \times E \mapsto \mathbb{K}$, der unter der Norm*

$$\| x \| := \sqrt{\langle x, x \rangle}, \quad x \in E, \tag{1}$$

vollständig ist, heißt **Hilbertraum.**

Aufgrund der *Schwarzschen Ungleichung* (vgl. Satz II. 13.3)

$$| \langle x, y \rangle |^2 \leq \langle x, x \rangle \cdot \langle y, y \rangle \quad \text{für} \quad x, y \in E \tag{2}$$

wird durch (1) in der Tat eine Norm auf E definiert.

32.2 Beispiele. a) Es seien X ein separabler lokalkompakter metrischer Raum, $\lambda : \mathcal{C}_c(X) \mapsto \mathbb{C}$ ein positives Funktional und $A \in \mathfrak{M}_\lambda(X)$ eine meßbare Teilmenge von X. Nach den Sätzen 7.7 und 10.5 ist der Raum $L_2(A, \lambda)$ ein separabler Hilbertraum mit dem Skalarprodukt

$$\langle f, g \rangle_{L_2} := \int_A f(x) \, \overline{g(x)} \, d\lambda(x). \tag{3}$$

Im Fall kompakter Intervalle $A = [a, b] \subseteq \mathbb{R}$ wird statt dessen auch, oft in Verbindung mit *Fourier-Reihen,* das folgende Skalarprodukt verwendet:

$$\langle f, g \rangle_{\mathcal{H}_2^0} := \frac{1}{b-a} \langle f, g \rangle_{L_2} = \frac{1}{b-a} \int_a^b f(x) \, \overline{g(x)} \, dx. \tag{4}$$

b) Nach Satz 15.14 ist für $m \in \mathbb{N}_0$ der *Sobolev-Raum* $\mathcal{H}_2^m[a, b]$ ein separabler Hilbertraum mit dem Skalarprodukt

$$\langle f, g \rangle_{\mathcal{H}_2^m} := \sum_{j=0}^m \langle f^{(j)}, g^{(j)} \rangle_{\mathcal{H}_2^0} = \frac{1}{b-a} \sum_{j=0}^m \int_a^b f^{(j)}(x) \, \overline{g^{(j)}(x)} \, dx. \tag{5}$$

c) Der Raum der *quadratsummierbaren Familien*

$$\ell_2(I) := \{ x = (x_i)_{i \in I} \mid \| x \|^2 := \sum_{i \in I} | x_I |^2 < \infty \} \tag{6}$$

auf einer Indexmenge I ist ein Hilbertraum mit dem Skalarprodukt

$$\langle x, y \rangle := \sum_{i \in I} x_i \overline{y_i} \, . \tag{7}$$

Es ist $\ell_2(I)$ genau dann separabel, wenn I abzählbar ist, und in diesem Fall gilt $\ell_2(I) = L_2(I, \Sigma)$ (vgl. die Aufgaben 4.12 und 7.4). Für beliebige Indexmengen I ist $\operatorname{supp} x = \{i \in I \mid x_i \neq 0\}$ für alle $x \in \ell_2(I)$ stets abzählbar (vgl. Satz I. 39.4*). □

32.3 Definition. *Es sei E ein Hilbertraum.*
a) Zwei Vektoren $x, y \in E$ heißen orthogonal, *Notation: $x \perp y$, falls $\langle x, y \rangle = 0$ gilt.*
b) Eine Menge $\{e_i\}_{i \in I} \subseteq E$ heißt Orthonormalsystem, *falls gilt:*

$$\langle e_i, e_j \rangle = \delta_{ij} = \begin{cases} 0 & , \quad i \neq j \\ 1 & , \quad i = j \end{cases} , \quad i, j \in I \, .$$

c) Für ein Orthonormalsystem $\{e_i\}_{i \in I}$ in E und $x \in E$ heißen die Zahlen

$$\widehat{x}(i) := \langle x, e_i \rangle \, , \quad i \in I \, , \tag{8}$$

Fourier-Koeffizienten *von x bezüglich $\{e_i\}_{i \in I}$.*

32.4 Satz. *Es sei $\{e_i\}_{i \in I}$ ein Orthonormalsystem in E.*
a) Für eine endliche Teilmenge $I' \in \mathfrak{E}(I)$ von I gilt

$$\|\sum_{i \in I'} \xi_i e_i\|^2 = \sum_{i \in I'} |\xi_i|^2 \, , \quad \xi_i \in \mathbb{K} \, , \tag{9}$$

$$\|x - \sum_{i \in I'} \widehat{x}(i) e_i\|^2 = \|x\|^2 - \sum_{i \in I'} |\widehat{x}(i)|^2 \, , \quad x \in E \, . \tag{10}$$

*b) (**Besselsche Ungleichung**): Für $x \in E$ gilt $(\widehat{x}(i))_{i \in I} \in \ell_2(I)$ und*

$$\sum_{i \in I} |\widehat{x}(i)|^2 \leq \|x\|^2 \, . \tag{11}$$

BEWEIS. a) Zunächst ergibt sich (9) aus

$$\|\sum_{i \in I'} \xi_i e_i\|^2 = \langle \sum_{i \in I'} \xi_i e_i, \sum_{j \in I'} \xi_j e_j \rangle = \sum_{i, j \in I'} \xi_i \overline{\xi_j} \delta_{ij} = \sum_{i \in I'} |\xi_i|^2 \, ,$$

daraus wegen (8) dann (10):

$$\|x - \sum_{i \in I'} \widehat{x}(i) e_i\|^2 = \|x\|^2 - 2 \sum_{i \in I'} |\widehat{x}(i)|^2 + \|\sum_{i \in I'} \widehat{x}(i) e_i\|^2$$

$$= \|x\|^2 - \sum_{i \in I'} |\widehat{x}(i)|^2 \, .$$

b) Aus (10) folgt $\sum_{i \in I'} |\widehat{x}(i)|^2 \leq \|x\|^2$ für alle $I' \in \mathfrak{E}(I)$. ◇

32.5 Bemerkungen und Definitionen. a) Es sei $\{e_i\}_{i \in I}$ ein Orthonormalsystem in einem Hilbertraum E. Für $\xi = (\xi_i) \in \ell_2(I)$ ist dann die Familie $\{\xi_i e_i\}_{i \in I}$ in E *unbedingt summierbar*, d.h. für jede Bijektion $\varphi : \mathbb{N} \mapsto \text{supp}\,\xi$ ist die Reihe $\sum_n \xi_{\varphi(n)} e_{\varphi(n)}$ in E konvergent, und

$$x := \sum_{i \in I} \xi_i e_i := \sum_{n=1}^{\infty} \xi_{\varphi(n)} e_{\varphi(n)} \tag{12}$$

ist unabhängig von der Wahl dieser Bijektion:

b) In der Tat ist die Reihe $\sum_n \xi_{\varphi(n)} e_{\varphi(n)}$ wegen (9) und der Vollständigkeit von E konvergent. Ihre Summe $x \in E$ ist durch die Bedingung (vgl. Aufgabe I. 39.3*)

$$\forall\, \varepsilon > 0 \; \exists\, I_0 \in \mathfrak{E}(I) \; \forall\, I' \in \mathfrak{E}(I) \; : \; I_0 \subseteq I' \Rightarrow \Big\| \sum_{i \in I'} \xi_i e_i - x \Big\| < \varepsilon \tag{13}$$

festgelegt und somit unabhängig von der Wahl der Bijektion φ.

c) Aufgrund von (11) hat man die lineare *Fourier-Abbildung*

$$\mathcal{F} : E \mapsto \ell_2(I), \quad \mathcal{F}(x) := (\widehat{x}(i))_{i \in I} \tag{14}$$

mit $\|\mathcal{F}\| \leq 1$, und diese ist stets *surjektiv* wegen $\langle \sum_{i \in I} \xi_i e_i, e_j \rangle = \xi_j$ für alle $\xi = (\xi_i) \in \ell_2(I)$ und $j \in I$. $\qquad\qquad\square$

32.6 Definition. *Es sei E ein Hilbertraum.*
a) *Für $M \subseteq E$ wird durch $M^{\perp} := \{x \in E \mid \langle x, y \rangle = 0 \;$ für alle $\; y \in M\}$ das* Orthogonalkomplement *von M definiert.*
b) *Ein Orthonormalsystem $\{e_i\}_{i \in I}$ in E mit $\{e_i\}^{\perp} = \{0\}$ heißt maximal.*

Für $x \in M^{\perp}$ bzw. $N \subseteq M^{\perp}$ schreibt man $x \perp M$ bzw. $N \perp M$.

32.7 Satz. *Für ein Orthonormalsystem $\{e_i\}_{i \in I}$ in einem Hilbertraum E sind äquivalent:*
(a) *Es gilt $x = \sum\limits_{i \in I} \widehat{x}(i) e_i$ für alle $x \in E$.*
(b) *Für alle $x \in E$ gilt die* Parsevalsche Gleichung

$$\sum_{i \in I} |\widehat{x}(i)|^2 = \|x\|^2. \tag{15}$$

(c) *Die Fourier-Abbildung $\mathcal{F} : E \mapsto \ell_2(I)$ ist isometrisch.*
(d) *Die lineare Hülle $\text{sp}\{e_i \mid i \in I\}$ von $\{e_i\}_{i \in I}$ ist dicht in E.*
(e) *Die Fourier-Abbildung $\mathcal{F} : E \mapsto \ell_2(I)$ ist injektiv.*
(f) *Das Orthonormalsystem $\{e_i\}_{i \in I}$ ist maximal.*

BEWEIS. „(a) $\Leftrightarrow$ (b)" folgt sofort aus (13) und (10), „(b) $\Leftrightarrow$ (c)" und „(a) $\Rightarrow$ (d)" sind klar.

„(d) $\Rightarrow$ (e)": Aus $\mathcal{F}(x) = 0$ folgt $\langle x, y \rangle = 0$ für alle $y \in \mathrm{sp}\{e_i \mid i \in I\}$ und daher auch $\langle x, x \rangle = 0$.

„(e) $\Rightarrow$ (f)": Für $x \in \{e_i\}^{\perp}$ gilt $\mathcal{F}(x) = 0$, also auch $x = 0$.

„(f) $\Rightarrow$ (a)": Für $x \in E$ existiert $x_1 := \sum_{i \in I} \widehat{x}(i) e_i \in E$, und offenbar gilt $\langle x - x_1, e_i \rangle = 0$ für alle $i \in I$. Die Maximalität von $\{e_i\}_{i \in I}$ impliziert dann $x - x_1 = 0$. ◇

32.8 Definition. *Ein Orthonormalsystem* $\{e_i\}_{i \in I}$ *in einem Hilbertraum* E *heißt* vollständig *oder eine* **Orthonormalbasis** *von* E, *falls es die Eigenschaften (a)–(f) aus Satz 32.7 besitzt.*

32.9 Satz. *Ein unendlichdimensionaler Hilbertraum* E *besitzt genau dann eine* abzählbare *Orthonormalbasis, wenn* E separabel *ist. In diesem Fall ist* E *isometrisch isomorph zum Folgenraum* ℓ_2.

BEWEIS. „$\Rightarrow$": Die Fourier-Abbildung liefert nach Bemerkung 32.5 c) und Satz 32.7 (d) eine isometrische Isomorphie von E auf ℓ_2. Mit ℓ_2 ist auch E separabel.

„$\Leftarrow$": Es gibt eine in E dichte Folge und somit auch eine Folge $\{x_k\}$ *linear unabhängiger* Vektoren, für die $\mathrm{sp}\{x_k\}$ in E dicht ist. Mittels *Gram-Schmidt-Orthonormalisierung* (vgl. II. 13.10) konstruiert man induktiv ein Orthonormalsystem $\{e_k\}$ in E mit

$$\mathrm{sp}\{x_1, \dots, x_k\} = \mathrm{sp}\{e_1, \dots, e_k\} \quad \text{für} \quad k \in \mathbb{N}, \tag{16}$$

das dann eine *Orthonormalbasis* von E ist.

Dazu seien $e_1 := \frac{x_1}{\|x_1\|}$ und orthonormale Vektoren $\{e_1, \dots, e_n\}$ mit (16) für $k = 1, \dots, n$ schon konstruiert. Dann ist

$$0 \neq w := x_{n+1} - \sum_{k=1}^{n} \langle x_{n+1}, e_k \rangle \, e_k \in \{e_1, \dots, e_n\}^{\perp},$$

und man definiert $e_{n+1} = \frac{w}{\|w\|}$. ◇

32.10 Bemerkungen. a) Unendlichdimensionale Hilberträume $L_2(A, \lambda)$ quadratintegrierbarer Funktionen wie in Beispiel 32.2 a) sind also zum Folgenraum ℓ_2 isometrisch isomorph. Aus diesem Grunde sind E. Schrödingers *Wellenmechanik* und W. Heisenbergs *Matrizenmechanik* äquivalente Formulierungen der *Quantenmechanik*.

b) Nicht separable Hilberträume besitzen eine überabzählbare Orthonormalbasis; nach dem *Zornschen Lemma* der Mengenlehre (vgl. etwa [28], 1.1) besitzt nämlich die durch die Inklusion halbgeordnete Menge aller Orthonormalsysteme maximale Elemente. □

32.11 Beispiele. a) Die Funktionen $\{e^{ikx}\}_{k\in\mathbb{Z}}$ bilden eine Orthonormalbasis von $L_2[-\pi,\pi] = \mathcal{H}_2^0[-\pi,\pi]$ bezüglich des Skalarprodukts (4) (vgl. Theorem II.13.15). In der Tat ist $\langle e^{ikx}, e^{inx}\rangle = \delta_{kn}$ klar, und der Satz von Fejér I. 40.7* liefert die Dichtheit der trigonometrischen Polynome $\mathrm{sp}\{e^{ikx}\}_{k\in\mathbb{Z}}$ in $C_{2\pi}[-\pi,\pi]$ bezüglich der sup-Norm, also auch in $C[-\pi,\pi]$ und damit in $L_2[-\pi,\pi]$ bezüglich der $\mathcal{H}_2^0$-Norm. Insbesondere ergibt sich aus (15) die *Parsevalsche Gleichung*

$$\sum_{k=-\infty}^{\infty} \widehat{f}(k)\,\overline{\widehat{g}(k)} = \tfrac{1}{2\pi} \int_{-\pi}^{\pi} f(x)\,\overline{g(x)}\, dx \quad \text{für} \quad f,g \in L_2[-\pi,\pi]. \quad (17)$$

b) Für 2π-periodische absolut stetige Funktionen $f \in \mathcal{H}_{2,2\pi}^1[-\pi,\pi]$ mit *quadratintegrierbarer Ableitung* liefert partielle Integration nach Satz 15.8

$$\widehat{f}(k) = \tfrac{1}{ik}\,\widehat{f'}(k) \quad \text{für} \quad k \in \mathbb{Z}\setminus\{0\}, \qquad (18)$$

und es folgt

$$\sum_{k=-\infty}^{\infty} (1+k^2)\,|\widehat{f}(k)|^2 = \tfrac{1}{2\pi} \int_{-\pi}^{\pi} (|f(x)|^2 + |f'(x)|^2)\, dx = \|f\|_{\mathcal{H}_2^1}^2 < \infty. \quad (19)$$

Gilt umgekehrt $\displaystyle\sum_{k=-\infty}^{\infty} (1+k^2)\,|\widehat{f}(k)|^2 < \infty$ für eine Funktion $f \in L_2[-\pi,\pi]$,

so konvergiert die Fourier-Reihe $\displaystyle\sum_{k=-\infty}^{\infty} \widehat{f}(k)e^{ikx}$ wegen (19) aufgrund der

Cauchy-Bedingung in $\mathcal{H}_{2,2\pi}^1[-\pi,\pi]$. Dann folgt aber $\displaystyle\sum_{k=-\infty}^{\infty} \widehat{f}(k)e^{ikx} = f(x)$

und insbesondere $f \in \mathcal{H}_{2,2\pi}^1[-\pi,\pi]$.

c) Die Anwendung der Gram-Schmidt-Orthonormalisierung auf die Folge der *Monome* $\{1,x,x^2,x^3,\dots\}$ in $L_2[a,b]$ liefert die Orthonormalbasis $\{P_n\}$ aus *Legendre-Polynomen* von $L_2[a,b]$. Bezüglich (3) hat man

$$P_n(x) = \frac{\sqrt{2n+1}}{(b-a)^{n+\frac{1}{2}}\, n!} \left(\frac{d}{dx}\right)^n \left((x-a)^n(x-b)^n\right), \quad n \in \mathbb{N}_0. \quad \square \quad (20)$$

Als erste Anwendung der Parsevalschen Gleichung (und der Flächenformel (17.19)) wird die Lösung des *isoperimetrischen Problems* nach A. Hurwitz vorgestellt:

32.12 Satz. *Für ein Gebiet $G \in \mathfrak{G}_{st}(\mathbb{R}^2)$ mit stückweise glattem Rand in der Ebene ist*

$$m_2(G) \leq \tfrac{1}{4\pi}\, \mathsf{L}(\partial G)^2, \qquad (21)$$

und Gleichheit gilt nur für Kreise.

BEWEIS. Offenbar kann man annehmen, daß ∂G *eine* stückweise glatte geschlossene Jordankurve ist und daß $\mathsf{L}(\partial G) = 2\pi$ gilt. Für die ausgezeichnete Parametrisierung $\gamma = x + iy \in \mathcal{C}^1_{st}([0, 2\pi], \mathbb{C})$ von ∂G gilt $|\gamma'(s)| = 1$ für $s \in [0, 2\pi]$, und aufgrund der Flächenformel (17.19), der Parsevalschen Gleichung (17) und Formel (18) ergibt sich

$$
\begin{aligned}
m_2(G) &= \tfrac{1}{2} \int_0^{2\pi} (x(s)\, y'(s) - y(s)\, x'(s))\, ds = \tfrac{1}{2} \operatorname{Im} \int_0^{2\pi} \gamma'(s)\, \overline{\gamma}(s)\, ds \\
&= \pi \operatorname{Im} \sum_{k=-\infty}^{\infty} \widehat{\gamma'}(k)\, \overline{\widehat{\gamma}}(k) = \pi \sum_{k=-\infty}^{\infty} k\, |\widehat{\gamma}(k)|^2 \\
&\leq \pi \sum_{k=-\infty}^{\infty} k^2\, |\widehat{\gamma}(k)|^2 = \pi \sum_{k=-\infty}^{\infty} |\widehat{\gamma'}(k)|^2 = \tfrac{1}{2} \int_0^{2\pi} |\gamma'(s)|^2\, ds \\
&= \pi \, .
\end{aligned}
$$

Dabei hat man nur dann Gleichheit, wenn $\widehat{\gamma}(k) = 0$ für alle $k \in \mathbb{Z} \backslash \{0, 1\}$ ist, und dann parametrisiert $\gamma(s) = \widehat{\gamma}(0) + \widehat{\gamma}(1)\, e^{is}$ eine Kreislinie. $\diamond$

Nun werden *metrische* und *orthogonale Projektionen* konstruiert:

32.13 Satz. *Es seien E ein Hilbertraum und $C \subseteq E$ eine abgeschlossene konvexe Menge. Zu $x \in E$ gibt es genau ein $P(x) = P_C(x) \in C$ mit*

$$
\| x - P(x) \| = d_C(x) = \inf \{ \| x - y \| \mid y \in C \} \, . \tag{22}
$$

Die metrische Projektion $P = P_C : E \mapsto C$ ist eine stetige Abbildung.

BEWEIS. a) Es sei $(y_k) \subseteq C$ eine *Minimalfolge* für $x \in E$, d.h. es gelte $\| x - y_k \| \to d_C(x)$. Die *Parallelogrammgleichung* (vgl. Aufgabe 32.1)

$$
\| \xi + \eta \|^2 + \| \xi - \eta \|^2 = 2 \, (\| \xi \|^2 + \| \eta \|^2) \quad \text{für} \quad \xi, \eta \in E \tag{23}
$$

liefert dann

$$
\| x - \tfrac{y_k + y_j}{2} \|^2 + \| \tfrac{y_k - y_j}{2} \|^2 = \tfrac{1}{2} (\| x - y_k \|^2 + \| x - y_j \|^2) \to d_C(x)^2 \, ;
$$

wegen $\frac{y_k + y_j}{2} \in C$ gilt aber auch $\| x - \frac{y_k + y_j}{2} \|^2 \geq d_C(x)^2$, und es folgt $\| y_k - y_j \| \to 0$, d.h. (y_k) ist eine *Cauchy-Folge*. Ihr Grenzwert $P(x) := \lim_{k \to \infty} y_k \in C$ erfüllt dann offenbar (22).

b) Sind $y, z \in C$ mit $\| y - x \| = \| z - x \| = d_C(x)$, so ist die Folge $(y, z, y, z, y, z, \ldots)$ eine *Minimalfolge* für x, nach a) also eine Cauchy-Folge. Dies impliziert offenbar $y = z$. Somit wird durch (22) also tatsächlich eine Abbildung $P = P_C : E \mapsto C$ definiert.

c) Nun sei (x_k) eine Folge in E mit $x_k \to x$. Wegen der Stetigkeit der Distanzfunktion d_C (vgl. (II.4.6)) gilt

$$
\begin{aligned}
d_C(x) &\leq \| x - P(x_k) \| \leq \| x - x_k \| + \| x_k - P(x_k) \| \\
&= \| x - x_k \| + d_C(x_k) \to d_C(x) \, ,
\end{aligned}
$$

und $(P(x_k))$ ist eine *Minimalfolge* für x. Aufgrund der Beweisteile a) und b) folgt dann $P(x_k) \to P(x)$.   ◇

32.14 Satz. *Es seien E ein Hilbertraum und $F \subseteq E$ ein abgeschlossener Unterraum.*

a) Für $x \in E$ gibt es genau einen Vektor $x_1 \in F$ mit $x - x_1 \perp F$, nämlich $x_1 = P(x) = P_F(x)$.

b) Man hat die direkte Zerlegung

$$E = F \oplus F^\perp = R(P) \oplus N(P), \tag{24}$$

und $P : x_1 + x_2 \mapsto x_1$ ist die entsprechende orthogonale Projektion *von E auf F. Man hat $P \in L(E)$, $P^2 = P$ und $\|P\| = 1$. Für $x, y \in E$ gilt*

$$\langle Px, y \rangle = \langle Px, Py \rangle = \langle x, Py \rangle. \tag{25}$$

BEWEIS (vgl. Abb. 32a). a) Gilt auch $x_1' \in F$ mit $x - x_1' \perp F$, so folgt $x_1 - x_1' = (x - x_1') - (x - x_1) \in F^\perp \cap F$, also $x_1 - x_1' = 0$.
Für $x \in E$, $x_1 = P_F x$, $y \in F$ mit $\|y\| = 1$ und $\alpha := \langle x - x_1, y \rangle$ gilt

$$\begin{aligned}
\|x - x_1\|^2 &\leq \|x - x_1 - \alpha y\|^2 \\
&= \|x - x_1\|^2 - \bar\alpha \langle x - x_1, y \rangle - \alpha \langle y, x - x_1 \rangle + |\alpha|^2 \\
&= \|x - x_1\|^2 - |\alpha|^2;
\end{aligned}$$

aufgrund von (22); dies impliziert $\alpha = 0$ und somit $x - x_1 \perp F$.
b) Für $x \in E$ gilt $x = x_1 + x_2$ mit $x_1 = Px \in F$ und $x_2 = x - Px \in F^\perp$; $F \cap F^\perp = \{0\}$ ist klar. Für $x, y \in E$ und $\alpha \in \mathbb{K}$ hat man $\alpha x - \alpha Px \perp F$ und $(x + y) - (Px + Py) \perp F$, und daher ist P linear. Wegen $P(Px) = Px$ gilt $P^2 = P$, und es ist $\|P\| = 1$ wegen $\|x\|^2 = \|Px\|^2 + \|x_2\|^2$. Aussage (25) folgt aus $\langle Px, y_2 \rangle = \langle x_2, Py \rangle = 0$.   ◇

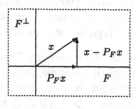

Abb. 32a

32.15 Bemerkung. Für eine Orthonormalbasis $\{e_i\}_{i \in I}$ von F gilt

$$Px = \sum_{i \in I} \hat{x}(i)\, e_i, \quad x \in E, \tag{26}$$

wie im Beweisteil „(f) $\Rightarrow$ (a)" von Satz 32.7; Satz 32.14 ist also eine weitgehende Verallgemeinerung von Satz II. 13.8. Mit Hilfe von Bemerkung 32.10 läßt sich die orthogonale Projektion von E auf F ohne Verwendung von Satz 32.13 also auch mittels (26) konstruieren.   □

32.16 Satz (Rieszscher Darstellungssatz). *Es sei $\eta \in E'$ eine stetige Linearform auf einem Hilbertraum E. Dann gibt es genau ein $y \in E$ mit*

$$\eta(x) = \langle x, y \rangle \quad \text{für } x \in E. \tag{27}$$

Die Abbildung

$$j = j_E : E \mapsto E', \quad j(y)(x) := \langle x, y \rangle, \quad x, y \in E, \tag{28}$$

ist eine additive Isometrie von E auf E', die im Fall $\mathbb{K} = \mathbb{R}$ linear und im Fall $\mathbb{K} = \mathbb{C}$ antilinear ist, d. h. $j(\alpha x) = \bar{\alpha} j(x)$ erfüllt.

BEWEIS. Für $y \in E$ wird durch (27) offenbar eine Linearform $\eta \in E'$ mit $\|\eta\| \leq \|y\|$ definiert, und wegen $\eta(y) = \|y\|^2$ ist $\|\eta\| = \|y\|$. Zu zeigen bleibt die *Surjektivität* von $j_E : E \mapsto E'$:

Der *Kern* $N(\eta)$ einer Linearform $0 \neq \eta \in E'$ ist ein abgeschlossener Unterraum von E. Nach (24) gibt es $z \in N(\eta)^\perp$ mit $\|z\| = 1$ und $\eta(z) \neq 0$. Für $x \in E$ gibt es daher $\alpha \in \mathbb{K}$ mit $\eta(x) = \alpha\,\eta(z)$, also $\eta(x - \alpha z) = 0$ und $x - \alpha z \in N(\eta)$. Es folgt $\langle x - \alpha z, z \rangle = 0$, also $\alpha = \langle \alpha z, z \rangle = \langle x, z \rangle$, und man erhält

$$\eta(x) = \langle x, z \rangle\,\eta(z) =: \langle x, y \rangle \quad \text{mit } y := \overline{\eta(z)}\, z \in N(\eta)^\perp. \quad \diamond$$

Die metrische Projektion P_C aus Satz 32.13 liefert für *kompakte konvexe Mengen* $C \subseteq \mathbb{R}^n$ eine *stetige Retraktion* von $\mathbb{R}^n$ auf C. Damit läßt sich der *Brouwersche Fixpunktsatz* 21.5 wesentlich erweitern:

32.17 Satz (Brouwerscher Fixpunktsatz). *Jede stetige Abbildung $f : C \mapsto C$ einer kompakten konvexen Menge $C \subseteq \mathbb{R}^n$ in sich besitzt einen Fixpunkt, d.h. es gibt $x \in C$ mit $f(x) = x$.*

BEWEIS. Aufgrund von Theorem 21.5 gilt die Aussage für metrische (oder topologische) Räume, die zur Euklidischen Einheitskugel K des $\mathbb{R}^n$ homöomorph sind, insbesondere für kompakte euklidische Kugeln im $\mathbb{R}^n$. Man wählt nun $R > 0$ mit $C \subseteq \overline{K}_R(0)$ und betrachtet die stetige Abbildung

$$f \circ P_C : \overline{K}_R(0) \mapsto C \;\; (\subseteq \overline{K}_R(0))\,.$$

Diese besitzt also einen Fixpunkt $x = f(P_C(x)) \in C$, und für diesen gilt $x = P_C(x)$, also auch $x = f(x)$. $\hspace{3cm}\diamond$

Eine Anwendung von Satz 32.17 ist:

32.18 Satz (Perron-Frobenius). *Eine Matrix $A = (a_{ij}) \in \mathbb{M}_\mathbb{R}(n)$ mit $a_{ij} \geq 0$ für $i, j = 1, \ldots, n$ besitzt einen Eigenwert $\lambda \geq 0$ zu einem Eigenvektor $x = (x_j) \in \mathbb{R}^n$ mit $x_j \geq 0$ für $j = 1, \ldots, n$.*

BEWEIS. Die Menge

$$C := \{y = (y_j) \in \mathbb{R}^n \mid y_j \geq 0 \text{ und } \sum_{j=1}^{n} y_j = \|y\|_1 = 1\}$$

ist kompakt und konvex. Gibt es $x \in C$ mit $Ax = 0$, so ist der Satz bereits bewiesen. Andernfalls wird durch $f : y \mapsto \frac{Ay}{\|Ay\|_1}$ eine stetige Abbildung mit $f(C) \subseteq C$ definiert. Nach Theorem 32.17 besitzt diese einen Fixpunkt $x \in C$, und für diesen gilt $Ax = \lambda x$ mit $\lambda = \|Ax\|_1 \geq 0$.   ◇

Aus dem Brouwerschen Fixpunktsatz ergibt sich leicht die folgende Erweiterung auf *unendlichdimensionale* Situationen:

32.19 Theorem (Schauderscher Fixpunktsatz). *Es seien E ein Banachraum und $C \subseteq E$ eine abgeschlossene konvexe Menge. Jede stetige Abbildung $f : C \mapsto C$, für die $f(C)$ relativ kompakt ist, besitzt einen Fixpunkt, d.h. es gibt $x \in C$ mit $f(x) = x$.*

BEWEIS. a) Die abgeschlossene konvexe Hülle $Y := \overline{\Gamma(f(C))} \subseteq C$ von $f(C)$ ist kompakt (vgl. Aufgabe II. 10.2). Zu $\varepsilon > 0$ gibt es nach Satz 10.4 a) einen endlichdimensionalen Unterraum F von E und eine stetige Abbildung $g : Y \mapsto X := Y \cap F$ mit $\|y - g(y)\| \leq \varepsilon$ für alle $y \in Y$. Es ist X eine kompakte konvexe Menge in F, und F ist linear homöomorph zu $\mathbb{R}^n$ für ein geeignetes $n \in \mathbb{N}$. Nach Theorem 32.17 hat daher die stetige Abbildung $g \circ f : X \mapsto X$ einen Fixpunkt $x \in X \subseteq C$, und wegen $f(x) \in Y$ gilt für diesen $\|x - f(x)\| = \|g(f(x)) - f(x)\| \leq \varepsilon$.

b) Nach a) gibt es also eine Folge (x_k) in C mit $\|x_k - f(x_k)\| \to 0$. Wegen $f(x_k) \in Y$ gibt es eine Teilfolge mit $f(x_{k_j}) \to x \in Y \subseteq C$. Dann gilt aber auch $x_{k_j} \to x$, und man hat $f(x) = x$.   ◇

Der Schaudersche Fixpunktsatz hat wichtige Anwendungen auf nichtlineare Differentialgleichungen, vgl. etwa [15], Ch. 11.

Aufgaben

32.1 a) Es sei E ein Hilbertraum. Für $T \in L(E)$ hat man die *quadratische Form* $Q_T : E \mapsto \mathbb{K}$, $Q_T(x) := \langle Tx, x \rangle$. Man zeige (im Fall $\mathbb{K} = \mathbb{C}$) für $x, y \in E$ die *Polarformel*

$$\langle Tx, y \rangle = \tfrac{1}{4}\left(Q_T(x+y) - Q_T(x-y) + i\,Q_T(x+iy) - i\,Q_T(x-iy)\right). \quad (29)$$

b) Man verifiziere (23) und (17).

32.2 a) Man gebe eine Orthonormalbasis von $\mathcal{H}^1_{2,2\pi}[-\pi,\pi]$ explizit an.
b) Für $f \in L_2[-\pi,\pi]$ und $m \in \mathbb{N}$ beweise man

$$f \in \mathcal{H}^m_{2,2\pi}[-\pi,\pi] \Leftrightarrow \sum_{k=-\infty}^{\infty} (1+k^{2m})\,|\widehat{f}(k)|^2 < \infty$$

und zeige, daß durch die Quadratwurzel dieser Summe eine zu $\|\ \|_{\mathcal{H}^m_2}$ äquivalente Norm auf $\mathcal{H}^m_{2,2\pi}[-\pi,\pi]$ definiert wird.
c) Man schließe

$$f \in C^\infty_{2\pi}[-\pi,\pi] \Leftrightarrow \sum_{k=-\infty}^{\infty} (1+k^{2m})\,|\widehat{f}(k)|^2 < \infty \quad \text{für alle} \quad m \in \mathbb{N}.$$

32.3 a) Man verifiziere (20).
b) Man zeige, daß alle Nullstellen der Legendre-Polynome P_n einfach sind und in (a,b) liegen.
c) Mittels *Interpolation* von $f \in C[a,b]$ erhält man *Quadraturformeln*

$$I_n(f) := \sum_{j=0}^{n-1} f(\xi_k) \int_a^b L_k(x)\,dx \tag{30}$$

(vgl. die Abschnitte I.42* und I.43*). Man zeige, daß genau dann $I_n(P) = \int_a^b P(x)\,dx$ für alle Polynome vom Grad $\le 2n-1$ gilt, wenn die Stützstellen $\xi_0,\ldots,\xi_{n-1}$ die Nullstellen von P_n sind.

32.4 Man zeige, daß die *Tschebyscheff-Polynome* (vgl. I.42.8*)

$$T_0(x) = \tfrac{1}{\sqrt{2\pi}}\,,\quad T_n(x) = \sqrt{\tfrac{2}{\pi}}\,\cos(n\arccos x)\,,\quad n \in \mathbb{N}, \tag{31}$$

eine Orthonormalbasis des Hilbertraums $L_2([-1,1], \frac{dx}{\sqrt{1-x^2}})$ bilden.

32.5 Die *Hermite-Polynome* werden definiert durch

$$H_n(x) := (-1)^n\,e^{x^2}\,(\tfrac{d}{dx})^n\,e^{-x^2}\,,\quad n \in \mathbb{N}_0\,. \tag{32}$$

a) Man zeige $e^{2tx-t^2} = \sum_{n=0}^{\infty} \tfrac{1}{n!}\,H_n(x)\,t^n$ und schließe $H_n' = 2nH_{n-1}$.

b) Man zeige, daß die *Hermite-Funktionen* $h_n(x) := (2^n n!\sqrt{\pi})^{-\frac{1}{2}}\,H_n(x)\,e^{-\frac{x^2}{2}}$ ein Orthonormalsystem in $L_2(\mathbb{R})$ bilden (vgl. auch Beispiel 41.16).

32.6 Für einen Unterraum F von E zeige man $(F^\perp)^\perp = \overline{F}$.

32.7 Es sei $P \in L(E)$ mit $P^2 = P$ und $\langle Px,y\rangle = \langle x,Py\rangle$ für alle $x,y \in E$. Man zeige, daß P eine orthogonale Projektion ist.

32.8 Es seien E, F Hilberträume, $A \in L(E, F)$ mit abgeschlossenem Bild $R(A)$ und $y \in F$.
a) Man bestimme $M(y) := \{x \in E \mid \|Ax - y\|$ ist minimal$\}$.
b) Man zeige, daß $M(y)$ genau ein Element $A^\dagger y$ minimaler Norm besitzt.
c) Man zeige: Die „verallgemeinerte Inverse" $A^\dagger : F \mapsto E$ von A ist linear, und es gilt $AA^\dagger A = A$, $A^\dagger AA^\dagger = A^\dagger$. Ist $A^\dagger$ stetig?

33 Summation von Fourier-Reihen

In diesem Abschnitt werden auf den Räumen $L_p[-\pi, \pi]$ die Normen

$$\| f \|_{\mathcal{H}_p^0} := \left(\tfrac{1}{2\pi} \int_{-\pi}^{\pi} | f(x) |^p \, dx \right)^{\frac{1}{p}} \tag{1}$$

verwendet. Für $f \in L_1[-\pi, \pi]$ werden die Fourier-Koeffizienten durch

$$\widehat{f}(k) := \tfrac{1}{2\pi} \int_{-\pi}^{\pi} f(x) \, e^{-ikx} \, dx, \quad k \in \mathbb{Z}, \tag{2}$$

definiert. Offenbar gilt $| \widehat{f}(k) | \leq \| f \|_{\mathcal{H}_1^0}$, und für die stetige lineare Fourier-Abbildung $\mathcal{F} : L_1[-\pi, \pi] \mapsto \ell_\infty(\mathbb{Z})$, $\mathcal{F}(f) := (\widehat{f}(k))_{k \in \mathbb{Z}}$, von $L_1[-\pi, \pi]$ in den Raum der beschränkten Folgen über $\mathbb{Z}$ gilt $\| \mathcal{F} \| \leq 1$. Das Bild von $\mathcal{F}$ liegt sogar im Raum $c_0(\mathbb{Z})$ aller Nullfolgen über $\mathbb{Z}$; allgemeiner hat man:

33.1 Lemma (Riemann-Lebesgue). Für $f \in L_1[a, b]$ gilt

$$\lim_{| \lambda | \to \infty} \int_a^b f(x) \, e^{-i\lambda x} \, dx = 0. \tag{3}$$

BEWEIS. Dies ist klar für Treppenfunktionen oder, mittels partieller Integration, für periodische $\mathcal{C}^1$-Funktionen. Wie im Beweis von Lemma I.25.8 folgt daraus (3) für beliebige L_1-Funktionen durch Approximation.   ◇

In Beispiel 34.13 wird gezeigt, daß die Fourier-Abbildung

$$\mathcal{F} : L_1[-\pi, \pi] \mapsto c_0(\mathbb{Z}), \quad \mathcal{F}(f) := (\widehat{f}(k))_{k \in \mathbb{Z}}, \tag{4}$$

von $L_1[-\pi, \pi]$ in den Raum der Nullfolgen über $\mathbb{Z}$ injektiv, aber nicht surjektiv ist.

33.2 Bemerkungen. a) Es gilt der folgende Satz von Hausdorff-Young: Es seien $1 \leq p \leq 2$ und q der durch $\frac{1}{p} + \frac{1}{q} = 1$ definierte konjugierte Index. Für $f \in L_p[-\pi, \pi]$ gilt dann $\mathcal{F}(f) \in \ell_q(\mathbb{Z})$ und $\| \mathcal{F}(f) \|_{\ell_q} \leq \| f \|_{\mathcal{H}_p^0}$. Der BEWEIS beruht auf Interpolation zwischen den Fällen $p = 1$ und $p = 2$ (vgl. [33], Th. 12.11 und auch [24], Abschnitt 3.a.4).

b) Für $p \geq 2$ und $f \in L_p[-\pi, \pi]$ gilt natürlich $\mathcal{F}(f) \in \ell_2(\mathbb{Z})$, aber i. a. *nicht* $\mathcal{F}(f) \in \ell_q(\mathbb{Z})$. In [43], V. (4.9), wird sogar eine *stetige* Funktion $f \in \mathcal{C}_{2\pi}[-\pi, \pi]$ mit $\mathcal{F}(f) \notin \ell_q(\mathbb{Z})$ für alle $q < 2$ angegeben.

c) Für 2π-periodische absolut stetige Funktionen $f \in \mathcal{AC}_{2\pi}[-\pi, \pi]$ liefert partielle Integration nach Satz 15.8 wie in (32.18)

$$\widehat{f}(k) = \tfrac{1}{ik} \widehat{f'}(k) \quad \text{für} \quad k \in \mathbb{Z} \backslash \{0\}. \tag{5}$$

Ist dann $f' \in L_p[-\pi, \pi]$ für $1 < p \leq 2$, also $f \in \mathcal{H}^1_{p, 2\pi}[-\pi, \pi]$, so folgt $(\widehat{f'}(k))_{k \in \mathbb{Z}} \in \ell_q(\mathbb{Z})$, und die *Höldersche Ungleichung* liefert

$$\sum_{k=-\infty}^{\infty} |\widehat{f}(k)| < \infty, \tag{6}$$

also die *normale Konvergenz* der Fourier-Reihe. $\qquad\qquad\qquad\qquad\square$

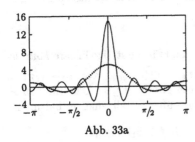

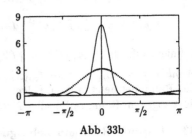

Abb. 33a $\qquad\qquad\qquad\qquad\qquad\qquad$ Abb. 33b

Nun werden *Summationsverfahren* für Fourier-Reihen besprochen.

33.3 Erinnerungen. Wie in den Sätzen I. 40.4* und I. 40.5* gilt für die Partialsummen

$$s_n(f; x) := \sum_{k=-n}^{n} \widehat{f}(k) e^{ikx}, \quad x \in \mathbb{R}, \tag{7}$$

der Fourier-Reihe einer Funktion $f \in L_1[-\pi, \pi]$ die Darstellung

$$s_n(f; x) = \tfrac{1}{2\pi} \int_{-\pi}^{\pi} D_n(x - t) f(t) \, dt, \quad x \in \mathbb{R}, \tag{8}$$

mit den *geraden, stetigen* und 2π - *periodischen Dirichlet-Kernen*

$$D_n(s) = \frac{\sin\left((2n+1)\frac{s}{2}\right)}{\sin \frac{s}{2}}, \quad s \in \mathbb{R} \quad (D_n(2k\pi) = 2n+1) \tag{9}$$

(vgl. Abb. 33a). Für die *arithmetischen Mittel*

$$\sigma_n(f; x) := \tfrac{1}{n} \sum_{j=0}^{n-1} s_j(f; x) \tag{10}$$

der Partialsummen gilt dann

$$\sigma_n(f;x) \;=\; \tfrac{1}{2\pi} \int_{-\pi}^{\pi} F_n(x-t) f(t)\, dt, \quad x \in \mathbb{R}, \tag{11}$$

mit den *geraden, stetigen* und 2π - *periodischen Fejér-Kernen* (vgl. Abb. 33b)

$$F_n(s) := \frac{1}{n} \sum_{j=0}^{n-1} D_j(s) = \frac{1}{n} \left(\frac{\sin \tfrac{ns}{2}}{\sin \tfrac{s}{2}} \right)^2, \quad s \in \mathbb{R} \quad (F_n(2k\pi) = n).\; \square \tag{12}$$

In (8) und (11) tritt eine Variante der *Faltung* auf. Diese wird nun allgemein analog zu Theorem 10.6 definiert. Für eine Funktion $f : (-\pi, \pi] \mapsto \mathbb{C}$ wird mit $\widetilde{f}$ ihre 2π-periodische Fortsetzung auf $\mathbb{R}$ bezeichnet.

33.4 Satz. *Für* $f \in L_1[-\pi, \pi]$ *und* $g \in L_p[-\pi, \pi]$ *ist das Integral*

$$(f \star g)(x) := \tfrac{1}{2\pi} \int_{-\pi}^{\pi} \widetilde{f}(x-y) g(y)\, dy \tag{13}$$

für fast alle $x \in \mathbb{R}$ *definiert. Die Faltung* $f \star g$ *ist* 2π-*periodisch; man hat* $f \star g \in L_p[-\pi, \pi]$ *und*

$$\| f \star g \|_{\mathcal{H}_p^0} \leq \| f \|_{\mathcal{H}_1^0} \, \| g \|_{\mathcal{H}_p^0}. \tag{14}$$

BEWEIS. Wegen $(f \star g)(x) = \tfrac{1}{2\pi} (\widetilde{f}\chi_{[-2\pi, 2\pi]}) * (\widetilde{g}\chi_{[-\pi, \pi]})(x)$ für $x \in [-\pi, \pi]$ folgt die Behauptung aus Theorem 10.6 $\diamond$

Analog zu Definition 10.9 erklärt man

33.5 Definition. *Eine Folge* $(\delta_n) \subseteq \mathcal{L}_1[-\pi, \pi]$ *heißt* Dirac-Folge *oder eine* approximative Eins, *wenn sie die folgenden Eigenschaften hat:*

$$\delta_n \geq 0, \;\; \tfrac{1}{2\pi} \int_{-\pi}^{\pi} \delta_n(s)\, ds = 1, \;\; \lim_{n \to \infty} \int_{\xi \leq |s| \leq \pi} \delta_n(s)\, ds = 0 \;\; \text{für} \;\; \xi > 0. \tag{15}$$

Entsprechend werden auch *Dirac-Familien* erklärt. In diesem Buch werden nur Dirac-Folgen und -Familien aus *geraden* 2π-*periodischen* C^∞-*Funktionen* verwendet.

33.6 Beispiele. a) Nach Satz I. 40.5* bilden die Fejér-Kerne aus (12) eine Dirac-Folge (aus geraden $C_{2\pi}^\infty$-Funktionen).

b) Der *Poisson-Kern* des Einheitskreises gemäß Definition 25.15 (vgl. auch Aufgabe 25.6) ist gegeben durch

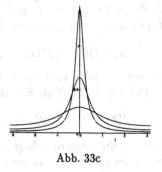

Abb. 33c

$$P(re^{i\varphi}, e^{it}) = \tfrac{1}{2\pi} \frac{1-r^2}{|e^{it} - re^{i\varphi}|^2} = \tfrac{1}{2\pi} \frac{1-r^2}{1+r^2 - 2r\cos(\varphi - t)} = \tfrac{1}{2\pi} P_r(\varphi - t) \tag{16}$$

mit den geraden $\mathcal{C}_{2\pi}^\infty$-Funktionen (vgl. Abb. 33c)

$$P_r(s) := \frac{1-r^2}{1+r^2-2r\cos s} = \sum_{k=-\infty}^{\infty} r^{|k|} e^{iks}, \quad 0 \le r < 1. \tag{17}$$

Für $g \in \mathcal{L}_1(S^1)$ liegt die Funktion $f : t \mapsto g(e^{it})$ in $\mathcal{L}_1[-\pi,\pi]$, und das *Poisson-Integral* von g ist gegeben durch

$$Pg(re^{i\varphi}) = \int_{S^1} P(re^{i\varphi},\zeta)\,g(\zeta)\,d\sigma_1(\zeta) = \frac{1}{2\pi}\int_{-\pi}^\pi P_r(\varphi-t)\,f(t)\,dt$$
$$= (P_r \star f)(\varphi), \quad 0 \le r < 1. \tag{18}$$

Nach Bemerkung 25.15 b) ist (P_r) eine Dirac-Familie für $r \to 1^-$. Mittels (17) berechnet man

$$(P_r \star f)(\varphi) = \sum_{k=-\infty}^{\infty} r^{|k|}\,\widehat{f}(k)\,e^{ik\varphi}, \quad 0 \le r < 1; \tag{19}$$

folglich ist $\lim\limits_{r\to 1^-} P_r \star f$ die *Abel-Summe* (vgl. Definition I. 38.14* b)) der Fourier-Reihe von f (falls dieser Limes existiert).

c) Eine weitere interessante Dirac-Familie aus geraden $\mathcal{C}_{2\pi}^\infty$-Funktionen wird in Satz 35.5 in Verbindung mit der *Wärmeleitungsgleichung* konstruiert. ◇

Die nun folgenden Resultate erweitern frühere Ergebnisse zur Cesàro- und Abel-Summation von Fourier-Reihen und auch Theorem 25.16 über die Lösung des Dirichlet-Problems im Fall der Kreisscheibe:

33.7 Satz. *Für $k \in \mathbb{N}_0 \cup \infty$ sei $(\delta_n) \subseteq \mathcal{C}_{2\pi}^k(\mathbb{R})$ eine Dirac-Folge.*
a) Für $f \in \mathcal{L}_1[-\pi,\pi]$ gilt $\delta_n \star f \in \mathcal{C}_{2\pi}^k(\mathbb{R})$.
b) Es sei $f \in \mathcal{L}_1[-\pi,\pi]$. Ist $\widetilde{f}$ in jedem Punkt einer kompakten Menge $K \subseteq \mathbb{R}$ stetig, so gilt $\delta_n \star f \to \widetilde{f}$ gleichmäßig auf K.
c) Für $1 \le p < \infty$ und $f \in \mathcal{L}_p[-\pi,\pi]$ gilt $\|\delta_n \star f - f\|_{L_p} \to 0$.
d) Es sei $f \in \mathcal{L}_1[-\pi,\pi]$, und für $x \in \mathbb{R}$ mögen die einseitigen Grenzwerte $\widetilde{f}(x^+)$ und $\widetilde{f}(x^-)$ existieren. Sind alle δ_n gerade Funktionen, so folgt

$$(\delta_n \star f)(x) \to f^*(x) := \tfrac{1}{2}\left(\widetilde{f}(x^+) + \widetilde{f}(x^-)\right). \tag{20}$$

BEWEIS. a) folgt wie in Satz 10.7 c) aus Satz 5.14 und Formel (13).
b) Für $x \in \mathbb{R}$ liefert die Substitution $s = x - t$

$$\widetilde{f}(x) - (\delta_n \star f)(x) = \frac{1}{2\pi}\int_{-\pi}^\pi \delta_n(s)\left(\widetilde{f}(x) - \widetilde{f}(x-s)\right)ds. \tag{21}$$

Aus der Voraussetzung folgt, daß $\widetilde{f}$ auf K „über den Rand hinaus gleichmäßig stetig" ist (vgl. Bemerkung I. 40.9* a)), d. h. es gilt

$$\forall\,\varepsilon > 0\,\exists\,\xi > 0\,\forall\,x \in K,\,s \in \mathbb{R}: \ |s| \le \xi \ \Rightarrow \ |\widetilde{f}(x) - \widetilde{f}(x-s)| \le \varepsilon. \tag{22}$$

Für $x \in K$ (und $0 < \varepsilon \leq 1$) folgt dann aufgrund von (15)

$$\frac{1}{2\pi} \int_{-\xi}^{\xi} \delta_n(s) \, | \, \widetilde{f}(x) - \widetilde{f}(x-s) \, | \, ds \;\; \leq \;\; \varepsilon \, ,$$

$$\frac{1}{2\pi} \int_{\xi \leq |s| \leq \pi} \delta_n(s) \, | \, \widetilde{f}(x) - \widetilde{f}(x-s) \, | \, ds \;\; \leq \;\; \frac{2\|\widetilde{f}\|_K + 1}{2\pi} \int_{\xi \leq |s| \leq \pi} \delta_n(s) \, ds \leq \varepsilon$$

für große n, nach (21) also Behauptung b).

c) folgt aus b) und (14) wie im Beweis von Satz 10.11.

d) Für gerade δ_n gilt $\int_0^\pi \delta_n(s) \, ds = \frac{1}{2}$, und analog zum Beweis von b) ergibt sich wie in Theorem I. 40.7*

$$| \, \tfrac{1}{2} \widetilde{f}(x^-) - \tfrac{1}{2\pi} \int_0^\pi \delta_n(s) \, \widetilde{f}(x-s) \, ds \, | \;\; \to \;\; 0 \quad \text{und}$$

$$| \, \tfrac{1}{2} \widetilde{f}(x^+) - \tfrac{1}{2\pi} \int_{-\pi}^0 \delta_n(s) \, \widetilde{f}(x-s) \, ds \, | \;\; \to \;\; 0 \, . \qquad\qquad \diamond$$

33.8 Bemerkungen. In wichtigen Fällen hat man sogar $\delta_n \star f \to f$ *fast überall* für *alle* Funktionen $f \in \mathcal{L}_1[-\pi,\pi]$. Hier wird dies für Dirac-Folgen (δ_n) aus *geraden* $\mathcal{C}_{2\pi}^1$-Funktionen bewiesen, die auf $[0,\pi]$ *monoton fallen*. Wegen (15) impliziert diese Monotonie-Bedingung

$$\lim_{n\to\infty} \delta_n(\xi) \; = \; 0 \quad \text{für alle} \;\; \xi \in [-\pi,\pi]\backslash\{0\} \, . \tag{23}$$

Sie ist äquivalent zu der Bedingung

$$- t \, \delta_n'(t) \geq 0 \quad \text{für alle} \;\; t \in [-\pi,\pi] \;\; \text{und} \;\; n \in \mathbb{N}, \tag{24}$$

und mit partieller Integration sieht man, daß dann auch $(-t \, \delta_n'(t))$ eine Dirac-Folge aus geraden Funktionen in $\mathcal{C}_{2\pi}(\mathbb{R})$ ist. $\qquad\qquad \square$

33.9 Satz. *Es sei* $(\delta_n) \subseteq \mathcal{C}_{2\pi}^1(\mathbb{R})$ *eine Dirac-Folge gerader Funktionen mit (24). Für eine Funktion* $f \in \mathcal{L}_1[-\pi,\pi]$ *und* $F(y) := \int_{-\pi}^y \widetilde{f}(t) \, dt$ *gelte* $F'(x) = \widetilde{f}(x)$ *für ein* $x \in \mathbb{R}$. *Dann folgt* $(\delta_n \star f)(x) \to \widetilde{f}(x)$.

BEWEIS. Da die Behauptung für konstante Funktionen klar ist, kann man $\widetilde{f}(x) = 0$ annehmen. Die Funktion

$$G : t \mapsto \tfrac{1}{t} \, (F(x+t) - F(t))$$

ist dann stetig auf $\mathbb{R}$, und es gilt $G(0) = 0$. Mit (21) und partieller Integration (vgl. Satz 15.8) erhält man

$$2\pi \, (\delta_n \star f)(x) \;\; = \;\; \int_{-\pi}^\pi \delta_n(s) \, \widetilde{f}(x-s) \, ds$$
$$= \;\; - \delta_n(s) \, F(x-s) \big|_{-\pi}^\pi + \int_{-\pi}^\pi \delta_n'(s) \, F(x-s) \, ds \, .$$

Nach (23) gilt $\lim\limits_{n\to\infty} \delta_n(\pm\pi)\, F(x\pm\pi) = 0$, und wegen $\int_{-\pi}^{\pi} \delta_n'(s)\, ds = 0$ hat man auch

$$
\begin{aligned}
\int_{-\pi}^{\pi} \delta_n'(s)\, F(x-s)\, ds &= \int_{-\pi}^{\pi} s\, \delta_n'(s)\, \frac{F(x-s)-F(x)}{s}\, ds \\
&= \int_{-\pi}^{\pi} -s\, \delta_n'(s)\, G(-s)\, ds \;\to\; 2\pi\, G(0) \;=\; 0
\end{aligned}
$$

für $n \to \infty$ aufgrund von Satz 33.7 b). $\diamond$

33.10 Folgerungen und Bemerkungen. a) Nach dem Hauptsatz 15.5 ist die Bedingung $F'(x) = \tilde{f}(x)$ in Satz 33.9 für fast alle $x \in \mathbb{R}$ erfüllt.
b) Die Poisson-Kerne (P_r) aus (17) erfüllen offenbar Bedingung (24). Für $g \in \mathcal{L}_1(S^1)$ und $f : t \mapsto g(e^{it})$ gilt daher

$$
\lim_{r\to 1} Pg(rz) = \lim_{r\to 1} \int_{S^1} P(rz,\zeta)\, g(\zeta)\, d\sigma_1(\zeta) = g(z) \tag{25}
$$

für fast alle $z \in S^1$ (Satz von Fatou, vgl. dazu auch [33], Th. 11.10) sowie

$$
\lim_{r\to 1} \sum_{k=-\infty}^{\infty} r^{|k|}\, \widehat{f}(k)\, e^{ik\varphi} = f(\varphi) \tag{26}
$$

für fast alle $\varphi \in [-\pi, \pi]$; die Fourier-Reihe einer integrierbaren Funktion ist also fast überall Abel-summierbar.
c) Die Fourier-Reihe von $f \in \mathcal{L}_1[-\pi, \pi]$ ist sogar fast überall Cesàro-summierbar. Dies folgt nicht unmittelbar aus Satz 33.9, da die Fejér-Kerne die Monotonie-Bedingung (24) *nicht* erfüllen. Für diese gilt die Aussage von Satz 33.9 trotzdem in allen *Lebesgue-Punkten* von $\tilde{f}$ (vgl. dazu Bemerkung 15.11 und [30], X §2–3).   □

Schließlich folgen nun Resultate zur *punktweisen* und *gleichmäßigen* Konvergenz von Fourier-Reihen. Etwas allgemeiner als in Folgerung I.40.15* und Bemerkung I.40.18* b) gilt:

33.11 Satz (Lipschitz). *Es sei $f \in \mathcal{L}_1[-\pi, \pi]$. Erfüllt $\tilde{f}$ auf einer kompakten Menge $K \subseteq \mathbb{R}$ die* Hölder-Bedingung

$$
\exists\, \eta > 0,\, C > 0 \;\forall\, x \in K,\, |s| \le \eta \;:\; |\tilde{f}(x) - \tilde{f}(x-s)| \le C\, |s|^{\alpha} \tag{27}
$$

für ein $0 < \alpha \le 1$, so gilt $\sum\limits_{k=-\infty}^{\infty} \widehat{f}(k)\, e^{ikx} = \tilde{f}(x)$ gleichmäßig auf K.

BEWEIS. Nach (8) und (9) gilt aufgrund der Substitution $s = x - t$

$$
\tilde{f}(x) - s_n(f;x) = \frac{1}{2\pi} \int_{-\pi}^{\pi} \frac{\tilde{f}(x) - \tilde{f}(x-s)}{\sin\frac{s}{2}} \sin(2n+1)\frac{s}{2}\, ds \tag{28}
$$

für alle $x \in \mathbb{R}$. Da die Funktion $s \mapsto \frac{|s|^\alpha}{\sin \frac{s}{2}}$ in $\mathcal{L}_1[-\pi, \pi]$ liegt, gibt es wegen (27) zu $\varepsilon > 0$ ein $\delta > 0$ mit $0 < \delta \leq \eta$ und

$$\sup_{x \in K} \frac{1}{2\pi} \int_{-\delta}^{\delta} \left| \frac{\widetilde{f}(x) - \widetilde{f}(x-s)}{\sin \frac{s}{2}} \sin(2n+1)\frac{s}{2} \right| ds \leq \varepsilon \quad \text{für} \quad n \in \mathbb{N}.$$

Die Abbildung $x \mapsto g_x(s) := \frac{\widetilde{f}(x) - \widetilde{f}(x-s)}{\sin \frac{s}{2}}$ ist *stetig* von K in den Banach-raum $L_\delta := L_1([-\pi, -\delta] \cup [\delta, \pi])$ (vgl. Satz 8.2); die Funktionenmenge $\{g_x \mid x \in K\}$ ist daher *kompakt* in L_δ. Für die durch

$$I_n : g \mapsto \frac{1}{2\pi} \int_{\delta \leq |s| \leq \pi} g(s) \sin(2n+1)\frac{s}{2}\, ds$$

definierten stetigen linearen Funktionale $I_n \in L_\delta'$ gilt $I_n \to 0$ punktweise aufgrund des Riemann-Lebesgue Lemmas. Wegen $\| I_n \| \leq 1$ für alle $n \in \mathbb{N}$ ist diese Konvergenz *gleichmäßig* auf kompakten Teilmengen von L_δ (vgl. Lemma II. 11.6 und auch Aufgabe 34.7). Folglich gilt

$$\sup_{x \in K} \frac{1}{2\pi} \int_{\delta \leq |s| \leq \pi} \left| \frac{\widetilde{f}(x) - \widetilde{f}(x-s)}{\sin \frac{s}{2}} \sin(2n+1)\frac{s}{2} \right| ds \to 0$$

für $n \to \infty$, und wegen (28) impliziert dies die Behauptung. $\diamond$

33.12 Folgerung (Riemannscher Lokalisierungssatz). *Für Funktionen $g, h \in \mathcal{L}_1[-\pi, \pi]$ gilt $\sum_{k=-n}^{n} (\widehat{g}(k) - \widehat{h}(k))\, e^{ikx} \to 0$ gleichmäßig auf einer kompakten Menge $K \subseteq \mathbb{R}$, falls $\widetilde{g}$ und $\widetilde{h}$ auf einer offenen Umgebung von K übereinstimmen.*

Wie in Bemerkung 40.18* d) ergibt sich daraus schließlich die folgende Version des Satzes von Dirichlet-Jordan:

33.13 Satz (Dirichlet-Jordan). *Es sei $f \in \mathcal{L}_1[-\pi, \pi]$, so daß $\widetilde{f}$ auf einem kompakten Intervall $[a, b] \subseteq \mathbb{R}$ von beschränkter Variation ist.*

a) Dann gilt $\sum_{k=-\infty}^{\infty} \widehat{f}(k)\, e^{ikx} = f^*(x) = \frac{1}{2}(\widetilde{f}(x^+) + \widetilde{f}(x^-))$ für $x \in (a, b)$.

b) Ist zusätzlich $\widetilde{f}$ in jedem Punkt einer kompakten Menge $K \subseteq (a, b)$ stetig, so gilt $\sum_{k=-\infty}^{\infty} \widehat{f}(k)\, e^{ikx} = \widetilde{f}$ gleichmäßig auf K.

BEWEIS. Nach dem Riemannschen Lokalisierungssatz kann man annehmen, daß f von beschränkter Variation auf $[-\pi, \pi]$ ist. Nach Satz I. 40.17* gilt dann $|\widehat{f}(k)| = O(\frac{1}{|k|})$ für $|k| \to \infty$, und mittels Satz I.38.16* über Cesàro-konvergente Reihen folgt die Behauptung aus Satz 33.7. $\diamond$

Aufgaben

33.1 Man führe den Beweis von Satz 33.4 detailliert durch.

33.2 Man verifiziere (17) und (19).

34   Der Satz von Baire und Anwendungen

In diesem Abschnitt wird der *Satz von Baire* bewiesen, eine relativ abstrakte Aussage über *vollständige metrische Räume*, die viele *konkrete Anwendungen* in der Analysis besitzt.

34.1 Definition. *Es sei X ein metrischer (oder topologischer) Raum.*
a) Eine Menge $A \subseteq X$ heißt nirgends dicht, falls das Innere des Abschlusses von A leer ist, also $\overline{A}^\circ = \emptyset$ gilt.
b) Eine abzählbare Vereinigung nirgends dichter Teilmengen von X heißt mager *oder von* erster *Kategorie.*
c) Nicht magere Teilmengen von X heißen von zweiter *Kategorie.*

Teilmengen und abzählbare Vereinigungen magerer Mengen sind offenbar wieder mager.

34.2 Satz (Baire). *Es sei X ein* vollständiger *metrischer Raum. Dann ist jede offene Teilmenge D von X von zweiter Kategorie.*

BEWEIS. Ist D mager, so gilt $D = \bigcup_{n=1}^{\infty} A_n$ mit $\overline{A_n}^\circ = \emptyset$ für $n \in \mathbb{N}$.
Man wählt $a \in D$ und $r > 0$ mit $\overline{K}_r(a) \subseteq D$. Wegen $\overline{A_1}^\circ = \emptyset$ gibt es einen Punkt $a_1 \in K_r(a) \backslash \overline{A_1}$, also $0 < r_1 \leq \frac{r}{2}$ mit $\overline{K}_{r_1}(a_1) \subseteq \overline{K}_r(a)$ und $\overline{K}_{r_1}(a_1) \cap A_1 = \emptyset$. Wegen $\overline{A_2}^\circ = \emptyset$ gibt es $0 < r_2 \leq \frac{r_1}{2}$ und eine Kugel $\overline{K}_{r_2}(a_2) \subseteq \overline{K}_{r_1}(a_1)$ mit $\overline{K}_{r_2}(a_2) \cap A_2 = \emptyset$. Induktiv findet man Zahlen $0 < r_n \leq \frac{r}{2^n}$ und Kugeln $\overline{K}_{r_n}(a_n) \subseteq \overline{K}_{r_{n-1}}(a_{n-1})$ mit $\overline{K}_{r_n}(a_n) \cap A_n = \emptyset$. Es ist (a_n) eine *Cauchy-Folge*, und somit existiert $a := \lim_{n \to \infty} a_n \in X$. Offenbar gilt dann $a \in \overline{K}_{r_n}(a_n)$ für alle $n \in \mathbb{N}$, und man erhält den Widerspruch $a \in D \backslash \bigcup_{n=1}^{\infty} A_n$. $\diamond$

Das einfache Beispiel der Folge (x^n) zeigt, daß der Limes f einer punktweise konvergenten Folge stetiger Funktionen auf $[0,1]$ i. a. nicht stetig ist. Aus dem Satz von Baire ergibt sich nun, daß f nur auf einer *mageren* Menge unstetig sein kann, also „in den meisten Punkten" von $[0,1]$ stetig ist (man beachte aber auch Aufgabe 34.4).

34.3 Satz. *Es seien X, Y metrische Räume und $(f_n) \subseteq C(X, Y)$ eine Folge mit $\lim\limits_{n \to \infty} f_n(x) = f(x)$ für alle $x \in X$. Dann ist die Menge der Unstetigkeitsstellen von f mager in X.*

BEWEIS. Wegen der Stetigkeit der f_n sind die Mengen

$$F_{m,j} := \{x \in X \mid d(f_n(x), f_m(x)) \leq \tfrac{1}{j} \text{ für } n \geq m\}, \quad m, j \in \mathbb{N},$$

in X abgeschlossen, und man hat $X = \bigcup\limits_{m=1}^{\infty} F_{m,j}$ wegen der punktweisen Konvergenz der f_n. Für die offenen Mengen $D_j := \bigcup\limits_{m=1}^{\infty} F_{m,j}^{\circ}$ ist $D_j^c \subseteq \bigcup\limits_{m=1}^{\infty} (F_{m,j} \backslash F_{m,j}^{\circ})$ mager, und dies gilt dann auch für $S := \bigcup\limits_{j=1}^{\infty} D_j^c$.

Für $x \in S^c = \bigcap\limits_{j=1}^{\infty} D_j$ gibt es zu $j \in \mathbb{N}$ ein $m \in \mathbb{N}$ mit $x \in F_{m,j}^{\circ}$, also $\alpha > 0$ mit $d(f_n(y), f_m(y)) \leq \tfrac{1}{j}$ für $n \geq m$ und $y \in K_\alpha(x)$. Mit $n \to \infty$ folgt auch $d(f(y), f_m(y)) \leq \tfrac{1}{j}$ auf $K_\alpha(x)$, und wegen der Stetigkeit von f_m gibt es dann $0 < \delta \leq \alpha$ mit $d(f(y), f(x)) \leq \tfrac{3}{j}$ für $d(y, x) < \delta$. Folglich ist f stetig auf $S^c = X \backslash S$. $\qquad \diamond$

Die folgenden grundlegenden Resultate der Funktionalanalysis werden im Hinblick auf Anwendungen auf *Distributionen* und auf *partielle Differentialoperatoren* ab Abschnitt 39 im Rahmen von *Frécheträumen* (vgl. Abschnitt II. 16) formuliert:

34.4 Erinnerungen. Auf einem Vektorraum E sei eine *wachsende Folge*

$$\| \ \|_1 \leq \| \ \|_2 \leq \cdots \leq \| \ \|_j \leq \| \ \|_{j+1} \leq \cdots \tag{1}$$

von Halbnormen gegeben mit der Eigenschaft

$$\forall \ 0 \neq x \in E \ \exists \ j \in \mathbb{N} : \ \|x\|_j > 0. \tag{2}$$

Durch

$$d(x, y) := \sum_{j=1}^{\infty} \frac{1}{2^j} \frac{\|x - y\|_j}{1 + \|x - y\|_j} \tag{3}$$

wird dann auf E eine *translationsinvariante Metrik* definiert. Für den *Abstand* $d(x) := d(x, 0) \geq 0$ von x zum Nullpunkt gilt

$$d(x) = 0 \Leftrightarrow x = 0, \quad d(-x) = d(x), \quad d(x + y) \leq d(x) + d(y), \tag{4}$$

i. a. aber *nicht* die Bedingung $d(\alpha x) = |\alpha| d(x)$. Für die *konvexen Mengen*

$$U_j(\varepsilon) := U_j^E(\varepsilon) := \{x \in E \mid \|x\|_j \le \varepsilon\}, \quad \varepsilon > 0, \tag{5}$$

gelten die Inklusionen

$$U_j(\varepsilon) \subseteq K_{2\varepsilon}(0) \quad \text{für} \quad 2^{-j} < \varepsilon, \quad K_\varepsilon(0) \subseteq U_j(2^{j+1}\varepsilon) \quad \text{für} \quad \varepsilon < 2^{-j-1}; \tag{6}$$

diese sind also *Nullumgebungen*. Insbesondere hat man für eine Folge (x_n) in E genau dann $d(x_n, x) \to 0$, wenn $\|x_n - x\|_j \to 0$ für alle $j \in \mathbb{N}$ gilt.

b) Ein Raum E mit einer wachsenden Folge von Halbnormen mit (2) heißt *metrischer lokalkonvexer Raum*; E heißt *Fréchetraum*, wenn E bezüglich der Metrik d aus (3) *vollständig* ist.

c) Die Klasse der Frécheträume umfaßt natürlich die der Banachräume. Weitere Beispiele sind etwa Räume stetiger Funktionen unter *lokal gleichmäßiger Konvergenz* oder Räume von C^∞-Funktionen unter *(lokal) gleichmäßiger Konvergenz aller Ableitungen*. Für eine offene Menge $\Omega \subseteq \mathbb{R}^n$ sind die Halbnormen auf $C^\infty(\Omega)$ gegeben durch

$$\|\varphi\|_{K,j} := \sum_{|\alpha| \le j} \sup_{x \in K} |\partial^\alpha \varphi(x)|, \quad K \subseteq \Omega \text{ kompakt}, \ j \in \mathbb{N}_0, \tag{7}$$

und mit einer *kompakten Ausschöpfung* (K_j) von Ω kann man sich auf die wachsende Folge $(\| \ \|_j := \|\varphi\|_{K_j,j})$ von Halbnormen beschränken.

d) Eine Teilmenge $B \subseteq E$ eines metrischen lokalkonvexen Raumes heißt *beschränkt*, falls es Konstanten $C_j \ge 0$ mit $\|x\|_j \le C_j$ für alle $x \in B$ und $j \in \mathbb{N}$ gibt. Cauchy-Folgen sind stets beschränkt. Man beachte, daß dieser Begriff *nicht* mittels der Metrik definiert werden kann; es gilt ja $d(x) \le 1$ für alle $x \in E$. □

34.5 Bemerkungen. a) Es seien E, F metrische lokalkonvexe Räume und $T : E \mapsto F$ linear. Analog zu Satz II. 7.1 sind dann äquivalent:

(α) $\forall k \in \mathbb{N} \ \exists j \in \mathbb{N}, \ C \ge 0 \ \forall x \in E: \ \|Tx\|_k \le C \|x\|_j$,

(β) T ist gleichmäßig stetig auf E,

(γ) T ist in 0 stetig.

In der Tat impliziert (α) sofort $\|Tx - Ty\|_k \le C \|x - y\|_j$, wegen (6) also die gleichmäßige Stetigkeit von T. Gilt (γ), so gibt es wegen (6) zu $k \in \mathbb{N}$ und $\varepsilon = 1$ ein $j \in \mathbb{N}$ und $\delta > 0$ mit $\|x\|_j \le \delta \Rightarrow \|Tx\|_k \le 1$; daraus folgt dann ($\alpha$) mit $C = \frac{1}{\delta}$.

b) Analog zu a) sieht man, daß eine Menge $H \subseteq L(E, F)$ stetiger linearer Operatoren genau dann *gleichstetig* ist, wenn die Bedingung

$$\forall k \in \mathbb{N} \ \exists j \in \mathbb{N}, \ C \ge 0 \ \forall T \in H \ \forall x \in E: \ \|Tx\|_k \le C \|x\|_j \tag{8}$$

erfüllt ist. Für normierte Räume E, F bedeutet dies einfach

$$\sup \{\|T\| \mid T \in H\} < \infty . \tag{9}$$

c) Ist $H \subseteq L(E, F)$ gleichstetig, so sind die Mengen $\{Tx \mid T \in H\}$ für jedes $x \in E$ in F beschränkt. Umgekehrt gilt nun: □

34.6 Theorem (Prinzip der gleichmäßigen Beschränktheit). *Es seien E, F metrische lokalkonvexe Räume und $H \subseteq L(E, F)$ eine Menge stetiger linearer Operatoren von E nach F. Es gebe eine Menge B von zweiter Kategorie in E, so daß die Mengen $\{Tb \mid T \in H\}$ für jedes $b \in B$ in F beschränkt sind. Dann ist H gleichstetig.*

BEWEIS. Für festes $k \in \mathbb{N}$ definiert man die Mengen

$$B_n := \{b \in B \mid \forall\, T \in H : \|Tb\|_k \le n\}, \quad n \in \mathbb{N}.$$

Nach Voraussetzung ist $B = \bigcup_{n=1}^{\infty} B_n$; da B von zweiter Kategorie ist, gibt es ein $n \in \mathbb{N}$ mit $\overline{B_n}^{\,\circ} \ne \emptyset$. Es gibt also $a \in E$, $j \in \mathbb{N}$ und $r > 0$ mit $a + U_j(r) \subseteq \overline{B_n}$; für $x \in U_j(r)$ und alle $T \in H$ gilt dann $\|T(a+x)\|_k \le n$, also $\|Tx\|_k \le n + \|Ta\|_k \le 2n$; dies bedeutet aber $\|Tx\|_k \le \frac{2n}{r} \|x\|_j$ für alle $x \in E$ und $T \in H$, also (8). ◇

Die Voraussetzungen von Theorem 34.6 sind insbesondere dann erfüllt, wenn E ein Fréchetraum ist und $B = E$ gilt.

34.7 Satz. (Banach-Steinhaus). *Es seien E, F Frécheträume und (T_n) eine Folge in $L(E, F)$, so daß der Limes*

$$Tx := \lim_{n \to \infty} T_n x \tag{10}$$

für alle $x \in E$ existiert. Dann gilt $T \in L(E, F)$, und man hat $T_n \to T$ gleichmäßig auf allen kompakten Teilmengen von E.

BEWEIS. Durch (10) wird ein linearer Operator $T : E \mapsto F$ definiert. Nach Bemerkung 34.4 d) und Theorem 34.6 ist die Menge $H := \{T_n\}_{n \in \mathbb{N}}$ in $L(E, F)$ *gleichstetig*; aus (8) folgt sofort auch $\|Tx\|_k \le C \|x\|_j$, also die Stetigkeit von T. Die letzte Aussage folgt dann wie in Lemma II. 11.6. ◇

Es folgt nun eine Anwendung des Prinzips der gleichmäßigen Beschränktheit auf *Fourier-Reihen:* Für $x \in [-\pi, \pi]$ und eine Funktion $f \in C_{2\pi}[-\pi, \pi]$ sei $s_n(f) := s_n(f; x) := \sum_{k=-n}^{n} \widehat{f}(k) e^{ikx}$ die n-te Partialsumme der Fourier-Reihe von f. Offenbar ist $s_n : C_{2\pi}[-\pi, \pi] \mapsto \mathbb{C}$ eine *stetige Linearform.*

34.8 Satz. *Für $x \in [-\pi, \pi]$ ist die Funktionenmenge*

$$M_x := \{f \in C_{2\pi}[-\pi, \pi] \mid \sup_{n \in \mathbb{N}} |s_n(f; x)| < \infty\}$$

mager in $C_{2\pi}[-\pi, \pi]$. Insbesondere gibt es eine Funktion $f \in C_{2\pi}[-\pi, \pi]$, deren Fourier-Reihe in x divergiert.

BEWEIS. a) Ist M_x von zweiter Kategorie, so gilt $\sup_{n \in \mathbb{N}} \|s_n\| < \infty$ aufgrund von Theorem 34.6. Nach (33.8) ist

$$|s_n(f)| = |\tfrac{1}{2\pi} \int_{-\pi}^{\pi} D_n(x-t) f(t) \, dt| \leq \tfrac{1}{2\pi} \int_{-\pi}^{\pi} |D_n(x-t)| \, dt \, \|f\|_{\sup}, \text{ also}$$

$$\|s_n\| \leq \tfrac{1}{2\pi} \int_{-\pi}^{\pi} |D_n(t)| \, dt. \tag{11}$$

b) Zu der Treppenfunktion $g_n(t) := \begin{cases} 1 & , \quad D_n(x-t) \geq 0 \\ -1 & , \quad D_n(x-t) < 0 \end{cases}$ (s. Abb. 33a)

wählt man eine Folge $(f_j) \subseteq C_{2\pi}[-\pi, \pi]$ von stückweise affinen Funktionen mit $\|f_j\|_{\sup} \leq 1$ und $f_j \to g_n$ punktweise auf $[-\pi, \pi]$. Der Satz über majorisierte Konvergenz liefert

$$\begin{aligned} s_n(f_j) &= \tfrac{1}{2\pi} \int_{-\pi}^{\pi} D_n(x-t) f_j(t) \, dt \to \tfrac{1}{2\pi} \int_{-\pi}^{\pi} D_n(x-t) g_n(t) \, dt \\ &= \tfrac{1}{2\pi} \int_{-\pi}^{\pi} |D_n(x-t)| \, dt = \tfrac{1}{2\pi} \int_{-\pi}^{\pi} |D_n(t)| \, dt \, ; \end{aligned}$$

in (11) gilt also Gleichheit.

c) Aus (33.9) und $|\sin s| \leq |s|$ ergibt sich dann (vgl. Beispiel I. 25.6 b))

$$\begin{aligned} \|s_n\| &= \tfrac{1}{\pi} \int_0^{\pi} |D_n(t)| \, dt \geq \tfrac{2}{\pi} \int_0^{\pi} |\sin(2n+1)\tfrac{t}{2}| \, \tfrac{dt}{t} \\ &= \tfrac{2}{\pi} \int_0^{(2n+1)\frac{\pi}{2}} |\sin u| \, \tfrac{du}{u} \geq \tfrac{2}{\pi} \sum_{k=1}^{n} \int_{(k-1)\pi}^{k\pi} |\sin u| \, \tfrac{du}{u} \\ &\geq \tfrac{2}{\pi} \sum_{k=1}^{n} \tfrac{1}{k\pi} \int_{(k-1)\pi}^{k\pi} |\sin u| \, du = \tfrac{4}{\pi^2} \sum_{k=1}^{n} \tfrac{1}{k} \to \infty \end{aligned}$$

für $n \to \infty$, also ein Widerspruch.   ◇

Für abzählbar viele Punkte $\{x_j\}$ in $[-\pi, \pi]$ ist auch $\bigcup_{j=1}^{\infty} M_{x_j}$ mager; es gibt also eine Funktion $f \in C_{2\pi}[-\pi, \pi]$, deren Fourier-Reihe in allen Punkten der Menge $\{x_j\}$ divergiert.

34.9 Theorem (von der offenen Abbildung). *Es seien E, F Fréchet-räume und $T \in L(E, F)$, so daß das Bild $R(T)$ von T von zweiter Kategorie in F ist. Dann ist T surjektiv und eine offene Abbildung, bildet also offene Mengen von E auf offene Mengen von F ab.*

BEWEIS. a) Wegen (6) hat man $\lim\limits_{n\to\infty} d(\frac{x}{n}) = 0$ für alle $x \in E$; für die Kugeln $K(\varepsilon) := \overline{K}_\varepsilon^E(0)$ gilt also

$$E = \bigcup_{n=1}^{\infty} n\,K(\varepsilon) \quad \text{für } \varepsilon > 0 \tag{12}$$

und somit auch $R(T) = \bigcup\limits_{n=1}^{\infty} T(nK(\varepsilon))$. Da $R(T)$ von zweiter Kategorie in F ist, gibt es $n \in \mathbb{N}$ mit $\overline{T(nK(\varepsilon))}^{\,\circ} \neq \emptyset$. Somit existieren $y_0 \in F$ und $\alpha > 0$ mit $\overline{K}_\alpha^F(y_0) \subseteq \overline{T(nK(\varepsilon))}$. Für $y \in C(\alpha) := \overline{K}_\alpha^F(0)$ gilt dann $y_0 \in \overline{T(nK(\varepsilon))}$ und $y + y_0 \in \overline{T(nK(\varepsilon))}$; es gibt also Folgen (a_j) und (b_j) in $K(\varepsilon)$ mit $nT(a_j) \to y_0$ und $nT(b_j) \to y + y_0$ für $j \to \infty$. Folglich gilt $nT(b_j - a_j) \to y$, und wegen $d(b_j - a_j) \leq 2\varepsilon$ erhält man $y \in n\overline{T(K(2\varepsilon))}$ und damit $C(\alpha) \subseteq n\overline{T(K(2\varepsilon))}$. Somit ist $n\overline{T(K(2\varepsilon))}$ eine Nullumgebung in F, und dies gilt dann auch für $\overline{T(K(2\varepsilon))}$, da $y \to ry$ für $r > 0$ eine Homöomorphie von F ist. Damit ist gezeigt:

$$\forall\, \varepsilon > 0 \; \exists\, \delta > 0 \; : \; C(\delta) \subseteq \overline{T(K(\varepsilon))}. \tag{13}$$

b) Aus (13) ergibt sich nun auch

$$\overline{T(K(\varepsilon))} \subseteq T(K(\varepsilon')) \quad \text{für } 0 < \varepsilon < \varepsilon' : \tag{14}$$

Man wählt eine Nullfolge $(\varepsilon_n) \subseteq (0,\infty)$ mit $\varepsilon_1 = \varepsilon$ und $\sum\limits_{n=1}^{\infty} \varepsilon_n < \varepsilon'$ und dann zu ε_n ein $\delta_n > 0$ gemäß (13), so daß auch (δ_n) eine Nullfolge ist. Zu $y \in \overline{T(K(\varepsilon))}$ gibt es $z_1 \in T(K(\varepsilon))$ mit $y - z_1 =: y_2 \in C(\delta_2) \subseteq \overline{T(K(\varepsilon_2))}$, zu y_2 dann $z_2 \in T(K(\varepsilon_2))$ mit $y - z_1 - z_2 = y_2 - z_2 =: y_3 \in C(\delta_3) \subseteq \overline{T(K(\varepsilon_3))}$. So fortfahrend konstruiert man für $n \in \mathbb{N}$ Elemente $z_n \in T(K(\varepsilon_n))$ und $y_n \in C(\delta_n)$ mit

$$y - \sum_{j=1}^{n} z_j = y_{n+1}, \quad n \in \mathbb{N}. \tag{15}$$

Nun wählt man $x_n \in K(\varepsilon_n)$ mit $Tx_n = z_n$ und setzt $s_n := \sum\limits_{j=1}^{n} x_j$. Für $m \geq n$ gilt dann $d(s_m, s_n) = d(s_m - s_n) \leq \sum\limits_{j=n+1}^{m} d(x_j) \leq \sum\limits_{j=n+1}^{m} \varepsilon_j$, und wegen der Vollständigkeit von E existiert $x := \lim\limits_{n\to\infty} s_n \in E$. Aufgrund von $d(s_n) \leq \sum\limits_{j=1}^{\infty} \varepsilon_j < \varepsilon'$ gilt auch $d(x) < \varepsilon'$, also $x \in K(\varepsilon')$. Aus (15) folgt nun $Ts_n = y - y_{n+1} \to y$, und somit gilt tatsächlich $y = Tx \in T(K(\varepsilon'))$.

c) Nach (13) und (14) gibt es $\delta > 0$ mit $C(\delta) \subseteq T(K(\varepsilon')) \subseteq R(T)$, und mit (12) (für F) folgt daraus sofort die *Surjektivität* von T.

d) Nun sei $D \subseteq E$ offen. Zu $d \in T(D)$ gibt es $a \in D$ mit $Ta = d$ und $\varepsilon > 0$ mit $a + K(\varepsilon) \subseteq D$. Es folgt sofort $d + T(K(\varepsilon)) = T(a + K(\varepsilon)) \subseteq T(D)$; da $T(K(\varepsilon))$ eine Nullumgebung in F ist, ist also auch $T(D)$ *offen.* $\Diamond$

34.10 Folgerung. *Es seien E, F Frécheträume und $T \in L(E, F)$ bijektiv. Dann ist auch $T^{-1} : F \mapsto E$ stetig.*

BEWEIS. Ist $D \subseteq E$ offen, so ist $(T^{-1})^{-1}(D) = T(D)$ offen in F. $\Diamond$

34.11 Bemerkungen und Definition. a) Für metrische lokalkonvexe Räume E, F wird durch

$$\| (x, y) \|_j := \| x \|_j + \| y \|_j, \quad (x, y) \in E \times F, \tag{16}$$

eine wachsende Folge von Halbnormen auf $E \times F$ mit (2) definiert; mit E und F ist auch $E \times F$ ein *Fréchetraum.*
b) Für eine *lineare Abbildung* $T : E \mapsto F$ ist der *Graph*

$$\Gamma(T) = \{(x, Tx) \mid x \in E\} \tag{17}$$

ein Unterraum von $E \times F$; dieser ist genau dann *abgeschlossen* in $E \times F$, wenn für jede Folge (x_n) in E gilt:

$$x_n \to x \text{ in } E \text{ und } Tx_n \to y \text{ in } F \Rightarrow y = Tx. \tag{18}$$

c) *Stetige* Operatoren $T \in L(E, F)$ besitzen also abgeschlossene Graphen. Die Umkehrung dieser Aussage ist i. a. *nicht* richtig: Der Differentialoperator

$$\frac{d}{dx} : (C^1[a, b], \| \; \|_{\mathrm{sup}}) \mapsto (C[a, b], \| \; \|_{\mathrm{sup}}), \quad \frac{d}{dx} f := f', \tag{19}$$

ist unstetig. Gilt aber $\| f_n - f \|_{\mathrm{sup}} \to 0$ und $\| \frac{d}{dx} f_n - g \|_{\mathrm{sup}} \to 0$, so folgt $\frac{d}{dx} f = g$ aufgrund von Theorem I. 22.14. Somit ist $\Gamma(\frac{d}{dx})$ abgeschlossen. $\square$

34.12 Satz (vom abgeschlossenen Graphen). *Es seien E, F Frécheträume und $T : E \mapsto F$ eine lineare Abbildung mit abgeschlossenem Graphen. Dann ist T stetig.*

BEWEIS. Durch $j : x \mapsto (x, Tx)$ wird eine lineare Bijektion von E auf $\Gamma(T)$ definiert. Offenbar ist j^{-1} stetig. Da E und $\Gamma(T)$ Frécheträume sind, ist nach Folgerung 34.10 auch j stetig, und dies gilt dann auch für T. $\Diamond$

34.13 Beispiele. a) Ist ein stetiger linearer Operator $T \in L(E, F)$ zwischen Frécheträumen *nicht surjektiv*, so ist sein *Bild* $R(T)$ nach Theorem 34.9 *mager* in F. So ist etwa $C^k[a, b]$ mager in $C^{k-1}[a, b]$ für $k \in \mathbb{N}$ oder $L_p[a, b]$ mager in $L_r[a, b]$ für $1 \le r < p \le \infty$.

b) Die Fourier-Abbildung $\mathcal{F} : L_1[-\pi, \pi] \mapsto c_0(\mathbb{Z})$ ist injektiv. Aus $\mathcal{F}(f) = 0$ folgt in der Tat $f = 0$ aus Satz 33.7 c). Wäre $\mathcal{F}$ auch *surjektiv*, so müßte $\mathcal{F}^{-1}$ nach Folgerung 34.10 *stetig* sein, also eine Abschätzung

$$\| f \|_{L_1} \leq C \| \mathcal{F}(f) \|_{\sup} = \sup\{ |\,\widehat{f}(k)\,| \mid k \in \mathbb{Z}\}$$

gelten. Für die *Dirichlet-Kerne* gilt aber $\widehat{D_n}(k) = 1$ für $|k| \leq n$ und $\widehat{D_n}(k) = 0$ für $|k| > n$, also $\| \mathcal{F}(D_n) \|_{\sup} = 1$ sowie $\| D_n \|_{L_1} \to \infty$ nach dem Beweisteil c) von Satz 34.8. Folglich ist $\mathcal{F} : L_1[-\pi, \pi] \mapsto c_0(\mathbb{Z})$ *nicht surjektiv* und $\mathcal{F}(L_1[-\pi, \pi])$ *mager* in $c_0(\mathbb{Z})$.

c) Andererseits ist $\mathcal{F}(L_1[-\pi, \pi])$ für $p < \infty$ *nicht* in $\ell_p(\mathbb{Z})$ enthalten. Andernfalls hätte $\mathcal{F} : L_1[-\pi, \pi] \mapsto \ell_p(\mathbb{Z})$ einen *abgeschlossenen Graphen* und wäre somit *stetig*. Gilt in der Tat $f_n \to f$ in $L_1[-\pi, \pi]$ und $\mathcal{F}f_n \to g$ in $\ell_p(\mathbb{Z})$, so folgt auch $\mathcal{F}f_n \to g$ in $c_0(\mathbb{Z})$ und somit $g = \mathcal{F}f$. Für die *Dirichlet-Kerne* gilt aber $\| \mathcal{F}(D_n) \|_{\ell_p} = (2n+1)^{\frac{1}{p}}$ und $\| D_n \|_{L_1} \leq c \log n$ aufgrund einer leichten Modifikation des Beweisteils c) von Satz 34.8; folglich kann keine Abschätzung $\| \mathcal{F}f \|_{\ell_p} \leq C \| f \|_{L_1}$ gelten.   □

Aufgaben

34.1 Es sei X ein vollständiger metrischer Raum. Man zeige:
a) Ist M mager in X, so ist $X \backslash M$ dicht in X.
b) Für $n \in \mathbb{N}$ sei D_n eine in X offene und dichte Menge. Dann ist auch $D := \bigcap\limits_{n=1}^{\infty} D_n$ dicht in X.

34.2 Für die Mengen

$$A_n := \{f \in \mathcal{C}[a,b] \mid \exists\, x \in [a,b] \;\forall\, y \in [a,b] \,:\, |f(x) - f(y)| \leq n\,|x-y|\}$$

zeige man $\overline{A_n} = A_n$ und $A_n^{\circ} = \emptyset$. Man schließe, daß die Menge B der *nirgends differenzierbaren* Funktionen in $\mathcal{C}[a,b]$ von *zweiter Kategorie* ist.

34.3 Es sei $\| \ \|$ eine Norm auf dem Raum $\mathbb{C}[z]$ aller Polynome. Man zeige, daß $(\mathbb{C}[z], \| \ \|)$ unvollständig ist.

34.4 Es sei $\{r_n\}_{n \in \mathbb{N}} = \mathbb{Q} \cap [0,1]$. Mit $M_k := \bigcup\limits_{n=1}^{\infty} K_{2^{-k-n}}(r_n)$ und $M := \bigcap\limits_{k=1}^{\infty} M_k \cap [0,1]$ zeige man:
a) Die Menge $N := [0,1] \backslash M$ ist mager, aber es gilt $m(N) = 1$.
b) Es ist M eine Lebesgue-Nullmenge von zweiter Kategorie in $[0,1]$.

34.5 Man verifiziere (6).

34.6 Es sei E ein Hilbertraum. Man zeige, daß eine Menge $M \subseteq E$ genau dann beschränkt ist, wenn $\sup \{|\langle x,y \rangle| \mid y \in M\} < \infty$ für alle $x \in E$ gilt.

34.7 Es seien E, F Banachräume und (T_n) eine Folge in $L(E, F)$. Man zeige die Äquivalenz der folgenden Aussagen:

(a) (T_n) konvergiert gleichmäßig auf kompakten Mengen in E.

(b) (T_n) konvergiert punktweise auf E.

(c) (T_n) konvergiert punktweise auf einer dichten Teilmenge von E, und es gilt $\sup \{\|T_n\| \mid n \in \mathbb{N}\} < \infty$.

34.8 Für eine Folge $(Q_n) \subseteq C[a,b]'$ von *Quadraturformeln*

$$Q_n : f \mapsto \sum_{k=1}^{r_n} c_k^{(n)} f(t_k^{(n)}), \quad c_k^{(n)} \in \mathbb{C}, \quad a \le t_1^{(n)} < \ldots < t_{r_n}^{(n)} \le b, \tag{20}$$

zeige man die folgenden Resultate von *Pólya-Szegö* und *Steklov:*

a) Genau dann gilt $Q_n f \mapsto f$ für alle $f \in C[a,b]$, wenn dies für alle Polynome richtig ist und $\sup\limits_{n \in \mathbb{N}} \sum\limits_{k=1}^{r_n} |c_k^{(n)}| < \infty$ gilt.

b) Im Fall $c_k^{(n)} \ge 0$ folgt die Bedingung „$\sup\limits_{n \in \mathbb{N}} \sum\limits_{k=1}^{r_n} |c_k^{(n)}| < \infty$" bereits aus $Q_n(1) \to b - a$.

34.9 Es sei $M := \{f \in C[a,b] \mid \operatorname{supp} f \subseteq (a,b)\}$. Man finde eine Folge (φ_n) in $C[a,b]'$ mit $\varphi_n(f) \to 0$ für $f \in M$ und $\|\varphi_n\| \to \infty$. Man schließe, daß M mager in $C[a,b]$ ist.

34.10 Man beweise den *Satz von Hellinger-Toeplitz:* Es seien E ein Hilbertraum und $T : E \mapsto E$ ein *symmetrischer* linearer Operator, d.h. es gelte $\langle Tx, y \rangle = \langle x, Ty \rangle$ für alle $x, y \in E$. Dann ist T stetig.

34.11 Es seien E, F Banachräume und $T \in L(E, F)$ injektiv. Man zeige, daß $R(T)$ genau dann abgeschlossen ist, wenn es $c > 0$ mit $\|Tx\| \ge c \|x\|$ für alle $x \in E$ gibt.

34.12 Man folgere Folgerung 34.10 aus dem Graphensatz 34.12.

35 Wärmeleitung und Theta-Funktion

35.1 Problem. Es wird die *Wärmeleitung* in einem kreisförmigen dünnen Draht, d.h. auf einer *Kreislinie* S^1 untersucht. Bezeichnet $u(x,t)$ für $x \in \mathbb{R}$

die *Temperatur* an der Stelle $e^{ix} \in S^1$ zur Zeit $t \in \mathbb{R}$, so erfüllt die Funktion u die *Wärmeleitungsgleichung*

$$\partial_t u(x,t) = \alpha \, \partial_x^2 u(x,t) \tag{1}$$

mit der *Temperaturleitfähigkeit* $\alpha > 0$ und die *Periodizitätsbedingung*

$$u(x + 2\pi, t) = u(x,t). \tag{2}$$

Aus der Kenntnis der 2π-periodischen Temperaturverteilung

$$u(x,0) = A(x) \tag{3}$$

zur Zeit $t = 0$ soll nun die Temperaturverteilung $u(x,t)$ für $t > 0$ bestimmt werden, d. h. es soll das *Anfangswertproblem* (1), (3) mit der *periodischen Randbedingung* (2) gelöst werden.   □

35.2 Fourier-Entwicklung. a) Eine (bezüglich $x \in \mathbb{R}$) 2π-periodische Funktion $v \in \mathcal{C}^3_{2\pi}(\mathbb{R} \times (0,\infty))$ besitzt eine Fourier-Entwicklung

$$v(x,t) = \sum_{k=-\infty}^{\infty} c_k(t) \, e^{ikx}, \quad x \in \mathbb{R}, \ t > 0, \quad \text{mit} \tag{4}$$

$$c_k(t) = \widehat{v^t}(k) = \tfrac{1}{2\pi} \int_{-\pi}^{\pi} v(x,t) \, e^{-ikx} \, dx, \quad k \in \mathbb{Z}, \ t > 0. \tag{5}$$

Man hat $c_k \in \mathcal{C}^1(0,\infty)$ und $\dot{c}_k(t) = (\widehat{\partial_t v})^t(k) = \frac{1}{ik}(\widehat{\partial_x \partial_t v})^t(k)$, also

$$\sum_{|k|=1}^{\infty} |\dot{c}_k(t)| \leq \Big(\sum_{|k|=1}^{\infty} \tfrac{1}{k^2} \Big)^{\frac{1}{2}} \Big(\sum_{|k|=1}^{\infty} |(\widehat{\partial_x \partial_t v})^t(k)|^2 \Big)^{\frac{1}{2}} \leq C \, \| (\partial_x \partial_t v)^t \|_{\mathcal{H}_2^0}$$

für $t > 0$. Weiter ist $k^2 c_k(t) = -(\widehat{\partial_x^2 v})^t(k)$ und somit auch

$$\sum_{|k|=0}^{\infty} k^2 |c_k(t)| \leq C \, \| (\partial_x^3 v)^t \|_{\mathcal{H}_2^0}.$$

Ist nun v eine Lösung von (1), so gilt

$$0 = (\partial_t - \alpha \, \partial_x^2) v(x,t) = \sum_{k=-\infty}^{\infty} (\dot{c}_k(t) + \alpha k^2 c_k(t)) \, e^{ikx},$$

und es folgt $\dot{c}_k(t) + \alpha k^2 c_k(t) = 0$, also $c_k(t) = c_k e^{-\alpha k^2 t}$ für $k \in \mathbb{Z}$ und

$$v(x,t) = \sum_{k=-\infty}^{\infty} c_k e^{-\alpha k^2 t} e^{ikx}, \quad x \in \mathbb{R}, \ t > 0. \tag{6}$$

b) Für $\tau > 0$ gilt $|c_k(\tau)| \leq \| v^\tau \|_{\mathcal{H}_1^0}$ nach (5), also

$$|c_k| \leq \| v^\tau \|_{\mathcal{H}_1^0} \, e^{\alpha k^2 \tau} =: C_\tau \, e^{\alpha k^2 \tau}, \quad k \in \mathbb{Z}. \tag{7}$$

Die Reihe in (6) konvergiert daher samt allen Ableitungen normal auf $\mathbb{R} \times [2\tau, \infty)$, und somit hat man automatisch $v \in \mathcal{C}^\infty_{2\pi}(\mathbb{R} \times (0,\infty))$.   □

35.3 Die Theta-Funktion. Für eine Funktion $A \in L_1[-\pi, \pi]$ wählt man nun $c_k = \widehat{A}(k)$ in (6), um die *Anfangsbedingung* (3) zu erfüllen. Wegen $(\widehat{A}(k)) \in \ell_\infty(\mathbb{Z})$ liefert

$$u(x,t) := \sum_{k=-\infty}^{\infty} \widehat{A}(k)\, e^{-\alpha k^2 t}\, e^{ikx} \tag{8}$$

eine $\mathcal{C}^\infty$-Funktion auf $\mathbb{R} \times (0, \infty)$, die dort die Wärmeleitungsgleichung (1) und auch die Periodizitätsbedingung (2) erfüllt. Man hat

$$\begin{aligned}
u(x,t) &= \sum_{k=-\infty}^{\infty} \tfrac{1}{2\pi} \int_{-\pi}^{\pi} A(y)\, e^{-iky}\, dy\, e^{-\alpha k^2 t}\, e^{ikx} \\
&= \tfrac{1}{2\pi} \int_{-\pi}^{\pi} A(y)\, \vartheta(x-y, \alpha t)\, dy = (\vartheta^{\alpha t} \star A)(x)
\end{aligned}$$

mit der *Theta-Funktion* $\vartheta \in \mathcal{C}_{2\pi}^\infty(\mathbb{R} \times (0, \infty))$ (vgl. die Abbildungen 35a und 35b für $t = \tfrac{1}{10}, \tfrac{1}{2}, 2$)

$$\vartheta(x,t) = \sum_{k=-\infty}^{\infty} e^{-k^2 t}\, e^{ikx} = 1 + 2 \sum_{k=-\infty}^{\infty} e^{-k^2 t} \cos kx. \tag{9}$$

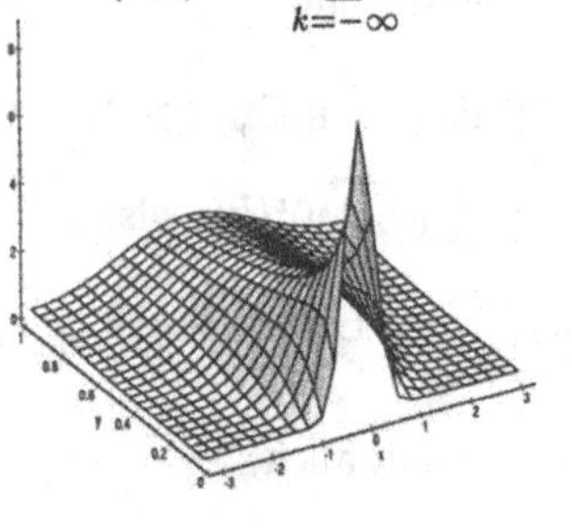

Abb. 35a

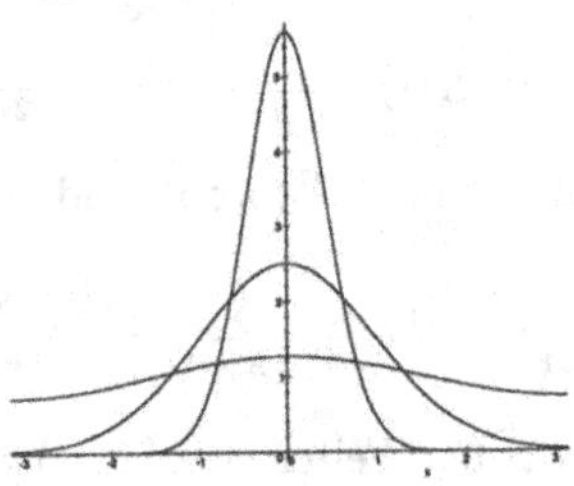

Abb. 35b

35.4 Satz (Jacobi-Identität). *Für $x \in \mathbb{R}$ und $t > 0$ gilt*

$$\vartheta(x,t) = \sqrt{\tfrac{\pi}{t}} \sum_{n=-\infty}^{\infty} \exp\left(-\tfrac{(x-2\pi n)^2}{4t}\right). \tag{10}$$

BEWEIS. Für festes $t > 0$ konvergiert die Reihe auf der rechten Seite von (10) samt allen Ableitungen lokal gleichmäßig auf $\mathbb{R}$, und für ihre Summe gilt $f \in \mathcal{C}_{2\pi}^\infty(\mathbb{R})$. Mit Hilfe von Beispiel 5.15 c) ergibt sich

$$\begin{aligned}
\widehat{f}(k) &= \tfrac{1}{2\pi} \sum_{n=-\infty}^{\infty} \int_{-\pi}^{\pi} \exp\left(-\tfrac{(x-2\pi n)^2}{4t}\right) e^{-ikx}\, dx \\
&= \tfrac{1}{2\pi} \sum_{n=-\infty}^{\infty} \int_{-(2n+1)\pi}^{-(2n-1)\pi} \exp\left(-\tfrac{x^2}{4t}\right) e^{-ikx}\, dx \\
&= \tfrac{1}{2\pi} \int_{-\infty}^{\infty} \exp\left(-\tfrac{x^2}{4t}\right) e^{-ikx}\, dx = \sqrt{\tfrac{t}{\pi}}\, e^{-k^2 t}
\end{aligned}$$

für $k \in \mathbb{Z}$, also $f(x) = \sum_{k=-\infty}^{\infty} \sqrt{\frac{t}{\pi}} \, e^{-k^2 t} \, e^{ikx} = \sqrt{\frac{t}{\pi}} \, \vartheta(x,t)$.   ◇

Für kleine $t > 0$ ist (10) zur *numerischen Berechnung* von $\vartheta(x,t)$ offenbar wesentlich besser geeignet als (9).

35.5 Satz. *Es ist (ϑ^t) eine Dirac-Familie aus geraden $C_{2\pi}^{\infty}$-Funktionen für $t \to 0^+$.*

BEWEIS. Aus (10) folgt sofort $\vartheta^t \geq 0$ (dies erkennt man nicht ohne weiteres aus (9)), und aus (9) erhält man sofort $\frac{1}{2\pi} \int_{-\pi}^{\pi} \vartheta^t(x) \, dx = 1$.
Für $0 < \xi \leq |x| \leq \pi$ ist $(x - 2\pi n)^2 \geq n^2$ für $|n| \geq 1$, und mit $e^{-y} \leq \frac{m!}{y^m}$ für $y > 0$ und $m \in \mathbb{N}$ ergibt sich aus (10)

$$\sup_{\xi \leq |x| \leq \pi} |\vartheta^t(x)| \leq \sqrt{\pi} \, 4^m \, m! \, \big(\tfrac{1}{\xi^{2m}} + \sum_{|n|=1}^{\infty} \tfrac{1}{n^{2m}}\big) t^{m-\frac{1}{2}} \to 0 \ \text{ für } \ t \to 0^+ . \quad ◇$$

Theta-Funktionen und Theta-Reihen sind auch in der Funktionentheorie und in der Zahlentheorie wichtig, vgl. etwa [10], Abschnitte V §6 und VI §4. Aus Satz 33.7 ergibt sich das folgende Resultat zur Wärmeleitungsgleichung:

35.6 Satz. *a) Für eine Funktion $A \in \mathcal{L}_1[-\pi, \pi]$ besitzt die Wärmeleitungsgleichung (1) genau eine Lösung $u \in C^3(\mathbb{R} \times (0,\infty))$, die die periodische Randbedingung (2) und die Anfangsbedingung*

$$\lim_{t \to 0^+} \| u^t - A \|_{L_1} = 0 \tag{11}$$

erfüllt. Diese ist gegeben durch $u^t = \vartheta^{\alpha t} \star A \in C_{2\pi}^{\infty}(\mathbb{R} \times (0,\infty))$.
b) Für $1 \leq p < \infty$ und $A \in \mathcal{L}_p[-\pi, \pi]$ gilt $\| u^t - f \|_{L_p} \to 0$.
c) Existieren $\widetilde{A}(x^+)$ und $\widetilde{A}(x^-)$ für ein $x \in \mathbb{R}$, so gilt $u^t(x) \to A^*(x)$.
d) Ist $\widetilde{A}$ in jedem Punkt einer kompakten Menge $K \subseteq \mathbb{R}$ stetig, so gilt $u^t \to \widetilde{A}$ gleichmäßig auf K.

BEWEIS. Die *Existenz-* und *Konvergenzaussagen* sind schon gezeigt oder folgen sofort aus Satz 33.7.
Eindeutigkeit: Sind u_1 und u_2 Lösungen von (1), (2) und (11), so gelten für die Funktion $v := u_1 - u_2 \in C_{2\pi}^3(\mathbb{R} \times (0,\infty))$ die Aussagen (1), (2) und $\| v^t \|_{L_1} \to 0$ für $t \to 0^+$. Dann gilt (6), und aus $|c_k e^{-\alpha k^2 t}| \leq \| v^t \|_{\mathcal{H}_1^0} \to 0$ für $t \to 0^+$ folgt sofort $c_k = 0$ für alle $k \in \mathbb{Z}$.   ◇

35.7 Bemerkungen. a) Nach Aufgabe 35.4 gilt die Eindeutigkeitsaussage von Satz 35.6 auch für Lösungen $u \in C_{2\pi}^1(\mathbb{R} \times (0,\infty))$, für die auch $\partial_x^2 u$ in $C_{2\pi}(\mathbb{R} \times (0,\infty))$ existiert.

b) Für $t > 0$ und $1 \le p \le \infty$ wird durch

$$T(t) : A \mapsto \vartheta^{\alpha t} \star A \tag{12}$$

ein linearer Operator auf $L_p[-\pi, \pi]$ mit $\|T(t)\| \le 1$ definiert. Mit $T(0) := I$ gilt aufgrund von (8) die *Halbgruppeneigenschaft*

$$T(t + s) = T(t)T(s) \quad \text{für} \quad t, s \ge 0. \tag{13}$$

c) Aus physikalischen Gründen ist für die Temperaturverteilung zur Zeit $t = 0$ (in °Kelvin) $A \ge 0$ anzunehmen. Wegen $\vartheta(x, t) \ge 0$ folgt dann auch $T(t)A \ge 0$ für alle $t > 0$.

d) Wegen $T(t)1 = 1$ und c) folgt aus einer Abschätzung $c \le T(s)A \le C$ zur Zeit $s \ge 0$ auch $c \le T(t)A = T(t-s)T(s)A \le C$ für alle Zeiten $t \ge s$.

e) Aufgrund von (8) gilt

$$\tfrac{1}{2\pi} \int_{-\pi}^{\pi} T(t)A(x)\,dx = \widehat{A}(0) = \tfrac{1}{2\pi} \int_{-\pi}^{\pi} A(x)\,dx \tag{14}$$

für alle $t > 0$, d.h. der *räumliche Mittelwert* der Temperaturverteilung ist *zeitlich konstant*. Für $t \to \infty$ strebt $T(t)A$ gegen die *konstante* Temperaturverteilung $\widehat{A}(0)$; genauer gilt für $t \ge 1$ die exponentielle Abschätzung

$$\sup_{x \in \mathbb{R}} |T(t)A - \widehat{A}(0)| \le \sum_{|k|=1}^{\infty} |\widehat{A}(k)|\, e^{-\alpha k^2 t} \le C_\alpha \|A\|_{L_1} e^{-\alpha t}. \tag{15}$$

f) Man beachte, daß die Reihe in (8) für $t < 0$ i.a. *divergiert;* aus der Kenntnis der Temperaturverteilung zur Zeit $t = 0$ läßt sich also diese für frühere Zeiten $t < 0$ *nicht* (ohne weiteres) berechnen. $\quad\square$

35.8 Beispiel. Für die Funktion $A(x) := \begin{cases} 0 & , \quad \pi < x < 0 \\ 2 & , \quad 0 \le x \le \pi \end{cases}$ gilt

$$T(t)A(x) = 1 + \tfrac{4}{\pi} \sum_{k=1}^{\infty} e^{-\alpha k^2 t} \tfrac{\sin(2k-1)x}{2k-1} \tag{16}$$

aufgrund von (I.40.10*). Abb. 35c zeigt A sowie die Lösungen $T(t)A$ der Wärmeleitungsgleichung für $\alpha t = \tfrac{1}{10}, \tfrac{1}{2}$ und 2. $\quad\square$

Aufgaben

35.1 Man löse (1) und (2) mit der Anfangsbedingung $u(x, 0) = |\sin x|$.

35.2 Man zeige $\lim\limits_{t \to s} \|T(t) - T(s)\| = 0$ für $s > 0$ für die Operatorhalbgruppe aus (12) auf $L_p[-\pi, \pi]$. Gilt dies auch für $s = 0$?

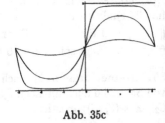

Abb. 35c

35.3 Es sei $A \in C_{2\pi}^2(\mathbb{R})$. Für die Funktion $u(x,t) := T(t)A(x)$ zeige man $\partial_t u = \alpha\,\partial_x^2 u$ auf $\mathbb{R} \times [0,\infty)$.

35.4 Es sei $v \in C_{2\pi}^1(\mathbb{R} \times (0,\infty))$ mit $\partial_x^2 v$ in $C_{2\pi}(\mathbb{R} \times (0,\infty))$ eine Lösung der Wärmeleitungsgleichung (1).
a) Aus $\|v^t\|_{L_2} \to 0$ für $t \to 0^+$ folgere man $v = 0$.
b) Man schließe $v \in C_{2\pi}^\infty(\mathbb{R} \times (0,\infty))$.

35.5 Man zeige, daß die Reihen in (9) und (10) für $t > 0$ lokal gleichmäßig in $x \in \mathbb{C}$ konvergieren, ϑ^t also eine ganze Funktion ist. Man folgere die Jacobi-Identität für alle $x \in \mathbb{C}$.

36   Schwingende Saiten

36.1 Problem. Es werden die *Schwingungen einer (Geigen-) Saite* der Länge $\ell > 0$ und Massendichte $\rho(x) > 0$, $0 \le x \le \ell$, untersucht. Ist diese in den Punkten $x = 0$ und $x = \ell$ fest eingespannt, so erfüllt ihre Auslenkung $u(x,t)$ an der Stelle $x \in [0,\ell]$ zur Zeit $t \in \mathbb{R}$ die *Wellengleichung* (vgl. Abb. 36b)

$$\partial_t^2 u(x,t) \;=\; \tfrac{1}{\rho(x)}\,\partial_x^2 u(x,t) \tag{1}$$

und die *Randbedingung*

$$u(0,t) \;=\; u(\ell,t) \;=\; 0. \tag{2}$$

Aus der Kenntnis von *Lage* und *Geschwindigkeit*

$$u(x,0) \;=\; A(x), \quad \partial_t u(x,0) \;=\; B(x) \tag{3}$$

zur Zeit $t = 0$ soll nun die Lösung $u(x,t)$ für alle Zeiten t bestimmt werden, d. h. es soll das *Anfangs-Randwertproblem* (1)–(3) gelöst werden. Wegen (2) und (3) muß natürlich $A(0) = A(\ell) = 0$ vorausgesetzt werden.   □

36.2 Eigenwerte und Eigenfunktionen. a) Für eine Lösung von (1) macht man zunächst *den Separationsansatz*

$$u(x,t) \;=\; f(x)\,g(t) \tag{4}$$

mit nur von der Orts- bzw. Zeitvariablen abhängigen, genügend oft differenzierbaren Funktionen f und g. Aus (1) folgt dann

$$f(x)\,\ddot{g}(t) \;=\; \tfrac{1}{\rho(x)}\,f''(x)\,g(t), \quad x,t \in \mathbb{R}.$$

b) Für eine Lösung $u \neq 0$ von (1) der Form (4) gibt es $t_0 \in \mathbb{R}$ mit $g(t_0) \neq 0$. Mit $\lambda := -\frac{\ddot{g}(t_0)}{g(t_0)}$ erfüllt dann f die *gewöhnliche Differentialgleichung*

$$f''(x) + \lambda \rho(x) f(x) = 0, \quad x \in \mathbb{R}, \tag{5}$$

und daraus ergibt sich für g die Differentialgleichung

$$\ddot{g}(t) + \lambda g(t) = 0, \quad t \in \mathbb{R}. \tag{6}$$

c) Ab jetzt (in diesem Abschnitt) sei die Massendichte $\rho > 0$ *konstant.* Die Lösungen von (5) sind dann gegeben durch $f(x) = c_1 + c_2 x$ für $\lambda = 0$ und $f(x) = c_1 \sin \sqrt{\rho \lambda} x + c_2 \cos \sqrt{\rho \lambda} x$ für $\lambda \neq 0$. Die Randbedingung (2) impliziert sofort $f(0) = f(\ell) = 0$, also $f = 0$ im Fall $\lambda = 0$ und $c_2 = 0$ sowie $\sqrt{\rho \lambda} \ell \in \pi \mathbb{Z}$ für $\lambda \neq 0$. Das *Randwertproblem*

$$f''(x) + \rho \lambda f(x) = 0, \quad f(0) = f(\ell) = 0, \tag{7}$$

besitzt also *nicht triviale Lösungen* nur im Fall

$$\lambda = \lambda_k = \frac{\pi^2}{\rho \ell^2} k^2 \quad \text{für ein} \quad k \in \mathbb{N}; \tag{8}$$

diese Zahlen λ_k heißen die **Eigenwerte** des Randwertproblems (7), und die entsprechenden **Eigenfunktionen** sind gegeben durch

$$\varphi_k(x) := c_k \sin \frac{\pi}{\ell} k x, \quad k \in \mathbb{N}, \quad c_k \in \mathbb{C}. \tag{9}$$

d) Mit $c := \frac{1}{\sqrt{\rho}}$ sind für $\lambda = \lambda_k$ die Lösungen von (6) gegeben durch

$$g_k(t) = a_k \cos c \frac{\pi}{\ell} k t + b_k \sin c \frac{\pi}{\ell} k t, \tag{10}$$

die entsprechenden Lösungen von (1), (2) dann durch

$$u_k(x,t) = (a_k \cos c \frac{\pi}{\ell} k t + b_k \sin c \frac{\pi}{\ell} k t) \sin \frac{\pi}{\ell} k x, \quad k \in \mathbb{N}. \tag{11}$$

Die *Eigenfunktionen* φ_k *schwingen* also mit den *Frequenzen* $c \frac{\pi}{\ell} k$, $k \in \mathbb{N}$. Alle vorkommenden Frequenzen sind offenbar ganzzahlige Vielfache der *Grundfrequenz* $c \frac{\pi}{\ell}$. □

36.3 Reihenentwicklungen. a) Der Einfachheit wegen wird ab jetzt $\ell = \pi$ für die Länge der Saite angenommen. Man möchte weitere Lösungen von (1)–(3) durch *Überlagerungen* der u_k konstruieren:

$$u(x,t) = \sum_{k=1}^{\infty} u_k(x,t) = \sum_{k=1}^{\infty} (a_k \cos ckt + b_k \sin ckt) \sin kx. \tag{12}$$

Man hat *normale Konvergenz* dieser Reihe und der Reihen der Ableitungen der Ordnung ≤ 2 auf ganz $\mathbb{R}^2$ im Fall

$$\sum_{k=1}^{\infty} k^2 \left(|a_k| + |b_k|\right) < \infty.$$ (13)

Dann ist $u \in \mathcal{C}^2(\mathbb{R}^2)$ eine Lösung von (1) und (2), und man hat

$$u(x,0) = \sum_{k=1}^{\infty} a_k \sin kx, \quad \partial_t u(x,0) = \sum_{k=1}^{\infty} c\,k\,b_k \sin kx.$$ (14)

b) Funktionen $F : [0,\pi] \mapsto \mathbb{R}$ mit $F(0) = F(\pi) = 0$ besitzen *ungerade Fortsetzungen* auf $[-\pi,\pi]$ und diese dann 2π-*periodische Fortsetzungen* auf $\mathbb{R}$, die hier mit $\breve{F}$ bezeichnet werden. In der *reellen* Fourier-Entwicklung (I.40.1*) von $\breve{F}$ verschwinden die geraden Terme, und man hat

$$\breve{F}(x) \sim \sum_{k=1}^{\infty} F_k \sin kx \quad \text{mit} \quad F_k := \tfrac{2}{\pi} \int_0^{\pi} F(x) \sin kx\,dx.$$ (15)

c) Wählt man also in (12) $a_k = A_k$ und $b_k = \frac{B_k}{ck}$ mit den Fourier-Koeffizienten von A und B gemäß (15), so erhält man eine Lösung des Anfangs-Randwertproblems (1)–(3), falls die Bedingung (13) erfüllt ist. Es zeigen die Abbildungen 36a und 36b (für $c = 1$ und $t = 0,1,2,3,4$) diese Lösung für $A(x) = \sin x + \tfrac{1}{2} \sin 2x$ und $B = 0$. $\qquad\square$

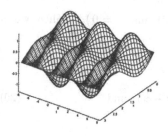

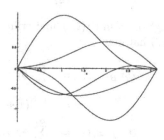

Abb. 36a   Abb. 36b

In der Tat genügen sogar etwas schwächere Annahmen über die Anfangs-daten A und B für die

36.4 Lösung des Problems (1)–(3). a) Es sei $B = 0$ und

$$A \in \mathcal{C}^2[0,\pi] \quad \text{mit} \quad A(0) = A(\pi) = 0 \quad \text{und} \quad A''(0) = A''(\pi) = 0.$$ (16)

Dann folgt $\breve{A} \in \mathcal{C}^2_{2\pi}(\mathbb{R})$. Wegen

$$\cos ckt \sin kx = \tfrac{1}{2} \sin k\,(x + ct) + \tfrac{1}{2} \sin k\,(x - ct)$$

liefert die Reihe gemäß (12) die Funktion

$$
\begin{aligned}
u_A(x,t) &= \sum_{k=1}^{\infty} A_k \cos ckt \sin kx \\
&= \tfrac{1}{2} \sum_{k=1}^{\infty} A_k \sin k\,(x+ct) + \tfrac{1}{2} \sum_{k=1}^{\infty} A_k \sin k\,(x-ct) \\
&= \tfrac{1}{2} \breve{A}(x+ct) + \tfrac{1}{2} \breve{A}(x-ct)\,.
\end{aligned}
\tag{17}
$$

Wegen $\breve{A} \in \mathcal{C}^2(\mathbb{R})$ gilt $u_A \in \mathcal{C}^2(\mathbb{R}^2)$, und man rechnet sofort nach, daß u_A eine Lösung der Wellengleichung (1) ist. Offenbar sind auch (2) und (3) (mit $B=0$) erfüllt. Man erhält also u_A, indem man jeweils die „Hälfte der Welle" $\breve{A}$ mit der Geschwindigkeit c „nach links und nach rechts laufen" läßt und dann überlagert.

b) Nun wird der Fall $A=0$ behandelt. Ist

$$
B \in \mathcal{C}^1[0,\pi] \quad \text{mit} \quad B(0) = B(\pi) = 0\,,
\tag{18}
$$

so folgt $\breve{B} \in \mathcal{C}^1_{2\pi}(\mathbb{R})$ und insbesondere $\sum_{k=1}^{\infty} |B_k| < \infty$. Die Funktion

$$
u_B(x,t) := \sum_{k=1}^{\infty} \frac{B_k}{ck} \sin ckt \sin kx
\tag{19}
$$

liegt dann in $\mathcal{C}^1(\mathbb{R}^2)$ und erfüllt (2) und (3) (mit $A=0$). Ähnlich wie in (17) hat man

$$
\begin{aligned}
\partial_t u_B(x,t) &= \sum_{k=1}^{\infty} B_k \cos ckt \sin kx \\
&= \tfrac{1}{2} \breve{B}(x+ct) + \tfrac{1}{2} \breve{B}(x-ct) \quad \text{und}
\end{aligned}
\tag{20}
$$

$$
\begin{aligned}
\partial_x u_B(x,t) &= \sum_{k=1}^{\infty} \frac{B_k}{c} \sin ckt \cos kx \\
&= \tfrac{1}{2c} \breve{B}(x+ct) - \tfrac{1}{2c} \breve{B}(x-ct)\,, \quad \text{also}
\end{aligned}
\tag{21}
$$

$$
u_B(x,t) = \tfrac{1}{2c} \int_{x-ct}^{x+ct} \breve{B}(y)\,dy\,;
\tag{22}
$$

somit gilt sogar $u_B \in \mathcal{C}^2(\mathbb{R}^2)$, und man rechnet wieder nach, daß u_B eine Lösung der Wellengleichung (1) ist. Man erhält also $2c u_B(x,t)$ durch Integration der Anfangsgeschwindigkeit $\breve{B}$ über die mit t gleichmäßig wachsenden Intervalle $[x-ct, x+ct]$ um x.

c) Für Anfangsdaten A und B wie in (16) und (18) liefert $u_A + u_B$ offenbar eine Lösung des allgemeinen Problems (1)–(3). $\qquad \square$

36.5 Bemerkungen. Auch schwingende Saiten „unendlicher Länge" lassen sich leicht behandeln:

a) Jede (nicht notwendig in x periodische) Lösung $u \in C^2(\mathbb{R}^2)$ der Wellengleichung (1) hat die Form

$$u(x,t) = f(x+ct) + g(x-ct), \quad f,g \in C^2(\mathbb{R}). \tag{23}$$

b) Für $A \in C^2(\mathbb{R})$ und $B \in C^1(\mathbb{R})$ besitzt das *Anfangs-* oder *Cauchy-Problem* (1), (3) die *eindeutige Lösung*

$$u(x,t) = \tfrac{1}{2}A(x+ct) + \tfrac{1}{2}A(x-ct) + \tfrac{1}{2c}\int_{x-ct}^{x+ct} B(y)\,dy. \quad \square \tag{24}$$

36.6 Bemerkungen. a) Im Gegensatz zum Fall der Wärmeleitungsgleichung liefern die Formeln (17), (22) und (24) Lösungen auch für $t < 0$; in der Tat ist die Wellengleichung gegen die *Zeitumkehr* $t \mapsto -t$ *invariant*.

b) Während die (periodischen) Lösungen der Wärmeleitungsgleichung für beliebige Anfangsdaten in L_1 für $t > 0$ automatisch C^∞ sind, ist die Wellengleichung nur für genügend *glatte* Anfangsdaten (klassisch) lösbar. Beispiele (etwa die in Aufgabe 36.1) zeigen, daß die Formeln (17), (22) und (24) auch für *unstetige* Anfangsdaten „sinnvolle Lösungen" der Wellengleichung liefern können. Dies ist ein Anlaß zu einer *Erweiterung des Lösungsbegriffs für Differentialgleichungen* in Abschnitt 39 (vgl. Beispiel 39.8 e), f)). $\square$

Schwingende Saiten mit *inhomogener* Massendichte werden in Abschnitt 38 untersucht. Die *Existenz von Eigenwerten* und die *Entwickelbarkeit* von Anfangsdaten *nach Eigenfunktionen* ergibt sich aus dem *Spektralsatz für kompakte selbstadjungierte Operatoren*, der im nächsten Abschnitt bewiesen wird.

Aufgaben

36.1 a) Man beweise die Aussagen von Bemerkung 36.5.

b) Man berechne die Funktion u gemäß (24) in den Fällen

α) $A(x) = A\chi_{[0,\ell]}$, $B(x) = 0$ und

β) $A(x) = 0$, $B(x) = B\chi_{[0,\ell]}$. Was passiert im Fall $B = \tfrac{1}{\ell}$ für $\ell \to 0$?

36.2 Mit Hilfe von Aufgabe 20.8 beweise man die *Eindeutigkeit* von C^2-Lösungen des Anfangs-Randwertproblems (1)–(3) für die Wellengleichung.

36.3 Man löse das Anfangs-Randwertproblem

$$\partial_t u(x,t) = \alpha\,\partial_x^2 u(x,t), \quad u(0,t) = u(0,\pi) = 0, \quad u(x,0) = A(x) \tag{25}$$

für die Wärmeleitungsgleichung.

37   Kompakte selbstadjungierte Operatoren

Ein wichtiges Hilfsmittel zur Untersuchung von Rand-Eigenwertproblemen auf beschränkten Gebieten ist die *Spektraltheorie kompakter linearer Operatoren* (vgl. etwa [34] oder [24]); in diesem einführenden Buch kann nur der *selbstadjungierte* Fall besprochen werden. Die grundlegenden Begriffe der Spektraltheorie sind:

37.1 Definition. *Es seien E ein Banachraum über $\mathbb{K} = \mathbb{R}$ oder $\mathbb{K} = \mathbb{C}$ und $T \in L(E)$.*

a) Die Menge $\sigma(T) := \{\lambda \in \mathbb{K} \mid \lambda I - T \notin GL(E)\}$ heißt Spektrum *von T, ihr Komplement $\rho(T) := \mathbb{K}\backslash\sigma(T)$* Resolventenmenge *von T, und die auf $\rho(T)$ definierte Funktion $R_T : \lambda \mapsto (\lambda I - T)^{-1}$* Resolvente *von T.*

b) Eine Zahl $\lambda \in \mathbb{K}$ heißt Eigenwert *von T, falls es einen Vektor $0 \neq x \in E$ mit $Tx = \lambda x$ gibt; x heißt dann* Eigenvektor *von T zum Eigenwert λ.*

37.2 Bemerkungen. a) Mit Hilfe der *Neumannschen Reihe* wurde in Satz II. 26.5 gezeigt, daß die Gruppe $GL(E)$ der invertierbaren Operatoren *offen* in $L(E)$ und die *Inversion* $T \mapsto T^{-1}$ eine *Homöomorphie* von $GL(E)$ ist. Daher ist $\rho(T)$ *offen* in $\mathbb{K}$, und die Resolvente $R_T : \rho(T) \mapsto L(E)$ ist *stetig*.

b) Für $\lambda, \mu \in \rho(T)$ gilt $\lambda I - T = (\mu I - T) + (\lambda - \mu)I$; multipliziert man diese Gleichung von links mit $R_T(\lambda)$ und von rechts mit $R_T(\mu)$, so erhält man die *Resolventengleichung*

$$R_T(\lambda) - R_T(\mu) = -(\lambda - \mu)\, R_T(\lambda)\, R_T(\mu), \quad \lambda, \mu \in \rho(T). \tag{1}$$

Diese impliziert sofort

$$\lim_{\lambda \to \mu} \frac{R_T(\lambda) - R_T(\mu)}{\lambda - \mu} = -R_T(\mu)^2 \quad \text{für} \quad \mu \in \rho(T); \tag{2}$$

die Resolvente ist im Fall $\mathbb{K} = \mathbb{C}$ also *holomorph* auf $\rho(T)$. In der Tat spielen *funktionentheoretische Methoden* eine große Rolle in der Spektraltheorie, was hier nur im Beweis von Satz 37.3 und in Aufgabe 37.15 angedeutet werden kann.

c) Für $T \in L(E)$ existiert der Grenzwert (vgl. Aufgabe II. 26.2)

$$r(T) := \lim_{n \to \infty} \| T^n \|^{1/n} \leq \| T \|. \tag{3}$$

Für $|\lambda| > r(T)$ existiert

$$R_T(\lambda) = \lambda^{-1} (I - \tfrac{T}{\lambda})^{-1} = \tfrac{1}{\lambda} \sum_{k=0}^{\infty} (\tfrac{T}{\lambda})^k; \tag{4}$$

daher ist das Spektrum $\sigma(T)$ kompakt mit

$$\max\{|\lambda| \mid \lambda \in \sigma(T)\} \leq r(T). \tag{5}$$

Im Fall $\mathbb{K} = \mathbb{C}$ gilt sogar *Gleichheit* in (5) (vgl. Aufgabe 14), und daher heißt $r(T)$ *Spektralradius* von T. Weiter erhält man aus (4)

$$\| R_T(\lambda) \| \leq \tfrac{1}{|\lambda| - \|T\|} \quad \text{für} \quad |\lambda| > \|T\|. \tag{6}$$

d) Im Fall $\dim E < \infty$ ist $\sigma(T)$ die Menge aller Eigenwerte von T. Die *Existenz von Eigenwerten* im komplexen Fall beruht auf dem *Fundamentalsatz der Algebra*, der in 22.19 mit Hilfe des *Satzes von Liouville* 22.18 bewiesen wurde. Dieser impliziert auch allgemein $\sigma(T) \neq \emptyset$, was hier nur in einem Spezialfall gezeigt werden kann: □

37.3 Satz. *Es sei E ein komplexer Hilbertraum.*
a) Es sei $R : \mathbb{C} \mapsto L(E)$ eine Operatorfunktion, so daß die skalaren Funktionen $\lambda \mapsto \langle R(\lambda)x, y \rangle$ für alle $x, y \in E$ holomorph sind. Gilt dann $\sup \{ \| R(\lambda) \| \mid \lambda \in \mathbb{C} \} < \infty$, so ist R konstant auf $\mathbb{C}$.
b) Für $T \in L(E)$ gilt $\sigma(T) \neq \emptyset$.

BEWEIS. a) Andernfalls gibt es $x, y \in E$, so daß die ganze Funktion $\lambda \mapsto \langle R(\lambda)x, y \rangle$ nicht konstant ist, und man hat einen Widerspruch zum Satz von Liouville.
b) Ist $\rho(T) = \mathbb{C}$, so erfüllt die Resolvente R_T wegen (2) und (6) die Voraussetzungen von a), ist also konstant. Aus (6) erhält man dann den Widerspruch $R_T = 0$.   ◇

37.4 Bemerkung. Nach dem *Satz von Hahn-Banach* (vgl. [28], §6, [33], 5.16–5.20 oder [34], 2.2) gibt es zu jedem Vektor $x \neq 0$ in einem Banachraum E ein stetiges lineares Funktional $f \in E'$ mit $f(x) \neq 0$. Aus diesem Grunde gilt der Satz von Liouville 37.3 a) für ganze Funktionen mit Werten in beliebigen komplexen Banachräumen, und man hat auch $\sigma(T) \neq \emptyset$ für stetige lineare Operatoren auf komplexen Banachräumen.   □

37.5 Satz und Definition. *a) Es seien E, F Hilberträume über $\mathbb{K}$. Zu $T \in L(E, F)$ gibt es genau einen Operator $T^* \in L(F, E)$ mit*

$$\langle Tx, y \rangle = \langle x, T^*y \rangle \quad \text{für alle} \quad x \in E \quad \text{und} \quad y \in F, \tag{7}$$

den adjungierten Operator *zu T. Es gilt $\| T^* \| = \| T \|$.*
b) Ein Operator $T \in L(E)$ heißt selbstadjungiert, *falls $T^* = T$,* unitär, *falls $T^* = T^{-1}$ und* normal, *falls $T^*T = TT^*$ ist.*

BEWEIS. Für $y \in F$ wird durch $x \mapsto \langle Tx, y \rangle$ eine stetige Linearform auf E definiert. Nach dem *Rieszschen Darstellungssatz* 32.16 gibt es genau ein

$y^* \in E$ mit $\langle Tx, y \rangle = \langle x, y^* \rangle$ für $x \in E$. Durch $T^* : y \mapsto y^*$ wird dann ein linearer Operator von F nach E mit (7) definiert, und man hat

$$\| T^* \| = \sup \{ \| T^* y \| \mid \| y \| \leq 1 \} = \sup \{ | \langle x, T^* y \rangle | \mid \| x \|, \| y \| \leq 1 \}$$
$$= \sup \{ | \langle Tx, y \rangle | \mid \| x \|, \| y \| \leq 1 \} = \sup \{ \| Tx \| \mid \| x \| \leq 1 \} = \| T \|. \ \Diamond$$

37.6 Beispiele und Bemerkungen. a) Offenbar gilt stets $(T^*)^* = T$, $(T_1 + T_2)^* = T_1^* + T_2^*$, $(\lambda T)^* = \bar{\lambda} T^*$ und $(ST)^* = T^* S^*$. Ist T ein Isomorphismus, so gilt dies auch für T^*, und man hat $(T^*)^{-1} = (T^{-1})^*$.

b) Orthogonale Projektionen sind nach (32.25) selbstadjungiert. Umgekehrt ist jeder Operator $P \in L(E)$ mit $P^* = P = P^2$ eine orthogonale Projektion (vgl. Aufgabe 32.7).

c) Für $T \in L(E, F)$ hat man

$$R(T)^\perp = N(T^*) \quad \text{und} \quad \overline{R(T)} = N(T^*)^\perp. \tag{8}$$

In der Tat gilt genau dann $y \in R(T)^\perp$, wenn $\langle x, T^* y \rangle = \langle Tx, y \rangle = 0$ für alle $x \in E$, also $T^* y = 0$ gilt. Die zweite Aussage folgt aus der ersten wegen $\overline{R(T)} = (R(T)^\perp)^\perp$ (vgl. Aufgabe 32.6).

d) Für einen selbstadjungierten Operator $A \in L(E)$ ist die *quadratische Form* $Q_A : E \mapsto \mathbb{K}$, $Q_A(x) := \langle Ax, x \rangle$, auch im Fall $\mathbb{K} = \mathbb{C}$ *reell*. Analog zu (32.29) gilt die *Polarformel*

$$Q_A(x + y) - Q_A(x - y) = 4 \operatorname{Re} \langle Ax, y \rangle \quad \text{für} \ x, y \in E. \ \Box \tag{9}$$

37.7 Satz. *Es seien* E *ein Hilbertraum über* $\mathbb{K} = \mathbb{R}$ *oder* $\mathbb{K} = \mathbb{C}$ *und* $A \in L(E)$ *selbstadjungiert. Dann gilt*

$$\| A \| = \sup \{ | \langle Ax, x \rangle | \mid \| x \| \leq 1 \} =: q(A). \tag{10}$$

BEWEIS. Offenbar gilt $\| A \| \geq q(A)$. Für $x, y \in H$ mit $\| x \|, \| y \| \leq 1$ gibt es $\alpha \in \mathbb{K}$ mit $| \alpha | = 1$ und

$$| \langle Ax, y \rangle | = \langle \alpha Ax, y \rangle = \tfrac{1}{4} (Q_A(\alpha x + y) - Q_A(\alpha x - y))$$
$$\leq \tfrac{1}{4} q(A) (\| \alpha x + y \|^2 + \| \alpha x - y \|^2)$$
$$\leq \tfrac{1}{2} q(A) (\| x \|^2 + \| y \|^2) \leq q(A)$$

aufgrund von (9) und der *Parallelogrammgleichung* (32.23). $\Diamond$

Nun werden *kompakte lineare Operatoren* eingeführt:

37.8 Definition. *Es seien* E, F *Banachräume. Ein linearer Operator* $T \in L(E, F)$ *heißt* kompakt, *wenn das Bild* $T(\overline{K}_1(0))$ *der Einheitskugel von* E *in* F *relativ kompakt ist. Mit* $K(E, F)$ *wird die Menge aller kompakten Operatoren von* E *nach* F *bezeichnet, und man setzt* $K(E) := K(E, F)$.

37.9 Bemerkungen. a) Es ist $T \in L(E, F)$ genau dann kompakt, wenn T beschränkte Mengen von E in relativ kompakte Mengen von F abbildet. Dies ist dazu äquivalent, daß für *jede beschränkte Folge* (x_n) in E die Folge (Tx_n) in F eine konvergente Teilfolge besitzt.

b) $K(E, F)$ ist ein Unterraum von $L(E, F)$. Da stetige Bilder (relativ) kompakter Mengen wieder (relativ) kompakt sind, ist mit $T \in K(E, F)$ auch jedes Produkt ATB, $A \in L(F, F_1)$, $B \in L(E_1, E)$, kompakt.   □

37.10 Satz. *Es ist $K(E, F)$ ein abgeschlossener Unterraum von $L(E, F)$.*

BEWEIS. Für eine Folge (T_n) in $K(E, F)$ gelte $T_n \to T$ in $L(E, F)$. Zu $\varepsilon > 0$ gibt es $n \in \mathbb{N}$ mit $\|T - T_n\| < \varepsilon$ und $y_1, \ldots, y_r \in F$ mit $T_n(\overline{K}_1(0)) \subseteq \bigcup_{j=1}^{r} K_\varepsilon(y_j)$. Es folgt $T(\overline{K}_1(0)) \subseteq \bigcup_{j=1}^{r} K_{2\varepsilon}(y_j)$, und somit ist $T(\overline{K}_1(0))$ präkompakt.   ◇

Insbesondere ist $K(E)$ ein *abgeschlossenes zweiseitiges Ideal* in der Banach-algebra $L(E)$.

37.11 Beispiele. a) Die *Identität* auf E ist genau dann kompakt, wenn $\dim E < \infty$ ist (vgl. Aufgabe II. 11.7).

b) Es sei $T \in K(E)$. Auf einem *Eigenraum* $N(\lambda I - T)$ zu einem Eigenwert $\lambda \in \mathbb{K} \backslash \{0\}$ ist dann $I = \frac{T}{\lambda}$ kompakt, und es folgt $\dim N(\lambda I - T) < \infty$.

c) *Endlichdimensionale* Operatoren $T \in L(E, F)$ sind kompakt.

d) Nach Satz 15.15 ist die Inklusion $\mathcal{H}_p^k[a, b] \mapsto \mathcal{C}^{k-1}[a, b]$ kompakt für $1 < p \leq \infty$ und $k \in \mathbb{N}$.   □

Nun wird eine interessante Klasse kompakter Operatoren eingeführt:

37.12 Definition. *Es seien E, F Hilberträume. Ein linearer Operator $T \in L(E, F)$ heißt Hilbert-Schmidt-Operator, Notation: $T \in S_2(E, F)$, falls $\sum_{i \in I} \|Te_i\|^2 < \infty$ für eine* Orthonormalbasis $\{e_i\}_{i \in I}$ *von E gilt.*

37.13 Bemerkungen. Für Orthonormalbasen $\{e_i\}_{i \in I}$ von E und $\{f_j\}_{j \in J}$ von F hat man

$$\sum_{i \in I} \|Te_i\|^2 = \sum_{i,j} |\langle Te_i, f_j \rangle|^2 = \sum_{i,j} |\langle e_i, T^*f_j \rangle|^2 = \sum_{j \in J} \|T^*f_j\|^2 \, ;$$

daher gilt $T \in S_2(E, F) \Leftrightarrow T^* \in S_2(F, E)$. In diesem Fall ist

$$\|T\|_2 := (\sum_{i \in I} \|Te_i\|^2)^{\frac{1}{2}} \tag{11}$$

unabhängig von der Wahl der Orthonormalbasis und wird als *Hilbert-Schmidt-Norm* von T bezeichnet. Stets gilt $\|T^*\|_2 = \|T\|_2$.   □

37.14 Satz. *Für* $T \in S_2(E, F)$ *gilt* $\|T\| \leq \|T\|_2$ *und* $T \in K(E, F)$.

BEWEIS. a) Es sei $\{e_i\}_{i \in I}$ eine Orthonormalbasis von E. Für $x \in E$ gilt $x = \sum_{i \in I} \langle x, e_i \rangle e_i$ und somit $Tx = \sum_{i \in I} \langle x, e_i \rangle Te_i$, also

$$\|Tx\|^2 \leq \sum_{i \in I} |\langle x, e_i \rangle|^2 \sum_{i \in I} \|Te_i\|^2 \leq \|T\|_2^2 \|x\|^2.$$

b) Da $Te_i \neq 0$ nur für abzählbar viele i gilt, kann man $I = \mathbb{N}$ annehmen. Die Operatoren $T_m \in L(E, F)$, $T_m(x) := \sum_{j=1}^{m} \langle x, e_j \rangle Te_j$, $m \in \mathbb{N}$, sind endlichdimensional und somit kompakt. Wegen $(T - T_m)e_i = 0$ für $i \leq m$ und $(T - T_m)e_i = Te_i$ für $i > m$ gilt $\|T - T_m\|_2^2 = \sum_{i=m+1}^{\infty} \|Te_i\|^2 \to 0$ für $m \to \infty$. Somit gilt erst recht $\|T - T_m\| \to 0$, und aus Satz 37.10 folgt die Behauptung $T \in K(E, F)$. $\diamond$

37.15 Beispiele. a) Es seien $M \subseteq \mathbb{R}^n$ Lebesgue-meßbar[14] und $k \in \mathcal{L}_2(M^2)$ ein *quadratintegrierbarer Kern*. Nach dem *Satz von Fubini* und Aufgabe 9.1 gilt dann $k_x \in \mathcal{L}_2(M)$ für fast alle $x \in M$; für $f \in \mathcal{L}_2(M)$ existiert daher

$$(Kf)(x) := \int_M k(x, y) f(y) \, dy = \langle k_x, \bar{f} \rangle_{L_2(M)} \tag{12}$$

für fast alle $x \in M$. Mit $M_\ell := M \cap \overline{K}_\ell(0)$ gilt $\chi_{M_\ell}(x) f(y) \in \mathcal{L}_2(M^2)$ und somit $k(x, y) \chi_{M_\ell}(x) f(y) \in \mathcal{L}_1(M^2)$ für $\ell \in \mathbb{N}$; wegen

$$(Kf)(x) = \int_M k(x, y) \chi_{M_\ell}(x) f(y) \, dy \quad \text{für} \quad x \in M_\ell$$

ist, wiederum nach dem Satz von Fubini, Kf auf jedem M_ℓ meßbar und somit meßbar auf M. Wegen

$$|(Kf)(x)| \leq \left(\int_M |k(x, y)|^2 \, dy \right)^{\frac{1}{2}} \|f\|_{L_2(M)} \quad \text{fast überall} \tag{13}$$

gilt sogar $Kf \in L_2(M)$ und

$$\|Kf\|_{L_2(M)}^2 \leq \left(\int_{M^2} |k(x, y)|^2 \, dy \, dx \right) \|f\|_{L_2(M)}^2. \tag{14}$$

Durch (12) wird also ein *Integraloperator* $K \in L(L_2(M))$ definiert.

b) Für eine Orthonormalbasis $\{e_i\}_{i \in \mathbb{N}}$ von $L_2(M)$ gilt

$$\sum_{i=1}^{m} \|Ke_i\|^2 = \sum_{i=1}^{m} \int_M |\langle k_x, \overline{e_i} \rangle|^2 \, dx = \int_M \sum_{i=1}^{m} |\langle k_x, \overline{e_i} \rangle|^2 \, dx$$
$$\leq \int_M \|k_x\|_{L_2(M)}^2 \, dx = \|k\|_{L_2(M^2)}^2$$

---

[14]Unter Verwendung von Aufgabe 9.11 kann man statt $\mathbb{R}^n$ und L beliebige separable lokalkompakte Räume X und positive Funktionale auf $\mathcal{C}_c(X)$ zugrunde legen.

für alle $m \in \mathbb{N}$ aufgrund der Besselschen Ungleichung. Folglich ist K ein Hilbert-Schmidt-Operator, und $m \to \infty$ liefert $\|K\|_2 = \|k\|_{L_2(M^2)}$ aufgrund des Satzes von Beppo Levi und der Parsevalschen Gleichung. Insbesondere ist K ein kompakter Operator.

c) Für $f, g \in \mathcal{L}_2(M)$ gilt $f(y)\overline{g(x)} \in \mathcal{L}_2(M^2)$ und $k(x,y)f(y)\overline{g(x)} \in \mathcal{L}_1(M^2)$; der Satz von Fubini liefert daher

$$\langle Kf, g \rangle = \int_M \int_M k(x,y)\, f(y)\, dy\, \overline{g(x)}\, dx = \int_M f(y)\, \overline{\int_M \overline{k(x,y)}\, g(x)\, dx}\, dy\,.$$

Der adjungierte Operator zu K ist somit gegeben durch

$$(K^*g)(x) = \int_M \overline{k(y,x)}\, g(y)\, dy\,, \quad g \in L_2(M)\,; \tag{15}$$

insbesondere ist K genau dann *selbstadjungiert*, wenn $\overline{k(y,x)} = k(x,y)$ fast überall auf M^2 gilt.

d) Mit $M = [a,b]$ sowie $k(x,y) = 1$ für $y \leq x$ und $k(x,y) = 0$ für $y > x$ erhält man den *Volterra-Operator*

$$(Vf)(x) := \int_a^x f(y)\, dy\,, \quad x \in [a,b]\,, \quad f \in L_2[a,b]\,. \tag{16}$$

Wie in Beispiel II. 26.7 hat man $r(V) = 0$ und daher $\sigma(V) \subseteq \{0\}$. Da V nicht surjektiv ist, gilt $0 \in \sigma(V)$. Wegen Theorem 15.5 folgt aus $Vf = 0$ sofort $f = 0$; V ist also *injektiv*, und somit ist 0 *kein Eigenwert* von V. $\square$

Es wird nun gezeigt, daß *kompakte selbstadjungierte Operatoren* bezüglich einer Orthonormalbasis aus *Eigenvektoren diagonalisiert* werden können; dies verallgemeinert natürlich das entsprechende Resultat für *symmetrische* bzw. *hermitesche Matrizen*. Wie in II. 24.5 beruht der Beweis auf der Maximierung des Betrages der quadratischen Form von A auf der Einheitssphäre.

37.16 Lemma. *Es seien E ein Hilbertraum und $A = A^* \in K(E)$. Dann ist $\|A\|$ oder $-\|A\|$ ein Eigenwert von A.*

BEWEIS. Man kann $A \neq 0$ annehmen. Nach Satz 37.7 gibt es eine Folge (x_n) in E mit $\|x_n\| = 1$ und $|\langle Ax_n, x_n \rangle| \to \|A\|$, und für diese gilt auch $\|Ax_n\| \to \|A\|$. Wegen $\langle Ax_n, x_n \rangle \in \mathbb{R}$ gilt dann $\langle Ax_n, x_n \rangle \to \lambda := \pm\|A\|$ für eine geeignete Teilfolge, und wegen der Kompaktheit von A kann man für diese auch die Konvergenz der Folge (Ax_n) annehmen. Wegen

$$\|Ax_n - \lambda x_n\|^2 = \|Ax_n\|^2 - 2\lambda\langle Ax_n, x_n \rangle + \lambda^2 \to 0$$

existiert dann $x_0 := \lim_{n \to \infty} x_n$. Man hat $\|x_0\| = 1$ und

$$Ax_0 = \lim_{n \to \infty} Ax_n = \lim_{n \to \infty} \lambda x_n = \lambda x_0\,. \qquad \diamond$$

37.17 Theorem (Spektralsatz). *Es seien E ein unendlichdimensionaler Hilbertraum über $\mathbb{K} = \mathbb{R}$ oder $\mathbb{K} = \mathbb{C}$ und $A \in L(E)$ kompakt und selbstadjungiert. Dann gibt es eine reelle Nullfolge $(\lambda_j)_{j \in \mathbb{N}}$ mit $|\lambda_j| \geq |\lambda_{j+1}|$ für $j \in \mathbb{N}$ und ein Orthonormalsystem $\{e_j\}_{j \in \mathbb{N}}$ in E mit*

$$Ax = \sum_{j=1}^{\infty} \lambda_j \langle x, e_j \rangle e_j, \quad x \in E. \tag{17}$$

Die Reihe in (17) konvergiert in der Operatornorm. Man hat

$$\sigma(A) = \{0\} \cup \{\lambda_j \mid j \in \mathbb{N}\} \quad und \tag{18}$$

$$N(\lambda_j I - A) = \operatorname{sp}\{e_i \mid \lambda_i = \lambda_j\} \quad für \ \lambda_j \neq 0. \tag{19}$$

BEWEIS. a) Nach Lemma 37.16 hat A einen Eigenwert $\lambda_1 = \pm\|A\|$ und einen zugehörigen Eigenvektor e_1 mit $\|e_1\| = 1$. Für $x \in H_2 := e_1^{\perp}$ gilt $\langle Ax, e_1 \rangle = \langle x, Ae_1 \rangle = \lambda_1 \langle x, e_1 \rangle = 0$, also auch $Ax \in H_2$. Für $A_2 := A|_{H_2}$ gilt also $A_2 \in L(H_2)$ und damit auch $A_2 = A_2^* \in K(H_2)$.

b) Man wendet nun Lemma 37.16 auf A_2 an und fährt entsprechend fort. Induktiv erhält man eine Folge $(\lambda_j)_{j \in \mathbb{N}}$ in $\mathbb{R}$ und ein Orthonormalsystem $\{e_j\}_{j \in \mathbb{N}}$ in H mit $Ae_j = \lambda_j e_j$ und $\lambda_j = \pm\|A_j\|$ für $j \in \mathbb{N}$, wobei A_j die Einschränkung von A auf den unter A invarianten Hilbertraum $E_j := \operatorname{sp}\{e_1, \ldots, e_{j-1}\}^{\perp}$ ist; insbesondere gilt dann $|\lambda_j| \geq |\lambda_{j+1}|$ für $j \in \mathbb{N}$.

c) Aufgrund der Kompaktheit von A hat die Folge (Ae_j) eine konvergente Teilfolge (Ae_{j_k}). Dann gilt $\lambda_{j_{k+1}}^2 + \lambda_{j_k}^2 = \|Ae_{j_{k+1}} - Ae_{j_k}\|^2 \to 0$ für $k \to \infty$, und aus der Monotonie der Folge $(|\lambda_j|)$ folgt $\lambda_j \to 0$ für $j \to \infty$.

d) Für $x \in E$ gilt offenbar $x_{n+1} := x - \sum_{j=1}^{n} \langle x, e_j \rangle e_j \in E_{n+1}$ und somit $\|Ax_{n+1}\| \leq |\lambda_{n+1}| \|x_{n+1}\|$. Wegen $\|x_{n+1}\| \leq \|x\|$ folgt dann

$$\left\| Ax - \sum_{j=1}^{n} \lambda_j \langle x, e_j \rangle e_j \right\| = \|Ax_{n+1}\| \leq \lambda_{n+1}\|x\|,$$

also (17) und die Konvergenz dieser Reihe in der Operatornorm.

e) Aus (17) folgen $\lambda_j \in \sigma(A)$ und „$\supseteq$" in (19). Es sei nun P die orthogonale Projektion auf den Raum $E_0 := \operatorname{sp}\{e_i \mid i \in \mathbb{N}\}^{\perp}$. Für $\mu \in \mathbb{K}$ gilt

$$(\mu I - A)x = \sum_{i=1}^{\infty} (\mu - \lambda_i) \langle x, e_i \rangle e_i + \mu Px, \quad x \in E, \tag{20}$$

$$\|(\mu I - A)x\|^2 = \sum_{i=1}^{\infty} |\mu - \lambda_i|^2 |\langle x, e_i \rangle|^2 + |\mu|^2 \|Px\|^2. \tag{21}$$

Für $\lambda_j \neq 0$ folgt aus $(\lambda_j I - A)x = 0$ also $Px = 0$ und $\langle x, e_i \rangle = 0$ für $\lambda_i \neq \lambda_j$, und somit gilt auch „$\subseteq$" in (19).

f) Wegen $\dim E = \infty$ kann $A \in K(E)$ nicht invertierbar sein; man hat also $0 \in \sigma(A)$ und somit „$\supseteq$" in (18). Für $\mu \in \mathbb{K} \backslash (\{0\} \cup \{\lambda_j \mid j \in \mathbb{N}\})$ gibt es $\varepsilon > 0$ mit $|\mu| \geq \varepsilon$ und $|\mu - \lambda_j| \geq \varepsilon$ für alle $j \in \mathbb{N}$. Aus (21) folgt dann

$$\| (\mu I - A)x \|^2 \ \geq \ \varepsilon^2 \, \| \, x - Px \, \|^2 + \varepsilon^2 \, \| \, Px \, \|^2 \ = \ \varepsilon^2 \, \| \, x \, \|^2 ; \qquad (22)$$

folglich ist $\mu I - A$ *injektiv* und hat ein *abgeschlossenes* Bild. Nach (8) ist $R(\mu I - A)^{\perp} = N(\bar{\mu} I - A) = (0)$, da ja (22) auch für $\bar{\mu}$ gilt. Somit ist $\mu I - A$ *invertierbar* und $\mu \notin \sigma(A)$. $\qquad\qquad\qquad \diamond$

37.18 Folgerungen, Bemerkungen und Definitionen. a) In der Situation des Spektralsatzes gilt genau dann $\dim R(A) < \infty$, wenn $\lambda_j \neq 0$ nur für endlich viele j gilt. Andererseits ist A genau dann *injektiv*, wenn alle $\lambda_j \neq 0$ sind und $\{e_j\}_{j \in \mathbb{N}}$ eine Orthonormal*basis* von E ist.
b) Für selbstadjungierte Operatoren A folgt aus $A^2 x = 0$ sofort auch $\| Ax \|^2 = \langle Ax, Ax \rangle = \langle x, A^2 x \rangle = 0$, also $Ax = 0$. Die *geometrischen Vielfachheiten* $m_j := \dim(\lambda_j I - A)$ der Eigenwerte von A stimmen also mit den *algebraischen Vielfachheiten* überein.
c) Für einen Unterraum V eines Banachraumes E wird die Dimension $\dim {}^{E}\!/_{V} =: \operatorname{codim} V$ des Quotientenraumes ${}^{E}\!/_{V}$ als *Kodimension* von V (in E) bezeichnet. Ein Operator $S \in L(E)$ heißt *Fredholmoperator*, Notation: $S \in \Phi(E)$, wenn $\dim N(S) < \infty$ und $\operatorname{codim} R(S) < \infty$ gilt;

$$\operatorname{ind} S := \dim N(S) - \operatorname{codim} R(S) \in \mathbb{Z} \qquad (23)$$

heißt dann der *Index* von S.
d) Nun seien wieder E ein Hilbertraum, $A = A^* \in K(E)$ und $\mu \in \mathbb{K} \backslash \{0\}$. Nach (21) und Aufgabe 37.5 ist $R(\mu I - A)$ stets *abgeschlossen*, und wegen $R(\mu I - A)^{\perp} = N(\bar{\mu} I - A)$ gilt $\operatorname{codim} R(\mu I - A) = \dim N(\bar{\mu} I - A) < \infty$. Somit gilt $\mu I - A \in \Phi(E)$ und $\operatorname{ind}(\mu I - A) = 0$. Insbesondere ist $\mu I - A$ *genau dann surjektiv, wenn $\mu I - A$ injektiv ist (Fredholmsche Alternative)*. Für $y \in E$ ist die Gleichung $(\mu I - A)x = y$ aufgrund von (20) genau dann lösbar, wenn $\langle y, e_i \rangle = 0$ für alle i mit $\lambda_i = \mu$ gilt, und mit einem beliebigen $x_0 \in N(\mu I - A)$ sind dann alle Lösungen gegeben durch

$$x = x_0 + \sum_{\lambda_i \neq \mu}^{\infty} \frac{1}{\mu - \lambda_i} \langle y, e_i \rangle e_i + \tfrac{1}{\mu} Py = x_0 + \tfrac{1}{\mu} \Big(y + \sum_{\lambda_i \neq \mu}^{\infty} \frac{\lambda_i}{\mu - \lambda_i} \langle y, e_i \rangle e_i \Big). \quad (24)$$

e) Für einen selbstadjungierten *Hilbert-Schmidt-Operator* $A = A^* \in S_2(E)$ gilt $|\lambda_j| = \| \lambda_j e_j \| = \| A e_j \|$ und somit

$$\sum_{j=1}^{\infty} |\lambda_j|^2 = \sum_{j=1}^{\infty} \| A e_j \|^2 = \| A \|_2^2 < \infty. \qquad \Box \quad (25)$$

37.19 Beispiele. a) Der Spektralsatz und seine Folgerungen 37.18 gelten insbesondere für *Integraloperatoren* (12) mit quadratintegrierbaren Kernen $k(x,y) = \overline{k(y,x)}$ und die zugehörigen *Fredholmschen Integralgleichungen*

$$\lambda f(x) - \int_M k(x,y)\, f(y)\, dy \;=\; g(x) \quad \text{in} \;\; L_2(M)\,. \tag{26}$$

b) Ist M *kompakt* und der Kern k stetig, so sind auch die *Eigenfunktionen* $e_j = \frac{1}{\lambda_j} K e_j$ stetig. In diesem Fall gilt die Entwicklung (17)

$$Kf(x) \;=\; \sum_{j=1}^{\infty} \lambda_j \int_M f(y)\,\overline{e_j(y)}\, dy\, e_j(x)\,, \quad f \in L_2(M)\,, \tag{27}$$

absolut und *gleichmäßig* auf M. In der Tat hat man

$$\sum_{j=n}^{m} |\lambda_j \langle f, e_j \rangle\, e_j(x)| \;\le\; \Big(\sum_{j=1}^{\infty} |\lambda_j\, e_j(x)|^2\Big)^{\frac{1}{2}} \Big(\sum_{j=n}^{m} |\langle f, e_j \rangle|^2\Big)^{\frac{1}{2}}$$

für alle $x \in M$ und $n \le m \in \mathbb{N}$, und wegen

$$\sum_{j=1}^{\infty} |\lambda_j\, e_j(x)|^2 \;=\; \sum_{j=1}^{\infty} |K e_j(x)|^2 \;=\; \sum_{j=1}^{\infty} |\langle k_x, \overline{e_j} \rangle|^2$$
$$\le\; \sup_{x \in M} \int_M |k(x,y)|^2\, dy \;\le\; m(M)\, \|k\|_{\sup}^2$$

für alle $x \in M$ folgt dies aus der Besselschen Ungleichung.

c) Ist zusätzlich K *positiv definit*, gilt also $\langle Kf, f \rangle \ge 0$ für alle $f \in L_2(M)$, so hat der Kern k die *absolut* und *gleichmäßig* konvergente Entwicklung

$$k(x,y) \;=\; \sum_{j=1}^{\infty} \lambda_j\, e_j(x)\, \overline{e_j(y)}\,, \quad x, y \in M\,, \tag{28}$$

und insbesondere gilt die *Spurformel*

$$\sum_{j=1}^{\infty} \lambda_j \;=\; \int_M k(x,x)\, dx < \infty\,. \tag{29}$$

Einen Beweis dieses *Satzes von Mercer* findet man etwa in [34], 1.4.10.   □

Aufgaben

37.1 Es seien $C \subseteq \mathbb{C}$ kompakt und $a \in \mathcal{C}(C, \mathbb{C})$. Für den *Multiplikationsoperator* $M_a \in L(L_2(C))$, $M_a(f) := af$, bestimme man M_a^* und $\sigma(M_a)$.

37.2 Es seien E, F Hilberträume. Man verifiziere Bemerkung 37.6 a) und zeige $\|T^*T\| = \|T\|^2$ für $T \in L(E,F)$.

37.3 Für $A = A^* \in L(E)$ zeige man $r(A) = \|A\|$.

37.4 Es seien E ein Hilbertraum und $T \in L(E)$. Man zeige:
a) T^*T und TT^* sind selbstadjungiert.
b) T ist genau dann unitär, wenn T eine Isometrie von H auf H ist.
c) T ist genau dann normal, wenn $\|Tx\| = \|T^*x\|$ für alle $x \in E$ gilt.

37.5 Es seien E, F Hilberträume und $T \in L(E, F)$. Man zeige, daß $R(T)$ genau dann abgeschlossen ist, wenn die folgende Bedingung gilt:

$$\exists\, c > 0\; \forall\, x \in N(T)^\perp : \|Tx\| \geq c\|x\|. \tag{30}$$

37.6 Für einen komplexen Hilbertraum E und $A = A^* \in L(E)$ zeige man

$$\|(\lambda I - A)x\| \geq |\operatorname{Im}\lambda|\,\|x\| \quad \text{für} \quad x \in E \tag{31}$$

und schließe daraus $\sigma(A) \subseteq \mathbb{R}$.

37.7 a) Es seien E ein komplexer Hilbertraum und $T \in L(E)$ ein linearer Operator mit $\langle Tx, x \rangle \in \mathbb{R}$ für alle $x \in E$. Man zeige $T = T^*$.
b) Es seien E ein Hilbertraum über $\mathbb{K}$ und $T \in L(E)$ mit $\langle Tx, x \rangle = 0$ für alle $x \in E$. Folgt dann $T = 0$?

37.8 a) Man definiere auf $S_2(E, F)$ ein Skalarprodukt, das die Hilbert-Schmidt-Norm induziert und zeige, daß $S_2(E, F)$ ein *Hilbertraum* ist.
b) Es seien E, F, G, H Hilberträume, $A \in L(E, F)$, $T \in S_2(F, G)$ und $B \in L(G, H)$. Man zeige $BTA \in S_2(E, H)$.
c) Für $T \in L(\mathbb{K}^n, \mathbb{K}^m)$ berechne man $\|T\|_2$ mit Hilfe der Matrixelemente von T.

37.9 a) Man verifiziere $r(V) = 0$ für den Volterra-Operator aus (16).
b) Es seien $M \subseteq \mathbb{R}^n$ kompakt und $k \in \mathcal{C}(M^2)$. Man zeige, daß der Integraloperator K aus (12) ein *kompakter* Operator von $L_2(M)$ nach $\mathcal{C}(M)$ ist.

37.10 a) Man berechne alle Eigenwerte und Eigenfunktionen des Integraloperators $Kf(x) := \frac{1}{\pi} \int_{-\pi}^{\pi} \sin(x + y)\, f(y)\, dy$ auf $L_2[-\pi, \pi]$.
b) Für welche $g \in L_2[-\pi, \pi]$ hat die Integralgleichung

$$f(x) - \frac{1}{\pi} \int_{-\pi}^{\pi} \sin(x + y)\, f(y)\, dy = g(x)$$

eine Lösung $f \in L_2[-\pi, \pi]$?

37.11 Es seien E ein Hilbertraum und $A = A^* \in K(E)$. Für welche $y \in E$ hat die Gleichung $Ax = y$ eine Lösung $x \in E$?

37.12 Es seien E, F Hilberträume und $T \in K(E, F)$.
a) Mittels einer Orthonormalbasis $\{e_j\}_{j \in \mathbb{N}}$ von $\overline{R(T)}$ konstruiere man eine Folge (T_n) endlichdimensionaler Operatoren in $L(E, F)$ mit $\| T - T_n \| \to 0$.
b) Man beweise $T^* \in K(F, E)$ (Spezialfall eines *Satzes von Schauder*).

37.13 Es seien E ein Hilbertraum und $T \in K(E)$.
a) Man zeige mittels (30), daß $R(I - T)$ abgeschlossen ist.
b) Man schließe codim $R(I - T) = \dim N(I - T^*) < \infty$ und $I - T \in \Phi(E)$.

37.14 Es sei E ein Hilbertraum. Man zeige:
a) Für $S \in \Phi(E)$ ist $R(S)$ abgeschlossen *(Lemma von Kato)*.
b) Zu $S \in \Phi(E)$ gibt es $\varepsilon > 0$, so daß für alle $V \in L(E)$ mit $\| S - V \| < \varepsilon$ auch $V \in \Phi(E)$ und ind $V = $ ind S gilt.
c) Für $T \in K(E)$ beweise man ind$(I - T) = 0$ mittels der Homotopie $H(s) := I - sT$; für die Gleichung $x - Tx = y$ gilt also die *Fredholmsche Alternative*.

37.15 Es seien E ein komplexer Hilbertraum und $T \in L(E)$. Mittels der Laurent-Entwicklung (4) der Resolventen beweise man *Gleichheit* in (5).

38   Sturm-Liouville-Probleme

In den Abschnitten 35 und 36 wurde gezeigt, daß *Anfangs-Randwertprobleme* für die *Wärmeleitungsgleichung* und die *Wellengleichung* auf *Rand-Eigenwertprobleme* führen. In diesem Abschnitt werden *symmetrische Sturm-Liouville-Probleme mit getrennten Randbedingungen* über kompakten Intervallen $J = [a, b]$ untersucht.

38.1 Problem. Mit Funktionen

$$q \in \mathcal{C}(J, \mathbb{R}) \quad \text{und} \quad p \in \mathcal{C}^1(J, \mathbb{R}) \quad \text{mit } p > 0 \text{ auf } J \tag{1}$$

betrachtet man den linearen *Differentialoperator* zweiter Ordnung

$$Lu := -(pu')' + qu, \tag{2}$$

und mit $(\alpha_0, \alpha_1), (\beta_0, \beta_1) \in \mathbb{R}^2 \backslash \{(0, 0)\}$ definiert man *Randoperatoren*

$$R_a u := \alpha_0 u(a) + \alpha_1 u'(a), \quad R_b u := \beta_0 u(b) + \beta_1 u'(b). \tag{3}$$

Für eine Funktion $\rho \in \mathcal{C}(J, \mathbb{R})$ mit $\rho > 0$ auf J sucht man *Eigenwerte* und *Eigenfunktionen* des Sturm-Liouville-Problems

$$Lu(x) = \lambda \rho(x) u(x), \quad R_a u = R_b u = 0, \tag{4}$$

d. h. Lösungen $u \neq 0$ der Gleichung $Lu = \lambda \rho u$ im Raum

$$\mathcal{C}_R^2(J) := \{ u \in \mathcal{C}^2(J) \mid R_a u = R_b u = 0 \}. \tag{5}$$

38.2 Satz. *a) Mit dem L_2-Skalarprodukt $\langle\ ,\ \rangle := \langle\ ,\ \rangle_{L_2}$ aus (32.3) gilt*

$$\langle Lu, v\rangle = \langle u, Lv\rangle \quad \text{für} \quad u, v \in C_R^2(J)\,. \tag{6}$$

b) Alle Eigenwerte des Problems (4) sind reell.

c) Für Eigenfunktionen ϕ_1, ϕ_2 von (4) zu verschiedenen Eigenwerten gilt

$$\int_a^b \phi_1(x)\,\overline{\phi_2(x)}\,\rho(x)\,dx = 0\,. \tag{7}$$

BEWEIS. a) Partielle Integration liefert

$$\begin{aligned}
\langle Lu, v\rangle &= -\int_a^b (pu')'\,\bar{v}\,dx + \int_a^b qu\bar{v}\,dx \\
&= -pu'\bar{v}\big|_a^b + \int_a^b pu'\bar{v}'\,dx + \int_a^b u\,\overline{qv}\,dx \\
&= \langle u, Lv\rangle + p(u\bar{v}' - u'\bar{v})\big|_a^b = \langle u, Lv\rangle\,.
\end{aligned} \tag{8}$$

b) Für $0 \neq \phi \in C_R^2(J)$ gilt $\langle L\phi, \phi\rangle \in \mathbb{R}$ wegen (6) und $\langle \rho\phi, \phi\rangle > 0$ wegen $\rho > 0$ auf J. Aus $L\phi = \lambda\rho\phi$ folgt aber $\langle L\phi, \phi\rangle = \lambda\langle\rho\phi, \phi\rangle$ und somit $\lambda \in \mathbb{R}$.

c) Für $j = 1, 2$ gelte $L\phi_j = \lambda_j\,\rho\,\phi_j$; wegen $\lambda_j \in \mathbb{R}$ folgt dann

$$(\lambda_1 - \lambda_2)\int_a^b \phi_1(x)\,\overline{\phi_2(x)}\,\rho(x)\,dx = \langle L\phi_1, \phi_2\rangle - \langle\phi_1, L\phi_2\rangle = 0\,. \quad \diamond$$

38.3 Satz. *Die Menge der Eigenwerte von (4) ist eine abzählbare Teilmenge von $\mathbb{R}$ ohne Häufungspunkt.*

BEWEIS. Für $\lambda \in \mathbb{C}$ seien $v_1(x, \lambda)$ und $v_2(x, \lambda)$ die Lösungen der Differentialgleichung $Lu = \lambda\rho u$ mit den *Anfangsbedingungen*

$$v_1(a, \lambda) = 1,\ v_1'(a, \lambda) = 0,\quad v_2(a, \lambda) = 0,\ v_2'(a, \lambda) = 1\,. \tag{9}$$

Für $x \in J$ sind die Funktionen $\lambda \mapsto v_j(x, \lambda)$ *holomorph* auf $\mathbb{C}$ (vgl. Bemerkung 24.11). Die allgemeine Lösung von $Lu = \lambda\rho u$ ist dann gegeben durch $u = cv_1 + dv_2$, $c, d \in \mathbb{C}$; folglich existiert für $\lambda \in \mathbb{C}$ genau dann eine nicht triviale Lösung in $C_R^2(J)$, wenn das lineare Gleichungssystem

$$\begin{aligned}
R_a u(\lambda) &= c\,R_a v_1(\lambda) + d\,R_a v_2(\lambda) = 0 \\
R_b u(\lambda) &= c\,R_b v_1(\lambda) + d\,R_b v_2(\lambda) = 0
\end{aligned}$$

eine Lösung $(c, d) \neq (0, 0)$ besitzt, wenn also

$$D(\lambda) := \det\begin{pmatrix} R_a v_1(\lambda) & R_a v_2(\lambda) \\ R_b v_1(\lambda) & R_b v_2(\lambda) \end{pmatrix} = 0 \tag{10}$$

gilt. Nun ist $D(\lambda) \neq 0$ für $\lambda \in \mathbb{C}\backslash\mathbb{R}$ nach Satz 38.2 b), und wegen $D \in \mathcal{O}(\mathbb{C})$ folgt die Behauptung aus dem *Identitätssatz*. $\quad \diamond$

Bemerkung: Der Beweis von Satz 38.3 benutzt funktionentheoretische Resultate. Satz 38.3 folgt auch aus dem Entwicklungssatz 38.7, wenn man voraussetzt, daß nicht alle reellen Zahlen Eigenwerte des Problems (4) sind.

38.4 Bemerkungen und Definition. a) Ab jetzt wird stets angenommen, daß 0 *kein Eigenwert* des Problems (4) ist. Dies ist keine wesentliche Einschränkung; man kann ja L durch $L - \mu\rho$ ersetzen, wobei $\mu \in \mathbb{R}$ kein Eigenwert von (4) ist (vgl. Satz 38.3 und auch Aufgabe 38.1).

b) Die Funktionen $v_j(x) := v_j(x,0)$ aus dem Beweis von Satz 38.3 sind reellwertig, und wegen $D(0) \neq 0$ ist

$$u_1 := (R_a v_2)\, v_1 - (R_a v_1)\, v_2\,, \quad u_2 := (R_b v_2)\, v_1 - (R_b v_1)\, v_2 \tag{11}$$

ein *reelles Fundamentalsystem* von $Lu = 0$ mit $R_a u_1 = R_b u_2 = 0$.

c) Für $f \in C(J)$ wird nun die *inhomogene* Gleichung

$$Lu = -pu'' - p'u' + qu = f \iff u'' + \frac{p'}{p}u' - \frac{q}{p}u = -\frac{f}{p} \tag{12}$$

gelöst. Für die *Wronski-Determinante*

$$W(x) := \det\begin{pmatrix} u_1(x) & u_2(x) \\ u_1'(x) & u_2'(x) \end{pmatrix} = u_1(x)u_2'(x) - u_1'(x)u_2(x) \tag{13}$$

gilt $W'(x) = -\frac{p'(x)}{p(x)}W(x)$ nach Satz II.36.6 und Formel (II.36.15), also $W(x) = \frac{c}{p(x)}$ für ein $c \neq 0$. Satz II.36.9 liefert die spezielle Lösung

$$\begin{aligned} v(x) &= \int_a^x \frac{u_2(y)f(y)}{p(y)W(y)}\, dy\, u_1(x) - \int_a^x \frac{u_1(y)f(y)}{p(y)W(y)}\, dy\, u_2(x) \\ &= -\frac{1}{c} \int_a^x (u_1(y)u_2(x) - u_1(x)u_2(y))\, f(y)\, dy \end{aligned} \tag{14}$$

von (12). Offenbar gilt $v(a) = v'(a) = 0$, also $R_a v = 0$. Für

$$\begin{aligned} u(x) &= v(x) - \frac{1}{c}\int_a^b u_2(y)f(y)\, dy\, u_1(x) \\ &= -\frac{1}{c}\int_a^x u_1(y)\, f(y)\, dy\, u_2(x) - \frac{1}{c}\int_x^b u_2(y)\, f(y)\, dy\, u_1(x) \end{aligned} \tag{15}$$

gilt ebenfalls $Lu = f$ und $R_a u = 0$, wegen

$$u(x) = -\frac{1}{c}\int_a^b u_1(y)\, f(y)\, dy\, u_2(x) + \frac{1}{c}\int_x^b (u_1(y)u_2(x) - u_1(x)u_2(y))\, f(y)\, dy$$

aber auch $R_b u = 0$.

d) Mit der *Greenschen Funktion*

$$G(x,y) := \begin{cases} -\frac{1}{c}u_1(y)\,u_2(x) & ,\; y \leq x \\ -\frac{1}{c}u_1(x)\,u_2(y) & ,\; y \geq x \end{cases} \tag{16}$$

ist nach (15) für $f \in C(J)$ also die Funktion

$$K_G f(x) := \int_a^b G(x,y)\, f(y)\, dy \ \in \ C_R^2(J) \tag{17}$$

die eindeutig bestimmte Lösung von (12) in $C_R^2(J)$. Die linearen Operatoren

$$L : C_R^2(J) \mapsto C(J) \quad \text{und} \quad K_G : C(J) \mapsto C_R^2(J) \tag{18}$$

sind also *invers zueinander*. Für die Greensche Funktion gilt offenbar $G \in C(J^2, \mathbb{R})$ und $G(x,y) = G(y,x)$ für $x, y \in J$. □

38.5 Beispiel. Für den Differentialoperator $Lu := -u''$ auf $J := [0, \ell]$ hat man $v_1(x) = 1$ und $v_2(x) = x$; mit den *Dirichlet-Randoperatoren* $R_0 u := u(0)$ und $R_\ell u := u(\ell)$ ergibt sich daraus $u_1(x) = -x$ und $u_2(x) = \ell - x$. Es folgt $c = W(x) = \ell$, und die Greensche Funktion ist gegeben durch (vgl. Abb. 38a)

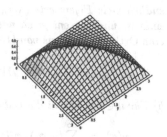

Abb. 38a

$$G(x,y) := \begin{cases} \frac{1}{\ell}\, y\, (\ell - x) & , \quad y \leq x \\ \frac{1}{\ell}\, x\, (\ell - y) & , \quad y \geq x \end{cases} . \ \square \tag{19}$$

38.6 Bemerkungen. a) Die Greensche Funktion G des Problems (4) definiert gemäß (17) einen *Integraloperator* $K_G \in L(L_2(J))$, der nach Bemerkung 38.4 d) ein *selbstadjungierter Hilbert-Schmidt-Operator*, insbesondere also *kompakt* ist. Da $C_R^2(J)$ in $L_2(J)$ *dicht* ist (vgl. Folgerung 10.13), gilt

$$N(K_G) \ = \ R(K_G)^\perp \subseteq K_G(C(J))^\perp \ = \ C_R^2(J)^\perp \ = \ \{0\}\, ;$$

nach (37.8); K_G ist also *injektiv*.

b) Für $u \in C_R^2(J)$ mit $Lu = \lambda \rho u$ gilt $u = \lambda K_G(\rho u)$; ist umgekehrt $\lambda \neq 0$ und $u = \lambda K_G(\rho u)$ für ein $u \in L_2(J)$, so folgt zunächst $u \in C(J)$ aus Satz 5.14 und dann $u \in C_R^2(J)$ mit $Lu = \lambda \rho u$ aus Bemerkung 38.4 d). Die *Eigenfunktionen* des Problems (4) stimmen also mit denen des Operators

$$K_G^\rho \in L(L_2(J)), \quad K_G^\rho(f) := K_G(\rho f) = \int_a^b G(x,y)\, \rho(y)\, f(y)\, dy \tag{20}$$

überein, wobei die *Eigenwerte reziprok zueinander* sind.

c) Auch K_G^ρ ist ein Integraloperator mit stetigem Kern, also ein *Hilbert-Schmidt-Operator*, der aber für nicht konstante Funktionen ρ bezüglich des L_2-Skalarprodukts $\langle \ , \ \rangle_{L_2}$ aus (32.3) nicht selbstadjungiert ist. Für diesen Fall suggeriert Satz 38.2 c) die Verwendung des Skalarprodukts

$$\langle f, g \rangle_\rho := \langle f, g\rho \rangle_{L_2} := \int_a^b f(x)\, \overline{g(x)}\, \rho(x)\, dx \tag{21}$$

auf $L_2(J)$, das wegen $\rho > 0$ auf J eine zu $\| \ \|_{L_2}$ äquivalente Norm $\| \ \|_\rho$ auf $L_2(J)$ erzeugt. Wegen

$$\langle K_G^\rho f, g \rangle_\rho = \langle K_G(\rho f), g\rho \rangle_{L_2} = \langle \rho f, K_G(g\rho) \rangle_{L_2} = \langle f, K_G^\rho g \rangle_\rho$$

ist in der Tat K_G^ρ selbstadjungiert bezüglich $\langle \ , \ \rangle_\rho$. $\square$

Die Spektraltheorie selbstadjungierter Hilbert-Schmidt-Operatoren (aus Abschnitt 37) liefert nun den folgenden

38.7 Entwicklungssatz. *a) Das Sturm-Liouville-Problem (4) besitzt unendlich viele Eigenwerte $(\lambda_j)_{j \in \mathbb{N}_0}$ mit $|\lambda_j| \to \infty$ für $j \to \infty$. Diese sind einfach, und die entsprechenden normierten Eigenfunktionen (ϕ_j) bilden eine Orthonormalbasis von $(L_2(J), \| \ \|_\rho)$. Man hat*

$$\sum_{j=0}^\infty \frac{1}{\lambda_j^2} = \int_{J^2} |G(x,y)|^2 \rho(y)^2 \rho(x)^2 \, d^2(x,y) < \infty. \tag{22}$$

b) Für $u \in C_R^2(J)$ gilt die Entwicklung

$$u(x) = \sum_{j=0}^\infty \langle u, \phi_j \rangle_\rho \, \phi_j(x) \quad \text{absolut und gleichmäßig auf } J, \tag{23}$$

und man hat

$$Lu = \sum_{j=0}^\infty \lambda_j \langle u, \phi_j \rangle_\rho \, \rho \, \phi_j \quad \text{in } L^2(J). \tag{24}$$

BEWEIS. a) Man wendet den Spektralsatz 37.17 auf den Operator K_G^ρ an und beachtet Bemerkung 38.6 b). Da es Lösungen der Gleichung $Lu = \lambda \rho u$ mit $R_a u \neq 0$ gibt, müssen Eigenwerte von (4) *einfach* sein. Die Aussage (22) folgt aus (37.26) und einer Modifikation des Arguments in Beispiel 37.15 b).

b) Für $u \in C_R^2(J)$ ist $u = K_G Lu = K_G^\rho f$ mit $f := \frac{1}{\rho} Lu \in C(J)$. Man hat

$$f = \sum_{j=0}^\infty \langle f, \phi_j \rangle_\rho \, \phi_j \quad \text{in } L^2(J), \tag{25}$$

und nach Beispiel 37.19 b) gilt

$$u(x) = K_G^\rho f(x) = \sum_{j=0}^\infty \frac{1}{\lambda_j} \langle f, \phi_j \rangle_\rho \, \phi_j(x) \tag{26}$$

absolut und gleichmäßig auf J. Wegen

$$\langle u, \phi_j \rangle_\rho = \langle K_G^\rho f, \phi_j \rangle_\rho = \langle f, K_G^\rho \phi_j \rangle_\rho = \frac{1}{\lambda_j} \langle f, \phi_j \rangle_\rho$$

folgt dann (23) aus (26), und (24) ergibt sich aus (25) durch Multiplikation mit ρ (diese liefert einen stetigen linearen Operator auf $L_2(J)$). $\diamond$

38.8 Bemerkungen. a) Das Sturm-Liouville-Problem (4) besitzt stets nur *endlich viele negative* Eigenwerte. Man hat also sogar $\lambda_j \to +\infty$; genauer gibt es $0 < c \leq C$ mit $cj^2 \leq \lambda_j \leq Cj^2$ für große j. Die Eigenfunktion ϕ_j hat im offenen Intervall (a,b) genau j Nullstellen, und zwischen je zwei Nullstellen von ϕ_j liegt eine von ϕ_{j+1}. Beweise dieser Aussagen findet man etwa in [41], § 27.

b) Mit Hilfe des Hauptsatzes 15.5 für absolut stetige Funktionen läßt sich zeigen, daß mit

$$\mathcal{H}^2_{2,R}(J) := \{u \in \mathcal{H}^2_2(J) \mid R_a u = R_b u = 0\} \tag{27}$$

auch die Operatoren

$$L : \mathcal{H}^2_{2,R}(J) \mapsto L_2(J) \quad \text{und} \quad K_G : L_2(J) \mapsto \mathcal{H}^2_{2,R}(J) \tag{28}$$

zueinander invers sind. Der Entwicklungssatz 38.7 b) gilt also auch für Funktionen $u \in \mathcal{H}^2_{2,R}(J)$. □

Aufgaben

38.1 Für das Problem (4) gelte $\alpha_0 \alpha_1 \leq 0$, $\beta_0 \beta_1 \geq 0$ und $q \geq 0$. Man zeige $\lambda_j \geq 0$ für alle Eigenwerte des Problems.

38.2 Man zeige, daß für $h \in \mathbb{R}$ die positiven Eigenwerte des Problems

$$-u'' = \lambda u, \quad u(0) = 0, \quad u'(\ell) + hu(\ell) = 0 \tag{29}$$

auf $[0, \ell]$ mit den Lösungen der Gleichung $\sqrt{\lambda} \cos \ell \sqrt{\lambda} + h \sin \ell \sqrt{\lambda} = 0$ übereinstimmen, berechne die entsprechenden Eigenfunktionen und zeige $\lim_{j \to \infty} \frac{\lambda_j}{j^2} = \frac{\pi^2}{\ell^2}$. Gibt es noch andere Eigenwerte?

38.3 Für die Greensche Funktion aus (17) zeige man die *Sprungrelation*

$$\lim_{h \to 0+} \frac{\partial G}{\partial x}(x+h, x) - \lim_{h \to 0+} \frac{\partial G}{\partial x}(x-h, x) = -\frac{1}{p(x)}, \quad x \in J. \tag{30}$$

38.4 Für welche $f \in L_2(J)$ gibt es $u \in \mathcal{H}^2_{2,R}(J)$ mit $Lu - \lambda \rho u = f$?

38.5 Man formuliere und löse Anfangs-Randwertprobleme für die „verallgemeinerten Wellen- und Wärmeleitungsgleichungen"

$$\rho(x)\, \partial_t^2 u(x,t) = \partial_x(p(x)\, \partial_x u(x,t)) - q(x)\, u(x,t), \tag{31}$$

$$\frac{1}{\alpha(x)}\, \partial_t u(x,t) = \partial_x(p(x)\, \partial_x u(x,t)) - q(x)\, u(x,t). \tag{32}$$

Wann sind die Lösungen von (31) zeitliche Schwingungen, wann streben die von (32) gegen 0 für $t \to \infty$?

VII. Distributionen und
partielle Differentialgleichungen

In Abschnitt 36 wurden „Lösungen" der Wellengleichung konstruiert, die im klassischen Sinne gar nicht differenzierbar sind. Sie sind jedoch Lösungen im Sinne der von L. Schwartz um 1950 entwickelten Theorie der *Distributionen*, die die *Differentiation aller lokal integrierbaren Funktionen* gestattet. In Abschnitt 40 (und auch 41) werden für einige wichtige Differentialoperatoren $P(D)$ *Fundamentallösungen*, d. h. Lösungen der Gleichung $P(D)E = \delta$, konstruiert; für Distributionen f mit kompaktem Träger ist dann die *Faltung* $E * f$ eine Lösung der Gleichung $P(D)E = f$. Ist E eine C^∞-Funktion auf $\mathbb{R}^n \setminus \{0\}$, so sind alle Distributionslösungen der Gleichung $P(D)u = 0$ bereits C^∞-Funktionen; dies gilt insbesondere für den Laplace-Operator und den Wärmeleitungsoperator. *Regularitätsaussagen* für *elliptische Differentialoperatoren* folgen in Abschnitt 42.

In Abschnitt 41 werden nicht notwendig periodische Funktionen als *Fourier-Integrale* ihrer *Fourier-Transformierten* dargestellt. Die *Fourier-Transformation* ist ein *unitärer Operator* auf $L_2(\mathbb{R}^n)$ und kann zu einem Isomorphismus auf dem *Raum der temperierten Distributionen* fortgesetzt werden. Sie *transformiert Faltungen* in *Produkte* und *Ableitungen* nach einer Variablen in *Multiplikationen* mit dieser Variablen und hat daher wichtige *Anwendungen auf partielle Differentialgleichungen;* dies wird für die *Wärmeleitungsgleichung* über $\mathbb{R}^n$ ausgeführt. Die *Fourier-Transformation* ist auch ein wesentliches Hilfsmittel für die Untersuchung der *Soboleväume* in Abschnitt 42, einer Skala von Hilberträumen, mit der die *Regularität* von Funktionen und Distributionen präzise gemessen werden kann. Die *Kompaktheit* von *Einbettungen* zwischen Soboleväumen über beschränkten Gebieten ermöglicht die Anwendung des *Spektralsatzes* für *kompakte selbstadjungierte Operatoren* auf *Randwertprobleme* für *elliptische Differentialoperatoren* über beschränkten Gebieten; dies wird in Abschnitt 43 für das *Dirichlet-Problem* und den *Laplace-Operator* genauer ausgeführt.

39 Distributionen

Am Ende von Abschnitt 36 wurde bemerkt, daß für die Lösung gewisser partieller Differentialgleichungen eine *Erweiterung* des *Differenzierbarkeitsbegriffs* notwendig ist. Die in den Abschnitten 14 und 15 diskutierte *Differentiation fast überall* von Funktionen beschränkter Variation liefert nur im *absolut stetigen* Fall „vernünftige Ergebnisse" und ist nur mühsam auf den

Fall mehrerer Veränderlicher übertragbar. Im Rahmen der von L. Schwartz um 1950 entwickelten Theorie der *Distributionen* lassen sich dagegen *alle lokal integrierbaren Funktionen differenzieren*, wobei die Ableitungen allerdings i. a. keine Funktionen im klassischen Sinn sind.

39.1 Motivation. a) *Funktionen* f auf einer offenen Menge $\Omega \subseteq \mathbb{R}^n$ ordnen jedem *Punkt* $x \in \Omega$ einen Wert $f(x) \in \mathbb{C}$ zu. Lokal integrierbare Funktionen $f \in \mathcal{L}_1^{\mathrm{loc}}(\Omega)$ (vgl. Definition 10.15) ordnen aber auch jeder *Testfunktion* $\varphi \in \mathcal{D}(\Omega) := \mathcal{C}_c^\infty(\Omega)$ den Wert

$$u_f(\varphi) := \int_\Omega f(x)\,\varphi(x)\,dx \in \mathbb{C} \tag{1}$$

zu. Da man in beliebigen Punkten zentrierte Dirac-Folgen als Testfunktionen wählen kann, enthält die Linearform $u_f : \mathcal{D}(\Omega) \mapsto \mathbb{C}$ alle wesentlichen Informationen über f; in der Tat wird f durch u_f bis auf Nullfunktionen festgelegt (vgl. Satz 10.16).
b) Die in Kapitel I entwickelte Integrationstheorie legt eigentlich die Verwendung von $\mathcal{C}_c(\Omega)$ als Raum der Testfunktionen nahe. Die Wahl des kleineren, in $\mathcal{C}_c(\Omega)$ *dichten* Raumes $\mathcal{D}(\Omega) = \mathcal{C}_c^\infty(\Omega)$ (vgl. Folgerung 10.13) erlaubt aber nun die folgende Definition (3) von *Ableitungen:*
c) Für $f \in \mathcal{C}^1(\Omega)$ und $\varphi \in \mathcal{D}(\Omega)$ liefert *partielle Integration*

$$u_{\partial_j f}(\varphi) = \int_\Omega \partial_j f(x)\,\varphi(x)\,dx = -\int_\Omega f(x)\,\partial_j \varphi(x)\,dx\,. \tag{2}$$

Die rechte Seite von (2) ist aber für *jede* lokal integrierbare Funktion $f \in \mathcal{L}_1^{\mathrm{loc}}(\Omega)$ definiert, und man faßt die Linearform

$$\varphi \mapsto -\int_\Omega f(x)\,\partial_j \varphi(x)\,dx \tag{3}$$

als *Ableitung* von f nach x_j auf. Diese ist eine *verallgemeinerte Funktion* oder *Distribution* auf Ω, d. h. eine Linearform auf $\mathcal{D}(\Omega)$, die einer gewissen *Stetigkeitsbedingung* genügt. $\qquad\square$

Diese motivierenden Überlegungen werden im folgenden nun präzisiert.

39.2 Definition. *a) Für eine kompakte Menge $K \subseteq \mathbb{R}^n$ sei*

$$\mathcal{D}(K) := \{\varphi \in \mathcal{C}^\infty(\mathbb{R}^n) \mid \operatorname{supp}\varphi \subseteq K\} \tag{4}$$

der Raum der $\mathcal{C}^\infty$-Funktionen mit Träger in K.
b) Eine **Distribution** *auf einer offenen Menge $\Omega \subseteq \mathbb{R}^n$ ist eine Linearform $u : \mathcal{D}(\Omega) \mapsto \mathbb{C}$, deren Einschränkungen $u|_{\mathcal{D}(K)} : \mathcal{D}(K) \mapsto \mathbb{C}$ für alle kompakten Mengen $K \subseteq \Omega$ stetig sind. Mit $\mathcal{D}'(\Omega)$ wird der Raum aller Distributionen auf Ω bezeichnet.*

39.3 Bemerkungen und Definitionen. a) Es ist $\mathcal{D}(K)$ ein abgeschlossener Unterraum von $\mathcal{C}^\infty(\mathbb{R}^n)$, also ein *Fréchetraum* unter den Normen

$$\| \varphi \|_{K,j} := \sum_{|\alpha| \leq j} \sup_{x \in K} |\partial^\alpha \varphi(x)|, \quad j \in \mathbb{N}_0. \tag{5}$$

Nach Bemerkung 34.5 ist daher eine Linearform $u : \mathcal{D}(\Omega) \mapsto \mathbb{C}$ genau dann eine Distribution, wenn es zu jeder kompakten Mengen $K \subseteq \Omega$ ein $j = j(K) \in \mathbb{N}_0$ und ein $C \geq 0$ gibt mit

$$|u(\varphi)| \leq C \| \varphi \|_{K,j} \quad \text{für alle} \quad \varphi \in \mathcal{D}(K). \tag{6}$$

Kann für alle kompakten Mengen $K \subseteq \Omega$ das gleiche $j \in \mathbb{N}_0$ gewählt werden, so heißt das minimale derartige $j \in \mathbb{N}_0$ die *Ordnung* von u.
b) Eine Folge (φ_k) in $\mathcal{D}(\Omega)$ heißt *Nullfolge* in $\mathcal{D}(\Omega)$, falls es eine feste kompakte Menge $K \subseteq \Omega$ mit $\varphi_k \to 0$ in $\mathcal{D}(K)$ gibt. Somit ist eine Linearform $u : \mathcal{D}(\Omega) \mapsto \mathbb{C}$ genau dann eine Distribution, wenn sie die folgende Bedingung erfüllt:

$$\varphi_k \to 0 \ \text{in} \ \mathcal{D}(\Omega) \ \Rightarrow \ u(\varphi_k) \to 0 \ \text{in} \ \mathbb{C}. \qquad \qquad \square \tag{7}$$

39.4 Beispiele. a) Für $f \in \mathcal{L}_1^{\text{loc}}(\Omega)$ wird durch (1) eine Distribution $u_f \in \mathcal{D}'(\Omega)$ definiert. Die Abbildung

$$j : L_1^{\text{loc}}(\Omega) \mapsto \mathcal{D}'(\Omega), \quad j(f) := \left(u_f : \varphi \mapsto \int_\Omega f(x)\,\varphi(x)\,dx \right), \tag{8}$$

ist nach Satz 10.16 *injektiv* auf dem Quotientenraum $L_1^{\text{loc}}(\Omega) := {}^{\mathcal{L}_1^{\text{loc}}(\Omega)}\!/_{\mathcal{N}}$ von $\mathcal{L}_1^{\text{loc}}(\Omega)$ modulo Nullfunktionen. (Äquivalenzklassen von) Funktionen $f \in L_1^{\text{loc}}(\Omega)$ können also mit den Distributionen $u_f \in \mathcal{D}'(\Omega)$ identifiziert werden, und man schreibt oft einfach f statt u_f.
b) Die Einschränkung eines positiven Funktionals $\lambda : \mathcal{C}_c(\Omega) \mapsto \mathbb{C}$ auf $\mathcal{D}(\Omega)$ ist wegen Satz 4.9 eine *Distribution der Ordnung* 0. Der Beweis dieses Satzes zeigt auch, daß umgekehrt jede *positive Distribution* $u \in \mathcal{D}'(\Omega)$, für die also $u(\varphi) \geq 0$ für $\varphi \geq 0$ gilt, Ordnung 0 hat und somit zu einem positiven Funktional auf $\mathcal{C}_c(\Omega)$ fortsetzbar ist.
c) Insbesondere sind die *Dirac-Funktionale* oder δ-*Funktionale*

$$\delta_a : \ \varphi \mapsto \varphi(a), \quad a \in \mathbb{R}^n, \tag{9}$$

Distributionen der Ordnung 0 auf $\mathbb{R}^n$. Für $a = 0$ schreibt man einfach $\delta := \delta_0 \in \mathcal{D}'(\mathbb{R}^n)$. In der *Elektrostatik* beschreibt $q\,\delta_a$ eine *Punktladung* $q > 0$ im Punkte $a \in \mathbb{R}^n$.
d) Ein *Dipol* in $a \in \mathbb{R}$ mit Moment 1 wird als Grenzfall für $\varepsilon \to 0$ der Punktladungen $\frac{1}{\varepsilon}$ in $a + \varepsilon$ und $-\frac{1}{\varepsilon}$ in a aufgefaßt. Wegen

$$u_\varepsilon(\varphi) := \tfrac{1}{\varepsilon} \left(\delta_{a+\varepsilon}(\varphi) - \delta_a(\varphi) \right) \to \varphi'(a) \quad \text{für} \quad \varphi \in \mathcal{D}(\mathbb{R})$$

wird er durch die folgende Distribution erster Ordnung beschrieben:

$$d_a : \quad \varphi \mapsto \varphi'(a) , \quad a \in \mathbb{R} . \tag{10}$$

e) Durch

$$u(\varphi) := \sum_{\ell=1}^{\infty} \varphi^{(\ell)}(\tfrac{1}{\ell}) , \quad \varphi \in \mathcal{D}(0,2) , \tag{11}$$

wird eine Distribution $u \in \mathcal{D}'(0,2)$ definiert: Für eine Nullfolge (φ_k) in $\mathcal{D}(0,2)$ gibt es $m \in \mathbb{N}$ mit $\varphi_k \to 0$ in $\mathcal{D}[\tfrac{1}{m}, 2 - \tfrac{1}{m}]$, und daher folgt

$$u(\varphi_k) = \sum_{\ell=1}^{m} \varphi_k^{(\ell)}(\tfrac{1}{\ell}) \to 0 \quad \text{für } n \to \infty .$$

$\square$

39.5 Definition und Satz. *Eine Folge $(u_k) \subseteq \mathcal{D}'(\Omega)$ von Distributionen heißt* konvergent, *wenn für alle $\varphi \in \mathcal{D}(\Omega)$ die Folge $(u_k(\varphi))$ in $\mathbb{C}$ konvergiert. In diesem Fall wird durch*

$$u(\varphi) := \lim_{k \to \infty} u_k(\varphi) , \quad \varphi \in \mathcal{D}(\Omega) , \tag{12}$$

eine Distribution $u = \lim_{n \to \infty} u_k \in \mathcal{D}'(\Omega)$ definiert.

Dies folgt sofort aus dem *Satz von Banach-Steinhaus* 34.7.

39.6 Beispiele und Bemerkungen. a) Strebt eine Folge $(f_k) \subseteq L_1^{\text{loc}}(\Omega)$ *lokal im Mittel* gegen 0, d. h. gilt $\int_K |f_k(x)| \, dx \to 0$ für alle kompakten Mengen $K \subseteq \Omega$, so folgt offenbar auch $u_{f_k} \to 0$ in $\mathcal{D}'(\Omega)$. Die Konvergenz im Distributionssinn ist wesentlich schwächer als die lokale Konvergenz im Mittel oder auch die Konvergenz fast überall (vgl. Beispiel 39.8 d)).

b) Für eine Funktion f auf $\mathbb{R}^n$ definiert man die *gespiegelte Funktion* durch

$$\check{f} : x \mapsto f(-x) . \tag{13}$$

Für eine Dirac-Folge $(\delta_k) \subseteq \mathcal{L}_1(\mathbb{R}^n)$ und $\varphi \in \mathcal{D}(\mathbb{R}^n)$ gilt

$$\int_{\mathbb{R}^n} \delta_k(x) \, \varphi(x) \, dx = (\delta_k * \check{\varphi})(0) \to \check{\varphi}(0) = \varphi(0)$$

nach Satz 10.11, also $\delta_k \to \delta$ in $\mathcal{D}'(\mathbb{R}^n)$.

c) Die Funktion $\tfrac{1}{x}$ ist *nicht* lokal integrierbar auf $\mathbb{R}$. Zu $\varphi \in \mathcal{D}[-R,R]$ gibt es $\varphi_1 \in \mathcal{C}(\mathbb{R})$ mit $\varphi(x) = \varphi(0) + x\varphi_1(x)$ für $x \in \mathbb{R}$, und es folgt

$$\int_{|x| \geq \varepsilon} \tfrac{\varphi(x)}{x} \, dx = \varphi(0) \int_{\varepsilon \leq |x| \leq R} \tfrac{dx}{x} + \int_{\varepsilon \leq |x| \leq R} \varphi_1(x) \, dx \to \int_{-R}^{R} \varphi_1(x) \, dx$$

für $\varepsilon \to 0^+$. Folglich existiert der Grenzwert

$$CH\tfrac{1}{x} := \lim_{\varepsilon \to 0^+} \chi_{\{|x| \geq \varepsilon\}} \tfrac{1}{x} \tag{14}$$

in $\mathcal{D}'(\mathbb{R})$; er heißt *Cauchyscher Hauptwert* der Funktion $\frac{1}{x}$.

d) Für $\varepsilon > 0$ gilt $\frac{1}{x \pm i\varepsilon} \in L_1^{\mathrm{loc}}(\mathbb{R})$. Für $\varphi \in \mathcal{D}[-R, R]$ hat man

$$\int_{\mathbb{R}} \frac{\varphi(x)}{x \pm i\varepsilon}\, dx = \int_{-R}^{R} \frac{x \mp i\varepsilon}{x^2 + \varepsilon^2} \varphi(x)\, dx$$

$$= \mp i\varphi(0) \int_{-R}^{R} \frac{\varepsilon}{x^2 + \varepsilon^2}\, dx + \int_{-R}^{R} \frac{\varphi(x) - \varphi(0)}{x \pm i\varepsilon}\, dx$$

$$= \mp 2i\varphi(0) \arctan \tfrac{R}{\varepsilon} + \int_{-R}^{R} \tfrac{\varphi(x) - \varphi(0)}{x \pm i\varepsilon}\, dx$$

$$\to \mp i\pi\varphi(0) + \int_{-R}^{R} \varphi_1(x)\, dx$$

für $\varepsilon \to 0^+$. Folglich existieren die Grenzwerte

$$\frac{1}{x \pm i0} := \lim_{\varepsilon \to 0^+} \frac{1}{x \pm i\varepsilon} \tag{15}$$

in $\mathcal{D}'(\mathbb{R})$, und es gelten die Formeln

$$\frac{1}{x \pm i0} = \mp i\pi\delta + CH\tfrac{1}{x}, \quad \delta = \tfrac{1}{2\pi i}\left(\tfrac{1}{x - i0} - \tfrac{1}{x + i0}\right). \qquad \square \tag{16}$$

Motiviert durch (2) trifft man nun die folgende

39.7 Definition. *Die* Ableitung *einer Distribution* $u \in \mathcal{D}'(\Omega)$ *nach der* j *-ten Variablen wird erklärt durch*

$$(\partial_j u)(\varphi) := -u(\partial_j \varphi) \quad \text{für} \quad \varphi \in \mathcal{D}(\Omega). \tag{17}$$

39.8 Beispiele und Bemerkungen. a) Aus $\varphi_k \to 0$ in $\mathcal{D}(\Omega)$ folgt auch $\partial_j \varphi_k \to 0$ in $\mathcal{D}(\Omega)$ und somit $u(\partial_j \varphi_k) \to 0$ in $\mathbb{C}$; in (17) wird also in der Tat eine Distribution definiert.

b) Die linearen Operatoren $\partial_j : \mathcal{D}'(\Omega) \mapsto \mathcal{D}'(\Omega)$ sind *stetig* in dem Sinne, daß aus $u_k \to u$ in $\mathcal{D}'(\Omega)$ auch $\partial_j u_k \to \partial_j u$ in $\mathcal{D}'(\Omega)$ folgt. Offenbar gilt $\partial_i \partial_j = \partial_j \partial_i$ für $1 \le i, j \le n$. Man beachte den Gegensatz zum klassischen Differenzierbarkeitsbegriff (vgl. die Beispiele I.22.13, Theorem I.22.14 und den Satz von Schwarz II.18.16, II.27.4 und Aufgabe II.18.13).

c) Nach (2) gilt $\partial_j u_f = u_{\partial_j f}$ für $f \in \mathcal{C}^1(\Omega)$, und entsprechend hat man $\partial^\alpha u_f = u_{\partial^\alpha f}$ für $f \in \mathcal{C}^m(\Omega)$ und $|\alpha| \le m$. Die Distributionsableitungen stimmen also in diesen Fällen mit den klassischen Ableitungen überein.

d) Es gilt $\frac{1}{k} \sin kx \to 0$ gleichmäßig auf $\mathbb{R}$, also auch $\frac{1}{k} \sin kx \to 0$ in $\mathcal{D}'(\mathbb{R})$. Aus b) folgt sofort auch $\cos kx \to 0$ in $\mathcal{D}'(\mathbb{R})$ und durch weitere Differentiation $k^m \sin kx \to 0$ in $\mathcal{D}'(\mathbb{R})$ für ungerade $m \in \mathbb{N}$, tatsächlich sogar für alle $m \in \mathbb{N}$.

e) Für $A \in \mathcal{L}_1^{\mathrm{loc}}(\mathbb{R})$ und $c > 0$ ist die Funktion $u_A^\pm : (x, t) \mapsto A(x \pm ct)$ meßbar auf $\mathbb{R}^2$, und für $R > 0$ hat man

$$\int_{-R}^{R} \int_{-R}^{R} |u_A^\pm(x, t)|\, dx\, dt \le 2R \int_{-(1+c)R}^{(1+c)R} |A(y)|\, dy.$$

Für $k \in \mathbb{N}$ wählt man $\psi_k \in \mathcal{D}(\mathbb{R})$ mit $\int_{-k}^{k} |A(y) - \psi_k(y)| \, dy \leq \frac{1}{k}$; dann gilt also $u_{\psi_k}^{\pm} \to u_A^{\pm}$ in $L_1^{\mathrm{loc}}(\mathbb{R}^2)$ und somit in $\mathcal{D}'(\mathbb{R}^2)$. Da die Funktionen $u_{\psi_k}^{\pm} : (x,t) \mapsto \psi_k(x \pm ct)$ die *Wellengleichung* $(\partial_t^2 - c^2 \partial_x^2) u = 0$ lösen (vgl. die Bemerkungen 36.5), folgt dann $(\partial_t^2 - c^2 \partial_x^2) u_A^{\pm} = 0$ im Distributionssinn.

f) In der Situation von e) sei $v_A(x,t) := \frac{1}{2c} \int_{x-ct}^{x+ct} A(y) \, dy$. Offenbar gilt dann $v_{\psi_k} \to v_A$ lokal gleichmäßig auf $\mathbb{R}^2$ und somit in $\mathcal{D}'(\mathbb{R}^2)$. Da auch die Funktionen v_{ψ_k} die *Wellengleichung* $(\partial_t^2 - c^2 \partial_x^2) u = 0$ lösen, folgt dann auch $(\partial_t^2 - c^2 \partial_x^2) v_A = 0$ im Distributionssinn.

g) In Bemerkung 42.7 b) wird gezeigt, daß *jede Distribution lokal eine endliche Summe von Ableitungen von stetigen Funktionen* ist.   □

39.9 Definition. *Für $a \in \mathcal{C}^\infty(\Omega)$ und $u \in \mathcal{D}'(\Omega)$ erklärt man das Produkt $au \in \mathcal{D}'(\Omega)$ durch*

$$(au)(\varphi) := u(a\varphi) \quad \text{für} \quad \varphi \in \mathcal{D}(\Omega). \tag{18}$$

39.10 Beispiele und Bemerkungen. a) Aus $\varphi_k \to 0$ in $\mathcal{D}(\Omega)$ folgt aufgrund der *Leibniz-Regel* (vgl. die Aufgaben II. 20.9 und 39.4) auch $a\varphi_k \to 0$ in $\mathcal{D}(\Omega)$ und somit $u(a\varphi_k) \to 0$ in $\mathbb{C}$; in (18) wird also in der Tat eine Distribution definiert.

b) Für $a \in \mathcal{C}^\infty(\Omega)$, $f \in L_1^{\mathrm{loc}}(\Omega)$ und $\varphi \in \mathcal{D}(\Omega)$ gilt

$$(au_f)(\varphi) = u_f(a\varphi) = \int_\Omega f(x) a(x) \varphi(x) \, dx = u_{af}(\varphi);$$

das Produkt af im Distributionssinn stimmt also mit dem (fast überall) punktweisen Produkt überein.

c) Für $a \in \mathcal{C}^\infty(\Omega)$ und $u \in \mathcal{D}'(\Omega)$ gilt die *Produktregel*

$$\partial_j(au) = (\partial_j a) u + a \partial_j u; \tag{19}$$

in der Tat hat man für $\varphi \in \mathcal{D}(\Omega)$:

$$\begin{aligned} \partial_j(au)(\varphi) &= -(au)(\partial_j \varphi) = -u(a\partial_j \varphi) = u((\partial_j a)\varphi - \partial_j(a\varphi)) \\ &= (\partial_j a) u(\varphi) + \partial_j u(a\varphi) = (\partial_j a) u(\varphi) + a \partial_j u(\varphi). \end{aligned}$$

d) Für $\varphi \in \mathcal{D}(\mathbb{R})$ ist $(x\delta)(\varphi) = \delta(x\varphi) = 0$, also $x\delta = 0$. Weiter hat man $(x\delta')(\varphi) = \delta'(x\varphi) = -\delta(\varphi + x\varphi') = -\delta(\varphi)$, also $x\delta' = -\delta$.

e) Man hat $x \cdot CH\frac{1}{x} = 1$; in der Tat gilt für $\varphi \in \mathcal{D}(\mathbb{R})$

$$(x \cdot CH\tfrac{1}{x})(\varphi) = \lim_{\varepsilon \to 0^+} \int_{|x| \geq \varepsilon} \frac{x\varphi(x)}{x} \, dx = \int_{-\infty}^{\infty} \varphi(x) \, dx = u_1(\varphi).$$

f) Es ist $(x\delta)CH\frac{1}{x} = 0$, aber $(x \cdot CH\frac{1}{x})\delta = \delta$; auf $\mathcal{D}'(\mathbb{R})$ kann daher eine kommutative und assoziative Multiplikation *nicht* definiert werden.   □

Stetige Distributionsableitungen stetiger Funktionen sind bereits klassische Ableitungen:

39.11 Satz (Du Bois-Reymond). *Es seien $\Omega \subseteq \mathbb{R}^n$ offen und $u, f \in C(\Omega)$. Gilt $\partial_j u = f$ im Distributionssinn, so ist u nach x_j partiell differenzierbar mit klassischer partieller Ableitung $\partial_j u = f$.*

BEWEIS. a) Man kann $u \in C_c(\Omega)$ annehmen: Zu $x \in \Omega$ wählt man $\chi \in \mathcal{D}(\Omega)$ mit $\chi = 1$ nahe x, und wegen $\partial_j(\chi u) = \chi \, \partial_j u + \partial_j \chi \, u \in C(\Omega)$ erfüllt auch $\chi u \in C_c(\Omega)$ die Voraussetzungen. Gilt der Satz also für χu, so folgt auch $\partial_j u = f$ im klassischen Sinn nahe x.

b) Für $u \in C_c(\Omega)$ gilt auch $f \in C_c(\Omega)$. Für kleine $\varepsilon > 0$ gilt mit den Glättungsfunktionen ρ_ε aus Beispiel 10.10 b) $\rho_\varepsilon * u, \rho_\varepsilon * f \in \mathcal{D}(\Omega)$, und für $x \in \Omega$ gilt im klassischen Sinn

$$
\begin{aligned}
\partial_j(\rho_\varepsilon * u)(x) &= \int_{\mathbb{R}^n} u(y) \, \partial_j^x \rho_\varepsilon(x-y) \, dy = -\int_{\mathbb{R}^n} u(y) \, \partial_j^y \rho_\varepsilon(x-y) \, dy \\
&= \int_{\mathbb{R}^n} f(y) \, \rho_\varepsilon(x-y) \, dy = (\rho_\varepsilon * f)(x).
\end{aligned}
$$

Mit $\varepsilon \to 0$ folgt die Behauptung aus den Theoremen 10.11 und I.22.14. $\Diamond$

Bei linearen *gewöhnlichen* Differentialgleichungen mit C^∞-Daten sind *beliebige Distributionslösungen* automatisch C^∞-Funktionen und somit *klassische Lösungen*. Dies beruht auf dem folgenden

39.12 Lemma. *Es seien $I \subseteq \mathbb{R}$ ein offenes Intervall und $u \in \mathcal{D}'(I)$ mit $u' = 0$. Dann ist u eine konstante Funktion.*

BEWEIS. a) Für $\varphi \in \mathcal{D}(I)$ setze man $\psi(x) := \int_{-\infty}^x \varphi(y) \, dy$, $x \in \mathbb{R}$. Aus $1(\varphi) = \int_I \varphi(y) \, dy = 0$ folgt dann $\psi \in \mathcal{D}(I)$, und die Voraussetzung $u' = 0$ liefert $u(\varphi) = u(\psi') = -u'(\psi) = 0$.

b) Man wähle $\chi \in \mathcal{D}(I)$ mit $1(\chi) = 1$. Für $\varphi \in \mathcal{D}(I)$ gilt dann $1(\varphi - 1(\varphi)\chi) = 0$, nach a) also auch $u(\varphi - 1(\varphi)\chi) = 0$. Dies zeigt $u(\varphi) = u(\chi) \, 1(\varphi)$, also $u = u(\chi) \, 1$. $\Diamond$

39.13 Satz. *Es seien $I \subseteq \mathbb{R}$ ein offenes Intervall, $A \in C^\infty(I, \mathbb{M}_{\mathbb{C}}(n))$ und $b \in C(I, \mathbb{C}^n)$. Für ein Tupel $u \in \mathcal{D}'(I)^n$ von Distributionen gelte*

$$
u' + A u = b. \tag{20}
$$

Dann ist $u \in C^1(I, \mathbb{C}^n)$ eine klassische Lösung von (20).

BEWEIS. a) Zunächst sei $A = 0$. Mit einer Stammfunktion $v \in C^1(I, \mathbb{C}^n)$ von b gilt dann $(u-v)' = 0$, und aus Lemma 39.12 folgt $u = v + c$, $c \in \mathbb{C}^n$.

b) Im allgemeinen Fall wählt man ein *Fundamentalsystem* $\Phi \in C^\infty(I, \mathbb{M}_{\mathbb{C}}(n))$ des homogenen Systems $y' = A^\top y$, das also $\Phi' = A^\top \Phi$ erfüllt (vgl. Definition II. 36.3). Für $\Psi := \Phi^\top$ gilt dann $\Psi' = \Psi A$, und es folgt

$$(\Psi u)' = \Psi u' + \Psi' u = \Psi(u' + Au) = \Psi b \in C(I, \mathbb{C}^n).$$

Nach a) hat man $\Psi u \in C^1(I, \mathbb{C}^n)$ und wegen der Invertierbarkeit von Ψ auch $u \in C^1(I, \mathbb{C}^n)$.   ◇

Satz 39.13 gilt entsprechend auch für *Distributionslösungen* linearer Differentialgleichungen höherer Ordnung, da diese in Systeme erster Ordnung transformiert werden können (vgl. Bemerkung II. 36.8).

Nun wird der Zusammenhang zwischen *Distributionsableitungen* und *Ableitungen fast überall* für Funktionen von einer Veränderlichen untersucht:

39.14 Beispiele und Bemerkungen. a) Eine *absolut stetige* Funktion $f \in \mathcal{AC}[a, b]$ ist fast überall differenzierbar, und man hat $f' \in L_1[a, b]$, insbesondere also auch $f \in L_1^{\mathrm{loc}}(a, b)$. Nach Satz 15.8 gilt

$$u_{f'}(\varphi) = \int_a^b f'(x)\varphi(x)\,dx = -\int_a^b f(x)\varphi'(x)\,dx = (u_f)'(\varphi) \quad (21)$$

für $\varphi \in \mathcal{D}(a, b)$, und somit ist f' die Distributionsableitung von f.
b) Nun sei $v \in \mathcal{D}'(a, b)$ mit Distributionsableitung $g := v' \in L_1[a, b]$. Mit einer absolut stetigen Stammfunktion G von g gilt dann $(v - G)' = 0$ im Distributionssinn, und nach Lemma 39.12 ist $v - G$ eine konstante Funktion. Folglich ist v eine *absolut stetige Funktion*, und es gilt $v'(x) = g(x)$ fast überall.
c) Für die *Heaviside-Funktion* $H := \chi_{[0,\infty)} \in L_1^{\mathrm{loc}}(\mathbb{R})$ gilt $H'(x) = 0$ fast überall; es ist aber 0 nicht die Distributionsableitung von H (man vgl. auch Aufgabe 39.2 b)). Für $\varphi \in \mathcal{D}(\mathbb{R})$ gilt in der Tat

$$u_{H'}(\varphi) = -\int_{-\infty}^\infty H(x)\varphi'(x)\,dx = -\int_0^\infty \varphi'(x)\,dx = \varphi(0),$$

und man hat $H' = \delta$ im Distributionssinn.   □

Das Beispiel der Wellengleichung zeigt, daß Satz 39.13 für Distributionslösungen *partieller* Differentialgleichungen i. a. *nicht* richtig ist. Speziell für *lineare Differentialoperatoren* mit *konstanten Koeffizienten* trifft man die folgende

39.15 Definition. *Ein Differentialoperator*

$$P(D) := \sum_{|\alpha| \leq m} a_\alpha D^\alpha, \quad a_\alpha \in \mathbb{C}, \quad D_j := -i\partial_j, \quad (22)$$

heißt hypoelliptisch, falls für jede offene Menge $\Omega \subseteq \mathbb{R}^n$ *und* $u \in \mathcal{D}'(\Omega)$ *aus* $P(D)u \in C^\infty(\Omega)$ *auch stets* $u \in C^\infty(\Omega)$ *folgt.*

Eine Erklärung für den Namen „*hypoelliptisch*" folgt nach Satz 42.15. Das Polynom $P(z) := \sum\limits_{|\alpha| \leq m} a_\alpha z^\alpha \in \mathbb{C}[z_1, \ldots, z_n]$ heißt *Symbol* des Differential-operators $P(D)$. Nach einem Resultat von L. Hörmander (vgl. [18], Band 2, 11.1) ist $P(D)$ genau dann hypoelliptisch, falls gilt:

$$|z_k| \to \infty \Rightarrow |\operatorname{Im} z_k| \to \infty \text{ für jede Folge } (z_k) \subseteq \mathbb{C}^n \text{ mit } P(z_k) = 0. \quad (23)$$

Die *Notwendigkeit* dieser Bedingung folgt aus dem *Graphensatz* 34.12:

39.16 Satz (Hörmander). *Für ein $R > 0$ gelte die Bedingung*

$$N_R(P) := \{u \in L_1(K_R(0)) \mid P(D) = 0\} \subseteq \mathcal{C}^\infty(K_R(0)). \quad (24)$$

Dann folgt (23), genauer

$$|z| \leq C\, e^{2R|\operatorname{Im} z|} \quad \text{für } z \in \mathbb{C}^n \text{ mit } P(z) = 0. \quad (25)$$

BEWEIS. a) Wegen Bemerkung 39.8 b) ist $N_R(P)$ in $L_1(K_R(0))$ abgeschlossen, also ein Banachraum. Offenbar besitzt die Inklusionsabbildung $i : N_R(P) \mapsto \mathcal{C}^\infty(K_R(0))$ einen abgeschlossenen Graphen, ist nach Satz 34.12 also *stetig*. Zu $K := \overline{K}_{R/2}(0)$ gibt es daher $C_1 > 0$ mit

$$\sum_{j=1}^n \sup_{x \in K} |D_j f(x)| \leq C_1 \int_{K_R(0)} |f(x)|\, dx, \quad f \in N_R(P). \quad (26)$$

b) Für $z \in \mathbb{C}^n$ mit $P(z) = 0$ gilt $e^{i\langle z, x \rangle} \in N_R(P)$; aus (26) folgt daher

$$\sum_{j=1}^n \sup_{x \in K} |z_j e^{i\langle z, x \rangle}| = \sum_{j=1}^n |z_j| \sup_{x \in K} e^{-\langle \operatorname{Im} z, x \rangle} \leq C_1 \int_{K_R(0)} e^{-\langle \operatorname{Im} z, x \rangle}\, dx,$$

also $\sum\limits_{j=1}^n |z_j|\, e^{-\frac{R}{2}|\operatorname{Im} z|} \leq C_1 C_R\, e^{R|\operatorname{Im} z|}$ und somit (25). $\diamond$

39.17 Beispiele. a) Der Laplace-Operator $\Delta = \sum\limits_{j=1}^n \partial_j^2 = -\sum\limits_{j=1}^n D_j^2$ in $\mathbb{R}^n$ erfüllt (23), ebenso der Cauchy-Riemann-Operator $\partial_{\bar{z}} = \frac{1}{2}(iD_x - D_y)$ in $\mathbb{R}^2$ und der Wärmeleitungsoperator $\partial_t - \alpha \Delta_x = iD_t + \alpha \sum\limits_{j=1}^n D_j^2$ in $\mathbb{R}^{n+1}$.

b) Dagegen erfüllt der Wellenoperator $\partial_t^2 - c^2 \Delta_x = -D_t^2 + c^2 \sum\limits_{j=1}^n D_j^2$ im $\mathbb{R}^{n+1}$ Bedingung (23) nicht, er ist also nicht hypoelliptisch. $\square$

39.18 Bemerkungen und Definitionen. a) Für offene Mengen $V \subseteq \Omega$ in $\mathbb{R}^n$ gilt $\mathcal{D}(V) \subseteq \mathcal{D}(\Omega)$. Die *Einschränkung* einer Distribution $u \in \mathcal{D}'(\Omega)$ auf V wird mit $u|_V := u|_{\mathcal{D}(V)}$ bezeichnet.

b) Es sei $\mathfrak{V}$ eine *offene Überdeckung* von Ω. Ist $u \in \mathcal{D}'(\Omega)$ mit $u|_V = 0$ für alle $V \in \mathfrak{V}$, so folgt $u = 0$. Ist in der Tat $(\alpha_j) \subseteq \mathcal{C}^\infty(\Omega)$ eine $\mathfrak{V}$ untergeordnete Zerlegung der Eins, so gilt $\varphi = \sum_j \alpha_j \varphi$ und somit $u(\varphi) = \sum_j u(\alpha_j \varphi) = 0$ für $\varphi \in \mathcal{D}(\Omega)$.

c) Der *Träger* einer Distribution $u \in \mathcal{D}'(\Omega)$ wird definiert als

$$\operatorname{supp} u := \Omega \setminus \bigcup \{ V \subseteq \Omega \text{ offen} \mid u|_V = 0 \}. \tag{27}$$

Es ist $\operatorname{supp} u$ eine in Ω abgeschlossene Menge, und es gilt $u|_{\Omega \setminus \operatorname{supp} u} = 0$.
□

39.19 Satz. *Eine Distribution $u : \mathcal{D}(\Omega) \mapsto \mathbb{C}$ ist genau dann stetig bezüglich der von $\mathcal{C}^\infty(\Omega)$ induzierten Topologie, wenn $\operatorname{supp} u$ kompakt ist.*

BEWEIS. a) Ist u stetig bezüglich der von $\mathcal{C}^\infty(\Omega)$ induzierten Topologie, so gibt es eine kompakte Menge $L \subseteq \Omega$, ein $j \in \mathbb{N}_0$ und $C \geq 0$ mit $|u(\varphi)| \leq C \|\varphi\|_{L,j}$ für $\varphi \in \mathcal{D}(\Omega)$, und dies impliziert $\operatorname{supp} u \subseteq L$.

b) Es sei $\operatorname{supp} u$ kompakt. Man wählt $\chi \in \mathcal{D}(\Omega)$ mit $\chi = 1$ nahe $\operatorname{supp} u$; dann gilt $u((1 - \chi)\varphi) = 0$ für alle $\varphi \in \mathcal{D}(\Omega)$. Mit $K := \operatorname{supp} \chi$ ist $\chi \varphi \in \mathcal{D}(K)$, und nach (6) gibt es $j \in \mathbb{N}_0$ mit

$$|u(\varphi)| = |u(\chi\varphi)| \leq C_1 \|\chi\varphi\|_{K,j} \leq C_2 \|\varphi\|_{K,j} \tag{28}$$

für alle $\varphi \in \mathcal{D}(\Omega)$ aufgrund der Leibniz-Regel.   ◇

39.20 Bemerkungen. a) Distributionen mit kompaktem Träger besitzen nach (28) insbesondere *endliche Ordnung*. In (28) kann man i. a. K nicht durch $\operatorname{supp} u$ ersetzen, vgl. Aufg. 39.8.

b) Der Raum $\mathcal{D}(\Omega)$ ist *dicht* in dem Fréchetraum $\mathcal{E}(\Omega) := \mathcal{C}^\infty(\Omega)$: Zu $\psi \in \mathcal{E}(\Omega)$ und einer kompakten Mengen $K \subseteq \Omega$ wählt man $\chi \in \mathcal{D}(\Omega)$ mit $\chi = 1$ nahe K; dann ist $\chi\psi \in \mathcal{D}(\Omega)$ und $\|\psi - \chi\psi\|_{K,j} = 0$ für alle $j \in \mathbb{N}_0$ (vgl. (34.7)). Eine Distribution $u \in \mathcal{D}'(\Omega)$ mit kompaktem Träger läßt sich also eindeutig zu einer *stetigen Linearform* $u \in \mathcal{E}'(\Omega)$ auf $\mathcal{E}(\Omega)$ *fortsetzen.*
□

Aufgaben

39.1 a) Es seien $I \subseteq \mathbb{R}$ ein offenes Intervall, $a \in I$ und $u \in \mathcal{C}^1(I \setminus \{a\})$. „Die" Funktion v mit $v(x) = u'(x)$ für $x \neq a$ liege in $L_1^{\operatorname{loc}}(I)$. Man zeige die Existenz der Grenzwerte $u(a^\pm)$ sowie

$$u' = v + (u(a^+) - u(a^-)) \delta_a.$$

b) Man zeige $\frac{d}{dx} x_+ = H$.

39.2 a) Man zeige $\frac{d}{dx}\log|x| = CH\frac{1}{x}$.

b) **Man berechne die** Distributionsableitung der Cantor-Funktion f aus Beispiel 14.10.

39.3 Es seien $G \subseteq \mathbb{R}^n$ eine offene Menge mit C^1-glattem Rand und äußerem Normalenvektorfeld $\mathfrak{n}$. Man zeige $\operatorname{supp} \partial_j \chi_G \subseteq \partial G$ und $\partial_j \chi_G = -\mathfrak{n}_j \sigma_{n-1}$ für $j = 1, \ldots, n$.

39.4 Für ein Polynom $P \in \mathbb{C}[z_1, \ldots, z_n]$ definiere man $P^{(\alpha)} := \partial^\alpha P$. Mit $m := \deg P$ beweise man die *Leibniz-Regel*

$$P(D)(au) = \sum_{|\alpha| \leq m} \tfrac{1}{\alpha!} (D^\alpha a) P^{(\alpha)}(D)u, \quad a \in C^\infty(\Omega), \quad u \in \mathcal{D}'(\Omega). \quad (29)$$

39.5 Man verifiziere die Aussagen von Beispiel 39.17. Ist der *Schrödinger-Operator* $-i\partial_t - \alpha \Delta_x$ hypoelliptisch?

39.6 Es seien $P(D)$ ein hypoelliptischer Differentialoperator, $\Omega \subseteq \mathbb{R}^n$ offen und $N_\Omega(P) := \{f \in C(\Omega) \mid P(D)f = 0\}$. Für eine Folge (f_n) in $N_\Omega(P)$ gelte $f_n \to f$ lokal gleichmäßig auf Ω. In Verallgemeinerung des *Satzes von Weierstraß* 22.20 und von Folgerung 25.19 zeige man auch $f \in N_\Omega(P)$ und $\partial^\alpha f_n \to \partial^\alpha f$ lokal gleichmäßig auf Ω für alle $\alpha \in \mathbb{N}_0^n$.

39.7 Gibt es eine Distribution $u \in \mathcal{D}'(\mathbb{R})$ mit $u|_{(0,\infty)} = \exp(\frac{1}{x^2})$?

39.8 Es sei $u(\varphi) := \sum\limits_{k=1}^{\infty} (\varphi(2^{-k}) - \varphi(0))$ für $\varphi \in \mathcal{D}(\mathbb{R})$.

a) Man zeige $|u(\varphi)| \leq \|\varphi'\|_{[0,1]}$ und $\operatorname{supp} u = \{0\} \cup \{2^{-k}\}_{k \in \mathbb{N}}$.

b) Man zeige, daß keine Abschätzung (28) mit $\operatorname{supp} u$ statt K gilt.

39.9 Es sei $u \in \mathcal{D}'(\mathbb{R})$ mit $\operatorname{supp} u = \{0\}$. Man zeige $u = \sum\limits_{|\alpha| \leq j} c_\alpha \partial^\alpha \delta$ für die Ordnung j von u und geeignete $c_\alpha \in \mathbb{C}$.

40   Fundamentallösungen und Faltung

In diesem Abschnitt werden inhomogene lineare partielle Differentialgleichungen $P(D)u = f$ für rechte Seiten $f \in \mathcal{E}'(\mathbb{R}^n)$ mit kompakten Trägern gelöst durch *Faltung mit Fundamentallösungen* $E \in \mathcal{D}'(\mathbb{R}^n)$, d.h. mit Lösungen der speziellen Gleichung $P(D)E = \delta$. Solche Fundamentallösungen lassen sich in wichtigen Fällen explizit angeben. Ist E eine C^∞-Funktion auf $\mathbb{R}^n \backslash \{0\}$, so sind alle Distributionslösungen der Gleichung $P(D)u = 0$ bereits C^∞-Funktionen (Satz 40.16). Diese *Regularitätsaussage* gilt insbesondere für die Cauchy-Riemann- und die Laplace-Gleichung, nach Beispiel

41.18 auch für die Wärmeleitungsgleichung.

Bemerkung: Gleichungen $P(D)u = \varphi$ mit rechten Seiten $\varphi \in \mathcal{D}(\mathbb{R}^n)$ können bereits nach der Lektüre der Nummern 40.1–40.6 gelöst werden.

40.1 Definition. *Eine Distribution $E \in \mathcal{D}'(\mathbb{R}^n)$ heißt* Fundamentallösung *oder* Elementarlösung *des Differentialoperators* $P(D) = \sum\limits_{|\alpha| \le m} a_\alpha D^\alpha$ *, wenn $P(D)E = \delta$ ist.*

40.2 Beispiele. a) Nach Beispiel 39.14 c) ist die *Heaviside-Funktion* $H = \chi_{[0,\infty)} \in L_1^{\mathrm{loc}}(\mathbb{R})$ eine Fundamentallösung des Operators $\frac{d}{dx}$. Eine Lösung der *inhomogenen* Gleichung $\frac{d}{dx}u = f$ für $f \in \mathcal{D}(\mathbb{R})$ ist

$$u(x) = \int_{-\infty}^{x} f(y)\,dy = \int_{\mathbb{R}} H(x-y)\,f(y)\,dy. \tag{1}$$

Dies gilt allgemeiner für $f \in \mathcal{L}_1^c(\mathbb{R})$ (vgl. Bemerkung 39.14 a)); für eine offene Menge $\Omega \subseteq \mathbb{R}^n$ wird mit $\mathcal{L}_1^c(\Omega)$ der Raum der integrierbaren Funktionen auf $\mathbb{R}^n$ mit kompaktem Träger in Ω bezeichnet.

b) Es sei $\varphi \in \mathcal{D}(\mathbb{C})$ mit $\mathrm{supp}\,\varphi \subseteq K_R(0)$. Die *allgemeine Cauchysche Integralformel* (22.19) liefert

$$\pi\,\varphi(0) = -\int_{K_R(0)} \partial_{\bar{z}}\varphi(z)\,\tfrac{1}{z}\,dm_2(z) = (\partial_{\bar{z}}\tfrac{1}{z})(\varphi),$$

und somit ist die auf $\mathbb{C}$ lokal integrierbare Funktion

$$E(z) := E_{CR}(z) := z \mapsto \tfrac{1}{\pi z} \tag{2}$$

eine Fundamentallösung des *Cauchy-Riemann-Operators* $\partial_{\bar{z}} = \tfrac{1}{2}\,(\partial_x + i\partial_y)$.

c) In Abschnitt 25 wurde die auf $\mathbb{R}^n$ lokal integrierbare Funktion

$$E(x) := E_L(x) := \begin{cases} -\dfrac{1}{(n-2)\tau_n}\,\dfrac{1}{|x|^{n-2}} &,\ n \ge 3 \\[2mm] \dfrac{1}{2\pi}\log|x| &,\ n = 2 \end{cases} \tag{3}$$

als Fundamentallösung des *Laplace-Operators* Δ bezeichnet. Wegen $\Delta E = 0$ auf $\mathbb{R}^n \backslash \{0\}$ gilt in der Tat für Testfunktionen $\varphi \in \mathcal{D}(K_R(0))$

$$\begin{aligned} (\Delta E)(\varphi) &= E(\Delta\varphi) = \lim_{\varepsilon \to 0^+} \int_{\varepsilon \le |x| \le R} E(x)\,\Delta\varphi(x)\,dx \\ &= \lim_{\varepsilon \to 0^+} \int_{\varepsilon \le |x| \le R} \left(E(x)\,\Delta\varphi(x) - \Delta E(x)\,\varphi(x) \right) dx \\ &= \lim_{\varepsilon \to 0^+} \int_{|x| = \varepsilon} \left(E(x)\,\partial_{\mathfrak{n}}\varphi(x) - \partial_{\mathfrak{n}}E(x)\,\varphi(x) \right) d\sigma_{n-1}(x) \\ &= \varphi(0) \end{aligned}$$

aufgrund der Greenschen Integralformel (20.25) und von Satz 25.5.

d) Eine Fundamentallösung des *Wellenoperators* $\partial_t^2 - c^2\,\partial_x^2$ ist gegeben durch

$$E(x) := E_W(x) := \begin{cases} \frac{1}{2c} & , \quad |x| < ct \\ 0 & , \quad |x| \geq ct \end{cases}. \tag{4}$$

Für $\varphi \in \mathcal{D}(\mathbb{R}^2)$ gilt in der Tat (vgl. Abb. 40a)

$$
\begin{aligned}
(\partial_t^2 E - c^2\,\partial_x^2 E)(\varphi) \;&=\; E\,(\partial_t^2\varphi - c^2\,\partial_x^2\varphi) \;=\; \int_{\mathbb{R}^2} E\,(\partial_t^2\varphi - c^2\,\partial_x^2\varphi)\,d^2(x,t) \\
&=\; \tfrac{1}{2c}\int_{-\infty}^{\infty}\int_{|x|=1/c}^{\infty}\partial_t^2\varphi(x,t)\,dt\,dx - \tfrac{c}{2}\int_0^{\infty}\int_{-ct}^{ct}\partial_x^2\varphi(x,t)\,dx\,dt \\
&=\; -\tfrac{1}{2c}\int_{-\infty}^{\infty}\partial_t\varphi(x,\tfrac{|x|}{c})\,dx - \tfrac{c}{2}\int_0^{\infty}\big(\partial_x\varphi(ct,t) - \partial_x\varphi(-ct,t)\big)\,dt \\
&=\; -\tfrac{1}{2}\Big(\int_0^{\infty}\tfrac{1}{c}\,\partial_t\varphi(x,\tfrac{x}{c})\,dx + \int_0^{\infty}c\,\partial_x\varphi(ct,t)\,dt\Big) \\
&\quad -\tfrac{1}{2}\Big(\int_0^{\infty}\tfrac{1}{c}\,\partial_t\varphi(-x,\tfrac{x}{c})\,dx - \int_0^{\infty}c\,\partial_x\varphi(-ct,t)\,dt\Big) \\
&=\; -\tfrac{1}{2}\int_0^{\infty}\big(\partial_t\varphi(cu,u) + c\,\partial_x\varphi(cu,u)\big)\,du \\
&\quad -\tfrac{1}{2}\int_0^{\infty}\big(\partial_t\varphi(-cu,u) - c\,\partial_x\varphi(-cu,u)\big)\,du \\
&=\; -\tfrac{1}{2}\int_0^{\infty}\tfrac{d}{du}\varphi(cu,u)\,du - \tfrac{1}{2}\int_0^{\infty}\tfrac{d}{du}\varphi(-cu,u)\,du \\
&=\; \tfrac{1}{2}\,\varphi(0,0) + \tfrac{1}{2}\,\varphi(0,0) \;=\; \varphi(0,0).
\end{aligned}
$$

e) Man beachte, daß die Fundamentallösungen von $\frac{d}{dx}$, $\partial_{\bar z}$ und Δ auf $\mathbb{R}^n\backslash\{0\}$ (sogar reell-analytische) C^∞-*Funktionen* sind. Dies ist *nicht* der Fall für die Fundamentallösung E_W des Wellenoperators. $\Box$

Die Lösung (1) der *inhomogenen* Gleichung $\frac{d}{dx}u = f$ ist durch die *Faltung* von f mit der Heaviside-Funktion gegeben; in der Tat ist die in Theorem 10.6 für $f \in L_1(\mathbb{R}^n)$ und $g \in L_p(\mathbb{R}^n)$ eingeführte Faltung

$$(f * g)(x) \;=\; \int_{\mathbb{R}^n} f(x-y)\,g(y)\,dy \;=\; \int_{\mathbb{R}^n} f(x)\,g(x-y)\,dy \tag{5}$$

auch für $f \in L_1^{\mathrm{loc}}(\mathbb{R}^n)$ und $g \in \mathcal{L}_1^c(\mathbb{R}^n)$ definiert (man erhält dann $f * g \in L_1^{\mathrm{loc}}(\mathbb{R}^n)$ wegen $(f * g)(x) = (\chi_{\overline{K}_{r+m}(0)}f * g)(x)$ für $|x| \leq r$ und $\mathrm{supp}\,g \subseteq \overline{K}_m(0)$), insbesondere also für $g \in \mathcal{D}(\mathbb{R}^n)$.

40.3 Definition. *Die Faltung einer Distribution $u \in \mathcal{D}'(\mathbb{R}^n)$ mit einer Testfunktion $\varphi \in \mathcal{D}(\mathbb{R}^n)$ ist die auf $\mathbb{R}^n$ erklärte Funktion*

$$(u * \varphi)(x) := u_y(\varphi(x-y)) := u(\varphi_{(x)}), \quad x \in \mathbb{R}^n. \tag{6}$$

40.4 Beispiele und Bemerkungen. a) Die Notationen in (6) bedeuten, daß die Distribution u (bei festem $x \in \mathbb{R}^n$) auf die Testfunktion $\varphi_{(x)} : y \mapsto \varphi(x-y)$ anzuwenden ist.

b) Nach (5) und (6) gilt offenbar $u_f * \varphi = u_{f*\varphi}$ für $f \in L_1^{\mathrm{loc}}(\mathbb{R}^n)$ und $\varphi \in \mathcal{D}(\mathbb{R}^n)$.

c) Für $\varphi \in \mathcal{D}(\mathbb{R}^n)$ und $x \in \mathbb{R}^n$ hat man $(\delta * \varphi)(x) = \delta_y(\varphi(x-y)) = \varphi(x)$; es gilt also $\delta * \varphi = \varphi$.

d) Für $u \in \mathcal{D}'(\mathbb{R}^n)$ und $\varphi \in \mathcal{D}(\mathbb{R}^n)$ ist

$$u(\varphi) = (u * \check{\varphi})(0), \tag{7}$$

wobei $\check{\varphi}$ die gespiegelte Funktion zu φ bezeichnet (vgl. (39.13)). $\quad\square$

40.5 Satz. *Für $u \in \mathcal{D}'(\mathbb{R}^n)$ und $\varphi \in \mathcal{D}(\mathbb{R}^n)$ gilt $u * \varphi \in \mathcal{C}^\infty(\mathbb{R}^n)$ sowie*

$$\partial^\alpha(u * \varphi) = (\partial^\alpha u) * \varphi = u * \partial^\alpha \varphi \quad \text{für alle } \alpha \in \mathbb{N}_0^n \quad \text{und} \tag{8}$$
$$\operatorname{supp}(u * \varphi) \subseteq \operatorname{supp} u + \operatorname{supp} \varphi. \tag{9}$$

BEWEIS. a) Mit $K := \operatorname{supp} \varphi$ ist $\operatorname{supp} \varphi_{(x)} = \{x\} - K$. Daher erhält man leicht $\varphi_{(x+h)} - \varphi_{(x)} \to 0$ in $\mathcal{D}(\mathbb{R}^n)$ für $h \to 0$, und $u * \varphi$ ist *stetig* auf $\mathbb{R}^n$.

b) Für $j = 1, \ldots, n$ liefert die Taylor-Formel

$$\frac{1}{t}\left(\varphi(x + te_j - y) - \varphi(x - y)\right) - \partial_j \varphi(x - y)$$
$$= \frac{1}{t} \int_0^t (\partial_j^2 \varphi)(x + se_j - y)\,(t - s)\,ds$$

sofort $\frac{1}{t}\left(\varphi_{(x+te_j)} - \varphi_{(x)}\right) - (\partial_j \varphi)_{(x)} \to 0$ in $\mathcal{D}(\mathbb{R}^n)$ für $t \to 0$; daher existiert

$$(\partial_j(u * \varphi))(x) = \lim_{t\to 0} \tfrac{1}{t}\left(u(\varphi_{(x+te_j)}) - u(\varphi_{(x)})\right) = u((\partial_j \varphi)_{(x)}) = (u * \partial_j \varphi)(x),$$

und nach a) ist $u * \partial_j \varphi$ stetig auf $\mathbb{R}^n$. Weiter gilt

$$(u * \partial_j \varphi)(x) = u_y((\partial_j \varphi)(x - y)) = (\partial_j u)_y(\varphi(x - y)) = (\partial_j u * \varphi)(x);$$

somit folgen nun $u * \varphi \in \mathcal{C}^\infty(\mathbb{R}^n)$ und (8) induktiv.

c) Ist $(u * \varphi)(x) \neq 0$, so gilt $\operatorname{supp} u \cap \operatorname{supp} \varphi_{(x)} \neq \emptyset$; es gibt also $y \in \operatorname{supp} \varphi$ mit $x - y \in \operatorname{supp} u$, und es folgt $x \in \operatorname{supp} u + \operatorname{supp} \varphi$. Wegen der Kompaktheit von $\operatorname{supp} \varphi$ ist $\operatorname{supp} u + \operatorname{supp} \varphi$ abgeschlossen, und es folgt (9). $\diamond$

40.6 Beispiele und Bemerkungen. a) Es seien E eine Fundamentallösung von $P(D)$ und $f \in \mathcal{D}(\mathbb{R}^n)$. Für $u := E * f \in \mathcal{C}^\infty(\mathbb{R}^n)$ gilt dann

$$P(D)u = P(D)(E * f) = P(D)E * f = \delta * f = f. \tag{10}$$

Ist speziell $E \in L_1^{\text{loc}}(\mathbb{R}^n)$, so hat man

$$u(x) = \int_{\mathbb{R}^n} E(x - y)\,f(y)\,dy = \int_{\mathbb{R}^n} E(y)\,f(x - y)\,dy. \tag{11}$$

Diese Formel macht auch Sinn, wenn nur $f \in L_1^c(\mathbb{R}^n)$ gilt; nach Bemerkung 40.11 b) und Satz 40.13 hat man auch dann noch $P(D)u = f$ im Distributionssinn.

b) Der Träger der Fundamentallösung E_W des Wellenoperators gemäß (4) ist der *„Zukunfts-Lichtkegel"* (vgl. Abb. 40a)

$$\operatorname{supp} E_W = \Gamma_+ := \{(x,t) \in \mathbb{R}^2 \mid ct \geq |x|\} ; \tag{12}$$

auf dem Rand $\partial \Gamma_+$ ist E_W *unstetig*. Für $u = E_W * f$ gemäß (11) gilt

$$u(x,t) = \tfrac{1}{2c} \int_0^\infty \int_{-c\tau}^{c\tau} f(x-y, t-\tau)\, dy\, d\tau ; \tag{13}$$

in die Berechnung von $u(x,t)$ gehen also nur die Werte von f auf Punkten *„in der Vergangenheit von (x,t)"* ein. Für $\operatorname{supp} f \subseteq H := \{(x,t) \mid t \geq 0\}$ gilt auch $\operatorname{supp} u \subseteq H$; in diesem Fall wird in (13) nur über $\tau \in [0,t]$ integriert, und dies ist sinnvoll für alle $f \in L_1^{\mathrm{loc}}(\mathbb{R}^2)$ mit $\operatorname{supp} f \subseteq H$ (vgl. Abb. 40b). Auch in diesem Fall gilt noch $(\partial_t^2 - c^2\, \partial_x^2)u = f$ im Distributionssinn (vgl. Satz 40.13 und Bemerkung 40.18).

c) Fundamentallösungen des Wellenoperators in $n \geq 2$ Raumvariablen werden etwa in [38], §14, oder [37], sections 7–8, konstruiert. Für gerade n ist ihr Träger der Zukunfts-Lichtkegel, für ungerade $n \geq 3$ der *Rand* des Zukunfts-Lichtkegels. □

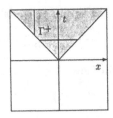

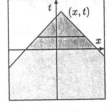

Abb. 40a   Abb. 40b

Die Lösung einer inhomogenen Gleichung $P(D)u = f$ durch $u = E * f$ wie in (10) gelingt in Satz 40.13 allgemeiner auch für $f \in \mathcal{E}'(\mathbb{R}^n)$. Die dazu erforderliche *Definition der Faltung $E * f$* bedarf einiger Vorbereitungen:

40.7 Satz. *Für $u \in \mathcal{D}'(\mathbb{R}^n)$ und $\varphi, \psi \in \mathcal{D}(\mathbb{R}^n)$ gilt*

$$(u * \varphi) * \psi = u * (\varphi * \psi). \tag{14}$$

BEWEIS. Nach Satz 40.5 gilt $\varphi * \psi \in \mathcal{D}(\mathbb{R}^n)$. Für die Funktionen

$$f^\varepsilon : x \mapsto \sum_{k \in \mathbb{Z}^n} \varepsilon^n \varphi(x - k\varepsilon)\, \psi(k\varepsilon), \quad \varepsilon > 0,$$

gilt $f^\varepsilon \in \mathcal{D}(\mathbb{R}^n)$ und $\operatorname{supp} f^\varepsilon \subseteq \operatorname{supp}\varphi + \operatorname{supp}\psi$. Für $\alpha \in \mathbb{N}_0$ und $\varepsilon \to 0$ hat man $\partial^\alpha f^\varepsilon \to \partial^\alpha \varphi * \psi = \partial^\alpha(\varphi * \psi)$ gleichmäßig auf $\mathbb{R}^n$, also $f^\varepsilon \to \varphi * \psi$

in $\mathcal{D}(\mathbb{R}^n)$. Für $x \in \mathbb{R}^n$ folgt daher

$$
\begin{aligned}
u * (\varphi * \psi)(x) &= u((\varphi * \psi)_{(x)}) = \lim_{\varepsilon \to 0} u(f_{(x)}^\varepsilon) \\
&= \lim_{\varepsilon \to 0} u_y \Big(\sum_{k \in \mathbb{Z}^n} \varepsilon^n \varphi(x - k\varepsilon - y)\, \psi(k\varepsilon) \Big) \\
&= \lim_{\varepsilon \to 0} \sum_{k \in \mathbb{Z}^n} \varepsilon^n (u * \varphi)(x - k\varepsilon)\, \psi(k\varepsilon) \\
&= \int_{\mathbb{R}^n} (u * \varphi)(x - y)\, \psi(y)\, dy = ((u * \varphi) * \psi)(x). \quad \diamond
\end{aligned}
$$

40.8 Folgerung. *Es seien* $u \in \mathcal{D}'(\mathbb{R}^n)$ *und* (δ_k) *eine* Dirac-Folge *in* $\mathcal{D}(\mathbb{R}^n)$. *Dann gilt* $u * \delta_k \to u$ *in* $\mathcal{D}'(\mathbb{R}^n)$ *für* $k \to \infty$.

BEWEIS. Für $\varphi \in \mathcal{D}(\mathbb{R}^n)$ gilt $\delta_k * \check{\varphi} \to \check{\varphi}$ in $\mathcal{D}(\mathbb{R}^n)$ aufgrund von Satz 10.11 und (8), und mit (7) und Satz 40.7 ergibt sich

$$
\begin{aligned}
(u * \delta_k)(\varphi) &= ((u * \delta_k) * \check{\varphi})(0) = (u * (\delta_k * \check{\varphi}))(0) = u((\delta_k * \check{\varphi})\check{\ }) \\
&\to u(\check{\varphi}) = u(\varphi). \qquad\qquad\qquad \diamond
\end{aligned}
$$

Dies gilt insbesondere für die Dirac-Familie (ρ_ε) aus (10.19). Es ist also $C^\infty(\mathbb{R}^n)$ *dicht in* $\mathcal{D}'(\mathbb{R}^n)$, und daraus erhält man auch leicht die Dichtheit von $\mathcal{D}(\Omega)$ in $\mathcal{D}'(\Omega)$ für alle offenen Mengen $\Omega \subseteq \mathbb{R}^n$ (vgl. Aufgabe 40.4).

40.9 Satz. *a) Für* $u \in \mathcal{D}'(\mathbb{R}^n)$ *ist die Abbildung*

$$
U : \mathcal{D}(\mathbb{R}^n) \mapsto \mathcal{E}(\mathbb{R}^n), \quad U(\varphi) := u * \varphi, \tag{15}
$$

linear, stetig und translationsinvariant, d. h. mit den Translationsoperatoren $\tau_h f(x) = f(x - h)$ *aus (8.2) gilt* $U \circ \tau_h = \tau_h \circ U$ *für alle* $h \in \mathbb{R}^n$.
b) Ist umgekehrt $U : \mathcal{D}(\mathbb{R}^n) \mapsto \mathcal{E}(\mathbb{R}^n)$ *linear, stetig und translationsinvariant, so gibt es genau ein* $u \in \mathcal{D}'(\mathbb{R}^n)$ *mit* $U(\varphi) = u * \varphi$ *für alle* $\varphi \in \mathcal{D}(\mathbb{R}^n)$.

BEWEIS. a) Für eine kompakte Menge $K \subseteq \mathbb{R}^n$ gelte $\varphi_j \to \varphi$ in $\mathcal{D}(K)$ und $u * \varphi_j \to \psi$ in $\mathcal{E}(\mathbb{R}^n)$. Für $x \in \mathbb{R}^n$ gilt dann auch $\varphi_{j(x)} \to \varphi_{(x)}$ in $\mathcal{D}(\mathbb{R}^n)$ und daher

$$
\psi(x) = \lim_{j \to \infty} (u * \varphi_j)(x) = \lim_{j \to \infty} u(\varphi_{j(x)}) = u(\varphi_{(x)}) = (u * \varphi)(x).
$$

Aufgrund des *Satzes vom abgeschlossenen Graphen* 34.12 ist daher $U : \mathcal{D}(K) \mapsto \mathcal{E}(\mathbb{R}^n)$ stetig, und dies gilt dann auch für $U : \mathcal{D}(\mathbb{R}^n) \mapsto \mathcal{E}(\mathbb{R}^n)$. Schließlich ist U translationsinvariant wegen

$$
(u * \tau_h \varphi)(x) = u((\tau_h \varphi)_{(x)}) = u(\varphi_{(x-h)}) = (u * \varphi)(x - h) = \tau_h(u * \varphi)(x).
$$

b) Falls u existiert, so muß nach (7) $u(\varphi) = (u * \check{\varphi})(0) = U(\check{\varphi})(0)$ gelten. In der Tat definiert $u : \varphi \to U(\check{\varphi})(0)$ eine Distribution $u \in \mathcal{D}'(\mathbb{R}^n)$ mit $(u * \varphi)(0) = u(\check{\varphi}) = (U\varphi)(0)$. Die Translationsinvarianz liefert dann auch

$$
(u * \varphi)(x) = u((\tau_{-x}\varphi)\check{\ }) = U(\tau_{-x}\varphi)(0) = \tau_{-x}(U\varphi)(0) = (U\varphi)(x)
$$

für alle $x \in \mathbb{R}^n$.   ◇

40.10 Satz und Definition. *Für $u \in \mathcal{D}'(\mathbb{R}^n)$ und $v \in \mathcal{E}'(\mathbb{R}^n)$ gibt es genau eine Distribution $w \in \mathcal{D}'(\mathbb{R}^n)$ mit*

$$w * \varphi \;=\; u * (v * \varphi) \quad \text{für alle } \varphi \in \mathcal{D}(\mathbb{R}^n) ; \tag{16}$$

diese heißt Faltung $w = u * v$ *von u und v.*

BEWEIS. Wegen (9) und Satz 40.9 ist die Abbildung $\varphi \mapsto v * \varphi$ translationsinvariant und stetig von $\mathcal{D}(\mathbb{R}^n)$ nach $\mathcal{D}(\mathbb{R}^n)$; daher kann man Satz 40.9 auf die Abbildung $\varphi \mapsto u * (v * \varphi)$ anwenden.   ◇

40.11 Beispiele und Bemerkungen. a) Für $u \in \mathcal{D}'(\mathbb{R}^n)$ und $\varphi \in \mathcal{D}(\mathbb{R}^n)$ stimmen die Definitionen (6) und (16) für $u * \varphi$ aufgrund von Satz 40.7 überein.

b) Für $f \in L_1^{\mathrm{loc}}(\mathbb{R}^n)$ und $g \in L_1^c(\mathbb{R}^n)$ sei $h := f * g \in L_1^{\mathrm{loc}}(\mathbb{R}^n)$ wie in (5) definiert. Für $\varphi \in \mathcal{D}(\mathbb{R}^n)$ gilt dann (vgl. Bemerkung 40.4 b))

$$
\begin{aligned}
(h * \varphi)(z) &= \int_{\mathbb{R}^n} h(z-x)\,\varphi(x)\,dx = \int_{\mathbb{R}^n}\int_{\mathbb{R}^n} f(z-x-y)\,g(y)\,dy\,\varphi(x)\,dx \\
&= \int_{\mathbb{R}^n}\int_{\mathbb{R}^n} f(z-\eta)\,g(\eta-x)\,d\eta\,\varphi(x)\,dx \\
&= \int_{\mathbb{R}^n} f(z-\eta) \int_{\mathbb{R}^n} g(\eta-x)\,\varphi(x)\,dx\,d\eta \;=\; (f * (g * \varphi))(z) ;
\end{aligned}
$$

folglich stimmen auch die Definitionen (5) und (16) für $f * g$ überein.   □

40.12 Satz. *Für $u \in \mathcal{D}'(\mathbb{R}^n)$, $v \in \mathcal{E}'(\mathbb{R}^n)$ und $\varphi \in \mathcal{D}(\mathbb{R}^n)$ gilt*

$$\partial^\alpha(u * v) \;=\; (\partial^\alpha u) * v = u * \partial^\alpha v \quad \text{für alle } \alpha \in \mathbb{N}_0^n , \tag{17}$$

$$u * \delta \;=\; u , \quad \delta * v = v , \tag{18}$$

$$(u * v)(\varphi) \;=\; u_y\big(v_z(\varphi(y+z))\big) \quad \text{und} \tag{19}$$

$$\operatorname{supp}(u * v) \;\subseteq\; \operatorname{supp} u + \operatorname{supp} v . \tag{20}$$

BEWEIS. a) Für $\varphi \in \mathcal{D}(\mathbb{R}^n)$ hat man nach (8) und (16)

$$
\begin{aligned}
(\partial^\alpha(u * v)) * \varphi &= (u * v) * \partial^\alpha \varphi = u * (v * \partial^\alpha \varphi) = u * (\partial^\alpha v * \varphi) \\
&= (u * \partial^\alpha v) * \varphi \\
&= u * \partial^\alpha(v * \varphi) = \partial^\alpha u * (v * \varphi) = (\partial^\alpha u * v) * \varphi .
\end{aligned}
$$

b) Für $\varphi \in \mathcal{D}(\mathbb{R}^n)$ gilt nach (16)

$$
\begin{aligned}
(u * \delta) * \varphi &= u * (\delta * \varphi) = u * \varphi \quad \text{und} \\
(\delta * v) * \varphi &= \delta * (v * \varphi) = v * \varphi .
\end{aligned}
$$

c) Nach (7) ist $(u * v)(\varphi) = (u * v * \check{\varphi})(0) = u_y((v * \check{\varphi})(-y))$, und wegen

$$(v * \check{\varphi})(-y) \;=\; v_z(\check{\varphi}_{(-y)}(z)) \;=\; v_z(\varphi(y+z)) \tag{21}$$

erhält man (19).

d) Offensichtlich hat man $\operatorname{supp} v_z(\varphi(y+z)) \subseteq \operatorname{supp}\varphi - \operatorname{supp} v$; aus $\operatorname{supp}\varphi \cap (\operatorname{supp} u + \operatorname{supp} v) = \emptyset$ folgt auch $\operatorname{supp} u \cap (\operatorname{supp}\varphi - \operatorname{supp} v) = \emptyset$ und somit $(u * v)(\varphi) = 0$ aufgrund von (19). $\Diamond$

Nun ergibt sich die folgende Erweiterung von Bemerkung 40.6:

40.13 Satz. *Es sei* $E \in \mathcal{D}'(\mathbb{R}^n)$ *eine Fundamentallösung des Differential-operators* $P(D)$.
a) Für $f \in \mathcal{E}'(\mathbb{R}^n)$ *gilt dann* $P(D)(E * f) = f$.
b) Es seien $\omega \subseteq \Omega \subseteq \mathbb{R}^n$ *offen,* ω *relativ kompakt in* Ω *und* $g \in \mathcal{D}'(\Omega)$. *Dann gibt es* $u \in \mathcal{D}'(\mathbb{R}^n)$ *mit* $P(D)u|_\omega = g|_\omega$.

BEWEIS. a) Nach (17) und (18) ist $P(D)(E * f) = P(D)E * f = \delta * f = f$.
b) Man wählt $\varphi \in \mathcal{D}(\Omega)$ mit $\varphi = 1$ nahe $\overline{\omega}$ und setzt $u = E * (\varphi g)$. $\Diamond$

40.14 Bemerkungen. a) Nach einem *Satz von Malgrange-Ehrenpreis*[15] besitzt *jeder* Differentialoperator $P(D)$ mit konstanten Koeffizienten eine Fundamentallösung; in Verbindung mit Satz 40.13 besagt dies, daß inhomogene Gleichungen $P(D)u = g$ stets *lokal lösbar* sind.
b) Für Operatoren mit *variablen* Koeffizienten hat man lokale Lösbarkeit für *reell-analytische* Daten (*Satz von Cauchy-Kovalevsky*, vgl. etwa [18], Band 1, 9.4.5, oder [21], § 20) oder unter *Elliptizitätsbedingungen* (vgl. [18], Band 2, Ch. XIII). Nach H. Lewy besitzt die Gleichung $(\partial_{\overline{z}} + iz\partial_t)u = f$ in Umgebungen von $0 \in \mathbb{R}^3 \cong \mathbb{C} \times \mathbb{R}$ (Distributions-) Lösungen *nur* für reell-analytische f (vgl. dazu etwa [21], § 25). $\square$

Für die in Satz 40.16 folgende Charakterisierung hypoelliptischer Differentialoperatoren werden noch weitere Informationen über *Faltungen* benötigt:

40.15 Bemerkungen. a) Durch (6) wird auch eine Faltung

$$* : \ \mathcal{E}'(\mathbb{R}^n) \times \mathcal{E}(\mathbb{R}^n) \mapsto \mathcal{E}(\mathbb{R}^n)$$

definiert. Für $v \in \mathcal{E}'(\mathbb{R}^n)$ ist die Abbildung $V : \mathcal{E}(\mathbb{R}^n) \mapsto \mathcal{E}(\mathbb{R}^n)$, $V(\psi) := v * \psi$, linear, stetig und translationsinvariant.
b) Für $v \in \mathcal{E}'(\mathbb{R}^n)$ und $u \in \mathcal{D}'(\mathbb{R}^n)$ gibt es wie in Satz 40.10 genau eine Distribution $v * u \in \mathcal{D}'(\mathbb{R}^n)$ mit

$$(v * u) * \varphi = v * (u * \varphi) \quad \text{für alle} \quad \varphi \in \mathcal{D}(\mathbb{R}^n). \tag{22}$$

---

[15]Beweise mittels Abschätzungen und Satz von Hahn-Banach findet man etwa in [18], Band 2, 10.2, oder [21], § 16. Eine relativ einfache explizite Konstruktion stammt von Heinz König (Proceedings of the American Mathematical Society 120, 1315-1318 (1994)).

c) Für $v \in \mathcal{E}'(\mathbb{R}^n)$ und $u \in \mathcal{D}'(\mathbb{R}^n)$ gilt das *Kommutativgesetz*

$$v * u = u * v. \tag{23}$$

Zum BEWEIS berechnet man für $\varphi, \psi \in \mathcal{D}(\mathbb{R}^n)$

$$
\begin{aligned}
((u * v) * \varphi) * \psi &= (u * v) * (\varphi * \psi) = u * (v * (\varphi * \psi)) \\
&= u * ((v * \varphi) * \psi) = u * (\psi * (v * \varphi)) = (u * \psi) * (v * \varphi)
\end{aligned}
$$

aufgrund der Kommutativität der Faltung von Funktionen. Genauso folgt

$$((v * u) * \varphi) * \psi = (v * u) * (\psi * \varphi) = (v * \varphi) * (u * \psi),$$

und die Eindeutigkeitsaussage von Satz 40.9 b) liefert $(v*u)*\varphi = (u*v)*\varphi$ für alle $\varphi \in \mathcal{D}(\mathbb{R}^n)$ und daher auch $v * u = u * v$. $\square$

40.16 Satz. *Es sei $E \in \mathcal{D}'(\mathbb{R}^n)$ eine Fundamentallösung des Differential-operators $P(D)$. Dieser ist genau dann hypoelliptisch, wenn E auf $\mathbb{R}^n \backslash \{0\}$ eine C^∞-Funktion ist.*

BEWEIS. a) „$\Rightarrow$" ist klar wegen $P(D)E|_{\mathbb{R}^n \backslash \{0\}} \in C^\infty(\mathbb{R}^n \backslash \{0\})$.

b) „$\Leftarrow$": Es seien $\Omega \subseteq \mathbb{R}^n$ offen und $u \in \mathcal{D}'(\Omega)$ mit $P(D)u \in C^\infty(\Omega)$. Ist $\mathfrak{V}$ eine Überdeckung von Ω aus offenen und in Ω relativ kompakten Mengen mit untergeordneter C^∞-Zerlegung der Eins $\{\alpha_j\}$, so gilt $u = \sum_j \alpha_j u$, und es genügt, $u|_\omega \in C^\infty(\omega)$ für alle $\omega \in \mathfrak{V}$ zu zeigen.

c) Dazu wählt man $\varphi \in \mathcal{D}(\Omega)$ mit $\varphi = 1$ nahe $\overline{\omega}$. Es folgt $\varphi u \in \mathcal{E}'(\mathbb{R}^n)$, und man hat $P(D)(\varphi u) = \varphi P(D)u + v$ mit $\varphi P(D)u \in \mathcal{D}(\mathbb{R}^n)$ und $v = P(D)(\varphi u) - \varphi P(D)u = 0$ nahe $\overline{\omega}$. Es folgt

$$\varphi u = P(D)E * (\varphi u) = E * (P(D)\varphi u) = E * (\varphi P(D)u) + E * v$$

mit $E * (\varphi P(D)u) \in C^\infty(\mathbb{R}^n)$. Nun wählt man $\varepsilon > 0$ mit $(\operatorname{supp} v)_\varepsilon \cap \overline{\omega} = \emptyset$ und $\chi \in \mathcal{D}(K_\varepsilon(0))$ mit $\chi = 1$ nahe 0. Dann gilt $\operatorname{supp}(\chi E) * v \subseteq (\operatorname{supp} v)_\varepsilon$ und $((1 - \chi)E) * v \in C^\infty(\mathbb{R}^n)$ aufgrund von Bemerkung 40.15. Folglich ist $E * v|_\omega \in C^\infty(\omega)$ und daher auch $u|_\omega = \varphi u|_\omega \in C^\infty(\omega)$. $\diamond$

Insbesondere sind der Cauchy-Riemann-Operator und der Laplace-Operator hypoelliptisch (nach Beispiel 41.18 gilt dies auch für den Wärmeleitungsoperator). Speziell hat man:

40.17 Folgerung. *a) Eine holomorphe Distribution auf einer offenen Menge $\Omega \subseteq \mathbb{C}$ ist eine holomorphe Funktion auf Ω.*
b) Eine harmonische Distribution auf einer offenen Menge $\Omega \subseteq \mathbb{R}^n$ ist eine harmonische Funktion auf Ω.

40.18 Bemerkungen. a) Eine zu Satzen 40.16 analoge Aussage gilt auch für *reelle Analytizität*, vgl. [37], section 3.

b) Die Faltung $u*v$ kann mittels (19) auch für Distributionen $u, v \in \mathcal{D}'(\mathbb{R}^n)$ erklärt werden, für die die *Streifenbedingung*

$$\forall\, r > 0 \; : \; (\operatorname{supp} u \times \operatorname{supp} v) \cap \{(x,y) \in \mathbb{R}^{2n} \mid |x+y| \le r\} \text{ ist kompakt} \quad (24)$$

erfüllt ist. Dies ist beispielsweise dann der Fall, wenn $\operatorname{supp} u \subseteq \Gamma_+$ und $\operatorname{supp} v \subseteq H$ gilt (vgl. Beispiel 40.6 b)). Näheres dazu findet man etwa in [38], § 13.   □

Aufgaben

40.1 a) Man zeige, daß für $a \in \mathbb{C}$ alle Fundamentallösungen des Operators $\frac{d}{dx} - a$ durch $E = (H(x) + C)\, e^{ax}$, $C \in \mathbb{C}$, gegeben sind.

b) Für $A \in \mathbb{M}_n(\mathbb{C})$ sei $E := H(x)\, e^{Ax} \in \mathcal{L}_1^{loc}(\mathbb{R}, \mathbb{M}_n(\mathbb{C}))$. Man zeige $E' - AE = E' - EA = \delta I$.

c) Für $P(\frac{d}{dx}) = \sum\limits_{j=0}^{m} a_j \frac{d^j}{dx^j}$ und $a_m \neq 0$ sei $g \in C^\infty(\mathbb{R})$ die Lösung des Anfangswertproblems

$$P(\tfrac{d}{dx})g = 0, \quad g^{(j)}(0) = 0 \;\; \text{für} \;\; j = 0, \dots, m-2, \quad g^{(m-1)}(0) = \tfrac{1}{a_m}.$$

Man zeige, daß $H\, g \in \mathcal{L}_1^{loc}(\mathbb{R})$ eine Fundamentallösung für $P(\frac{d}{dx})$ ist.

40.2 Die Distribution $u \in \mathcal{D}'(\mathbb{R}^n)$ habe Ordnung $\le j \in \mathbb{N}_0$. Für $\varphi \in C_c^{k+j}(\mathbb{R}^n)$ zeige man, daß $u * \varphi$ mit der C^k-Funktion $x \mapsto u(\varphi_{(x)})$ übereinstimmt.

40.3 Für $v \in \mathcal{E}'(\mathbb{R}^n)$ und eine Dirac-Folge (δ_k) in $\mathcal{D}(\mathbb{R}^n)$ zeige man $v * \delta_k \to v$ in $\mathcal{E}'(\mathbb{R}^n)$ für $k \to \infty$.

40.4 Es seien $\Omega \subseteq \mathbb{R}^n$ offen und $u \in \mathcal{D}'(\Omega)$. Man finde eine Folge (ψ_ℓ) in $\mathcal{D}(\Omega)$ mit $\psi_\ell \to u$ in $\mathcal{D}'(\Omega)$.

40.5 Es sei $E \in \mathcal{D}'(\mathbb{R}^n)$ eine Fundamentallösung von $P(D)$. Für $v \in \mathcal{E}'(\mathbb{R}^n)$ mit $P(D)v = 0$ zeige man $v = 0$.

40.6 Für $u \in \mathcal{D}'(\mathbb{R}^n)$ und $v_1, v_2 \in \mathcal{E}'(\mathbb{R}^n)$ zeige man das *Assoziativgesetz*

$$u * (v_1 * v_2) = (u * v_1) * v_2.$$

40.7 Man verifiziere die Bemerkungen 40.15 a) und b).

40.8 Für konvergente Folgen $u_k \to u$ in $\mathcal{D}'(\mathbb{R}^n)$ und $v_k \to v$ in $\mathcal{E}'(\mathbb{R}^n)$ zeige man $u_k * v_k \to u * v$ in $\mathcal{D}'(\mathbb{R}^n)$.

40.9 Eine Distribution $E \in \mathcal{D}'(\mathbb{R}^n)$ heißt *Parametrix* zu $P(D)$, wenn $P(D)E - \delta \in \mathcal{C}^\infty(\mathbb{R}^n)$ gilt. Man beweise Satz 40.16 auch für eine Parametrix $E \in \mathcal{C}^\infty(\mathbb{R}^n \backslash \{0\})$.

41   Fourier-Transformation und Anwendungen

Aufgabe: Man berechne $\int_{-\infty}^{\infty} (\frac{\sin \xi}{\xi})^2 \, d\xi$.

In diesem Abschnitt werden nicht notwendig periodische Funktionen als *Fourier-Integrale* ihrer *Fourier-Transformierten* dargestellt. Die *Fourier-Transformation* ist ein *unitärer Operator* auf $L_2(\mathbb{R}^n)$ und kann zu einem Isomorphismus auf dem *Raum der temperierten Distributionen* fortgesetzt werden. Sie *transformiert Faltungen* in *Produkte* und *Ableitungen* nach einer Variablen in *Multiplikationen* mit dieser Variablen und hat daher wichtige Anwendungen auf *partielle Differentialgleichungen*.

Bemerkung: Die Nummern 41.1–41.9 können bereits nach der Lektüre von Abschnitt 11 gelesen werden. Dies trifft im wesentlichen auch auf die Nummern 41.14–41.17 zu.

41.1 Motivation. Für eine $2\pi\ell$-periodische Funktion $f \in \mathcal{L}_1^{\text{loc}}(\mathbb{R})$ ist die Funktion $y \mapsto f(\ell y)$ 2π-periodisch und hat eine Fourier-Entwicklung $f(\ell y) \sim \sum_{k=-\infty}^{\infty} c_k e^{iky}$. Mit $x = \ell y$ ergibt sich daraus die Entwicklung

$$f(x) \sim \sum_{k=-\infty}^{\infty} c_k e^{i\frac{k}{\ell}x} \tag{1}$$

nach den *Frequenzen* $\{\frac{k}{\ell} \mid k \in \mathbb{Z}\}$ mit den Koeffizienten

$$c_k = \frac{1}{2\pi} \int_{-\pi}^{\pi} f(\ell y) e^{-iky} \, dy = \frac{1}{2\pi\ell} \int_{-\pi\ell}^{\pi\ell} f(x) e^{-i\frac{k}{\ell}x} \, dx, \quad k \in \mathbb{Z}. \tag{2}$$

Mit $g_\ell(\xi) := \frac{1}{2\pi} \int_{-\pi\ell}^{\pi\ell} f(x) e^{-ix\xi} \, dx$ folgt $f(x) \sim \sum_{k=-\infty}^{\infty} \frac{1}{\ell} g_\ell(\frac{k}{\ell}) e^{i\frac{k}{\ell}x}$, und mit $\ell \to \infty$ „ergibt sich" eine „Fourier-Entwicklung" oder *„Spektralzerlegung"* nicht notwendig periodischer Funktionen

$$f(x) \sim \int_{\mathbb{R}} g(\xi) e^{ix\xi} \, d\xi \tag{3}$$

nach *allen Frequenzen* $\xi \in \mathbb{R}$ mit den *Amplituden*

$$g(\xi) = \tfrac{1}{2\pi} \int_{\mathbb{R}} f(x) e^{-ix\xi} dx.$$ □ (4)

Die in (4) definierte Funktion g ist (bis auf einen Faktor) die *Fourier-Transformierte* von f, und die Gültigkeit der *Fourier-Umkehrformel* (3) wird unter geeigneten Bedingungen in Theorem 41.4 bewiesen. Die Theorie der *Fourier-Transformation* wird hier sofort für Funktionen von *mehreren* Veränderlichen entwickelt, so daß sie auf *partielle* Differentialgleichungen angewendet werden kann. Zur Vereinfachung der Formeln wird in (4) als Vorfaktor $\tfrac{1}{\sqrt{2\pi}}$ gewählt[16], und zur Abkürzung sei

$$d̶x := d̶^n x := (2\pi)^{-\frac{n}{2}} d^n x.$$ (5)

41.2 Definition. *Für $f \in L_1(\mathbb{R}^n)$ wird die* Fourier-Transformierte *durch*

$$\mathcal{F}f(\xi) := \widehat{f}(\xi) := \int_{\mathbb{R}^n} f(x) e^{-i\langle x,\xi\rangle} d̶^n x, \quad \xi \in \mathbb{R}^n,$$ (6)

definiert. Die Abbildung $\mathcal{F} : f \mapsto \widehat{f}$ heißt Fourier-Transformation.

41.3 Beispiele und Bemerkungen. a) Für $f \in L_1(\mathbb{R}^n)$ ist $\widehat{f}$ beschränkt mit $\|\widehat{f}\|_{\sup} \leq (2\pi)^{-\frac{n}{2}} \|f\|_{L_1}$. Aus Satz 5.14 a) folgt sofort die *Stetigkeit* von $\widehat{f}$ auf $\mathbb{R}^n$.

b) Für die charakteristische Funktion $\chi := \chi_{(-1,1)}$ von $(-1,1)$ gilt

$$\widehat{\chi}(\xi) = \tfrac{1}{\sqrt{2\pi}} \int_{-1}^{1} e^{-ix\xi} dx = \tfrac{1}{\sqrt{2\pi}} \left.\tfrac{e^{-ix\xi}}{-i\xi}\right|_{-1}^{1} = \tfrac{1}{\sqrt{2\pi}} \tfrac{e^{i\xi}-e^{-i\xi}}{i\xi} = \sqrt{\tfrac{2}{\pi}} \tfrac{\sin\xi}{\xi},$$

insbesondere also $\widehat{\chi} \notin \mathcal{L}_1(\mathbb{R})$.

c) Für die Funktion $f(x) := e^{-|x|}$ gilt

$$\begin{aligned}
\widehat{f}(\xi) &= \int_{\mathbb{R}} e^{-|x|} e^{-ix\xi} d̶x = \int_0^\infty e^{-x}(e^{-ix\xi} + e^{ix\xi}) d̶x \\
&= \tfrac{1}{\sqrt{2\pi}} \left.\left(\tfrac{e^{-x(1+i\xi)}}{-1-i\xi} + \tfrac{e^{-x(1-i\xi)}}{-1+i\xi}\right)\right|_0^\infty = \sqrt{\tfrac{2}{\pi}} \tfrac{1}{1+\xi^2}.
\end{aligned}$$

d) Für $f \in L_1(\mathbb{R}^n)$ gilt nach Satz 8.1

$$\mathcal{F}(\tau_a f)(\xi) = e^{-i\langle a,\xi\rangle} (\mathcal{F}f)(\xi), \quad \xi \in \mathbb{R}^n, \quad a \in \mathbb{R}^n,$$ (7)

und die Transformationsformel liefert sofort

$$\mathcal{F}(f(\tfrac{x}{\lambda}))(\xi) = \lambda^n (\mathcal{F}f)(\lambda\xi), \quad \xi \in \mathbb{R}^n, \quad \lambda > 0.$$ (8)

---

[16]Dies ist in der Literatur nicht einheitlich!

e) Der *Gauß-Kern* oder *Wärmeleitungskern* $G \in \mathcal{C}^\infty(\mathbb{R}^n \times (0,\infty))$ (vgl. Abb. 41a und Beispiel 41.17) ist gegeben durch

$$G(x,t) := (2\pi t)^{-\frac{n}{2}} \exp\left(-\frac{|x|^2}{2t}\right), \quad x \in \mathbb{R}^n, t > 0. \tag{9}$$

Nach Formel (5.22) gilt $\int_\mathbb{R} e^{-s^2/2} e^{-ix\xi} dx = \sqrt{2\pi} e^{-\xi^2/2}$; für die Funktion $f(x) := e^{-|x|^2/2}$ auf $\mathbb{R}^n$ ergibt sich daraus

$$\widehat{f}(\xi) = \int_{\mathbb{R}^n} e^{-|x|^2/2} e^{-i\langle x,\xi\rangle} d^n x = \prod_{k=1}^n \int_\mathbb{R} e^{-s^2/2} e^{-ix\xi_k} dx = \prod_{k=1}^n e^{-\xi_k^2/2}, \quad \text{also}$$

$$\mathcal{F}G^1 = G^1. \tag{10}$$

Aus (8)–(10) ergibt sich dann leicht

$$\mathcal{F}G^t(\xi) = (2\pi)^{-\frac{n}{2}} \exp\left(-\frac{t|\xi|^2}{2}\right) = t^{-\frac{n}{2}} G^{1/t}(\xi), \quad \xi \in \mathbb{R}^n, t > 0. \tag{11}$$

Insbesondere ist (G^t) ist eine *Dirac-Familie* für $t \to 0^+$ (vgl. Aufgabe 10.6). Die Abbildungen 41b und 41c zeigen die Funktionen G^t und ihre Fourier-Transformierten für $n = 1$, $t = \frac{1}{3}$, $t = 1$ und $t = 3$.

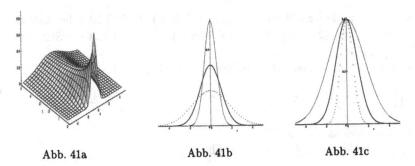

Abb. 41a   Abb. 41b   Abb. 41c

f) Für $f, g \in L_1(\mathbb{R}^n)$ sind $\widehat{f}, \widehat{g}$ stetig und beschränkt, also $\widehat{f}g$ und $f\widehat{g}$ integrierbar. Der *Satz von Fubini* liefert

$$\int_{\mathbb{R}^n} f(x)\,\widehat{g}(x)\, d^n x = \int_{\mathbb{R}^n} f(x) \int_{\mathbb{R}^n} g(y)\, e^{-i\langle y,x\rangle} d^n y\, d^n x$$
$$= \int_{\mathbb{R}^n} \int_{\mathbb{R}^n} f(x)\, e^{-i\langle y,x\rangle} d^n x\, g(y)\, d^n y, \quad \text{also}$$

$$\int_{\mathbb{R}^n} f(x)\,\widehat{g}(x)\, d^n x = \int_{\mathbb{R}^n} \widehat{f}(x)\, g(x)\, d^n x. \qquad \Box \tag{12}$$

41.4 Theorem (Fourier-Umkehrformel). *Es sei $f \in \mathcal{L}_1(\mathbb{R}^n)$, so daß auch $\widehat{f} \in \mathcal{L}_1(\mathbb{R}^n)$ ist. Dann gilt*

$$f(x) = \int_{\mathbb{R}^n} \widehat{f}(\xi)\, e^{i\langle x,\xi\rangle} d^n \xi \quad \text{für fast alle } x \in \mathbb{R}^n. \tag{13}$$

BEWEIS. Für $g^t := \mathcal{F}G^t$ gilt $\mathcal{F}g^t = G^t$ nach (11). Mit (7) und (12) folgt

$$\int_{\mathbf{R}^n} \widehat{f}(\xi)\, e^{i\langle x,\xi\rangle}\, g^t(\xi)\, d\xi \;=\; \int_{\mathbf{R}^n} \widehat{\tau_{-x}f}(\xi)\, g^t(\xi)\, d\xi \;=\; \int_{\mathbf{R}^n} \tau_{-x}f(\xi)\, \widehat{g}^t(\xi)\, d\xi$$
$$=\; \int_{\mathbf{R}^n} f(x+\xi)\, G^t(\xi)\, d\xi$$
$$=\; \int_{\mathbf{R}^n} f(x-\xi)\, G^t(\xi)\, d\xi \;=\; (f * G^t)(x).$$

Für $t \to 0^+$ strebt die linke Seite für alle $x \in \mathbf{R}^n$ nach dem *Satz über majorisierte Konvergenz* gegen $\int_{\mathbf{R}^n} \widehat{f}(\xi)\, e^{i\langle x,\xi\rangle}\, d^n\xi$, und nach Theorem 10.11 gilt $f*G^t \to f$ in $L_1(\mathbf{R}^n)$, da ja (G^t) eine *Dirac-Familie* für $t \to 0$ ist. Nach Folgerung 5.3 gilt auch $(f * G^{t_k})(x) \to f(x)$ fast überall für eine geeignete Folge $t_k \to 0$, und daraus folgt die Behauptung (13).   ◇

41.5 Beispiele und Bemerkungen. a) Die in (13) auftretende lineare Abbildung

$$\check{\mathcal{F}} : g \mapsto \check{\mathcal{F}}g(x) := \int_{\mathbf{R}^n} g(\xi)\, e^{i\langle x,\xi\rangle}\, d^n\xi, \quad x \in \mathbf{R}^n, \tag{14}$$

bildet (wie $\mathcal{F}$) L_1-Funktionen in *stetige* beschränkte Funktionen ab. Eine Funktion $f \in \mathcal{L}_1(\mathbf{R}^n)$ mit $\widehat{f} \in \mathcal{L}_1(\mathbf{R}^n)$ muß also fast überall mit einer *stetigen* Funktion übereinstimmen, und (13) gilt in allen *Stetigkeitspunkten* von f. Offenbar hat man $\check{\mathcal{F}}f(x) = (\mathcal{F}f)(-x)$, und (13) impliziert $\mathcal{F}^2 f = \check{f}$ sowie $\mathcal{F}^4 f = f$.

b) Aus Beispiel 41.3 c) erhält man die Umkehrformel

$$\frac{1}{\pi} \int_{-\infty}^{\infty} \frac{e^{ix\xi}}{1+\xi^2}\, d\xi \;=\; \frac{1}{\pi} \int_{-\infty}^{\infty} \frac{\cos x\xi}{1+\xi^2}\, d\xi \;=\; e^{-|x|}, \quad x \in \mathbf{R}. \tag{15}$$

c) Für $f,g \in L_1(\mathbf{R}^n)$ gilt

$$\mathcal{F}(f * g) \;=\; (2\pi)^{\frac{n}{2}}\, (\widehat{f} \cdot \widehat{g}). \tag{16}$$

In der Tat erhält man mit dem Satz von Fubini

$$(\widehat{f * g})(\xi) \;=\; \int_{\mathbf{R}^n} \int_{\mathbf{R}^n} f(y)\, g(x-y)\, d^n y\, e^{-i\langle x,\xi\rangle}\, d^n x$$
$$=\; \int_{\mathbf{R}^n} \int_{\mathbf{R}^n} g(x-y)\, e^{-i\langle x-y,\xi\rangle}\, d^n x\, f(y)\, e^{-i\langle y,\xi\rangle}\, d^n y$$
$$=\; \int_{\mathbf{R}^n} \widehat{g}(\xi)\, f(y)\, e^{-i\langle y,\xi\rangle}\, d^n y \;=\; (2\pi)^{\frac{n}{2}}\, \widehat{f}(\xi)\, \widehat{g}(\xi).$$

d) Für den *Gauß-Kern* aus (9) gilt $\mathcal{F}(G^t * G^\tau) = \mathcal{F}(G^{t+\tau})$ aufgrund von (11), und Theorem 41.4 liefert

$$G^t * G^\tau \;=\; G^{t+\tau} \quad \text{für } t,\tau > 0. \tag{17}$$

e) Für $\chi = \chi_{(-1,1)}$ gilt $(\chi * \chi)(x) = (2-|x|)^+ = \max\{0, 2-|x|\}$; aus (16) und Beispiel 41.3 b) folgt also $\mathcal{F}((2-|x|)^+)(\xi) = \sqrt{\frac{8}{\pi}}\,\big(\frac{\sin\xi}{\xi}\big)^2$. Theorem 41.4 liefert somit

$$\frac{2}{\pi} \int_{-\infty}^{\infty} \big(\tfrac{\sin\xi}{\xi}\big)^2 e^{ix\xi}\, d\xi \;=\; \frac{2}{\pi} \int_{-\infty}^{\infty} \big(\tfrac{\sin\xi}{\xi}\big)^2 \cos x\xi\, d\xi \;=\; (2-|x|)^+$$

für $x \in \mathbb{R}$, und für $x = 0$ ergibt sich insbesondere

$$\int_{-\infty}^{\infty} (\tfrac{\sin \xi}{\xi})^2 \, d\xi = \pi. \qquad\qquad \Box \quad (18)$$

Die Fourier-Transformation vertauscht die *Differentiation* nach einer Variablen mit der *Multiplikation* mit der entsprechenden Variablen. Dies wird zunächst nur für *schnell fallende Funktionen* formuliert:

41.6 Definition. *Eine Funktion* $\psi : \mathbb{R}^n \mapsto \mathbb{C}$ *heißt* schnell fallend, *Notation:* $\psi \in \mathcal{S}(\mathbb{R}^n)$, *falls gilt:*

$$\forall \, k \in \mathbb{N}_0 : \ \|\psi\|_k := \sup_{|\alpha| \leq k} \ \sup_{x \in \mathbb{R}^n} (1 + |x|)^k \, |\partial^\alpha \psi(x)| < \infty. \qquad (19)$$

Offenbar gilt $\mathcal{D}(\mathbb{R}^n) \subseteq \mathcal{S}(\mathbb{R}^n)$, und auch die Gauß-Kerne G^t aus (9) sind schnell fallend für $t > 0$. Mit den Normen aus (19) ist $\mathcal{S}(\mathbb{R}^n)$ ein metrischer lokalkonvexer Raum, sogar ein *Fréchetraum*, und aufgrund der Leibniz-Regel auch eine *Funktionenalgebra* (vgl. Aufgabe 41.4).

41.7 Satz. *Die Fourier-Transformation* $\mathcal{F}$ *ist ein linearer Isomorphismus von* $\mathcal{S}(\mathbb{R}^n)$ *auf* $\mathcal{S}(\mathbb{R}^n)$ *mit* $\mathcal{F}^{-1} = \check{\mathcal{F}} = \mathcal{F}^3$. *Für* $\psi \in \mathcal{S}(\mathbb{R}^n)$ *gilt*

$$\mathcal{F}(D_j \psi)(\xi) = \xi_j \widehat{\psi}(\xi), \quad \xi \in \mathbb{R}^n, \quad und \qquad\qquad (20)$$

$$\mathcal{F}(x_j \psi)(\xi) = -D_j \widehat{\psi}(\xi), \quad \xi \in \mathbb{R}^n. \qquad\qquad (21)$$

BEWEIS. Man hat $(-x)^\alpha \psi \in \mathcal{L}_1(\mathbb{R}^n)$ für alle $\alpha \in \mathbb{N}_0$; aus Satz 5.14 folgt daher $D^\alpha \widehat{\psi}(\xi) = (-i\partial)^\alpha \widehat{\psi}(\xi) = \int_{\mathbb{R}^n} (-x)^\alpha \psi(x) \, e^{-i\langle x, \xi\rangle} d^n x$ für $\xi \in \mathbb{R}^n$. Dies zeigt (21), und *partielle Integration* liefert für $\beta \in \mathbb{N}_0$ (die Randterme gemäß (20.22) verschwinden wegen $\psi \in \mathcal{S}(\mathbb{R}^n)$)

$$\xi^\beta \, D^\alpha \widehat{\psi}(\xi) = \int_{\mathbb{R}^n} D^\beta ((-x)^\alpha \psi(x)) \, e^{-i\langle x, \xi\rangle} d^n x. \qquad (22)$$

Dies zeigt (20) sowie die Abschätzung

$$\sup_{\xi \in \mathbb{R}^n} |\xi^\beta \, D^\alpha \widehat{\psi}(\xi)| \leq C \sup_{x \in \mathbb{R}^n} (1 + |x|)^{n+1} |D^\beta ((-x)^\alpha \psi(x))| \qquad (23)$$

mit $C := \int_{\mathbb{R}^n} (1 + |x|)^{-n-1} d^n x < \infty$. Aufgrund der Leibniz-Regel folgt daraus $\widehat{\psi} \in \mathcal{S}(\mathbb{R}^n)$ und die Stetigkeit der Abbildung $\mathcal{F} : \mathcal{S}(\mathbb{R}^n) \mapsto \mathcal{S}(\mathbb{R}^n)$. Nach Bemerkung 41.5 a) gilt $\mathcal{F}^3 = \check{\mathcal{F}}$ und $\mathcal{F}^4 = I$, und daraus folgt die Behauptung. $\diamond$

Eine erste Anwendung von Satz 41.7 ist die folgende Variante des *Riemann-Lebesgue Lemmas*:

41.8 Satz. *Für* $f \in \mathcal{L}_1(\mathbb{R}^n)$ *gilt* $\lim_{|\xi| \to \infty} \widehat{f}(\xi) = 0$.

BEWEIS. Nach Folgerung 10.13 gibt es zu $\varepsilon > 0$ ein $\psi \in \mathcal{D}(\mathbb{R}^n) \subseteq \mathcal{S}(\mathbb{R}^n)$ mit $\| f - \psi \|_{L_1} \le \varepsilon$. Wegen $\widehat{\psi} \in \mathcal{S}(\mathbb{R}^n)$ gibt es $R > 0$ mit $|\widehat{\psi}(\xi)| \le \varepsilon$ für $|\xi| \ge R$, und für diese ξ gilt dann auch

$$|\widehat{f}(\xi)| \le |\widehat{f}(\xi) - \widehat{\psi}(\xi)| + |\widehat{\psi}(\xi)| \le (2\pi)^{-\frac{n}{2}} \| f - \psi \|_{L_1} + \varepsilon \le 2\varepsilon. \qquad \diamond$$

41.9 Satz. *Es ist* $\mathcal{D}(\mathbb{R}^n)$ *dicht in* $\mathcal{S}(\mathbb{R}^n)$.

BEWEIS. Man wähle $\chi \in \mathcal{D}(\mathbb{R}^n)$ mit $\chi(x) = 1$ für $|x| \le 1$. Für $\psi \in \mathcal{S}(\mathbb{R}^n)$ liegen dann die Funktionen $\psi_\varepsilon(x) := \psi(x)\chi(\varepsilon x)$ in $\mathcal{D}(\mathbb{R}^n)$, und man hat

$$(1 + |x|)^k \, \partial^\alpha (\psi - \psi_\varepsilon)(x) = (1 + |x|)^k \sum_{\gamma \le \alpha} \binom{\alpha}{\gamma} \partial^{\alpha - \gamma} \psi(x) \, \varepsilon^{|\gamma|} \, \partial^\gamma (1 - \chi)(\varepsilon x).$$

Diese Funktion verschwindet für $|x| \le \frac{1}{\varepsilon}$, und aus $(1 + |x|)^k \partial^{\alpha - \gamma} \psi(x) \to 0$ für $|x| \to \infty$ ergibt sich $\| (1 + |x|)^k \partial^\alpha (\psi - \psi_\varepsilon) \|_{\sup} \to 0$ für $\varepsilon \to 0^+$. $\diamond$

41.10 Definition. *Der Raum* $\mathcal{S}'(\mathbb{R}^n)$ *aller stetigen Linearformen auf* $\mathcal{S}(\mathbb{R}^n)$ *heißt* Raum der temperierten Distributionen *auf* $\mathbb{R}^n$.

41.11 Beispiele und Bemerkungen. a) Man hat offenbar die Inklusionen $\mathcal{D}(\mathbb{R}^n) \subseteq \mathcal{S}(\mathbb{R}^n) \subseteq \mathcal{E}(\mathbb{R}^n)$, wobei die kleineren Funktionenräume in den größeren jeweils *dicht* liegen. Somit sind stetige Linearformen auf den größeren Räumen durch ihre *Einschränkungen* auf die kleineren *eindeutig bestimmt*, und man erhält die Inklusionen

$$\mathcal{E}'(\mathbb{R}^n) \subseteq \mathcal{S}'(\mathbb{R}^n) \subseteq \mathcal{D}'(\mathbb{R}^n). \qquad (24)$$

b) Für $1 \le p \le \infty$, $f \in L_p(\mathbb{R}^n)$ und $\psi \in \mathcal{S}(\mathbb{R}^n)$ gilt

$$\left| \int_{\mathbb{R}} f(x)\,\psi(x)\, d^n x \right| \;\le\; \| f \|_{L_1} \| \psi \|_{\sup} \quad \text{für} \quad p = 1 \text{ und}$$
$$\le\; \| f \|_{L_p} \| \psi \|_{L_q} \le C \sup_{x \in \mathbb{R}^n} (1 + |x|)^k |\psi(x)|$$

mit $C^q := \int_{\mathbb{R}^n} (1 + |x|)^{-kq}\, d^n x < \infty$ für $kq > n$ und $p > 1$; somit ist die Linearform u_f gemäß (39.1) *stetig* auf $\mathcal{S}(\mathbb{R}^n)$, und man erhält die Inklusionen $L_p(\mathbb{R}^n) \subseteq \mathcal{S}'(\mathbb{R}^n)$.

c) Für $u \in \mathcal{S}'(\mathbb{R}^n)$, ein Polynom $P \in \mathbb{C}[x_1, \ldots, x_n]$ und $\psi \in \mathcal{S}(\mathbb{R}^n)$ gilt auch $D^\alpha u \in \mathcal{S}'(\mathbb{R}^n)$, $Pu \in \mathcal{S}'(\mathbb{R}^n)$ und $\psi u \in \mathcal{S}'(\mathbb{R}^n)$. Für $\varphi \in \mathcal{D}(\mathbb{R}^n)$ ist in der Tat

$$(D^\alpha u)(\varphi) = (-1)^{|\alpha|}\, u(D^\alpha \varphi), \quad (Pu)(\varphi) = u(P\varphi), \quad (\psi u)(\varphi) = u(\psi \varphi),$$

und diese Linearformen sind stetig bezüglich der Topologie von $\mathcal{S}(\mathbb{R}^n)$. $\square$

Für $f \in L_1(\mathbb{R}^n)$ und $\psi \in \mathcal{S}(\mathbb{R}^n)$ gilt nach (12)

$$u_{\widehat{f}}(\psi) \;=\; \int_{\mathbb{R}^n} \widehat{f}(x)\,\psi(x)\,d^n x \;=\; \int_{\mathbb{R}^n} f(x)\,\widehat{\psi}(x)\,d^n x \;=\; u_f(\widehat{\psi})\,. \tag{25}$$

Dies ermöglicht die *Erweiterung der Fourier-Transformation auf temperierte Distributionen:*

41.12 Definition. *Die Fourier-Transformation $\mathcal{F}: \mathcal{S}'(\mathbb{R}^n) \mapsto \mathcal{S}'(\mathbb{R}^n)$ wird erklärt durch*

$$(\mathcal{F}u)(\psi) := u(\widehat{\psi}) \quad \text{für} \quad \psi \in \mathcal{S}(\mathbb{R}^n)\,. \tag{26}$$

41.13 Beispiele und Bemerkungen. a) Es ist also $\mathcal{F}: \mathcal{S}'(\mathbb{R}^n) \mapsto \mathcal{S}'(\mathbb{R}^n)$ die *transponierte Abbildung* von $\mathcal{F}: \mathcal{S}(\mathbb{R}^n) \mapsto \mathcal{S}(\mathbb{R}^n)$; daher gilt weiter $\mathcal{F}^4 = I$, und $\mathcal{F}: \mathcal{S}'(\mathbb{R}^n) \mapsto \mathcal{S}'(\mathbb{R}^n)$ ist *bijektiv* mit

$$(\mathcal{F}^{-1}u)(\psi) := u(\check{\mathcal{F}}\psi) \quad \text{für} \quad \psi \in \mathcal{S}(\mathbb{R}^n)\,. \tag{27}$$

Wegen (25) stimmen für $f \in L_1(\mathbb{R}^n)$ die Definitionen (6) und (26) überein.
b) Für ein Polynom $P \in \mathbb{C}[x_1,\dots,x_n]$ und $u \in \mathcal{S}'(\mathbb{R}^n)$ gelten

$$\mathcal{F}(P(D)u) = P \cdot \mathcal{F}(u) \quad \text{und} \quad \mathcal{F}(P \cdot u) = P(-D)\mathcal{F}(u)\,. \tag{28}$$

Nach (21) hat man für $\psi \in \mathcal{S}(\mathbb{R}^n)$ in der Tat

$$\begin{aligned}
\mathcal{F}(P(D)u)(\psi) &= (P(D)u)(\widehat{\psi}) = u(P(-D)\widehat{\psi}) = u(\widehat{P\psi}) \\
&= (\mathcal{F}u)(P\psi) = (P \cdot \mathcal{F}(u))(\psi)\,,
\end{aligned}$$

und die andere Formel folgt genauso aus (20).
c) Es gelten die Aussagen

$$\mathcal{F}(1) = (2\pi)^{\frac{n}{2}}\,\delta \quad \text{und} \quad \mathcal{F}(\delta) = (2\pi)^{-\frac{n}{2}}\,. \tag{29}$$

In der Tat erhält man, bei der ersten Aussage mittels (13),

$$\begin{aligned}
(\mathcal{F}1)(\psi) &= 1(\widehat{\psi}) = \int_{\mathbb{R}^n} \widehat{\psi}(\xi)\,d\xi = (2\pi)^{\frac{n}{2}}\,\psi(0) = (2\pi)^{\frac{n}{2}}\,\delta(\psi)\,, \\
(\mathcal{F}\delta)(\psi) &= \delta(\widehat{\psi}) = \widehat{\psi}(0) = \int_{\mathbb{R}^n} \psi(x)\,dx = (2\pi)^{-\frac{n}{2}}\,1(\psi)\,.
\end{aligned}$$

Für Polynome P ergeben sich aus (28) und (29) die Formeln

$$\mathcal{F}(P) = (2\pi)^{\frac{n}{2}}\,P(-D)\delta \quad \text{und} \quad \mathcal{F}(P(D)\delta) = (2\pi)^{-\frac{n}{2}}\,P\,. \;\square \tag{30}$$

41.14 Satz (Plancherel). *Für $u \in L_2(\mathbb{R}^n)$ gilt auch $\mathcal{F}u \in L_2(\mathbb{R}^n)$, und die Fourier-Transformation $\mathcal{F}: L_2(\mathbb{R}^n) \mapsto L_2(\mathbb{R}^n)$ ist unitär.*

BEWEIS. a) Für $\psi \in \mathcal{S}(\mathbb{R}^n)$ sei $\eta := \overline{\check{\psi}} = \check{\mathcal{F}}(\bar{\psi})$; dann gilt $\hat{\eta} = \bar{\psi}$, und (12) liefert die *Parsevalsche Gleichung*

$$\int_{\mathbb{R}^n} \phi(x)\, \bar{\psi}(x)\, d^n x \;=\; \int_{\mathbb{R}^n} \hat{\phi}(x)\, \overline{\hat{\psi}}(x)\, d^n x\,, \quad \phi, \psi \in \mathcal{S}(\mathbb{R}^n)\,. \tag{31}$$

b) Für $u \in L_2(\mathbb{R}^n)$ und $\psi \in \mathcal{S}(\mathbb{R}^n)$ gilt

$$|\mathcal{F}u(\psi)| = |u(\hat{\psi})| = |\int_{\mathbb{R}^n} u(x)\, \hat{\psi}(x)\, d^n x| \leq \|u\|_{L_2} \|\hat{\psi}\|_{L_2} = \|u\|_{L_2} \|\psi\|_{L_2}$$

nach (31). Somit ist die Linearform $\mathcal{F}u : \mathcal{S}(\mathbb{R}^n) \mapsto \mathbb{C}$ *stetig* bezüglich der L_2-Norm und besitzt eine eindeutig bestimmte Fortsetzung zu einer stetigen Linearform auf $L_2(\mathbb{R}^n)$ (vgl. Satz 1.1). Nach dem *Rieszschen Darstellungssatz* 32.16 gibt es genau ein $g \in L_2(\mathbb{R}^n)$ mit $\|g\|_{L_2} \leq \|u\|_{L_2}$ und $\mathcal{F}u(\psi) = \langle \psi, \bar{g} \rangle = u_g(\psi)$ für $\psi \in \mathcal{S}(\mathbb{R}^n)$. Folglich ist $\mathcal{F}u = g \in L_2(\mathbb{R}^n)$, und für die Fourier-Transformation $\mathcal{F} : L_2(\mathbb{R}^n) \mapsto L_2(\mathbb{R}^n)$ gilt $\|\mathcal{F}\| \leq 1$. Wegen $\mathcal{F}^4 = I$ ist $\mathcal{F} : L_2(\mathbb{R}^n) \mapsto L_2(\mathbb{R}^n)$ *bijektiv*, und schließlich wegen $\|u\|_{L_2} = \|\mathcal{F}^3(\mathcal{F}u)\|_{L_2} \leq \|\mathcal{F}u\|_{L_2}$ auch *isometrisch*. $\diamond$

41.15 Beispiele und Bemerkungen. a) Nach (31) ist $\mathcal{F} \in L(\mathcal{S}(\mathbb{R}^n))$ eine Isometrie bezüglich der $L_2 - Norm$; man kann den unitären Operator $\mathcal{F} : L_2(\mathbb{R}^n) \mapsto L_2(\mathbb{R}^n)$ also auch durch *stetige Fortsetzung* dieser Isometrie erhalten.

b) Aus Beispiel 41.3 b) ergibt sich sofort wieder Formel (18). Analog erhält man aus Beispiel 41.3 e)

$$\int_{-\infty}^{\infty} (\tfrac{\sin \xi}{\xi})^4 \, d\xi \;=\; \tfrac{2}{3} \pi\,. \tag{32}$$

c) Für $u \in L_2(\mathbb{R}^n)$ gilt $u\chi_\ell \to u$ in $L_2(\mathbb{R}^n)$ mit $\chi_\ell := \chi_{K_\ell(0)}$. Nach dem Satz von Plancherel gilt dann auch $\mathcal{F}(u\chi_\ell) \to \mathcal{F}u$ in $L_2(\mathbb{R}^n)$, also

$$\mathcal{F}u(\xi) \;=\; \lim_{\ell \to \infty} \int_{|x| \leq \ell} u(x)\, e^{-i\langle x, \xi \rangle} d^n x\,, \tag{33}$$

wobei dieser Limes *nicht punktweise*, sondern in $L_2(\mathbb{R}^n)$ zu bilden ist. $\square$

41.16 Beispiel. a) Wie in Aufgabe 32.5 werden die *Hermite-Polynome* definiert durch

$$H_n(x) := (-1)^n e^{x^2} (\tfrac{d}{dx})^n e^{-x^2}\,, \quad n \in \mathbb{N}_0\,. \tag{34}$$

Die *Hermite-Funktionen* $h_n(x) := (2^n n! \sqrt{\pi})^{-\frac{1}{2}} H_n(x)\, e^{-\frac{x^2}{2}}$ bilden dann ein Orthonormalsystem in $L_2(\mathbb{R})$. Dieses ist *vollständig*, also sogar eine *Orthonormalbasis* von $L_2(\mathbb{R})$:

b) Ist $f \in \mathrm{sp}\{h_n\}^\perp$, so gilt $f \perp x^n e^{-\frac{x^2}{2}}$ für alle $n \in \mathbb{N}_0$. Für $\xi \in \mathbb{R}$ gilt

$$\sum_{n=m+1}^{\infty} |\tfrac{1}{n!} (-ix\xi)^n|\, e^{-\frac{x^2}{2}} \leq e^{|x||\xi| - \frac{x^2}{2}}\,, \quad m \in \mathbb{N}\,,$$

und daher $e^{-ix\xi-\frac{x^2}{2}} = \sum\limits_{n=0}^{\infty} \frac{1}{n!}(-ix\xi)^n e^{-\frac{x^2}{2}}$ in $L_2(\mathbb{R})$. Es folgt

$$\mathcal{F}(e^{-\frac{x^2}{2}}\bar{f})(\xi) = \int_{\mathbb{R}} e^{-ix\xi} e^{-\frac{x^2}{2}} \bar{f}(x)dx = \sum\limits_{n=0}^{\infty} \frac{(-i\xi)^n}{n!} \int_{\mathbb{R}} x^n e^{-\frac{x^2}{2}} \bar{f}(x)dx = 0$$

für alle $\xi \in \mathbb{R}$. Da $\mathcal{F}$ isometrisch ist, impliziert dies $e^{-\frac{x^2}{2}}\bar{f}(x) = 0$ fast überall und somit $f(x) = 0$ fast überall.

c) Mit Hilfe von (10) berechnet man $\mathcal{F}h_n = (-i)^n h_n$ für $n \in \mathbb{N}_0$; die h_n sind also *Eigenfunktionen* von $\mathcal{F}$ zu den *Eigenwerten* $(-i)^n$, und man hat

$$\mathcal{F}u = \sum\limits_{n=0}^{\infty} (-i)^n \langle u, h_n \rangle h_n, \quad u \in L_2(\mathbb{R}^n). \qquad \square \qquad (35)$$

Es folgen Anwendungen der Fourier-Transformation auf die *Wärmeleitungs-gleichung* über $\mathbb{R}^n$:

41.17 Beispiel. a) Fourier-Transformation der Wärmeleitungsgleichung

$$\partial_t u(x,t) - \alpha \Delta_x u(x,t) = 0 \qquad (36)$$

bezüglich der Raum-Variablen liefert *formal* die *gewöhnlichen Differential-gleichungen*

$$\partial_t \widehat{u}(\xi,t) + \alpha |\xi|^2 \widehat{u}(\xi,t) = 0 \qquad (37)$$

für alle Parameter $\xi \in \mathbb{R}^n$. Mit einer *Anfangsbedingung*

$$u(x,0) = A(x) \Leftrightarrow \widehat{u}(\xi,0) = \widehat{A}(\xi) \qquad (38)$$

hat (37) die Lösung

$$\widehat{u}(\xi,t) = \widehat{A}(\xi) e^{-\alpha t|\xi|^2} = (2\pi)^{\frac{n}{2}} \widehat{A}(\xi) \widehat{G^{2\alpha t}}(\xi), \qquad (39)$$

und wegen (16) erhält man als Lösung von (36) und (38)

$$u(x,t) = (G^{2\alpha t} * A)(x) = (4\pi\alpha t)^{-\frac{n}{2}} \int_{\mathbb{R}^n} \exp(-\frac{|x-y|^2}{4\alpha t}) A(y)\, d^n y. \qquad (40)$$

b) In der Tat berechnet man leicht

$$(\partial_t - \alpha \Delta_x) G(x, 2\alpha t) = 0 \qquad (41)$$

für $x \in \mathbb{R}^n$ und $t > 0$ (vgl. Aufgabe II.18.8 a)). Wegen $G^{2\alpha t} \in \mathcal{S}(\mathbb{R}^n)$ für $t > 0$ ist die Faltung in (40) für $A \in L_p(\mathbb{R}^n)$, $1 \leq p \leq \infty$, definiert und liefert eine Lösung $u \in \mathcal{C}^{\infty}(\mathbb{R}^n \times (0,\infty))$ von (36). Für diese gelten ähnliche Aussagen wie im periodischen Fall in Abschnitt 35:

c) Für $1 \leq p \leq \infty$ hat man die *Lösungsoperatoren*

$$T(t) \in L(L_p(\mathbb{R}^n)), \quad T(t)A := G^{2\alpha t} * A, \tag{42}$$

mit $\|T(t)\| \leq 1$, und nach (17) gilt die *Halbgruppeneigenschaft*

$$T(t + \tau) = T(t)T(\tau) \quad \text{für } t, \tau > 0. \tag{43}$$

Für einen Anfangswert $A = G^s$ etwa ist $T(t)A = G^{2\alpha t} * G^s = G^{2\alpha t + s}$ eine Lösung von (36) und (38) (vgl. Abb. 41b).

d) Wegen $G^{2\alpha t} \geq 0$ und $T(t)1 = 1$ folgt aus Abschätzungen $c \leq T(\tau)A \leq C$ zur Zeit $\tau \geq 0$ auch $c \leq T(t)A = T(t - \tau)T(\tau)A \leq C$ für alle Zeiten $t \geq \tau$; insbesondere bleibt die *Positivität* der Temperaturverteilung stets erhalten.

e) Nach Theorem 10.11 gilt $\|T(t)A - A\|_{L_p} \to 0$ für $t \to 0^+$ im Fall $1 \leq p < \infty$. Für eine *stetige beschränkte* Funktion A gilt $T(t)A \to A$ *lokal gleichmäßig* auf $\mathbb{R}^n$ nach Bemerkung 10.12, und die durch

$$u(x,t) := \begin{cases} (G^{2\alpha t} * A)(x) & , \quad t > 0 \\ A(x) & , \quad t = 0 \end{cases} \tag{44}$$

definierte Lösung von (36) und (38) ist *stetig* auf $\mathbb{R}^n \times [0, \infty)$.

f) Wegen $|T(t)A(x)| \leq \|G^{2\alpha t}\|_{L_q} \|A\|_{L_p}$ ist $T(t)A$ für festes $t > 0$ eine *beschränkte* C^∞-Funktion in $L_p(\mathbb{R}^n)$. Nach (39) ist für $A \in L_1(\mathbb{R}^n)$ das Integral

$$\int_{\mathbb{R}^n} T(t)A(x)\,d^n x = \widehat{T(t)A}(0) = \widehat{A}(0) = \int_{\mathbb{R}^n} A(x)\,d^n x \tag{45}$$

zeitlich konstant, während die Amplituden $\widehat{T(t)A}(\xi) = \widehat{A}(\xi)e^{-\alpha t|\xi|^2}$ aller Frequenzen $\xi \neq 0$ für $t \to \infty$ exponentiell abfallen.

g) Für $A \in \mathcal{D}(\mathbb{R}^n)$ ist $\text{supp}\,T(t)A$ nach (40) i. a. für $t > 0$ *nicht kompakt*. Eine zur Zeit $t = 0$ in $\overline{K}_\varepsilon(0)$ konzentrierte Temperaturverteilung $A = \rho_\varepsilon \geq 0$ breitet sich also „in beliebig kurzer Zeit auf ganz $\mathbb{R}^n$ aus". Dies widerspricht den Prinzipien der *Relativitätstheorie;* die Wärmeleitungsgleichung (36) beschreibt also „die physikalische Realität" nur *näherungsweise*.

h) Formel (40) liefert i. a. *keine* Lösung von (36) und (38) für $t < 0$. Für $t > 0$ ist eine solche nur unter geeigneten *Wachstumsbedingungen eindeutig* bestimmt, vgl. dazu etwa [38], § 41.   □

41.18 Beispiel. a) Zur Lösung der Gleichung

$$(\partial_t - \alpha \Delta_x)E = \delta \tag{46}$$

in $\mathbb{R}^{n+1}$ verwendet man ebenfalls Fourier-Transformation bezüglich der Raum-Variablen und erhält nach (29)

$$\partial_t \widehat{E}(\xi, t) + \alpha |\xi|^2 \widehat{E}(\xi, t) = (2\pi)^{-\frac{n}{2}} \delta(t) \tag{47}$$

mit der Lösung (vgl. Aufgabe 40.1 a))

$$\widehat{E}(\xi, t) = (2\pi)^{-\frac{n}{2}} H(t) e^{-\alpha t |\xi|^2} ; \tag{48}$$

Rücktransformation liefert dann nach (11)

$$E(x, t) = H(t) G(x, 2\alpha t) = (4\pi\alpha t)^{-\frac{n}{2}} H(t) \exp(-\tfrac{|x|^2}{4\alpha t}) . \tag{49}$$

b) Die Funktion $E = E_H$ aus (49) ist nun in der Tat eine *Fundamentallösung* des Wärmeleitungsoperators $\partial_t - \alpha \Delta_x$. Wegen $E \geq 0$ und

$$\int_0^T \int_{\mathbf{R}^n} E(x, t) \, d^n x \, dt = \int_0^T (4\pi\alpha t)^{-\frac{n}{2}} \int_{\mathbf{R}^n} \exp(-\tfrac{|x|^2}{4\alpha t}) \, d^n x \, dt$$
$$= \int_0^T \pi^{-\frac{n}{2}} \int_{\mathbf{R}^n} e^{-|y|^2} \, d^n y \, dt = T$$

gilt $E \in L_1^{\mathrm{loc}}(\mathbf{R}^{n+1})$. Für $\varphi \in \mathcal{D}(\mathbf{R}^{n+1})$ hat man

$$(\partial_t - \alpha \Delta_x) E(\varphi) = -E(\partial_t \varphi + \alpha \Delta_x \varphi)$$
$$= -\lim_{\varepsilon \to 0^+} \int_\varepsilon^\infty \int_{\mathbf{R}^n} E(x, t) (\partial_t + \alpha \Delta_x) \varphi(x, t) \, dx \, dt . \tag{50}$$

Wegen $(\partial_t - \alpha \Delta_x) E(x, t) = 0$ auf $\mathbf{R}^n \times [\varepsilon, \infty)$ liefert partielle Integration

$$-\int_\varepsilon^\infty \int_{\mathbf{R}^n} E (\partial_t + \alpha \Delta_x) \varphi \, dx \, dt$$
$$= \int_\varepsilon^\infty \int_{\mathbf{R}^n} (\partial_t - \alpha \Delta_x) E \, \varphi \, dx \, dt + \int_{\mathbf{R}^n} E(x, \varepsilon) \, \varphi(x, \varepsilon) \, dx$$
$$= \int_{\mathbf{R}^n} E(x, \varepsilon) \, \varphi(x, \varepsilon) \, dx .$$

Nach (49) ist aber $\int_{\mathbf{R}^n} E(x, \varepsilon) \, dx = 1$ für $\varepsilon > 0$, und $\varepsilon \to 0^+$ liefert dann $(\partial_t - \alpha \Delta_x) E(\varphi) = \varphi(0, 0)$ aufgrund von (50).

c) Man zeigt leicht, daß E auf $\mathbf{R}^{n+1} \backslash \{0\}$ eine C^∞-Funktion (aber *nicht* reell-analytisch) ist; aufgrund von Satz 40.16 ist der Wärmeleitungsoperator also *hypoelliptisch*. □

Aufgaben

41.1 a) Für $f \in L_1(\mathbf{R}^n)$ und $T \in GL_\mathbf{R}(n)$ zeige man

$$(\widehat{f \circ T})(\xi) = |\det T|^{-1} \widehat{f}((T^\top)^{-1} \xi), \quad \xi \in \mathbf{R}^n . \tag{51}$$

b) Man folgere, daß mit f auch $\widehat{f}$ *rotationssymmetrisch* ist.

c) Für eine positiv definite Matrix $A \in GL_\mathbf{R}(n)$ berechne man $\mathcal{F} e^{-\frac{1}{2} \langle x, Ax \rangle}$.

41.2 Man berechne $\int_{-\infty}^\infty (\tfrac{\sin \xi}{\xi})^3 \, d\xi$ und $\int_{-\infty}^\infty (\tfrac{\sin \xi}{\xi})^6 \, d\xi$.

41.3 Für die Cauchy-Dichten $C_\alpha(x) := \frac{\alpha}{\pi(\alpha^2+x^2)}$, $\alpha > 0$, aus Aufgabe 10.7 zeige man $\widehat{C_\alpha}(\xi) = \frac{1}{\sqrt{2\pi}}\, e^{-\alpha|\xi|}$ mittels (15) und schließe $C_\alpha * C_\beta = C_{\alpha+\beta}$.

41.4 Für $a, b \in \mathbb{R}^n$ und $t, s > 0$ zeige man $(\tau_a G^t) * (\tau_b G^s) = \tau_{a+b} G^{t+s}$.

41.5 Es sei $f \in \mathcal{L}_1(\mathbb{R})$ in jedem beschränkten Intervall stückweise stetig differenzierbar. Für $x \in \mathbb{R}$ zeige man

$$\lim_{y\to\infty} \frac{1}{\sqrt{2\pi}} \int_{-y}^y \widehat{f}(\xi)\, e^{ix\xi}\, d\xi = \tfrac{1}{2}(f(x^+) + f(x^-)). \tag{52}$$

HINWEIS. Wegen (7) kann man $x = 0$ annehmen. Aus (12) folgt

$$\int_{-y}^y \widehat{f}(\xi)\, d\xi = \int_{\mathbb{R}} \chi_{[-y,y]}\, \widehat{f}(\xi)\, d\xi = \sqrt{\tfrac{2}{\pi}} \int_{-\infty}^\infty \frac{\sin y\xi}{\xi}\, f(\xi)\, d\xi.$$

41.6 Es sei $f \in \mathcal{L}_1(\mathbb{R})$ stetig mit $\mathrm{supp}\, \widehat{f} \subseteq [-a, a]$. Für $0 < L < \frac{\pi}{a}$ zeige man mittels (13) und der Parsevalschen Gleichung (32.17) auf $[-\frac{\pi}{L}, \frac{\pi}{L}]$ mit $\mathrm{sinc}\, \xi := \frac{\sin\xi}{\xi}$ die folgende Formel von C.E. Shannon:

$$f(x) = \sum_{k=-\infty}^\infty f(kL)\, \mathrm{sinc}(\tfrac{\pi}{L}(x - kL)). \tag{53}$$

41.7 Man zeige, daß $\mathcal{S}(\mathbb{R}^n)$ ein Fréchetraum und eine Funktionenalgebra mit *stetiger* Multiplikation ist.

41.8 Für $\phi, \psi \in \mathcal{S}(\mathbb{R}^n)$ zeige man $\mathcal{F}(\phi\psi) = (2\pi)^{-\frac{n}{2}}\, \widehat{\phi} * \widehat{\psi}$.

41.9 Es sei $f \in C^{n+1}(\mathbb{R}^n)$ mit $\partial^\alpha f \in \mathcal{L}_1(\mathbb{R}^n)$ für $|\alpha| \leq n+1$. Man zeige $\widehat{f} \in \mathcal{L}_1(\mathbb{R}^n)$.

41.10 Für eine Dirac-Folge (δ_k) in $\mathcal{L}_1(\mathbb{R}^n)$ zeige man $\widehat{\delta_k} \to (2\pi)^{-\frac{n}{2}}$ lokal gleichmäßig.

41.11 Man verifiziere $\mathcal{F}h_n = (-i)^n\, h_n$ für die Hermite-Funktionen h_n.

41.12 a) Für $\varphi \in \mathcal{D}(\overline{K}_R(0))$ zeige man $\widehat{\varphi} \in \mathcal{O}(\mathbb{C}^n)$ und

$$\forall\, k \in \mathbb{N}_0 : \sup_{\zeta\in\mathbb{C}^n} (1 + |\zeta|)^k\, e^{-R|\,\mathrm{Im}\,\zeta\,|}\, |\widehat{\varphi}(\zeta)| < \infty. \tag{54}$$

b) Für $u \in \mathcal{E}'(\overline{K}_R(0))$ zeige man, daß $\mathcal{F}u$ die Einschränkung der ganzen Funktion $\widehat{u} \in \mathcal{O}(\mathbb{C}^n)$, $\widehat{u}(\zeta) := u_x(e^{-i\langle\zeta,x\rangle})$ ist, und beweise

$$\exists\, k \in \mathbb{N}_0 : \sup_{\zeta\in\mathbb{C}^n} (1 + |\zeta|)^{-k}\, e^{-R|\,\mathrm{Im}\,\zeta\,|}\, |\widehat{u}(\zeta)| < \infty. \tag{55}$$

Diese Aussagen *charakterisieren* in der Tat C^∞-Funktionen bzw. Distributionen mit Träger in $\overline{K}_R(0)$ (*Satz von Paley-Wiener-Schwartz*).

41.13 Für $f \in L_1^c(\mathbb{R}^n \times (0,\infty))$ und $A \in L_p(\mathbb{R}^n)$ löse man das Problem

$$\partial_t u(x,t) - \alpha\Delta_x u(x,t) = f(x,t) \text{ für } t > 0, \quad u(x,0) = A(x).$$

42   Sobolevräume

In diesem Abschnitt wird eine Skala von Hilberträumen diskutiert, mit der die *Regularität* von Funktionen und Distributionen präzise gemessen werden kann; ein wesentliches Hilfsmittel dabei ist die *Fourier-Transformation*. Hauptergebnisse sind die *Sobolevschen Einbettungssätze* 42.9 und 42.15, *Regularitätsaussagen* für *elliptische Differentialoperatoren* wie $\partial_{\bar{z}}$ oder Δ und die *Einschränkung* von W^1-Funktionen auf glatte Ränder. Die Theorie der Sobolevräume wird im nächsten Abschnitt auf *Dirichlet-Probleme* angewendet. Dabei wie auch bereits in diesem Abschnitt muß für einige Beweise auf die Literatur verwiesen werden.

Für eine offene Menge $\Omega \subseteq \mathbb{R}^n$ und $k \in \mathbb{N}_0$ ist der Raum

$$\mathcal{W}^k(\Omega) := \{f \in L_2(\Omega) \mid D^\alpha f \in L_2(\Omega) \text{ für } |\alpha| \le k\} \tag{1}$$

aller L_2-Funktionen auf Ω, deren Distributionsableitungen der Ordnung $\le k$ ebenfalls L_2-Funktionen auf Ω sind, ein Hilbertraum unter der Norm

$$\| f \|_{W^k} := \big(\sum_{|\alpha| \le k} \int_\Omega |D^\alpha f(x)|^2 \, dx \big)^{\frac{1}{2}}. \tag{2}$$

Man trifft dann die folgende (der Raum $\overline{\mathcal{C}}^\infty(\Omega)$ wurde in 20.4 b) eingeführt)

42.1 Definition. *Für eine offene Menge $\Omega \subseteq \mathbb{R}^n$ und $k \in \mathbb{N}_0$ werden die* Sobolevräume $W^k(\Omega)$ *und* $W_0^k(\Omega)$ *definiert als die Abschlüsse der Räume* $\overline{\mathcal{C}}^\infty(\Omega)$ *und* $\mathcal{D}(\Omega)$ *in* $\mathcal{W}^k(\Omega)$.

42.2 Beispiele. a) Man hat $L_2(\Omega) = \mathcal{W}^0(\Omega) = W^0(\Omega) = W_0^0(\Omega)$ aufgrund von Folgerung 10.13.
b) Nach Bemerkung 42.5 c) unten ist $\mathcal{D}(\mathbb{R}^n)$ *dicht* in $\mathcal{W}^k(\mathbb{R}^n)$, und daher gilt $\mathcal{W}^k(\mathbb{R}^n) = W^k(\mathbb{R}^n) = W_0^k(\mathbb{R}^n)$ für $k \in \mathbb{N}_0$. Für $k > 0$ und *beschränkte* offene Mengen Ω gilt dagegen stets $W_0^k(\Omega) \ne W^k(\Omega)$ (vgl. Satz 42.21).
c) Für $a < b \in \mathbb{R}$ stimmt nach Bemerkung 39.8 e) der Raum $\mathcal{W}^k(a, b)$ mit dem Raum $\mathcal{H}_2^k[a, b]$ aus Abschnitt 15 überein. Da nach Satz 15.14 d) die Polynome in diesem Raum dicht sind, gilt auch $W^k(a, b) = \mathcal{H}_2^k[a, b]$. $\square$

42.3 Bemerkungen und Definition. a) Es seien $\Omega \subseteq \mathbb{R}^n$ offen und $f \in W_0^k(\Omega)$. Es gibt eine Folge (φ_j) in $\mathcal{D}(\Omega)$ mit $\| f - \varphi_j \|_{W^k} \to 0$. Wegen $\| \varphi \|_{W^k(\Omega)} = \| \varphi \|_{W^k(\mathbb{R}^n)}$ für $\varphi \in \mathcal{D}(\Omega)$ ist (φ_j) auch eine Cauchy-Folge in $\mathcal{D}(\mathbb{R}^n)$, und somit konvergiert (φ_j) in $W^k(\mathbb{R}^n)$ gegen die durch 0 auf $\mathbb{R}^n$ fortgesetzte Funktion f_Ω^0. Folglich gilt $f_\Omega^0 \in W^k(\mathbb{R}^n)$, und offenbar ist supp $f_\Omega^0 \subseteq \overline{\Omega}$.

b) Eine offene Menge $\Omega \subseteq \mathbb{R}^n$ hat die *Segment-Eigenschaft,* wenn zu jedem $x \in \partial\Omega$ eine Umgebung U in $\mathbb{R}^n$ und ein Vektor $\xi \in \mathbb{R}^n$ existieren, so daß

$$y \in \overline{\Omega} \cap U \;\Rightarrow\; y + t\xi \in \Omega \;\text{ für }\; 0 < t < 1 \tag{3}$$

gilt (vgl. Abb. 42a). Sie erfüllt die *(innere) gleichmäßige Kegelbedingung,* wenn es einen Kegel C im $\mathbb{R}^n$ gibt, so daß zu jedem $x \in \partial\Omega$ eine Umgebung U in $\mathbb{R}^n$ und ein zu C kongruenter Kegel C_x existieren mit (vgl. Abb. 42b)

$$y \in \overline{\Omega} \cap U \;\Rightarrow\; y + C_x \in \Omega. \tag{4}$$

Glatter Rand impliziert die gleichmäßige Kegelbedingung, und diese impliziert die Segment-Eigenschaft. Weitere Informationen zu diesen Begriffen findet man etwa in [42], § 2.

c) Hat $\Omega \subseteq \mathbb{R}^n$ die Segment-Eigenschaft, so ist der Raum $\mathcal{D}(\mathbb{R}^n)|_\Omega$ *dicht* in $\mathcal{W}^k(\Omega)$, und man hat $W^k(\Omega) = \mathcal{W}^k(\Omega)$; weiter gilt

$$W_0^k(\Omega) = \{ g|_\Omega \mid g \in W^k(\mathbb{R}^n) \text{ mit } \operatorname{supp} g \subseteq \overline{\Omega}. \} \tag{5}$$

d) Erfüllt Ω die gleichmäßige Kegelbedingung, so existiert ein stetiger linearer *Fortsetzungsoperator* $F_\Omega^k : W^k(\Omega) \mapsto W^k(\mathbb{R}^n)$, der also $Ff|_\Omega = f$ für $f \in W^k(\Omega)$ erfüllt *(Satz von Calderón-Zygmund).* Beweise der Aussagen in c) und d) findet man etwa in [42], Sätze 3.6, 3.7 und 5.4. $\qquad\square$

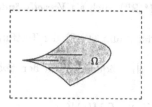
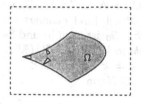

Abb. 42a   Abb. 42b

Für $f \in \mathcal{W}^k(\mathbb{R}^n)$ gilt nach dem *Satz von Plancherel*

$$\|f\|_{W^k}^2 = \sum_{|\alpha|\le k} \|D^\alpha f\|_{L_2}^2 = \sum_{|\alpha|\le k} \|\xi^\alpha \widehat{f}\|_{L_2}^2 = \int_{\mathbb{R}^n} \sum_{|\alpha|\le k} |\xi^{2\alpha}| \, |\widehat{f(\xi)}|^2 \, d\xi,$$

und daher wird durch

$$\|f\|_{H^k}^2 := \int_{\mathbb{R}^n} (1 + |\xi|^2)^k \, |\widehat{f}(\xi)|^2 \, d\xi \tag{6}$$

eine zu $\|\ \|_{W^k}$ *äquivalente Norm* auf $\mathcal{W}^k(\mathbb{R}^n)$ erklärt. Dies ermöglicht die folgende Definition von Sobolevräumen für beliebige *reelle* Exponenten:

42.4 Definition. *Für* $s \in \mathbb{R}$ *sei* $H^s(\mathbb{R}^n)$ *der Raum aller temperierten Distributionen* $u \in \mathcal{S}'(\mathbb{R}^n)$ *mit der Eigenschaft* $\hat{u} = \mathcal{F}u \in L_2^{\text{loc}}(\mathbb{R}^n)$ *und*

$$\| u \|_{H^s}^2 := \int_{\mathbb{R}^n} (1 + |\xi|^2)^s \, |\hat{u}(\xi)|^2 \, d\xi < \infty. \tag{7}$$

42.5 Bemerkungen. a) Offenbar ist $H^s(\mathbb{R}^n)$ ein Hilbertraum. Differentialoperatoren (vgl. (41.20))

$$P(D) = \mathcal{F}^{-1} P(\xi) \mathcal{F} \tag{8}$$

der Ordnung $m \in \mathbb{N}$ liefern stetige lineare Operatoren von $H^s(\mathbb{R}^n)$ nach $H^{s-m}(\mathbb{R}^n)$, speziell liefert $\Lambda^{2k} = (1 - \Delta)^k = \mathcal{F}^{-1} (1 + |\xi|^2)^k \, \mathcal{F}$ *Isomorphismen* von $H^s(\mathbb{R}^n)$ auf $H^{s-2k}(\mathbb{R}^n)$. Allgemeiner definieren für $t \in \mathbb{R}$ die „Pseudodifferentialoperatoren"

$$\Lambda^t := \mathcal{F}^{-1} \langle \xi \rangle^t \, \mathcal{F} \tag{9}$$

isometrische Isomorphismen von $H^s(\mathbb{R}^n)$ auf $H^{s-t}(\mathbb{R}^n)$; dabei wurde die folgende Abkürzung verwendet:

$$\lambda(\xi) := \langle \xi \rangle := (1 + |\xi|^2)^{\frac{1}{2}}. \tag{10}$$

b) Für alle $s \in \mathbb{R}$ gilt $\mathcal{S}(\mathbb{R}^n) \subseteq H^s(\mathbb{R}^n)$, und die Einbettungen $\mathcal{S}(\mathbb{R}^n) \hookrightarrow H^s(\mathbb{R}^n)$ sind stetig. Nach Folgerung 10.13 ist $\mathcal{S}(\mathbb{R}^n)$ in $H^0(\mathbb{R}^n) = L_2(\mathbb{R}^n)$ *dicht,* und folglich gilt dies auch für $\mathcal{S}(\mathbb{R}^n) = \Lambda^{-s} \mathcal{S}(\mathbb{R}^n)$ in $H^s(\mathbb{R}^n) = \Lambda^{-s} H^0(\mathbb{R}^n)$. Daher kann $H^s(\mathbb{R}^n)$ auch als *Vervollständigung* von $(\mathcal{S}(\mathbb{R}^n), \| \ \|_{H^s})$ definiert werden.

c) Für $k \in \mathbb{N}_0$ ist nach b) und Satz 41.9 der Raum $\mathcal{D}(\mathbb{R}^n)$ der Testfunktionen *dicht* in $\mathcal{W}^k(\mathbb{R}^n) = H^k(\mathbb{R}^n)$.

d) Für $s = k + t$ mit $0 < t < 1$ ist $\| \ \|_{H^s}$ äquivalent zu der *Sobolev-Slobodeckij-Norm*

$$\| f \|_{W^s}^2 := \| f \|_{W^k}^2 + \sum_{|\alpha| = k} \int_{\mathbb{R}^n} \int_{\mathbb{R}^n} \frac{| D^\alpha f(x) - D^\alpha f(y) |^2}{| x - y |^{n+2t}} \, d^n x \, d^n y. \tag{11}$$

Es genügt, dies für $k = 0$ zu beweisen, und dazu reicht es,

$$\int_{\mathbb{R}^n} |\xi|^{2s} \, |\widehat{\psi}(\xi)|^2 \, d^n \xi = C(n, s) \int_{\mathbb{R}^n} \int_{\mathbb{R}^n} \frac{|\psi(x) - \psi(y)|^2}{| x - y |^{n+2s}} \, d^n x \, d^n y \tag{12}$$

für $\psi \in \mathcal{S}(\mathbb{R}^n)$ zu zeigen. Nach Theorem 41.4 und (41.7) gilt

$$\psi(x + z) - \psi(x) = \int_{\mathbb{R}^n} (e^{i\langle z, \xi \rangle} - 1) \, e^{i\langle x, \xi \rangle} \, \widehat{\psi}(\xi) d^n \xi,$$

und der Satz von Plancherel liefert

$$\int_{\mathbb{R}^n} |\psi(x + z) - \psi(x)|^2 \, d^n x = \int_{\mathbb{R}^n} |e^{i\langle z, \xi \rangle} - 1|^2 \, |\widehat{\psi}(\xi)|^2 \, d^n \xi, \quad \text{also}$$

$$\int_{\mathbb{R}^n} \int_{\mathbb{R}^n} \frac{|\psi(x+z)-\psi(x)|^2}{|z|^{n+2s}} \, dx \, dz \;=\; \int_{\mathbb{R}^n} |\xi|^{2s} \, |\widehat{\psi}(\xi)|^2 \int_{\mathbb{R}^n} \frac{|e^{i\langle z,\xi\rangle}-1|^2}{|\xi|^{2s}|z|^{n+2s}} \, dz \, d\xi.$$

Das innere Integral $C(n,s) := \int_{\mathbb{R}^n} \frac{|e^{i\langle z,\xi\rangle}-1|^2}{|\xi|^{2s}|z|^{n+2s}} \, dz > 0$ ist nach Aufgabe 11.5 unabhängig von $\xi \in \mathbb{R}^n$, und die Substitution $y = z - x$ liefert dann (12). Für $s = k+t$ mit $0 < t < 1$ ist also $H^s(\mathbb{R}^n)$ der Raum aller Funktionen in $\mathcal{W}^k(\mathbb{R}^n)$, deren W^s-Norm gemäß (11) endlich ist.

e) Mittels (11) lassen sich auf offenen Mengen $\Omega \subseteq \mathbb{R}^n$ Sobolevräume $\mathcal{W}^s(\Omega)$, $W^s(\Omega)$ und $W_0^s(\Omega)$ für $s \geq 0$ definieren. Die Bemerkungen 42.3 a)– c) gelten auch für diese Räume, ebenso 42.3 d) bei genügend glattem Rand (vgl. [42], Satz 5.6). $\square$

Eine Beschreibung der Sobolevräume mit negativem Exponenten liefert:

42.6 Satz. *a) Für $s \geq 0$ ist $u \in H^{-s}(\mathbb{R}^n)$ stetig auf $(\mathcal{S}(\mathbb{R}^n), \| \ \|_{H^s})$. Bezeichnet $\Phi_s(u)$ die stetige lineare Fortsetzung von u auf $H^s(\mathbb{R}^n)$, so liefert $\Phi_s : H^{-s}(\mathbb{R}^n) \mapsto H^s(\mathbb{R}^n)'$ einen isometrischen Isomorphismus.*
b) Für $k \in \mathbb{N}_0$ gilt $H^{-k}(\mathbb{R}^n) = \{ \sum_{|\alpha|\leq k} D^\alpha g_\alpha \mid g_\alpha \in L_2(\mathbb{R}^n)\}$.

BEWEIS. a) Für $\psi \in \mathcal{S}(\mathbb{R}^n)$ gilt

$$|u(\psi)| = |\mathcal{F}u(\mathcal{F}^{-1}\psi)| = \left| \int_{\mathbb{R}^n} \widehat{u}(\xi) \langle\xi\rangle^{-s} \, \widehat{\psi}(-\xi) \langle\xi\rangle^{s} \, d\xi \right| \leq \| u \|_{H^{-s}} \| \psi \|_{H^s},$$

und dies liefert $\Phi_s(u) \in H^s(\mathbb{R}^n)'$ mit $\| \Phi_s(u) \|_{H^{s\prime}} \leq \| u \|_{H^{-s}}$. Umgekehrt gibt es zu $v \in H^s(\mathbb{R}^n)'$ nach dem Rieszschen Darstellungssatz 32.16 genau ein $w \in H^s(\mathbb{R}^n)$ mit $\| w \|_{H^s} = \| v \|_{H^{s\prime}}$ und

$$v(\psi) = \langle \psi, w \rangle_{H^s} = \int_{\mathbb{R}^n} \widehat{\psi}(\xi) \overline{\widehat{w}(\xi)} \langle\xi\rangle^{2s} \, d\xi = \int_{\mathbb{R}^n} \widehat{u}(\xi) \widehat{\psi}(-\xi) \, d\xi = u(\psi) \quad (13)$$

für $\psi \in \mathcal{S}(\mathbb{R}^n)$ mit $u := \mathcal{F}^{-1}(\langle\xi\rangle^{2s} \, \overline{\widehat{w}(-\xi)}) = \Lambda^{2s}\bar{w} \in H^{-s}(\mathbb{R}^n)$. Es folgt $v = \Psi_s(u)$ und $\| u \|_{H^{-s}} = \| \bar{w} \|_{H^s} = \| w \|_{H^s} = \| v \|_{H^{s\prime}} = \| \Phi_s(u) \|_{H^{s\prime}}$.

b) Die Inklusion „$\supseteq$" ist klar. Für $u \in H^{-k}(\mathbb{R}^n)$ liefert (13)

$$u(\psi) = \langle \psi, w \rangle_{H^k} = \sum_{|\alpha|\leq k} \langle D^\alpha \psi, D^\alpha w \rangle_{L_2} = \sum_{|\alpha|\leq k} (-1)^{|\alpha|} (D^\alpha D^\alpha \bar{w})(\psi),$$

und die Behauptung folgt mit $g_\alpha := (-1)^{|\alpha|} D^\alpha \bar{w} \in L_2(\mathbb{R}^n)$. $\diamond$

Der Sobolevraum $H^{-s}(\mathbb{R}^n)$ kann also mit dem *Dualraum* von $H^s(\mathbb{R}^n)$ identifiziert werden.

42.7 Beispiele und Bemerkungen. a) Für eine Distribution $v \in \mathcal{E}'(\mathbb{R}^n)$ der Ordnung $\leq k \in \mathbb{N}_0$ gilt $v \in H^{-k-n}(\mathbb{R}^n)$. In der Tat hat man

$$\psi(x_1,\ldots,x_n) = \int_{-\infty}^{x_1}\cdots\int_{-\infty}^{x_n} \partial_1\cdots\partial_n\psi(y_1,\ldots,y_n)\,dy_n\cdots dy_1, \quad (14)$$

$$\| \psi \|_{\sup} \leq \| \partial_1\cdots\partial_n\psi \|_{L_1(\mathbb{R}^n)} \quad (15)$$

für $\psi \in \mathcal{S}(\mathbb{R}^n)$. Man wählt $\chi \in \mathcal{D}(\mathbb{R}^n)$ mit $\chi = 1$ nahe $\operatorname{supp} v$ und erhält

$$\begin{aligned}
|v(\psi)| &= |v(\chi\psi)| \le C \sum_{|\alpha| \le k} \| D^\alpha(\chi\psi) \|_{\sup} \\
&\le C \sum_{|\alpha| \le k} \| D^{\alpha+e}(\chi\psi) \|_{L_1} \le C^* \|\psi\|_{H^{k+n}}
\end{aligned}$$

aus (15), also $v \in H^{-k-n}(\mathbb{R}^n)$ aufgrund von Satz 42.6.

b) Aus a) und Satz 42.6 b) ergibt sich, daß *jede Distribution* $u \in \mathcal{D}'(\Omega)$ *lokal eine endliche Summe von Ableitungen* von L_2-Funktionen ist. Diese kann man gemäß (14) integrieren und erhält dann sogar *stetige* Funktionen. □

42.8 Satz. *a) Für* $s \in \mathbb{R}$ *und* $\xi, \eta \in \mathbb{R}^n$ *gilt die* Ungleichung von Peetre:

$$(1 + |\xi|^2)^s \le 2^{|s|}(1 + |\xi - \eta|^2)^{|s|}(1 + |\eta|^2)^s. \tag{16}$$

b) Für $\psi \in \mathcal{S}(\mathbb{R}^n)$ *und* $u \in H^s(\mathbb{R}^n)$ *gilt auch* $\psi u \in H^s(\mathbb{R}^n)$ *und*

$$\|\psi u\|_{H^s} \le C_s \|\lambda^{|s|}\widehat{\psi}\|_{L_1} \|u\|_{H^s}. \tag{17}$$

BEWEIS. a) folgt leicht aus der Abschätzung

$$\langle\xi\rangle^2 = \langle(\xi - \eta) + \eta\rangle^2 \le 1 + 2(|\xi - \eta|^2 + |\eta|^2) \le 2\langle\xi - \eta\rangle^2\langle\eta\rangle^2.$$

b) Da $\mathcal{S}(\mathbb{R}^n)$ in $H^s(\mathbb{R}^n)$ dicht ist, genügt es, (17) für $u \in \mathcal{S}(\mathbb{R}^n)$ zu beweisen. Nach Aufgabe 41.8 gilt $\mathcal{F}(\psi u) = (2\pi)^{-\frac{n}{2}}\widehat{\psi} * \widehat{u}$, also

$$\begin{aligned}
\langle\xi\rangle^s|\mathcal{F}(\psi u)(\xi)| &\le (2\pi)^{-\frac{n}{2}}\langle\xi\rangle^s \int_{\mathbb{R}^n} |\widehat{\psi}(\xi - \eta)||\widehat{u}(\eta)|\,d\eta \\
&\le 2^{\frac{|s|}{2}}(2\pi)^{-\frac{n}{2}} \int_{\mathbb{R}^n}\langle\xi - \eta\rangle^{|s|}|\widehat{\psi}(\xi - \eta)|\langle\eta\rangle^s|\widehat{u}(\eta)|\,d\eta \quad (18) \\
&= C_s(\lambda^{|s|}|\widehat{\psi}|) * (\lambda^s|\widehat{u}|)(\xi);
\end{aligned}$$

Theorem 10.6 liefert dann

$$\begin{aligned}
\|\psi u\|_{H^s} &= \|\lambda^s\mathcal{F}(\psi u)\|_{L_2} \le C_s \|\lambda^{|s|}\widehat{\psi}\|_{L_1}\|\lambda^s\widehat{u}\|_{L_2} \\
&= C_s\|\lambda^{|s|}\widehat{\psi}\|_{L_1}\|u\|_{H^s}. \qquad\qquad\qquad \diamond
\end{aligned}$$

42.9 Sobolevscher Einbettungssatz. *Für* $s > \ell + \frac{n}{2}$ *hat man die Inklusion* $H^s(\mathbb{R}^n) \subseteq C^\ell(\mathbb{R}^n)$. *Für* $u \in H^s(\mathbb{R}^n)$ *gilt* $\lim_{x \to \infty} D^\alpha u(x) = 0$ *für* $|\alpha| \le \ell$ *sowie die Abschätzung*

$$\sum_{|\alpha| \le \ell} \| D^\alpha u \|_{\sup} \le C_s \|u\|_{H^s}. \tag{19}$$

BEWEIS. Für $|\alpha| \leq \ell$ gilt

$$|\xi^\alpha \,\widehat{u}(\xi)| \;\leq\; \langle\xi\rangle^s \,|\widehat{u}(\xi)|\,\langle\xi\rangle^{\ell-s}\,.$$

Man hat $\lambda^s \widehat{u} \in L_2(\mathbb{R}^n)$ und wegen $2(\ell - s) < -n$ auch $\lambda^{\ell-s} \in L_2(\mathbb{R}^n)$, also $\xi^\alpha \,\widehat{u} \in L_1(\mathbb{R}^n)$. Nach Satz 5.14 ist

$$\mathcal{F}^{-1}\widehat{u}(x) \;=\; \int_{\mathbb{R}^n} \widehat{u}(\xi)\,e^{i\langle x,\xi\rangle}\,\mathit{d}^n\xi\,, \quad x \in \mathbb{R}^n\,,$$

eine $\mathcal{C}^\ell$-Funktion, die die Distribution $u \in H^s(\mathbb{R}^n)$ repräsentiert. Aus

$$D^\alpha u(x) \;=\; \int_{\mathbb{R}^n} \xi^\alpha \widehat{u}(\xi)\,e^{i\langle x,\xi\rangle}\,\mathit{d}^n\xi\,, \quad x \in \mathbb{R}^n\,,$$

folgen dann (19) und $\lim_{x\to\infty} D^\alpha u(x) = 0$ für $|\alpha| \leq \ell$ (vgl. Satz 41.8). $\diamond$

42.10 Definitionen und Folgerungen. a) Es seien $s \in \mathbb{R}$ und $\Omega \subseteq \mathbb{R}^n$ eine offene Menge. Auf dem *Sobolevraum*

$$H^s(\Omega) := \{\,f|_\Omega \mid f \in H^s(\mathbb{R}^n)\,\} \tag{20}$$

wird eine Norm definiert durch

$$\|u\|_{H^s(\Omega)} := \inf\{\|f\|_{H^s} \mid f \in H^s(\mathbb{R}^n) \text{ mit } f|_\Omega = u\}\,. \tag{21}$$

Der *Kern* $N(R_\Omega^s)$ der *Restriktionsabbildung* $R_\Omega^s : f \mapsto f|_\Omega$ in $H^s(\mathbb{R}^n)$ ist ein abgeschlossener Unterraum von $H^s(\mathbb{R}^n)$, und $R_\Omega^s : N(R_\Omega^s)^\perp \mapsto H^s(\Omega)$ ist *isometrisch*. Folglich ist $H^s(\Omega)$ ein *Hilbertraum*, und

$$E_\Omega^s := (R_\Omega^s|_{N(R_\Omega^s)^\perp})^{-1} : H^s(\Omega) \mapsto N(R_\Omega^s)^\perp \hookrightarrow H^s(\mathbb{R}^n) \tag{22}$$

ist ein *linearer isometrischer Fortsetzungsoperator*. Offenbar gilt $E_\Omega^s \varphi = \varphi_\Omega^0$ für $\varphi \in \mathcal{D}(\Omega)$.
b) Es gilt $H^s(\Omega) \subseteq \overline{C}^\ell(\Omega)$ für $s > \ell + \frac{n}{2}$ aufgrund des Sobolevschen Einbettungssatzes 42.9. Existiert ein stetiger linearer Fortsetzungsoperator $F_\Omega^s : W^s(\Omega) \mapsto W^s(\mathbb{R}^n)$ (vgl. die Bemerkungen 42.3 d) und 42.5 e)), so gilt $W^s(\Omega) \cong H^s(\Omega)$, und man hat auch $W^s(\Omega) \subseteq \overline{C}^\ell(\Omega)$ für $s > \ell + \frac{n}{2}$.
b) Man definiert die *lokalen Sobolevräume*

$$H^{s,\mathrm{loc}}(\Omega) := \{u \in \mathcal{D}'(\Omega) \mid \varphi u \in H^s(\mathbb{R}^n) \text{ für alle } \varphi \in \mathcal{D}(\Omega)\}\,. \tag{23}$$

Nach Satz 42.9 gilt $H^{s,\mathrm{loc}}(\Omega) \subseteq C^\ell(\Omega)$ für $s > \ell + \frac{n}{2}$. Offenbar hat man $\mathcal{W}^s(\Omega) \subseteq H^{s,\mathrm{loc}}(\Omega)$ für $s \in \mathbb{N}_0$, und dies gilt auch für alle $s > 0$ (vgl. [42], Lemma 3.2). $\Box$

Nun werden *Regularitätsaussagen* für *elliptische Differentialgleichungen* im Rahmen von Sobolevräumen gezeigt:

42.11 Definition. *Ein Differentialoperator* $P(D) = \sum\limits_{|\alpha| \leq m} a_\alpha\, D^\alpha$ *der Ordnung* $m \geq 1$ *heißt elliptisch, falls* $P_m(\xi) := \sum\limits_{|\alpha| = m} a_\alpha\, \xi^\alpha \neq 0$ *für alle Vektoren* $\xi \in \mathbb{R}^n \backslash \{0\}$ *gilt.*

Beispiele elliptischer Differentialoperatoren sind etwa $\partial_{\bar{z}}$ oder Δ. Im Fall $m = 2$ und $n = 2$ sind die *Niveaulinien* $\{\xi \in \mathbb{R}^2 \mid P(\xi) = c\}$ (leer, einpunktig oder) *Ellipsen;* dies erklärt den Namen „*elliptisch*" für Operatoren mit der in Definition 42.11 angegebenen Eigenschaft.

42.12 Lemma. *Für einen elliptischen Operator* $P(D)$ *der Ordnung* m *gilt:*

$$\exists\, R > 0,\, c > 0 \,\forall\, \xi \in \mathbb{R}^n \;:\; |\xi| \geq R \Rightarrow |P(\xi)| \geq c\,|\xi|^m. \qquad (24)$$

BEWEIS. Es gibt $\gamma > 0$ mit $|P_m(\xi)| \geq \gamma$ für $|\xi| = 1$, und daraus folgt

$$|P_m(\xi)| \geq \gamma\,|\xi|^m \quad \text{für alle} \quad \xi \in \mathbb{R}^n, \quad \text{also}$$
$$|P(\xi)| \geq |P_m(\xi)| - \sum_{|\alpha| < m} |a_\alpha\, \xi^\alpha| \geq \gamma\,|\xi|^m - \beta\,(1 + |\xi|)^{m-1} \geq \tfrac{\gamma}{2}\,|\xi|^m$$

für große $|\xi|$. $\diamond$

42.13 Satz. *Es sei* $P(D)$ *ein elliptischer Operator der Ordnung* m.
a) *Gilt* $P(D)u \in H^s(\mathbb{R}^n)$ *für eine temperierte Distribution* $u \in \mathcal{S}'(\mathbb{R}^n)$ *mit* $\hat{u} \in L_2^{\mathrm{loc}}(\mathbb{R}^n)$, *so folgt* $u \in H^{s+m}(\mathbb{R}^n)$.
b) *Es sei* $\Omega \subseteq \mathbb{R}^n$ *eine offene Menge. Für eine Distribution* $u \in \mathcal{D}'(\Omega)$ *folgt aus* $P(D)u \in H^{s,\mathrm{loc}}(\Omega)$ *dann* $u \in H^{s+m,\mathrm{loc}}(\Omega)$.
c) *Für* $u \in \mathcal{D}'(\Omega)$ *folgt aus* $P(D)u \in \mathcal{C}^\infty(\Omega)$ *auch* $u \in \mathcal{C}^\infty(\Omega)$; *der Operator* $P(D)$ *ist also hypoelliptisch.*

BEWEIS. a) Nach (24) gilt $\langle \xi \rangle^{s+m}\,|\hat{u}(\xi)| \leq C\,\langle \xi \rangle^s\,|P(\xi)\,\hat{u}(\xi)|$ für $|\xi| \geq R$, also $\lambda^{s+m}\,\hat{u} \in L_2(\mathbb{R}^n)$.
b) Für $\varphi \in \mathcal{D}(\Omega)$ wählt man $\varphi_1 \in \mathcal{D}(\Omega)$ mit $\varphi_1 = 1$ nahe $\mathrm{supp}\,\varphi$ und $\psi \in \mathcal{D}(\Omega)$ mit $\psi = 1$ nahe $\mathrm{supp}\,\varphi_1$. Nach Beispiel 42.7 a) gilt $\psi u \in H^t(\mathbb{R}^n)$ für ein geeignetes $t \in \mathbb{R}$, und dann gilt auch $\varphi u, \varphi_1 u \in H^t(\mathbb{R}^n)$ nach Satz 42.13. Die *Leibniz-Regel* (39.29) liefert

$$P(D)(\varphi_1 u) = \varphi_1\,P(D)u + w, \quad w = \sum_{0 < |\alpha| \leq m} \tfrac{1}{\alpha!}\,(D^\alpha \varphi_1)\,P^{(\alpha)}(D)(\psi u).$$

Wegen $\deg P^{(\alpha)}(D) \leq m - 1$ für $\alpha \neq 0$ hat man $w \in H^{t-m+1}(\mathbb{R}^n)$ nach Satz 42.8 b). Ist $s \geq t - m + 1$, so ist wegen $\varphi_1\,P(D)u \in H^s(\mathbb{R}^n)$ auch $P(D)(\varphi_1 u) \in H^{t-m+1}(\mathbb{R}^n)$, und a) liefert $\varphi_1 u \in H^{t+1}(\mathbb{R}^n)$.
Die Iteration dieses Arguments liefert dann $\varphi u \in H^{t+k}(\mathbb{R}^n)$ für $k = [s - t + m]$, und der nächste Schritt liefert $P(D)(\varphi u) \in H^s(\mathbb{R}^n)$ und $\varphi u \in H^{s+m}(\mathbb{R}^n)$.

c) Nach Folgerung 42.10 gilt $\mathcal{C}^\infty(\Omega) = \bigcap_{s \in \mathbb{R}} H^{s,\mathrm{loc}}(\Omega)$, und daher folgt c) sofort aus b). ◇

Die Bezeichnung *„hypoelliptisch"* für Operatoren mit der in Definition 39.15 formulierten Eigenschaft ist also dadurch zu erklären, daß diese eine Abschwächung der Eigenschaft *„elliptisch"* ist. Für elliptische Operatoren sind alle Lösungen von $P(D)u = 0$ sogar *reell-analytisch*, was für den Wärmeleitungsoperator nicht der Fall ist (vgl. dazu etwa [18], Band 2, 11.4).

42.14 Satz. *Es seien $P(D)$ ein elliptischer Operator der Ordnung m mit Fundamentallösung $E \in \mathcal{D}'(\mathbb{R}^n)$, $\Omega \subseteq \mathbb{R}^n$ eine beschränkte offene Menge und $s \in \mathbb{R}$. Dann ist $P(D) : H^{s+m}(\Omega) \mapsto H^s(\Omega)$ surjektiv.*

BEWEIS. Zu $u \in H^s(\Omega)$ gibt es $f \in H^s(\mathbb{R}^n)$ mit $f|_\Omega = u$. Wegen der Beschränktheit von Ω gibt es $\chi \in \mathcal{D}(\mathbb{R}^n)$ mit $\chi = 1$ nahe $\overline{\Omega}$, und nach Multiplikation mit χ kann man wegen Satz 42.9 b) $f \in \mathcal{E}'(\mathbb{R}^n)$ annehmen. Für $g := E * f \in \mathcal{D}'(\mathbb{R}^n)$ gilt dann $P(D)g = f$ nach Satz 40.13, und Satz 42.13 b) liefert $g \in H^{s+m,\mathrm{loc}}(\mathbb{R}^n)$. Für $v := g|_\Omega$ gilt dann $v \in H^{s+m}(\Omega)$ und $P(D)v = u$. ◇

Nach dem *Satz von Malgrange-Ehrenpreis* besitzt *jeder* Differentialoperator $P(D)$ mit konstanten Koeffizienten eine Fundamentallösung (vgl. Bemerkung 40.14); Satz 42.14 gilt also für *alle* elliptischen Differentialoperatoren.

Für $\psi \in \mathcal{S}(\mathbb{R}^n)$ sind nach Satz 42.8 b) die *Multiplikationsoperatoren*

$$M_\psi : H^s(\mathbb{R}^n) \mapsto H^s(\mathbb{R}^n), \quad M_\psi(u) := \psi u, \tag{25}$$

stetig für alle $s \in \mathbb{R}$. Darüberhinaus gilt:

42.15 Theorem. *Für eine schnell fallende Funktion $\psi \in \mathcal{S}(\mathbb{R}^n)$ ist der Multiplikationsoperator $M_\psi : H^s(\mathbb{R}^n) \mapsto H^t(\mathbb{R}^n)$ kompakt für $s > t$ und ein Hilbert-Schmidt-Operator für $s > t + \frac{n}{2}$.*

BEWEIS. a) Es seien $s > t$ und $(u_k) \subseteq H^s(\mathbb{R}^n)$ eine Folge mit $\| u_k \|_{H^s} \leq 1$. Man wählt eine Folge $(f_k) \subseteq \mathcal{S}(\mathbb{R}^n)$ mit $\| u_k - f_k \|_{H^s} \to 0$; dann gilt auch $\| M_\psi u_k - M_\psi f_k \|_{H^t} \to 0$, und es genügt, eine in $H^t(\mathbb{R}^n)$ konvergente Teilfolge der Folge $(g_k := M_\psi f_k)$ zu konstruieren.

b) Man hat $\widehat{g_k} = (2\pi)^{-\frac{n}{2}} \widehat{\psi} * \widehat{f_k}$ und somit $D^\alpha \widehat{g_k} = (2\pi)^{-\frac{n}{2}} D^\alpha \widehat{\psi} * \widehat{f_k}$ für $\alpha \in \mathbb{N}_0^n$; aus (18) ergibt sich daher

$$\langle \xi \rangle^s \, | D^\alpha \widehat{g_k}(\xi) | \leq C(\alpha, \psi) \| f_k \|_{H^s} \leq 2C(\alpha, \psi) \quad \text{für} \quad k \in \mathbb{N}. \tag{26}$$

Insbesondere ist die Folge $(\widehat{g}_k)$ in dem Fréchetraum $\mathcal{E}(\mathbb{R}^n)$ beschränkt und besitzt nach dem Satz von Arzelà-Ascoli eine in diesem konvergente Teilfolge (vgl. Bemerkung 22.22), die wieder mit $(\widehat{g}_k)$ bezeichnet wird.

c) Zu $\varepsilon > 0$ wählt man $R > 0$ mit $\langle \xi \rangle^{(t-s)} \leq \varepsilon$ für $|\xi| \geq R$ und erhält

$$
\begin{aligned}
\| g_j - g_k \|_{H^t}^2 &= \int_{\mathbb{R}^n} \langle \xi \rangle^{2t} \, | \widehat{g}_j(\xi) - \widehat{g}_k(\xi) |^2 \, d\xi \\
&\leq \sup_{|\xi| \leq R} | \widehat{g}_j(\xi) - \widehat{g}_k(\xi) |^2 \int_{|\xi| \leq R} \langle \xi \rangle^{2t} \, d\xi \\
&\quad + \varepsilon^2 \int_{|\xi| \geq R} \langle \xi \rangle^{2s} | \widehat{g}_j(\xi) - \widehat{g}_k(\xi) |^2 \, d\xi \\
&\leq C_R^2 \sup_{|\xi| \leq R} | \widehat{g}_j(\xi) - \widehat{g}_k(\xi) |^2 + \varepsilon^2 \| g_j - g_k \|_{H^s}^2 \\
&\leq (C_R^2 + C_\psi^2) \, \varepsilon^2
\end{aligned}
$$

für $j, k \geq k_0$ aus (17); somit ist $(g_k = M_\psi f_k)$ in $H^t(\mathbb{R}^n)$ konvergent.

d) Es sei nun $s > t + \frac{n}{2}$. Nach Aufgabe 37.8 b) genügt es, die Hilbert-Schmidt-Eigenschaft des Operators

$$
T := \mathcal{F} \Lambda^t M_\psi \Lambda^{-s} \mathcal{F} = M_{\lambda^t} \mathcal{F} M_\psi \mathcal{F}^{-1} M_{\lambda^{-s}} \in L(L_2(\mathbb{R}^n))
$$

zu beweisen. Für $f \in L_2(\mathbb{R}^n)$ hat man

$$
Tf = \lambda^t \mathcal{F}(\psi \cdot \mathcal{F}^{-1}(\lambda^{-s} f)) = (2\pi)^{-\frac{n}{2}} \lambda^t (\widehat{\psi} * (\lambda^{-s} f)), \quad \text{also}
$$

$$
(2\pi)^{\frac{n}{2}} Tf(x) = \langle x \rangle^t \int_{\mathbb{R}^n} \widehat{\psi}(x-y) \langle y \rangle^{-s} f(y) \, dy = \int_{\mathbb{R}^n} k(x,y) f(y) \, dy \quad \text{mit}
$$

$$
\begin{aligned}
k(x,y) &= \int_{\mathbb{R}^n} \langle x \rangle^t \langle y \rangle^{-s} e^{-i\langle x-y, z\rangle} \psi(z) \, dz \\
&= \int_{\mathbb{R}^n} \langle x \rangle^t \langle y \rangle^{-s} \langle y-x \rangle^{-2r} e^{i\langle y-x, z\rangle} (1-\Delta)^r \psi(z) \, dz
\end{aligned}
$$

aufgrund partieller Integration für alle $r \in \mathbb{N}$. Mit (16) folgt

$$
| k(x,y) | \leq C(r, \psi) \langle y-x \rangle^{|s|-2r} \langle x \rangle^{t-s},
$$

und für genügend große r ergibt sich $k \in L_2(\mathbb{R}^{2n})$ wegen $t - s < -\frac{n}{2}$. $\Diamond$

Für *Sobolev-Einbettungen* ergibt sich nun sofort:

42.16 Folgerung. *Es sei $\Omega \subseteq \mathbb{R}^n$ eine beschränkte offene Menge. Die Einbettung $i : H^s(\Omega) \mapsto H^t(\Omega)$ ist kompakt für $s > t$ und ein Hilbert-Schmidt-Operator für $s > t + \frac{n}{2}$.*

BEWEIS. Es sei $\chi \in \mathcal{D}(\mathbb{R}^n)$ mit $\chi = 1$ nahe $\overline{\Omega}$. Mit dem Restriktions-operator $R_\Omega^t : H^t(\mathbb{R}^n) \mapsto H^t(\Omega)$ und dem stetigen Fortsetzungsoperator $E_\Omega^s : H^s(\Omega) \mapsto H^s(\mathbb{R}^n)$ (vgl. die Folgerungen 42.10) gilt $i = R_\Omega^t M_\chi E_\Omega^s$, und die Behauptung folgt aus Theorem 42.15, Bemerkung 37.9 b) und Aufgabe 37.8. $\Diamond$

Es sei nun $\Omega \in \mathfrak{G}^\infty(\mathbb{R}^n)$ eine beschränkte offene Menge mit C^∞-glattem Rand im $\mathbb{R}^n$ (vgl. Definition 20.1). Für $\ell \in \mathbb{N}_0$ und $f \in \overline{C}^\ell(\Omega)$ ist $f|_{\partial\Omega}$ eine C^ℓ-Funktion auf $\partial\Omega$; für $f \in L_2(\Omega)$ dagegen ist diese Einschränkung gar nicht definiert, da ja $\partial\Omega$ eine n-dimensionale Lebesgue-Nullmenge ist. In Satz 42.19 wird jedoch für Funktionen aus $W^1(\Omega)$ die Einschränkung auf den Rand $\partial\Omega$ (wohl)definiert.

42.17 Lemma. *Es seien $U, D \subseteq \mathbb{R}^n$ offen, $\Psi : U \mapsto D$ ein C^∞-Diffeomorphismus und $\Omega_1 \subseteq U$ offen, so daß $\overline{\Omega_1}$ eine kompakte Teilmenge von U ist. Mit $\Omega_2 := \Psi(\Omega_1) \subseteq D$ ist dann $\Psi^* : W^1(\Omega_2) \mapsto W^1(\Omega_1)$ ein Isomorphismus.*

BEWEIS. Für $\varphi \in \overline{C}^\infty(\Omega_2)$ liefern Kettenregel und Transformationsformel leicht $\|\varphi \circ \Psi\|_{W^1(\Omega_1)} \leq C \|\varphi\|_{W^1(\Omega_2)}$. Somit ist $\Psi^* : W^1(\Omega_2) \mapsto W^1(\Omega_1)$ stetig, und dies gilt auch für $(\Psi^{-1})^* : W^1(\Omega_1) \mapsto W^1(\Omega_2)$.   ◇

42.18 Lemma. *Es sei (vgl. Abb. 42c)*
$K^+ := \{x \in \mathbb{R}^n \mid |x| < 1, x_n > 0\}$
eine offene Halbkugel mit „Basis"
$B := \{x \in \mathbb{R}^n \mid |x| < 1, x_n = 0\}$.
Zu $0 < \delta < 1$ gibt es dann $C > 0$ mit

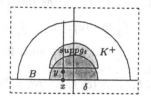

$$\| f|_B \|_{L_2(B)} \leq C \| f \|_{W^1(K^+)} \qquad (27)$$

für alle $f \in \overline{C}^1(K^+)$ mit $f(x) = 0$ für $|x| > \delta$.

Abb. 42c

BEWEIS. Man kann annehmen, daß f reellwertig ist. Zu $x = (x', 0) \in B$ gibt es $y = (x', t) \in K^+$ mit $\int_0^1 f(x', s)\, ds = f(y)$. Aus dem Hauptsatz $f(y) - f(x) = \int_0^t \partial_n f(x', s)\, ds$ folgt dann

$$
\begin{aligned}
|f(x)|^2 &= |\textstyle\int_0^1 f(x', s)\, ds - \int_0^t \partial_n f(x', s)\, ds|^2 \\
&\leq 2 (\textstyle\int_0^1 |f(x', s)|\, ds)^2 + 2 (\int_0^1 |\partial_n f(x', s)|\, ds)^2 \\
&\leq 2 \textstyle\int_0^1 |f(x', s)|^2\, ds + 2 \int_0^1 |\partial_n f(x', s)|^2\, ds,
\end{aligned}
$$

und Integration über B liefert (27).   ◇

42.19 Satz. *Es sei $\Omega \in \mathfrak{G}^\infty(\mathbb{R}^n)$ eine beschränkte offene Mengen mit C^∞-glattem Rand im $\mathbb{R}^n$. Dann gibt es genau einen stetigen linearen Spuroperator $R_{\partial\Omega} : W^1(\Omega) \mapsto L_2(\partial\Omega)$ mit $R_{\partial\Omega} f = f|_{\partial\Omega}$ für $f \in \overline{C}^1(\Omega)$.*

BEWEIS. Es genügt, eine Abschätzung

$$\| f|_{\partial\Omega} \|_{L_2(\partial\Omega)} \leq C \| f \|_{W^1(\Omega)} \quad \text{für} \quad f \in \overline{C}^1(\Omega) \qquad (28)$$

zu beweisen. Es gibt offene Mengen $U_1, \ldots, U_r$ in $\mathbb{R}^n$ mit $\partial\Omega \subseteq \bigcup_{j=1}^{r} U_j$ und C^∞-Diffeomorphismen $\Psi_j : K_1(0) \mapsto U_j$ mit

$$\Psi_j(K^+) = G \cap U_j, \quad \Psi_j(B) = \partial G \cap U_j \tag{29}$$

(vgl. Aufgabe 20.1 b)). Mit einer $U_1, \ldots, U_r$ untergeordneten C^∞-Zerlegung der Eins $\{\alpha_j\}$, $\psi_j := \Psi_j|_B$ und $g := f|_{\partial\Omega}$ folgt dann mittels Definition 19.5 und der beiden Lemmata

$$\begin{aligned}
\|g\|_{L_2(\partial\Omega)} &\leq \sum_j \|\alpha_j g\|_{L_2(\partial\Omega)} = \sum_j \left(\int_B |\psi_j^*(\alpha_j g)|^2 \sqrt{g\psi_j}\, du\right)^{\frac{1}{2}} \\
&\leq C_1 \sum_j \|\Psi_j^*(\alpha_j f)\|_{W^1(K^+)} \leq C_2 \sum_j \|\alpha_j f\|_{W^1(\Omega)} \\
&\leq C_3 \|f\|_{W^1(\Omega)}. \quad\quad\quad\quad\quad\quad\quad\quad\quad\quad\quad \diamond
\end{aligned}$$

42.20 Bemerkung. Durch Approximation mittels $\overline{C}^1$-Funktionen sieht man, daß der *Gaußsche Integralsatz*

$$\int_\Omega \operatorname{div} v(x)\, d^n x = \int_{\partial\Omega} \langle v, \mathfrak{n} \rangle(x)\, d\sigma_{n-1}(x) \tag{30}$$

mit $v_j|_{\partial\Omega} := R_{\partial\Omega} v_j$ auch für $\Omega \in \mathfrak{G}^\infty(\mathbb{R}^n)$ und $v \in W^1(\Omega, \mathbb{R}^n)$ gilt. Insbesondere hat man für $f \in W^1(\Omega)$ und $\varphi \in \overline{C}^1(\Omega)$ aufgrund von $\operatorname{div}(f\varphi e_k) = (\partial_k f)\varphi + f\partial_k \varphi$ die *Greensche Integralformel*

$$\int_\Omega (\partial_k f)\, \varphi\, d^n x = \int_{\partial\Omega} f\, \varphi\, \mathfrak{n}_k\, d\sigma_{n-1} - \int_\Omega f\, \partial_k \varphi\, d^n x. \qquad \square \tag{31}$$

42.21 Satz. *Es gilt* $W_0^1(\Omega) = N(R_{\partial\Omega}) = \{f \in W^1(\Omega) \mid R_{\partial\Omega} f = f|_{\partial\Omega} = 0\}$ *für beschränkte offene Mengen* $\Omega \in \mathfrak{G}^\infty(\mathbb{R}^n)$ *mit* C^∞-*glattem Rand.*

BEWEIS. a) Wegen $\mathcal{D}(\Omega) \subseteq N(R_{\partial\Omega})$ ist „$\subseteq$" klar.

b) Die Aussage „$\supseteq$" wird zunächst wie im Beweis von Satz 42.19 auf die Situation von Lemma 42.18 zurückgeführt. Es seien also $0 < \delta < 1$ und $f \in W^1(K^+)$ mit $f(x) = 0$ für $|x| > \delta$ und $R_{\partial K^+} f = 0$, also $f|_B = 0$ (vgl. Abb. 42c). Die trivialen Fortsetzungen $f_{K^+}^0$ und $(\partial_k f)_{K^+}^0$ liegen in $L_2(\mathbb{R}^n)$, und für $\varphi \in \mathcal{D}(\mathbb{R}^n)$ gilt nach (31) wegen $R_{\partial K^+} f = 0$

$$\int_{\mathbb{R}^n} (\partial_k f)_{K^+}^0\, \varphi\, dx = \int_{K^+} (\partial_k f)\, \varphi\, dx = -\int_{K^+} f\, \partial_k \varphi\, dx = -\int_{\mathbb{R}^n} f_{K^+}^0\, \partial_k \varphi\, dx.$$

Somit ist $\partial_k(f_{K^+}^0) = (\partial_k f)_{K^+}^0$, und man hat $f_{K^+}^0 \in W^1(\mathbb{R}^n)$.

c) Nun gilt $g_t := \tau_{te_n} f_{K^+}^0 \to f_{K^+}^0$ in $W^1(\mathbb{R}^n)$ für $t \to 0^+$ (vgl. Aufgabe 42.4). Für kleine $t > 0$ ist $\operatorname{supp} g_t$ eine kompakte Teilmenge von K^+ (vgl. Abb. 42c), und für kleine $\varepsilon > 0$ hat man daher $\rho_\varepsilon * g_t \in \mathcal{D}(K^+)$ mit der Dirac-Familie (ρ_ε) aus Beispiel 10.10. Wegen $\rho_\varepsilon * g_t \to g_t$ in $W^1(\mathbb{R}^n)$ für $\varepsilon \to 0^+$ (vgl. Aufgabe 42.4) folgt dann $g_t \in W_0^1(K^+)$ und somit auch $f \in W_0^1(K^+)$. $\diamond$

42.22 Bemerkungen. Die $H^{s,\mathrm{loc}}$-Räume sind für alle $s \in \mathbb{R}$ *unter Diffeomorphismen invariant*, und daher können H^s-Räume auch auf *kompakten Mannigfaltigkeiten definiert* werden. Für $s > \frac{1}{2}$ und $\Omega \in \mathfrak{G}^\infty(\mathbb{R}^n)$ hat man dann *Spuroperatoren* $R_{\partial\Omega}^s : H^s(\Omega) \mapsto H^{s-\frac{1}{2}}(\partial\Omega)$ mit $R_{\partial\Omega}^s f = f|_{\partial\Omega}$ für $f \in \overline{C}^\infty(\Omega)$, und diese sind *surjektiv*. Beweise dieser Aussagen findet man etwa in [37], section 25–26 oder [42], § 4 und § 8. $\qquad\square$

Aufgaben

42.1 Für welche $k \in \mathbb{N}_0$ hat man $\frac{x}{1+x^2} \in W^k(\mathbb{R})$? Gilt $\frac{x}{1+x^2} \in \mathcal{L}_1(\mathbb{R})$?

42.2 Für welche $s \in \mathbb{R}$ gilt $\delta \in H^s(\mathbb{R}^n)$?

42.3 a) Man beweise, daß die Räume $\mathcal{W}^k(\Omega)$ und $H^s(\mathbb{R}^n)$ in der Tat Hilberträume sind.
b) Man zeige $\mathcal{S}(\mathbb{R}^n) = \Lambda^{-s}\mathcal{S}(\mathbb{R}^n)$ für alle $s \in \mathbb{R}$.

42.4 Es seien $k \in \mathbb{N}_0$ und $f \in W^k(\mathbb{R}^n)$. Man zeige $\tau_h f \to f$ und $\rho_\varepsilon * f \to f$ in $W^k(\mathbb{R}^n)$ für $h \to 0$ und $\varepsilon \to 0^+$.

42.5 Man formuliere und beweise die Aussagen von Aufgabe 42.4 auch für $f \in H^s(\mathbb{R}^n), s \in \mathbb{R}$.

42.6 Es seien $s < t < r \in \mathbb{R}$ und $a := \frac{r-t}{r-s}$, $b := \frac{t-s}{r-s}$. Für $u \in H^r(\mathbb{R}^n)$ zeige man $\| u \|_t \leq \| u \|_s^a \| u \|_r^b$.

42.7 Es seien $\Omega \subseteq \mathbb{R}^n$ offen und $k \in \mathbb{N}_0$. Zu $u \in W_0^k(\Omega)'$ konstruiere man Funktionen $f_\alpha \in L_2(\Omega)$ mit

$$u = \sum_{|\alpha| \leq k} D^\alpha f_\alpha \in H^{-k}(\Omega) \quad \text{und} \quad \| u \|_{W_0^k(\Omega)'}^2 = \sum_{|\alpha| \leq k} \| f_\alpha \|_{L_2(\Omega)}^2.$$

42.8 Für einen elliptischen Operator $P(D)$ konstruiere man eine *Parametrix* $E \in \mathcal{S}'(\mathbb{R}^n)$ mit $E|_{\mathbb{R}^n \setminus \{0\}} \in C^\infty(\mathbb{R}^n \setminus \{0\})$ und $P(D)E - \delta \in \mathcal{S}(\mathbb{R}^n)$ (vgl. Aufgabe 40.9).

42.9 Ist die Einbettung $i : W^1(\mathbb{R}) \mapsto L_2(\mathbb{R})$ kompakt?

42.10 Man beweise Lemma 42.17 für alle W^k-Räume.

42.11 Für $\psi \in \mathcal{S}(\mathbb{R}^n)$ sei $R\psi(x') := \psi(x', 0)$, $x' \in \mathbb{R}^{n-1}$. Man zeige die Abschätzung $\| R\psi \|_{H^{s-\frac{1}{2}}(\mathbb{R}^{n-1})} \leq C_s \| \psi \|_{H^s(\mathbb{R}^n)}$ für $s \in \mathbb{R}$.

43   Dirichlet-Probleme

Die Entwicklung der Analysis in den letzten eineinhalb Jahrhunderten wurde durch Untersuchungen zum *Dirichlet-Problem* stark beeinflußt. In diesem letzten Abschnitt des Buches soll ein erster (unvollständiger) Eindruck von dabei entwickelten Methoden und Resultaten gegeben werden. Dabei muß für vieles auf die Literatur verwiesen werden; dies gilt auch für Verallgemeinerungen auf elliptische Operatoren (auch mit variablen Koeffizienten).

43.1 Das Dirichletsche Prinzip. a) Ausgehend von physikalischen Überlegungen wurde seit ca. 1840 ein von B. Riemann nach *P.G.L.-Dirichlet* benanntes *Variationsprinzip* zur Lösung des *Dirichlet-Problems* 25.11 verwendet. Für $\mathcal{C}^1$-Funktionen auf einem beschränkten Gebiet $\Omega \subseteq \mathbb{R}^n$ definiert man die *Dirichlet-Form*

$$D(u,v) := \sum_{j=1}^{n} \int_{\Omega} \partial_j u(x)\, \overline{\partial_j v(x)}\, d^n x \tag{1}$$

und sucht unter allen Funktionen $u \in \mathcal{C}(\overline{\Omega}) \cap \mathcal{C}^2(\Omega)$ mit vorgegebenen Randwerten $u|_{\partial\Omega} = g \in \mathcal{C}(\partial\Omega)$ eine solche mit *minimalem Dirichlet-Integral* $D(u) := D(u,u)$. Für Testfunktionen $\varphi \in \mathcal{D}(\Omega)$ gilt dann

$$D(u + t\varphi) = D(u) + 2\,\mathrm{Re}\,\bar{t}\,D(u,\varphi) + |t|^2\,D(\varphi) \geq D(u)$$

für alle $t \in \mathbb{C}$, also $D(u,\varphi) = 0$. Partielle Integration liefert dann

$$\int_{\Omega} \Delta u(x)\,\varphi(x)\, d^n x = -D(u,\bar\varphi) = 0$$

für alle $\varphi \in \mathcal{D}(\Omega)$ und somit $\Delta u = 0$ in Ω (vgl. (20.24) und Satz 10.16).
b) Im Jahre 1869 wies K. Weierstraß darauf hin, daß trotz $D(u) \geq 0$ für alle u die Existenz einer Funktion u mit minimalem Dirichlet-Integral nicht gesichert ist; in der Tat gibt es bereits im Fall der Kreisscheibe $K = K_1(0)$ in $\mathbb{R}^2$ Randfunktionen $g \in \mathcal{C}(\partial K)$, für die die Lösung des Dirichlet-Problems (gemäß Theorem 25.16) *kein endliches Dirichlet-Integral* besitzt (vgl. Aufgabe 43.1). Erst ab 1900 wurde das Dirichletsche Prinzip von D. Hilbert, R. Courant und anderen zu einer wirksamen Methode in der Variationsrechnung und der Theorie der Randwertprobleme ausgebaut; auf Variationsprinzipien beruht auch die Methode der *Finiten Elemente* zur *numerischen Berechnung* von Näherungslösungen. Im Rahmen der Theorie der Sobolev-Räume argumentiert man so:
c) Für $g \in \mathcal{C}(\partial\Omega)$ wird die Existenz einer Fortsetzung $G \in W^1(\Omega)$ vorausgesetzt. Hat etwa Ω glatten Rand, so existiert für $g \in \mathcal{C}^1(\partial\Omega)$ sogar eine Fortsetzung $G \in \mathcal{C}^1(\mathbb{R}^n)$ (vgl. Aufgabe 28.9), und nach Bemerkung 42.22 ist die Existenz einer solchen in $W^1(\Omega)$ zu $g \in H^{\frac{1}{2}}(\partial\Omega)$ äquivalent.

Das Infimum $m := \inf \{D(G + h) \mid h \in W_0^1(\Omega)\}$ des Dirichlet-Integrals auf dem affinen Unterraum $G + W_0^1(\Omega)$ von $W^1(\Omega)$ wird dann dort angenommen: Für eine Folge (h_k) in $W_0^1(\Omega)$ mit $D(G + h_k) \to m$ ergibt sich

$$D(h_j - h_k) = D((G + h_j) - (G + h_k)) \to 0$$

für $j, k \to \infty$ wie im Beweisteil a) von Satz 32.13, da D ein *Halbskalar-produkt* auf $W^1(\Omega)$ ist. Nach dem folgenden *Lemma von Friedrichs* ist aber $D^{\frac{1}{2}}$ auf $W_0^1(\Omega)$ sogar eine zu $\| \ \|_{W^1}$ *äquivalente Norm*, und wegen der Vollständigkeit dieses Raumes existiert $h := \lim_{k \to \infty} h_k$ in $W_0^1(\Omega)$. Folglich minimiert $u := G + h \in W^1(\Omega)$ das Dirichlet-Integral, und wie in a) folgt $\Delta u(\varphi) = -D(u, \bar{\varphi}) = 0$ für alle $\varphi \in \mathcal{D}(\Omega)$, also $\Delta u = 0$ im Distributionssinn.

Nach Folgerung 40.17 oder Satz 42.13 ist u eine harmonische C^∞-Funktion in Ω, und wegen $h \in W_0^1(\Omega)$ hat u „in einem schwachen Sinn" die gleichen Randwerte wie G. Hat $\Omega \in \mathfrak{G}^\infty(\mathbb{R}^n)$ glatten Rand, so impliziert $g \in H^{m-\frac{1}{2}}(\partial\Omega)$ bereits $u \in H^m(\Omega)$, insbesondere also $g \in C^\infty(\partial\Omega)$ stets $u \in \bar{C}^\infty(\Omega)$. Einen Beweis dieser *„Regularität bis zum Rand"* findet man etwa in [37], section 27, oder [15], section 8.4.   □

43.2 Lemma (Friedrichs). *Es seien Ω eine beschränkte offene Menge in $\mathbb{R}^n$ und $d := \sup \{|x - y| \mid x, y \in \Omega\}$ der Durchmesser von Ω. Für $j = 1, \ldots, n$ und $u \in W_0^1(\Omega)$ gilt dann*

$$\| u \|_{L_2(\Omega)} \leq \tfrac{d}{\sqrt{2}} \| \partial_j u \|_{L_2(\Omega)}, \tag{2}$$

$$\| u \|_{L_2(\Omega)} \leq \tfrac{d}{\sqrt{2n}} D(u). \tag{3}$$

BEWEIS. Es genügt, die Abschätzung (2) für $\varphi \in \mathcal{D}(\Omega)$ zu zeigen. Für $j = n$ und $a_n := \inf \{t \in \mathbb{R} \mid u(x', t) \neq 0\}$ hat man $\varphi(x', x_n) = 0$ für $x_n < a_n$ und $x_n > a_n + d$; für $a_n \leq x_n \leq a_n + d$ gilt

$$\varphi(x', x_n) = \int_{a_n}^{x_n} \partial_n \varphi(x', t) \, dt, \quad \text{also}$$

$$|\varphi(x', x_n)|^2 \leq (x_n - a_n) \int_{a_n}^{a_n+d} | \partial_n \varphi(x', t) |^2 \, dt;$$

Integration über x_n und dann über x' liefert daher

$$\int_{a_n}^{a_n+d} | \varphi(x', x_n) |^2 \, dx_n \leq \tfrac{d^2}{2} \int_{a_n}^{a_n+d} | \partial_n \varphi(x', t) |^2 \, dt,$$

$$\int_\Omega | \varphi(x) |^2 \, dx \leq \tfrac{d^2}{2} \int_\Omega | \partial_n \varphi(x) |^2 \, dx. \qquad \diamond$$

43.3 Bemerkungen. a) Das Dirichletsche Prinzip liefert *klassische* Lösungen des Dirichlet-Problems 25.11 nur für *glatte Ränder* und *genügend glatte Randfunktionen*. Zwei andere Lösungsmethoden seien kurz erwähnt:

b) Es sei $\Omega \in \mathfrak{G}^2(\mathbb{R}^n)$ ein Gebiet, so daß auch $\mathbb{R}^n \backslash \Omega$ zusammenhängend ist. Dann kann das Problem *für alle* $g \in C(\partial\Omega)$ auf eine *Integralgleichung* im Banachraum $C(\partial\Omega)$ zurückgeführt und mittels der *Fredholm-Alternative* (vgl. die Bemerkungen 37.18) gelöst werden; dazu sei etwa auf [27], IV 6, oder [38], § 16, verwiesen.

c) Mittels *subharmonischer Funktionen* lassen sich *verallgemeinerte* Lösungen des Dirichlet-Problems für beschränkte Gebiete $\Omega \subseteq \mathbb{R}^n$ konstruieren (*Methode von O. Perron*, vgl. [15], section 2.8, und auch [37], § 29). Diese sind genau dann stets *klassische* Lösungen, wenn zu jedem Randpunkt eine geeignete *Barriere* existiert. Im Fall $n = 2$ existiert eine solche Barriere zu $w \in \partial\Omega$, wenn es eine Umgebung U von w gibt, so daß auf $U \cap \Omega$ ein (stetiger) *Zweig des Logarithmus* $\log(z - w)$ existiert; dies ist dann der Fall, wenn es einen Weg in $\mathbb{C}\backslash\Omega$ von w nach ∞ gibt. Dagegen konstruierte H. Lebesgue 1913 ein Gebiet im $\mathbb{R}^3$ mit „innerer Spitze", für die das Dirichlet-Problem *keine klassische Lösung* besitzt (vgl. [5], Band 2, IV § 4, Nr. 4, und die Rotation um die x-Achse von Abb. 43a). Im Fall $n \geq 3$ hat man aber klassische Lösungen, wenn zu jedem Randpunkt ein „*äußerer Kegel*" existiert (vgl. [15], Ex. 2.12).   □

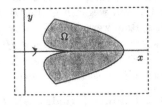

Abb. 43a

43.4 Bemerkungen. a) Wie in den Abschnitten 35 und 36 führen *Anfangswertprobleme* für die *Wärmeleitungsgleichung* und die *Wellengleichung* über beschränkten Gebieten $\Omega \subseteq \mathbb{R}^n$ mit der *Dirichlet-Randbedingung*

$$u(x,t) = 0 \quad \text{für} \quad x \in \partial\Omega \text{ und alle Zeiten } t \tag{4}$$

auf das *Rand-Eigenwertproblem*

$$-\Delta u = \lambda u, \quad u|_{\partial\Omega} = 0. \tag{5}$$

b) Nach Abschnitt 40 läßt sich die *inhomogene Gleichung* $\Delta u = f$ durch Faltung mit der *Fundamentallösung* E aus (25.1) oder (40.3) lösen; diese Lösung erfüllt auch die Randbedingung $u|_{\partial\Omega} = 0$, wenn man an Stelle von E eine *Greensche Funktion* G verwendet. Greensche Funktionen für *Kugeln* wurden in Abschnitt 25 konstruiert; ihre Existenz bei allgemeineren Gebieten hängt eng mit der klassischen Lösbarkeit des Dirichlet-Problems zusammen. Man kann dann die Spektraltheorie von (5) mittels des Integraloperators

$$K_G f(x) := \int_\Omega G(x,y)\, f(y)\, d^n y \tag{6}$$

ähnlich wie in Abschnitt 38 entwickeln, allerdings mit wesentlich höheren technischen Schwierigkeiten. Es sei dazu etwa auf [5], Band 2, [15] oder [27] verwiesen. $\square$

43.5 Bemerkungen. a) Es sei $\Omega \subseteq \mathbb{R}^n$ ein beschränktes Gebiet. Im Rahmen der Sobolevraum-Theorie untersucht man die „schwache Variante"

$$- \Delta u = \lambda u, \quad u \in W_0^1(\Omega), \tag{7}$$

des Rand-Eigenwertproblems (5). Der Laplace-Operator

$$L := -\Delta : W_0^1(\Omega) \mapsto H^{-1}(\Omega) \tag{8}$$

ist offenbar stetig. Nach dem Lemma von Friedrichs gilt

$$Lu(\bar{u}) = \sum_{j=1}^n \int_\Omega \partial_j u(x) \, \overline{\partial_j u(x)} \, d^n x = D(u) \geq \tfrac{2n}{d^2} \| u \|_{L_2(\Omega)}^2 \tag{9}$$

für $u \in \mathcal{D}(\Omega)$ und daher auch für $u \in W_0^1(\Omega)$; insbesondere ist also L *injektiv*.

b) Zu $f \in H^{-1}(\Omega)$ gibt es nach Satz 42.14 ein $G \in H^1(\Omega) \subseteq W^1(\Omega)$ mit $f = -LG$, und das Dirichletsche Prinzip aus 43.1 c) liefert dann eine Lösung $h \in W_0^1(\Omega)$ der Gleichung $L(G + h) = 0$, also $Lh = -LG = f$. Somit ist L auch *surjektiv* (vgl. dazu auch Aufgabe 43.2).

c) Man betrachtet nun den zu L inversen *Greenschen Operator*

$$K : H^{-1}(\Omega) \mapsto W_0^1(\Omega) \tag{10}$$

als Operator auf $L_2(\Omega)$. Für $f \in L_2(\Omega)$ und $u := Kf \in W_0^1(\Omega)$ hat man

$$\langle f, Kf \rangle_{L_2} = \langle Lu, u \rangle_{L_2} = Lu(\bar{u}) \geq 0$$

aufgrund von (9); somit ist also K *positiv definit* und *selbstadjungiert* auf $L_2(\Omega)$. Nach Folgerung 42.16 ist die Einbettung $i : W_0^1(\Omega) \mapsto L_2(\Omega)$ *kompakt*, und dies gilt dann auch für $K \in L(L_2(\Omega))$.

d) Wie in Bemerkung 38.6 b) stimmen nun die *Eigenfunktionen* des Rand-Eigenwertproblems (7) mit denen von K überein, wobei die *Eigenwerte reziprok zueinander* sind. $\square$

43.6 Entwicklungssatz. *Es sei $\Omega \subseteq \mathbb{R}^n$ ein beschränktes Gebiet mit Durchmesser $d > 0$.*

a) Der Hilbertraum $L_2(\Omega)$ besitzt eine Orthonormalbasis $(\phi_j)_{j \in \mathbb{N}_0}$ *aus Eigenfunktionen des Dirichletschen Rand-Eigenwertproblems (7), und für diese gilt $\phi_j \in W_0^1(\Omega) \cap C^\infty(\Omega)$. Für die zugehörigen Eigenwerte hat man $0 < \tfrac{2n^2}{d} \leq \lambda_j \to \infty$.*

b) Die Funktionen $\{\psi_j := \lambda_j^{-\frac{1}{2}} \phi_j\}$ *bilden eine* Orthonormalbasis *von* $W_0^1(\Omega)$
bezüglich der Dirichlet-Form *(1), und für* $u \in W_0^1(\Omega)$ *konvergiert die Entwicklung*

$$u = \sum_{j=0}^{\infty} D(u, \psi_j)\, \psi_j = \sum_{j=0}^{\infty} \langle u, \phi_j \rangle_{L_2(\Omega)}\, \phi_j \tag{11}$$

in dem Hilbertraum $W_0^1(\Omega)$.

BEWEIS. Dieser ergibt sich im wesentlichen durch Anwendung des Spektralsatzes 37.17 auf den Greenschen Operator K.
a) Offenbar ist $\phi_j = \lambda_j K \phi_j \in W_0^1(\Omega)$, und Satz 42.13 b) liefert induktiv $\phi_j \in H^{2k, \mathrm{loc}}(\Omega)$ für alle $k \in \mathbb{N}$, also $\phi_j \in C^\infty(\Omega)$ aufgrund des Sobolevschen Einbettungssatzes 42.9. Die Abschätzung für die Eigenwerte folgt aus (9).
b) Für $u \in W_0^1(\Omega)$ und $j \in \mathbb{N}_0$ gilt

$$D(\phi_j, u) = L\phi_j(\bar{u}) = \lambda_j \langle \phi_j, u \rangle_{L_2}, \tag{12}$$

und somit insbesondere $D(\psi_i, \psi_j) = \delta_{ij}$. Aus $D(\psi_j, u) = 0$ für alle j folgt aus (12) sofort $\langle \phi_j, u \rangle_{L_2} = 0$ für alle j, also $u = 0$. Somit ist $\{\psi_j\}$ eine *Orthonormalbasis* von $W_0^1(\Omega)$, und (11) folgt dann mittels (12). $\diamond$

43.7 Bemerkungen. a) Aus (12) ergibt sich für $u \in L_2(\Omega)$ sofort

$$u \in W_0^1(\Omega) \Leftrightarrow \sum_{j=0}^{\infty} \lambda_j \, |\langle u, \phi_j \rangle_{L_2}|^2 < \infty. \tag{13}$$

b) Das Bild von $K \in L(L_2(\Omega))$ ist gegeben durch

$$\{u \in W_0^1(\Omega) \mid \Delta u \in L_2(\Omega)\} = \{u \in L_2(\Omega) \mid \sum_{j=0}^{\infty} \lambda_j^2 \, |\langle u, \phi_j \rangle_{L_2}|^2 < \infty\}. \tag{14}$$

c) Ist $\lambda \in \mathbb{C}$ kein Eigenwert von (7), so besitzt das Randwertproblem

$$Lu - \lambda u = f \in L_2(\Omega), \quad u \in W_0^1(\Omega), \tag{15}$$

die eindeutige Lösung $u = (I - \lambda K)^{-1} K f$. Für $\lambda = \lambda_j$ ist (15) genau dann lösbar, wenn $\langle f, \phi_i \rangle_{L_2} = 0$ für alle $i \in \mathbb{N}_0$ mit $\lambda_i = \lambda_j$ gilt.
d) Wie in Abschnitt 36 sind die Wurzeln der Eigenwerte des Dirichlet-Problems (7) genau die *Frequenzen* der *Eigenschwingungen* von Ω; für $n = 2$ etwa ist Ω eine *„schwingende Membran"* (bei festgehaltenem Rand). Man kann leicht zeigen, daß der Greensche Operator K auch auf dem Hilbertraum $H^{-1}(\Omega)$ bezüglich des Skalarprodukts $D(Ku, Kv)$ positiv definit ist. Für $n \leq 3$ ist die Einbettung $i : W_0^1(\Omega) \mapsto H^{-1}(\Omega)$ nach Folgerung 42.16

ein Hilbert-Schmidt-Operator; dies gilt dann auch für $K \in L(H^{-1}(\Omega))$, und es folgt

$$\sum_{j=0}^{\infty} \lambda_j^{-2} < \infty \quad \text{für} \quad n = 1, 2, 3. \tag{16}$$

43.8 Bemerkung. Im Jahre 1911 bewies H. Weyl durch Vergleich der Eigenwerte über Ω mit denen über Quadern (vgl. Aufgabe 43.5) das *asymptotische Verhalten*

$$\lambda_j = c_n \, m(\Omega)^{-\frac{2}{n}} j^{\frac{2}{n}} + o(j^{\frac{2}{n}}) \quad \text{für} \quad j \to \infty \tag{17}$$

(für $n \leq 3$); hierbei ist $c_n = 4\pi^2 \, \Gamma(\frac{n}{2} + 1)^{\frac{2}{n}}$ eine nur von n abhängige Konstante. An den Eigenwerten von (7) bzw. den entsprechenden Eigenfrequenzen von Ω läßt sich also das *Volumen* von Ω ablesen. Formel (17) wurde seitdem erheblich verfeinert; unter geeigneten Bedingungen läßt sich auch $\mu_{n-1}(\partial\Omega)$ und, im Fall $n = 2$, die „Anzahl der Löcher" von Ω an den Eigenfrequenzen ablesen. Eine 1966 von M. Kac prägnant formulierte Frage „*Can one hear the shape of a drum?*" wurde nach einer Reihe früherer Ergebnisse in höheren Dimensionen im Jahre 1992 von C.S. Gordon, D.L. Webb und S.A. Wolpert[17] negativ beantwortet: Es gibt nicht kongruente (einfach zusammenhängende) Gebiete in $\mathbb{R}^2$, deren Folgen von Eigenfrequenzen exakt übereinstimmen.   □

43.9 Beispiel. a) Zur Berechnung der Eigenfrequenzen einer schwingenden Kreisscheibe $K_R := K_R(0) \subseteq \mathbb{R}^2$ hat man die *Helmholtzsche Schwingungsgleichung* in *Polarkoordinaten* (vgl. Aufgabe 12.1)

$$\Delta u + \omega^2 u = \partial_r^2 u + \tfrac{1}{r} \partial_r u + \tfrac{1}{r^2} \partial_\varphi^2 u + \omega^2 u = 0 \tag{18}$$

zu lösen. Ein *Separationsansatz* (vgl. (36.4))

$$u(r, \varphi) = f(r) \, g(\varphi) \tag{19}$$

liefert $(f'' + \tfrac{1}{r} f') g + \tfrac{1}{r^2} f g'' + \omega^2 f g = 0$ und insbesondere $g'' + \lambda g = 0$ für eine Konstante $\lambda \in \mathbb{C}$. Da g aber 2π-periodisch sein muß, folgt $\lambda = \nu^2$ mit $\nu \in \mathbb{N}_0$, und für f erhält man $r^2 f'' + r f' + (\omega^2 r^2 - \nu^2) f = 0$. Die Funktion $h(r) := f(\frac{r}{\omega})$ löst dann die *Besselsche Differentialgleichung*

$$r^2 h''(r) + r h'(r) + (r^2 - \nu^2) h(r) = 0. \tag{20}$$

b) Zur Lösung von (20) für $\nu \in \mathbb{R}$ macht man einen *Ansatz*

$$h(r) = r^\gamma \sum_{k=0}^{\infty} a_k \, r^k \tag{21}$$

[17]Bull. Am. Math. Soc. 27 (1), 134-138 (1992)

und erhält dann die Bedingungen

$$(\gamma^2 - \nu^2)\,a_0 = 0, \quad ((\gamma+1)^2 - \nu^2)\,a_1 = 0,$$
$$((\gamma+k)^2 - \nu^2)\,a_k + a_{k-2} = 0 \quad \text{für} \quad k \geq 2.$$

Für $a_0 \neq 0$ muß also $\gamma = \pm\nu$ sein. Mit $a_0 := \frac{1}{2^\nu \Gamma(\nu+1)}$ ergibt sich, daß die *Bessel-Funktionen*

$$J_\nu(r) := \sum_{k=0}^{\infty} \frac{(-1)^\nu}{\nu!\,\Gamma(\nu+k+1)} \left(\frac{r}{2}\right)^{\nu+2k} \tag{22}$$

für $\nu \notin -\mathbb{N}$ Lösungen von (20) sind. Für $n \in \mathbb{N}_0$ ist eine zu J_n linear unabhängige Lösung von (20) gegeben durch die *Neumann-Funktion*

$$Y_n(r) := \lim_{\nu \to n} \frac{(\cos\nu\pi)J_\nu(r) - J_{-\nu}(r)}{\sin\nu\pi}; \tag{23}$$

diese ist aber für $r \to 0^+$ *unbeschränkt*.

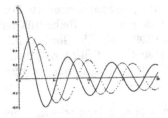

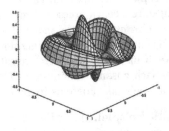

Abb. 43b   Abb. 43c

c) Für die $\mathcal{C}^\infty$-Lösungen

$$u(r,\varphi) = J_n(\omega r)\,e^{\pm in\varphi}, \quad n \in \mathbb{N}_0, \tag{24}$$

von (18) auf K_R liefert die Dirichlet-Randbedingung sofort $J_n(\omega R) = 0$. Die Besselfunktionen J_n besitzen unendlich viele *Nullstellen* $0 < \mu_j^{(n)} \to \infty$ für $j \to \infty$, und die *Eigenfrequenzen* von K_R sind dann gegeben durch

$$\omega_j^{(n)} = \tfrac{1}{R}\,\mu_j^{(n)}, \quad n \in \mathbb{N}_0,\, j \in \mathbb{N}_0; \tag{25}$$

die entsprechenden *Eigenfunktionen*

$$u_j^{(n)}(r,\varphi) = J_n(\omega_j^{(n)}r)\,e^{\pm in\varphi}, \quad n \in \mathbb{N}_0,\, j \in \mathbb{N}_0, \tag{26}$$

bilden eine *Orthogonalbasis* von $L_2(K_R)$. Es zeigt Abb. 43b die Bessel-Funktionen J_0 (dick), J_1 und J_2 (gepunktet), Abb. 43c die Eigenfunktion $J_1(\mu_3^{(1)}r)\cos\varphi$ auf dem Einheitskreis. Ausführliche Darstellungen der Bessel-Funktionen findet man etwa in [5], Band 1, VII § 3, oder [38], § 27. $\square$

Aufgaben

43.1 Es seien $K := K_1(0) \subseteq \mathbb{C}$ und $g \in \mathcal{C}(\partial K)$ durch $g(e^{i\varphi}) := \sum\limits_{k=1}^{\infty} \frac{\sin k!\varphi}{k^2}$ definiert. Man zeige, daß die Lösung $u(re^{i\varphi}) = \sum\limits_{k=1}^{\infty} r^{k!} \frac{\sin k!\varphi}{k^2}$ des Dirichlet-Problems nicht in $\mathcal{W}^1(K)$ liegt.

43.2 Für $f \in H^{-1}(\Omega) \cong W_0^1(\Omega)'$ (vgl. Aufgabe 42.7) konstruiere man eine Lösung $u \in W_0^1(\Omega)$ von $-\Delta u = f$ mittels der Dirichlet-Form und des Rieszschen Darstellungssatzes 32.16.

43.3 Man verifiziere die Bemerkungen 43.7.

43.4 Man löse Anfangswertprobleme mit Dirichlet-Randbedingung für die Wellen- und Wärmeleitungsgleichung mittels Reihenentwicklungen.

43.5 Man berechne die Eigenfrequenzen eines schwingenden Rechtecks $\Omega = (0, a) \times (0, b)$.

Lösung ausgewählter Aufgaben

1.2 a) Gilt (13), so ist $0 \leq f - u \leq t - u$ und somit $\| f - u \|_R \leq \varepsilon$. Zu $f \in \mathcal{R}_0[a,b]$ und $\varepsilon > 0$ gibt es $\tau_1, \tau_2 \in \mathcal{T}[a,b]$ mit $|f - \tau_1| \leq \tau_2$ und $\int_a^b \tau_2(x)\, dx < \varepsilon$. Es folgt $-\tau_2 \leq f - \tau_1 \leq \tau_2$, also $u := \tau_1 - \tau_2 \leq f \leq t := \tau_1 + \tau_2$ und $\int_a^b (t - u)(x)\, dx = 2\int_a^b \tau_2(x)\, dx < 2\varepsilon$.

b) Man beachte Satz I. 18.10* und d).

c) Aus $D \leq t \in \mathcal{T}[a,b]$ folgt $\int_0^1 t(x)\, dx \geq 1$, aus $D \geq u \in \mathcal{T}[a,b]$ aber $\int_0^1 u(x)\, dx \leq 0$.

d) Man benutze a). Die Aussage gilt auch für abzählbare Mengen und für Nullmengen M (vgl. Aufgabe 6.13).

1.3 Man lese Theorem 4.11 oder [19], Abschnitt 1.12.

1.4 a) Man beachte Aufgabe 1.2 a).

b) Man zeige dies zuerst für $t = \chi_I$, $I \subseteq [a,b]$ Intervall.

c) Zu $(t_k) \subseteq \mathcal{T}^+[a,b]$ wählt man nach b) $(\phi_k) \subseteq \mathcal{C}^+[a,b]$ mit $t_k \leq \phi_k$ und $\int_a^b \phi_k(x)\, dx \leq \int_a^b t_k(x)\, dx + \varepsilon 2^{-k}$.

2.1 a) 0, **b)** $(e^2 - e)^2$, **c)** $4\log 4 - 6\log 3 + 2\log 2$, **d)** $\frac{\pi}{48}$.

2.2 Man beachte $\frac{f(ax) - f(bx)}{x} = -\int_a^b f'(xy)\, dy$.

2.4 a) $\frac{4\pi}{3} abc$, **b)** $\frac{\pi}{2} R^2$, **c)** $\frac{h}{3}\pi R^2$.

3.1 nein / ja /nein.

3.3 Nein; etwa für $f : (0,\infty) \mapsto \mathbb{R}^2$, $f(x) := \begin{cases} (x, \sin\frac{1}{x}) & , \quad 0 < x \leq \frac{1}{\pi} \\ (\frac{2}{\pi} - x, 0) & , \quad x \geq \frac{1}{\pi} \end{cases}$, hat $(0,0) = f(\frac{2}{\pi})$ keine kompakte Umgebung in $f(0,\infty)$.

4.1 Man lese Aufgabe 9.6.

4.2 Man lese Folgerung 5.9.

4.3 a) nein, **b)** ja; π **c)** ja; -1.

4.4 $\| f \|_\lambda = \inf \{ \sup \lambda(\tau_k) \mid \tau_k \in \mathcal{C}_c(X,\mathbb{R}),\ \tau_k \uparrow \sup \tau_k \geq |f| \}$.

4.5 ja / nein.

4.6 Man hat $\| \chi_M \|_L \leq \sum_{k=1}^{\infty} \| \chi_{Q_k} \|_L \leq \sum_{k=1}^{\infty} |Q_k| \leq \varepsilon$ für alle $\varepsilon > 0$.

4.7 Man verwende Feststellung 4.17 und Aufgabe 4.6.

4.8 „$\Leftarrow$": man lese den Beweis von Theorem 5.1.

„$\Rightarrow$": Zu $n \in \mathbb{N}$ wähle λ-Majoranten $\sum_k \phi_k^{(n)}$ von χ_M mit $\sum_{k=1}^{\infty} \lambda(\phi_k^{(n)}) \leq 2^{-n}$ und beachte $\sum_{n,k=1}^{\infty} \phi_k^{(n)}(x) = \infty$ für $x \in M$.

4.9 Man hat $|\lambda(\phi)| \leq \lambda(|\phi|) \leq \lambda(1) \| \phi \|_{\sup}$ und Gleichheit für $\phi = 1$.

4.10 b) Nur im Fall $g \geq 0$.

4.11 Man lese Satz 6.21.

5.1 a) Man verwende den Satz über monotone Konvergenz.

b) $\int_0^1 r\, e^{(x^2-1)r^2}\, dx \le r^{-\frac{1}{2}} + \int_0^{1-r^{-3/2}} r\, e^{(x^2-1)r^2}\, dx$.

5.2 $\sqrt{\pi}$; man verwende den Satz über majorisierte Konvergenz und beachte $(1 - \frac{x}{n})^n \le e^{-x} \Leftrightarrow n \log(1 - \frac{x}{n})^n \le -x$ für $0 \le x < n$.

5.3 Für $\alpha < 1$, $\alpha \le 1$ und $\alpha < 2$; es ist $C(1-x)^{1-\alpha}$ eine $\mathcal{L}_1$-Majorante.

5.4 Nein; man beachte Beispiel 4.10.

5.5 a) Für $g_n(x) := n\,(f(x + \frac{1}{n}) - f(x)) \ge 0$ und $a + \frac{k}{n} < b \le a + \frac{k+1}{n}$ gilt $\int_a^b g_n(x)\, dx \le \sum_{j=0}^{k} \int_{a+\frac{j}{n}}^{a+\frac{i+1}{n}} g_n(x)\, dx \le n \int_{a+\frac{k}{n}}^{b} f(x)\, dx - n \int_a^{a+\frac{1}{n}} f(x)\, dx$.

b) Man kann etwa $f = \chi_{[0,1]}$ auf $[-1,1]$ nehmen.

5.7 b) Man benutze $\eta_{[a,b],\,1/j} \downarrow \chi_{[a,b]}$.

c) Es ist genau dann $1 \in \mathcal{L}_1(\mathbb{R}, S_w)$, wenn w beschränkt ist. Sprungstellen von w sind keine S_w-Nullmengen, wohl aber offene Konstanzintervalle.

5.9 Es ist $F(t) = \sqrt{\pi}\, e^{-t^2/4}$.

5.10 b) Man zeige mittels partieller Integration in $\int_\varepsilon^\delta e^{-tx} \frac{\sin x}{x}\, dx$, daß $F_\varepsilon(t) := \int_\varepsilon^\infty e^{-tx} \frac{\sin x}{x}\, dx$ für $\varepsilon \to 0$ auf $[0,1]$ *gleichmäßig gegen* $F(t)$ *konvergiert*.

6.1 Es sei $(\psi_j) \subseteq \mathcal{C}_c(X)$ mit $\psi_j \to f \ne 0$ λ-f. ü.. Es ist $A_j := \{x \in X \mid \psi_j(x) \ne 0\}$ offen in X und $\tau_j := \frac{1}{\psi_j} \chi_{A_j} \in \mathcal{M}(X, \lambda)$ nach Satz 6.19 c). Aus $\tau_j \to \frac{1}{f}$ λ-f. ü. folgt dann auch $\frac{1}{f} \in \mathcal{M}(X, \lambda)$.

6.2 Mit $A := \{x \in X \mid f(x) \ne 0\}$ setze man $\alpha(x) := \frac{f(x)}{|f(x)|} \chi_A(x) + \chi_{A^c}(x)$.

6.3 Man hat $\sup f_n = \lim_{n\to\infty} (f_1 \vee \ldots \vee f_n)$ sowie $\limsup_{n\to\infty} f_n = \lim_{n\to\infty} \sup\{f_k \mid k > n\}$.

6.4 Nach dem Satz von Beppo Levi gilt $\sum_{k=1}^{\infty} \chi_{A_k}(x) < \infty$ λ-f. ü..

6.5 Nein; ein Gegenbeispiel ist etwa $A_k = (k, \infty) \subseteq \mathbb{R}$.

6.6 a) folgt wie im Beweis von Satz 6.9 b) aus dem Satz von Beppo Levi.

b) Zu $\varepsilon > 0$ wählt man $\psi \in \mathcal{C}_c(X)$ mit $\int_X |f(x) - \psi(x)|\, d\lambda(x) < \frac{\varepsilon}{2}$; dann ist $|m_f(A)| \le \int_A |f(x) - \psi(x)|\, d\lambda(x) + \int_A |\psi(x)|\, d\lambda(x) < \frac{\varepsilon}{2} + \|\psi\|_{\sup} m_\lambda(A)$.

6.7 Nein. Mit $\mathbb{Q} = \{r_n\}_{n\in\mathbb{N}}$ ist $D := \bigcup_{n=1}^{\infty} K_{\varepsilon 2^{-n}}(r_n)$ in $\mathbb{R}$ offen, und es gilt $m_L(D) \le \varepsilon$, aber $\overline{D} = \mathbb{R}$.

6.8 „$\Leftarrow$" zeige man zuerst für $m_\lambda^*(A) < \infty$ mittels Lemma 6.14.

6.9 b) Es ist $\mathfrak{E} := \{A \subseteq \mathbb{R} \mid f^{-1}(A) \in \mathfrak{M}_\lambda(X)\}$ eine σ-Algebra in $\mathbb{R}$. Da offene Mengen in $\mathbb{R}$ abzählbare Vereinigungen von Intervallen sind, liegen diese in $\mathfrak{E}$, und es folgt $\mathfrak{B}(\mathbb{R}) \subseteq \mathfrak{E}$. c) ergibt sich ähnlich wie b).

6.10 a) folgt sofort aus Aufgabe 6.9 b).

b) Es sei $(\psi_j) \subseteq \mathcal{C}_c(X)$ mit $\psi_j(x) \to f(x)$ für $x \notin N$ mit $N \in \mathfrak{N}_\lambda(X)$. Nach Satz 6.15 gibt es $B \in \mathfrak{N}_\lambda(X) \cap \mathfrak{B}(X)$ mit $N \subseteq B$, und man setzt $h := f \chi_{B^c}$.

6.13 Es gibt $N \in \mathfrak{N}_\lambda(X)$ mit $N \subseteq A$, so daß die Einschränkung $f|_B$ von f auf $B := A \backslash N$ stetig ist. Nach Satz 6.19 gilt $f_B^0 \in \mathcal{M}(X, \lambda)$.

7.1 $f(x) = \sum\limits_{k=1}^{\infty} k\chi_{1/k}$.

7.3 Man wende die Höldersche Ungleichung mit $p = \frac{t}{r}$ auf $|f|^r \cdot 1$ an.

7.4 b) Man beachte Aufgabe I. 21.8.

7.5 a) Die Folge $(\sum\limits_{k=1}^{n} |g_k(x)|)$ besitzt eine λ-fast überall konvergente Teilfolge.

b) Wie in (12) hat man $|f - f_n|^p \leq 2^p g^p$ λ-fast überall.

7.6 b) Nein. Für $\psi \in \mathcal{C}[-1,1]$ gilt stets $\|\chi_{[0,1]} - \psi\|_{L_\infty[-1,1]} \geq \frac{1}{2}$.

7.7 Es gibt eine Folge $(\tau_n) \subseteq \mathcal{C}_c(Y)$ mit $\tau_n \to f$ λ-f. ü.. Mit $R := \|f\|_{L_\infty}$ definiert man $h \in \mathcal{C}(\mathbb{C}, \mathbb{C})$ durch $h(z) = z$ für $|z| \leq R$ und $h(z) = R\frac{z}{|z|}$ für $|z| \geq R$ und setzt $\psi_n = h \circ \tau_n$.

8.1 Dies folgt aus (2.20), (2.21) und Satz 6.21.

8.2 Man beachte Lemma II. 11.6.

8.3 a) Man hat $|\tau_h f|^p = \tau_h(|f|^p)$ für $p < \infty$.

b) Man benutze a) und verfahre wie im Beweis von Satz 8.2.

8.4 „$\Leftarrow$ ": Man hat $N \subseteq \bigcup\limits_{k=n}^{\infty} W_k$ für alle $n \in \mathbb{N}$.

„$\Rightarrow$ ": Man wende Satz 8.6 für $\varepsilon = 2^{-n}$, $n \in \mathbb{N}$, an und vereinige alle Würfel.

8.5 Man zeigt zunächst $N \times [-k,k]^m \in \mathfrak{N}(\mathbb{R}^{n+m})$ und beachtet $M = T^{-1}(N \times \mathbb{R}^n)$ mit $T \in GL_{\mathbb{R}}(2n)$, $T : (x,y) \mapsto (x - y, x + y)$.

8.6 Aus Lemma 6.14 folgt (6.6) auch für $m^*(E)$; man verwende dann Lemma 8.4.

8.7 Aus $\phi_j \to f$ f. ü. und $\psi_j \to g$ f. ü. folgt wegen Aufgabe 8.5 auch sofort $\phi_j(x)\psi_j(y) \to f(x)g(y)$ f. ü..

8.9 a) Es ist $N_\alpha(f) \cap \{x \in D \mid \operatorname{grad} f(x) \neq 0\}$ eine $\mathcal{C}^1$-Mannigfaltigkeit.

b) Man verwendet Induktion über $\deg P$ mittels a).

8.10 b) Zu $\varepsilon = 1$ wählt man $\delta > 0$ gemäß (7); dann gilt $g \in \mathcal{BV}(J)$ auf kompakten Intervallen $J \subseteq I$ mit $|J| < \delta$.

c) Nach Satz 8.6 gilt $N \subseteq \bigcup\limits_{k=1}^{\infty} J_k$ und $\sum\limits_{k=1}^{\infty} m(J_k) < \delta$. Es gibt $a_k < b_k \in J_k$ mit $m(g(J_k)) = |g(b_k) - g(a_k)|$, also folgt $m(g(N)) \leq \sum\limits_{k=1}^{\infty} m(g(J_k)) \leq \varepsilon$ wegen (7).

8.11 a) Man argumentiert wie in Aufgabe 6.6 b).

b) Nein; ein Gegenbeispiel ist etwa $f(x) = x^{-1/2}\chi_{(0,1)}$. Für *beschränkte* f ist die Frage zu bejahen.

9.1 Zu $f \in \mathcal{M}(\mathbb{R}^n)$ gibt es eine Folge (ψ_j) in $\mathcal{C}_c(\mathbb{R}^n)$ mit $\psi_j \to f$ fast überall auf $\mathbb{R}^n$; nach 9.11 b) gilt dann auch $\psi_{jx} \to f_x$ f. ü. für fast alle $x \in \mathbb{R}^p$, also $f_x \in \mathcal{M}(\mathbb{R}^q)$ für fast alle $x \in \mathbb{R}^p$.

9.2 a) $\Gamma(g) = \{(x', x_n) \in A \times \mathbb{R} \mid x_n - b(x') = 0\}$; dann verwende man den Satz von Tonelli.

b) Man hat $\{(x', x_n) \in \mathbb{R}^n \mid x' \in A, x_n < b(x')\} = \bigcup\limits_{r \in \mathbb{Q}} A_r \times (-\infty, r) \in \mathfrak{M}(\mathbb{R}^n)$ mi $A_r := \{x' \in A \mid b(x') > r\}$.

9.3 a) Satz von Tonelli! b) Dies gilt, wenn g keine Nullfunktion ist.

9.4 $-\frac{1}{8\pi}$; man verfahre wie in Beispiel 9.10 c).

9.5 Dies folgt mittels Induktion über n aus (22).

9.6 a) Man approximiere mit Treppenfunktionen und verwende (23), vgl. auch Beispiel 11.10 f). c) folgt leicht aus a) und Aufgabe 9.3.

9.7 a), b), c), e) : nein, d): ja.

9.8 siehe Abschnitt 40.

9.9 $m_3(T_R(a)) = 2\pi a \cdot \pi R^2$.

9.10 a) $(0, \frac{4b}{3\pi})$,   b) $(0, 0, \frac{3c}{8})$,   c) $(0, 0, \frac{h}{4})$.

9.11 b) Der Satz von Tonelli gilt für *separable* Räume X, Y .

10.1 Man hat $\mathcal{C}(X \times Y) \cong \mathcal{C}(X, \mathcal{C}(Y))$.

10.2 Aus $g_0 f(x_0) = e$ folgt $g_0 f(x) = e + g_0(f(x) - f(x_0)) =: h(x)$, mittels der *Neumannschen Reihe* also $h(x)^{-1} g_0 f(x) = e$ für x nahe x_0 . Diese lokalen Lösungen setzt man mit einer stetigen ZdE zu einer globalen zusammen.

10.3 Für $x, y \in \{0, 1\}^{\mathbb{N}} \subseteq \ell_\infty$ mit $x \neq y$ gilt $\| x - y \| \geq 1$, und $\{0, 1\}^{\mathbb{N}}$ ist überabzählbar.

10.5 siehe Beispiel 37.6 b).

10.6 c) Für $\alpha = \beta = 0$ ist $(G_{0, \sigma^2} * G_{0, \tau^2})(x) = (2\pi\sigma\tau)^{-1} \int_{\mathbb{R}} \exp\left(-\frac{(x-y)^2}{2\sigma^2} - \frac{y^2}{2\tau^2}\right) dy$ $= (2\pi\sigma\tau)^{-1} \exp\left(-\frac{x^2}{2(\sigma^2+\tau^2)}\right) R(x)$ mit $R(x) = \int_{\mathbb{R}} \exp\left(-\frac{\sigma^2+\tau^2}{2\sigma^2\tau^2}(y - \frac{\tau^2 x}{\sigma^2+\tau^2})^2\right) dy = (2\pi \frac{\sigma^2\tau^2}{\sigma^2+\tau^2})^{1/2}$. Man lese auch Beispiel 41.5 d).

10.10 Man hat $(H_r * f)(x) = \frac{1}{r} \int_{x-r}^{x} f(y)\, dy$.

10.11 Man lese dazu [18], Band 1, Theorem 1.3.5. Im Fall $\sum_{k=0}^{\infty} r_k = \infty$ impliziert die Abschätzung $\| u^{(k)} \|_{\sup} \leq \frac{2^k}{r_0 \cdots r_k}$ für $k \in \mathbb{N}_0$ bereits $u = 0$.

11.2 Man erhält $m(\Gamma\{a_0, \ldots, a_n\}) = \frac{1}{n!} |\det(a_1 - a_0, \ldots, a_n - a_0)|$ aus Aufgabe 9.5 und (15).

11.3 Der Schwerpunkt ist $T(S(A)) + b$.

11.4 Es gibt $B \in \mathsf{M}_{\mathbb{R}}(n)$ mit $A = B^{\top} B$, also $\langle x, Ax \rangle = |Bx|^2$. Man beachte Aufgabe 9.6 c).

11.5 Mit $u := |\xi| x$ ist $I(\xi) = \int_{\mathbb{R}^n} \frac{| \exp(i\langle u, \frac{\xi}{|\xi|}\rangle) - 1 |^2}{|u|^{n+2s}} du$. Es sei $T \in \mathsf{O}_{\mathbb{R}}(n)$ mit $Te_1 = \frac{\xi}{|\xi|}$; dann folgt $I(\xi) = \int_{\mathbb{R}^n} \frac{| \exp(i\langle T^{\top} u, e_1 \rangle) - 1 |^2}{|u|^{n+2s}} du = I(e_1)$.

11.6 Für $\alpha > -1$ bzw. für kein $\alpha \in \mathbb{R}$.

11.7 Man hat $J\Psi(u, v) = u$ und $f(\Psi(u, v)) = u^{p+q-2} g(u) (1-v)^{p-1} v^{q-1}$.

11.8 Man hat $P(x) = \frac{1}{2}(R_1^2 - R_0^2)$ für $|x| \leq R_0$, $P(x) = \frac{1}{3|x|}(R_1^3 - R_0^3)$ für $|x| \geq R_1$ und $P(x) = \frac{1}{2}(R_1^2 - |x|^2) + \frac{1}{3|x|}(|x|^3 - R_0^3)$ für $R_0 \leq |x| \leq R_1$.

11.9 a) $\Theta_A(\overline{K}_1(0)) = \frac{8\pi}{15}$.

12.2 a) $\widetilde{\Delta} = \frac{\partial^2}{\partial r^2} + \frac{1}{r}\frac{\partial}{\partial r} + \frac{1}{r^2}\frac{\partial^2}{\partial \varphi^2}$ für $n = 2$ und $\widetilde{\Delta} = \frac{\partial^2}{\partial r^2} + \frac{2}{r}\frac{\partial}{\partial r} + \frac{1}{r^2}\left(\frac{1}{\cos^2\vartheta}\frac{\partial^2}{\partial \varphi^2} + \frac{\partial^2}{\partial \vartheta^2} - \tan\vartheta\frac{\partial}{\partial \vartheta}\right)$ für $n = 3$.

b) $\widetilde{\Delta} = \frac{1}{a^2 (\cosh^2 \xi - \cos^2 \eta)} \left(\frac{\partial^2}{\partial \xi^2} + \frac{\partial^2}{\partial \eta^2} \right)$.

13.1 a) Man beachte (32). b) Man substituiere $t = e^{-u}$ und $t = u^{1/z}$.
13.3 Dies folgt aus der Hölderschen Ungleichung.
13.5 a) $\mu(z) = \frac{1}{12z} - \int_0^\infty \frac{\widetilde{B}_2(t)}{2(t+z)^2} \, dt$.
b) folgt aus a) und dem Identitätssatz (mit $z^\alpha = e^{\alpha \operatorname{Log} z}$ für $\operatorname{Re} z > 0$).
c) es gilt $|\mu(z) - \sum\limits_{j=1}^k \frac{B_{2j}}{(2j-1)\cdot 2j} \cdot \frac{1}{z^{2j-1}}| \le \frac{2|B_{2k+2}|}{(2k+1)(2k+2)} \cdot \frac{1}{(\operatorname{Re} z)^{2k+1}}$.
13.6 Es gilt $|1 - (1-w)e^w| \le |w|^2 e^{|w|}$ (sogar $|1 - (1-w)e^w| \le |w|^2$).
13.7 b) Man benutze (27). c) Die gliedweise differenzierten Reihen konvergieren lokal gleichmäßig auf $\mathbb{C} \backslash (-\infty, 0]$.
e) In b) setze man die Entwicklung von $\operatorname{Log}(1+w)$ ein und ordne um!
13.8 Man verwende die Verdoppelungsformel und die Ergänzungsformel.

14.1 a) Man zerlege $a_k = a_k^+ - a_k^-$ und $b_k = b_k^+ - b_k^-$ und verwende den Satz 14.7 von Fubini.
b) Man wähle $\{x_k\}$ als Menge der Unstetigkeitsstellen von f und setze dann $a_k = f(x_k) - f(x_k^-)$, $b_k = f(x_k^+) - f(x_k)$.
14.3 Zu zeigen ist $h_E' = 1$ fast überall für $h_E(x) := m^*(E \cap [a, x))$. Für offene Mengen E ist dies richtig; man verwende dann Lemma 6.14 und den Satz 14.7 von Fubini.
14.4 Für Intervalle $J \subseteq [a, b]$ gilt $m(f_\varepsilon(J)) = m(f(J)) + \varepsilon \, m(J)$. Man benutze Lemma 6.14.

15.1 Für $r \in \mathbb{Q}$ gilt $\lim\limits_{h \to 0} \frac{1}{h} \int_x^{x+h} |f(t) - r| \, dt = |f(x) - r|$ fast überall.
15.2 Mit $c := \min\limits_{x \in [a,b]} |F(x)|$ gilt $|\frac{1}{F(x)} - \frac{1}{F(y)}| \le \frac{1}{c^2} |F(x) - F(y)|$.
15.3 „$\Leftarrow$" ergibt sich aus $|F(y) - F(x)| \le v_F(y) - v_F(x)$ für $a \le x \le y \le b$.
15.4 a) Für $\alpha > 1$; b) als uneigentliches Integral.
15.5 a) Wegen (1) ist F streng monoton wachsend, und dies gilt dann auch für $G := F^{-1}$. Außerhalb einer Nullmenge gilt $G'(y) = \frac{1}{F'(G(y))}$, und die Substitutionsregel 15.9 liefert $\int_c^y G'(s) \, ds = \int_{G(c)}^{G(y)} G'(F(t)) \, F'(t) \, dt = G(y) - G(c)$.
b) Es seien $0 < \varepsilon < b - a$, $\mathbb{Q} \cap [a, b] = \{r_k\}$, $M := \bigcup \{K_{\varepsilon 2^{-k}}(r_k) \mid k \in \mathbb{N}\}$ und $F(x) = \int_a^x \chi_M(t) \, dt$.
15.6 Für „$\Rightarrow$" verwende man den Beweis von Folgerung 6.16, „$\Leftarrow$" beweise man indirekt unter Verwendung des Beispiels von Vitali 8.3.
15.7 Nein; die Folge $F_n(x) := n \int_0^x \chi_{[0, \frac{1}{n}]}(t) \, dt$ ist in $\mathcal{H}_1^1[-1, 1]$ beschränkt.
15.8 Für $F \in \Lambda^1[a, b]$ gilt auch $F \in \mathcal{AC}[a, b]$ und $|F'(x)| \le \|F\|_{\Lambda^1}$ f. ü. Für $F \in \mathcal{H}_\infty^1[a, b]$ gilt $|F(x) - F(y)| \le \int_y^x |F'(t)| \, dt \le \|F'\|_{L_\infty} |x - y|$.
15.9 Unter den ersten Bedingungen rechnet man (2) nach, unter der letzten benutzt man Satz 15.2.
15.10 Man verwendet geschickt die Höldersche Ungleichung, siehe [30], IX §4. Für $p = 1$ beschreibt die angegebene Bedingung nicht $\mathcal{AC}[a, b]$, sondern $\mathcal{BV}[a, b]$.

15.11 a) Man benutze Theorem 15.5 und Satz 5.8. b) $F(x) = x$, x^+ oder $\sin x$.

16.2 Für orthogonale Transformationen $T \in O_{\mathbb{R}}(n)$.

16.3 Man benutze (4) und die Schwarzsche Ungleichung.

16.6 a) Für $0 \le s \le 1$ sei φ_s der auf $[0,1]$ parametrisierte Polygonzug $\sigma[(s,0),(s,1-s),(1,1-s),(1,0)]$. Dann ist $H^*(s,t) := H(s,\varphi_s(t))$ eine Homotopie in G zwischen $H_0^* \sim \gamma_0 + \gamma_0^E + (-\gamma_1)$ und $H_1^* = \gamma_1^A$.
b) Man benutze a) oder verfahre wie im Beweis von Theorem 16.8.

16.7 a) Man verwende eine stereographische Projektion (vgl. Beispiel II. 23.6 d) für $n = 3$).
b) Man verfahre wie im am Anfang des Beweises von Theorem 16.8.
c) Auf einen geschlossenen Weg $\gamma : [0,1] \mapsto \mathbb{R}^n \backslash \{0\}$ wende man b) an, deformiere den Polygonzug mittels $x \mapsto \frac{x}{|x|}$ nach S^{n-1} und verwende a).

17.1 Man verwende den Gaußschen Integralsatz für die Kreise $K_r(0)$.

17.2 a) Mit $v(x,y) := (0,x)^\top$ und $v(x,y) := (-y,0)^\top$ wende man den Greenschen Integralsatz an.

17.3 Es ist $r = \sqrt{\cos 2\varphi}$, $\varphi \in [-\frac{\pi}{4}, \frac{\pi}{4}]$, eine Parametrisierung von Γ_0, und aus (19) folgt $m_2(G) = \frac{1}{2}$.

17.4 Man approximiere $\Gamma_0 = \Gamma \cap [0,\infty)^2$ durch Gebiete mit glattem Rand oder verwende 20.13.

19.2 Ja in allen Fällen.

19.3 a) $\mu_2(P) = \frac{\pi}{6}(5^{\frac{3}{2}}-1)$, b) $\mu_2(H) = \frac{2\pi}{3}(2^{\frac{3}{2}}-1)$, c) $\mu_2(\partial T_R(a)) = 4\pi^2 aR$,
d) $\mu_2(C) = \pi R \sqrt{R^2 + h^2}$, e) $\mu_2(S) = \pi R \sqrt{R^2 + h^2} + \pi h^2 \log(\frac{R}{h} + \sqrt{1 + \frac{R^2}{h^2}})$,
f) $\mu_2(E) = 4\pi a \int_0^1 \sqrt{c^2 + (a^2 - c^2)x^2} \, dx$.

19.4 a) $S = (0,0,\frac{h}{3})$, b) $S = (0,0,\frac{R}{2})$.

19.5 a) Man verwende Beispiel 19.7 b) sowie die Sätze 19.9 und 19.10.

19.6 Für $c \notin S_r$ oder $\alpha > -(n-1)$.

19.7 $P(x) = r$ für $|x| \le r$ und $P(x) = \frac{r^2}{|x|}$ für $|x| \ge r$.

19.8 Für eine lokale Parametrisierung $\psi : U \mapsto V$ von Y_r ist $\Theta \circ \psi$ eine solche von X_r. Man hat $G(\Theta \circ \psi) = c^2 G\psi$, also $g(\Theta \circ \psi) = c^{2p} g\psi = |J\Theta|^{\frac{2p}{n}} g\psi$.

19.11 Es genügt, $A \times [0,1]^m \in \mathfrak{H}_{d+m}(\mathbb{R}^{n+m})$ zu zeigen. Zu $\varepsilon > 0$ gibt es Würfel $\{W_k\} \subseteq \mathbb{R}^n$ der Kantenlänge r_k mit $A \subseteq \bigcup_{k=1}^{\infty} W_k$ und $\sum_{k=1}^{\infty} r_k^d < \varepsilon$.
Es gibt $\ell_{k,j} = ([r_k] + 1)^{-m} \le 2^m r_k^{-m}$ Würfel $\{Q_{k,j}\} \subseteq \mathbb{R}^m$ der Kantenlänge r_k mit $[0,1]^m \subseteq \bigcup_{j=1}^{\ell_{k,j}} Q_{k,j}$, und es folgt $A \times [0,1]^m \subseteq \bigcup_{k=1}^{\infty} \bigcup_{j=1}^{\ell_{k,j}} W_k \times Q_{k,j}$ sowie
$$\sum_{k=1}^{\infty} \sum_{j=1}^{\ell_{k,j}} r_k^{d+m} \le 2^m \sum_{k=1}^{\infty} r_k^d \le 2^m \varepsilon.$$

19.12 Man zeige dies für Mannigfaltigkeiten und benutze dann Aufgabe 19.11.

19.13 Man benutze Lemma 8.4 und die Regularität des Lebesgue-Maßes.

19.14 Für $d > \frac{\log 2}{\log 3}$, vgl. etwa [36], Band 3, Beispiel 12.C.23.

20.1 a) Für „$\Rightarrow$" benutze man 20.5, für „$\Leftarrow$" setze man $U = \Psi_a(R_a)$ und $\rho(x) := \psi(\xi_n) - \xi'$ mit $(\xi', \xi_n) = \Psi_a^{-1}(x)$.
b) „$\Rightarrow$": Man kann $\frac{\partial \rho}{\partial u_1}(a) \neq 0$ annehmen und setzt $\Phi(u) := (\rho(u), u_2, \ldots, u_n)$. Nach dem Satz über inverse Funktionen folgt dann wegen (1) und (2) die Behauptung mit $K_\varepsilon(0)$ statt $K_1(0)$.
20.2 a) $\partial_s E = \emptyset$, b) $\partial_r R$ besteht aus den offenen Randstrecken bzw. -flächen, c) $\partial_s K$ besteht aus der Spitze und der Basiskreislinie des Kegels.
20.4 Man verwende (19.17) und beachte $(\frac{\partial \psi}{\partial u} \times \frac{\partial \psi}{\partial v})(u, v) \in \mathrm{sp}\{\mathfrak{n}(\psi(u, v))\}$.
20.5 Die Integrale sind a) 4π und b) 0.
20.6 Wegen $F_i = \int_{\partial G} \rho\, x_3\, \mathfrak{n}_i(x)\, d\sigma_2(x)$ folgt dies sofort aus (5).
20.7 a) Es ist $\mathrm{div}\, E_a = 0$ auf $\mathbb{R}^3 \backslash \{a\}$. Im Fall $a \in G$ wendet man den Satz von Gauß auf $G \backslash \overline{K}_\varepsilon(a) \in \mathfrak{P}^1(\mathbb{R}^3)$ an.
20.8 Nach Satz 5.14 und der Greenschen Formel Formel (24) gilt
$c^2 \frac{d}{dt} \int_G |\mathrm{grad}_x u|^2\, dx = 2c^2 \int_G \langle \mathrm{grad}_x u, \mathrm{grad}_x \partial_t u \rangle\, dx = 2c^2 \int_{\partial G} \partial_t u\, \partial_{\mathfrak{n}} u\, d\sigma - 2c^2 \int_G \partial_t u\, \Delta_x u\, dx = -2 \int_G \partial_t u\, \partial_t^2 u\, dx = -\frac{d}{dt} \int_G (\partial_t u)^2\, dx$.
20.10 Mit Abschneidefunktionen $\psi_r \in C^\infty(\mathbb{R}^n)$ mit $0 \leq \psi_r \leq 1$, $\psi_r(x) = 1$ für $x \in \overline{K}_r(0)$, $\mathrm{supp}\, \psi_r \subseteq K_{2r}(0)$ und $|\mathrm{grad}\, \psi_r(x)| \leq \frac{C}{r} \chi_{K_{2r}(0)}(x)$ führt man dies wie in 20.9 auf Theorem 20.3 zurück.

21.1 Mit $h(t) := 1$ für $0 \leq t \leq 1$ und $h(t) := \frac{1}{t}$ für $1 \leq t < \infty$ wendet man den Brouwerschen Fixpunktsatz 21.5 auf $g(x) := h(|f(x)|)\, f(x)$ an.
21.2 Andernfalls ist $g : x \mapsto \frac{v(x)}{|v(x)|}$ eine stetige Retraktion von K auf ∂K.

22.1 $\int_\gamma \frac{dz}{1-z^2} = -2\pi i$; man wende (21) auf zwei Teilintegrale an.
22.2 Mit $Q_r := [-r, r] \times [0, t]$ benutze man $\int_{\partial Q_r} e^{-z^2}\, dz = 0$ und $r \to \infty$.
22.3 Es sei $g \in \mathcal{H}(D)$ eine Stammfunktion von $\frac{f'}{f}$.
22.4 Man hat $\partial_{\bar{z}} g(z) = \int_{\mathbb{C}} \partial_{\bar{z}} \frac{h(z-\zeta)}{\pi \zeta}\, dm_2(\zeta) = \int_{\mathbb{C}} (\partial_{\bar{\zeta}} h)(z - \zeta) \frac{1}{\pi \zeta}\, dm_2(\zeta) = \frac{1}{\pi} \int_{\mathbb{C}} \partial_{\bar{\zeta}} h(\zeta) \frac{1}{\zeta - z}\, dm_2(\zeta)$ und benutzt (19) für einen großen Kreis.
22.7 Man hat $f \in \mathcal{C}(D)$ und $f \in \mathcal{H}(D_+ \cup D_-)$ und verifiziert 22.16 (c).
22.8 Wegen $f(c + re^{it}) = \sum_{k=0}^{\infty} a_k\, r^k\, e^{ikt}$ folgt (34) aus der Parsevalschen Gleichung (vgl. Satz II.13.13 und (32.15)). Hat $|f|$ ein lokales Maximum in c, so gilt $\sum_{k=0}^{\infty} |a_k|^2\, r^{2k} \leq |f(c)|^2 = |a_0|^2$ für kleine $r > 0$, also $a_k = 0$ für $k \geq 1$.
22.9 Die Funktion f nimmt alle Werte bereits auf dem kompakten Parallelogramm $P := \{s\omega + t\omega' \mid 0 \leq s, t \leq 1\}$ an, ist also beschränkt.
22.10 Man wende den Satz von Liouville auf e^f an.
22.11 Der Beweis des Satzes von Liouville liefert $a_k = 0$ für $k > n$.
22.12 a) Für $z \in K$ drücke man $\int_0^\varepsilon f(z)\, r\, dr$ mittels (21) aus und verwende Polarkoordinaten.

b) Nach a) und der Hölderschen Ungleichung impliziert Konvergenz in $L_p(D)$ die lokal gleichmäßige Konvergenz.

22.13 Dies folgt aus dem Satz von Montel und dem Identitätssatz.

22.14 a) Andernfalls hat $|\frac{1}{f}|$ ein lokales Maximum in z_0.

b) Wegen $|P(z)| \geq \frac{1}{2}|a_m||z|^m$ für große $|z|$ hat $|P|$ ein Minimum auf $\mathbb{C}$.

22.15 Nein. Ein solches f hat höchstens endlich viele Nullstellen, nach Division durch ein Polynom dann keine Nullstellen, und die Anwendung von (30) auf $\frac{1}{f}$ liefert einen Widerspruch.

23.1 Für $\frac{1}{2} < |z| < 2$ bzw. für $|z| = 1$.

23.2 Man beachte $\frac{2}{(z-2)(z-4)} = \frac{1}{z-4} - \frac{1}{z-2}$ und die geometrische Reihe.

23.3 Nach dem Satz von Weierstraß 22.20 kann man gliedweise differenzieren.

23.4 Dies folgt leicht aus (6).

23.5 Es gibt $a_1, \ldots, a_m \in S^1$ und $c_1, \ldots, c_m \in \mathbb{C}$, so daß $f(z) - \sum\limits_{j=1}^{m} \frac{c_j}{z-a_j}$ für ein $\rho > 1$ auf $K_\rho(0)$ holomorph ist. Andererseits gilt $\frac{1}{(1-z)^2} = \sum\limits_{k=0}^{\infty}(k+1)z^k$.

23.7 $\mathrm{Res}(f;0) = \frac{1}{32}$, $\mathrm{Res}(f;-2) = \frac{1}{72}$, $\mathrm{Res}(f;4) = -\frac{13}{288}$.

23.8 $\mathrm{Res}(\Gamma;-k) = \frac{(-1)^k}{k!}$.

23.9 Dies ergibt sich wie in Beispiel 23.8 d).

23.11 a) Ist $f \neq 0$ und $f(a) = 0$, so erhält man den Widerspruch
$$0 = 2\pi i\, N(f_n; K_\varepsilon(a)) = \int_{\kappa_{a,\varepsilon}} \frac{f_n'(\zeta)}{f_n(\zeta)}\, d\zeta \to \int_{\kappa_{a,\varepsilon}} \frac{f'(\zeta)}{f(\zeta)}\, d\zeta = 2\pi i\, N(f; K_\varepsilon(a)) \neq 0.$$
b) Für $w \in G$ wendet man a) auf die Folge $(f_n - f_n(w))$ über $G\backslash\{w\}$ an.

23.15 Es ist $S_1 := \{w \in S \mid \sum\limits_{\ell=1}^{m} n(\gamma_\ell; w) \neq 0\}$ endlich. Man zieht von f die negativen Teile der Laurent-Entwicklungen in den Punkten von S_1 ab und erhält eine auf $D\backslash(S\backslash S_1)$ holomorphe Funktion, auf die der Cauchysche Integralsatz 23.17 anwendbar ist.

23.16 Dies folgt sofort aus Satz 22.4 und Aufgabe 23.15.

23.17 a) „$(\alpha) \Rightarrow (\beta)$": Es ist $U := A \cup G$ eine offene Umgebung der kompakten Menge A. Ähnlich wie in Lemma 8.4 findet man endlich viele offene Quader mit $A \subseteq V := \bigcup W_j \subseteq U$; wegen $V \in \mathfrak{G}_{st}(\mathbb{C})$ und (31) muß dann $A = \emptyset$ sein.
„$(\beta) \Rightarrow (\alpha)$": Für einen nicht nullhomologen Zykel in G setzt man einfach $A := \{w \in \mathbb{C}\backslash G \mid \sum\limits_{\ell=1}^{m} n(\gamma_\ell; w) \neq 0\}$ und $B := \{w \in \mathbb{C}\backslash G \mid \sum\limits_{\ell=1}^{m} n(\gamma_\ell; w) = 0\}$.
b) folgt sofort aus Satz 22.4 und dem Cauchyschen Integralsatz 23.17.

24.1 Man kann z. B. den Satz von Morera verwenden.

24.2 siehe [13], section I B.

24.3 siehe [41], § 8.

25.3 „(b) $\Rightarrow$ (c)": Auf (10) für $0 \leq \rho \leq r$ wende man $n\, r^{-n} \int_0^r \rho^{n-1}\, d\rho$ an.
„(c) $\Rightarrow$ (a)": Aus (22) folgt das Maximum-Prinzip.

25.4 b) $\int_{K_r(x)} \Delta u(x)\, d^n x = \int_{\partial K_r(x)} \partial_{\mathfrak{n}}\, u(y)\, d\sigma(y) = \int_{\partial K_r(x)} \langle \operatorname{grad} u(y), \frac{y-x}{r} \rangle\, d\sigma(y)$
$= r^{n-1} \int_{S^{n-1}} \langle \operatorname{grad} u(x+r\eta), \eta \rangle\, d\sigma(\eta) = r^{n-1} \frac{d}{dt} \int_{S^{n-1}} u(x+t\eta)\, d\sigma(\eta)\big|_{t=r} = $
$r^{n-1} \frac{d}{dt}(\tau_n u(x))\big|_{t=r} = 0.$

25.5 Für $f \in \mathcal{O}(\Omega)$ und $\overline{K}_r(a) \subseteq \Omega$ gilt $f(a) = \frac{1}{2\pi i} \int_{\partial K_r(a)} \frac{f(\zeta)}{\zeta-a}\, d\zeta = \frac{1}{2\pi} \int_{-\pi}^{\pi} f(a+re^{it})\, dt$, und man verwendet Satz 25.3.

25.7 a) Für $|x| < r < R$ gilt nach (21) $u(x) = \frac{r^2-|x|^2}{\tau_n\, r} \int_{\partial K_r(a)} \frac{u(y)}{|x-y|^n}\, d\sigma_{n-1}(y)$; man beachte $r - |x| \leq |x-y| \leq r+|x|$ für $|y| = r$, verwende (10) und $r \to R$.
b) Für $u \geq 0$ liefert $R \to \infty$ in (25) sofort $u(x) = u(0)$.
c) Man kann $u_n \geq 0$ annehmen. Die Menge $A := \{x \in \Omega \mid \sup_n u_n(x) < \infty\}$ ist wegen (25) offen und abgeschlossen in Ω, und es folgt $A = \Omega$. Nach dem Satz über monotone Konvergenz gilt die Poissonsche Integralformel für $u := \lim\limits_{n\to\infty} u_n$, und es ist $u \in \mathcal{H}(\Omega)$. Die lokal gleichmäßige Konvergenz folgt dann aus dem Satz von Dini.

26.1 Es ist $d\varphi = \frac{x\,dy - y\,dx}{x^2+y^2}$ geschlossen, aber nicht exakt.
26.2 a) $\omega = df(r)$ mit $f'(r) = rg(r)$.
b) $= \frac{1}{2-\alpha}((4\pi^2 c^2 + 1)^{1-\frac{\alpha}{2}} - 1)$ für $\alpha \neq 2$, $= \log \sqrt{4\pi^2 c^2 + 1}$ für $\alpha = 2$.
26.3 b) $\int_{\kappa_1} \omega = 2\pi$, $\int_{\kappa_2} \omega = 0$.
26.4 Mit $x = \Psi_1(u,v)$, $y = \Psi_2(u,v)$ hat man $\int_{\partial G_2} P\, dy = \int_{\partial G_1} \Psi^*(P\,dy) = \int_{\partial G_1} P(\Psi(u,v))(\frac{\partial y}{\partial u}\, du + \frac{\partial y}{\partial v}\, dv) = \int_{G_1}(\frac{\partial}{\partial u}(P\frac{\partial y}{\partial v}) - \frac{\partial}{\partial v}(P\frac{\partial y}{\partial u}))\, du \wedge dv = \ldots = \int_{G_1} \frac{\partial P}{\partial x} J\Psi(u,v)\, du \wedge dv.$

27.2 Man entwickle nach der ersten Zeile, verwende (9) und Induktion über p.
27.3 $d\omega_1 = 0$, $d\lambda = -u_4 \sin u_3 u_4\, du_1 \wedge \ldots \wedge du_4$.
27.4 a) $0 = d(\frac{dE+p\,dV}{T}) = \frac{1}{T}(\frac{1}{T}(\frac{\partial E}{\partial V} + p) - \frac{\partial p}{\partial T})\, dV \wedge dT$.
b) Nur im Fall $a = 0$.
27.7 Für $v(r, \varphi, \vartheta) = (A(r,\varphi,\vartheta), B(r,\varphi,\vartheta), C(r,\varphi,\vartheta))^{\mathsf{T}} \in \mathcal{C}^1(\mathbb{R}^3 \backslash \{0\})$ gilt
$\operatorname{div}_\Psi v = \frac{1}{r^2 \cos\vartheta} \operatorname{div}(r^2 \cos\vartheta\, v) = \operatorname{div} v + \frac{A}{r} - \tan\vartheta \cdot C$,
$\operatorname{rot}_\Psi v = \frac{1}{r^2 \cos\vartheta} \operatorname{rot}(A, r^2 \cos^2\vartheta\, B, r^2 C)^{\mathsf{T}} = (\frac{1}{\cos\vartheta} \frac{\partial C}{\partial\varphi} - \frac{\partial B}{\partial\vartheta} + \sin\vartheta\, B,$
$\frac{1}{r^2 \cos\vartheta} \frac{\partial A}{\partial\vartheta} - \frac{1}{\cos\vartheta} \frac{\partial C}{\partial r} - \frac{2C}{r\cos\vartheta}, \cos\vartheta \frac{\partial B}{\partial r} + \frac{2B\cos\vartheta}{r} - \frac{1}{r^2\cos\vartheta} \frac{\partial A}{\partial\varphi})^{\mathsf{T}}.$

28.1 siehe etwa [22], Kapitel 4.2.
28.2 Man hat $EG - F^2 = 1 - \sin^2 u \sin^2 \frac{u}{2} - t\sin u\cos\frac{u}{2} + \frac{t^2}{4}$ und die Abschätzung $1 - \sin^2 u \sin^2 \frac{u}{2} \geq \frac{1}{3}$.
28.3 Man hat $\mu_2(M_\delta) = \int_{-\delta}^{\delta} \int_{-\pi}^{\pi} \sqrt{(1 + t\cos\frac{u}{2})^2 + \frac{t^2}{4}}\, du\, dt$.
28.4 b) Man hat $\kappa_2(V_1 \cap V_2) = (-\pi, 0) \times I \cup (0, \pi) \times I$ und $\chi(u,t) = (u + 2\pi, -t)$ für $(u,t) \in (-\pi, 0) \times I$ sowie $\chi(u,t) = (u,t)$ für $(u,t) \in (0, \pi) \times I$. Die Nicht-Orientierbarkeit von M folgt daraus wie in Bemerkung 28.4 e).
28.6 Die Stetigkeit von $x \mapsto P(x)$ folgt aus (II.13.14) und der Gram-Schmidt-Orthonormalisierung (vgl. auch (32.26)).

28.7 Zu $\psi'(u) : \mathbb{R}^p \mapsto \mathbb{R}^n$ gibt es eine stetig von $u \in Q$ abhängige Linksinverse $L(u) : \mathbb{R}^n \mapsto \mathbb{R}^p$ mit $\kappa_*(x) = L(u)|_{T_x(S)}$ (vgl. Aufgabe 10.2).
28.9 Lokal verwende man (19.4) und dann eine Zerlegung der Eins.

29.1 Lokal verwende man (19.4) und dann eine Zerlegung der Eins.
29.3 $\int_{S^2} x\, dy \wedge dz = \int_{K_1(0)} dx \wedge dy \wedge dz = \frac{4\pi}{3}$.
29.4 „$\Rightarrow$": Man setzt $\omega = do$.
„$\Leftarrow$": Man setzt $(\beta_1, \ldots, \beta_p) \in \epsilon(T_x(S)) :\Leftrightarrow \omega(x)(\beta_1, \ldots, \beta_p) > 0$.
29.5 Wegen $\partial S = \emptyset$ folgt dies sofort aus dem Satz von Stokes.
29.6 Man verwende Satz 5.14 sowie (24) für „$\Rightarrow$" und (25) für „$\Leftarrow$".

30.1 a) Man beachte (27.17).
30.2 b) Nach Theorem 30.4 ist $g^* f^* = I$ und $f^* g^* = I$.
30.3 a) Die Inklusion $S^{n-1} \mapsto \mathbb{R}^n \backslash \{0\}$ und $x \mapsto \frac{x}{|x|}$ sind $\mathcal{C}^\infty$-homotop.
b) $H^r(\mathbb{R}^3 \backslash \{0\}) \cong \mathbb{R}$ für $r = 0, 2$ und $H^r(\mathbb{R}^3 \backslash \{0\}) = 0$ für $r = 1, 3$.
c) Man hat $\mathbb{R}^3 \backslash g \simeq \mathbb{R}^3 \backslash \mathrm{sp}\{e_3\} \simeq \mathbb{R}^2 \backslash \{0\} \simeq S^1$ und daher $H^r(\mathbb{R}^3 \backslash g) \cong \mathbb{R}$ für $r = 0, 1$ und $H^r(\mathbb{R}^3 \backslash g) = 0$ für $r = 2, 3$.
30.4 Wäre Lemma 21.3 falsch, so wäre $S^{n-1} \simeq K_{1+\delta}(0)$ trotz $H^{n-1}(S^{n-1}) \neq 0$ und $H^{n-1}(K_{1+\delta}(0)) = 0$.
30.7 $v(x_1, \ldots, x_{2k}) := (-x_2, x_1, -x_4, x_3, \ldots, -x_{2k}, x_{2k-1})^\top$.
30.8 a) Es gibt w_1 mit $v = \mathrm{rot}\, w_1$; man wählt dann $w := w_1 + \mathrm{grad}\, g$ mit $\mathrm{div}\, w = \mathrm{div}\, w_1 + \Delta g = 0$.
b) Es gibt g mit $\Delta g = \mathrm{div}\, v$, und wegen $\mathrm{div}(v - \mathrm{grad}\, g) = 0$ gibt es nach a) ein w mit $\mathrm{div}\, w = 0$ und $\mathrm{rot}\, w = v - \mathrm{grad}\, g$.

31.2 Für eine Karte κ und $x \in V$ sei $\langle \frac{\partial}{\partial x_i}\big|_x, \frac{\partial}{\partial x_j}\big|_x \rangle_x^\kappa := \delta_{ij}$; mit einer $\{V_j\}$ untergeordneten $\mathcal{C}^\infty$-ZdE $\{\alpha_j\}$ dann $\langle \mathfrak{t}, \mathfrak{s} \rangle_x := \sum_j \alpha_j(x) \langle \mathfrak{t}, \mathfrak{s} \rangle_x^{\kappa_j}$ für $\mathfrak{t}, \mathfrak{s} \in T_x(S)$.
31.3 Für ungerade n; nur in diesem Fall ist die Antipodenabbildung $\tau : S^n \mapsto S^n$ orientierungserhaltend.

32.2 a) Eine Orthonormalbasis ist $\{ \frac{e^{ikx}}{\sqrt{1+k^2}} \}_{k \in \mathbb{Z}}$.
32.3 a) Man kann $[a, b] = [-1, 1]$ annehmen. Offenbar ist P_n ein Polynom vom Grad n. Man berechnet $\langle P_n, P_m \rangle = 0$ für $n \neq m$ und $\langle P_n, P_n \rangle = 1$ mittels $\int_{-1}^1 (1 - t^2)^n\, dt = \int_0^\pi \sin^{2n+1} u\, du$ und (I. 24.20).
b) Es seien $x_1, \ldots, x_k$ alle Nullstellen ungerader Ordnung von P_n in (a, b). Für $P(x) := (x - x_1) \cdots (x - x_k)$ gilt dann $\langle P_n, P \rangle \neq 0$, also $\deg P = n$.
c) Mit $\omega(x) = (x - \xi_0) \cdots (x - \xi_{n-1})$ gilt $P(x) = Q_1(x) \omega(x) + Q_2(x)$ mit $\deg Q_1, \deg Q_2 \leq n - 1$. Wegen $P(\xi_j) = Q_2(\xi_j)$ liefert dies dann die Bedingung $\int_a^b \omega(x) Q_1(x) = 0$ für alle Polynome Q_1 mit $\deg Q_1 \leq n - 1$.
32.4 Man substituiere $x = \cos t$ und benutze die Dichtheit von $\mathcal{C}[-1, 1]$ in diesem Hilbertraum.
32.5 a) rechnet man nach; in b) integriert man partiell unter Verwendung von a).

32.6 Wegen $\overline{F}^\perp = F^\perp$ gilt $E = \overline{F} \oplus F^\perp$. Für $x = x_1 + x_2 \in (F^\perp)^\perp$ gilt $\| x_2 \|^2 = \langle x, x_2 \rangle = 0$.

32.7 Wegen $x = Px + (I - P)x$ gilt $E = R(P) + N(P)$; für $Px \in R(P)$ und $y \in N(P)$ ist $\langle Px, y \rangle = \langle x, Py \rangle = 0$.

32.8 a) $M(y) = \{ x \in E \mid Ax = P_{R(A)}y \}$.

b) $A^\dagger y = P_{M(y)}(0)$ ist das einzige Element in $M(y) \cap N(A)^\perp$.

c) Mit $\widetilde{A} : N(A)^\perp \mapsto R(A)$, $\widetilde{A}x := Ax$, ist $A^\dagger = \widetilde{A}^{-1} P_{R(A)}$. Die Stetigkeit folgt aus dem Satz von der offenen Abbildung (vgl. Folgerung 34.10).

33.2 a) $\displaystyle\sum_{k=-\infty}^\infty r^{|k|} e^{iks} = 1 + 2\,\mathrm{Re}\,\sum_{k=1}^\infty (re^{is})^k$.

34.1 a) Ist $\overline{M^c} \neq X$, so ist $M^\circ = \overline{M^c} \neq \emptyset$, M also von zweiter Kategorie.

b) $D^c = \displaystyle\bigcup_{n=1}^\infty D_n^c$ ist mager.

34.2 Ist $A_n^\circ \neq \emptyset$, so gibt es ein Polynom P mit $K_\varepsilon(P) \subseteq A_n$; man kann aber eine „Zickzack-Funktion" in $K_\varepsilon(P) \backslash A_n$ konstruieren. Man hat $B^c \subseteq \displaystyle\bigcup_{n=1}^\infty A_n$.

34.3 Die endlichdimensionalen Räume $\mathbb{C}_n[z] := \{ P \in \mathbb{C}[z] \mid \deg P \leq n \}$ sind abgeschlossen und somit nirgends dicht in $\mathbb{C}[z]$.

34.4 Es ist M_k offen mit $m(M_k) \leq 2^{-k}$, $N_k := [0,1] \backslash M_k$ kompakt und nirgends dicht.

34.5 Man beachte $t = \frac{s}{1+s} \Leftrightarrow s = \frac{t}{1-t}$ für $s > 0$ und $0 < t < 1$.

34.6 Mit der Isometrie $j : E \mapsto E'$ aus (32.28) ist die Menge jM in E' punktweise beschränkt, nach Theorem 34.6 also in der Norm beschränkt.

34.7 „(b) $\Rightarrow$ (c)" folgt aus Folgerung 34.7, „(c) $\Rightarrow$ (a)" wie in Lemma II.11.6.

34.8 Man hat $\displaystyle\sum_{k=1}^{r_n} |c_k^{(n)}| = \| Q_n \|$ und $\displaystyle\sum_{k=1}^{r_n} c_k^{(n)} = Q_n(1)$.

34.9 Man kann etwa $\varphi_n(f) := n\,f(a + \frac{1}{n})$ nehmen.

34.10 Aus $x_n \to x$ und $Tx_n \to y$ folgt für alle $z \in H$ sowohl $\langle Tx_n, z \rangle \to \langle y, z \rangle$ als auch $\langle Tx_n, z \rangle = \langle x_n, Tz \rangle \to \langle x, Tz \rangle = \langle Tx, z \rangle$, also $y = Tx$.

34.11 „$\Rightarrow$": Der inverse Operator zu $T : E \mapsto R(T)$ ist wegen 34.10 stetig.

34.12 Mit $\Gamma(T)$ ist auch $\Gamma(T^{-1})$ abgeschlossen.

35.1 Man beachte Aufgabe I.40.3*.

35.2 $\| T(t) - T(s) \| \leq \| \vartheta^{\alpha t} - \vartheta^{\alpha x} \|_{\mathcal{H}_1^0} \to 0$ für $t \to s$. – Nein.

35.3 Die Funktionen u, $\frac{\partial u}{\partial x}$ und $\frac{\partial^2 u}{\partial x^2}$ sind stetig auf $\mathbb{R} \times [0, \infty)$.

35.4 a) Für die Energie $E(t) := \| v^t \|_{L_2}^2 \geq 0$ gilt $\frac{dE}{dt} \leq 0$ für $t > 0$.

b) Nach a) muß $v^t = T(s)v^s$ für $0 < s < t$ sein.

36.1 a) Durch $\xi = x + ct$, $\tau = x - ct$ wird (21) in $\partial_\xi \partial_\tau u(\xi, \tau) = 0$ transformiert. Die liefert $u(\xi, \tau) = f(\xi) + g(\tau)$.

b) β) Für $L \to 0$ strebt u gegen $w(x, t) = \frac{1}{2c} \chi_{\{(x,t) \mid -ct < x \leq ct\}}$; man hat eine auseinanderlaufende Welle fester Amplitude.

36.3 $u(x,t) = \sum\limits_{k=1}^{\infty} A_k e^{-\alpha k^2 t} \sin kx$.

37.1 $M_a^* = M_{\bar{a}}$ und $\sigma(M_a) = a(C)$.

37.2 $\|T\|^2 = \sup\{|\langle Tx, Tx\rangle| \mid \|x\| \leq 1\} = \sup\{|\langle x, T^*Tx\rangle| \mid \|x\| \leq 1\} \leq \|T^*T\| \leq \|T^*\| \|T\| = \|T\|^2$.

37.3 Mit Aufgabe 37.2 folgt induktiv $\|A^{2^k}\| = \|A\|^{2^k}$.

37.4 b) Man hat $\|Tx\|^2 = \langle T^*Tx, x\rangle = \|x\|^2$ für $x \in E \Leftrightarrow T^*T = I$.

c) Man hat $\|Tx\|^2 = \langle T^*Tx, x\rangle$ und $\|T^*x\|^2 = \langle TT^*x, x\rangle$.

37.5 Gilt (30), so ist $T : N(T)^{\perp} \mapsto R(T)$ ein Isomorphismus, und $R(T)$ ist vollständig. Umgekehrt verwende man Folgerung 34.10.

37.6 (31) rechnet man aus. Für $\lambda \in \mathbb{C}\backslash\mathbb{R}$ ist dann nach Aufgabe 37.5 $R(\lambda I - A)$ abgeschlossen, und man hat $R(\lambda I - A)^{\perp} = N(\bar{\lambda}I - A) = (0)$.

37.7 a) Man berechne $\langle T(x + \alpha y), x + \alpha y\rangle$ für $\alpha = 1$ und $\alpha = i$.

b) Für $\mathbb{K} = \mathbb{C}$: ja. Nach a) ist $T = T^*$ und man verwendet (9) sowie $\operatorname{Im}\langle Tx, y\rangle = \operatorname{Re}\langle Tx, iy\rangle$. Ein Gegenbeispiel auf $\mathbb{R}^2$ ist eine Drehung um $\frac{\pi}{2}$.

37.8 a) $\langle T, S\rangle_2 := \sum_{i \in I}\langle Te_i, Se_i\rangle$ für eine Orthonormalbasis von E.

c) $\|T\|_2^2 = \sum_{i,j}|a_{ij}|^2$.

37.9 b) Dies folgt aus dem Satz von Arzelà-Ascoli.

37.10 a) Man benutze das Additionstheorem des Sinus und reelle Fourier-Entwicklung. Die Eigenwerte sind $1, -1$ und 0 mit den Eigenräumen $\operatorname{sp}\{\cos x + \sin x\}$, $\operatorname{sp}\{\cos x - \sin x\}$ und $\operatorname{sp}\{\cos x, \sin x\}^{\perp}$.

b) Für $g \perp \cos x + \sin x$.

37.11 Für $y \in N(A)^{\perp}$ mit $\sum_{j=1}^{\infty} \frac{1}{\lambda_j^2}|\langle y, e_j\rangle|^2 < \infty$.

37.12 a) Mit $P_n y := \sum_{j=1}^{n}\langle y, e_j\rangle e_j$ setze man $T_n := P_n T$ und benutze den Satz von Banach-Steinhaus.

b) $T_n^* = T^* P_n^* = T^* P_n$ ist endlichdimensional und $\|T^* - T_n^*\| \to 0$.

37.13 a) Gilt (30) für $I - T$ nicht, so gibt es eine Folge (x_n) in $N(I - T)^{\perp}$ mit $\|x_n\| = 1$ und $x_n - Tx_n \to 0$. Für eine Teilfolge gilt dann $Tx_{n_j} \to x_0 \in E$; es folgt auch $x_{n_j} \to x_0$, also $x_0 \in N(I - T)^{\perp}$, $\|x_0\| = 1$ und $(I - T)x_0 = 0$.

b) folgt aus a), (8) und Aufgabe 37.12 b).

37.14 Für $V \in L(E)$ definiert man $\widetilde{V} : N(S)^{\perp} \times R(S) \mapsto R(S) \oplus R(S)^{\perp} = E$ durch $\widetilde{V}(x,y) := Vx + y$. Offenbar ist $\widetilde{S}$ bijektiv und somit $\widetilde{S}^{-1}$ stetig.

a) Man hat $R(S) = \widetilde{S}(N(S)^{\perp} \times \{0\})$.

b) Für V nahe S ist auch $\widetilde{V}$ invertierbar. Man lese auch [34], Satz 4.1.12 und Satz 4.2.4.

c) Nach b) ist $\operatorname{ind} H(s)$ konstant, und man hat $\operatorname{ind} H(0) = \operatorname{ind} I = 0$.

37.15 Es sei $0 \leq \rho := \max\{|\lambda| \mid \lambda \in \sigma(T)\} < r(T)$. Für $x, y \in E$ konvergiert dann nach Satz 23.1 die Laurent-Entwicklung $\sum_{k=0}^{\infty} \frac{\langle T^k x, y\rangle}{\lambda^{k+1}}$ der auf $R_{\rho,\infty}$ holomorphen Funktion $\langle R_T(\lambda)x, y\rangle$ für $|\lambda| > \rho$. Für $\rho < \alpha < r(T)$ ist dann $\{\frac{\langle T^k x, y\rangle}{\alpha^{k+1}} \mid k \in \mathbb{N}_0\}$ beschränkt, und nach Theorem 34.6 gilt dies dann auch für

$\{\frac{\|T^k\|}{\alpha^{k+1}} \mid k \in \mathbb{N}_0\}$. Damit folgt aber der Widerspruch $r(T) \leq \alpha$.

38.1 Dies folgt leicht aus (8) wie im Beweis von Satz 38.2 b).

38.2 Die Eigenfunktionen sind $c \sin \sqrt{\lambda} x$. Für $h \neq 0$ bedeutet die Bedingung gerade $\sqrt{\lambda} + h \tan \ell \sqrt{\lambda} = 0$. Für $h = -\frac{1}{\ell}$ hat man den Eigenwert 0 zur Eigenfunktion cx, und für $h < -\frac{1}{\ell}$ ist $\lambda = -\omega^2$ Eigenwert zur Eigenfunktion $c \sinh \omega x$, wobei $\omega > 0$ die Lösung der Gleichung $\omega + h \tanh \ell \omega = 0$ ist.

38.3 Wegen $c = p(x) W(x)$ gilt dies für den in (14) auftretenden Kern.

38.4 Im Fall $\lambda = \lambda_j$ für $\langle f, \phi_j \rangle_{L_2} = 0$, sonst für alle $f \in L_2(J)$.

38.5 Beides genau dann, wenn das entsprechende Problem (4) nur positive Eigenwerte besitzt.

39.1 a) $u'(\varphi) = -\lim\limits_{\varepsilon \to 0+} \int_{|x-a| \geq \varepsilon} u(x) \varphi'(x) \, dx$; partielle Integration.

39.2 a) $\log |x| = \lim\limits_{\varepsilon \to 0+} \chi_{\{|x| \geq \varepsilon\}} \log |x|$. b) Es ist $f'(\varphi) = \lim\limits_{n \to \infty} (\frac{3}{2})^n \int_{C_n} \varphi(x) \, dx$ der „Mittelwert" von φ über die Cantor-Menge.

39.3 Wähle $h \in C^\infty(\mathbb{R})$ mit $h(x) = 0$ für $x < 0$ und $h(x) = 1$ für $x > 1$ und setze $h_\varepsilon(x) := h(\frac{x}{\varepsilon})$. In der Situation von Lemma 20.6 gilt $h_\varepsilon(\psi(x') - x_n) \to \chi_\Omega(x)$ in $\mathcal{D}'(R)$. Mit $\nu(x') := (-\partial_1 \psi(x'), \ldots, -\partial_{n-1}\psi(x'), 1)^\top$ gilt $\partial_j h_\varepsilon(\psi(x') - x_n) = -\nu_j(x') h'_\varepsilon(\psi(x') - x_n)$, und mit Bemerkung 37.8 b) folgt mittels $\varepsilon \to 0^+$ dann $\partial_j \chi_\Omega(\varphi) = -\int_{R'} \nu_j(x') \varphi(x', \psi(x')) \, dx'$ für $\varphi \in \mathcal{D}(R)$. Man verwende nun (20.11), (19.21) und Bemerkung 37.16 b).

39.4 Die Produktregel liefert $P(D)(au) = \sum\limits_{|\alpha| \leq m} (D^\alpha a) Q_\alpha(D) u$ mit gewissen Polynomen Q_α. Mit $a(x) = e^{i\langle x, \xi \rangle}$ und $u = e^{i\langle x, \eta \rangle}$ folgt $P(\xi + \eta) = \sum\limits_{|\alpha| \leq m} \xi^\alpha Q_\alpha(\eta)$, und die Taylor-Formel erzwingt $Q_\alpha(\eta) = \frac{1}{\alpha!} P^{(\alpha)}(\eta)$.

39.5 Nein.

39.6 Es ist $N_\Omega(P)$ ein Fréchetraum. Die Inklusion $i : N_\Omega(P) \mapsto \mathcal{E}(\Omega)$ hat abgeschlossenen Graphen und ist somit stetig.

39.7 Nein. Andernfalls wähle $\psi \in \mathcal{D}(-2, 2)$ mit $\psi = 1$ auf $[-1, 1]$ und setze $\varphi(x) := \chi_{(0, \infty)}(x) \psi(x) e^{-\frac{1}{x}} \in \mathcal{D}(\mathbb{R})$. Die Menge $\{\varphi_\varepsilon(x) := \varphi(x - \varepsilon) \mid 0 < \varepsilon < 1\}$ ist beschränkt in $\mathcal{D}[0, 3]$, aber es gilt $u(\varphi_\varepsilon) \to \infty$ für $\varepsilon \to 0^+$.

39.8 b) Man wähle $\varphi_n \in \mathcal{D}(\mathbb{R})$ mit $\varphi_n(x) = 0$ für $x < \frac{2}{3} 2^{-n-1}$ und $\varphi_n(x) = 1$ für $x > \frac{3}{4} 2^{-n-1}$.

39.9 Für $\varphi \in \mathcal{D}(\mathbb{R}^n)$ gilt $\varphi(x) = \sum\limits_{|\alpha| \leq j} \frac{\partial^\alpha \varphi(0)}{\alpha!} x^\alpha + \psi(x)$ mit $\partial^\alpha \psi(0) = 0$ für $|\alpha| \leq j$. Man zeige $u(\psi) = 0$.

40.1 Dies rechnet man nach, siehe auch [37], section 4.

40.2 Man argumentiere wie in Satz 40.5 und Satz 40.7.

40.3 Man verwende Folgerung 40.8 und (9).

40.4 Es sei (K_ℓ) eine kompakte Ausschöpfung von Ω wie in (3.1). Wähle dann $\chi_\ell \in \mathcal{D}(K_{\ell+1})$ mit $\chi_\ell = 1$ nahe K_ℓ und setze $\psi_\ell = (\chi_\ell u) * \rho_{1/\ell+3}$.

40.5 $v = \delta * v = P(D)E * v = E * P(D)v = 0$.

40.6 Man falte beide Seiten mit $\varphi \in \mathcal{D}(\mathbb{R}^n)$.

40.8 Man hat $u_k * v_k - u * v = (u_k - u) * v_k + u * (v_k - v)$. Man benutzt (7) und (16). Nach Theorem 34.6 ist $\{v_k\}$ gleichstetig in $\mathcal{E}'(\mathbb{R}^n)$, für $\varphi \in \mathcal{D}(\mathbb{R}^n)$ daher $\{v_k * \varphi\}$ beschränkt und relativ kompakt in einem $\mathcal{D}(K)$.

41.1 a) Man substituiere $y = Tx$. c) Mit $T := \sqrt{A}$ ist $e^{-\frac{1}{2}\langle x, Ax\rangle} = G^1 \circ T$, und a) liefert $\mathcal{F}e^{-\frac{1}{2}\langle x, Ax\rangle}(\xi) = |\det A|^{-\frac{1}{2}} e^{-\frac{1}{2}\langle \xi, A^{-1}\xi\rangle}$; vgl. auch [18], Band 1, 7.6.

41.2 Die Werte sind $\frac{3}{4}\pi$ und $\frac{11}{20}\pi$.

41.4 Wegen (7) folgt dies wie (17) aus (13).

41.5 Man zerlege das letzte Integral in zwei Teile und benutze $\int_{-\infty}^{\infty} \frac{\sin\xi}{\xi} d\xi = \frac{\pi}{2}$.

41.6 siehe [36], Band 3, 17 E 9 oder [25], S. 324.

41.8 $(2\pi)^{-\frac{n}{2}} \mathcal{F}(\widehat{\phi} * \widehat{\psi}) = \mathcal{F}^2\phi\mathcal{F}^2\psi = \check{\phi}\check{\psi} = \mathcal{F}^2(\phi\psi)$ nach (16).

41.9 Für $|\alpha| \leq n+1$ ist $\xi^\alpha \widehat{f} = \widehat{D^\alpha f}$ beschränkt auf $\mathbb{R}^n$.

41.11 Man verwende Induktion, partielle Integration, (21) und $h_{n+1} = xh_n - h_n'$.

41.12 a) In (6) setze man $\zeta \in \mathbb{C}^n$ statt $\xi \in \mathbb{R}^n$ ein, entwickle $e^{-i\langle x,\zeta\rangle}$ in eine Potenzreihe und beachte (20).
b) Es sei n die Ordnung von u. Mit $\varepsilon := \frac{1}{1+|\zeta|}$ wähle man $\chi \in \mathcal{D}(\overline{K}_{R+\varepsilon}(0))$ mit $\chi = 1$ auf $\overline{K}_{R+\frac{\varepsilon}{2}}(0)$ wie in Satz 10.14 (vgl. auch Aufgabe 10.9).
Man lese dazu auch [21], § 15, oder [18], Band 1, 7.3.

41.13 $u(x,t) = (E_H * f)(x,t) + T(t)A(x)$.

42.1 Für alle $k \in \mathbb{N}_0$; man hat nämlich $\frac{d^k}{dx^k} \frac{x}{1+x^2} = \frac{Q_k(x)}{(1+x^2)^{k+1}}$ mit Polynomen Q_k mit $\deg Q_k \leq k+1$. / Nein.

42.2 Für $s < -\frac{n}{2}$.

42.4 Man beachte $D^\alpha(\tau_h f) = \tau_h(D^\alpha f)$, $D^\alpha(\rho_\varepsilon * f) = \rho_\varepsilon * D^\alpha f$, den Beweis von Satz 8.2 und Theorem 10.11.

42.5 Es gelten (41.7) und (41.16) auch für $f \in H^s(\mathbb{R}^n)$; man beachte Aufgabe 41.10 und verwende den Satz über majorisierte Konvergenz.

42.7 Wie in Satz 42.6 findet man $w \in W_0^k(\Omega)$ mit $\|w\|_{W_0^k(\Omega)} = \|u\|_{W_0^k(\Omega)'}$ und $u(\varphi) = \langle \varphi, w\rangle_{W_0^k} = \sum_{|\alpha|\leq k} \langle D^\alpha\varphi, D^\alpha w\rangle_{L_2} = \sum_{|\alpha|\leq k} \langle \varphi, (-1)^{|\alpha|} D^{2\alpha} w\rangle_{L_2}$ für $\varphi \in \mathcal{D}(\Omega)$.

42.8 Mit $p := \frac{1}{a}$, $q := \frac{1}{b}$ folgt dies aus der Hölderschen Ungleichung.

42.8 Mit $R > 0$ aus (24) wählt man $\chi \in \mathcal{D}(\mathbb{R}^n)$ mit $\chi(\xi) = (2\pi)^{-\frac{n}{2}}$ für $|\xi| \leq R$ und setzt $E := \mathcal{F}^{-1}((2\pi)^{-\frac{n}{2}} - \chi)\frac{1}{P})$.

42.9 Nein; die Folge $\tau_{3k}(\rho_1)$ etwa ist in $W^1(\mathbb{R})$ beschränkt, hat aber keine konvergente Teilfolge in $L_2(\mathbb{R})$.

42.11 Man benutze $\widehat{R\psi}(\xi') = \int_{\mathbb{R}} \widehat{\psi}(\xi) d\xi_n$.

43.1 Man beachte Aufgabe 33.2 und $\int_0^R \int_{-\pi}^{\pi} (\nabla u)^2 r\, dr\, d\varphi \geq \pi \sum_{k=1}^{\infty} R^{2k!} \frac{k!}{k^4} \to \infty$ für $R \to 1^-$.

43.5 $\lambda_{jk} = \omega_{jk}^2 = \pi^2(\frac{j^2}{a^2} + \frac{k^2}{b^2})$, $j, k \in \mathbb{N}$.

Literatur

1. M. Barner / F. Flohr, Analysis 2, De Gruyter, Berlin-New York 1989²
2. H. Bauer, Wahrscheinlichkeitstheorie und Grundzüge der Maßtheorie, De Gruyter, Berlin 1968
3. T. Bröcker, Analysis II, III, Spektrum Akademischer Verlag, Heidelberg-Berlin 1995
4. R. Courant, Vorlesungen über Differential- und Integralrechnung II, Springer, Berlin-Göttingen-Heidelberg 1963³
5. R. Courant / D. Hilbert, Methoden der mathematischen Physik I, II, Springer, Berlin-Göttingen-Heidelberg 1968³, 1968²
6. H. Dym / H.P. McKean, Fourier Series and Integrals, Academic Press, New York-London 1972
7. W. Fischer / I. Lieb: Funktionentheorie, rororo–vieweg, Braunschweig-Wiesbaden 1981²
8. W. Fischer / I. Lieb: Ausgewählte Kapitel aus der Funktionentheorie, rororo–vieweg, Braunschweig-Wiesbaden 1988
9. O. Forster, Analysis 3, rororo–vieweg, Braunschweig-Wiesbaden 1981
10. E. Freitag / R. Busam: Funktionentheorie, Springer, Berlin-Heidelberg-New York 1995²
11. B. Gelbaum / J. Olmsted: Counterexamples in Analysis, Holden-Day, San Francisco-London-Amsterdam 1964
12. H. Grauert / I. Lieb, Differential- und Integralrechnung III, Springer, Berlin-Heidelberg-New York 1977²
13. R.C. Gunning / H. Rossi, Analytic Functions of Several Complex Variables, Prentice Hall, Englewood Cliffs, 1965
14. H. Heuser, Lehrbuch der Analysis 2, Teubner, Stuttgart 1981
15. D. Gilbarg / N.S. Trudinger, Elliptic Partial Differential Equations of Second Order, Springer, Berlin-Heidelberg-New York 1983²
16. R. Henstock, The General Theory of Integration, Clarendon Press, Oxford 1991
17. L. Hörmander, An Introduction to Complex Analysis in Several Variables, van Nostrand, Princeton 1966
18. L. Hörmander, The Analysis of Linear Partial Differential Operators I–IV, Springer, Berlin-Heidelberg-New York 1983
19. D. Hoffmann / F.W. Schäfke, Integrale, BI, Mannheim, 1992
20. H. Holmann / H. Rummler, Alternierende Differentialformen, BI, Mannheim 1972
21. N. Jacob, Lineare partielle Differentialgleichungen, Akademie Verlag, Berlin 1995
22. K. Jänich, Vektoranalysis, Springer, Berlin-Heidelberg-New York 1992

23. Heinz König, Measure and Integration, Springer,
    Berlin-Heidelberg-New York 1997
24. Hermann König, Eigenvalue Distribution of Compact Operators,
    Birkhäuser, Basel-Boston-Stuttgart 1986
25. K. Königsberger, Analysis 2, Springer,
    Berlin-Heidelberg-New York 1993
26. S. Lang, Analysis II, Addison-Wesley, Reading, Mass. 1968
27. R. Leis, Vorlesungen über partielle Differentialgleichungen
    zweiter Ordnung, BI, Mannheim 1967
28. R. Meise / D. Vogt, Einführung in die Funktionalanalysis, Vieweg,
    Braunschweig-Wiesbaden 1992
29. E. Meister, Partielle Differentialgleichungen, Akademie Verlag,
    Berlin 1996
30. I.P. Natanson, Theorie der Funktionen einer reellen Veränderlichen,
    Akademie Verlag, Berlin 1969
31. F. Riesz / B. Sz.-Nagy, Vorlesungen über Funktionalanalysis,
    Deutscher Verlag der Wissenschaften, Berlin 1968
32. W. Rudin, Functional Analysis, McGraw Hill, New York 1990[2]
33. W. Rudin, Real and Complex Analysis, McGraw Hill, New York 1974[2]
34. H. Schröder, Funktionalanalysis, Akademie Verlag, Berlin 1997
35. J.T. Schwartz, Nonlinear Functional Analysis,
    Gordon and Breach, New York 1969
36. U. Storch / H. Wiebe, Lehrbuch der Mathematik I – III,
    Spektrum Akademischer Verlag, Heidelberg-Berlin-Oxford 1996
    und BI, Mannheim 1990, 1993
37. F. Trèves, Basic Linear Partial Differential Equations,
    Academic Press, New York-San Francisco-London 1975
38. H. Triebel, Höhere Analysis,
    Deutscher Verlag der Wissenschaften, Berlin 1972
39. R. Walter, Lineare Algebra und analytische Geometrie,
    Vieweg, Braunschweig-Wiesbaden 1985
40. W. Walter, Analysis II, Springer, Berlin-Heidelberg-New York 1990
41. W. Walter, Gewöhnliche Differentialgleichungen, Springer,
    Berlin-Heidelberg-New York 1993[5]
42. J. Wloka, Partielle Differentialgleichungen, Teubner, Stuttgart 1982
43. A. Zygmund, Trigonometric Series I,II,
    Cambridge University Press 1968

(Die kleinen Exponenten bezeichnen die jeweilige Auflage eines Buches.)

Namenverzeichnis

Sachverzeichnis

Symbolverzeichnis